モータの事典

曽根　悟
松井信行
堀　洋一 ［編集］

朝倉書店

まえがき

　本書はモータの設計や製造に携わる開発技術者はもとより，ユーザとしてモータを使う立場の開発技術者，さらには主として電気工学・機械工学分野の学生，電気主任技術者1級などの資格取得を目指す方々を対象に，モータの基本的な原理からその応用にいたるまでをパワーエレクトロニクスとの関連を明らかにしながら解説したものである．多岐の種類をもつモータがそれぞれ構造的に，特性的にどのような特徴を有しているのか，どのように使い分ければよいのか，という開発技術者が必ずぶつかる問題に指針を与えることができる書である．書名を『モータの事典』とした理由がそこにある．

　産業界などの生産現場ではもちろんであるが，実はわれわれの周辺で，それとはわからないところで大事な働きを演じているモータは，いまや人々の日常生活に欠かせない存在である．そしてそのモータの歴史はきわめて古く，19世紀初頭にまで遡る．電気磁気現象を鉄と銅を用いて動力発生装置としての具体的な形につなげたといえる初代のモータは，その後の技術・産業の進歩とともに進化し，現在ではその応用範囲は従来からの生産設備や輸送機器あるいは家電機器は言うに及ばず，福祉機器，サービス機器，IT機器，アミューズメント機器など，ありとあらゆる分野にモータが浸透している．

　一方，モータ技術に関連する技術者・研究者の範疇にも，省エネルギー問題が意識し始められて以来大きな変化が現れてきている．従来は，モータの設計・製造はもっぱら電機メーカの手にいわば独占的に任されていたが，昨今は単に電機メーカの範疇にとどまらず，むしろモータのエンドユーザとしての機械メーカや家電メーカ，あるいは自動車関連メーカなどが直接モータの設計や製造に携わる例が増加してきている．つまり，最終製品に求められているパフォーマンスを具体的に実現できるモータが求められているわけで，そのためには従来の電磁材料と電気磁気現象をもとにしたモータだけの知識にとどまらず，電源，機械系，制御手法，ディジタル処理技術，電磁ノイズ，振動，騒音，熱問題などを含めた総合的な理解とセンスが求められている．また，このようにモータ関連技術に携わる人々の裾野が拡大している背景には，電磁気現象の解明のためのコンピュータ援用電磁解析ツールの普及が進んできたこと，モータの制御ハードとしてのパワーエレクトロニクス技術がモジュール化などによって一般的な技術として普及してきたこと，モータの制御ソフトとしてのディジタル信号処理技術がマイコンに代表されるエレクトロニクスの進展とともに，これまた一般的

な技術として普及していることなどが挙げられる．

　本書が文字通り『モータの事典』たるために，そこに盛るべき内容と対応する執筆者の選定には慎重を期した．内容的には，モータの原理を理解するための基礎理論と各種のモータの原理や特性を解説する「基礎編」と，実社会での応用面における留意点や課題を解説する「応用編」から成っており，執筆者には学界や産業界からそれぞれの項目に精通した方々に依頼した．読者諸氏がモータに関する課題や問題に遭遇するたびに，本書がまさにモータの「事典」としてその力を発揮することと信じている．

　2007 年 5 月

編集委員　曽 根　　悟
　　　　　松 井 信 行
　　　　　堀　　洋 一

編集者

曽根　悟	工学院大学エクステンションセンター長・客員教授	堀　洋一	東京大学生産技術研究所情報・エレクトロニクス系部門・教授
松井信行	名古屋工業大学・学長		

執筆者 ([†]編集協力者)

松井信行	名古屋工業大学・学長	水野　勉	信州大学工学部電気電子工学科
森本茂雄	大阪府立大学大学院工学研究科電気・情報系専攻	前野隆司	慶応義塾大学理工学部機械工学科
齋藤　真	芝浦工業大学工学部電気工学科	山口義治	日本精工(株)メカトロ技術開発センターメカトロ製品部
望月資康	(株)東芝自動車システム事業統括部自動車システム設計部	林　秀俊	住友重機械工業(株)PTC事業部中形GM製造部
石橋文徳	芝浦工業大学工学部電気工学科	穴澤義久	秋田県立大学システム科学技術学部電子情報システム学科
雨森史郎	東芝三菱電機産業システム(株)回転機システム事業部	千葉　明	東京理科大学理工学部電気電子情報工学科
武田洋次	大阪府立大学大学院工学研究科電気・情報系専攻	三木一郎	明治大学理工学部電気電子生命学科
西方正司	東京電機大学工学部電気電子工学科	中野孝良	前 芝浦工業大学教育支援センター
諸岡泰男	筑波大学先端学際領域研究センター	久保田寿夫	明治大学理工学部電気電子工学科
斎藤涼夫	(株)東芝電力・社会システム技術開発センター	近藤圭一郎	千葉大学大学院工学研究科人工システム科学専攻
海田英俊	富士電機ホールディングス技術・知的財産権室	曽根　悟	工学院大学エクステンションセンター
澤　孝一郎	慶応義塾大学理工学部システムデザイン工学科	島田　明	職業能力開発総合大学校電気システム工学科
荒　隆裕	職業能力開発総合大学校電気システム工学科	大石　潔	長岡技術科学大学工学部電気系
坪井和男[†]	中部大学工学部電気システム工学科	堀　洋一	東京大学生産技術研究所情報・エレクトロニクス系部門
中山征夫	前 アスモ(株)開発部	持永芳文	(株)ジェイアール総研電気システム
本田幸夫	松下電器産業(株)ロボット開発室	水間　毅	(独)交通安全環境研究所交通システム研究領域
小坂　卓	名古屋工業大学大学院工学研究科おもひ領域	阿部　茂	埼玉大学工学部電気電子システム工学科
百目鬼英雄	武蔵工業大学工学部電気電子工学科	宮武昌史	上智大学理工学部電気・電子工学科
鹿山　透	(株)安川電機技術開発本部開発研究所	澤田一夫	東海旅客鉄道(株)総合技術本部リニア開発本部
草加浩平	東京大学大学院工学系研究科工学教育推進機構	小黒龍一	九州工業大学情報工学部システム創成情報工学科

執筆者

由良元澄	オークマ(株)サーボ開発部
橋爪健次	新日本製鐵(株)技術開発本部環境・プロセス研究開発センター
飛世正博	(株)日立製作所情報制御システム事業部
田島文男	(株)日立製作所日立研究所モータイノベーションセンタ
下尾茂敏	ダイキン工業(株)油機事業部
大前 力	中央大学理工学部精密機械工学科
大崎博之	東京大学大学院新領域創成科学研究科先端エネルギー工学専攻
榊原伸介	ファナック(株)ロボット研究所
大山和伸	ダイキン工業(株)
浜岡孝二	三星電子(株)生活家電事業部
谷本茂也	日本精工(株)メカトロ技術開発センター
小原木春雄	日立アプライアンス(株)多賀家電本部
松浦貞裕	松下電器産業(株)パナソニックモータ杭州有限公司
森本雅之	東海大学工学部電気電子工学科
大立泰治	(株)ユーシン精機開発本部

(執筆順)

目　次

基　礎　編

1. モータの基礎知識 ……〔松井信行〕…………………………………… 3
　1.1　磁気学の基礎 ………………………………………〔松井信行〕… 3
　　1.1.1　電流による磁界の基礎　3
　　1.1.2　磁界，電圧，電流のベクトル表現　4
　　1.1.3　集中巻線による磁界　4
　　1.1.4　分布巻線による磁界　5
　1.2　三相交流と回転磁界 ………………………………〔松井信行〕… 6
　　1.2.1　仮想的な集中巻線による分布巻線の表現　6
　　1.2.2　三相分布巻線による磁界　6
　　1.2.3　三相機から二相機への変換（三相-二相変換）　7
　1.3　電気・機械アナロジー ……………………………〔森本茂雄〕… 8
　　1.3.1　電気系と機械系の要素と相似性　8
　　1.3.2　モータ駆動システムの等価回路　10
　1.4　回転座標変換 ………………………………………〔齋藤　真〕… 12
　1.5　電 磁 材 料 …………………………………………〔望月資康〕… 14
　　1.5.1　電磁鋼板　14
　　1.5.2　永久磁石材料　18
　1.6　振動・騒音・熱設計 ………………………………〔石橋文徳〕… 23
　　1.6.1　振動・騒音　23
　　1.6.2　熱設計　26
　1.7　機器容量と機器体格 ………………………………〔雨森史郎〕… 30
　　1.7.1　電気装荷と磁気装荷　31
　　1.7.2　出力方程式　32
　　1.7.3　電動機の高エネルギー密度化の変遷　33
　　1.7.4　永久磁石モータにおける高エネルギー密度化　34

2. 電機制御系の基礎 ……〔堀　洋一〕…………………………………… 36
　2.1　電源・モータ・機械負荷 …………………………〔武田洋次〕… 36
　　2.1.1　制御電源の種類　37
　　2.1.2　モータの種類　38

  2.1.3　負荷の種類　39
 2.2　パワーエレクトロニクスの基礎 …………………………〔西方正司〕… 40
  2.2.1　パワーエレクトロニクスとモータ制御　40
  2.2.2　直流チョッパ　42
  2.2.3　インバータ　46
 2.3　セ ン サ ……………………………………………………〔諸岡泰男〕… 52
  2.3.1　センサの概要　52
  2.3.2　電気量のセンサ　52
  2.3.3　機械量のセンサ　56
 2.4　定格と運転限界 ……………………………………………〔斎藤涼夫〕… 61
  2.4.1　言葉の定義　61
  2.4.2　電動力応用システムの構成例と構成機器の定格　62
  2.4.3　電力変換器の定格・運転限界を決める要因(1)　63
  2.4.4　具体的な電力変換器における定格　65
  2.4.5　電力変換器の定格・運転限界を決める要因(2)　69
  2.4.6　具体的な電力変換器におけるGTO・IGBT応用　70
  2.4.7　電力変換器における運転限界と保護　73
 2.5　基本的なシステム構成 ……………………………………〔海田英俊〕… 74
  2.5.1　モーション制御の基本構造　74
  2.5.2　ドライブシステムの構造と仕様　79

3. 基本的なモータ ……〔松井信行・坪井和男〕………………………… 86
 3.1　直 流 機 ……………………………………………………〔澤 孝一郎〕… 86
  3.1.1　背景と原理　86
  3.1.2　基礎理論　87
  3.1.3　構 造　90
  3.1.4　整 流　93
  3.1.5　モータの種類と特性　95
  3.1.6　負荷トルク特性　96
  3.1.7　速度制御法　97
  3.1.8　損失・効率　98
  3.1.9　電機子反作用　98
  3.1.10　試験法と劣化診断　98
 3.2　同 期 機 ……………………………………………………〔荒 隆裕〕… 101
  3.2.1　原 理　101
  3.2.2　構 造　104
  3.2.3　等価回路と各種定数　106

3.2.4　基本特性 (1)　110
　　　3.2.5　基本特性 (2)　112
　　　3.2.6　損失・効率　114
　　　3.2.7　試験法　115
　3.3　誘　導　機 ……………………………………………〔坪井和男〕… 117
　　　3.3.1　誘導機の原理と回転磁界の発生　117
　　　3.3.2　構　造　120
　　　3.3.3　等価回路と特性　121
　　　3.3.4　誘導機の運転と制御　126
　　　3.3.5　単相誘導電動機　132

4. 小 形 モ ー タ ……〔松井信行〕……………………………… 136

　4.1　永久磁石直流機 ………………………………………〔中山征夫〕… 136
　　　4.1.1　構造, 材質　136
　　　4.1.2　製造法　137
　　　4.1.3　駆動・制御法　139
　　　4.1.4　車載用モータと対応技術　141
　4.2　永久磁石同期モータ …………………………………〔本田幸夫〕… 144
　　　4.2.1　基本特性式　147
　　　4.2.2　モータ構造　149
　　　4.2.3　駆動方法　153
　4.3　リラクタンスモータ …………………………………〔小坂　卓〕… 156
　　　4.3.1　分類と基本構造　156
　　　4.3.2　SRM/全節巻 RM　157
　　　4.3.3　SynRM　164
　4.4　ステッピングモータ …………………………………〔百目鬼英雄〕… 169
　　　4.4.1　種類と構造　169
　　　4.4.2　動作原理とステップ角　171
　　　4.4.3　制御方式と運転特性　173
　　　4.4.4　モータの使い分け　176
　4.5　バーニアモータ ………………………………………〔鹿山　透〕… 177
　　　4.5.1　原理と構造　177
　　　4.5.2　バーニアモータのトルク式　178
　　　4.5.3　バーニアモータの試作事例　180

5. 特殊モータ……〔堀　洋一〕……………………………………………183

5.1　アクチュエータ一般 ……………………………………〔草加浩平〕…183
5.1.1　油空圧アクチュエータ総論　183
5.1.2　要素機器　185

5.2　電磁アクチュエータ ………………………………………〔水野　勉〕…192
5.2.1　リニア振動アクチュエータ　192
5.2.2　リニア電磁ソレノイド　197
5.2.3　超磁歪アクチュエータ　198
5.2.4　静電アクチュエータ　199
5.2.5　圧電アクチュエータ　200

5.3　超音波モータ ………………………………………………〔前野隆司〕…201
5.3.1　超音波モータの特徴　201
5.3.2　進行波形超音波モータ　202
5.3.3　定在波形超音波モータ　204
5.3.4　超音波モータの利用　204

5.4　ダイレクトドライブモータ ………………………………〔山口義治〕…205
5.4.1　DDモータの特徴　205
5.4.2　DDモータに求められる特性　206
5.4.3　実用化されているDDモータ　206
5.4.4　用途例　209
5.4.5　今後の展開　209

5.5　ギヤードモータ ……………………………………………〔林　秀俊〕…211
5.5.1　ギヤードモータの機能と特徴　211
5.5.2　ギヤードモータの種類　212
5.5.3　選定例　215
5.5.4　ギヤードモータ使用上のポイント　215
5.5.5　今後の方向性　216

5.6　その他の特殊モータ ………………………………………〔穴澤義久〕…217
5.6.1　ヒステリシスモータ　217
5.6.2　コアレスモータ　218
5.6.3　ユニバーサルモータ　220
5.6.4　マイクロモータ　221

5.7　磁気軸受およびベアリングレスモータ …………………〔千葉　明〕…222
5.7.1　磁気軸受　222
5.7.2　ベアリングレスモータ　223

6. 交流可変速駆動 〔堀　洋一〕 225

6.1 V/f 制御と滑り周波数制御 〔三木一郎〕 225
- 6.1.1 V/f 制御 225
- 6.1.2 滑り周波数制御 228

6.2 誘導モータのベクトル制御 〔中野孝良〕 229
- 6.2.1 誘導モータの複素ベクトル表示 229
- 6.2.2 誘導モータのベクトル制御原理と理論式 232
- 6.2.3 磁束ベクトルの演算 234
- 6.2.4 電流制御とベクトル制御システム構成 236

6.3 同期モータのベクトル制御 〔中野孝良〕 238
- 6.3.1 ベクトル制御の原理 238
- 6.3.2 制御システム構成 241
- 6.3.3 永久磁石モータの制御 243

6.4 誘導電動機の速度センサレス制御 〔久保田寿夫〕 245
- 6.4.1 基本波に基づく方式 245
- 6.4.2 高周波成分に基づく方式 251

6.5 永久磁石同期電動機の位置センサレス制御 〔松井信行〕 255
- 6.5.1 台形波起電力電動機のセンサレス制御 255
- 6.5.2 正弦波起電力電動機のセンサレス制御 258
- 6.5.3 具体例 260

7. 機械的負荷の特性 〔曽根　悟〕 265

7.1 負荷のトルク-速度特性 〔近藤圭一郎〕 265
- 7.1.1 負荷の表現 265
- 7.1.2 線形な負荷 267
- 7.1.3 非線形な負荷 — 変位量に依存して変化する負荷 267
- 7.1.4 非線形な負荷 — 速度に依存して変化する負荷 269

7.2 始動が困難な負荷 〔曽根　悟〕 271
- 7.2.1 摩擦負荷 271
- 7.2.2 慣性負荷 272
- 7.2.3 往復式圧縮機（コンプレッサ） 273

7.3 負になることがある負荷と制動法 〔曽根　悟〕 274
- 7.3.1 モータを用いたブレーキ 275
- 7.3.2 チョッパ 276
- 7.3.3 インバータ 278
- 7.3.4 制御整流器 278
- 7.3.5 電力変換器の電源 279

7.3.6 非常ブレーキ　280
7.4 要求される速応性・制御精度 ………………………………〔島田　明〕… 281
　　7.4.1 速応性と精度　281
　　7.4.2 機械の構造と特性　282
　　7.4.3 速応性と精度を確保するためのモーションコントロール　284
7.5 非線形性の取り扱い …………………………………………〔大石　潔〕… 286
　　7.5.1 物体の静止時に働く摩擦　287
　　7.5.2 物体の動作時に働く摩擦　287
　　7.5.3 摩擦による問題とその補償法　288
　　7.5.4 コントローラの積分器によるスティック・スリップモーションとその抑制法　289
7.6 軸ねじれ振動抑制制御 ………………………………………〔堀　洋一〕… 290
　　7.6.1 軸ねじれ振動系と2慣性系モデル　291
　　7.6.2 2慣性系の性質　291
　　7.6.3 諸種の2慣性系制御法　292
　　7.6.4 軸ねじれ系制御のあり方　295

応 用 編

8. 交通・電気鉄道 ……〔曽根　悟〕……………………………………… 299

8.1 交通の概要 ……………………………………………………〔曽根　悟〕… 299
　　8.1.1 交通と動力 ── 交通の技術史　299
　　8.1.2 水平移動の交通の動力特性　300
　　8.1.3 鉛直移動と物流　302
　　8.1.4 電気動力の特徴　303
8.2 鉄　　道 ………………………………………………………〔曽根　悟〕… 305
　　8.2.1 鉄道の動力　305
　　8.2.2 鉄道のブレーキ　307
　　8.2.3 電気鉄道の方式　308
　　8.2.4 動力集中方式と動力分散方式　308
8.3 電気鉄道の駆動とブレーキ …………………………………〔曽根　悟〕… 309
　　8.3.1 電気鉄道のき電(饋電)システム　309
　　8.3.2 電気車の種類　313
　　8.3.3 電気車の駆動制御と制御方式　313
　　8.3.4 鉄道車両のブレーキ　317
　　8.3.5 電気ブレーキ　318
　　8.3.6 発電ブレーキ　319

8.3.7　電力回生ブレーキ　319
8.4　電源とエネルギー特性 ……………………………………〔持永芳文〕… 321
　8.4.1　電気方式と電力エネルギー　321
　8.4.2　直流き電方式　323
　8.4.3　交流き電方式　325
　8.4.4　電力貯蔵による電気鉄道の省エネルギー　326
8.5　各種の新しい交通システム ………………………………〔水間　毅〕… 326
　8.5.1　ゴムタイヤ駆動の新しい交通システム　327
　8.5.2　リニアモータを利用した新しい交通システム　329
　8.5.3　永久磁石を利用した新しい交通システム　331
　8.5.4　LRV (light rail vehicle)　331
8.6　エレベータ …………………………………………………〔阿部　茂〕… 333
　8.6.1　エレベータの種類と構造　333
　8.6.2　エレベータの速度制御と秤起動方式　336
　8.6.3　エレベータの駆動制御システムと省エネルギー化の変遷　337
　8.6.4　最近の駆動制御システム　338
　8.6.5　永久磁石同期電動機　339
　8.6.6　ロープレスエレベータ構想 ……………………………〔宮武昌史〕… 342
8.7　エスカレータ・動く歩道など ……………………………〔阿部　茂〕… 345
　8.7.1　エスカレータの構造　345
　8.7.2　動く歩道　346
　8.7.3　エスカレータの駆動制御　346
　8.7.4　傾斜部高速エスカレータ　347
8.8　リニアモータの応用 ………………………………………〔澤田一夫〕… 347
　8.8.1　鉄道用リニアモータの分類　347
　8.8.2　JRリニアモータカー　348
　8.8.3　トランスラピッド　349
　8.8.4　HSST　350
　8.8.5　リニアモータ地下鉄　351
8.9　磁気浮上 ……………………………………………………〔澤田一夫〕… 352
　8.9.1　浮上方式の分類　352
　8.9.2　誘導浮上　352
　8.9.3　吸引式磁気浮上　354
　8.9.4　空気浮上　355

9. 産業用ドライブシステム ……〔松井信行〕………………………… 356

9.1 汎用ドライブ ………………………………………〔小黒龍一〕… 356
- 9.1.1 速度制御用ドライブの応用分野と要求される性能　356
- 9.1.2 速度制御用汎用ドライブ，仕様に対する適用電動機・制御方式の選択　357
- 9.1.3 位置制御用ドライブの応用分野と要求される性能　360
- 9.1.4 汎用サーボ系におけるドライブ制御系の構成　361
- 9.1.5 汎用サーボ系における位置制御系の構成　363

9.2 工作機械 …………………………………………〔由良元澄〕… 364
- 9.2.1 工作機械におけるモータ用途　364
- 9.2.2 各用途における要求諸元　365
- 9.2.3 工作機械に用いられるモータ類　366
- 9.2.4 最近の動向　368

9.3 鉄鋼プラントの概要 ……………………〔橋爪健次・飛世正博〕… 371
- 9.3.1 鉄鋼プラントにおけるドライブ技術の変遷　371
- 9.3.2 熱間圧延プロセスの特徴　374
- 9.3.3 冷間圧延プロセスの特徴　375
- 9.3.4 圧延機用電動機の特徴　376
- 9.3.5 電源品質の向上　377
- 9.3.6 軸共振抑制対策　377

9.4 電気自動車 …………………………………………〔田島文男〕… 379
- 9.4.1 EV の分類と各種 EV 駆動モータの特徴比較　379
- 9.4.2 代表的な ZEV 用モータの開発例　382
- 9.4.3 各種 EV 用モータの開発例　383

9.5 ポンプ，ファン，コンプレッサ ……………………〔下尾茂敏〕… 386
- 9.5.1 ポンプ　386
- 9.5.2 ファン・コンプレッサ　393

10. 産業エレクトロニクス ……〔堀　洋一〕……………………… 395

10.1 産業エレクトロニクスの概要 ……………………〔大前　力〕… 395
- 10.1.1 計算機制御システム　396
- 10.1.2 モータのディジタル制御装置　398

10.2 物流システム ………………………………………〔大崎博之〕… 401
- 10.2.1 物流システムの概要　401
- 10.2.2 物流システムを構成する機器・装置　401
- 10.2.3 非接触技術　404
- 10.2.4 リニアモータの適用　406

  10.2.5　無人搬送車　407
  10.2.6　物流システム例　410
 10.3　産業用ロボット　………………………………………〔榊原伸介〕… 413
  10.3.1　産業用ロボットとは　413
  10.3.2　産業用ロボットの構成　414
  10.3.3　産業用ロボットの適用例　417
  10.3.4　知能ロボットの登場　419
  10.3.5　将来の産業用ロボット　423

11. 家庭電器・AV・OA　……〔堀　洋一〕………………… 424
 11.1　ルームエアコン　…………………………………………〔大山和伸〕… 424
  11.1.1　エアコン発展の歴史とモータ技術のかかわり　425
  11.1.2　ルームエアコンに求められる特性とモータ技術のかかわり　427
  11.1.3　ルームエアコン用モータ技術の進化　428
  11.1.4　ルームエアコン用途におけるIPMSMの特徴　429
  11.1.5　IPMSM搭載商品の事例　431
 11.2　冷　蔵　庫　………………………………………………〔浜岡孝二〕… 433
  11.2.1　冷蔵庫の構成　433
  11.2.2　圧縮機　433
  11.2.3　モータ　435
  11.2.4　インバータ　436
 11.3　洗　濯　機　………………………………………………〔谷本茂也〕… 438
  11.3.1　洗濯機の駆動機構とモータ駆動系　438
  11.3.2　DD用永久磁石モータ　440
  11.3.3　インバータ　442
  11.3.4　DDモータの駆動特性と洗濯機での騒音レベル　443
 11.4　掃　除　機　………………………………………………〔小原木春雄〕… 443
  11.4.1　電気掃除機の構成　444
  11.4.2　電動送風機の構成　445
  11.4.3　コードレス掃除機　445
  11.4.4　その他　446
 11.5　AV・OA機器　……………………………………………〔松浦貞裕〕… 446
  11.5.1　AV・OA機器に用いられるモータの動向　446
  11.5.2　駆動回路の動向　448
  11.5.3　光メディア用スピンドルモータの事例　448
  11.5.4　ポリゴンスキャナ用モータの事例　450
  11.5.5　ドラム回転用モータの事例　453

12. カタログの見方と主な用語 〔松井信行〕 457
12.1 電動機の関連規格 〔森本雅之〕 457
- 12.1.1 規格の分類と動向 457
- 12.1.2 電動機に関する主な規格 458
- 12.1.3 規格の概要 459

12.2 電動機選択方法 463
- 12.2.1 電動機選定の基本 464
- 12.2.2 動力用電動機の選定 464
- 12.2.3 制御用電動機の選定 466

12.3 電動機データの見方 469
- 12.3.1 カタログ 469
- 12.3.2 仕様の例と見方 471

13. 計算機による援用設計 〔松井信行〕〔大立泰治〕 475
13.1 計算機援用設計の目的 475
13.2 数値解析法 476
- 13.2.1 永久磁石同期電動機の特性解析 476
- 13.2.2 誘導電動機の損失解析 480
- 13.2.3 回路シミュレータとの連成解析 481

索 引 485

基 礎 編

1
モータの基礎知識

1.1 磁気学の基礎

1.1.1 電流による磁界の基礎

　モータの動作原理の説明に先立ち，磁気学の復習として，コイルに交流電圧源 e_m が接続された回路における電圧，電流，およびコイル内部の磁界，磁束の関係を吟味する．

　コイルを無限長ソレノイドと仮定すれば，コイル内部の磁界 H_m は，アンペアの周回積分の法則より

$$H_m = n i_m \tag{1.1.1}$$

ここで，n：コイルの巻数である．i_m はコイルを流れる電流で，コイルの自己インダクタンスを L_m とすれば，ファラデーの電磁誘導の法則とキルヒホッフの電流の法則から，コイルの誘起電圧 e_m は次式で与えられる．

$$L_m \frac{di_m}{dt} = e_m \tag{1.1.2}$$

コイル内部の磁束密度 B_m と磁界 H_m との間には，

$$B_m = \mu H_m \tag{1.1.3}$$

の関係があり，ここで μ を透磁率という．また，B_m とコイルの断面積 S からコイル内部の磁束 ϕ_m が与えられる．

$$\phi_m = S B_m = \mu S n i_m \tag{1.1.4}$$

この磁束 ϕ_m は電流 i_m と n 回鎖交しているので，コイルの鎖交磁束数 Φ_m は

$$\Phi_m = n\phi_m = \mu S n^2 i_m \tag{1.1.5}$$

となる．コイルの単位長さ当たりの自己インダクタンス L_{m0} は，次のように，i_m と Φ_m の関数で定義される．

$$L_{m0} = \frac{\Phi_m}{i_m} = \mu S n^2 \tag{1.1.6}$$

コイルの長さが l の場合の自己インダクタンス L_m は，次式となる．

$$L_m = l L_{m0} = \mu S n^2 l \tag{1.1.7}$$

1.1.2 磁界，電圧，電流のベクトル表現

H_m, e_m, i_m のベクトル表現を考える．アンペアの右ねじの法則にしたがえば，H_m と i_m は，コイルが置かれた空間上で向きをもつベクトル（空間ベクトル）量として定義される．また，電気回路でいうところのベクトル記号法にしたがえば，H_m, e_m, i_m は，時空間上で向きをもつベクトル（フェーザ）量として定義される．ここ

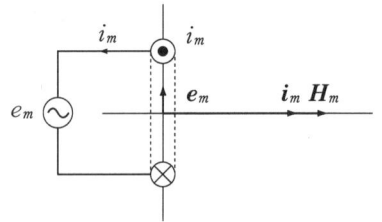

図 1.1 空間磁界，電圧，電流ベクトル

で，空間磁界ベクトルと磁界フェーザを同一のベクトルとして扱うと，空間ベクトルとフェーザを同一平面上で記述でき，式 (1.1.1), (1.1.2) から，図 1.1 の通り，H_m, e_m, i_m がベクトル表現される．ここで⊙，⊗はそれぞれ電流が紙面垂直手前向，向う向きに流れることを意味している．e_m, i_m は，フェーザであり空間ベクトルとしての物理的な意味を有してないが，モータのギャップ磁束が正弦波分布している場合に限り，空間ベクトルと同等に分解や合成を行っても問題ない．

1.1.3 集中巻線による磁界

図 1.2(a) に，モータ巻線として最も基本的な集中巻線の構造を示す．1 組の巻線が，固定された円筒状の鉄心（固定子）に n 回巻かれている．図の⊙，⊗は図 1.1 と同じ意味である．また，円筒内部にはギャップ g だけ隔てて円柱状の鉄心（回転子）が置かれている．

この 2 つの鉄心のギャップ g に生じる磁界 H_g は，鉄心の透磁率を無限大に仮定すると，アンペアの周回積分の法則より次式で与えられる．

$$2gH_g = ni_m \tag{1.1.8}$$

また，図 1.2(a) のように固定子コイル面の方向（これを固定子コイル軸と呼ぶ）を原

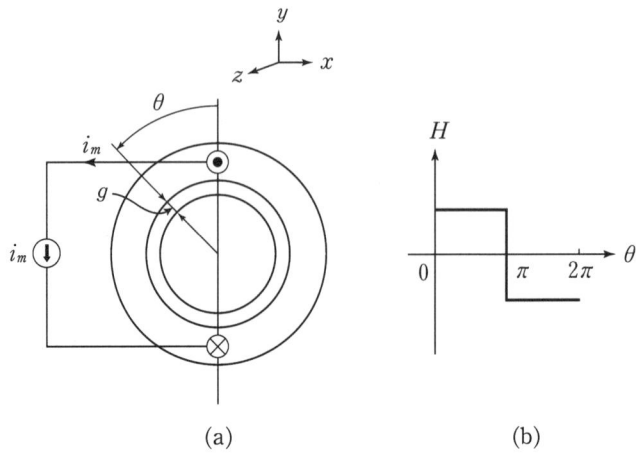

図 1.2 集中巻線と空間磁界分布

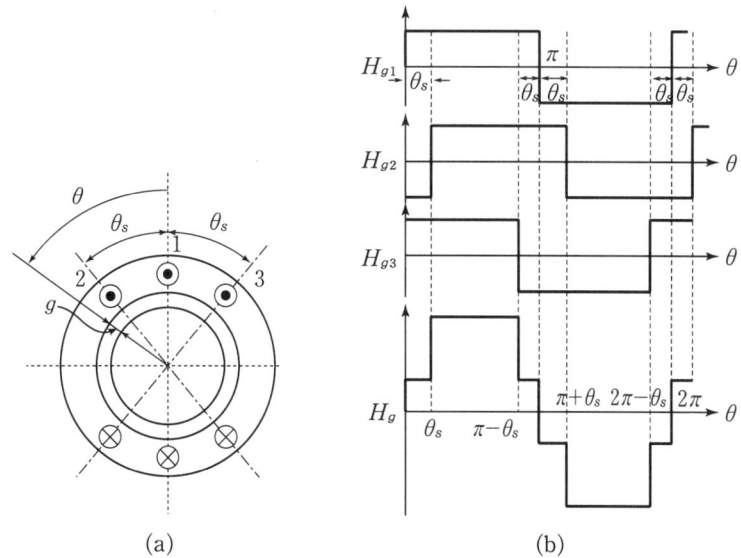

図 1.3 分布巻線と空間磁界分布

点に角度変数 θ を図示のように定めると，H_g の空間分布は図1.2(b)のような方形波となる．ここでは，外から中心の向きを正にとっている．

なお，実際のモータでは，回転子に巻線や磁石が埋め込まれており，ギャップ g には，それらにより生じる磁界が加算される．

1.1.4 分布巻線による磁界

図1.2(a)の巻線を，図1.3(a)のように3分割し，θ_s だけ隔てて配置した場合のギャップに生じる磁界 H_g を考察する．3分割した巻線それぞれに電流 i_m を流すと，個々の巻線によりギャップに生じる磁界は互に θ_s だけずれるので，その空間分布は，図1.3(b)の点線 H_{g1}, H_{g2}, H_{g3} となる．H_{g1}, H_{g2}, H_{g3} を合成することで，図1.3(b)の実線の通り，巻線全体でギャップに生じる磁界 H_g の空間分布が求まる．H_g の空間分布における m 次高調波成分の振幅は次式で与えられ，例えば，$\theta_s=40°$ に選択すると，第三次高調波成分の振幅 H_{g3} がゼロになる．

$$H_{gm}=\frac{ni_m}{2g}\left[\frac{1}{m}\sin n\left(\frac{\pi}{2}-\theta_s\right)+\frac{1}{3m}\left\{\sin\frac{m\pi}{2}-\sin m\left(\frac{\pi}{2}-\theta_s\right)\right\}\right] \quad (1.1.9)$$

この考えに基づき，巻線を多分割し適切に配置すれば，H_g の空間分布は限りなく正弦波に近づく．このような巻線構造を分布巻線と呼び，図1.2の集中巻線とは区別している．〔松井信行〕

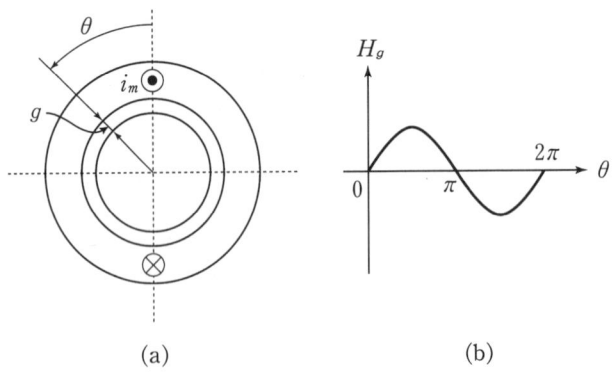

図1.4 仮想的な集中巻線による分布巻線の表現(仮想集中巻線モデル)

1.2 三相交流と回転磁界

1.2.1 仮想的な集中巻線による分布巻線の表現

通常の交流モータでは，図1.3(a)に示すような分布巻線が用いられる．交流モータの動作原理や特性を考察する場合，同一の電流が流れる巻線を1組の仮想的な集中巻線に考え直した方が都合がよい．すなわち，図1.4の集中巻線において，ギャップに生じる磁界 H_g の空間分布を正弦波と考え，任意のギャップ位置 θ における磁界 $H_g(\theta)$ を次式に与える．

$$H_g(\theta)=\frac{ni_m}{2g}\sin\theta \tag{1.2.1}$$

1.2.2 三相分布巻線による磁界

図1.5に，三相分布巻線の構造を仮想的な集中巻線に変換して示す．3組の分布巻線が空間上で120°間隔で配置され，各々の巻線で生じるギャップ磁束は正弦波分布している．ここで，各巻線に以下の対称三相交流電流が流れているとする．

$$\begin{bmatrix} i_u \\ i_v \\ i_w \end{bmatrix} = I \begin{bmatrix} \sin\omega t \\ \sin\left(\omega t - \frac{2\pi}{3}\right) \\ \sin\left(\omega t + \frac{2\pi}{3}\right) \end{bmatrix} \tag{1.2.2}$$

このとき任意のギャップ位置 $p(\theta)$ における各巻線の磁界 $H_{gu}(\theta)$，$H_{gv}(\theta)$，$H_{gw}(\theta)$ は次のようになる．

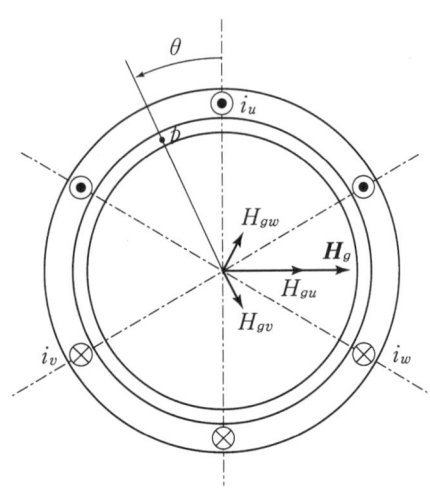

図1.5 三相分布巻線(仮想集中巻線モデル)

$$\begin{bmatrix} H_{gu}(\theta) \\ H_{gv}(\theta) \\ H_{gw}(\theta) \end{bmatrix} = \frac{n}{2g} \begin{bmatrix} i_u \sin\theta \\ i_v \sin\left(\theta - \frac{2\pi}{3}\right) \\ i_w \sin\left(\theta - \frac{4\pi}{3}\right) \end{bmatrix} = \frac{nI}{2g} \begin{bmatrix} -\frac{1}{2}\{\cos(\omega t + \theta) - \cos(\omega t - \theta)\} \\ \frac{1}{4}\{\cos(\omega t + \theta) + 2\cos(\omega t - \theta) + \sqrt{3}\sin(\omega t + \theta)\} \\ \frac{1}{4}\{\cos(\omega t + \theta) + 2\cos(\omega t - \theta) - \sqrt{3}\sin(\omega t + \theta)\} \end{bmatrix}$$
(1.2.3)

この結果, 全巻線による $p(\theta)$ の磁界 $H_g(\theta)$ は, 次式で与えられる.

$$H_g(\theta) = H_{gu}(\theta) + H_{gv}(\theta) + H_{gw}(\theta) = \frac{3}{2} \cdot \frac{nI}{2g} \cos(\omega t - \theta) \quad (1.2.4)$$

$H_g(\theta)$ が最大となる θ は,

$$\theta = \omega t \quad (1.2.5)$$

であり, 角速度 ω で変化する. すなわち, ギャップ中の磁界分布は, 一定の速度で回転する. これを「回転磁界」と呼ぶ.

1.2.3 三相機から二相機への変換 (三相-二相変換)

H_g の最大点 $H_g(\omega t)$ を空間ベクトル表現すると次のようになる.

$$\boldsymbol{H}_g = H_u + aH_v + a^2 H_w \quad (1.2.6)$$

ただし,

$$a \equiv \varepsilon^{j\frac{2}{3}\pi} = \cos\frac{2}{3}\pi + j\sin\frac{2}{3}\pi = -\frac{1}{2} + j\frac{\sqrt{3}}{2} \quad (1.2.7)$$

ここで, $\boldsymbol{H}_g$ の実部と虚部をまとめると次のようになる.

$$\boldsymbol{H}_g = H_{g\alpha} + jH_{g\beta} \quad (1.2.8)$$

ただし,

$$\begin{bmatrix} H_{g\alpha} \\ H_{g\beta} \end{bmatrix} = \begin{bmatrix} 1 & -\frac{1}{2} & -\frac{1}{2} \\ 0 & \frac{\sqrt{3}}{2} & -\frac{\sqrt{3}}{2} \end{bmatrix} \begin{bmatrix} H_{gu} \\ H_{gv} \\ H_{gw} \end{bmatrix} \quad (1.2.9)$$

$H_{g\alpha}$, $H_{g\beta}$ は, 図1.6に示す二相分布巻線 (仮想的な集中巻線で示している) のギャップに生じる磁界に相当する. したがって, 図1.5の三相分布巻線と図1.6の二相分布巻線は等価な関係にあり, この考えを次式のように一般化したものを「三相-二相変換」と呼ぶ.

$$\begin{bmatrix} x_\alpha \\ x_\beta \end{bmatrix} = \sqrt{\frac{2}{3}} \begin{bmatrix} 1 & -\frac{1}{2} & -\frac{1}{2} \\ 0 & \frac{\sqrt{3}}{2} & -\frac{\sqrt{3}}{2} \end{bmatrix} \begin{bmatrix} x_u \\ x_v \\ x_w \end{bmatrix}$$
(1.2.10)

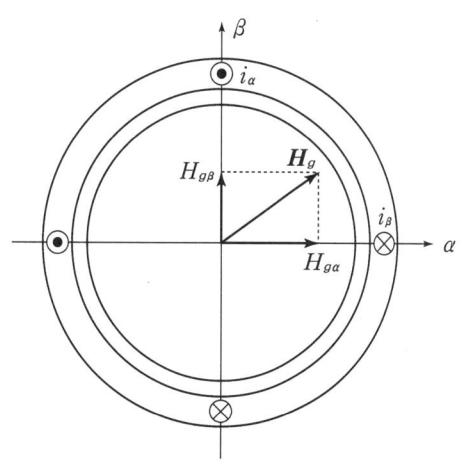

図1.6 二相分布巻線 (仮想集中巻線モデル)

ここで，$\sqrt{2/3}$ は，変換の前後で取り扱う電力が変わらないようにするための変換係数である．
〔松井信行〕

1.3 電気・機械アナロジー

1.3.1 電気系と機械系の要素と相似性

機械系の直線運動系の要素には，質量 m [kg]，制動係数 c [Ns/m]，ばね定数 k [N/m] があり，力を f [N]，速度を v [m/s] とするとそれぞれの運動方程式は次式となる．

$$f = m\frac{dv}{dt}, \quad f = cv, \quad f = k\int v\, dt \tag{1.3.1}$$

また，機械運動系にはモータ駆動系に代表される回転運動系もあり，慣性モーメントを J [kg·m^2]，回転制動係数を D [N·m·s/rad]，回転ばね定数を K [N·m/rad]，トルクを T [N·m]，回転角速度を ω [rad/s] とすると次式の関係となる．

$$T = J\frac{d\omega}{dt}, \quad T = D\omega, \quad T = K\int \omega\, dt \tag{1.3.2}$$

一方，電気系の要素であるインダクタンス L [H]，抵抗 R [Ω]，静電容量 C [F] に流れる電流を i [A]，両端の電圧を e [V] とすると

$$e = L\frac{di}{dt}, \quad e = Ri, \quad e = \frac{1}{C}\int i\, dt \tag{1.3.3}$$

または，

$$i = C\frac{de}{dt}, \quad i = \frac{1}{R}e = Ge, \quad i = \frac{1}{L}\int e\, dt \tag{1.3.4}$$

の関係が成り立つ．ここで，式 (1.3.1)～(1.3.4) を比較すると，各式は同一形式であり，変数や係数が異なるだけで相似性 (analogy) がある．

機械系と電気系の変数の対応には，式 (1.3.1)，(1.3.2) と (1.3.3) の対応関係より力とトルクが電圧に対応し，速度と回転角速度が電流に対応する関係 (対応 I) と式 (1.3.1)，(1.3.2) と (1.3.4) の対応関係より力とトルクが電流に対応し，速度と回転角速度が電圧に対応する関係 (対応 II) の 2 種類が考えられる．表 1.1 に機械系 (直線運動系および回転運動系) と電気系の変数，構成要素，エネルギーの対応関係をまとめて示す．

例として，図 1.7 の直線運動の機械系を考える．この場合，各要素の速度 v は同一で，各要素に働く力の和が f となるため運動方程式は次式となる．

$$f = m\frac{dv}{dt} + cv + k\int v\, dt \tag{1.3.5}$$

ここで，機械系と電気系の間で f と e，v と i を対応させる (対応 I) と次式および図 1.8 (a) の直列等価回路が得られる．

表 1.1 機械系と電気系の対応

		機 械 系		電 気 系	
		直線運動系	回転運動系	対応 I : $v, \omega \leftrightarrow i$	対応 II : $v, \omega \leftrightarrow e$
変 数		変位 x [m]	回転角変位 θ [rad]	電荷 q [C]	磁束鎖交数 ψ [Wb]
		速度 v [m/s] $v=\dfrac{dx}{dt}$	回転角速度 ω [rad/s] $\omega=\dfrac{d\theta}{dt}$	電流 i [A] $i=\dfrac{dq}{dt}$	電圧 e [V] $e=\dfrac{d\psi}{dt}$
		力 f [N]	トルク T [N·m]	電圧 e [V]	電流 i [A]
構成要素	慣性	質量 m [kg] $f=m\dfrac{dv}{dt}$	慣性モーメント J [kg·m²] $T=J\dfrac{d\omega}{dt}$	インダクタンス L [H] $e=L\dfrac{di}{dt}$	静電容量 C [F] $i=C\dfrac{de}{dt}$
	制動	制動係数 c [Ns/m] $f=cv$	回転制動係数 D [N·m·s/rad] $T=D\omega$	抵抗 R [Ω] $e=Ri$	コンダクタンス G [S] $G=\dfrac{1}{R}$ $i=\dfrac{1}{R}e=Ge$
	弾性	ばね定数 k [N/m] $f=k\int v\,dt$	回転ばね定数 K [N·m/rad] $T=K\int\omega\,dt$	静電容量の逆数 $1/C$ $e=\dfrac{1}{C}\int i\,dt$	インダクタンスの逆数 $1/L$ $i=\dfrac{1}{L}\int e\,dt$
慣性要素に蓄えられるエネルギー		$\dfrac{1}{2}mv^2$	$\dfrac{1}{2}J\omega^2$	$\dfrac{1}{2}Li^2$	$\dfrac{1}{2}Ce^2$
弾性要素に蓄えられるエネルギー		$\dfrac{1}{2}kx^2$	$\dfrac{1}{2}K\theta^2$	$\dfrac{1}{2C}q^2$	$\dfrac{1}{2L}\psi^2$

$$e = L\frac{di}{dt} + Ri + \frac{1}{C}\int i\,dt \tag{1.3.6}$$

また，f と i，v と e を対応させる（対応 II）と次式および図 1.8(b) の並列等価回路が得られる．

$$i = C\frac{de}{dt} + Ge + \frac{1}{L}\int e\,dt \tag{1.3.7}$$

このように，図 1.7 の機械系は図 1.8(a) または (b) の電気回路で等価的に表すことができる．また，図 1.8(a) と (b) の回路は双対回路 (dual circuit) となっている．すなわち，電圧と電流，インピーダンスとアドミタンス，直列と並列の置換を行えば，一方の回路から他方の回路が得られる．このように対応 I と対応 II は双対関係となっている．

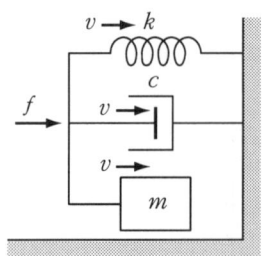

図 1.7　直線機械運動系

1.3.2　モータ駆動システムの等価回路

図 1.9 に示すような直流モータ駆動系を考える．この系の方程式は，次式となる．

電気系　$$e_a = L_a\frac{di_a}{dt} + R_a i_a + e_0 \tag{1.3.8}$$

機械系　$$T = J\frac{d\omega}{dt} + D\omega \tag{1.3.9}$$

ただし，

$$e_0 = \phi_a \omega, \qquad T = \phi_a i_a \tag{1.3.10}$$

電気エネルギー $e_0 i_a$ が機械エネルギー ωT に変換されるので，

$$e_0 i_a = \omega T \tag{1.3.11}$$

の関係が成り立つ．ここで，図 1.10 に示す巻数比 a の理想変圧器を考えると

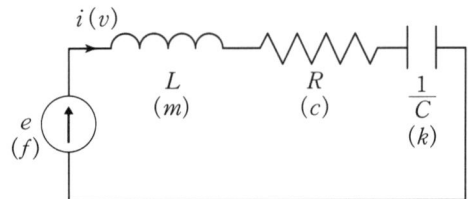
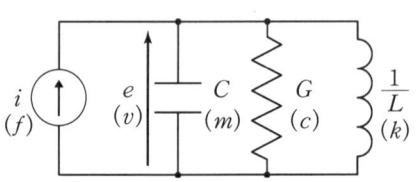

(a)　力-電圧，速度-電流対応（対応 I）の等価回路　　(b)　力-電流，速度-電圧対応（対応 II）の等価回路

図 1.8　図 1.7 の等価回路

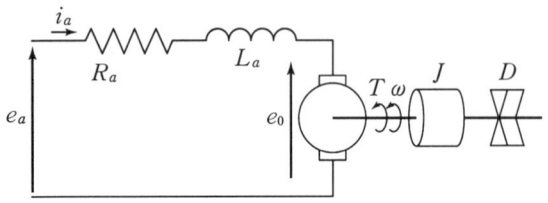
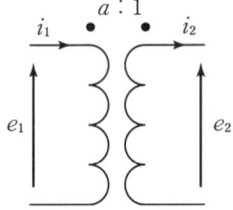

図 1.9　直流モータの駆動系　　　　　図 1.10　理想変圧器

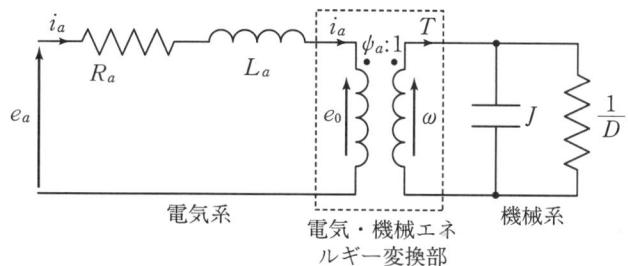

図1.11 直流モータ駆動系の等価回路

$$e_1 i_1 = e_2 i_2, \quad e_1 = a e_2, \quad i_1 = \frac{i_2}{a} \quad (1.3.12)$$

の関係が成り立ち，これと式(1.3.10)，(1.3.11)を比べると，$e_0 \leftrightarrow e_1$, $i_a \leftrightarrow i_1$, $\omega \leftrightarrow e_2$, $T \leftrightarrow i_2$, $\psi_a \leftrightarrow a$ のように対応することがわかる．すなわち，モータの電気・機械エネルギー変換部は巻数比 ψ_a の理想変圧器で等価的に表すことができる．この場合，機械系はトルク ↔ 電流，回転角速度 ↔ 電圧の対応(対応II)になり，図1.9の直流モータ駆動系の等価回路は図1.11となる．

　モータを用いた機械駆動システムでよく用いられる減速機構(歯車やプーリ・ベルトなど)や回転-直線変換機構(ボールねじやラック・ピニオンなど)についても理想変圧器で等価的に表すことができる．減速機構の減速比を γ とすると入力側の回転角速度 ω_1, トルク T_1 と出力側の回転角速度 ω_2, トルク T_2 の関係は

$$\omega_1 = \frac{\omega_2}{\gamma}, \quad T_1 = \gamma T_2 \quad (1.3.13)$$

となり，式(1.3.12)と比較して，回転角速度 (ω_1, ω_2) ↔ 電圧 (e_1, e_2)，トルク (T_1, T_2) ↔ 電流 (i_1, i_2) と対応(対応II)させると，巻数比 $1/\gamma$ の理想変圧器と等価となる．逆に回転角速度 ↔ 電流，トルク ↔ 電圧と対応(対応I)させると，巻数比 γ の理想変圧器と等価となる．また，回転-直線変換機構において，回転側の回転角速度とトルクを ω_1, T_1，直線側の速度と力を v_2, f_2，単位回転当たりの直線移動距離を p [m/rad] とすると

$$\omega_1 = \frac{v_2}{p}, \quad T_1 = p f_2 \quad (1.3.14)$$

の関係が成り立ち，$\omega_1 \leftrightarrow e_1$, $T_1 \leftrightarrow i_1$, $v_2 \leftrightarrow e_2$, $f_2 \leftrightarrow i_2$ と対応させると，巻数比 $1/p$ の理想変圧器と等価となる． 〔森本茂雄〕

参 考 文 献

1) 宮入庄太：大学講義 電気・機械エネルギー変換工学，pp. 41-50, 114-116, 丸善 (1976)
2) 難波江章・金東海・高橋　勲・仲村節男・山田速敏：基礎電気機器学，pp. 57-61, オーム社 (1984)
3) 中野道雄・二見　茂・吉田祐三：サーボ技術とパワーエレクトロニクス，pp. 23-28, 共立出版 (1994)

1.4 回転座標変換

ここでは，図1.12に示す固定子に二相分布巻線が施され，回転子に抵抗 r_2 で短絡された1組の分布巻線をもつ場合の，回転子巻線鎖交磁束を吟味する．

固定子巻線 α_1, β_1 の電流 $i_{1\alpha}, i_{1\beta}$ による回転子巻線 d_2 の鎖交磁束 $\Phi_{2\alpha}, \Phi_{2\beta}$ は，それぞれ，以下のようになる．

$$\Phi_{2\alpha} = \frac{\mu n_1 n_2 Sl}{2g} i_{1\alpha} \cos\theta \tag{1.4.1}$$

$$\Phi_{2\beta} = \frac{\mu n_1 n_2 Sl}{2g} i_{1\beta} \sin\theta \tag{1.4.2}$$

ここで，n_1：巻線 α_1, β_1 の巻数，n_2：巻線 d_2 の巻数，S, l：回転子の断面積と長さ，g：固定子と回転子間のギャップ長である．巻線 α_1-d_2 間，および，巻線 β_1-d_2 間の相互インダクタンス $M_{\alpha d}, M_{\beta d}$ はそれぞれ次のようになる．

$$M_{\alpha d} = \frac{\Phi_{2\alpha}}{i_{1\alpha}} = \frac{\mu n_1 n_2 Sl}{2g} \cos\theta \tag{1.4.3}$$

$$M_{\beta d} = \frac{\Phi_{2\beta}}{i_{1\beta}} = \frac{\mu n_1 n_2 Sl}{2g} \sin\theta \tag{1.4.4}$$

回転子巻線 d_2 の全鎖交磁束 Φ_2 は次のようになる．

$$\begin{aligned}\Phi_2 &= M_{\alpha d} i_{1\alpha} + M_{\beta d} i_{1\beta} + L_{2d} i_{2d} \\ &= \frac{\mu n_1 n_2 Sl}{2g}(i_{1\alpha}\cos\theta + i_{1\beta}\sin\theta) + L_{2d} i_{2d}\end{aligned} \tag{1.4.5}$$

ここで，i_{2d}, L_{2d} は，それぞれ，巻線 d_2 の電流と自己インダクタンスである．

式(1.4.5)で，$M_{\alpha d}, M_{\beta d}$ は，回転子位置 θ により変化するので，Φ_2 が考えにくい．そこで，図1.13のように，回転子巻線を，回転子巻線 d_2 と同一軸 d 軸および直交

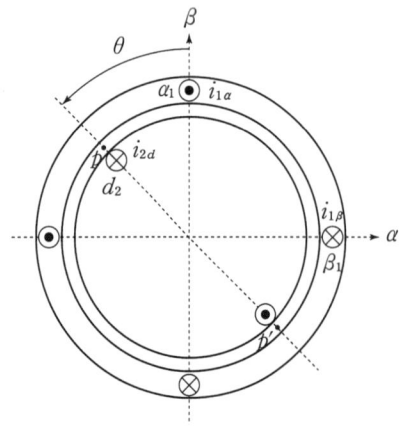

図1.12 回転子に1組の分布巻線が施された二相分布巻線（集中巻線モデル表現）

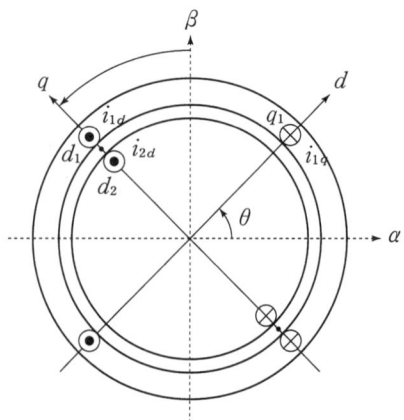

図1.13 回転座標モデル

軸 q 軸上にある思考上の固定子巻線 d_1, q_1 に変換する．回転子巻線 d_2 と固定子 d 軸巻線 d_1 は同一線分上にあるので，それら巻線間の相互インダクタンスは，常に一定値となる．一方，回転子巻線 d_2 と固定子 q 軸巻線 q_1 は直交線分上にあるので，それら巻線間の相互インダクタンスは，常にゼロとなる．この結果，回転子巻線 d_2 の全鎖交磁束 Φ_2 は，固定子巻線 d_1 の電流 i_{1d}, i_{1q} を用いて，次のように書き直される．

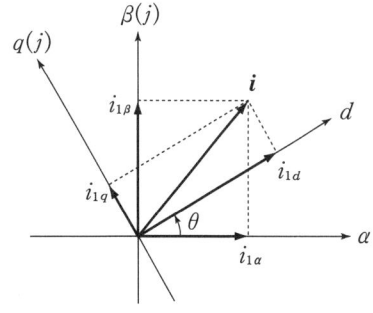

図 1.14 回転座標変換

$$\Phi_2 = M_d i_{1d} + L_{2d} i_{2d} \tag{1.4.6}$$

ここで，M_d：巻線 d_2 と巻線 d_1 間の相互インダクタンスである．i_{1d} による巻線 d_2 の鎖交磁束 Φ_{2d} は，

$$\Phi_{2d} = \frac{\mu n_1 n_2 S l}{2g} i_{1d} \tag{1.4.7}$$

となるので，M_d は，次式の一定値になる．

$$M_d = \frac{\Phi_{2d}}{i_{1d}} = \frac{\mu n_1 n_2 S l}{2g} \tag{1.4.8}$$

式 (1.4.5)，(1.4.6)，(1.4.8) から，

$$i_{1d} = i_{1\alpha} \cos\theta + i_{1\beta} \sin\theta \tag{1.4.9}$$

の関係が導き出される．これは，固定子巻線 α_1, β_1 の電流 $i_{1\alpha}, i_{1\beta}$ を，いったんベクトル合成して i とし，図 1.14 に示すような基準座標軸を θ とする新たな直交座標系の成分に分解することで得られる電流成分に一致する．すなわち，図 1.14 の関係を式で表すと次式のようになり，d 軸成分として式 (1.4.9) が定義される．

$$\begin{bmatrix} i_{1d} \\ i_{1q} \end{bmatrix} = \begin{bmatrix} \cos\theta & \sin\theta \\ -\sin\theta & \cos\theta \end{bmatrix} \begin{bmatrix} i_{1\alpha} \\ i_{1\beta} \end{bmatrix} \tag{1.4.10}$$

固定子巻線 q_1 の鎖交磁束 Φ_{1q} は，

$$\begin{aligned} \Phi_{1q} &= \frac{\mu n_1 n_2 S l}{2g} i_{1q} \\ &= \frac{\mu n_1 n_2 S l}{2g} (-i_{1\alpha} \sin\theta + i_{1\beta} \cos\theta) \end{aligned} \tag{1.4.11}$$

となり，次の関係が得られる．

$$i_{1q} = -i_{1\alpha} \sin\theta + i_{1\beta} \cos\theta \tag{1.4.12}$$

この式は，式 (1.4.10) の q 軸成分に一致する．

以上から，固定子巻線 α_1, β_1 の電流 $i_{1\alpha}, i_{1\beta}$ を式 (1.4.10) に基づき，思考上の回転子巻線 d_2 と同一軸上，および，直交軸上の固定子巻線 d_1, q_1 の電流 i_{1d}, i_{1q} に変換しても，物理的意味が損なわれないことがわかる．この考え方は，巻線の電圧にも当てはまり，巻線 α_1, β_1 の電圧 $v_{1\alpha}, v_{1\beta}$ と，巻線 d_1, q_1 の電圧 v_{1d}, v_{1q} は，次のように定義できる．

$$\begin{bmatrix} v_{1d} \\ v_{1q} \end{bmatrix} = \begin{bmatrix} \cos\theta & \sin\theta \\ -\sin\theta & \cos\theta \end{bmatrix} \begin{bmatrix} v_{1\alpha} \\ v_{1\beta} \end{bmatrix} \tag{1.4.13}$$

このため，次のプロセスにより，巻線 d_1, q_1 のインピーダンスを定義できる．

$$\begin{aligned}
\begin{bmatrix} v_{1d} \\ v_{1q} \end{bmatrix} &= [\mathbb{C}] \begin{bmatrix} v_{1\alpha} \\ v_{1\beta} \end{bmatrix} = [\mathbb{C}][Z_{\alpha\beta}] \begin{bmatrix} i_{1\alpha} \\ i_{1\beta} \end{bmatrix} \\
&= [\mathbb{C}][Z_{\alpha\beta}][\mathbb{C}]^{-1}[\mathbb{C}] \begin{bmatrix} i_{1\alpha} \\ i_{1\beta} \end{bmatrix} \\
&= [\mathbb{C}][Z_{\alpha\beta}][\mathbb{C}]^{-1} \begin{bmatrix} i_{1d} \\ i_{1q} \end{bmatrix} \\
&= [Z_{dq}] \begin{bmatrix} i_{1d} \\ i_{1q} \end{bmatrix}
\end{aligned} \tag{1.4.14}$$

$$\therefore \quad [Z_{dq}] = [\mathbb{C}][Z_{\alpha\beta}][\mathbb{C}]^{-1}$$

ただし，$[\mathbb{C}] = \begin{bmatrix} \cos\theta & \sin\theta \\ -\sin\theta & \cos\theta \end{bmatrix}$, $[Z_{\alpha\beta}]$：巻線 α_1, β_1 のインピーダンス行列, $[Z_{dq}]$：巻線 d_1, q_1 のインピーダンス行列．

〔齋藤　真〕

1.5 電磁材料

電磁材料は，モータが電気エネルギーを機械エネルギーに変換して仕事をする働きの中で最も重要なモータの材料である．その中でも電磁鋼板と永久磁石が最近のモータの高性能化には大きな役割を果たしており，材料自身の改善・進歩も著しい．ここでは，モータに使用される電磁材料として，電磁鋼板と永久磁石を取り上げて紹介する．

1.5.1 電磁鋼板

電磁鋼板は，高磁束密度，低鉄損である電気機器の鉄心材料として，極めて安価という特徴もあり，広く一般に用いられている．その中でも無方向性電磁鋼板は，モータや発電機の鉄心用として，電力，産業，OA，家電機器，電装品，自動車用まで様々な用途で使用されている．ここでは，電磁鋼板の種類，特性，モータへの応用について述べる．

a. 電磁鋼板の種類

電磁鋼板には方向性電磁鋼板と無方向性電磁鋼板がある．方向性電磁鋼板は変圧器，E型コアなどのように磁界の方向が一定である

図 1.15　電磁鋼板のモータへの応用例

表 1.2 無方向性電磁鋼板の特性[1, 2)]

種 類	呼称厚さ [mm]	密 度 [kg/dm^3]	固有抵抗 [Ω·m] (×10^{-8})	鉄 損 [W/kg]				磁束密度 [T]	
				$W_{10/50}$	$W_{15/50}$	$W_{10/60}$	$W_{15/60}$	B_{25}	B_{50}
35 H 210	0.35	7.60	59	0.81	2.00	1.03	2.54	1.56	1.66
35 H 230		7.60	59	0.85	2.10	1.08	2.67	1.56	1.66
35 H 300		7.65	52	1.11	2.55	1.39	3.19	1.58	1.67
35 H 440		7.70	39	1.41	3.10	1.74	3.84	1.62	1.70
50 H 230	0.50	7.60	59	0.96	2.26	1.23	2.90	1.57	1.67
50 H 270		7.60	59	1.05	2.50	1.35	3.22	1.57	1.67
50 H 310		7.65	54	1.20	2.70	1.55	3.48	1.58	1.67
50 H 400		7.65	45	1.47	3.20	1.87	4.09	1.61	1.68
50 H 600		7.75	32	2.02	4.50	2.54	5.70	1.62	1.70
50 H 800		7.80	23	2.96	6.30	3.72	8.00	1.66	1.74
50 H 1000		7.85	17	3.30	7.00	4.17	8.94	1.68	1.76
50 H 1300		7.85	14	3.79	8.00	4.79	10.22	1.68	1.76

(1) 鉄損の欄の，例えば $W_{10/50}$ は，周波数 50 Hz，最大磁束密度 1.0 T のときの鉄損を示す．
(2) 磁束密度の欄の，例えば B_{25} は，磁化力 2500 A/m における磁束密度を示す．

場合に，その磁界方向に対して良好な磁気特性を示すために用いられる．それに対してモータの鉄心内の磁界は，方向が時間とともに変化して一定とならないため，特定な方向性をもたない無方向性電磁鋼板が使われる．表 1.2 に無方向性電磁鋼板の特性の一例を示す[1,2)]．

一般に大形のモータ用の鉄心素材には低鉄損であることが要求され，小形のものには高磁束密度であることが要求される．これに対応して無方向性電磁鋼板には，けい素量を約 3% 含有する高級鋼板からほとんどけい素を含まない低級品までの多くの種類と，厳格な板厚精度，打抜き加工性，コーティングによる絶縁性，耐食性，加工法に応じた機械的性質，溶接性など多岐にわたる性能が要求される[3)]．

b. 電磁鋼板の特性

電磁鋼板の特性としては，特に飽和磁束密度と鉄損が重要である．飽和磁束密度はモータの体積を決める要素となり，飽和磁束密度が高いほどモータの小形化が可能となる．また鉄損は，モータ効率に影響を与え，モータの高効率化のための重要な要素であり，あわせてモータの発熱にも関係するので，小形化には重要な要素である．モータ用の電磁鋼板としては鉄損値が小さく，磁束密度が高くとれる材料が望ましいが，価格との兼合いから選定することになる．

図 1.16 は磁化曲線または B-H 曲線といい，閉曲線をヒステリシスループ，現象をヒステリシス現象という．ループの面積が小さく，飽和磁束密度が大きく，透磁率($=B/H$) も大きい，すなわち磁化曲線の傾斜が大きいことが望ましい．ここで，B_m：飽和磁束密度 [T]，B_r：残留磁束密度 [T]，B：磁束密度 [T]，H：単位長さ当たりの起磁力 [A/m]，H_c：保磁力 [A/m] である．

飽和磁束密度が高いと磁束をより多く通すことができ，同一体積であればトルクが

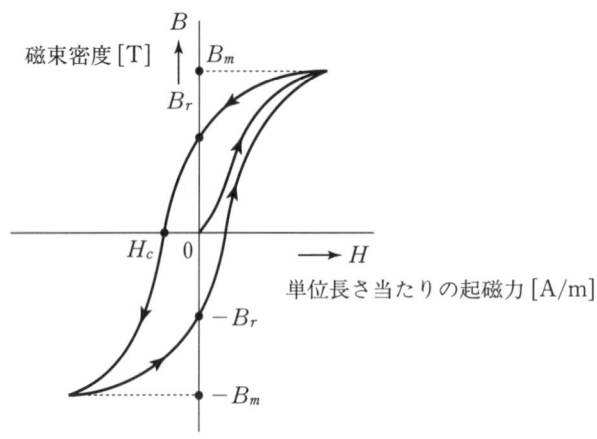

図1.16 電磁鋼板の磁化曲線

大きくなる．モータの小形化にも飽和磁束密度の高い材料を選定することが望ましい．

鉄損はヒステリシス損と渦電流損に分けることができるが，ヒステリシス損 W_h は，

$$W_h = \eta f B_{\max}^{1.6} \tag{1.5.1}$$

で表される．ここで，f：周波数 [Hz]，$B_{\max}$：最大磁束密度 [T]，η：ヒステリシス係数であり，指数1.6はスタインメッツ定数と呼ばれる．

渦電流損は磁気変動が起こった箇所の周囲に流れる渦電流に起因する損失であり，一般的に渦電流損 W_e は，

$$W_e = \frac{k(tfB)^2}{\rho D} \tag{1.5.2}$$

で表される．ここで，k：定数，t：板厚，f：周波数，B：磁束密度，ρ：固有抵抗，D：比重で表され，渦電流損が板厚の2乗に比例することが知られている．したがって，板厚を薄くすると渦電流損の低下により低鉄損化できる．しかしその反面，モータ鉄心は電磁鋼板をプレス打抜きし，積層して製造するため，積層枚数が増加し生産性が低下するなどの課題もある．

c. 高効率電磁鋼板[4]

最近のモータでは省エネ・高効率の要求が非常に強くなってきている．エアコンなどの家電機器の省エネ競争は激しく，今後は産業用でも高効率モータが標準となりつつある．また，電気自動車（EV）用モータやハイブリッド電気自動車（HEV）用モータも自動車の燃費改善のために高効率化の要求が高い．そのため高効率電磁鋼板が開発されている．この高効率電磁鋼板は磁化曲線の立上り（B_{50}）が高く，かつ鉄損が低い特性を有している．これは主に電磁鋼板の高純度化や析出物の低減無害化，および結晶粒の粗大化などによりヒステリシス損を低減している．さらに高けい素化により鋼板の固有抵抗を高くして渦電流を低減させ，低周波域から高周波域までの広範囲で

鉄損を低減している．

また高けい素材としては通常3%程度のけい素量であるが，6.5%けい素を含有した6.5%けい素電磁鋼板がよく知られている[5]．インバータ駆動の高速モータに適用した報告や小形モータに採用されたものもある．

d. 薄手電磁鋼板

高効率化と並行してモータの高速化も進んでいる．機器の小形軽量化を狙ってマイクロガスタービン，EV用・HEV用モータのように高速回転が必要とされる用途においては，運転周波数が高いために高周波域での鉄損が問題となる．特に高周波域では渦電流損の影響が大きく，板厚を薄くすることと高けい素材化により渦電流損を低減させることができる．通常の板厚は0.5 mm程度であるが，板厚0.1～0.3 mmの薄手電磁鋼板も開発されている．また薄板化は表皮効果を抑制し，高周波での透磁率低減が避けられる．

e. 高抗張力電磁鋼板

モータの高速化では高周波の鉄損以外に機械的強度の問題がある．高速回転モータ，マイクロガスタービンのロータなどは，高速化，可変速化に伴い高強度や高疲労強度が必要となってくる．特に一定回転でなく，急激な加速，減速を繰り返すような用途では，より高い強度が求められる．このため降伏点の大きい(600 MPa以上)電磁鋼板が開発されている．これらは従来の高強度鋼より鉄損が1/5から1/10程度低く，通常の無方向性電磁鋼板と同等レベルであり，低損失化に貢献している．

f. モータ鉄心の鉄損劣化要因[6]

モータ鉄心としては低鉄損化と高透磁率化が必要とされるが，実際のモータ鉄心設計，モータを駆動するインバータ制御などが大きく関係してくる．したがって，電磁鋼板が通常評価される条件(均一で特定方向の交番磁界，正弦波励磁，無応力，室温)とは異なり，図1.17の(1)から(8)の要因の影響を受けて，モータの鉄損は増加している．

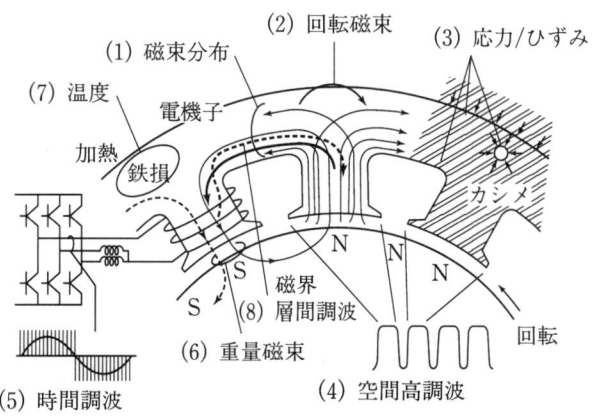

図1.17 モータの鉄損増加要因

最近のモータは商用電源駆動よりもインバータ駆動されるものが増加しており，PWM (pulse width modulation) 駆動が多く，(5)のキャリヤ周波数などの影響も大きい．また，ステータ鉄心のスロットにより生じる空隙磁束の空間高調波はロータの表面の損失を発生させる．

(3)の応力/ひずみなど，モータ鉄心の加工ひずみは変圧器に比べ複雑なスロット形状を有しているために加工幅が狭く，素材特性の劣化が大きい傾向にあり，鉄心の打抜き形設計，加工方法，モータの製造方法に各種の工夫がされている．

また，鉄心を分割してコイルを直接鉄心に巻く集中巻のモータもエアコン用モータやHEV用モータとして実用化されており，その場合には鉄心間での損失も考慮して鉄損低減の工夫がなされている．

g．打抜き，加工性

電磁鋼板をモータに用いるためには，電磁鋼板をプレス打抜き後，積層する．ここで，金型の摩耗や型かじりなどのトラブルは生産性低下，メンテナンス負荷の増大をもたらし，製造コストアップ要因となるため，プレス打抜き性に優れた電磁鋼板も開発されている[7]．

また，実際のモータとして完成させるまでには，先ほど述べたプレス打抜き，積層後，コイル挿入，ケースへの組付けなどが必要である．電磁鋼板としては，せん断，切断，圧縮，引張りなどの種々の応力が加わり，電磁鋼板素材のもっている磁気特性，鉄損が悪化する．このため，製造面での磁気特性改善の工夫が検討されている．ひずみ取りの焼なましもその一つの方法である．

1.5.2 永久磁石材料

モータ分野でここ数年で一番進歩しているのが永久磁石モータである．永久磁石モータは永久磁石で磁界を発生させているため，誘導モータのように励磁する必要がなく，高効率なモータを実現できる．また永久磁石材料の高エネルギー化，高性能化が進んでおり，より小形，軽量で高効率なモータが可能となり，従来のOA，家電機

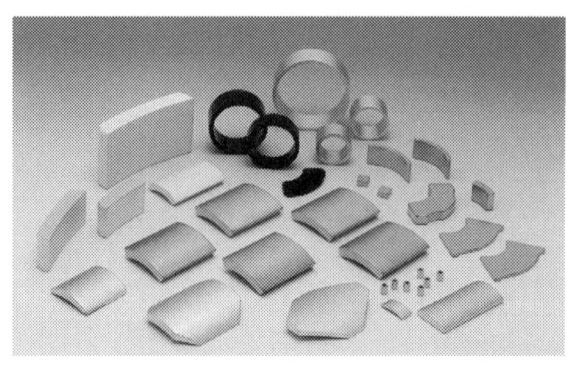

図1.18　永久磁石

器だけではなく，産業用，電装品，自動車用まで様々な用途で使用されるようになってきた．ここでは，永久磁石の種類，特性，モータへの応用について述べる．

a. 永久磁石の種類

永久磁石材料のルーツはアルニコ磁石であり，その後フェライト磁石，Sm-Co（サマリウム-コバルト）系磁石，Nd-Fe-B（ネオジウム-鉄-ボロン）系磁石へと進化して高エネルギー化の道を歩んでいる．図1.19に永久磁石特性の変遷を示す．

Sm-Co系磁石とNd-Fe-B系磁石は，希土類元素をベースにしているので，一般に希土類磁石と呼ばれる．現在，Nd-Fe-B系磁石の最大エネルギー積は54 MGOeを超えた材料も出てきており，Nd-Fe-B系磁石の理論限界値である64 MGOeに近づきつつある．

モータ用永久磁石としては，フェライト磁石とNd-Fe-B系磁石が主流である．フェライト磁石は性能・コスト面からOA，家電機器に用いられているが，最近は高エネルギーを有するNd-Fe-B系磁石の伸びが著しく，産業用，エアコン用，EV用，HEV用をはじめ，従来はフェライト磁石を使用していた家電機器にまで広がりつつある．

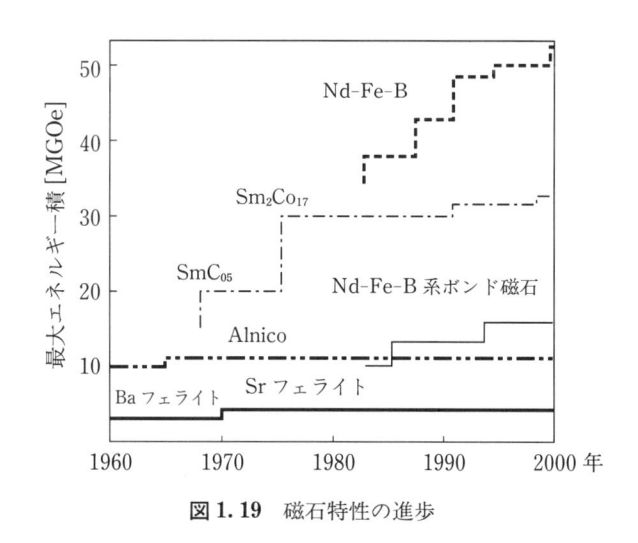

図1.19 磁石特性の進歩

表1.3 永久磁石の磁気特性[8~10]

種　類	磁気特性						
	残留磁束密度 B_r [T]	保磁力		最大エネルギー積 BH_{max} [kJ/m³]	リコイル透磁率 μ_r	B_rの温度係数 α [%/℃]	比重 [g/cm³]
		H_{CB} [kA/m]	H_{CJ} [kA/m]				
フェライト焼結等方性磁石	0.44	223	231	36	1.10	−0.18	5.0
フェライト焼結異方性磁石	0.22	184	322	10.5	1.15	−0.18	4.8
Nd-Fe-Bボンド圧縮磁石	0.71	462	718	85	1.20	−0.10	6.1
Nd-Fe-B焼結磁石	1.36	1035	1114	358	1.05	−0.10	7.5

代表的な永久磁石の磁気特性を表1.3に示す[8~10]．

b. 焼結磁石とボンド磁石

永久磁石には焼結磁石とボンド磁石の2種類がある．焼結磁石は磁性粉を型押しした後，陶器のように焼き固めたものであり，密度も高くなり，より高性能な磁石となる．小形で高性能なモータとして，産業用やエアコン用，HEV用にも最近は多く使われている．

ボンド磁石は磁性粉を樹脂で結合させたものであり，密度は低くなるが形状の自由度や生産性を高めることができる．このため，ロータシャフトと一体化して製造することも可能であり，低コスト化を狙ってOA，家電機器などに多く用いられている．

c. 等方性磁石と異方性磁石

永久磁石には製造プロセスの違いにより等方性と異方性の2種類がある．異方性とは，磁性材料を結合材料や添加物と混ぜて金型の中に入れ，プレス成形する工程の中で，外部から強制的に磁界を加え磁石の磁化しやすい方向を揃えて固めたものである．それに対してプレス工程で磁界を加えないものは，配向がバラバラで方向が定まっていないので等方性という．高性能なモータでは，異方性磁石が用いられる．

d. 永久磁石の特性

永久磁石の特性としては，特に残留磁束密度と保磁力が重要である．残留磁束密度はモータの体積を決める要素となり，残留磁束密度が高いほどモータの小形化が可能となる．また，保磁力はモータの使用環境（特に温度），磁気設計内容に関係して，永久磁石の減磁を防止するための重要な要素である．モータ用の永久磁石としては，残留磁束密度が高く，保磁力が使用環境，モータ設計に満足する材料が望ましいが，価格との兼合いから選定することになる．

永久磁石の磁化曲線を図1.20に示すが，ヒステリシスループの幅が広く，残留磁束密度 B_r が大きく（磁石が強い），特に保磁力 H_c が大きい（外部磁界，熱，衝撃に

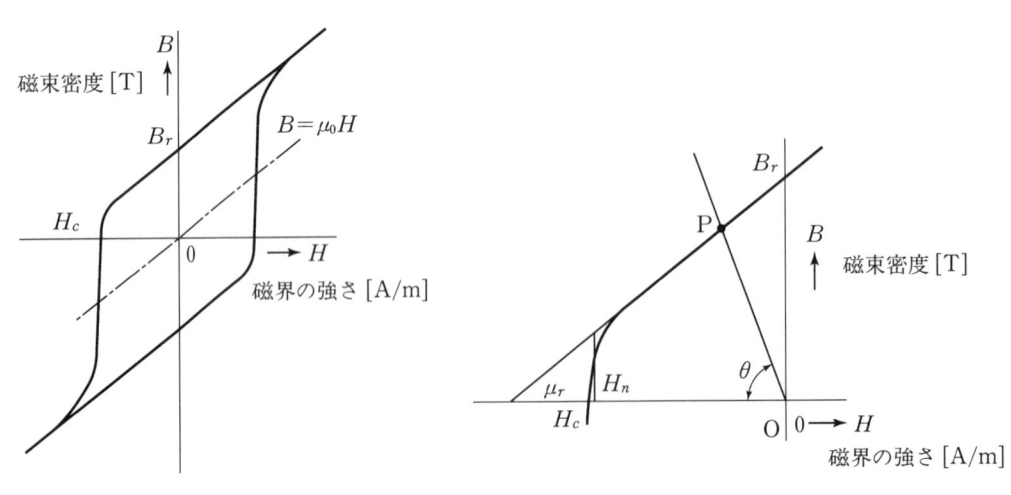

図1.20 永久磁石の磁化曲線 図1.21 永久磁石の減磁特性曲線

強い）ことが望ましい．

モータに使われる永久磁石の特性は，磁化曲線の第二象限である．これは減磁特性曲線と呼ぶ．このうち主要な磁気特性値は，残留磁束密度 B_r，保磁力 H_c，最大磁気エネルギー積 $(BH)_{max}$，リコイル透磁率 μ_r，屈曲点減磁界 H_n などである．図1.21でP点は動作点で，曲線O-Pをパーミアンス線，$\tan \theta = p$ をパーミアンス係数という．

e． フェライト磁石[11,12]

フェライト磁石は，最も多量に使用されている磁石であり，生産重量は全磁石の95％を超えている．これはほかの磁石材料に比べてコストパフォーマンスが優れているためである．さらに，「錆びない，分解しない」といったような化学的な安定性とともに，「高温側で保磁力が増大する，経時変化が小さい」といった磁気的な安定性にも優れている点が，実用材として強い支持を得ている．磁石特性の指標である最大エネルギー積 $(BH)_{max}$ が，フェライト磁石では希土類磁石の1/10であるが，コストメリットを維持しながら，磁気特性やほかの付加価値をさらに高める努力が地道に続けられている．

フェライト焼結磁石での高性能化としては，ランタンとコバルトを含有させたLa-Co系フェライト磁石が注目されており，磁気特性が改善され，OA，家電機器，電装品へのモータの採用が進んでいる．

f． Nd-Fe-B系焼結磁石[12,13]

Nd-Fe-B系焼結磁石は，生産重量ではフェライト焼結磁石のまだ約1割程度であるが，生産金額は各種磁石の中でトップを占めている．VCM（ボイスコイルモータ）と呼ばれるHDDのヘッド駆動用モータが最大用途であるが，最近ではHEV用モータに使用され，大幅な需要増が見込まれている．同時に低コスト化の市場要求も激しく，Nd-Fe-B系焼結磁石が市場に出始めた1980年代に比べると，現在の価格は1/3～1/4に低減しており，それがさらにNd-Fe-B系焼結磁石の普及を促進している．

HEV用モータでは，高温環境で，かつ逆磁界がかかるため，保磁力の大きな材質が求められる．製造方法および添加元素により，高保磁力かつ高エネルギー積を実現している．現在では，高保磁力な磁石として200℃以上の高温でも使用可能なものも出てきている．

g． 着 磁[14]

永久磁石をモータで使用するには，磁石を磁化するために着磁が必要となる．この着磁には，使用する永久磁石の種類，形状，モータ構造などによって種々ある．

Nd-Fe-B系焼結磁石は，フェライト磁石に比べて保磁力が大きいため，大きな磁場が必要となる．永久磁石を着磁する方法としては，静磁場着磁とパルス着磁がある．静磁場着磁は電磁石により着磁するもので，最大2MA/mの磁場しか発生できない．一方，パルス着磁は，着磁に2MA/m以上の高磁場を必要とする磁石や多極着磁をする場合に用いられる．また，モータ自身のコイルに電流を流して着磁する方

表 1.4 永久磁石の表面処理

表面処理	膜厚 [μm]	特　長	用　途　例
アルミコーティング	5～20	高い接着信頼性，耐食性，低環境負荷	センサ，スピーカ，VCM，カーエアコン，コンプレッサモータ，各種モータ
ニッケルめっき	10～30	高耐食性，表面洗浄良好	VCM，センサ，各種モータ
エポキシ塗装	10～30	耐塩水性	各種モータ
有機塗装	10～50	耐熱絶縁性，耐塩水性	各種モータ
無機塗装	10～30	高耐食性，耐熱性	各種モータ

法もある．

h. 表面処理

Nd-Fe-B 系焼結磁石は，防錆のための表面処理が必要であり，その種類としては，ニッケルめっき，銅めっきなどの湿式めっき，樹脂コーティングおよびアルミニウムの蒸着などがあり，表 1.4 に表面処理の例を示す．用途，使用環境，要求特性に応じて，適切な方法を選択する必要がある．しかし一方では，コンプレッサモータなど，冷媒やオイル中で使用され，直接外気に曝されない用途，さらには埋込磁石 (IPM) 形モータのように磁石が鉄心に埋没するような用途では，表面処理を低コスト化する要求が高まっている．

おわりに

このように電磁鋼板と永久磁石は，最近のモータにとって非常に重要な材料である．モータの小形・軽量・高効率化の要求も強く，電磁鋼板と永久磁石は，今後もその材料，加工方法，使用方法の進歩が注目される．　　　　〔望月資康〕

参 考 文 献

1) 新日本製鉄：新日鉄の電磁鋼板，カタログ (2002-4)
2) JFE スチール：JFE の電磁鋼帯，カタログ (2003-5)
3) 本田厚人・石田昌義・島田一男：自動車用のモータ鉄心材料とその評価方法，川崎製鉄技報，**32**, 1, pp. 43-48 (2000-1)
 A. Honda, M. Ishida and K. Shimada : Core materials for motors used in automobiles and evaluation method, *KAWASAKI STELL GIHO*, Vol. 32, No. 1, pp. 43-48 (2000)
4) 茂木　尚：無方向性ケイ素鋼板の最近の動向と展望，日本 AEM 学会誌，**10**, 3 (2002)
 H. Mogi : Recent progress and prospect of non-oriented silicon steel sheet, *Journal of the Japan Society of Applied Electromagnetics and Machanics*, Vol. 10, No. 3, pp. 257-262 (2002)
5) 望月資康・日々野定良：6.5%けい素鋼板の誘導電動機への応用，電気学会回転機研究会，RM-91-46 (1991)
 M. Mochizuki and S. Hibino : Application of 6.5% silicon sheet to induction motor and its magnetic properties, the papers of technical meeting on rotating machinery, IEE Japan, RM-91-46 (1991)
6) 開道　力：回転機における鉄損挙動について，電気学会回転機研究会，RM-00-119 (2000)
 C. Kaido : On the behavior of iron losses in rotating machines, the paper of technical meeting on rotating machinery, IEE Japan, RM-00-119 (2000)
7) 河野雅昭・千田邦浩・早川康之：自動車電装品の小型化，高機能化に貢献する打抜加工性に優れ

た電磁鋼板, 川崎製鉄技報, **35**, 1, pp. 1-6 (2003-1)
M. Kohno, K. Senda, Y. Hayakawa：Electrical steels having excellent punchability for compact and high-functional automotive electrical components, *KAWASAKI STELL GIHO*, No. 35, pp. 1-6 (2003)
8) 住特特殊金属：NEOMAX 希土類磁石, カタログ (2003-4)
9) 信越化学工業：信越レア・アースマグネット, カタログ (2002-4)
10) 長竹和夫：家電用モータ・インバータ技術 (モータ実用ポケットブック), 日刊工業新聞社 (2000)
11) 田口　仁：フェライト焼結磁石の高性能化, 工業材料, **51**, 2 (2003-2)
12) 田口　仁・佐藤和生：小型モータ用マグネットの高性能化, 電子技術 (2003-3)
13) 石垣尚幸・広沢　哲：高性能ネオジム焼結磁石の開発動向とその応用, マテリアルインテグレーション, **16**, 7 (2003)
N. Ishigaki and S. Hirasawa：Current trends of pevelopment of high-performance Nd-Fe-B sintered magnets and their applications, *Material Integration*, Vol. 16, No. 7 (2003)
14) 伊藤　卓：希土類磁石の着磁と測定技術, 磁気応用技術シンポジウム (1999)

1.6　振動・騒音・熱設計

1.6.1　振動・騒音
a.　概　要
　電気機器の振動や騒音は大別すると電磁振動・騒音, 機械振動・騒音および通風振動・騒音に分類されるが, 最近はこれにさらに, 制御方式による振動・騒音を加える場合がある[1]. 振動や騒音は起振源となる加振力が存在し, それが構造物, 鉄心やフレームなどを振動させ, さらに, その一部が空中に放射されることによって, 騒音となる. したがって, 加振力と構造物の関係, 特に両者の周波数特性が重要となる. 加振力の周波数と構造物の固有振動数が一致した場合には共振状態となり, 振動や騒音が特に大きくなる.

　電磁騒音はモータの場合, 空隙の電磁力が加振力となり, 固定子鉄心やフレームを振動させ, その一部が, 空中に放射され, 騒音となる[2〜4]. その他, 鉄板の磁気ひずみによる振動・騒音もある[5].

　機械振動・騒音にはベアリングやブラシによるものやきしり音などがある. ベアリングが損傷した場合などには特定の周波数成分が発生するので, これを検知して, ベアリングの故障診断などに応用されている. ブラシ付きの直流機ではブラシの摺動音などが発生する場合がある.

　通風振動・騒音はファンの風切り音, ブレードのサイレン音や冷却媒体の流れ音などがある.

　その他, 振動にはトルクリプルや軸振動などの回転方向の振動もある.

b.　電磁振動・騒音
　電磁振動・騒音の発生のメカニズムを図 1.22 に示すが, 空隙に発生した基本波を含む高調波磁束の相互作用による電磁力, 電磁力波が固定子や回転子を振動させる. これらの振動の一部が空中に騒音となって放射される. この図から, 電磁振動・騒音は

電磁力という電磁的な要因と構造物の振動伝達特性という機械的な要因の組合せにより，発生することがわかる．この電磁力の周波数と固定子や回転子の機械的な固有振動数が近接，あるいは一致した場合は共振状態となり，振動や騒音が極端に大きくなる．

誘導電動機では，電磁騒音の発生の原因となる電磁力の周波数 f [Hz] は一般に次式で計算される[1]．

$$f = f_s \times \left\{ \frac{nZ_r}{p/2}(1-s) \pm 2 \right\} \quad [\text{Hz}]$$
$$f = f_s \times \frac{nZ_r}{p/2}(1-s) \quad [\text{Hz}]$$
(1.6.1)

ここで，f_s：駆動周波数，Z_r：回転子溝数，p：極数，s：滑り，$n = 0, \pm 1, \pm 2, \pm 3, \ldots$

最近，家庭用エアコンのコンプレッサ駆動用などで用途が急激に拡大しているDCブラシレスモータでは，一般に駆動周波数の偶数倍の電磁力が発生し，偶数次の振動や騒音が発生する．インバータなどにより，駆動周波数を変化させて運転する場合は，電磁力の周波数もそれに応じて変化することになる．

電磁振動・騒音の低減対策としては，巻線のピッチや回転子溝数の変更，回転子溝や磁石のスキューなどがある．機械的なものとしては，固有振動数をずらすことも有効である．コストアップになるが，フレームを厚くしたり，吸音材でモータ全体を覆ってもよい．後者の場合はモータの過熱に注意する必要がある．固定子と回転子の同心度をよくするような精度の高い加工や組立を行えば，振動・騒音はかなり減少する．固定子や回転子の偏心があると振動・騒音は増大する．

また，電磁力は磁束密度の2乗に比例するので，磁束密度を下げれば特性も変化するが，振動・騒音も低下する．

モータ単体の場合と，モータを据え付けて負荷とカップリングした場合の固有振動数は異なり，振動・騒音のレベルや発生周波数が変化することがある．図1.23に電磁騒音のシミュレーションの例を示した[3]．

その他の電磁振動・騒音としては磁気ひ

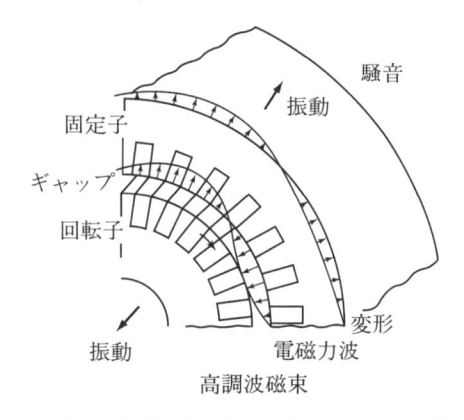

図1.22 電磁振動・騒音の発生メカニズム[10]

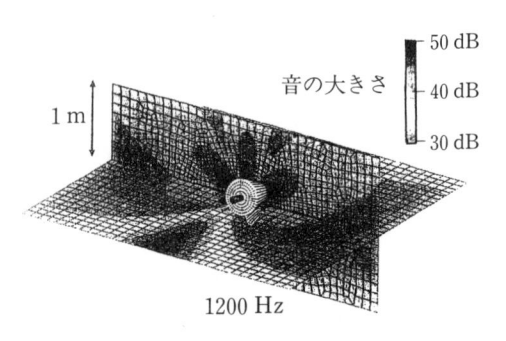

図1.23 電磁騒音の分布[3]

ずみによる振動・騒音がある[5]．一般には変圧器などで発生する「ブーン」という電源周波数の2倍の周波数の音である．しかし，その整数倍の振動・騒音も発生する．モータなどでは電磁振動・騒音の10～30％を占めていると推定される．磁気ひずみは電磁鋼板中のけい素の含有量が6.5％になるとほぼゼロになるので，すでに市販されているこのような鉄板を使用すると削減できる．

c. 機械振動・騒音

ベアリングやブラシによる振動・騒音のほかに，機械的な回転子のアンバランスによるものがある．また，ブラシやブレーキの摩擦音や衝撃音がある．

ころ軸受の音にはレース音，保持器で発生するケージ音，潤滑の関係で発生するきしり音，および，きず音がある．軸方向の振動を伴って発生するうなり音が，軸受から発生する場合がある．これは軸受の組立精度，取付誤差などにより発生するもので，軸受の転動体の遊びを抑制する軸方向の与圧が不十分な場合に発生する．与圧ばねで適正な軸方向の圧力を与えれば，防止できる．ころ軸受の起振力の周波数は次式で与えられる[1]．

$$Z_b \frac{N}{60} \cdot \frac{r_i}{r_i + r_o} \tag{1.6.2}$$

ここで，Z_b：ころ軸受のボール数，N：回転数 [min^{-1}]，r_i, r_o：ころ軸受の接触内周と外周の半径．最近の流体軸受ではこの種の振動・騒音は発生しない．

ブラシ音は直流電動機の整流子とブラシの摺動により発生するもので，ブラシの振動が周辺に伝わらないようにしたり，傾斜ブラシを用いたりして，低減することができる．

ブレーキ付モータでは制動によりディスクの摩擦音が発生する場合があるが，分割シューの採用などにより防止できる[6]．

d. 通 風 音

モータなどの冷却のため，回転子と同一軸にファンが取り付けられる場合が多い．通風音はこれらのファンによる騒音と空気の流れによる乱流音からなっている．

ファンによる騒音の周波数は次式で求められる．

$$k \times 羽根枚数 \times \frac{N}{60} \quad [\text{Hz}] \tag{1.6.3}$$

ここで，k：1, 2, 3, …．

この騒音の大きさは回転数の5乗，ファン外径の7乗に比例するので，ファン外径を小さくすれば，騒音は低下する．また，ファンの羽根のピッチを不等間隔にして，特定の周波数の騒音が発生しないようにし，ピークレベルのダウンによる全体騒音値の削減と聴感的な改善を行った例もある．

乱流音は羽根の前縁と後縁やファンカバーの中などで発生する空気の渦による騒音であり，周波数成分は広い範囲にわたっている．この騒音を下げるには通風路での空気の流れの急激な変化を緩和したり，ファンの外径とファンカバーの内径の隙間をあ

まり小さくしすぎないようにする．また，回転方向が決まっている場合は両回転可能なラジアルファンでなく，音の静かな軸流ファンを用いることもできる．

大形の電動機ではモータ全体を覆うサイレンサーを取り付けて，より一層ファン騒音などを削減することができる．

e. 制御方式による騒音

インバータやスイッチング素子によりモータが運転されるとき，インバータの変調周波数，ブラシレスDCモータの120°通電のスイッチング周波数やその整数倍近傍に振動や騒音が発生する場合がある．スイッチング周波数を20 kHz以上の可聴領域外にすれば，モータのリアクタンス効果とあいまって，騒音が小さくなる．しかし，主素子のスイッチングロスが増加する．

f. 固有振動数の計算

振動や騒音は起振力，あるいは加振力があって，それによって，鉄心やフレームなどの構造物が振動することにより，騒音が発生する．起振力の周波数と構造物の固有振動数が近接したり，あるいは一致したときには，振動や騒音が非常に大きくなる．したがって，構造物の固有振動数を知ることは重要となる．一般の円筒形のモータの場合，次式のような簡便な固有振動数の計算式がある[4]．

$$\text{固有振動数} = m(m^2-1) \frac{h}{\sqrt{3}\cdot\pi\cdot D^2\cdot\sqrt{m^2+1}} \sqrt{\frac{E}{\rho K}} \qquad (1.6.4)$$

ここで，m：モード数，h：ヨーク厚 [m]，D：ヨーク部平均直径 [m]，E：ヤング率 [N/m^2]，ρ：材料密度 [kg/m^3]，K：重量比(=〈ヨーク部の重量+歯や巻線重量〉/ヨーク部重量)，ヤング率(鉄)：20.6×10^{10} [N/m^2]，材料密度(鉄)：7.86×10^3 [kg/m^3]．

これはモータの鉄心の固有振動数の計算式で，ヨーク部分のみを取り出し，リングとして固有振動数を計算し，歯，巻線や絶縁物は重量比Kを補正係数として考慮に入れたものである．

正確に固有振動数を知るには，実験モーダル解析により，固有振動数の周波数とその周波数での変形形状を測定すればよい．また，構造解析のプログラムにより，精度の高い値を図1.24のように計算することもできる[7]．固有振動数を変化させて，振動や騒音を低くすることもできる．モータのシャフトの直径や鉄心の寸法の変更により，回転子の固有振動数を変えることができる．

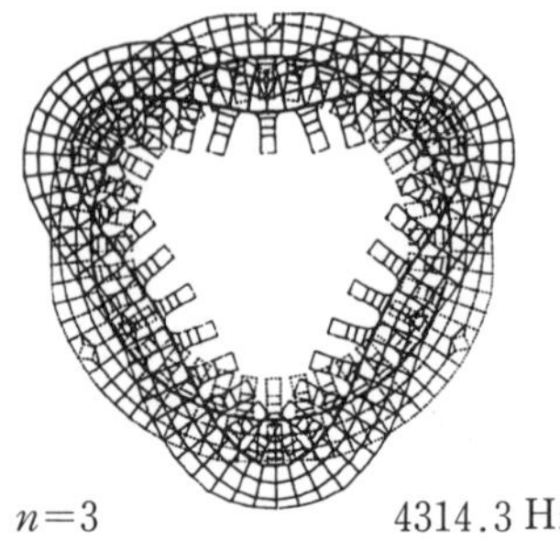

1.6.2 熱設計

a. 温度と絶縁物

電気機器では鉄損や銅損が発生して，それらが熱となり，機器の温度を上昇させる．機器では絶縁物や構造物にワニスやプラスチックなどの有機材料が使用さ

$n=3$　　　4314.3 Hz

図1.24 鉄心の固有振動モード[7]

表 1.5 絶縁階級と温度上昇値（JEC 147, JIS C 4034 による）

絶縁種別	許容最高温度 [℃]	巻線温度上昇限度 [K]	絶縁物の一例
Y	90	(45)	木綿，紙，絹，類似有機質材料
A	105	60	Y種材料でワニスを含浸したものなど
E	120	75	ポリエステル系材料
B	130	80	マイカ，石綿，ガラス，繊維，類似有機質材料
F	155	105	B種材料とシリコーンアルッド樹脂の組合せ，アラミッド，類似有機質材料
H	180	125	マイカ，石綿，ガラス繊維，シリコン樹脂，ポリイミドフィルム
C	180 超過	限度なし	生マイカ，石綿，磁器

巻線温度上昇限度は，一般的な空冷形のモータで巻線の抵抗を測定して，巻線の温度上昇値を計算した場合．

れている．これらの材料は温度がある値以上，例えば120℃を超えると，絶縁性能が劣化したり，熱変形したり，最悪の場合は焼損する．また，温度上昇により，組み込まれているICや半導体素子が誤動作するようになる．

温度の測定は巻線の抵抗を測定して求められる．すなわち，電気機器を電源に接続せずに放置しておき，全体が周囲温度と同一になったと考えられる時点で，巻線の抵抗とそのときの周囲温度を測定しておく．その電気機器が使用される条件で，フレームや内部に埋め込まれた熱電対の温度上昇が一定になるまで，または，規定の時間まで運転する．その時点で電源を切り離し，すばやく巻線の抵抗を測定し，式(1.6.5)から，温度上昇値が求められる．この温度は巻線全体の平均温度であり，最も熱い点の温度ではない．

$$\text{温度上昇値} = R_2 \frac{235 + T_1}{R_1} - 235 - T_2 \quad [\text{K}] \tag{1.6.5}$$

ここで，R_1：巻線の運転前の冷時の抵抗 [Ω]，R_2：巻線の運転後，温度上昇後の抵抗 [Ω]，T_1：巻線の運転前の冷時の周囲温度 [℃]，T_2：巻線の運転後，温度上昇後の周囲温度 [℃]．

温度上昇値が後述の規定値を超えたものは，その機器の絶縁寿命が短くなったり，絶縁が破壊されたり，最悪の場合は焼損に至るので，使用してはいけない．

電気機器に使用されている絶縁物やプラスチックなどは寿命との関係から，材料の種類別に最高許容温度が決められており，日本では標準の周囲温度を40℃としている．最高許容温度から40℃と余裕分の数度を差し引いた温度が，許容の温度上昇値となる．これは一般に，絶縁階級として，表1.5のように規格 JEC 147, JIS C 4034 により定められている．

b. 機器の温度上昇

電気機器の温度は，一般に定格負荷状態で機器の温度が一定になるまで運転することによって，図1.25のような温度上昇曲線が得られる．この最終温度から，そのと

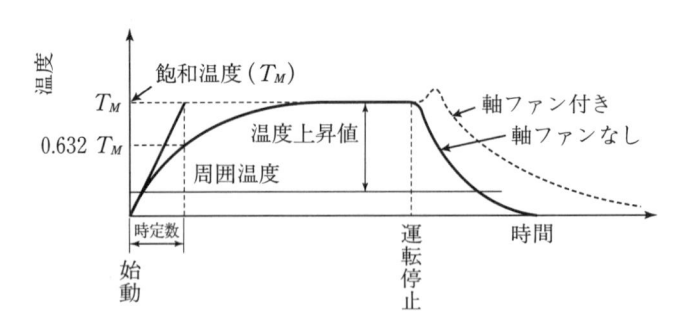

図 1.25 温度試験カーブ

きの周囲温度を差し引いた温度が，機器の温度上昇値となる．この図から，熱時定数は最終温度の 63.2% になった時点の時間となる．一般に，機器の温度が一定（最終温度）になった後，機器の運転を止めてそのまま放置して得られるのが，冷却曲線である．冷却曲線からも熱時定数が求められるが，上昇時と同じ冷却条件であれば，両方の熱時定数は同一となる．しかし，モータの軸端にファンがある場合は運転停止と同時にファンも止まり，熱放散係数が運転時の約 1/3〜1/4 となる．したがって，冷却がかなり悪化して，熱時定数が始動時の 3〜4 倍となる[8]．

電気機器の熱計算，すなわち，温度上昇の計算は，近年，有限要素法や境界要素法などで高精度に行われるようになってきた．しかし，設計時点で，簡略的に求めるには次のような計算式がある．

$$温度上昇 [K] = \frac{損失 [W]}{放熱面積 [m^2] \times 熱放散係数 [W/m^2 \cdot K]} \quad (1.6.6)$$

ここで，損失は温度上昇を計算する物体が生じる損失で，熱放散係数の設定が経験的なものになる．一般に，10〜30 W/m²·K 程度と考えられる．

c. 反復運転時の温度[8]

(1) **反復負荷連続運転の温度** 一定の周期で負荷運転と無負荷運転を繰り返して運転する場合，無負荷時の損失を無視すると，最終温度上昇は次式から計算される．

$$最終温度上昇 = 負荷連続運転時最終温度上昇 \times \frac{負荷運転時間}{負荷運転時間 + 無負荷運転時間} \quad (1.6.7)$$

(2) **反復負荷運転の温度** 一定周期で負荷運転と停止を繰り返す場合は，停止中の熱時定数は運転中の 3〜4 倍となり，最終温度上昇は次式から計算される．

$$最終温度上昇 = 負荷連続運転時最終温度上昇 \times \frac{T_s \times 負荷運転時間}{T_s \times 負荷運転時間 + T_r \times 停止時間} \quad (1.6.8)$$

ここで，T_r：始動，運転時の熱時定数（温度上昇時），T_s：停止するときの熱時定数（温度下降時）．

d. 温度上昇の計算

電気機器の温度が一定であるときの各部の温度は熱等価回路によって計算することができる．温度，熱の流れおよび熱抵抗を，それぞれ電気回路の電圧，電流および電気抵抗に置き換えて，発熱量を各結接点に与え，各結接点の温度を未知数とする多元一次連立方程式により各点の温度を求めることができる[9]．熱等価回路には電気の場合と同様にキルヒホッフの法則を適用する．熱抵抗は一般に次式から求められるが，熱伝導率の設定が経験的なものになる．

$$熱抵抗 = \frac{熱伝達路の長さ}{熱伝導率 \times 熱伝達路面積} \tag{1.6.9}$$

特に，溝内のコイルから鉄心への場合はスロット絶縁物，コイルの占積率やワニスの種類などにより，鉄心からフレームへの場合は鉄心とフレームの圧入時の密着度により，それぞれ異なっている．

最近では有限要素法などの計算機の数値計算プログラムによって解析する．この場合でも，各部の熱伝導率や計算の境界条件は入力する必要があり，これらの経験的な値によって，計算結果が左右される． 〔石橋文徳〕

参 考 文 献

1) P. Vijayraghavan and R. Krishnan : Noise in electric machines : A Review, *IEEE Trans. Industry Appl*, Vol. 35, No. 5, pp. 1007-1013 (1999-9/10)
2) F. Ishibashi, S. Noda and M. Mochizuki : Numerical simulation of electromagnetic vibration of small induction motor, *IEE Proc.-Electr. Power Appl.*, Vol. 145, No. 6, pp. 528-534 (1998-11)
3) F. Ishibashi, K. Kamimoto, S. Noda and K. Itomi : Small induction motor noise calculation, *IEEE Trans. Energy Conversion*, Vol. 18, No. 3, pp. 357-361 (2003-9)
4) P. L. Alger : Induction Machines, p. 376, Gordon and Breach Science Publishers (1970)
5) 石橋文徳・野田伸一・柳瀬俊次・佐々木堂：磁気歪みと電動機の振動について，電学論A，**123**, 6, pp. 569-573 (2003-6)
   F. Ishibashi, S. Noda, S. Yanase and T. Sasaki : Magnetostriction and motor vibration, *Trans. Fund. & Mate. IEEJ*, Vol. 123, No. 6, pp. 569-573 (2003-6)
6) 糸見和信，大橋敬義，中村邦彦，森　貞明：ブレーキモータの制動音対策研究，日本機械学会講演論文集，No. 837-2 (1983)
7) F. Ishibashi, K. Kamimoto, S. Noda and K. Itomi : Natural frequency of stator core of small induction motor, *IEE Proc.-Electr. Power Appl.*, Vol. 150, No. 2, pp. 210-214 (2003-3)
8) 藤田　宏：電動力応用工学，p. 169，森北出版 (1996)
9) 佐藤忠幸：小中容量全閉外扇形電動機の温度上昇計算，東芝レビュー，**29**, 4, pp. 364-368 (1974-4)
   T. Sato : calculation on Temperature Rise in Totally Enclosed Fan-Cooled Induction Motors, *Toshiba Review*, Vol. 29, No. 4, pp. 364-368 (1974-4)
10) 石橋文徳・野田坤一：誘導電動機の電磁場 — 振動・騒音場連系解析，日本AEM学会誌，**7**, 1, p. 21 (1999-3)

1.7 機器容量と機器体格

電動機は，電流と磁束の相互作用によって電気エネルギーを機械エネルギーに変換する機器である．そこで出力を P_0，電流に関する量を A，磁束量を Φ とすると

$$P_0 = K_0 A \Phi \tag{1.7.1}$$

のように表せる．ただし，K_0：係数．ここで，A は電流と直列導体数の積で電気装荷，Φ は磁気装荷と呼ばれ，電動機の温度上昇や電気特性などに密接に関係し，特に電動機の大きさ（体格）を決める重要な値となる．そこで，A と Φ のそれぞれの密度を電気比装荷 ac [A/m] と磁気比装荷 B_g [Wb/m^2] とし，さらに回転速度を N_s，空隙部直径を D，鉄心長を L として式(1.7.1)を整理すると，

$$P_0 = K_1 N_s D^2 L \, ac \, B_g \tag{1.7.2}$$

が得られ，これを出力方程式と呼んでいる．ただし，K_1：力率や効率などを含んだ係数．

上記の式(1.7.1)と(1.7.2)は，与えられた出力や回転速度，特性などの条件を満足するように A と Φ の装荷配分を決め，さらにそれぞれの密度を決めて電動機の体格に相当する鉄心の $D^2 L$ 値が決定されることを示している．

表1.6に誘導電動機の大きさ（体格）の決定にかかわる条件として，定格や仕様の

表1.6 誘導電動機の大きさ（体格）に関係する主な定格と仕様

項　目		体格との概略の関係
定格	出力（容量）	体格は出力の比に概略比例[注1]
	極　数	極数の増加 ⇒ 回転速度と力率の低下 ⇒ 体格大
	周波数	周波数の増加 ⇒ 回転速度の増加 ⇒ 体格小
	回転速度	体格は回転速度の比に概略逆比例[注2]
	冷却方式	開放形や強制通風の適用 ⇒ 冷却効率大 ⇒ 体格小
仕様	電気特性　始動，最大トルク	高トルク ⇒ 低リアクタンス化 ⇒ Φ の増加 ⇒ 体格大[注3]
	始動電流	低始動電流 ⇒ 高リアクタンス化 ⇒ 漏れ磁束量増加 ⇒ 体格大[注4]
	効　率	高効率 ⇒ 低電流密度，低磁束密度 ⇒ 体格大
	力　率	高力率 ⇒ 低磁束密度化 ⇒ 体格大
	滑　り	高滑り ⇒ 高抵抗バーの使用 ⇒ 損失増加 ⇒ 体格大
		低滑り ⇒ 回転子電流低減[注5] ⇒ Φ の増加 ⇒ 体格大
	騒　音	低騒音 ⇒ 低風量ファン適用，低磁束密度 ⇒ 体格大
	振　動	低振動 ⇒ 鉄心径 D/鉄心長の比 L を大 ⇒ 体格大のケースあり
	温度上昇	低温度上昇 ⇒ A と ac の低減 ⇒ Φ の増加 ⇒ 体格大

- 注1) 冷却性能などの差から通常，（出力の比）^{a} に概略比例としたとき，$0.75 < a < 1.0$ にある（1.7.1項の $r = 1.0 \sim 2.0$ に対応）．
- 注2) 回転速度の比が2以上のように大幅に異なる場合は，温度上昇の制約から「概略逆比例」の関係が成り立たない．
- 注3) 低リアクタンス化 ⇒ 直列導体数の減少 ⇒ 電気装荷 A の減少 ⇒ 磁気装荷 Φ の増加
- 注4) 温度上昇の制約から直列導体数の増加が不可 ⇒ 鉄心を大きくして漏れ磁束量を増加
- 注5) 直列導体数の減少により回転子電流の低減が得られる．

中から主要なものをあげた．表には各項目における概略の対応例もあわせて示したが，ほとんどの項目が電動機の体格に直接関係しているため，性能要求を必要最小限に留めることや，高速化などによって小形軽量を積極的に図ることが重要となる．

1.7.1 電気装荷と磁気装荷

式(1.7.1)において重要なことは，電気装荷と磁気装荷をどのように配分するかにあり，いままでいろいろな考え方や手法が提案されてきた．ここでは，理論的な展開が比較的可能な微増加比例法[1)]に基づき，装荷配分の概要について述べる．

まず，出力を任意の値に増加する場合を考え，磁気装荷の増加と電気装荷の増加との関係を次式のように表すものとする．

$$\Phi = CA^\gamma \tag{1.7.3}$$

ただし，C：定数．

上式において $\gamma=1$ は A と Φ が同一の比で増加することを意味し，$\gamma>1$ は A の増加率よりも Φ の増加率の方が大きいことを示しており，その比率は γ の関数で表せる．したがって，γ は電気装荷と磁気装荷の配分を定めることになり，分配定数と呼ばれている．

ここで，各部の寸法を n 倍したときの，特定の条件における出力と寸法(体格)の関係を表1.7に示した．表の条件Ⅰは電流密度 σ と磁束密度 B を一定にしたもので，条件Ⅱは条件Ⅰに加えて電気比装荷 ac を一定としたものである．表からわかるように，条件Ⅰ($\gamma=1$)は出力が n^4 に比例するものの冷却性能が同一であれば温度上昇が n 倍になるもので，大幅に冷却性能を向上させる必要があり，設計的に最も厳しい条件である．一方，条件Ⅱ($\gamma=2$)は出力が n^3 に比例するため冷却性能が同一でも温度上昇がほぼ一定となるもので，条件Ⅰと対極の関係にある．したがって，γ は 1.0～2.0 の範囲内の値をとることになるが，出力が増加するに伴って表面冷却から強制通風の適用などのように冷却性能を向上させており，通常，$\gamma=1.2$～1.5 の範囲にある．

式(1.7.3)を式(1.7.1)に代入して整理すると

$$A = A_0 P_0^{1/(1+\gamma)},$$
$$\Phi = \Phi_0 P_0^{\gamma/(1+\gamma)} \tag{1.7.4}$$

のような関係式が得られる．したがって，機種ごとに γ と A_0，Φ_0 を統計的手法で決めることにより，任意の出力における装荷量が求められる．これらは電動機の体格を決定する際の設計データとなり，また，次項の電気比装荷における β 値とともに，機種ごとの冷却性能や設計内容を評価する場合のデータとして使用できる．

さらに，表1.7から明らかなように，大容量機になるほど単位質量当たりの出力増加と損失低減が同時に達成できるため，単機容量の拡大が積極的に行われてきた．大容量タービン発電機では，水素冷却や直接水冷却などを採用して 1000 MVA を超えるものが多く製作されている．一方，誘導電動機の場合は，わが国において 25 HP

表 1.7 電動機の出力(容量)と寸法(体格)との関係

項目	関係式・条件・その他	条件I (B, σ 一定)	条件II (B, σ, ac 一定)
磁気装荷 Φ	B 一定により $\Phi \propto$ 断面積	n^2	n^2
電気装荷 A	σ 一定により $A \propto$ 断面積(条件I) σ, ac 一定により $A \propto n$(条件II)	n^2	n[注1]
出力 P_0	$P_0 \propto \Phi \cdot A$	n^4	n^3
質量 m	質量 $m \propto n^3$	n^3	鉄心:n^3,コイル:n^2[注2]
損失 W	B, σ 一定により損失 $\propto$ 質量[注3]	n^3	鉄損:n^3,抵抗損:n^2
質量/出力	単位出力当たりの質量=m/P_0	$1/n$ ($n=2$のとき,$n=1$の0.5倍)	鉄心:不変,コイル:$1/n$ ($n=2$のとき,$n=1$の0.9倍[注4])
損失/出力	単位出力当たりの損失=W/P_0	$1/n$ ($n=2$のとき,$n=1$の0.5倍)	鉄損:不変,抵抗損:$1/n$ ($n=2$のとき,$n=1$の0.7倍[注5])
効率 η	$\eta = 100/(1+W/P_0)$ $n=1$のとき,$\eta=90\%$として計算	$n=2$のとき,$\eta \approx 95\%$	$n=2$のとき,$\eta \approx 93\%$[注5]
温度上昇 t	$t=W/$(熱伝達係数 $\kappa \times$ 放熱面積 S) または $t \propto \sigma \cdot ac$[注6]	$W/S=n^3/n^2=n$ ($n=2$のとき,$n=1$の2倍)	鉄心部:$n^3/n^2=n$ コイル部:$n^2/n^2=1$(不変)

注1) $ac=A/$極ピッチ τ において,ac を一定としたとき,τ が n 倍されると A も n 倍となる.
注2) コイルの断面積が A に比例して n 倍となるため,コイル質量 $\propto n^2$ となる.
注3) 単位質量当たりの抵抗損 $\propto \sigma^2$,単位質量当たりの鉄損 $\propto B^2$ のため,損失 $\propto$ 質量となる.
注4) 鉄心質量:コイル質量 $\approx 3:1$ として計算.
注5) 抵抗損:鉄損:機械損:漂遊負荷損 $\approx 6:2:1:1$ とし,抵抗損 $\propto n^2$,ほかの損失 $\propto n^3$ として計算.
注6) $\sigma \cdot ac$ が空隙の単位表面積当たりの W/S を示すため,κ 一定の条件で $t \propto \sigma \cdot ac$ となる.

に始まり約70年で27 MWまで単機容量が増大したが,近年の傾向として,多数台に分割してシステム制御により効率的な運転を目指すことが多くなっている.

図1.26に分配定数 γ に対する鉄心質量と導体質量との関係を示した.図からわかるように,鉄心質量が磁気飽和などのために導体質量よりかなり大きく,その結果 γ の増加に対して全質量が増加している.また,図中にも示したが,γ が大きくて鉄心質量が増加する範囲を鉄機械,γ が小さくて銅質量が増加する範囲を銅機械と呼んでいる.鉄機械は低リアクタンスで高トルク特性であること,銅機械は小形軽量であることなどの特長をもっているが,全体的な傾向としては経済的にメリットのある銅機械の方向にある.

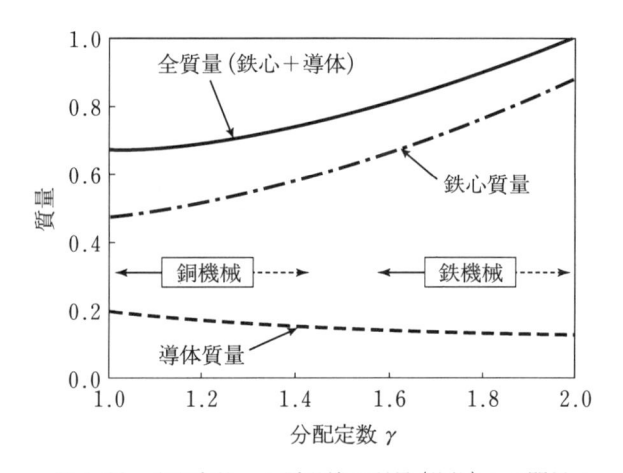

図 1.26 分配定数 γ と電動機の質量(体格)との関係

1.7.2 出力方程式

式(1.7.2)の出力方程式において,出力係数 OPC を次式のように定義すると,

OPC は単位が $[A/m] \cdot [Wb/m^2] = [A/m] \cdot [V \cdot s/m^2] = [J/m^3]$ となり，エネルギー密度を表していることになる．

$$OPC = acB_g = \frac{P_0}{K_1 N_s D^2 L} \qquad (1.7.5)$$

上式は，ac, B_g, N_s を大きくすることにより電動機の小形軽量化が達成されることを示している．特に，回転速度の高速化については，二極機や四極機が多く適用され，さらにインバータ駆動による $3600 \, \text{min}^{-1}$ を超える超高速機の適用も行われている．

一方，電気比装荷 ac は，温度上昇と密接な関係があり，冷却性能の向上にしたがって大きな値がとれる．そこで，ac を電気装荷の式と同様に $(ac) = (ac)_0 P_0^\beta$ とおくと，表1.7の寸法と出力の関係を適用したとき，β と γ は連動し，通常の範囲である $\gamma = 1.2 \sim 1.5$ に対して $\beta = 0.18 \sim 0.10$ となる．実際の ac は仕様や冷却性能などの各種条件を加味して決定されるが，この ac と電気装荷 A から D 寸法を求め，磁気装荷 Φ と B_g から L 寸法を決めることができる．

1.7.3 電動機の高エネルギー密度化の変遷

式(1.7.5)で示したように，電気比装荷 ac と磁気比装荷 B_g との積はエネルギー密度を表しており，今日まで，この値を高めるための技術開発が多く進められてきた．

まず，電気比装荷 ac に対しては，ac がコイルの温度上昇と密接に関係するため

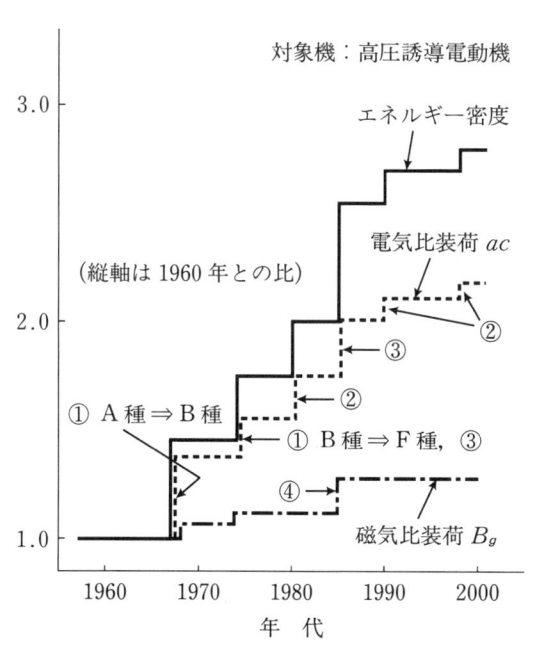

図1.27 電動機エネルギー密度の変遷(例)

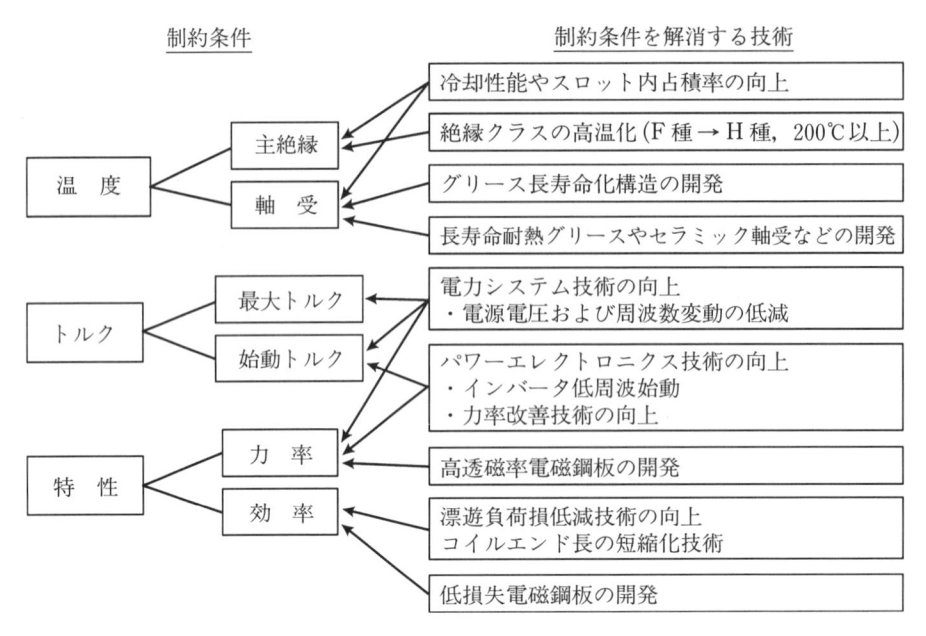

```
            制約条件                    制約条件を解消する技術
                           ┌──────────────────────────────┐
                    ┌─主絶縁┤ 冷却性能やスロット内占積率の向上 │
                    │      ├──────────────────────────────┤
         温 度──────┤      │ 絶縁クラスの高温化(F種→H種，200℃以上)│
                    │      └──────────────────────────────┘
                    └─軸 受┌──────────────────────────────┐
                           │ グリース長寿命化構造の開発      │
                           ├──────────────────────────────┤
                           │ 長寿命耐熱グリースやセラミック軸受などの開発│
                           └──────────────────────────────┘

                    ┌最大トルク┌──────────────────────────┐
         トルク────┤          │ 電力システム技術の向上    │
                    │          │ ・電源電圧および周波数変動の低減│
                    │          ├──────────────────────────┤
                    └始動トルク│ パワーエレクトロニクス技術の向上│
                               │ ・インバータ低周波始動     │
                               │ ・力率改善技術の向上      │
                               └──────────────────────────┘

                    ┌ 力 率 ┌──────────────────────────────┐
         特 性─────┤       │ 高透磁率電磁鋼板の開発          │
                    │       ├──────────────────────────────┤
                    └ 効 率 │ 漂遊負荷損低減技術の向上        │
                            │ コイルエンド長の短縮化技術      │
                            ├──────────────────────────────┤
                            │ 低損失電磁鋼板の開発            │
                            └──────────────────────────────┘
```

図 1.28 誘導電動機のエネルギー密度制約条件の解消技術

に，冷却性能の向上，絶縁の高耐熱クラス化，絶縁の電界強度を高めることによるスロット内占積率向上などの開発があげられる．一方，磁気比装荷 B_g は，力率や電磁振動などと密接な関係があるため，電磁鋼板の透磁率向上や磁性楔の適用，低騒音化技術の向上などの開発があげられる．図 1.27 にエネルギー密度の変遷の例を示した．図においてエネルギー密度が大幅に増加している箇所では，上に述べたような性能向上の技術が大きく寄与しているのがわかる．

図 1.28 にエネルギー密度の制約条件を解消する技術の主なものを示した．図において，200℃以上の高耐熱絶縁の適用やトルク面でのインバータ駆動による低周波始動の適用など，材料や制御技術の進歩によって解消されるものが多く示されている．

これまで，電動機のコア技術を向上させることによって高エネルギー密度化を達成させてきた．しかし，図 1.28 にも示したように，これからはパワーエレクトロニクス技術や電力システム技術，材料技術などの周辺技術の進歩と電動機のコア技術の進歩とが相乗し合って高エネルギー密度化が進展するものと考える．

1.7.4 永久磁石モータにおける高エネルギー密度化

最大エネルギー積 $(BH)_{max}[kJ/m^3]$ の高い希土類磁石の進歩は著しく，特に Nd-Fe-B 系では 400 kJ/m³ のものが製品化されるまでに至っており，これらを応用した電動機の性能向上には目覚ましいものがある．

式 (1.7.2) において B_g は永久磁石の残留磁束密度 B_r にほぼ比例し，ac は弱め界磁運転を行う永久磁石モータの磁石にとっては減磁界 (A/m) として作用する．した

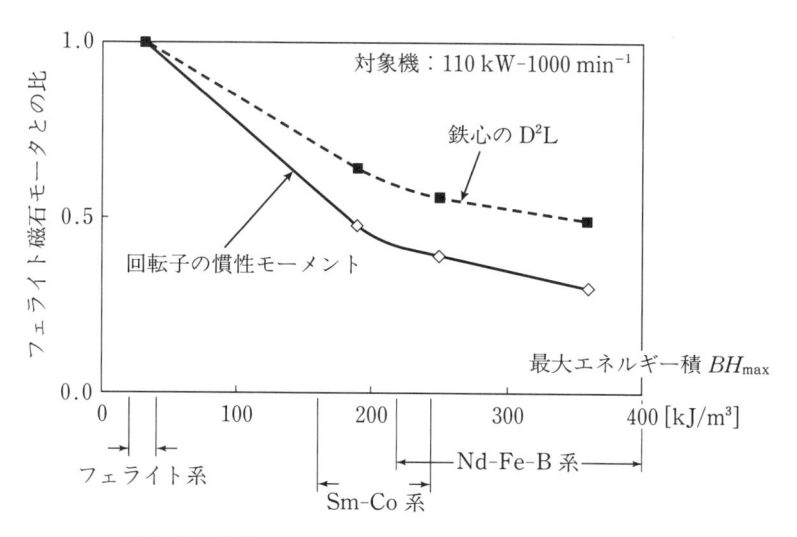

図 1.29 永久磁石モータにおける磁石材料と体格の関係

がって，高い B_r と保持力 iH_c [kA/m] を有する Nd-Fe-B 系は有利となる．

図 1.29 に各種永久磁石を用いた埋込永久磁石 (IPM) モータの試設計例を示した．$(BH)_{max}$ の向上と小形化との関係が明らかに示されており，特に低慣性化は高応答な制御性能が得られる利点がある．　　　　　　　　　　　　　　　　〔雨森史郎〕

参 考 文 献

1) 竹内寿太郎・磯部直吉・松田　勳・石崎　彰・坪島茂彦・高井　章：大学課程 電機設計学，オーム社 (1997)
   T. Takeuchi, N. Isobe, I. matsuda, A Ishizaki, S. Tsubozima and A. Takai : Design of Electrical Machines (University course), Ohmsha (1997)
2) 雨森史郎：永久磁石とともに向上するモータの性能，電気学会雑誌，**113**, 9, pp. 775-779 (1993)
   S. Amemori : The performance of electric motors progressing with permament magnets, *J. IEE Japan*, Vol. 113, No. 9, pp. 775-779 (1993)

2
電機制御系の基礎

2.1 電源・モータ・機械負荷

　モータの動作の基本は始動，停止，回生を含めた加減速運転，定速度運転，定トルク運転である．これらの基本運転をもとに，負荷の要求に応じた速度制御，トルク制御，位置制御が可能となる．そのためには，モータの供給電圧・電流は自由に安定に制御できることが必要である．図2.1にモータ制御系の基本構成を示す．速度指令，位置指令，トルク指令にしたがって電圧・電流が制御される．一般に，速度は電圧に

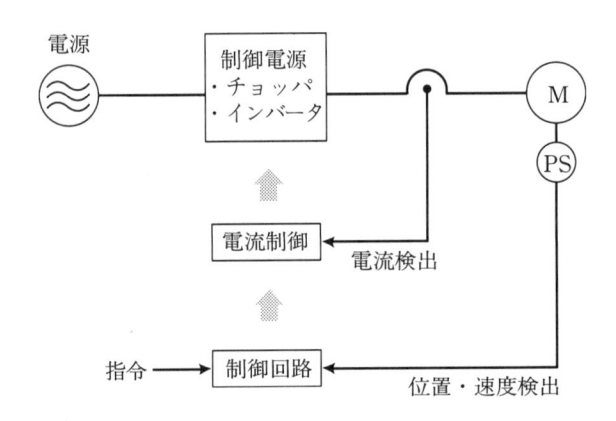

図2.1　モータ制御系の基本構成

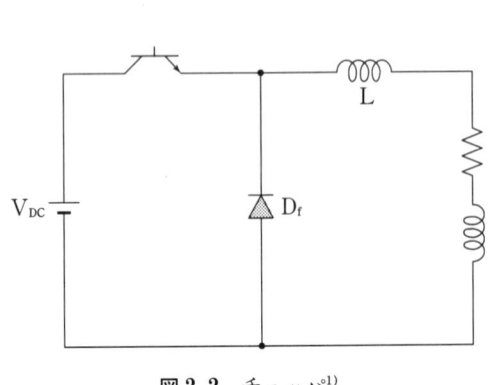

図2.2　チョッパ[1]

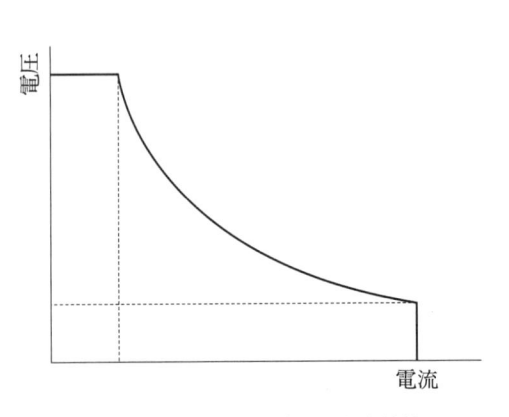

図2.3　直流安定化電源の出力特性

比例し，トルクは電流に依存する．

2.1.1 制御電源の種類

モータの種類によって必要とする電源の特性は異なる．直流モータの制御には可変電圧の直流安定化電源(たとえばチョッパ)が，交流モータの制御には，可変周波数・電圧の交流安定化電源(たとえばインバータ)が用いられる．

直流安定化電源は図2.2に示すチョッパが基本となる[1]．スイッチングデバイスの通流率(オン期間の割合)を制御することにより，電圧が可変となる．図2.3に直流安定化電源の特性の一例を示す．定電圧特性，定電力特性，定電流特性領域が存在するが，この領域内では電圧・電流は自由に制御することができる．回生ブレーキを必要とする用途には図2.4に示す電源への回生が可能な四象限チョッパが用いられる．

交流モータは三相駆動が一般的である．三相電圧形インバータの基本回路を図2.5に示す．モータの滑らかな回転と高効率運転のためには正弦波が望ましい．このため，1周期の中で，多数のオン・オフ動作を行い，このオン期間の制御により基本波

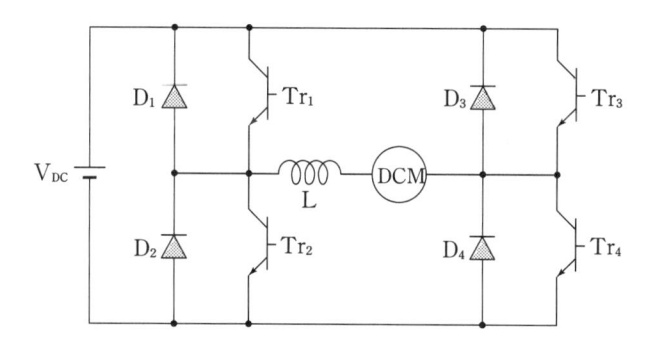

図 2.4 四象限チョッパ

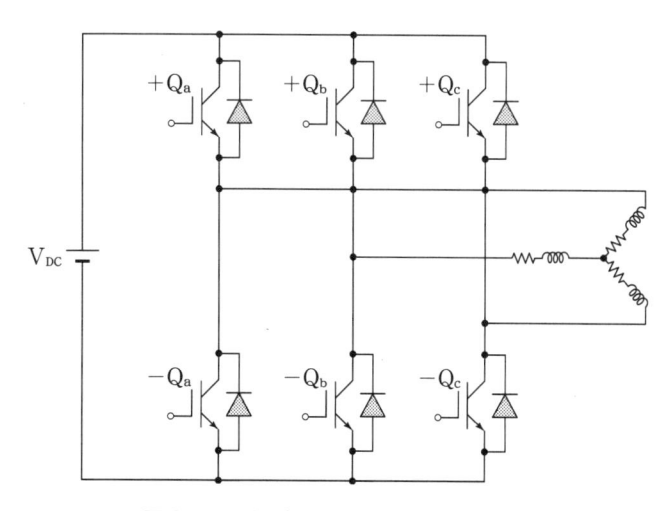

図 2.5 三相電圧形インバータの基本構

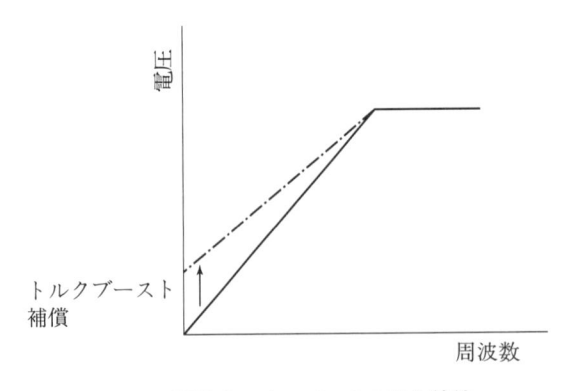

図2.6 インバータの出力特性

以外の高調波成分を抑制している．交流モータの速度は周波数 f に依存するが，その際，磁気飽和の影響を避けるため，電圧 V の大きさも周波数に比例して制御する V/f 一定制御が用いられる．代表的な交流モータ駆動インバータの電圧周波数特性を図2.6に示す．誘導モータのインバータ駆動では，始動時を含む低速領域でのトルク不足を改善するため，周波数の低い領域では電圧を大きめに設定するトルクブースト補償が用いられる．トルクブーストの大きさや V/f の勾配は負荷との関連で，所望の特性が得られるように設定される．

2.1.2 モータの種類

モータは，伝統的に駆動電源の種類により分類されるのが一般的であるが，ロータ，ステータ構造ならびに巻線方式が多様化してきているうえに，最近はスイッチングデバイスを用いた駆動装置と一体化して可変速運転される場合が多く，単純な電源のみの分類では実情にあわない．多様性を考慮すれば，①電源の種類による分類，②トルク発生原理による分類，③構造上の分類，④用途および特性の分類など，目的に応じて分類することが望ましい[2]．ここでは主としてモータを選定する立場から，エネルギー変換媒体，電源，構造，特性などを総合的に考慮した分類を図2.7に示す．エネルギー変換媒体からは，空間に蓄えられる磁気エネルギーを媒体に使う電磁モータ，静電エネルギーを媒体に使う静電モータ，金属弾性体の弾性波を使う超音波モータに大別される．電磁モータは駆動電源から4種類に大別できる．直流モータには巻線界磁と永久磁石界磁がある．巻線界磁は電機子電圧制御と界磁電流制御により広範囲な可変速運転が可能であるが，小形化に向かない，効率が低いなどの理由により，その用途は少なくなっている．永久磁石界磁の直流モータは小形・高効率で，速度，トルクがチョッパにより容易に制御できるため，サーボモータとして用いられている．さらにその整流子とブラシによる機械的な整流作用を半導体のスイッチング作用で置き換えたブラシレス直流(DC)モータは，メンテナンスフリーの理想的な可変速モータとして広く用いられている．ユニバーサルモータは界磁巻線と電機子巻線

```
電磁モータ ─┬─ 直流モータ ─┬─ 巻線界磁直流モータ
           │             └─ 永久磁石界磁直流モータ ─┬─ ブラシ付直流モータ
           │                                      └─ ブラシレス直流モータ
           ├─ 交直両用モータ ─── 巻線界磁整流子モータ ─── ユニバーサルモータ
           ├─ 交流モータ ─┬─ 同期モータ ─┬─ 永久磁石同期モータ
           │             │             ├─ シンクロナスリラクタンスモータ
           │             │             └─ スイッチトリラクタンスモータ
           │             └─ 誘導モータ ─┬─ 三相誘導モータ ─┬─ 分相始動モータ
           │                           └─ 単相誘導モータ ─┼─ コンデンサ始動モータ
           │                                             ├─ コンデンサモータ
           │                                             └─ くま取りコイルモータ
           └─ ステッピングモータ ─┬─ VR形
                                ├─ HB形
                                └─ PM形
静電モータ
超音波モータ
```

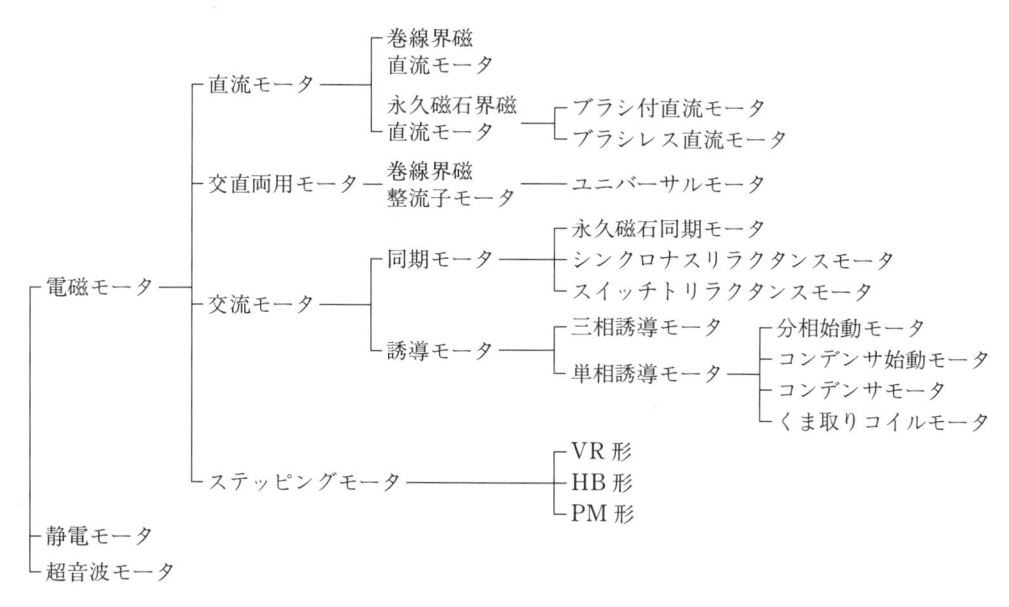

図 2.7 モータの分類

を直列に接続して使用するモータで，交直両用の電源で運転でき，低速大トルク，高速小トルクの定出力特性を有し，数万回転の高速回転にも使用できる．

交流モータは，回転磁界に同期して回転する同期モータと数%の滑りをもって回転する誘導モータに分類される．同期モータはロータ構造により，永久磁石モータとリラクタンス系モータに分かれる．ロータ位置に基づいて制御されるインバータで駆動される永久磁石同期モータは極めて速度範囲が広く，効率も高い．ブラシレスDCモータとは原理的に同じであるが，ブラシレスDCモータは矩形波電流駆動であり，永久磁石同期モータは正弦波電流駆動が一般的である．リラクタンスモータはロータの構造が簡単で頑健なため，温度の高い環境でも用いることができる．誘導モータは動力用としては三相が主流であるが，一般用途には単相モータが多く，始動方法により数種類に分かれる．商用電源では数%の滑りで，ほぼ一定速度で回転するが，可変速やサーボモータの用途にはインバータで駆動するのが一般的である．

ステッピングモータは，構造的には同期モータと類似しているが，極数が多く，極先端に小歯を有するのが特徴である．オープンループのパルス電流駆動が一般的で，そのパルス数に応じて容易に微細な位置制御が可能なため，簡易なサーボモータとして用いられる．

2.1.3 負荷の種類

モータの負荷としては，①ファンやポンプのようにトルクが速度の2乗に比例する負荷，②コンベア，台車などのようにトルクが高速から低速までほぼ一様な負荷，③ホイストや昇降機装置のようにモータが発電制動領域でも運転することのある負

荷，④巻取機，工作機の主軸，研磨機の砥石軸のように高速になるほどトルクが小さくなり，回転数との積がほぼ一定となる定出力負荷などがある．

一方，モータ試験用の負荷として，ヒステリシスブレーキ，渦電流ブレーキ，プロニーブレーキ，パウダーブレーキ，発電ブレーキなどがある．それぞれの試験負荷の特徴は以下の通りである[3]．

(1) ヒステリシスブレーキ：内側，外側のステータ極に直流を流す．カップ状のヒステリシスロータに生じる磁気損失がブレーキ力となる．拘束トルクから測定できるが，低速でコギングトルクがあり，慣性モーメントが大きい．

(2) 渦電流ブレーキ：導電性のディスク状の円盤を左右の界磁巻線極で直流励磁する．円盤に発生する渦電流損により負荷がかかる．構造が簡単であるが，低速領域では小さな負荷しか吸収できない．

(3) プロニーブレーキ：出力軸に取り付けたプーリに紐などを巻き付け，そこで生じる摩擦ブレーキをばねばかりなどで測定する．負荷は紐の先端につり下げたおもりにより調整する．装置が簡単で安価，慣性モーメントが小さい反面，測定誤差が大きい．

(4) パウダーブレーキ：ロータとステータのギャップに磁性鉄粉を入れ，ステータ極を直流励磁する．磁性鉄粉は鎖状につながり制動力となる．低速でも高トルクに対応できるが高速回転は不向きである．

(5) 発電ブレーキ：直流モータや永久磁石同期モータを発電機として動作させる．発電した電力は外部に接続した抵抗負荷で消費するか，コンバータにより電源に回生する．広範囲の負荷に対応できるが，装置として高価となる． 〔武田洋次〕

参 考 文 献

1) 金東海：パワースイッチング工学，pp. 49-51，電気学会 (2003)
2) モータ技術実用ハンドブック編集委員会編：モータ技術実用ハンドブック，pp. 14-18，日刊工業新聞社 (2001)
3) 電気学会精密小形電動機調査専門委員会編：小形モータ，pp. 232-235，コロナ社 (1994)

2.2 パワーエレクトロニクスの基礎

2.2.1 パワーエレクトロニクスとモータ制御

前節で述べたように，モータには直流電源で動作する直流モータと交流電源で動作する交流モータがある．直流モータの速度は電機子電圧にほぼ比例するから，速度制御を実現するためには，電圧を効率よくかつ自在に調整できる直流電源が必要となる．また，交流モータの速度は基本的に周波数の調整により制御できる．そこで，速度を制御するためには，一般に周波数ならびに電圧を調整できる交流電源が必要となる．周波数・電圧の双方を制御することは，モータの鉄心に磁気飽和を発生させない

2.2 パワーエレクトロニクスの基礎

表 2.1 主な電力用半導体素子

分類	種類	スイッチング機能	
		ターンオン制御	ターンオフ制御
ダイオード	整流ダイオード ショットキーバリヤダイオード	不 可	不 可
サイリスタ	逆阻止三端子サイリスタ ターンオフサイリスタ トライアック	可	不 可 可 不 可
トランジスタ	バイポーラトランジスタ MOSFET IGBT	可	可
複合形パワーデバイス	ダイオード，サイリスタ，トランジスタなどのパワーモジュール	種類ごとに上記と同じ	

ために必要である．

このような電圧や周波数の変換には，一般に電力用半導体素子を用いた電力変換装置が採用される．これは，変換に伴う電力損失が原理的になく，高効率の電力変換が可能となるからである．このような変換装置とその応用に関する技術分野は総称してパワーエレクトロニクスと呼ば

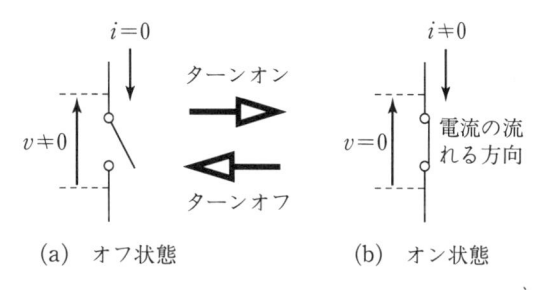

図 2.8 理想スイッチの状態

(a) オフ状態　(b) オン状態

れ，サイリスタの誕生(1957年)以来の電力用半導体素子の目覚ましい進歩やマイクロエレクトロニクス技術，制御理論などの著しい発展により，近年急速に発達してきた．パワーエレクトロニクスは，今やモータ制御に不可欠な技術分野である．

表2.1に，電力変換装置内でスイッチング素子として現在使用されている主な電力用半導体素子を示す．これらの半導体素子は，いずれも図2.8に示すような理想スイッチに近い状態で動作するので，電力変換に伴う損失はほぼゼロである．つまり，スイッチにおける電力損失は図の電圧 v と電流 i の積であるが，スイッチがオフの状態では $i=0$，オンの状態では $v=0$ となって電力損失は発生しないのである．図のようにスイッチのオフ状態からオン状態へ変化することをターンオン，その逆をターンオフというが，オン/オフのタイミング制御の可否は素子の種類によって異なり，表2.1に示すようになる．これらの半導体素子は目的に応じて使用されている．以下，同表の半導体素子を簡単に説明する．

ダイオードには整流ダイオードとショットキーバリヤダイオードがあり，前者は一般整流用，後者は高周波整流用に使用される．表に示すようにダイオード自身はオン/オフの制御機能は備えておらず，ダイオードが導通するか否かは，それに接続される外部回路のみによって決定される．

表 2.2 電力変換装置の種類

交流 → 直流	整流回路 (順変換回路)
直流 → 直流	直流チョッパ
直流 → 交流	インバータ (逆変換回路)
交流 → 交流	交流電圧調整器, サイクロコンバータ

　サイリスタは pnpn 構造を有するスイッチング素子の総称である．逆阻止三端子サイリスタは素子自身でターンオフする自己消弧機能をもたないものの，使いやすく安価であるなどの理由で多数使用されている．一方，ターンオフサイリスタは負のゲート電流を流すことによりターンオフが可能である．トライアックは，逆阻止三端子サイリスタ 2 つを逆並列に接続したものと同一機能をもつ素子で，交流電力制御用によく使用される．

　トランジスタはいずれもオン/オフを任意のタイミングで制御できる．バイポーラトランジスタはベース電流の制御により，また MOSFET はゲート電圧の制御により，それぞれオン/オフを制御する素子である．IGBT は MOSFET とバイポーラトランジスタの長所を兼ね備えた素子で，高速動作が可能でかつ損失が小さいなどの特徴があるため，最近広い分野で採用されるようになった．

　複合形パワーデバイスは，よく使用される回路を各種半導体素子を組み合わせてあらかじめ 1 つのパッケージにまとめて構成した，一種のハイブリッド集積回路 (IC) である．例えば，トランジスタとダイオードを組み込んだものや複数個の素子をブリッジ状に接続し，必要な端子のみを取り出したものなどがあり，スイッチとしての機能はデバイスを構成する素子の種類により決まる．

　表 2.2 はモータ駆動用に採用されている電力変換装置の種類を示したもので，これらの変換装置はいずれも表 2.1 に示した電力用半導体素子を組み合わせて構成される．本節ではこれらの変換装置のうち，主に直流モータの電圧制御に採用される直流チョッパおよび交流モータの速度制御に採用されるインバータについて，その回路構成や動作原理を説明する．

2.2.2　直流チョッパ

　直流チョッパは，ある一定の直流電圧を任意の値の直流電圧に変換する電力変換装置である．電源電圧より低い電圧を出力するチョッパを降圧チョッパ，また高い出力電圧を得られるものを昇圧チョッパ，出力電圧を電源電圧の前後で任意に調整する回路を昇降圧チョッパという．以下，これら 3 種類のチョッパ回路の回路構成および動作原理について説明する．

a.　降圧チョッパ

　図 2.9 に降圧チョッパ回路の原理図を示す．図 2.9 (a) に示すスイッチ SW には，具体的には表 2.1 に示すスイッチング素子のうち自己消弧機能をもつものを使用するのが一般的である．図のように，直流電源と負荷との間に挿入したスイッチをオン/

(a) 回路図 (b) 各部の波形

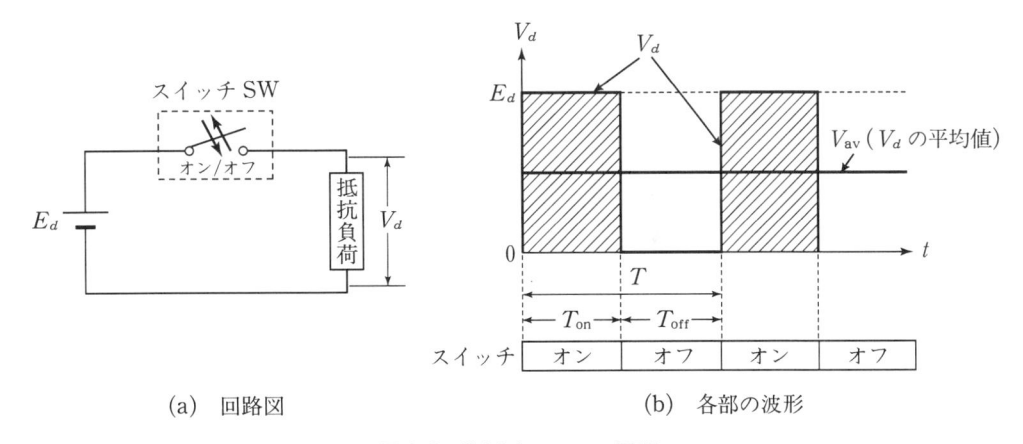

図 2.9 降圧チョッパの原理

オフ制御すれば，負荷の端子電圧（出力電圧）は図 2.9 (b) の V_d に示すように，SW オンのとき $V_d=E_d$，オフのとき $V_d=0$ となるから出力電圧の平均値 V_{av} は

$$V_{av} = \frac{T_{on}}{T_{on}+T_{off}} E_d = \frac{T_{on}}{T} E_d = \alpha E_d \tag{2.2.1}$$

となる．ただし，$\alpha = T_{on}/T$ である．ここで，$\alpha(0 \leq \alpha \leq 1)$ を通流率と呼ぶ．

したがって，出力電圧平均値 V_{av} はスイッチの周期 T またはオン期間 T_{on} のいずれか一方を調整すれば，$0 \leq V_{av} \leq E_d$ の間で任意に変化させることができる．以上が降圧チョッパの原理である．

図 2.9 で説明したチョッパ回路の出力電圧には，大きな脈動成分が含まれるので理想的な直流とは言い難い．そこで，この脈動分を平滑化する回路が考案された．図 2.10 (a) がその回路で，図 2.9 (a) のスイッチ SW と負荷との間にダイオード D およびリアクトル L を接続しただけの簡単な回路である．以下，図 2.10 (b) を参照しつつ，定常状態における回路動作を説明する．

SW をオンにすると，ダイオードは逆バイアスされオフとなるので $I_1 = I_2$ となり，電源 E_d からリアクトルおよび負荷である直流モータにエネルギーが供給される．SW をオフにすると $I_1 = 0$ となるが，L が十分大きい場合はリアクトルに一時的に蓄えられたエネルギーが直流モータに供給される．このとき循環電流 $I_{Di}(=I_2)$ が $L \rightarrow$ 直流モータ → ダイオードの経路で環流する．そこで，ダイオード D を環流ダイオードという．これらの結果，負荷である直流モータの電圧および電流はほぼ一定となり，脈動のほとんどない可変直流電源が得られることになる．負荷電流 I_2（したがって出力電圧 V_{out}）の脈動分を減少するには，スイッチングの周波数 $1/T$ をある程度以上に高く選定し，また L を十分大きく選べばよい．

この場合，出力電力の平均値 P_2 は

$$P_2 = V_{out} I_2 = \alpha E_d I_2 = E_d \alpha I_2 \tag{2.2.2}$$

と変形できるが，

(a) 回路図 (b) 各部の波形

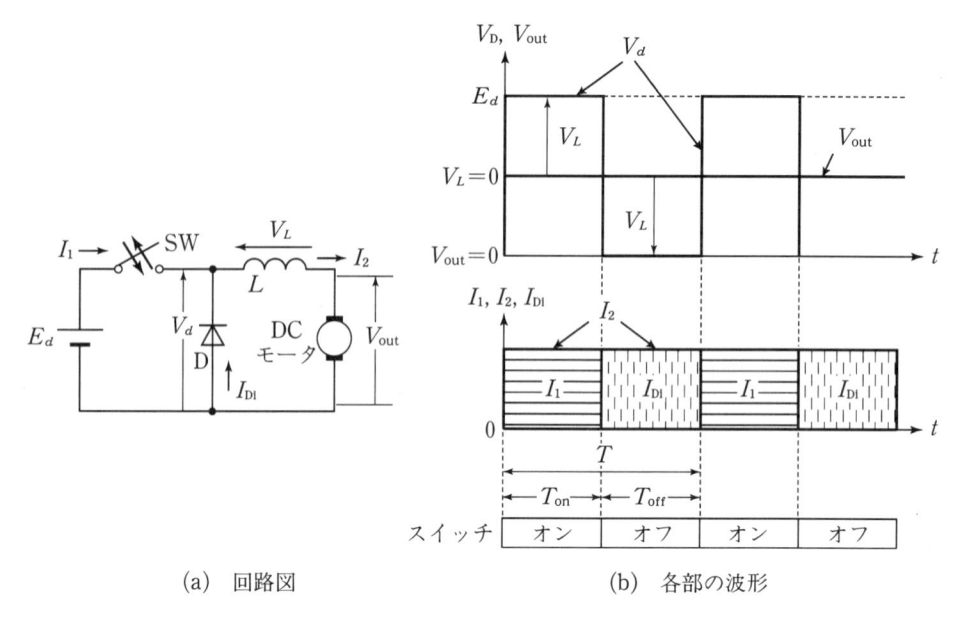

図 2.10 降圧チョッパ回路

$$\alpha I_2 = I_1 \text{の平均値} \tag{2.2.3}$$

であるので，

$$P_2 = E_d \times I_1 \text{の平均値} = P_1 \text{（入力電力）} \tag{2.2.4}$$

となり，結局，図 2.10(a) の回路では SW などの損失を無視すれば効率 100% の電力変換が行われることがわかる．

b. 昇圧チョッパ

図 2.11 は，電源電圧より高い出力電圧を得ることのできる昇圧チョッパ回路を示したものである．図 2.11(a) の回路図でリアクトルのインダクタンス L ならびにコンデンサの静電容量 C が十分大きい場合は，定常動作状態において I_1 および V_out はほぼ一定になることに留意して，図 2.11(b) を参照しながら回路動作を考える．スイッチ SW をオンにすると，L に加わる電圧は $V_L = E_d$ となるから L に流れる電流 I_1 が増加して L の磁束レベル（V_L の時間積分値に比例）は増加することとなる．一方，SW をオフにすると L に蓄えられたエネルギーはダイオード D を通って負荷側へ送られ，L の磁束レベルは減少することとなる．定常状態ではコイルの磁束レベルの増減はゼロであるから，SW オフのときのコイルの電圧が図 2.11(b) に示すように $V_L = E_d - V_\text{out}$ となることを考慮して次式が成立する．

$$E_d T_\text{on} = (V_\text{out} - E_d) T_\text{off} \tag{2.2.5}$$

したがって，

$$V_\text{out} = \frac{T_\text{on} + T_\text{off}}{T_\text{off}} E_d = \frac{T}{T_\text{off}} E_d \tag{2.2.6}$$

となり，$V_\text{out} > E_d$ が得られる．ここで，T/T_off は昇圧比である．昇圧比の逆数を β

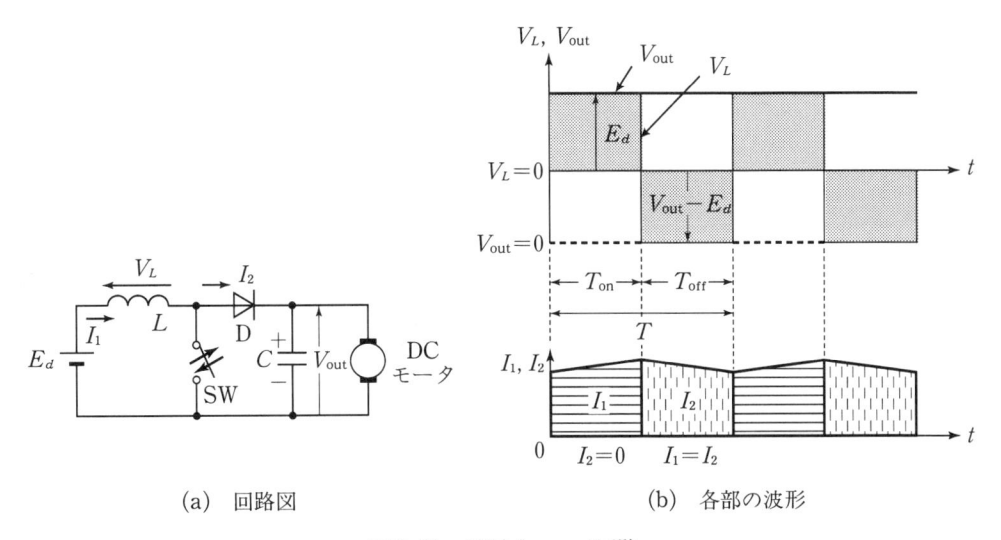

図 2.11 昇圧チョッパ回路

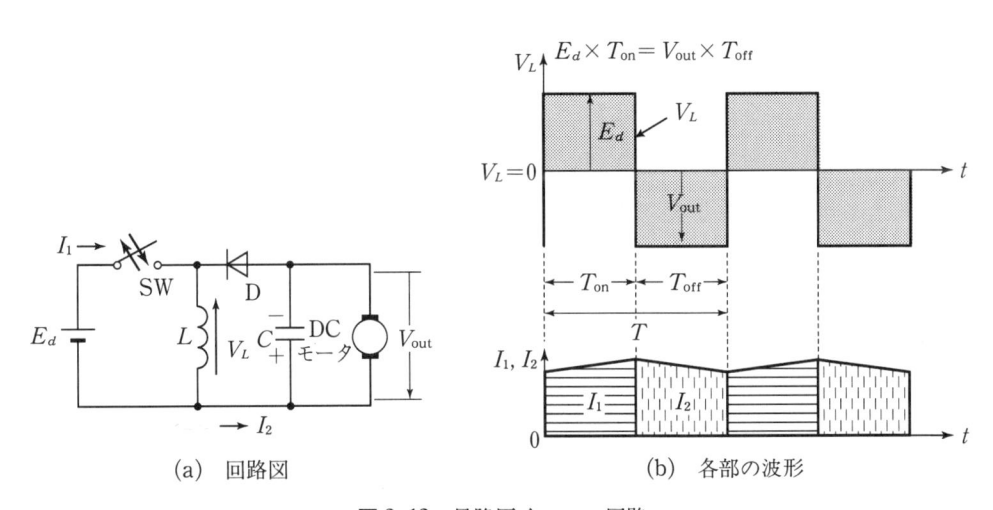

(a) 回路図　(b) 各部の波形

図 2.12 昇降圧チョッパ回路

(a) 回路図　(b) 各部の波形

とおけば，通流率 α とは

$$\alpha + \beta = 1 \tag{2.2.7}$$

の関係がある．

c. 昇降圧チョッパ

昇降圧チョッパ回路は，出力電圧を電源電圧の前後で調整できるチョッパ回路であり，図 2.12 にその原理図を示す．以下，リアクトルのインダクタンス L ならびにコンデンサの静電容量 C が十分大きい場合について，回路の定常動作状態を考察する．図 2.12(a) においてスイッチ SW をオンにすると，図 2.12(b) に示すようにリアクトル L の電圧は $V_L = E_d$ となり，L に電流 I_1 が流れてエネルギーが蓄えられるとともに，磁束レベルは増加する．SW がオフになると，L から電流 I_2 が流出して L の

エネルギーは負荷側に送られるとともに，コイルの磁束レベルは減少する．定常動作状態におけるコイルの磁束レベルの増減は等しいから，次式が成り立つ．

$$E_d T_{on} = V_{out} T_{off} \tag{2.2.8}$$

したがって，

$$V_{out} = \frac{T_{on}}{T_{off}} E_d = \frac{T_{on}}{T - T_{on}} E_d = \frac{\alpha}{1-\alpha} E_d \tag{2.2.9}$$

となり，スイッチSWのオン/オフ時間の調整により出力電圧を電源電圧の前後で自由に調整することができる．

2.2.3 インバータ

直流を交流に変換する電力変換装置をインバータという．インバータは2.2.1項で述べた電力用半導体素子を組み合わせて構成され，半導体素子（スイッチ）のオン/オフ制御によって動作する．ここでは，インバータの種類について説明した後，モータ駆動用によく使用される電圧形インバータを中心に説明する．

a. インバータの種類

インバータを動作させるには，構成要素である半導体スイッチを適宜切り換える必要がある．スイッチを切り換えることを転流というが，この転流機能によりインバータを分類すると，インバータ自身で転流できる能力を備えた自励式インバータ，および電源電圧や負荷電圧などを巧みに利用して転流を実現する他励式インバータに分類される．今日では表2.1に示すように自己消弧能力を有する半導体素子が著しく発達したので，自励式インバータが主流となっている．一方，インバータ出力相数の点から，単相交流を出力する単相インバータと，出力が三相交流の三相インバータがあり，後者は特に交流モータを駆動するためによく用いられる．さらに，インバータの直流電源が電圧源（電圧一定）の性質をもつ場合，出力電圧波形は電源電圧に依存するので電圧形インバータといい，また電源が電流源の場合，出力電流波形は電源電流に依存するので電流形インバータという．

b. 電圧形単相インバータ

図2.13は構成の最も簡単なハーフブリッジ形単相インバータである（電源が電圧源であるので電圧形である）．図2.13(a)は回路構成を示し，電源の中間点から端子を取り出せる直流電源と2個のスイッチより構成される．各スイッチにはそれぞれ，ダイオードが逆並列に接続されていることに注意されたい．図2.13(b)に示すように，スイッチSW1およびSW2を交互にオン/オフすれば，出力側には振幅E_dの交流電圧v_{ac}が得られ，直流→交流の電力変換を実現できることがわかる．交流負荷が抵抗のみの場合は，負荷電流i_{ac}はv_{ac}と相似の方形波になるが，誘導性負荷の場合，i_{ac}は図のようにv_{ac}より遅れることとなる．つまり，SW1オンのとき$i_{ac}<0$の期間（SW2オンのとき$i_{ac}>0$）が存在し，この期間は電力が負荷側から電源側に回生されていることを意味する．しかし，図2.8に示すように単体の電力用半導体素子で

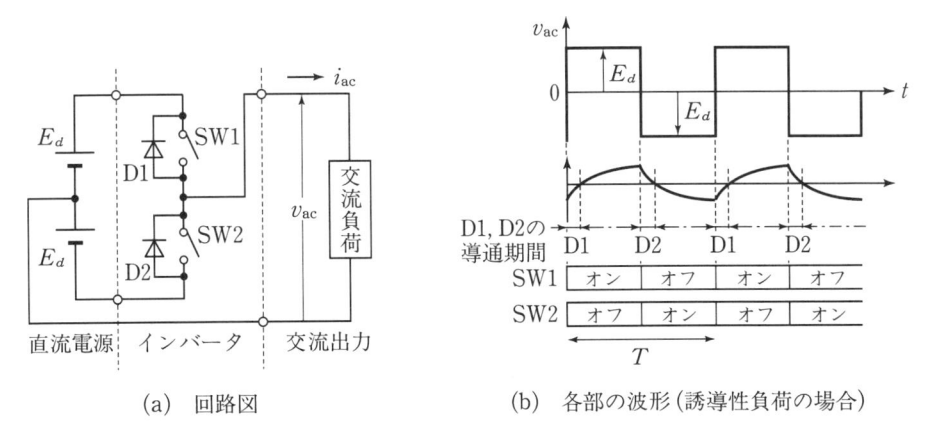

図 2.13 単相インバータ（ハーフブリッジ形）

(a) 回路図　　(b) 各部の波形（誘導性負荷の場合）

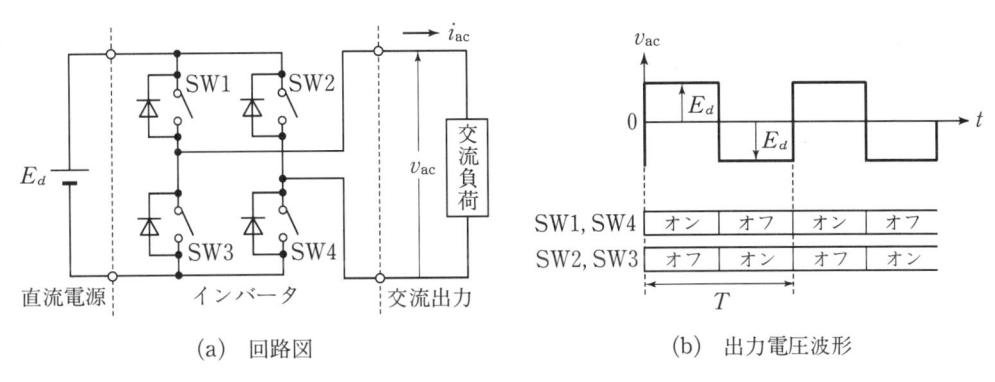

図 2.14 単相インバータ（フルブリッジ形）

(a) 回路図　　(b) 出力電圧波形

は流すことのできる電流は一方向であるから，回生電流を流す通路を確保しなければならない．各スイッチに逆並列に接続されたダイオードはこのような回生電流を流すために必要で，これらのダイオードの導通期間は図 2.13 (b) に示すように v_{ac} と i_{ac} の符号が異なる場合となる．なお，図の交流出力の周波数を調整するには両スイッチのオン/オフの周期（周期 T）を変化すればよい．これがインバータの最も簡単な構成である．

図 2.14 (a) は，直流電源 E_d ならびに逆並列ダイオードを接続したスイッチ 4 個（SW1〜SW4）から構成されるフルブリッジ形単相インバータである．この場合，ハーフブリッジ形では必要であった直流電源の中間点は不要となる．このインバータは図 2.14 (b) に示すようにスイッチ群 SW1, SW4 とスイッチ群 SW2, SW3 を交互にオン/オフさせれば，交流側に周波数 $1/T$，振幅 E_d の単相交流電圧が出力されるので直流 → 交流の電力変換が実現でき，インバータとして利用することができる．

図 2.13，2.14 の単相インバータにおいて，出力電圧の振幅を調整するためには，直流電源電圧 E_d を 2.2.2 項で述べた直流チョッパ回路，あるいは表 2.2 の整流回路のうち出力電圧を調整できる位相制御整流回路などにより変化すればよい．

c. 電圧形三相インバータ

三相交流を出力するインバータを三相インバータといい，図2.15(a)に基本構成を示す．図のように，インバータは逆並列ダイオードを接続したスイッチ6個をブリッジ状に接続して構成する．各スイッチを図2.15(b)の(1)〜(3)に示すようにオン/オフさせれば，結果的に(4)〜(6)に示すような三相交流電圧が出力される．

以下，このインバータの動作を説明する．インバータの6個のスイッチをU相SW1，SW4，V相SW2，SW5，およびW相SW3，SW6の3つのグループごとにそれぞれ図2.15(b)(1)〜(3)のように交互にオン/オフ制御し，これら3つのスイッ

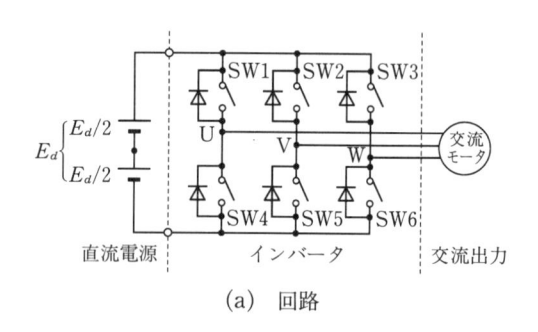

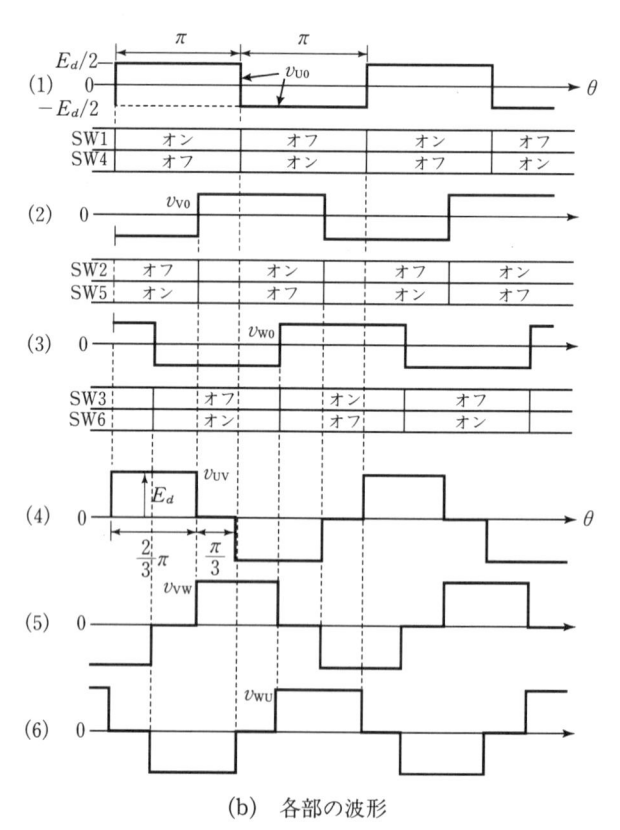

(a) 回路

(b) 各部の波形

図2.15 三相電圧形インバータ

チ群のスイッチ切換は互いに120°ずつ位相が異なるようにタイミングを調整する．このように制御すると，例えば直流電源電圧の中間点Oに対するU相の電圧v_{U0}は，(1)に示すように振幅が$E_d/2$の方形波になる．同様にV相電圧v_{V0}，W相電圧v_{W0}はそれぞれ(2)，(3)に示すようになる．これらの結果，例えばUV間出力電圧$v_{UV}=v_{U0}-v_{V0}$は(4)に示すように$2\pi/3$の期間だけ振幅E_dの電圧が出力され（$\pi/3$の期間は電圧0），(5)，(6)の波形とあわせて全体的には位相が互いに$2\pi/3$異なる，三相電圧（相順UVW）が出力されることとなる．

d. PWMインバータ

図2.13～2.15で説明したインバータの出力電圧波形はいずれも方形波であるので，多くの高調波成分が含まれる．これらの高調波電圧のうち高次成分は交流モータが一般に誘導性であるため，これによる電流成分は減衰してモータ特性に及ぼす影響はほとんどないが，低次高調波成分は交流モータのトルクの発生に寄与しないばかりでなく，損失を発生させることになるのでできるだけ少ないことが望ましい．PWM（パルス幅変調）インバータはインバータの出力電圧に含まれる低次高調波成分を除去する目的でよく使用される．

まず，単相PWMインバータについて説明する．図2.14(a)と同一回路を使用し，スイッチSW1～SW4を，図2.16(a)に示すようにインバータから出力したい正弦波電圧に比例した変調波v_mと三角波状の搬送波v_cを比較してオン/オフ制御する．す

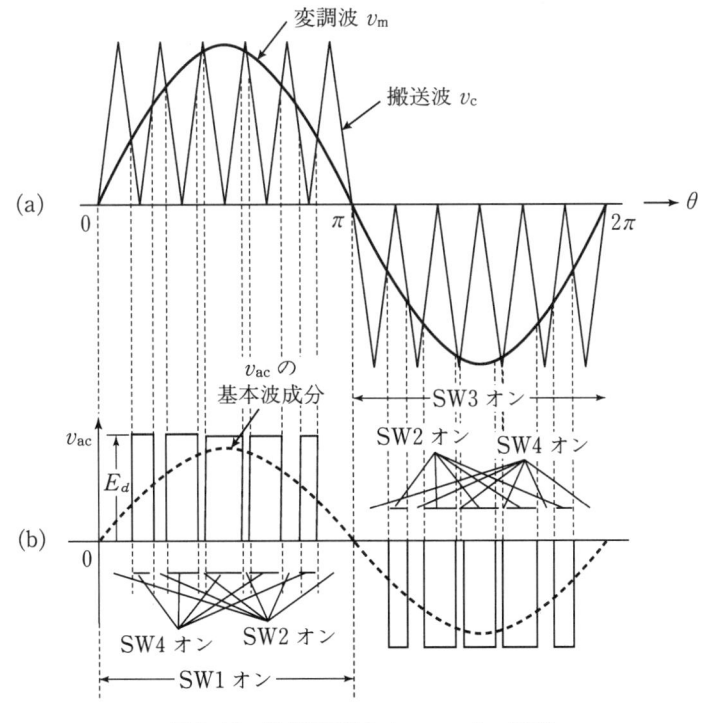

図2.16 単相PWMインバータの原理

なわち，

- 出力の正の半周期では，スイッチ SW1 オンのまま

    $v_\mathrm{m} > v_\mathrm{c}$ のとき SW4 オン，SW2 オフ

    $v_\mathrm{m} < v_\mathrm{c}$ のとき SW4 オフ，SW2 オン

- 出力の負の半周期では，スイッチ SW3 オンのまま

    $v_\mathrm{m} > v_\mathrm{c}$ のとき SW4 オン，SW2 オフ

    $v_\mathrm{m} < v_\mathrm{c}$ のとき SW4 オフ，SW2 オン

のように制御を行う．このように制御を行うと，交流出力側の電圧 v_ac は図 2.16(b) に示すように，低次高調波のないほぼ理想的な電圧波形が得られることになる．以上が PWM 制御の基本原理である．

このような PWM 制御を三相インバータに拡張してみよう．図 2.15(a) の三相インバータ回路において，スイッチ SW1 と SW4 を交互にオン/オフすると，直流電源の中間点 O に対するインバータの U 点の電位 v_U0 は SW1 オンのとき $E_d/2$，SW4 オンのとき $-E_d/2$ となるので，図 2.17(a) に示すように変調波 v_Um と搬送波 v_c を比較し，$v_\mathrm{Um} > v_\mathrm{c}$ のとき SW1 オン，$v_\mathrm{Um} < v_\mathrm{c}$ のとき SW4 オンのように制御すれば，v_U0 は図 2.17(b) のようになる．V 相，W 相についても同様な制御を行えば，v_V0，v_W0 はそれぞれ図 2.17(c)，(d) のようになる．

結局，インバータの出力端子の線間電圧 v_UV，v_VW，v_WU は，例えば，$v_\mathrm{UV} = v_\mathrm{U0} - v_\mathrm{V0}$ のように求められるから，図 2.17(e)，(f)，(g) のようになり，低次高調波の少ない PWM 波形が得られることとなる．このような三相 PWM インバータは交流モータ

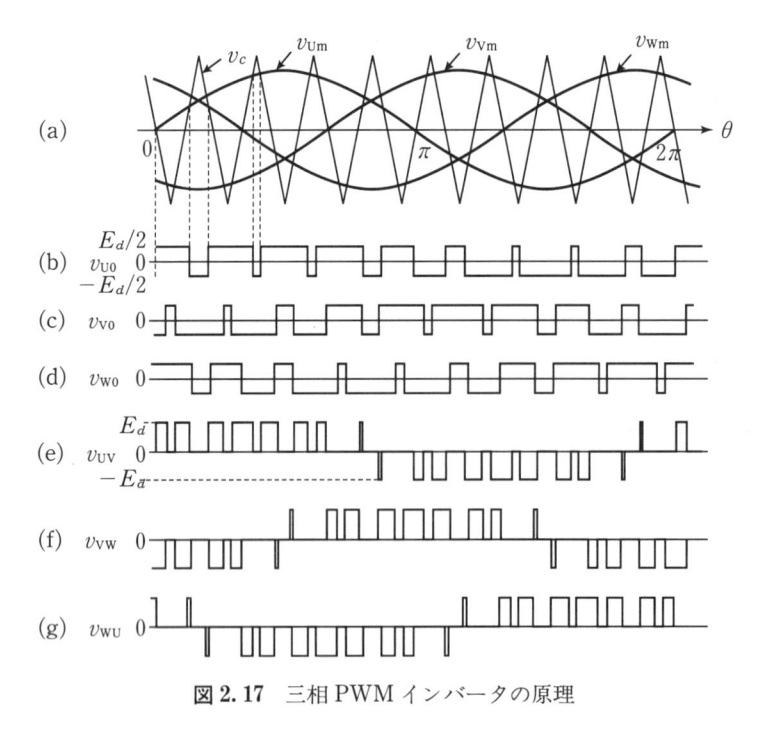

図 2.17 三相 PWM インバータの原理

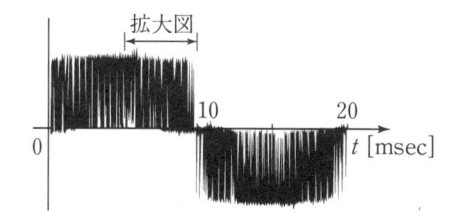

(a) 出力線間電圧波形

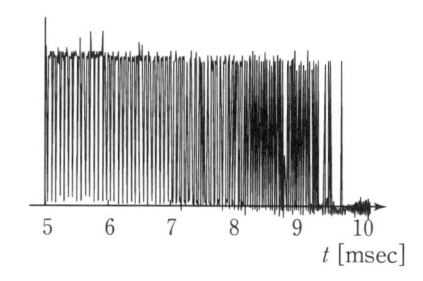

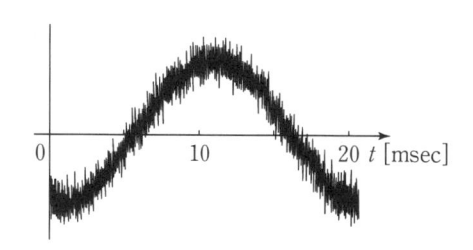

(b) 電圧波形拡大図 (5～10 msec)

(c) 出力電流波形

図 2.18 三相 PWM インバータによる交流モータの駆動 (出力周波数 50 Hz)

駆動用に広く用いられている．

図 2.18 は，実際の三相 PWM インバータにより代表的な交流モータである誘導電動機を駆動した場合の電圧・電流波形の例である (出力周波数 50 Hz)．図 2.18 (a) は線間電圧波形，図 2.18 (b) はその一部を拡大した図を示し，後者より電圧のパルス幅が時間の経過とともに減少して PWM 制御が行われていることがわかる．図 2.18 (c) は電流波形を示し，電流に高次の高調波成分が含まれるものの，全体的には高調波の少ない電流波形が得られていることがわかる．図 2.19 は出力周波数が 20 Hz の場合の出力電流波形の例を示したもので，このように周波数が大幅に変化しても良好な出力電流波形が得られることが明らかである．

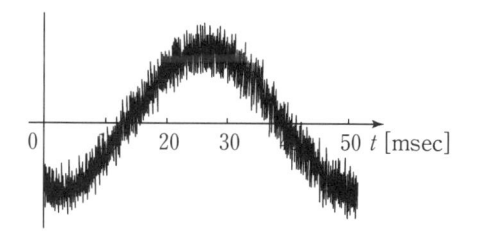

図 2.19 交流モータの出力電流波形 (出力周波数 20 Hz)

〔西方正司〕

参 考 文 献

1) 電気学会編：電気工学ハンドブック (第 6 版)，オーム社 (2001)
2) 電気学会 半導体電力変換システム調査専門委員会編：パワーエレクトロニクス回路，オーム社 (2000)
3) N. Mohan, T. Undeland and W. Robbins : Power Electronics, 2nd ed., John Wiley & Sons (1995)
4) 片岡昭雄：パワーエレクトロニクス入門，森北出版 (1997)
5) 西方正司：よくわかるパワーエレクトロニクスと電気機器，オーム社 (1995)
6) 宮入庄太：基礎パワーエレクトロニクス，丸善 (1989)

2.3 セ ン サ

2.3.1 センサの概要

モータ制御系に用いられるセンサは，制御や保護を目的として，電流・電圧などの電気量，トルク・回転数などの機械量，素子温度やモータ巻線温度などの物理量，周囲ガスなどの化学量を含め，いろいろな情報，エネルギーの検出・計測手段として用いられる．ここではモータの制御・保護に直接利用される電気量，機械量の代表的センサについて取り上げる．

モータ用センサに要求される主な事項として，表2.3にあげる項目がある[1]．高感度のセンサを用いても誤動作を誘発し，システム全体の信頼性を低下させることもあり，センサの選定においては必要十分な性能のものを使うことが必要である．選定のポイントとしては，① 測定範囲や応答性が仕様にあったもの，② シンプルなもの，③ 小形軽量なもの，④ 取扱いが容易なもの，⑤ 信頼性の高いもの，などである．

2.3.2 電気量のセンサ

モータ，インバータの制御やシステムの保護において，電流，電圧は基本的な情報であり，直流電流，交流電流のいずれも不可欠な検出項目である．

電流を検出する主な方法としては以下の3つの方法がある[2,3]．この3方法の原理と特徴について述べる．

a. 直流抵抗を利用する方法

抵抗を利用した電流センサとしてよく知られているのがシャント抵抗方式の電流センサである．これは1892年にウェストン(E. Weston)が発明した合金マンガニンを用いて，翌年に精密直流電流計として完成している[4]．電流，電圧と抵抗の間にはよく知られるオームの法則があり，図2.20に示す原理図において，$I=V/R$ の関係から抵抗両端の電圧を検出し，電流を求める方法である．電流検出用抵抗には，精度を確保するために次にあげる対策が施されている．

表2.3 モータ用センサに要求される主な事項[1]

項　目	要求事項
入力情報	入力信号レベル，入力形態，検出範囲
出力情報	出力信号レベル，出力形態，サンプル周期，S/N比
応答性	感度，応答速度，周波数特性
確度，精度	リニアリティ，ヒステリシス特性，ドリフト，ノイズ補償，温度・湿度補償
信頼性	温度耐性，耐衝撃性，電磁ノイズ耐性
安全性	防爆性，非飛散性，非漏電性
耐環境性	使用温度範囲，使用湿度範囲，耐薬品性
取扱性	実装の容易さ，校正の容易さ
寿命	フェールセーフ機能，メンテナンスフリー

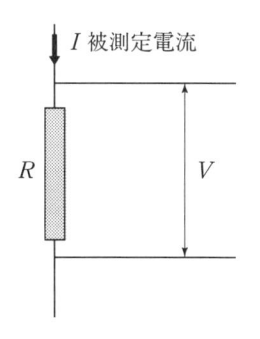

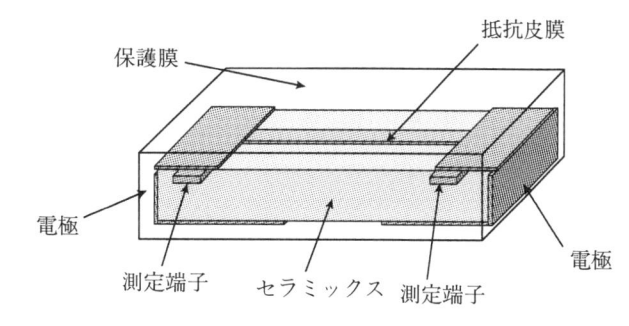

図 2.20 電流測定の四端子抵抗原理図

図 2.21 面実装タイプの抵抗器構造[5]

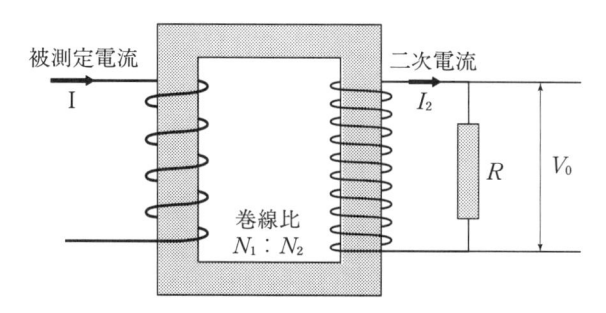

図 2.22 カレントトランスによる電流測定の原理

(1) 接触抵抗の影響を低減：電流端子(通電端子)と電圧端子(検出端子)を別とした四端子構造．

(2) 抵抗体の温度係数が小さい材料を使用：マンガニン，アルクロム，銅ニッケル合金などを使用．広範囲の温度に対して安定で，過渡電力にも強い．

(3) 寸法精度がよく，熱膨張収縮を吸収する構造：エポキシ系樹脂などで絶縁モールドした構造．

(4) 使いやすさ：外形形状がリード形状と表面実装形状のものがある．

図 2.21 は抵抗器の構造の一例である[5]．抵抗を利用する方法では，直流，交流のいずれも検出可能であり，安価で使いやすいが，検出精度を上げるためには一次-二次間を絶縁する必要があり，コストアップの要因となる．また，抵抗値を極端に小さくすることはできず，電圧降下による発熱での温度上昇があり，放熱設計が重要となる．

b. カレントトランスを利用する方法

カレントトランス(CT)は図 2.22 に示す一次巻線と二次巻線とからなる単相変圧器である．一般に交流電流の測定に用いられるが，直流の測定には可飽和リアクトルを応用して大電流測定に用いられる．交流測定において，高周波領域では出力電圧 V_0 から

$$I = \frac{N_2}{N_1} \cdot \frac{V_0}{R}$$

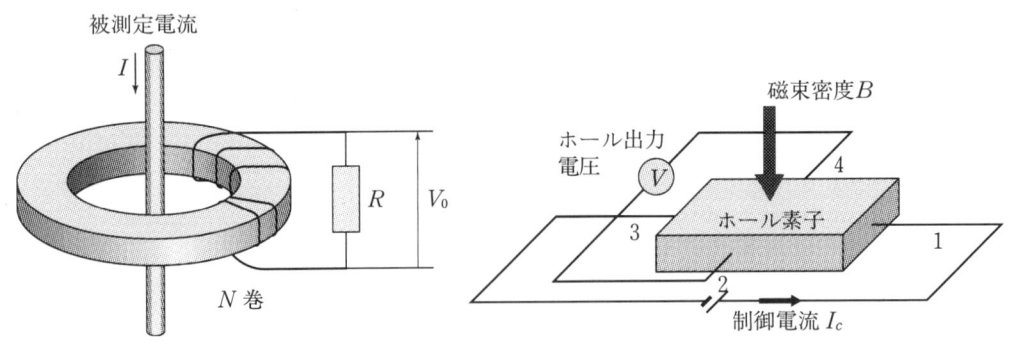

図 2.23 リングコアによる電流トランス方式

図 2.24 ホール素子の動作原理

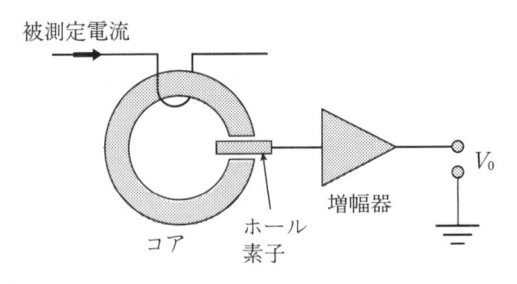

図 2.25 ホール素子による電流測定原理

の関係で電流を容易に測定することができるが，低周波領域では磁気飽和の影響で正確な電流を測定することができない．そのため補助巻線を使って補正する方法がとられているが，数 Hz 以下の電流測定は困難である．

図 2.23 はリングコアに被測定電流を貫通させて，リングコアに巻いた二次巻線から被測定電流に比例した電圧を出力させる電流トランス形のセンサである．

$$I = Kn\frac{V_0}{R}$$

ただし，V_0：出力電圧 [V]，K：結合係数，I：被測定電流 [A]，R：外付けの負荷抵抗 [Ω]，n：巻数 [ターン]．構造が簡単であり，変流比も大きくとれる特徴があり，一般産業用から精密計測まで広く採用されている．

c. ホール素子を利用する方法[6~8]

ホール素子は磁電変換素子で，図 2.24 に示すように，ホール素子に 4 端子を接続し，端子 1, 3 に制御電流を与えて外部磁界をホール素子の受感部に垂直に当てるとローレンツ力により端子 2, 4 に電圧が発生することを利用する．直流から高周波領域まで利用できることから広く使用されている．図 2.25 は電流測定の原理図で，C 型コアに被測定電流を貫通させると被測定電流に比例した磁束がコアに発生する．この磁束をホール素子の受感部に当て制御電流を流せば，被測定電流に比例したホール出力電圧が発生する．

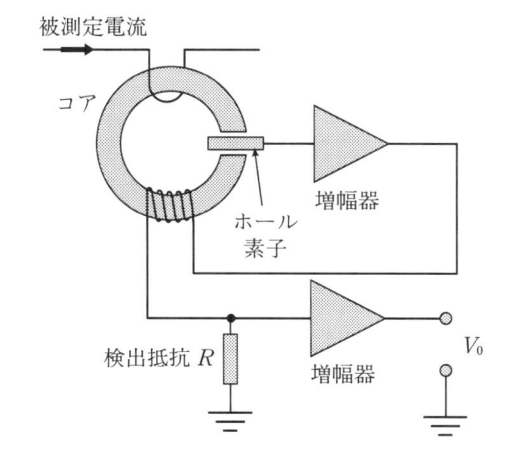

図 2.26 ホール素子によるサーボ方式電流測定原理

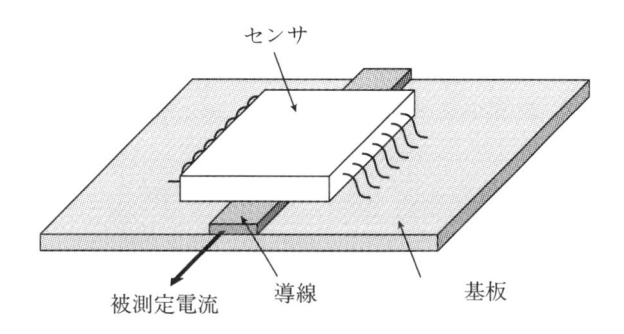

図 2.27 コアレスホール電流センサの配置[2)]

$$V_h = \frac{R_h}{d} I_c B$$

ただし，d：ホール素子の厚み [m]，V_h：ホール出力電圧 [V]，R_h：ホール係数 [m³/C]，I_c：制御電流 [A]，B：磁束密度 [T]．

ホール素子は四端子回路であり，4端子間の等価抵抗がアンバランスの場合，不平衡電圧が発生する．この不平衡電圧を解消するために，ホール素子の出力電流をコアに巻き付けた二次コイルに与え，被測定電流で発生する磁束を打ち消して，ゼロ磁束時(平衡時)の二次コイル電流値から被測定電流を求める方法がとられる．図 2.26 はその構成例である．

上記したホール素子利用の電流センサはコアが必要となり，ある程度の設置空間が必要となる．そのため，プリント基板上の導体を流れる電流測定や装置の小形化のうえで制約があった．この点を解消するセンサとして，被測定電流がつくる誘導磁界を直接利用するリニアホール IC を使ったコアレスホール電流センサが開発されている．これは，図 2.27 に示すように，センサを導体に近接して配置し，被測定電流によって発生する誘導磁界の大きさに依存した出力電圧を発生させる原理となってい

る[2]．導体とセンサ間のギャップにより感度が変わるが，プリント基板上では導体をまたぐ形で貼り付けることができ，従来測定困難であった場所での電流測定が可能となる．

2.3.3 機械量のセンサ

モータの制御システムにおいて，機械量としては，① 回転速度，② 回転位置，③ トルク，④ 回転振動，⑤ スラスト振動，などがある．このうち交流モータの制御で不可欠な回転位置とトルクのセンサについて以下に説明する．

a. 回転位置センサ[9]

三相ブラシレスモータの制御において，ロータ（回転子）の永久磁石位置と3相（U相，V相，W相）のステータ（電機子）コイルの位置関係でコイル電流を制御して回転制御を行っている．ロータの位置センサとして圧倒的に広く利用されているのがホール素子である．ホール素子の原理は2.3.2項で述べたように，磁束密度に比例した電圧を出力するアナログ素子であるが，ブラシレスモータにおいては，ほとんどの場合，磁界の方向がNかSかを判断するのみでよく，ディジタル信号として扱うことから，ホールICと呼ぶこともある．

ホール素子に感知させる磁界として，ロータの磁石自体を利用する方法と位置センサ用磁石を別途ロータシャフトに取り付ける方法があるが，ロータの磁極数とセンサ用磁石の磁極数は一致しなければならないため，位置の検出原理は同じである．ロータとホール素子の位置関係は120°間隔あるいは60°間隔で配置する．図2.28は8極の例で，どちらの場合もロータが60°回転するごとに3個のホール素子のいずれかが変化し，その信号の組合せで図2.29に示すように，15°ごと（電気角で60°）に切り替わるスイッチング信号を発生することができる．

ホール素子とステータコイルの関係は，図2.30に示すように，(a) スロット開口部，(b) コイル中央部，(c) スロット開口部あるいはコイル中央部から電気角で30°ずらした場所，のいずれかに配置される．(a)と(b)の配置は電気角で180°の違いであ

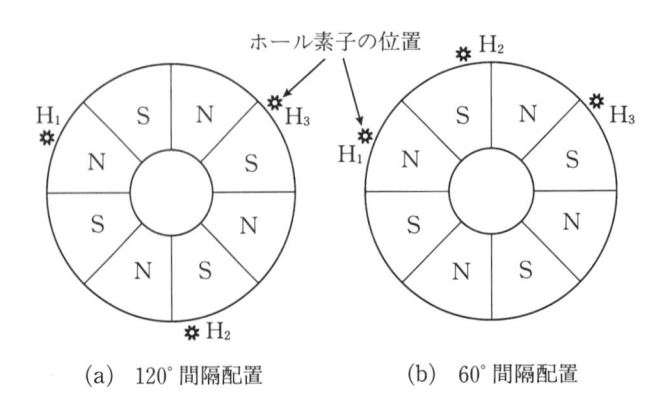

(a) 120°間隔配置　　(b) 60°間隔配置

図2.28 ロータの磁石位置とホール素子の位置関係（8極の場合）

(a) ホール素子出力信号

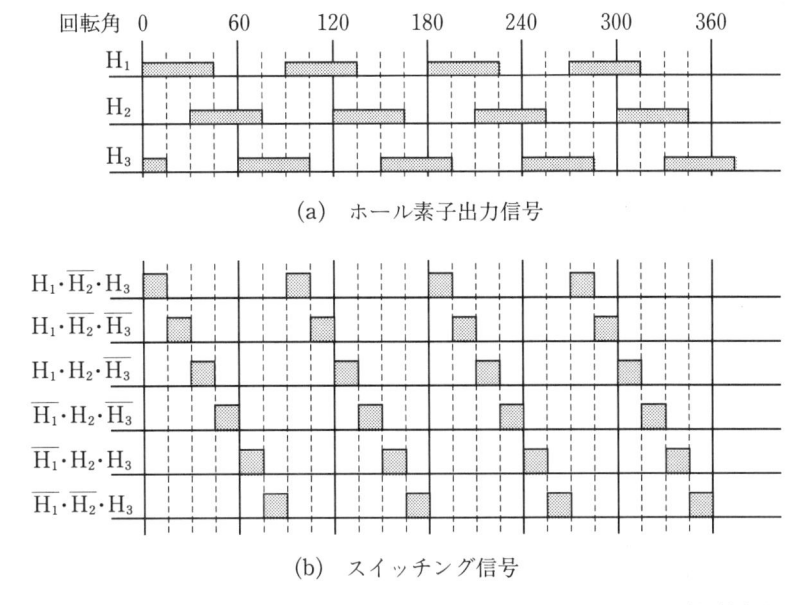

(b) スイッチング信号

図 2.29 ホール素子の出力信号と論理の組合せによるスイッチング信号出力

(a) スロット開口部に配置　(b) コイル中央部に配置　(c) 電気角で 30° ずらして配置

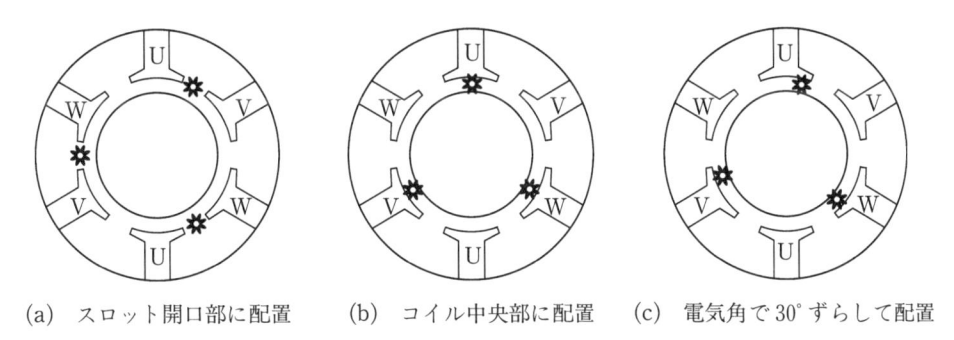

図 2.30 ホール素子とステータコイルの配置関係

り，基本的には同じで，Y 結線 120° 通電，Δ 結線 180° 通電方式の場合に適用される．(c) は Y 結線 180° 通電，Δ 結線 120° 通電方式の場合に適用される．

ホール素子 3 個による位置検出は，電気角で 60° ごとの位置を識別する方法のため，分解能の高い位置検出にはエンコーダが利用される．これは図 2.31 に示すように，位置情報を 2 進数の符号に変換する機能を有し，磁気的あるいは光学的にパルスの数を計数することで，回転角が測定できる[10,11]．

光学式のものは図 2.31 のように，放射状に細いスリットを刻んだ回転円板を狭んで，発光素子と受光素子を設置する．円板が回転すると，受光素子はスリットの通過とともにパルス的に発光素子の出力光を受光し，このパルスの数をカウンタ回路でカウントすれば回転角が測定できる．エンコーダの分解能は回転円板上に刻まれたスリットの数で決まる．回転方向を知るためには，正回転ではカウント数が増し，逆回転ではカウント数が減るように，回転方向によってカウント数を増減させる工夫があ

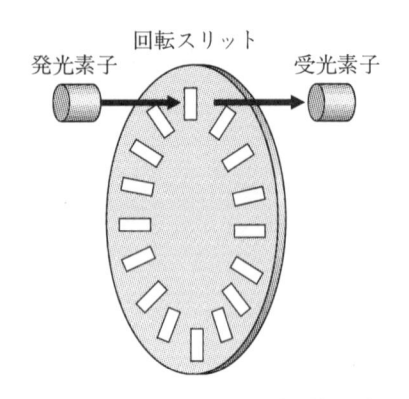

図 2.31 エンコーダの原理説明図

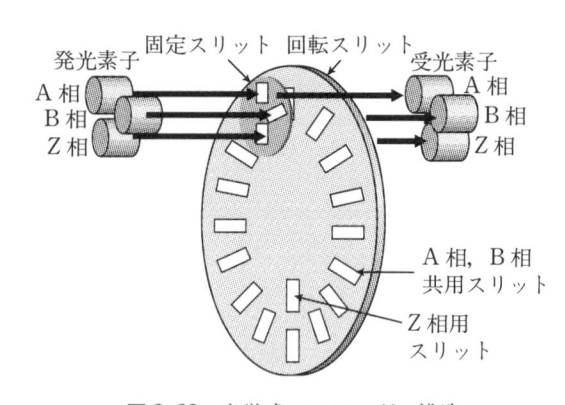

図 2.32 光学式エンコーダの構造

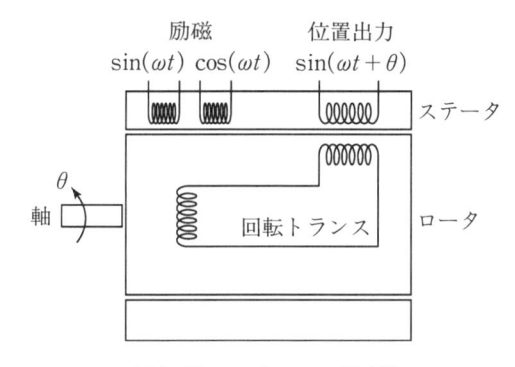

図 2.33 レゾルバの構成[12]

る．そのために，図 2.32 に示す構成で，発光素子と受光素子の組合せがもう一組設置されており，この受光素子は，波形の位相が 90° 異なるように設置されている．これら 2 つの信号は A 相信号，B 相信号と呼ばれる．回転方向によって，どちらの信号が進相であるかによって，計数の増減方向が変化するようなカウンタ回路を使用する．このような方法で回転角と回転方向がわかるが，角度のゼロの位置は不明である．ゼロの位置検出のために，さらにもう一組の発光素子と受光素子が設置されており，これに対するスリットは円盤上に 1 カ所だけ設けられている．この受光素子の出力信号は Z 信号と呼ばれる．

また，A 相信号と B 相信号の間に 90°の位相差があることを利用して，これら 2 つの信号を電気的に処理することによって，1 個のスリットの通過に対応した回転に対して，2 個，または 4 個のパルスを得るようにすることができる．つまり，エンコーダの分解能が等価的に 2 倍，4 倍になることになる．このような方法を「逓倍」という．したがって，エンコーダを用いるとき，そのカウンタ回路がどのような設定になっているかを確認しておく必要がある．

以上説明したホール素子方式，エンコーダ方式の位置測定はディジタル的な検出であるが，アナログ的検出方式として図 2.33 に示すレゾルバがある[12]．レゾルバは原理的にはトランスと同等で，ステータに 2 つの励磁コイル，ロータに検出コイルと回転トランスを施し，励磁コイルに SIN 波形と COS 波形の励磁電圧を印加すると，その位相差が回転角に比例して変化し，検出コイルで検出される位置出力電圧と励磁電圧の位相差が軸角度となる．レゾルバは，① 使用温度範囲が広い，② 振動・衝撃に強い，③ 高速回転に適する，④ 経年変化がない，などの特徴をもつ．高分解能化する

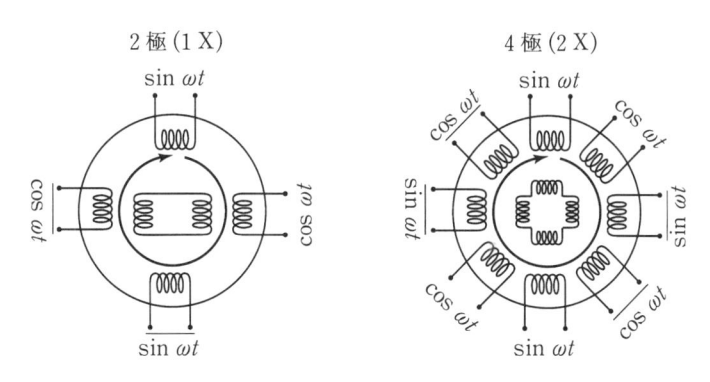

図 2.34 多極レゾルバ

ために図 2.34 のように多極化する方法もとられている．ただし，レゾルバはステータとロータのそれぞれに巻かれたコイルを介しての検出のため，トランスと同様にコイル間隙の変化に影響されやすく，モータの軸心とレゾルバの軸心が一致するように設置する必要がある．

上記以外の回転位置センサとして，磁気抵抗素子（MR 素子）がある[13]．これは強磁性体の磁気抵抗効果を利用して，磁界強度により素子の抵抗値が変化する特性を利用したものである．MR センサ 1 個では温度平衡が問題となるため，4 個でホイートストンブリッジを構成し，対角位置の素子特性を逆にすることにより，低磁場での感度がよい，使用温度範囲が広い，周波数特性が優れる，などの特性をもたせている．

b. トルクセンサ[14]

モータの回転トルクの検出には，モータ駆動電流がトルクに比例することを利用して，電流検出で代用する手法が一般的である．しかし，電流は外乱の影響を受けやすく，また低慣性，バックラッシのある機械系では厳密な測定は困難である．そのため，高精度なトルク制御を行うシステムではトルク検出器が用いられることが多い．トルク検出は原理的には図 2.35 に示すように，モータと負荷との間に発生するシャフトのねじれ角がトルクに比例することを利用する．負荷としては，実負荷によるほか，DC モータ，ブラシレス DC モータ，ヒステリシスブレーキ，パウダーブレーキによる制動方式がある．ねじれ角の検出には，シャフト（トーションバー）両端における角度位相差を検出する方法，シャフトにひずみゲージを使用し抵抗値の変化を計測する方法などがある．シャフト両端の角度検出には，図 2.35 に示すように歯車を利用し，ねじれによって発生する両端の歯の位置ずれを電磁式検出器で測定する方法や，光センサを利用してねじれによるシャフト両端の位置ずれを検出する方法などがある．図 2.35 の歯車を利用する方法では，2 つの電磁式検出器の出力信号の位相差が歯車のずれに比例し，その位相差をクロックパルスで計数する．図 2.36 は光センサを利用する方法で[15]，原理はロータリエンコーダと同じである．シャフトの両端にそれぞれ固定した 2 枚のスリットに発光素子と受光素子を取り付け，ねじれによって

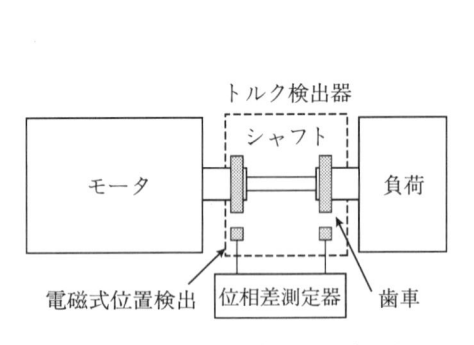

図2.35 トルク検出の原理説明図 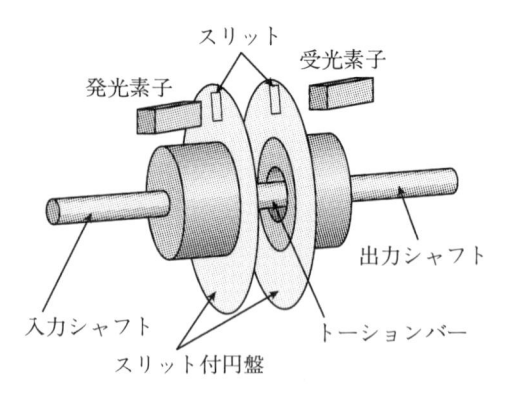　　**図2.36** 光学式トルク検出器の構成[15]

発生するスリットの位相差で光量が変化することを利用する．　　　　　　　〔諸岡泰男〕

参 考 文 献

1) 谷腰欣司：センサーのすべて（ハイテクブックシリーズ17），p. 18，電波新聞社（1998）
2) 鈴木健治・田中　健・堀　敏夫：電流センサの基礎とコアレス電流センサ，トランジスタ技術，pp. 122-137 (2003-12)
   K. Suzuki, *et al.* : Base of current sensor and Coreless current sensor, *Transistor Gijutsu*, pp. 122-137 (2003-12)
3) 甲神電機：http://kohshin-ele.com/product/current_sensor/
4) 松本栄寿：ニュージャージーの発明，オートメーション，**48**, 1, pp. 72-75 (2003-1)
   E. Matsumoto : Invention of New Jersey, *Automation*, Vol. 48, No. 1, pp. 72-75 (2003-1)
5) コーア：http://www.koaproducts.com/basic/bal.htm
6) サンケン電気：ホールIC，カタログ No. H1-A03JC0-0302010TA, pp. 54-76 (2003-2)
   Sanken Electric Co. : Hall Effect Sensor, Catalog, No. H1-A03JC0-0302010TA, pp. 54-76 (2003-2)
7) ユー・アール・ディー：http://www.u-rd.com/technical/tech2.html
8) 旭化成電子：電流センサ，http://www.asahi-kasei.co.jp/ake/jp/ms/
9) 見城尚志・永守重信：新ブラシレスモータ，pp. 70-76，総合電子出版社（2002-5）
10) 見城尚志・佐渡友茂：小型モータのすべて，pp. 290-294，技術評論社（2001）
11) Interface：製品情報，カウンター，http://www.interface.co.jp/catalog/selection/counter/counter_explain.asp
12) 東栄電機：レゾルバとその応用，http://www.toei-electric.co.jp/Resolver/sld001.htm
13) 浜松光電：MRセンサ技術資料，http://www.hkd.co.jp/techno/mr_sensor.pdf
14) 小野測器：ディジタルトルクメータ，モータ計測システム，http://www.onosokki.co.jp/
15) 佐野正憲・熊谷和志・荒　雅彦・鈴木健司・大泉哲哉：光センサを利用したトルク検出器の開発，日本設計工学会1997度秋季研究発表講演会, pp. 1-2 (1997-10)
    M. Sano, *et al.* : Development of torque detector using optical sensor, Japan Society for Design Engineering, 1997 Research Meeting of Autumn, pp. 1-2 (1997-10)

2.4 定格と運転限界

2.4.1 言葉の定義

この項では，定格に関連してこの節で使われる言葉の定義を行う．

「定格」とは，図 2.37 のように継続時間と性能が保証された範囲と定義する．したがって，「性能の限界」とは定格の最大範囲ということである．ある性能が熱的な要因で制約されている場合には，図 2.37 に示されるように 100％を超えると使用継続時間に制限が出てくることが一般的である．

「運転限界」とは，その値に達すると保護にかかる限界と定義する．設計された部品・制御機能などが十分に動作しているときは，性能の限界で運転が継続し運転限界に至ることはないが，例えば外的な要因により設計で見込んだ変動幅を超えると，運転に対して保護をかけるレベルに至ることもある．

「保護」とは，その状態に至ると，機器，部品が破損するために，破損しない方向に動作を変えることと定義する．運転を止めるという保護，ヒューズで遮断するという保護などがある．

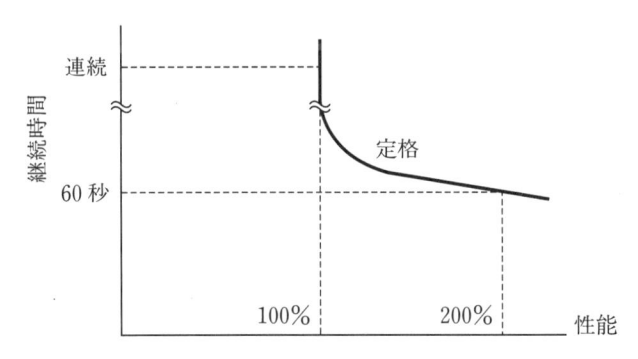

図 2.37 性能と継続時間の保証された範囲（定格）

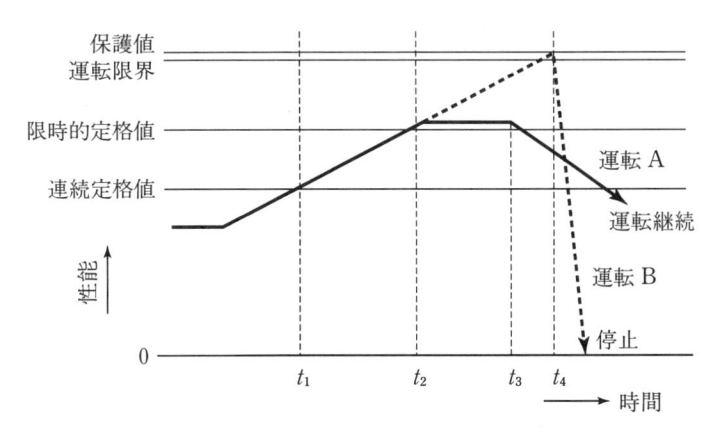

図 2.38 定格と運転限界の関係図

「ばらつき」とは，部品がもつ性能の分布と定義する．例えば，ばらつきをもつ部品を組み合わせて，機器の定格を保証するためには，ばらつき分だけ定格に余裕をもつ設計をしなければならない．

図2.38には定格と運転限界の関係図を示す．Aのパターン（図中の実線）は運転を継続し，Bのパターン（破線）は運転から停止に至るイメージを示している．

2.4.2 電動力応用システムの構成例と構成機器の定格

対象とする電動力応用システムの大きな構成要素として電源，モータ，機械負荷をあげ，さらに本書で主題となる電源は，電力源，受電機器，電力変換器からなるシステムを想定する．表2.4にはシステム構成機器と定格に関連する主な項目をまとめた．

「電力源」とは通常の交流電源であり，その定格とは電力会社との契約受電容量，あるいは受電した後の配電線容量が考えられる．その他，電気鉄道用に使われる架線の直流電源，自動車用に使われる発電機とバッテリーの組合せなど，特徴的な電力源もある．

「受電機器」は主に遮断器・変圧器などの機器である．特に遮断器の定格としては，過電流遮断時の責務が最も厳しいことから，遮断時の電流および交流電圧変動値などが重要である．

「電力変換器」はパワーデバイスのスイッチングにより電力変換を行う機器である．図2.39[1]に示すようにパワーデバイスの大容量化，高性能化の開発は続いているが，電力変換器の定格・運転限界に対して最もクリティカルな部品であるといえる．入力，

表2.4 システム構成機器と定格に関連する主な項目

システム構成機器		定格に関連する項目
電源	電力源	電力源の種類：交流電源，直流電源，バッテリー，専用発電機，… 交流電源：受電容量，電圧，電流，周波数，電圧変動幅，… 直流電源：電源容量，電圧，電流，電圧変動幅，…
	受電機器	遮断器：交流電圧，連続通電電流，最大遮断電流，電圧変動幅，… 変圧器：容量，交流電圧，電流，高低圧間絶縁電圧，対地絶縁電圧，…
	電力変換器	回路・部品：入力回路，中間回路，出力回路，パワーデバイス，… 配慮すべき定格値：電圧（実効値，平均値，瞬時値），電流（同左），スイッチング周波数，対地絶縁電圧，…
モータ		電気定格：電力変換器の駆動条件（電圧，電流，周波数，サージ電圧，直流機における電流変化率，…）による 機械定格：電力変換器の駆動条件（電流波形によるトルクリプル，PWM制御による鉄損増加，…）と機械負荷・適用システムの使用条件（インパクト負荷，高速回転，…）による
機械負荷		適用システム（圧延機，ファン・ポンプ，…）による

注：電源を構成する機器は，電気鉄道，自動車のような移動・回転する装置で使用される場合に，耐振動，耐衝撃特性などの機械的な定格も要求される．

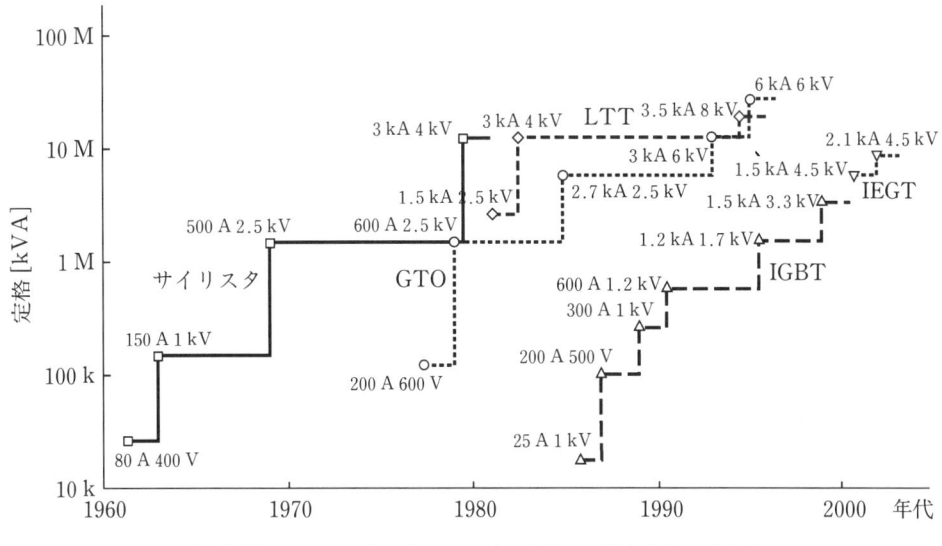

図 2.39 パワーデバイスにおける電圧・電流定格の向上[1]

出力あるいは中間回路における電圧，電流の平均値・実効値ばかりでなく，瞬時値も重要である．

「モータ」には電気的な定格と機械的な定格がある．電力変換器で駆動されるので，電力変換器の特性（最大電圧，サージ電圧，最大電流制限，電流波形など）に依存して，おさえるべき定格が大きく異なる．

2.4.3 電力変換器の定格・運転限界を決める要因(1)
a. 回路電圧とパワーデバイスの電圧

半導体でできているパワーデバイスは，その設計により決まる最大定格電圧を超えた電圧を印加すると漏れ電流が急速に増加し，理想的に回路が開いている状態ではなくなる．したがって，サージ電圧などの短時間の過電圧印加を含めてあらゆる条件でもパワーデバイスの定格電圧以下で使用しなければならない．

実際の回路では浮遊インダクタンスを完全に排除することはできないので，図2.40に示すように電流を遮断するときにそのインダクタンスによりサージ電圧が発生する（サージ電圧ピーク値/印加電圧の比$=\alpha$とする）．ほかに，電圧が上がる要因として電源電圧変動幅（例えば±10%）を，さらに使用電圧を低減する要因としてパワーデバイスにある信頼性を期待した低減率（例えば使用最大電圧/パワーデバイス定格電圧$=90\%$）を考えるのが一般的である．これらの結果，パワーデバイス定格電圧V_rと回路電圧Eの比は以下の関係となる．

$$0.9 \times V_r = E \times 1.1 \times \alpha$$

$$\frac{V_r}{E} = \frac{1.1}{0.9}\alpha \fallingdotseq 1.59 \quad (\alpha=1.3 \text{のとき})$$

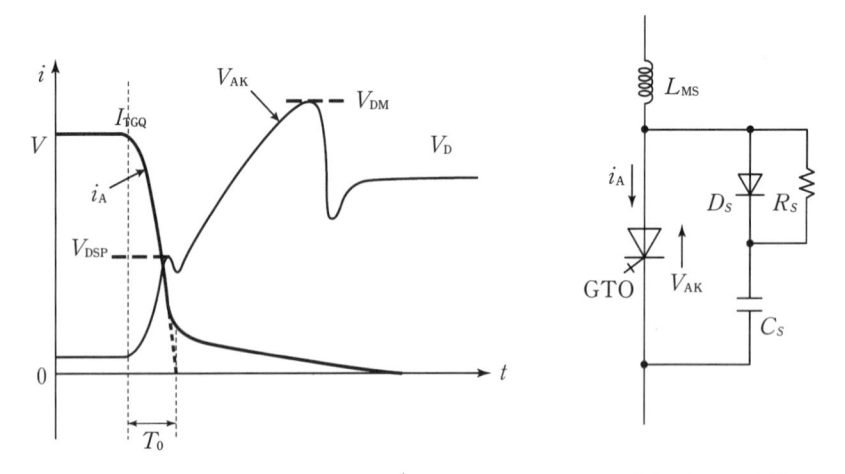

図 2.40 スイッチング時の回路電圧波形とパワーデバイスの定格電圧との関係

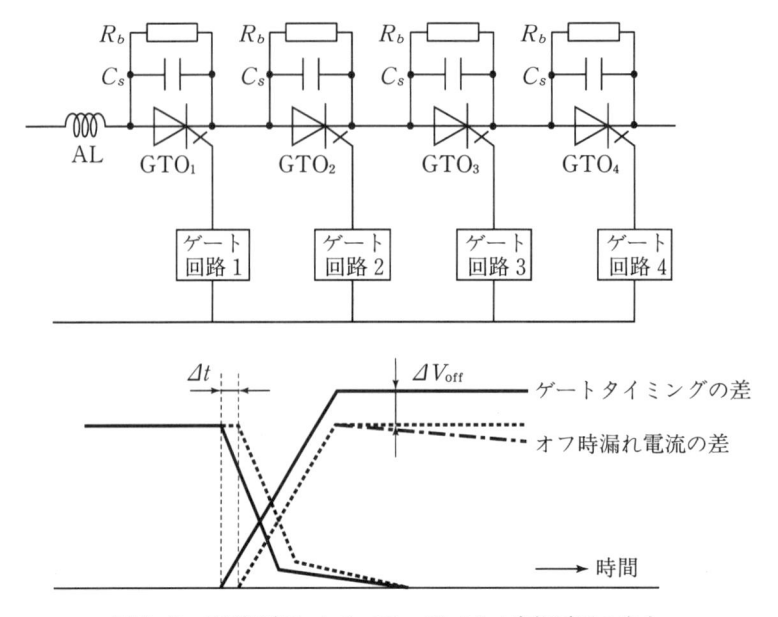

図 2.41 直列接続によるパワーデバイス定格電圧の向上

この場合，回路電圧の 1.59 倍以上の定格電圧をもつパワーデバイスが必要である．

図 2.41 のようにパワーデバイスを直列接続することは，定格電圧を上げることに等価である．理想的には n 個のパワーデバイスで定格電圧は $n \times V_r$ となるが，実際は電圧分担が変動する．変動要因としては，① パワーデバイスのターンオフタイミングのばらつき，② パワーデバイスのオフ時の漏れ電流特性のばらつきがある．前者はパワーデバイスのターンオフ特性ばらつきを含めてゲートタイミングで調整することと発生した電圧差を吸収するコンデンサ C_s をパワーデバイスと並列に設けること，後者は漏れ電流以上の電流を流すバランサ抵抗 R_b をパワーデバイスと並列に設

けることにより影響を小さくする．例えば実際の分担電圧を理想値に対して ±10％ 以内の変動幅に抑えるとすれば，1個当たりのパワーデバイス定格電圧 V_r と回路電圧 E の比は，直列パワーデバイス数を 10 個とした場合に以下の計算となる．

$$0.9 \times \frac{V_r}{1.1} = E \times 1.1 \times \frac{a}{n}$$

$$\frac{V_r}{E} = \left(\frac{1.1}{0.9} \times 1.1\right) \times \frac{a}{n} \fallingdotseq 0.175 \quad (a=1.3,\ n=10\ \text{のとき})$$

すなわち，1/10 の回路電圧に対して 1.75 倍以上の定格電圧をもつパワーデバイスが必要である．

b. 回路電流とパワーデバイスの電流

図 2.39 にパワーデバイスにおける定格電圧・電流の向上を示したが，パワーデバイスにおける定格電流表示はあくまでもデータブック上の公称値である．

電流が流れる半導体チップは，オン時の電圧・電流特性とパッケージの構造によって，理想的な冷却のときに 1 cm² 当たりどのくらいの連続電流を流せるか（どのくらいの損失を発生させられるか）の目安があり，これがパワーデバイスの定格電流となっている．チップが大きいほど通電可能電流が大きくなることは明白であるが，実用上の制限から無制限に大きくすることはできない．

IGBT (Insulated Gate Bipolar Transistor) では加工技術の制約から 1 枚のチップ面積に制限がある．しかし，IGBT は並列時の電流バランスがよいので，m 個並列にして m 倍に近い定格電流を得ることができる．したがって，既に 1 つのパッケージ内で数チップを並列接続して高い定格電流表示をしているし，さらにパッケージを並列接続して定格電流を上げることも可能である．

一方，GTO (Gate Turn-off Thyristor) では，電流遮断のメカニズムから最大遮断可能電流という定格がある．したがって，上記の定格電流以外に，いかなる場合においても遮断電流がこの最大遮断電流を超えてはならないという制約がある．

2.4.4 具体的な電力変換器における定格

この項では，パワーデバイスを上述した定格電圧・電流のスイッチとして電動力応用システムにおけるモータ駆動側変換器に使う場合に，代表的な電力変換回路における回路電圧・電流とパワーデバイスの電圧・電流の関係を述べる．ただし，PWM 制御のスイッチング周波数は無限大とする，波形にリプルは含まない，など理想的な条件とする．

a. チョッパ回路の動作と定格

降圧チョッパ回路における入出力の電圧・電流波形，および GTO の電圧・電流と入出力の電圧・電流との関係を，図 2.42 と以下の式で示す．なお，この節では，電圧・電流の諸量に対して，(ave) は平均値，(max) は最大値，(rms) は実効値，(peak) は交流波形におけるピーク値を示す．

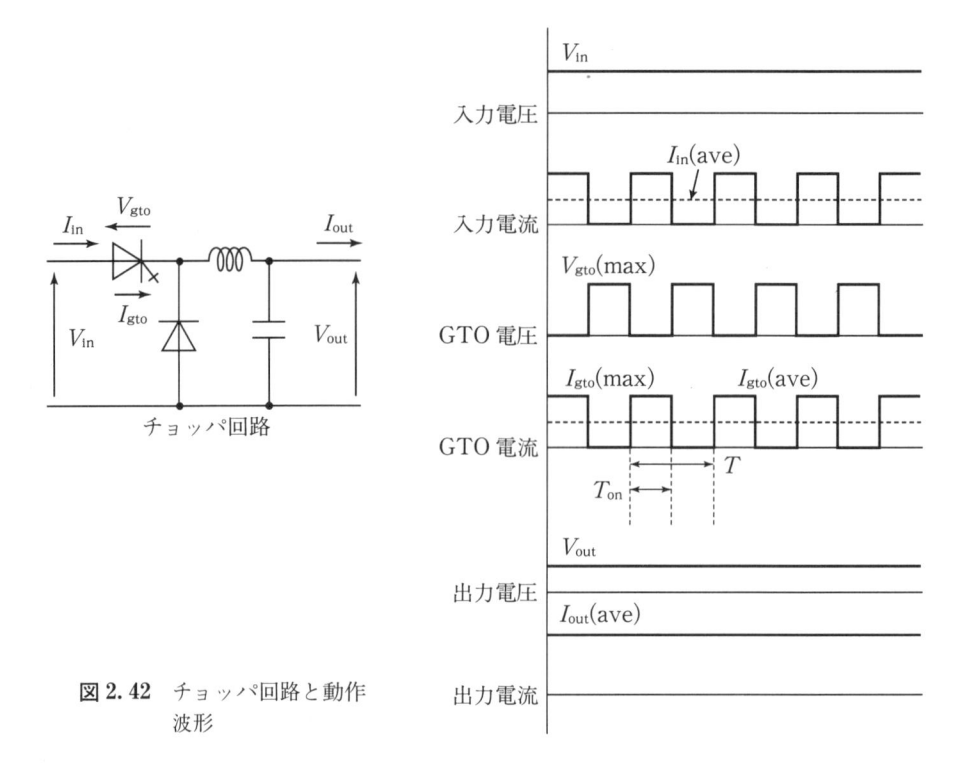

図 2.42 チョッパ回路と動作波形

$$V_{in} \times I_{in}(ave) = V_{out} \times I_{out}(ave)$$

$$V_{out} = V_{in} \times \frac{T_{on}}{T}$$

$$V_{gto}(max) = V_{in}$$

$$I_{gto}(ave) = I_{in}(ave) = I_{out}(ave) \times \frac{T_{on}}{T}$$

$$I_{gto}(max) = I_{in}(ave) \times \frac{T}{T_{on}} = I_{out}(ave)$$

GTOへの印加電圧は入力直流電圧，GTOの平均電流は出力直流電流にGTOの導通制御時間比率を掛けた電流値，そして最大遮断電流は出力電流と同じ値となり，この3つをGTOの定格値以内におさめる設計が必要である．

b. インバータ回路の動作と定格

直流電圧を三相交流に変換する電圧形インバータについて，入出力の電圧・電流波形，およびGTOの電圧・電流と入出力の電圧・電流との関係を，図と以下の式で示す．図 2.43 は波形制御方法として1パルス制御の場合であり，図 2.44 は各相正弦波出力の三角波比較PWM制御を行った場合である．ただし，$\cos\phi$ は負荷の力率を示す．

$$V_{dc} \times I_{dc}(ave) = \sqrt{3} \times V_{ac}(rms) \times I_{ac}(rms) \times \cos\phi$$

$$V_{ac}(rms) = \frac{\sqrt{6}}{\pi} \times V_{dc}$$

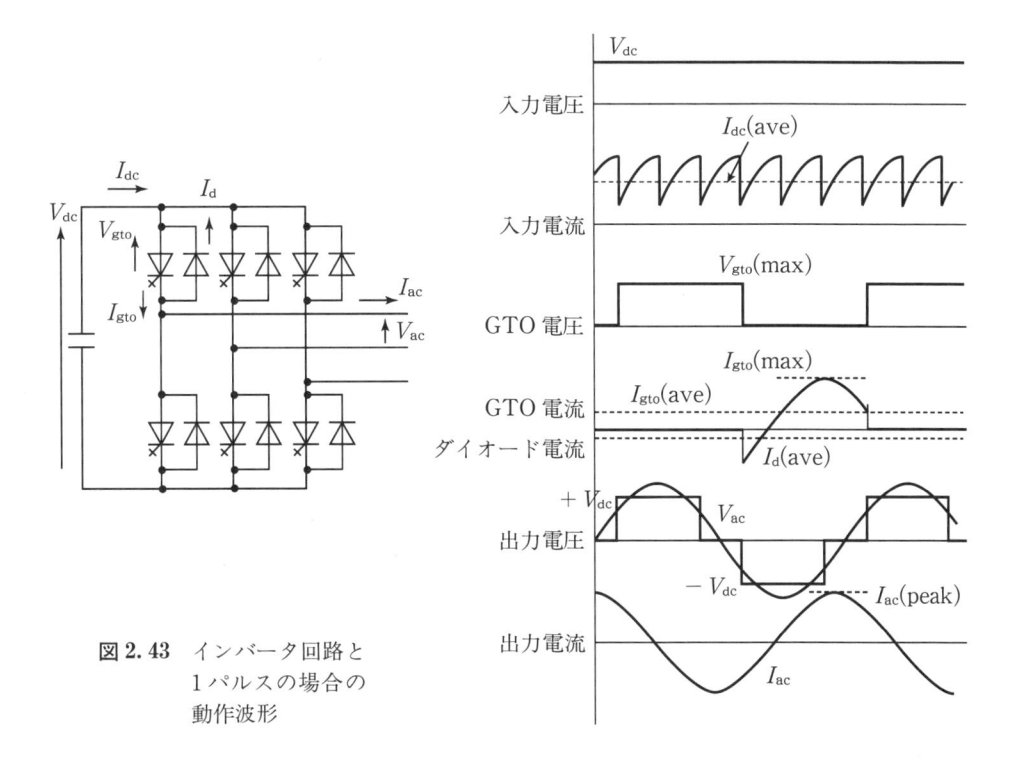

図 2.43　インバータ回路と1パルスの場合の動作波形

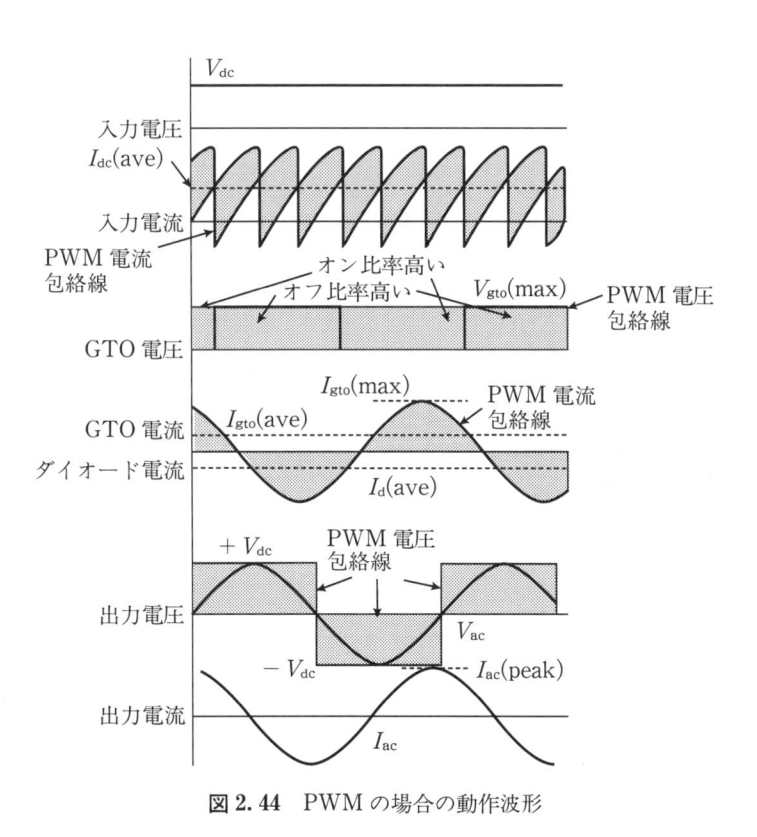

図 2.44　PWMの場合の動作波形

$$V_{gto}(\max) = V_{dc}$$

$$I_{gto}(ave) = \frac{\cos\phi + 1}{2\pi} \times I_{ac}(peak)$$

$$I_{gto}(\max) = I_{ac}(peak)$$

1パルス制御では，上記の式のようにGTO印加電圧は入力直流電圧，平均電流は負荷力率1の場合に最大となり，出力交流電流ピーク値の$1/\pi$倍，そして最大遮断電流は負荷力率0の場合に最大となり，出力交流電流ピーク値と同じ値となる．

一方，PWM制御の場合は図2.44の網掛け部分でPWMのスイッチングが行われ，電流は包絡線の中にある．変調率などのパラメータが追加されて式が複雑になるが，数値計算例としては以下のものがある．同一の入力直流電圧に対してPWM制御の場合に出力できる交流電圧は小さくなり，変調率1の場合に，出力電圧の大きさは1パルス制御に対して$\pi/4$倍となる．平均電流は負荷力率と変調率が影響し，1パルス制御では出力交流電流ピーク値に対するGTO平均電流の倍率は，力率1で0.32倍，力率0で0.16倍であったが，PWM制御の場合，変調率を1とすると力率1で0.28倍，力率0で0.20倍，変調率が小さくなるとこれらの倍率も小さくなる．したがって，設計の最悪値としては1パルス制御時の電流をおさえておくべきである．また，最大遮断電流は出力交流電流ピーク値と同じ値となる．

c. サイリスタ変換器回路の動作と定格

直流電流源を三相交流に変換するサイリスタ変換器について，入出力の電圧・電流波形，およびサイリスタの電圧・電流と入出力の電圧・電流との関係を，図2.45と以

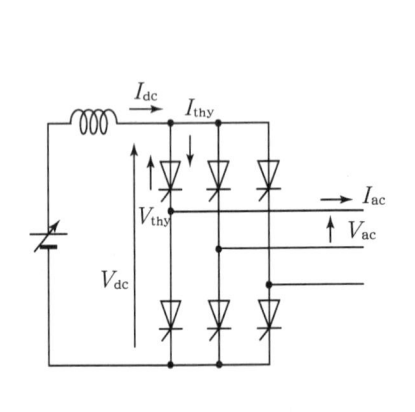

図2.45 サイリスタ変換器回路と動作波形

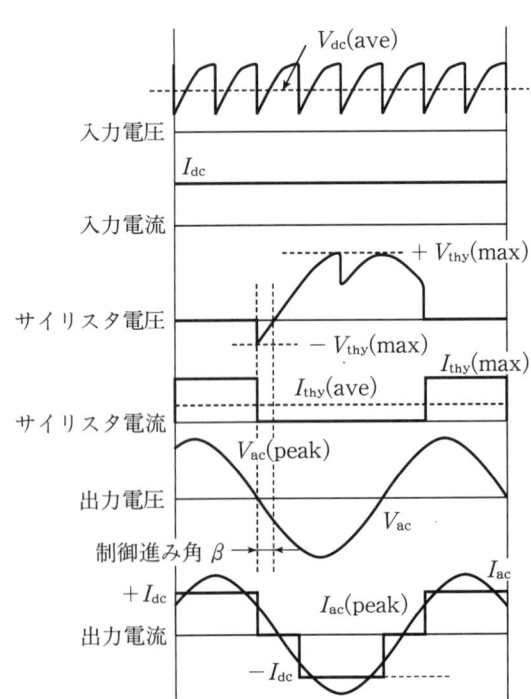

下の式で示す．この変換器は同期電動機を駆動する LCI (Load Commutated Inverter) の動作を想定している．ただし，$\cos \beta$ は制御進み角を示し，重なり角を無視している．

$$V_{dc} \times I_{dc}(\text{ave}) = \sqrt{3} \times V_{ac}(\text{rms}) \times I_{ac}(\text{rms}) \times \cos \beta$$

$$I_{ac}(\text{rms}) = \frac{\sqrt{6}}{\pi} \times I_{dc}$$

$$V_{dc}(\text{ave}) = \frac{3\sqrt{2}}{\pi} \times V_{ac}(\text{rms}) \times \cos \beta$$

$$\pm V_{thy}(\text{max}) = \pm V_{ac}(\text{peak})$$

$$I_{thy}(\text{ave}) = \frac{I_{dc}}{3}$$

$$I_{thy}(\text{max}) = I_{dc}$$

サイリスタへの印加電圧は双方向があり，いずれの方向も出力交流電圧のピーク値が最大である．サイリスタの平均電流は 120°通電となるので直流電流の 1/3 倍となる．

2.4.5 電力変換器の定格・運転限界を決める要因(2)

それぞれの電力変換器におけるパワーデバイスの実際の定格電流は，パワーデバイスで発生する損失と冷却構造によって決まるジャンクション温度の所定値(シリコンのパワーデバイスでは最大許容値 125～150℃が一般的) で決まる．

図 2.46 には損失と熱抵抗からパワーデバイスのジャンクション温度が決まる関係を示す．定常的な温度上昇 ΔT は，以下の式に示す 3 つの熱抵抗が支配的である．ただし，$R_{th}(j-c)$，$R_{th}(c-f)$，$R_{th}(f-a)$ および $R_{th}(t)$ は，それぞれジャンクション-ケース間，ケース-フィン間，フィン-冷却媒体間とその合計の熱抵抗を表し，P はパワーデバイスの損失を表す．

$$\Delta T \fallingdotseq R_{th}(t) \times P$$

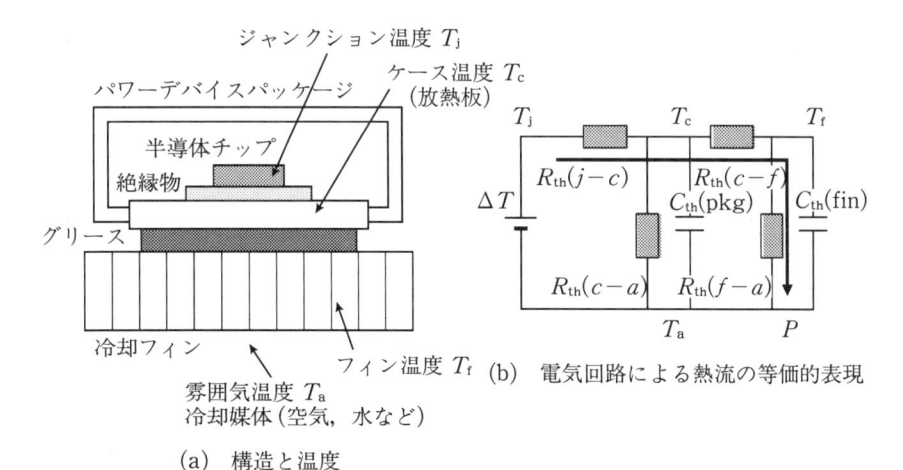

(a) 構造と温度

(b) 電気回路による熱流の等価的表現

図 2.46 損失と熱抵抗によって決まるジャンクション温度

$$R_{th}(t) = R_{th}(j-c) + R_{th}(c-f) + R_{th}(f-a)$$

また，秒オーダあるいはそれ以下の短い時間の過渡的な温度上昇は，図中に示される2種類の熱容量 $C_{th}(\text{pkg})$ と $C_{th}(\text{fin})$ によって影響される過渡熱抵抗を考慮する．

一方，代表的な冷却方式とその特徴について以下に述べる．

① 風冷：簡便な実装，低コスト，高信頼性だが，冷却能力が低い．

② 沸騰冷却(ヒートパイプ)：冷却能力・デバイス均温化能力が高いが，高度の気密性が要求される．

③ 循環水冷：冷却能力が高く，純水を使用すれば絶縁を保つことができる．周辺部品が多く，システム構成が複雑である．

これらの冷却方式は，電力変換器の容量，用途，コスト，使用するパワーデバイスの構造などによって選択される．

2.4.6 具体的な電力変換器におけるGTO・IGBT応用

a. 自己消弧形パワーデバイスの種類

表2.5には，GTOとIGBTの特徴を示す．大容量向きのパワーデバイスであるIEGT (Injection Enhanced Gate Transistor) とGCT (Gate Commutated Turn-off Thyristor) はそれぞれIGBT系，GTO系のパワーデバイスに分類され，比較的類似の特徴を示す．IGBT (IEGT) はGTO (GCT) に比べスイッチング損失が小さく，PWM制御などの高周波スイッチング向きのパワーデバイスである．また，短絡保護の容易性，あるいはゲート抵抗によりスイッチングのサージ電圧あるいは dv/dt によるノイズなどの調整が効くことから，IGBT系パワーデバイスの使用が増えている．

b. パワーデバイスの損失と発熱

図2.47にはスイッチングするパワーデバイスの1サイクル動作とその間に発生す

表2.5 GTOとIGBTの損失に関する比較

損失	GTO(GCT)	IGBT(IEGT)
オフ損失	オフ時の漏れ電流はパワーデバイス設計による，いずれも損失小．	
ターンオン損失	di/dt 制限あり，アノードリアクトル使用により周辺回路で損失大．GTOは，充放電スナバのエネルギー消費で，損失大．	IGBTは高速スイッチングで損失小．ただし，di/dt が高く，逆並列ダイオードでリカバリー損失大．
オン損失	サイリスタ系パワーデバイス，低オン電圧でオン損失小．	トランジスタ系パワーデバイス，IGBTは伝導度変調でオン電圧減少．IEGTはIE効果でオン電圧減少．
ターンオフ損失	安全動作領域SOAが狭く，dv/dt 制限あり，低速スイッチングで損失大．GCTは高速スイッチングで損失減少．	SOAが広く，高速スイッチングで損失小．

2.4 定格と運転限界　　　71

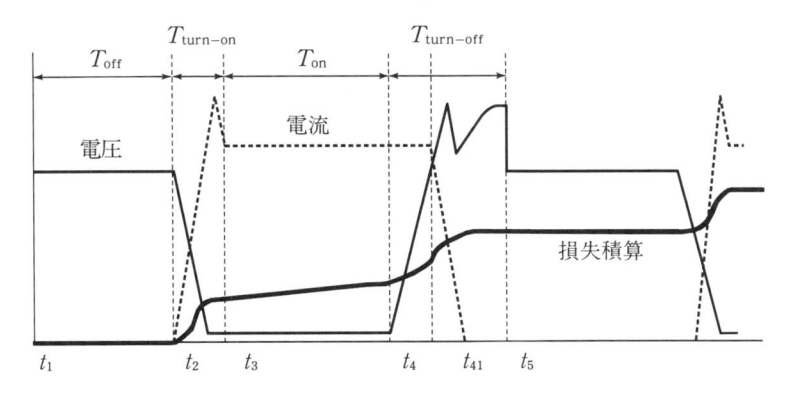

図 2.47 1サイクル動作における損失積算

る損失の積分値が増加している様子を示す．発生する損失はその期間により次の4つである．

(1) オフ期間 T_off 中の損失：この期間の損失は，漏れ電流による．

$$P_\text{off} = V_\text{off} I_\text{leak} D_\text{off}$$

ただし，オフ期間中の損失は P_off，オフ期間に印加される回路電圧は V_off，パワーデバイスの漏れ電流は I_leak，オフ期間の比率を D_off とする．

漏れ電流は通常の設計では非常に小さく，かなりの高温で使用する場合を除いてこの損失は無視できる．

(2) ターンオン期間 $T_\text{turn-on}$ 中の損失：この期間の損失は，ターンオンのゲートが与えられ，パワーデバイスに印加された主回路電圧が下降するにしたがって主回路電流が流れ始めるので，理論的には瞬時電圧・瞬時電流の積の積分値で求められる．スイッチングごとに発生するので，合計損失は以下の式となる．

$$P_\text{turn-on} = f_\text{sw} \int^{T_\text{turn-on}} VI dt$$

ただし，ターンオンのスイッチング期間中の損失は $P_\text{turn-on}$，スイッチング周波数は f_sw，パワーデバイスの電圧は V，電流は I とする．

通常はパワーデバイスのデータとして電圧・電流をパラメータとした1回当たりのターンオン損失 E_on が示されているのでその値を使う．

(3) オン期間 T_on 中の損失：この期間の損失は，パワーデバイスに流れる主回路電流とオン電圧の積による損失となる．

$$P_\text{on} = V_\text{on} I_\text{on} D_\text{on}$$

ただし，オン期間中の損失は P_on，オン期間のパワーデバイス電圧は V_on，パワーデバイスに流れる電流は I_on，オン期間の比率を D_on とする．

オン電圧はパワーデバイスのジャンクション温度に依存するため，想定される使用温度のオン電圧で計算する．

(4) ターンオフ期間 $T_\text{turn-off}$ 中の損失：この期間は，ターンオフさせるゲート信号

が与えられてパワーデバイスの電圧が上昇し，その電圧が主回路の電源電圧を超えて主回路電流が減少し始め，流れ終わるまでの期間である．この期間の損失も理論的には瞬時電圧・瞬時電流の積の積分値で求められる．同様に，スイッチングごとに発生するので，1秒間の回数はスイッチング周波数となり，合計損失は以下の式で求められる．

$$P_{\text{turn-off}} = f_{\text{sw}} \int^{T_{\text{turn-off}}} VI dt$$

ただし，ターンオフのスイッチング期間中の損失は $P_{\text{turn-off}}$ とする．

通常はパワーデバイスのデータとして電圧・電流をパラメータとした1回当たりのターンオフ損失 E_{off} が示されているのでその値を使う．

c. パワーデバイスパッケージの種類と冷却例

図2.48に圧接形パワーデバイスとして6 kV-6 kA 定格のGTO，モジュール形パワーデバイスとして1.7 kV-400 A 定格のIGBTの外観を示す．図2.49には圧接形パワーデバイスの冷却とモジュール形パワーデバイスの冷却の例を示す．

圧接形パワーデバイスは，上下の両面が主回路電流を流す電極と半導体チップの発

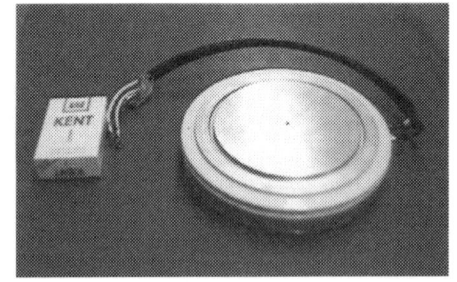

図2.48　圧接形とモジュール形の形状

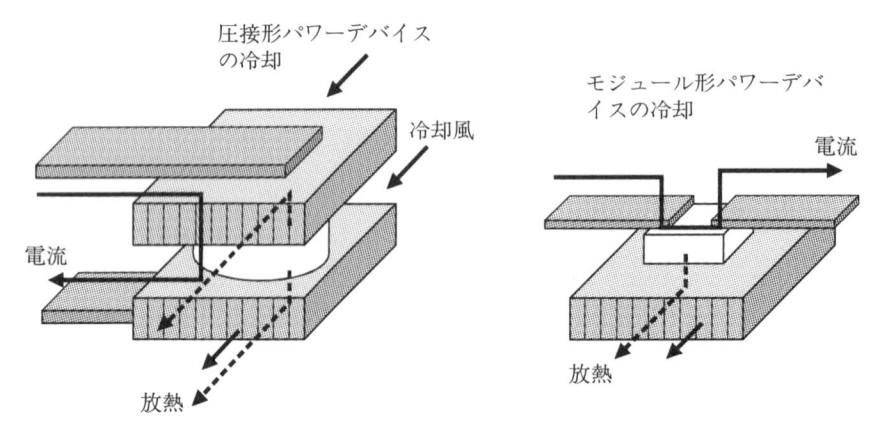

図2.49　圧接形とモジュール形の冷却例

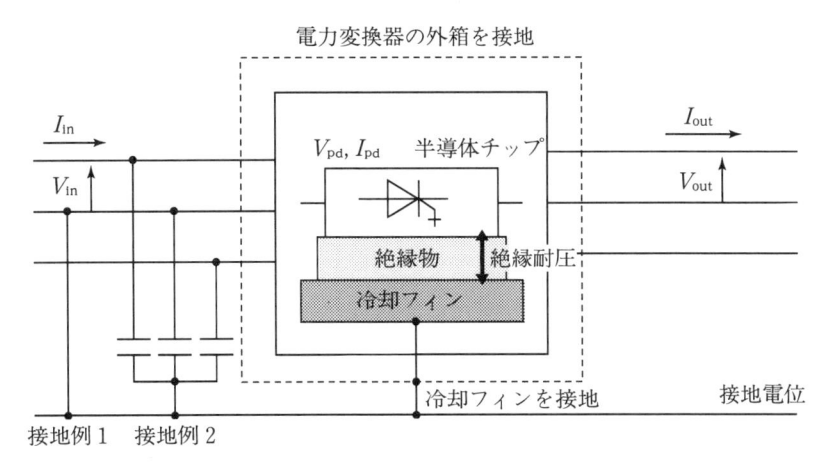

図 2.50　電力変換器における回路と接地間の絶縁

熱を逃がす冷却の機能を兼ね備えている．したがって，冷却ということでは両面から放熱があるために性能が高い．また，モジュール形パワーデバイスは，上部の電極と下部の冷却面とが別々の機能をもっている．それぞれの機能が分かれているために配線がやりやすいという特徴はあるが，片面だけの放熱となっていて熱抵抗が高くなる．

d.　その他パワーデバイス応用における配慮事項

その他の重要な定格として対地絶縁耐圧がある．電気回路の接地は重要な安全対策であり，図2.50に示すように，入力，中間回路，出力のいずれかの1線の接地（接地例1），中性点電位の接地（接地例2）などの例がある．すべての回路部品には，接地点と部品が使用されている回路点の間の回路電圧が対地電位として印加されるので，この耐圧とさらに規格などで決められた安全係数を確保するよう設計されなければならない．

冷却フィンが接地され，その冷却フィンに接触されたモジュール形パワーデバイスでは，電気を流す主回路部分と放熱板が1つのパッケージ内に同居するので，回路の絶縁耐圧がパワーデバイスの構造・材料を決める重要な要素となる．回路電圧と対地電位との関連を記述した規格はいくつかあるが，例えば一般産業用途としてIEC規格に次のような例がある．

$$V_i = 2 \times \left(\frac{V_{peak}}{\sqrt{2}} \right) + 1000 \, [\text{V}]$$

ただし，V_i：絶縁耐圧，V_{peak}：繰り返しかかる回路電圧のピーク値である．

2.4.7　電力変換器における運転限界と保護

運転限界を超えないように回路の電圧，電流を所定値以下にする回路・部品の工夫，および制御をすることが基本だが，抑えきれない事象に対しては保護する必要が

表2.6 運転限界を超える事象と電力変換器への影響

要因の発生場所	具体的な事象	電力変換器への影響
電源側	過電圧	主回路電圧上昇でパワーデバイスの電圧設計余裕が厳しくなる，制御電源電圧の許容範囲を超える．
	遮断器の開閉サージ，外来の雷サージ	サージ吸収回路・部品などで設計範囲内でサージ電圧を吸収するが，サージ電圧・回数などの許容値あり．
	電圧低下	力行運転時はトルク不足，回生運転時は回生制御が困難になる，制御電源電圧が低下し制御不能になる．
	電圧喪失	運転を停止することが一般的．復電後モータを再起動・再加速する場合には電源電圧確保，加速電流制御・制限が必要．
負荷側	電流制御・制限機能なしの電力変換器における過電流(過負荷)	パワーデバイスの最大遮断電流余裕が厳しくなり，冷却の設計値を超える可能性がある(電力変換器の運転を止める)．
	磁石電動機の高速回転による高電圧発生	電力変換器で制御できない状況では，出力過電圧となり，パワーデバイスの電圧設計余裕が厳しくなる(出力側に遮断器を設け，解放する)．

ある．表2.6には運転限界を超える事象と電力変換器への影響を示す．図2.38に示すように電力変換器としては，これらの事象が検出されれば，電力変換器の運転を止めて，回路を解放する動作に移る．もし発生する事象が過電流など非常に高速で電力変換器停止の動作が間に合わず，部品などが破損する場合にはヒューズなどの保護部品により回路を開放する．　　　　　　　　　　　　　　　　　　　〔斎藤涼夫〕

参 考 文 献

1) 松田秀雄・色川彰一：パワー半導体デバイス技術/パワー半導体デバイス技術の現状と今後，電気評論，88, 4, pp. 21-26 (2003-4)

2.5 基本的なシステム構成

2.5.1 モーション制御の基本構造

　モータドライブの制御は，時代のニーズに応じて種々のモータと制御方式が実用化されてきた．比較的大出力が求められる産業や一般的なトルク，回転速度(以下，速度)，位置制御のための可変速駆動用途では，直流機のレオナードや巻線形同期機による無整流子電動機から，かご形誘導機によるV/f制御やベクトル制御などへの変遷があった．高速で精密な位置決め性能が求められるサーボでは，軽量で高速動作に向く永久磁石形同期機が多用されている．また，小容量では直流機やステッピングモータに加えて，ブラシレスDCモータの使用が増えている．これらを制御の面から俯瞰すると，フィードバックのない開ループ制御，フィードバックによる閉ループ制御に大別できる．さらに，トルク，速度，位置の制御について，モータの制御方式を

表 2.7 モータ制御の分類

制御方式	閉ループ制御	開ループ制御
トルク制御	トルク指令→÷(磁束)→電流調節器→電力変換器→モータ	指令(トルク指令相当)→コントローラ→電力変換器→モータ
速度制御	速度指令→速度調節器→トルク制御→モータ、速度←エンコーダ	電圧指令：直流機　周波数指令：交流機　→コントローラ→電力変換器→モータ
位置制御	位置指令→位置調節器→速度制御→モータ、位置←エンコーダ／位置調節器→速度調節器→トルク制御→モータ、位置・速度←エンコーダ	パルス指令　角度指令　→コントローラ→電力変換器→モータ

整理すると表2.7のように分類できる．簡単のため，表中では直流機や交流機（誘導機，同期機）の励磁部分については省略してある．

代表的な開ループ制御には，直流機による電圧制御，インバータによる誘導機のV/f制御，ステッピングモータやスイッチトリラクタンスモータの制御などがある．モータ本来の特性を使い，電圧，周波数やパルスを一意的にモータに供給する方式である．開ループ制御は負荷による垂下特性があり，静的な位置とトルク，あるいは速度とトルクのトレードオフ関係をもっている．そこで，この関係を使った簡易的な制御，例えば位置や速度によるトルクの調節も可能である．

閉ループ制御には，コンバータやチョッパによる直流機のレオナード，インバータによる誘導機や同期機のベクトル制御などがある．これらは，電流制御によってモータのトルクを制御する仕組みを内蔵している．また，位置・速度・トルクの制御は，開ループ制御や閉ループ制御の駆動系に調節器を付加してフィードバックループを組むことで，目的の特性を実現することができる．調節器にはP調節器やPI調節器がよく使用されている．閉ループ制御は，指令とセンサによる検出結果が一致するように動作するので，負荷やモータ特性の変動に対して制御精度を高く保つことができる．これらの中で，電流制御によるトルク制御をマイナーループにもつ速度や位置の制御は，伝達関数やボード線図で表すことで，制御理論に基づいた制御特性の把握，負荷などの変動要素の影響算定や対策が可能である．

一般用途の駆動系では，モータに付属のエンコーダで速度や位置の制御を行っている．これはセミクローズドループ制御と呼ばれている．この駆動系は，伝達機構が低

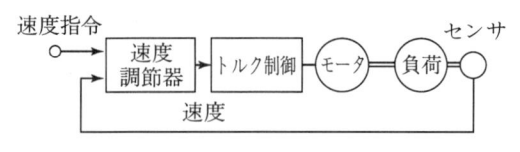

(a) 速度制御

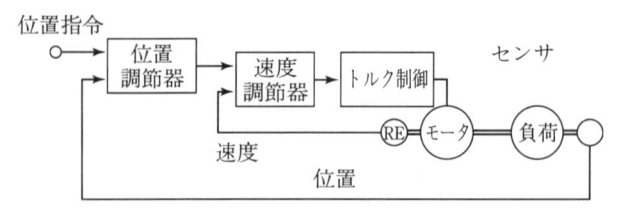

(b) 位置制御

図 2.51 フルクローズド制御の例

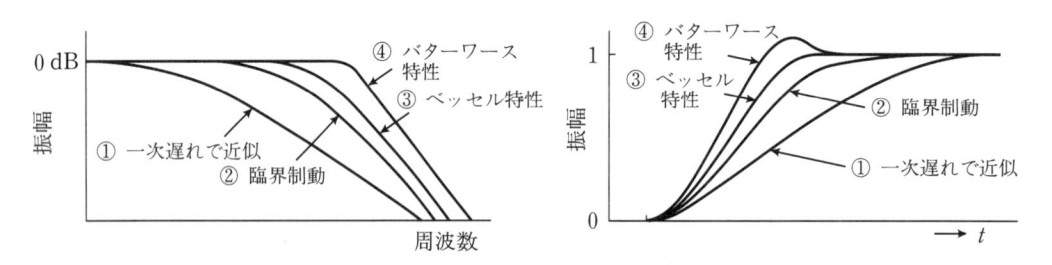

図 2.52 周波数特性と制御応答

剛性であったりバックラッシを含んでいると，負荷端に制御誤差が発生しやすい．そこで，負荷側の挙動を厳密に制御する必要のある用途では，図 2.51 のように負荷側にセンサを付けてフィードバックするフルクローズドループ制御が使用されている．

モータドライブの制御系はモータの巻線とロータの慣性モーメントによって，二次以上の伝達関数（ラプラス演算子表現）となるので，適切な調整が必要である．設計時に工業的に用いられる制御応答指標を順に並べると，おおよそ次のようになる．

① 一次遅れで近似（代表根は 1 つの負の実根）：安定で最も単純な扱いやすい性質
② 臨界制動（代表根は負の重根）：振動のない安定な応答の限界
③ ベッセル（Bessel）特性（群遅延が最大平坦）：オーバーシュート，リンギングのない応答
④ バターワース（Butterworth）特性（円上の根配置）：最大平坦特性（周波数帯域が最も広い）

目的に応じ，良好な応答を得ながら安定性を確保するため，これらのどれか，あるいは中間の特性となるように制御系は調整される（図 2.52 参照）．これらの規格化された伝達関数の根配置，分母多項式の係数は既知の定数であり，整定時間，オーバシュート量も同様に既知であるので，調整ないし性能評価には実用的で便利な指標である．

2.5 基本的なシステム構成　　77

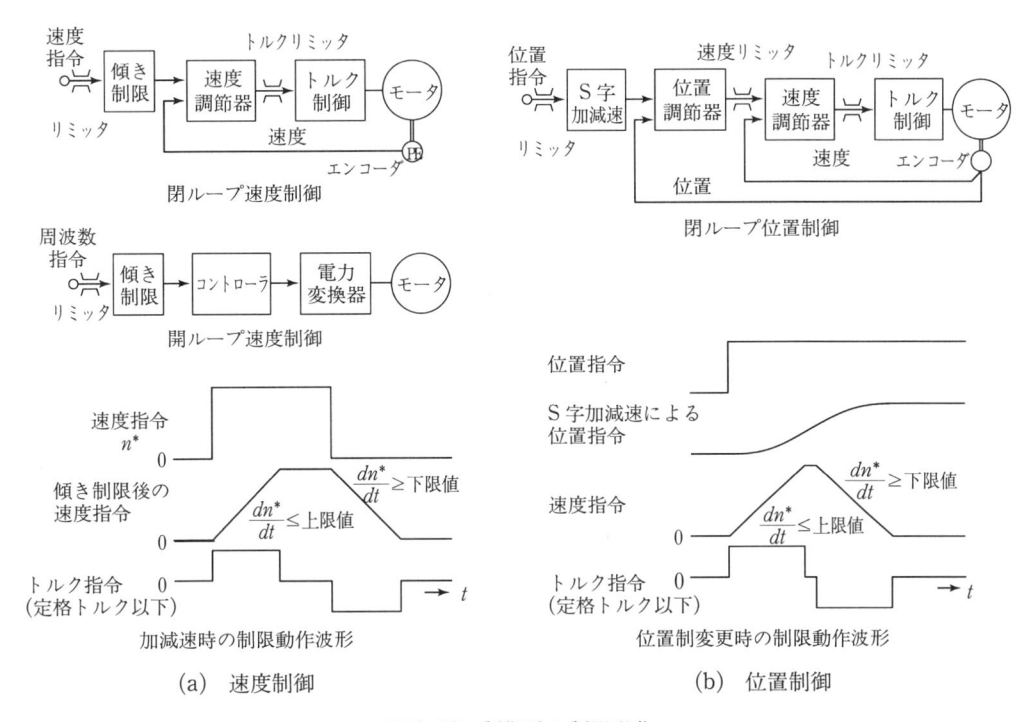

図2.53　制御系と制限動作

上記に述べた制御系の構成は基本形であり，実用性を高めるためにいくつかの技術を組み合わせることが必要に応じて行われる．概要を以下に述べる．

(1) **指令の制限**　モータの応答速度や回転数には機械的限界があり，電力変換器の動作範囲も限定されている．限界を超えた使用による異常動作や焼損，破壊などの危険を避けるため，速度やトルクの指令には適切な制限や処理が必須である．

速度制御で使われる制限には，図2.53(a)のブロック図で示す速度指令の振幅制限と変化率制限，トルク指令の振幅制限がある．速度指令の振幅制限は，モータの回転を最高速度以内に抑え，速度指令の変化率制限とトルク指令の振幅制限はモータおよび負荷機械の加速度を安全な値に抑える働きをする．開ループ速度制御の場合は電流制御ループをもたないので，慣性モーメントに応じた速度指令の変化率制限は装置保護や安定動作のため加減速運転に必須である．

位置決め制御において使われる制限には，図2.53(b)のブロック図で示す特性のS字加減速と呼ばれる制限方法がある．加速度を制限したときの位置変位は二次曲線を描くことから，これを位置指令として与えると，制御系は速度と加速度を安全な範囲に抑えながら滑らかな動きをさせることができる．なお，速度制御にS字加減速を適用する場合は，加速度の変化率の制限となる．

(2) **制御応答の改善（2自由度制御と外乱抑制）**[5]　閉ループ制御における指令値応答を改善する方法として用いられているのが，フィードフォワード項を加えた2自由度制御である．速度制御の場合，図2.54(a)のようにフィードフォワード項を付

(a) 2自由度制御　　　　　　　　(b) 外乱抑制

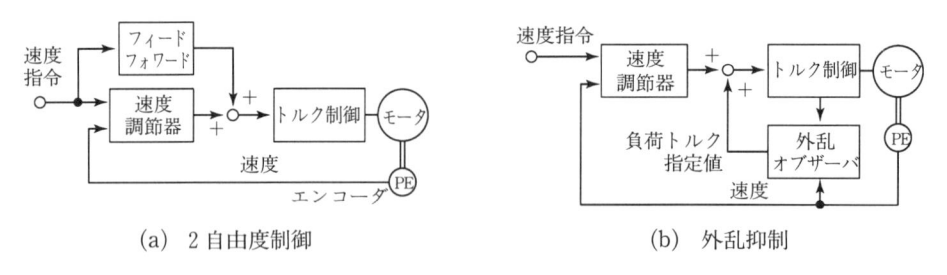

図 2.54 応答改善に使われる構造例

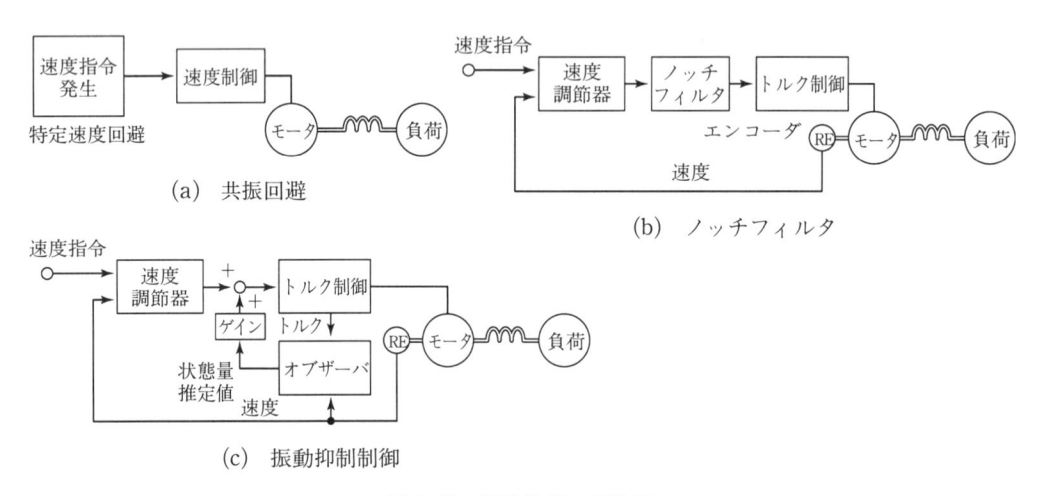

(a) 共振回避

(b) ノッチフィルタ

(c) 振動抑制制御

図 2.55 振動抑制の構造例

加すると，速度調節器によらず速度変更に必要なトルク指令が直ちに与えられるので，高速の速度変更が可能になる．

　負荷外乱を計測するセンサ，例えば軸トルクや荷重のセンサがある場合は検出信号をトルク指令に加算することで負荷の影響をキャンセルすればよいが，これができない場合によく使用されるのが図 2.54(b) の外乱オブザーバである．磁束と電流から求めたモータの発生するトルクと速度から負荷トルクを推定するオブザーバを，上述のセンサと同様に使用することで，負荷外乱による影響を抑制することができる．

　(3) 共振の回避，振動抑制[6]　　柔らかい伝達機構の場合に問題となるのが機械系の共振であり，制御系の不安定やモータのトルクリプル，軸の偏心やギアの振動などによって機械系の振動が引き起こされる．

　開ループ制御では特定の速度で共振が起きることから，図 2.55(a) のように特定範囲の速度指令を与えないように設定することが行われる．

　閉ループ制御の場合は，広い範囲で振動的になるため，制御を安定化しなければならない．最も簡単な方法はループゲインを最適化することである．ところが，最適化しにくい機械定数であったり複雑な振動モードがあると，ループゲインを大幅に下げざるを得ず，制御性能が低下する．このような場合には，振動抑制制御が行われる．

制御の方法には，図 2.55 (b) のノッチフィルタによる励振成分の除去や図 2.55 (c) のオブザーバを用いた振動抑制制御などがある．

2.5.2 ドライブシステムの構造と仕様
a. システム構築

実際のモータドライブのシステムは，上述の制御を含めたソフトウェアとこれを搭載するハードウェアからなるドライブ装置だけでなく，上位コントローラ（専用コントローラ，シーケンサ，ワークステーションやパソコン）や周辺を含めて構築されている．指令系統からみたシステム構成には図 2.56 のような形態がある．最近のモータドライブでは，ドライブ装置と外部との信号のやり取りに，アナログ信号やディジタル信号だけでなく伝送ライン (LAN，バスとも呼ばれる) も使用されている．アナログ信号やディジタル信号は，ドライブ装置単体を操作する場合や，上位コントローラとの接続にも使われ，接続の簡便さや高速性に優れているが多数台では煩雑となりやすい．上位コントローラと各ドライブ装置間を伝送ラインで結ぶ方式は，多数台ド

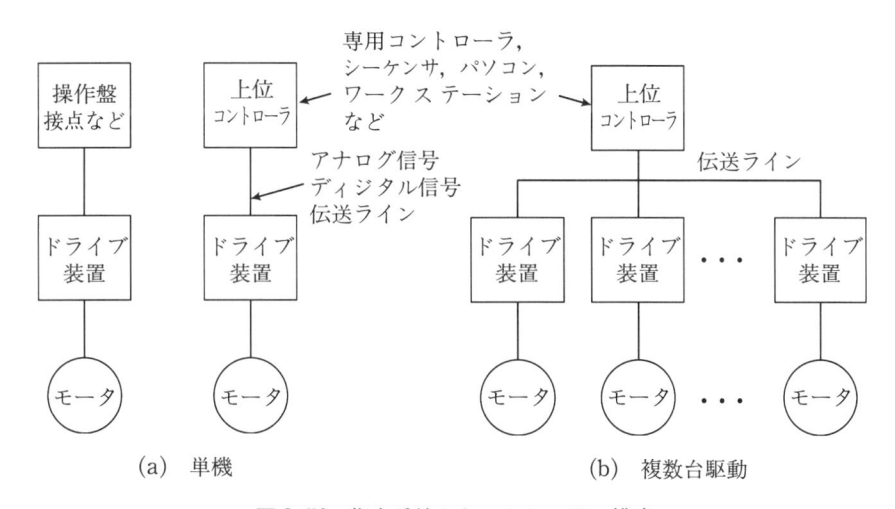

図 2.56 指令系統からみたシステム構成

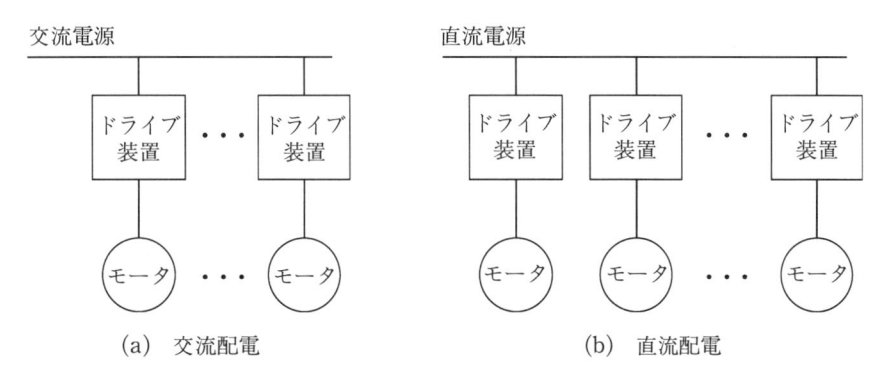

図 2.57 配電系統の構成

ライブ装置による駆動，遠距離配線，あるいは動作モードの複雑な操作が必要な場合において，省配線と高度な制御の実現に効果を発揮する．

電力を必要とするドライブ装置にとって，給電も重要な課題の一つである．給電には図2.57のように交流配電と直流配電がある．交流配電はドライブ装置の使用数が少ない場合に有効で，商用電源を配線するだけでよい．しかし，通常は制動時の回生電力を処理できないので，ブレーキ抵抗を組み合わせることが行われる．エレベータなどのように回生電力が大きい場合はPWM整流器を組み合わせて用いる．一方，直流配電は複数台駆動の場合に回生電力を融通し合えるので，損失とトータルの電源容量が減り，システムの効率的運用に適している．さらに，ドライブ装置の制御電源を主回路とは別系統からとることで，瞬時停電に強いシステムとすることができる．適用対象の全体的な構成が定まれば，次は多様なモータや制御方式のドライブ装置の中から適切な機種が選定される．

b. ドライブ装置の基本構造

ドライブ装置は図2.58に示すように，主電源，主回路，制御電源および制御回路で構成されている．基本的な動作はシーケンス制御によって，装置が正常に動作する

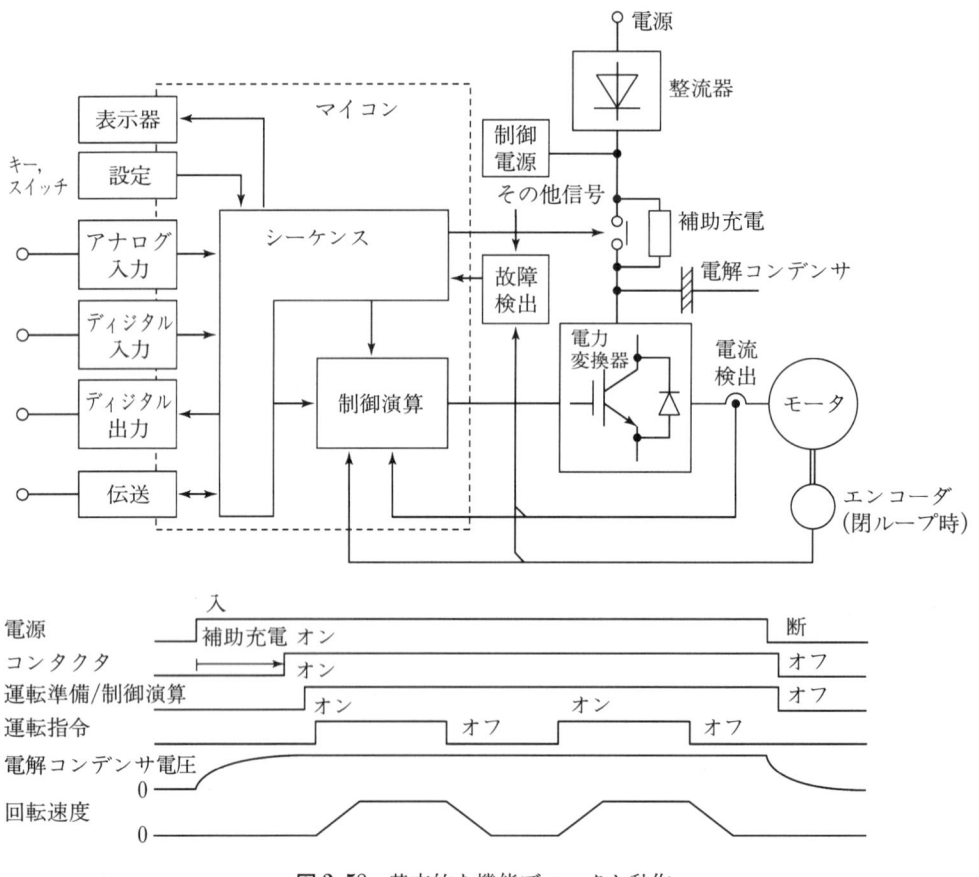

図 2.58 基本的な機能ブロックと動作

環境を整えてから指令にしたがって運転し，異常を検知したら保護動作をするようになっている．

電源の投入と遮断時のシーケンスは，装置や電源を破壊から守る重要な役割をもっている．多くのドライブ装置は主回路に電圧形インバータを使用していることから，大容量の電解コンデンサを内蔵している．電解コンデンサが充電未完状態で主電源を投入してしまうと，突入電流が流れて焼損するおそれがある．そこで，一般的には図2.58のチャートで示すように，電源投入時に制御電源確立と制御回路の初期化，補助充電回路による主回路の充電をすべて完了してから，運転指令を受け入れるようにしている．また，電源遮断時には，制御回路が電源遮断を検知して制御演算停止とゲート信号遮断の処理を行い，待機状態を保持させる．このとき主回路の電解コンデンサは速やかに放電が行われることが望ましい．電圧が残留した状態でパワーデバイスが誤動作すると短絡破壊する危険性があるためである．これら一連の動作はシーケンスによって処理され，運転可能な状態が成立すると，制御演算によってモータの運転が実行される．

実用に供されるドライブ装置は，用途や容量によって様々な構造形態をとっている．最近のサーボやインバータは，数十W～数百kWの広い範囲をカバーするため，多機能を搭載した汎用性の高いユニットないし盤構造をとっている．一方，組込用途に適した数百W以下の小容量ドライブ装置では，主回路モジュールや制御ICによる小形，集積化が進んでいる．

c. ドライブ装置の仕様

ここでは一般的に使われることの多いサーボやインバータを例にあげて説明する．市販のドライブ装置は，単機の単純な使い方からネットワークによる制御まで多様な用途に対応している．そのため，カタログには下記のように装置の性能や機能を表現する仕様を盛り込んだ内容を掲載している[7,8]．

① 特長，応用例：装置が優れている点，性能を発揮する使い方の概要である．

② 標準仕様，内部構成，特性データ：装置の仕組み，運転範囲，性能や性能を保証できる設置環境を表す．複数のモータを選べる場合，モータ仕様は別途記載となることもある．

③ 機種バリエーション，外形寸法：出力や電源系列，構造を選択できる場合は，要求に適合するものを選択する基本的データとして分離記載される．標準仕様に含まれることもある．

④ タッチパネル，機能設定：初期設定時の操作や運転状態の表示に使われる機能と概要説明である．

⑤ 端子，基本接続：③④に基づいた，最も基本的な使い方と，周辺とのケーブル接続方法の例である．詳細は③④やアプリケーションマニュアルの記載内容を確認しなければならない．

⑥ オプション：標準LANやプライベートLANなどに対応する伝送オプション

カード，周辺インターフェイスカード，主回路周りのリアクトルやフィルタなど，機能拡張，電源の高調波やノイズ対策用品などに使われる部品等が記載されている．オプションは必要に応じて選択する．

標準仕様でよく見受けられる記載事項は，例えば表2.8のような内容である．内蔵の機能や数値表示された性能に関する内容が主として記載されている（項目については各社で呼称や判断基準が異なる場合がある）．仕様をさらにわかりやすく解説するために，装置内部のブロック図や基本接続図がよく使用される．図2.59はインバータの基本接続図である．インバータとモータの接続だけでなく，内部の構造，入出力信号との関係を一目で見渡すことができる．同様に，仕様の補足として図が必要となるものに制御性能がある．これを表す方法として静特性のグラフや動特性を表す動作波形がよく用いられる．

① 静特性：速度-トルク特性，トルク特性など

開ループ制御の場合は，負荷による垂下特性がある．トルクが増加すると速度が低下する特性を表すため，図2.60(a)の速度-トルク特性が使用される．

表2.8 ドライブ装置の標準仕様記載項目例

記載項目	記載内容の説明
定格出力	軸出力は電力やトルク，アンプは電力または皮相電力を記載．
標準電動機容量	標準モータ適用時の軸出力電力．
定格トルク	標準モータ時の軸出力トルク（制動トルクを別表示の場合あり）．
定格容量	定格出力時のkVA．
定格電流	出力できる連続定格電流．
過負荷耐量	短時間定格．規定された時間内にとれる負荷（>100%）
入力電源	電源の種類と容量や注意事項を記載．
相数，電圧，周波数	三/単相，200/400 V，50/60 Hz など．
許容変動	電圧変動，アンバランス率．
瞬時電圧低下耐量	運転継続できる条件．
定格入力電流	連続定格，短時間定格．
所要電源容量	一般に出力よりも大きいので注意．
主回路方式，制御方式	装置の方式についての説明．学術的な名称（電圧形インバータ，ベクトル制御，V/f制御など）その他を記載．
キャリア周波数	スイッチング周波数ともいう．主回路を動作させる周波数．変更可能な場合は設定範囲を表示．
速度機能	速度制御関連の機能，性能を記載．
最高回転速度	指定のモータでの最高速度．最高出力周波数の場合もある．
設定分解能	設定器ないしディジタル表示器で定まる．
速度制御範囲	制御可能な速度または周波数範囲．比率表示の場合もある．
制御精度	定格運転時の絶対精度．
制御応答	指令に対する応答周波数．ボード線図も用いられる．
保護機能	電流，電圧，速度，負荷，温度などの異常検知と保護動作の規定．保護動作の記録機能など．
使用環境	設置，周囲温度・湿度，耐振動・衝撃．

2.5 基本的なシステム構成

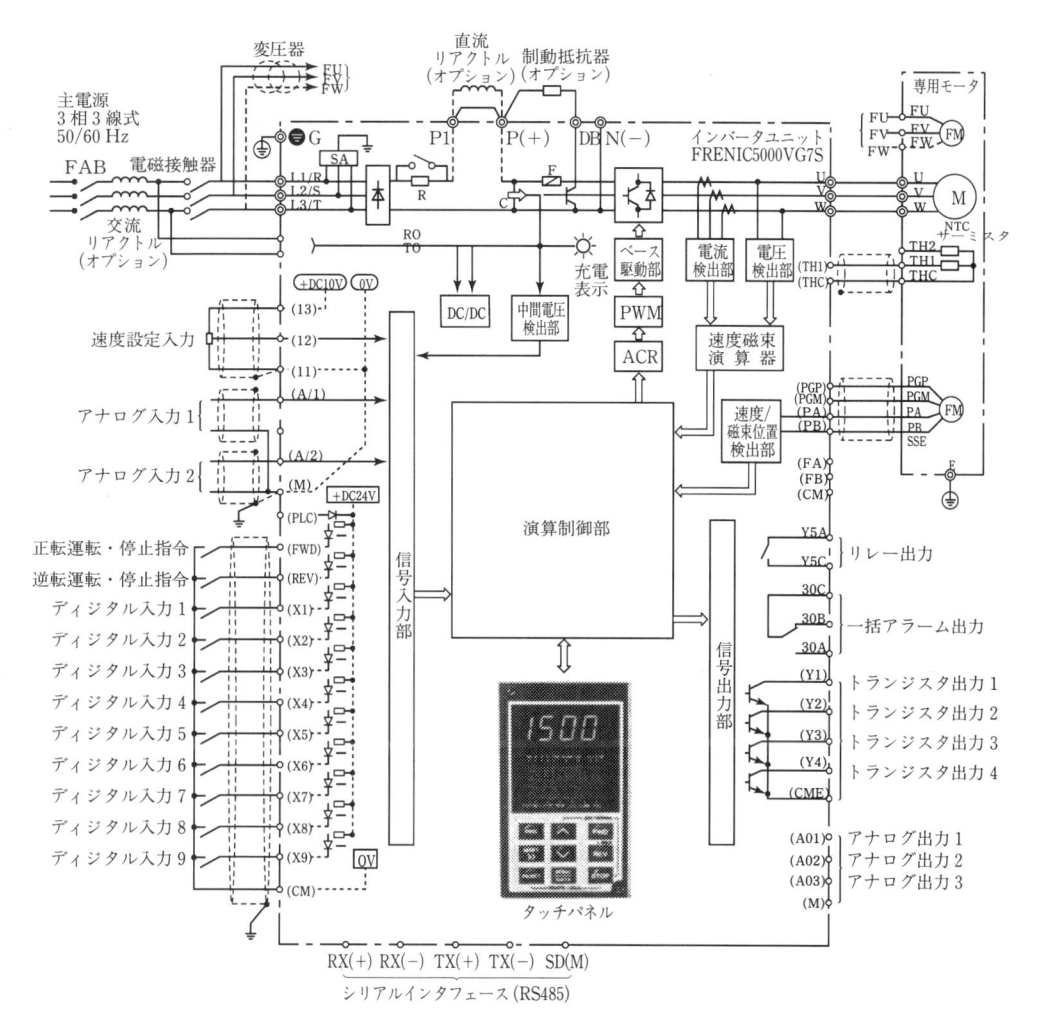

図 2.59 インバータのブロック図例

図中の最高速度や基底速度，定格トルクはモータ仕様に関連したドライブ装置仕様である．定格トルク以上の場合，モータやドライブ装置の温度上昇を安全範囲内とするため，短時間定格（過負荷耐量）が決められている．

閉ループ制御では制御の線形性が重要視されることから，速度-トルク特性は図 2.60(b) で表されることが多い．これによって全速度領域の線形性の概略把握が可能である．さらに詳細な線形性を確認するには図 2.60(c) のトルク指令と実際値の関係を用いる．

② 動特性：制御応答

一般的な制御応答の表示方法は周波数応答であり，定義された応答周波数が数値で示される．周波数と位相の特性を示す場合はボード線図が使用される．これらは微小振幅時の応答であることから，大振幅の制御応答を示すには不十分である．そこで，大振幅の指令変更や負荷変動に対する制御の安定性と速応

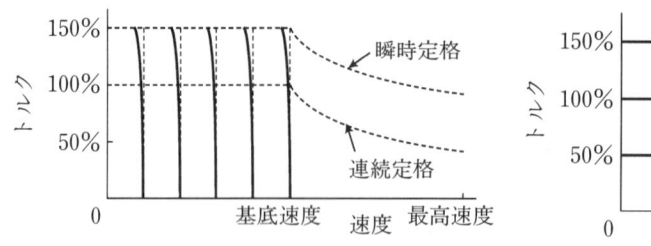

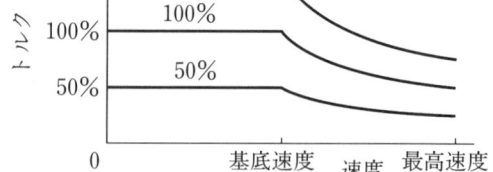

(a) 速度-トルク特性(垂下特性)

(b) 速度-トルク特性(トルク制限特性)

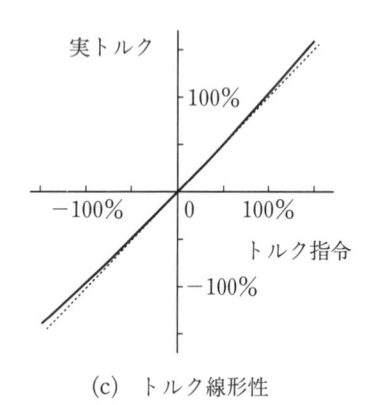

(c) トルク線形性

図 2.60　トルク制御性能

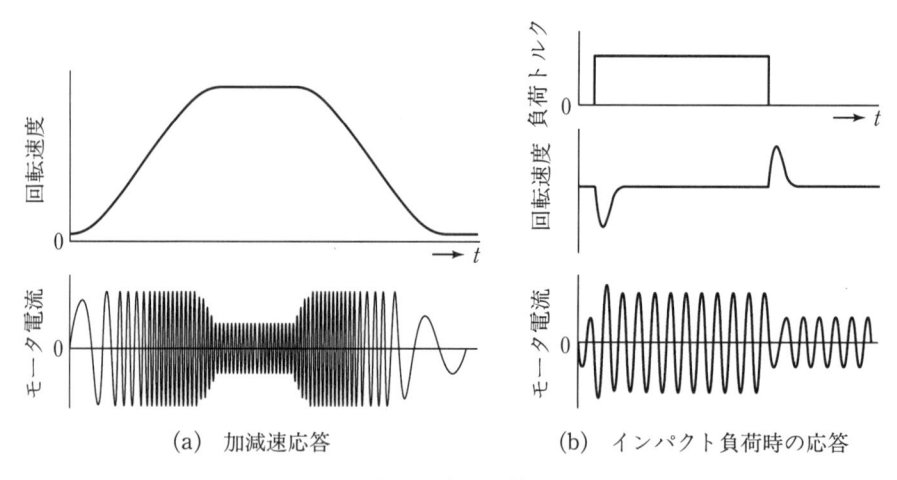

(a) 加減速応答

(b) インパクト負荷時の応答

図 2.61　制御応答例

性として，図 2.61 の応答波形で示される加減速応答，インパクト負荷応答（ステップ状の負荷トルク）などが使われる． 〔海田英俊〕

参 考 文 献

1) 計測自動制御学会：自動制御ハンドブック基礎編，オーム社 (1983)
2) 伊藤正美：自動制御概論（下），昭晃堂 (1985)

3) 宮入庄太：電気・機械エネルギー変換工学，丸善 (1976)
4) 電気学会編：電気工学ハンドブック (第 6 版)，オーム社 (2001)
5) 谷坂彰彦，矢野浩司，海田英俊：現代制御理論の駆動システムへの応用，富士時報，**64**, 10, pp. 683-689 (1991)
6) 海田英俊：バックラッシと振動制御，ロボット学会誌，**13**, 8, pp. 1073-1077 (1995)
7) 高性能ベクトル制御形インバータ FRENIC5000VG7S Series，富士電機
8) 富士 AC サーボシステム FALDIC-α Series，富士電機

3
基本的なモータ

3.1 直 流 機

3.1.1 背景と原理

　直流電動機は，通常，DCモータとも呼ばれるが，厳密には，直流整流子モータである．従来，直流モータは，比較的容易に高精度の速度制御が可能であるという特長から，大は製鉄所の圧延機駆動モータ，電気鉄道の主電動機，小はAV機器のスピンドルモータとして，数多く生産されてきた．近年では，大容量機器は，交流可変速機が主流となっているが，小容量のDCモータはAV機器，自動車用をはじめとして広く使用されている[1]．

　また，直巻励磁の直流モータは交流でも動作し，ユニバーサルモータあるいはシリーズモータと呼ばれている．このモータは，容易に高速回転が実現できるため，電動工具，掃除機などの主要モータとして使われている．

　直流モータは，電磁気の法則の一つである，$f=iBl$ 則を利用して，トルクを発生している．図3.1は，直流モータの断面を示したものであるが，磁界中に置かれた回転子側にある電機子巻線に流れる電流に力が発生し，この例では，反時計方向に回転する．しかし，このままでは，コイル a-a' はやがて下半平面のS極側に移動し，電流の方向が同じであれば，時計方向の力に変わり，回転は持続できない．コイルが下半平面に移動する際に，電流の方向を反転するために，ブラシと整流子の組合せが使

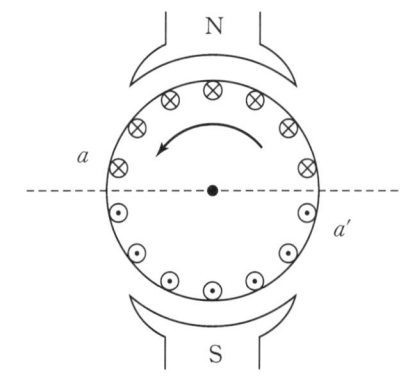

図3.1　DCモータの電流分布 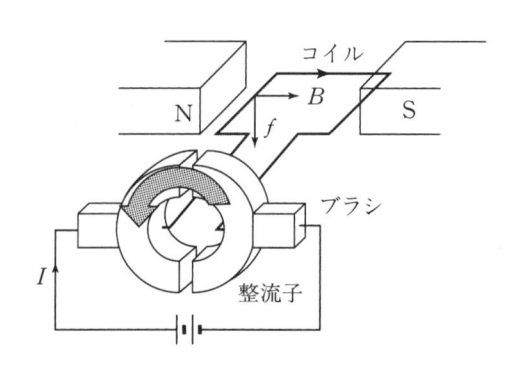　　　図3.2　DCモータの回転原理

われる．

この基本的な原理を図3.2により説明する．この例では，整流子は互いに絶縁された2枚の整流子片から構成され，コイルの2つの口出し線は，おのおのの整流子片に接続されている．図の状態では，コイルの左右のコイル辺①，②には，反時計方向にコイルを回転させる向きに力 f（iBl 則による）が発生している．コイルが90°回転したとき，ブラシと整流子の作用によりコイルに流れる電流が逆転し，N極側に入ったコイル辺②には，以前のコイル辺①と同じ向きの電流が流れ，発生する回転力は反時計方向に維持される．このように，コイルが磁界の中性帯を通過するときにその電流の向きを反転させることを整流 (commutation) と呼ぶ．

ここでは，簡単のために1つのコイルをもつモータを考えたが，実際の直流機では，多数のコイルが存在し，整流子片もそれに対応して数が多くなる．

3.1.2 基礎理論

ここでは，直流モータの基本となる誘導起電力（モータの場合は逆起電力であるが），発生トルクおよび特性式について述べる[1,2]．

図3.3(a)に，電機子巻線と整流子・ブラシの接続について，二極機の重ね巻の例を示す[3,4]．各コイルの両端は，隣接する整流子片に接続されている．この場合，図3.3(b)に示すように，全巻線は正負のブラシからみると並列回路を形成している．また，コイルは，図3.4に示す単位コイルより構成されているが，単位コイルには

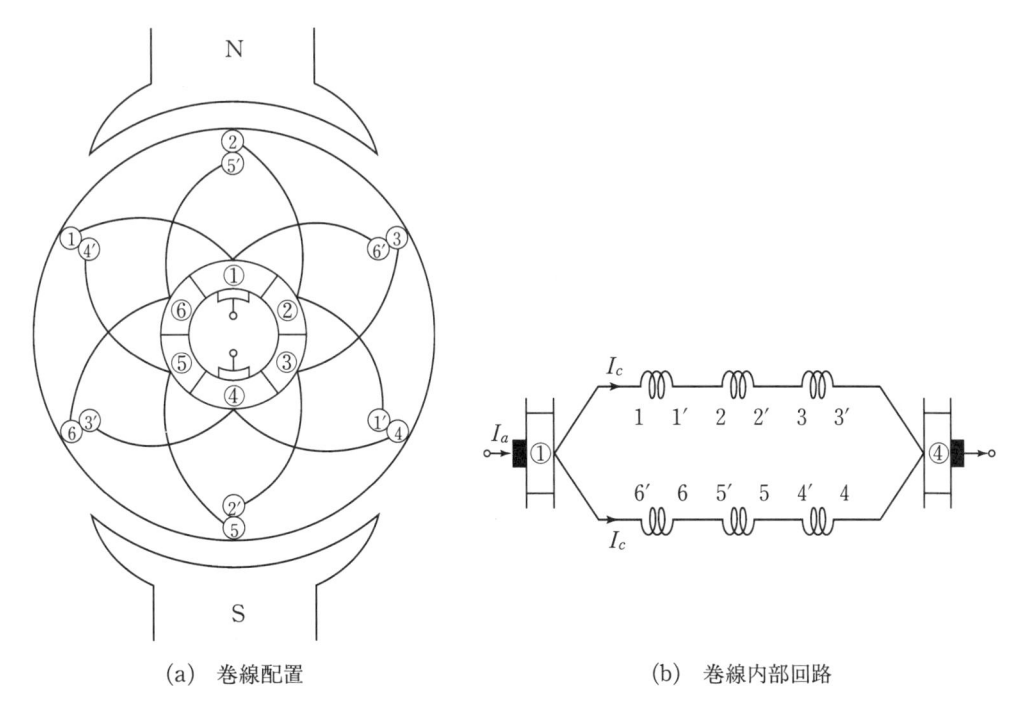

(a) 巻線配置　　　　　　　(b) 巻線内部回路

図3.3 電機子巻線の例（重ね巻）[3,4]

w ターン巻かれている．したがって，コイル数を c, 電機子の全導体数（コイル辺を構成している導体の数）を z とすると，次式が成立する．

$$z = 2cw \tag{3.1.1}$$

基本原理で説明したが，このようにコイルが多数ある場合も原理的には同じである．回転子は回転していても，ブラシと整流子の機能により，磁界の中性点を通過するときにそのコイルの電流の向きが逆転する．したがって，全体として各コイル辺の電流の向きは，図3.1に示すように，空間的に（磁極からみて）固定されることになり，持続的なトルクを発生できる．

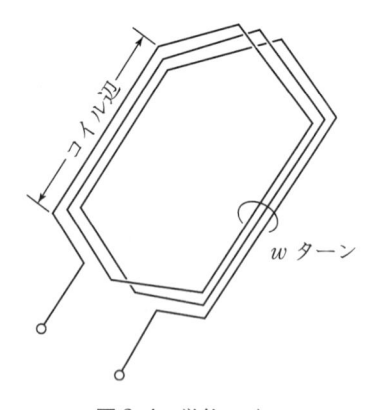

図3.4 単位コイル

a. 誘導起電力

1本の導体当たりの誘導起電力 e_0 は，次式で与えられる．

$$e_0 = vBl \tag{3.1.2}$$

ここで，v：導体の速度，B：磁束密度，l：導体の長さである．一極下の磁束分布は，図3.5のようである．したがって，平均誘導起電力 $\bar{e}_0$ は次式で与えられる．

$$\bar{e}_0 = \frac{1}{\tau}\int_0^\tau vBl\,dx = \frac{v\Phi}{\tau} \tag{3.1.3}$$

ここで，τ：極ピッチ，Φ：一磁極当たりの磁束である．

単位コイルの誘導起電力：$2w\bar{e}_0$，一並列回路のコイル数：$c/2a$ であるから，全起電力 E_a は次式となる．

$$E_a = \frac{c}{2a}2w\bar{e}_0 = \frac{z}{2a} \cdot \frac{v\Phi}{\tau} \tag{3.1.4}$$

ここで，a：並列回路の対数．

回転速度を n，回転子直径を D とすれば，$v = \pi Dn$，$\tau = \pi D/2p$ であるから，式

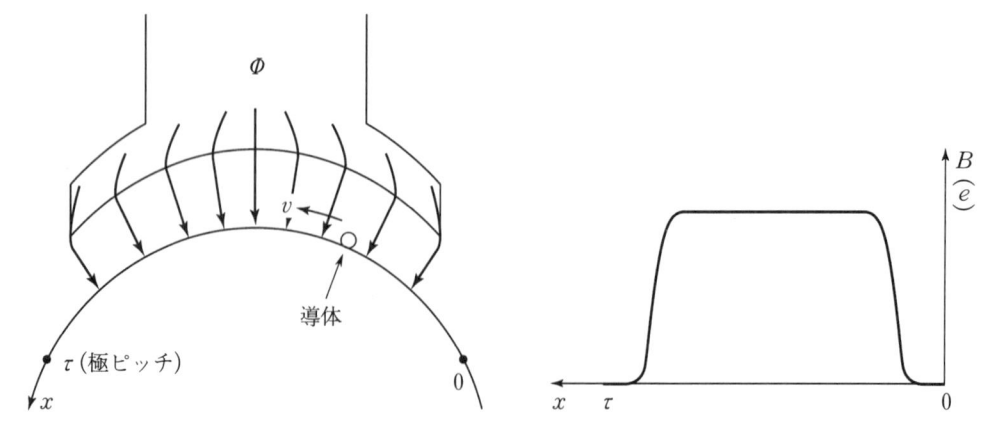

図3.5 導体の誘導起電力

(3.1.4)は次式となる.

$$E_a = \frac{pz}{a}n\Phi = \frac{pz}{2\pi a}\Phi\omega_m \tag{3.1.5}$$

ここで, ω_m: 回転子角速度である.

式(3.1.5)で, 小形モータでは, Φ は永久磁石でつくられて一定であるから, 次式と書ける.

$$E_a = K_E n \tag{3.1.6}$$

ここで, $K_E = (pz/a)\Phi$ であり, 起電力定数と呼ばれる.

b. トルク T

磁極下の平均磁束密度は, $\bar{B} = \Phi/\tau l$ で表すことができるので, 1本の導体に作用する力 f_0 は, 図3.6より次式となる.

$$f_0 = I_c \bar{B} l = I_c \frac{\Phi}{\tau} \tag{3.1.7}$$

したがって, 導体当たりのトルク T_0 は次の式で与えられる.

$$T_0 = f_0 \frac{D}{2} = I_c \frac{\Phi D}{2\tau} \tag{3.1.8}$$

導体数は z 本であるから, 全トルク T は次式となる.

$$T = z I_c \frac{\Phi D}{2\tau} \tag{3.1.9}$$

ここで, $\tau = \pi D/2p$, $I_c = I_a/2a$ であるから, 式(3.1.9)は次のようになる.

$$T = \frac{pz}{2\pi a}\Phi I_a \tag{3.1.10}$$

式(3.1.10)は, 小形モータでは, 先の起電力定数と同様, 次式とできる.

$$T = K_T I_a \tag{3.1.11}$$

ここで, $K_T = (pz/2\pi a)\Phi$ であり, トルク定数と呼ばれる.

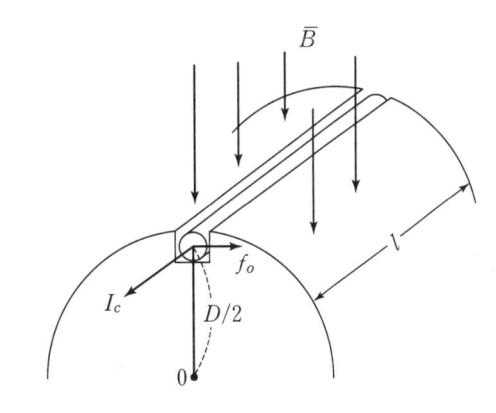

図3.6 導体に発生するトルク

c. 特 性 式

図3.7にDCモータの基本回路を示す. 負荷トルクを T_L, モータの発生トルクを T とすると次の関係がいえる.

$$\begin{cases} T > T_L : 加速状態 \\ T = T_L : 定常状態 \\ T < T_L : 減速状態 \end{cases}$$

また, 回路の電圧方程式およびモータの基本式(a, bより)は次式となる.

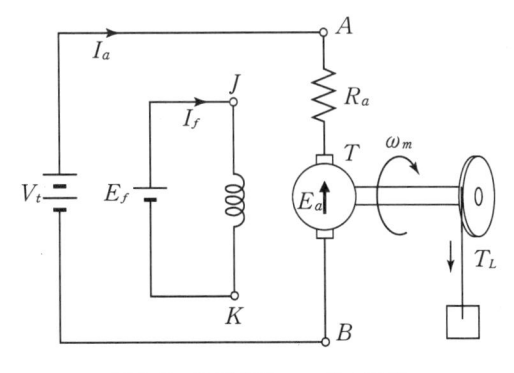

図3.7 他励DCモータの回路

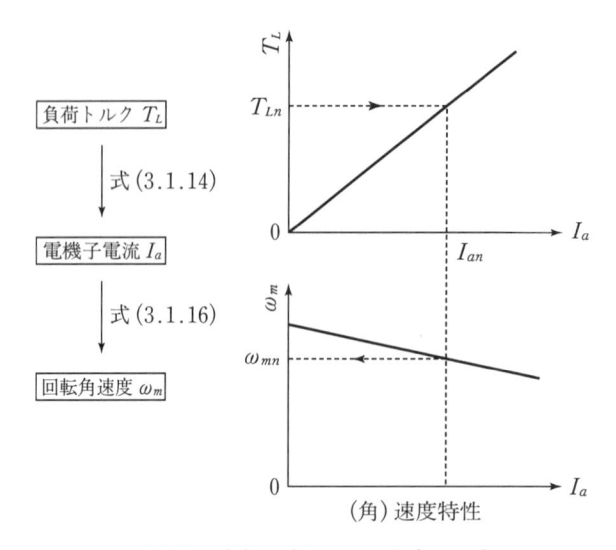

図 3.8 電機子電流と回転速度の決定

$$\begin{cases} V_t = I_a R_a + E_a & (3.1.12) \\ E_a = K_a \Phi \omega_m & (3.1.13) \\ T = K_a \Phi I_a & (3.1.14) \end{cases}$$

ここで，$K_a = pz/2\pi a$ であり，電機子定数と呼ばれる．さらに，モータおよび負荷の全慣性モーメントを J とし，摩擦を無視できれば，次式が得られる．

$$J\frac{d\omega_m}{dt} = T - T_L \qquad (3.1.15)$$

式 (3.1.12)〜(3.1.15) が，機械的過渡状態を含めたモータの基本式である．厳密にいうと，式 (3.1.12) では電機子巻線のインダクタンスは無視している．

ここで，定常状態 ($T = T_L$) を考えてみよう．式 (3.1.12) および (3.1.13) より次式が求まる．

$$\omega_m = \frac{V_t - R_a I_a}{K_a \Phi} \quad \text{あるいは} \quad n = \frac{V_t - R_a I_a}{2\pi K_a \Phi} \qquad (3.1.16)$$

したがって，定常状態では図 3.8 に示すように，負荷トルク T_L が決まると電機子電流 I_a が決まり，その結果，モータの回転(角)速度が定まることになる．

また，式 (3.1.14) と (3.1.16) より，ω_m と負荷トルク T_L の関係は次式となる．

$$\omega_m = \frac{V_t}{K_a \Phi} - \frac{R_a}{(K_a \Phi)^2} T_L \qquad (3.1.17)$$

3.1.3 構　造

図 3.9 に標準的な DC モータの断面構造を示す (ブラシと整流子については図 3.10 参照)．ほかのモータと同様に，基本的には固定子 (stator, ステータ) と回転子 (rotor, ロータ) から構成されている．簡単に各部の説明をする[3,5]．

a. 電機子

電機子は電機子鉄心と電機子巻線から構成されており，誘導起電力やトルクを発生する部分で，通常，直流モータでは電機子が回転する回転電機子形構造が用いられる．

・電機子鉄心　電機子鉄心は，厚さ0.5または0.35 mmのけい素鋼板を積み重ねてつくられる．渦電流防止のため，けい素鋼板の表面は無機質や有機質の薄い絶縁皮膜で被覆される．

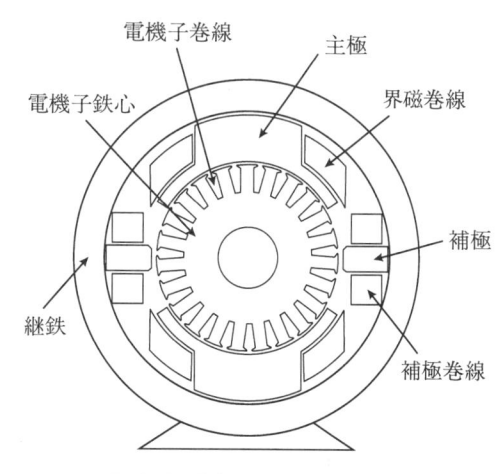

・電機子巻線　導体には電気用軟銅が用いられる．小形機では丸線の乱巻コイルが使用されている．中・大形機では亀甲形コイルあるいはハーフコイルに成形した型巻コイルが用いられ，通常はスロット内に上層・下層導体をおさめる二層巻が採用される．

・電機子巻線の種類　直流機の電機子巻線は重ね巻と波巻が代表的であり，通常は一重波巻と一重重ね巻が多く採用されている[3,4]．

波巻は直列巻とも呼ばれている巻線方式で，中出力以下の電流の少ない直流機に採用される．一重波巻は並列回路数$2a$が常に2であり，均圧結線を必要としない．そのため，電流値が許容値以内となる場合は優先して採用される．

重ね巻は並列回路数が多くなるので並列巻とも呼ばれている巻線方式で，電流の多い中出力以上の直流機に採用される．一重重ね巻は$2a=2p$となり，均圧結線を必要とするため$N_s/p=$整数(整流上は奇数が望ましい)の条件を満足しなければならない．ここで，N_sはスロット数を示す．

b. 整流子 (commutator)

整流子はJIS C 2801 (1995)によるくさび形断面の電気銅または銀入り銅とJIS　C

図3.9　DCモータの基本構造

(a)　円筒形 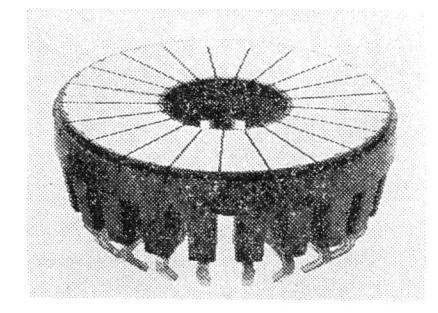　　(b)　フラット形

図3.10　整流子の構造

2252 (1992) による厚さ 0.5～1.2 mm の良質のマイカなどを組み合わせ，整流子片の両端で締め付けて製作されるのが一般的である．整流子は通常，円筒形であるが，小形モータではフラット形も使用されている（図 3.10 参照）．

c. 主磁極

主磁束を発生する磁極で界磁 (field system) の主要部分．大容量機では電磁石が用いられ主極と界磁巻線で構成される．小容量機では永久磁石が用いられることが多い．

・主極鉄心　0.5～2.3 mm 厚さの薄鋼板を所定の形状に打ち抜き，あるいはレーザ切抜きして積み重ねてつくられる．

・主極界磁巻線　通常，界磁巻線ともいう．導体として丸線・角線あるいは平角銅線が用いられる．導体の電流密度は，多層巻で 1.5～5.0 A/mm^2，単層巻で 2～5 A/mm^2 ぐらいにとられる．

d. 補極 (commutating pole/interpole)

主極の中間に配置し，整流改善のための磁束をつくる．

・補極鉄心　中・小形機では軟鋼板製の塊状鉄心が多いが，負荷変動の急峻な機械では磁束の即応性のために，0.5～2.3 mm 厚さの薄鋼板を積層してつくられる．

・補極巻線　構造は主極巻線と同様である．電流密度は多層巻で 2～6 A/mm^2，単層巻では 2.5～6.0 A/mm^2 程度とする．

e. 継鉄 (yoke)

主極磁束と補極磁束を通す磁気回路で，十分な断面積と，外枠として重量や発生トルクに耐えうる十分な機械的強度をもたなければならない．鍛造による塊状継鉄と 0.5～3.2 mm 厚さの薄鋼板製の積層継鉄とがある．積層継鉄は，渦電流による磁束変化の遅れを少なくすることができるので，負荷電流の変化が急峻なモータや脈動電源で駆動されるモータなどで補極磁束の追随性をよくするために採用される．

f. ブラシ (brush) とブラシ保持器

ブラシは電源からの電流を電機子巻線に供給するとともに，整流子とのしゅう動接触により整流を行う．

ブラシ保持器のばね圧力は，通常約 1.4～2.5 N/cm^2 であるが，車両用電動機のように振動の激しい機械では約 3.0～4.9 N/cm^2 にする．中・小形機では単体形ブラシ保持器が多く用いられ，大形機ではしゅう動特性がよく，整流特性の優れたタンデム形ブラシ保持器が採用される．

g. 直流機の磁気装荷[3]

・主極の磁気装荷　必要な主極磁束をつくるために，主極鉄心-主極ギャップ-電機子鉄心（歯-鉄心-歯）-主極ギャップ-主極鉄心-継鉄-主極鉄心の磁気回路が形成されている．この主極ギャップでの平均磁束密度を磁気装荷という．必要な起磁力は各部分の磁束・磁路断面積・磁束密度および磁路長から求められる．通常，磁束密度は，主極ギャップ 0.7～1.3 T，電機子鉄心 1.1～1.7 T，電機子歯部 1.9～2.4 T，主極鉄心 1.2～1.8 T，継鉄 1.0～1.4 T に選ばれる．

・補極の磁気回路　補極の有効磁束は整流電圧を発生させるための磁束密度と整流帯の幅から算出される．

良好な整流を得るためには，補極の起磁力と有効磁束の間に比例関係を必要とするので，過負荷においても補極の磁気回路が飽和しないようにしなければならない．

h. 直流機の電気装荷[3]

1つの磁極下における電機子巻数のアンペア導体数で，直流機では巻線の温度上昇ならびに整流からの制約を受ける．絶縁物の種類・通風冷却条件・定格などから温度上昇値が決まり，電機子導体の電流密度は $5 \sim 12 \, \text{A/mm}^2$ 程度が採用されている．

3.1.4　整　　流

DCモータの整流は，既に述べたように，図3.1のような電機子電流分布を維持するために，コイル電流の向きを磁極間の中性点で反転させることである．図3.11に整流されるコイル L_c と整流子，ブラシとの関係を示す．整流子が回転すると，ブラシと接触していた整流子片が①から②に移動し，整流コイル L_c の電流は時計方向から反時計方向にその向きを変える．整流中の電流変化は，次の整流方程式で表される．

$$L_c \frac{di}{dt} + R_1(I_c+i) + R_2(i-I_c) + e_c = 0 \tag{3.1.18}$$

ただし，初期条件は $t=0, i=I_c$（また，$t \rightarrow T_c, i \rightarrow -I_c$）．ここで，$R_1, R_2$ はブラシと整流子片①，②との接触抵抗であり，e_c は整流起電力である．

また，R_0 をブラシと整流子片が全面接触しているときの抵抗とし，接触抵抗は接触面積に反比例するとすれば，R_1, R_2 は次式で表される．

$$R_1 = \frac{R_0}{1-t/T_c}, \qquad R_2 = \frac{R_0}{t/T_c} \tag{3.1.19}$$

したがって，コイル電流反転時の電流 i は図3.12の変化をし，整流コイルにインダクタンスがなければ，その変化は直線的となる（直線整流：図のb線）．実際には，インダクタンス L_c が存在するから，電流変化は遅れ，いわゆる不足整流となる（図

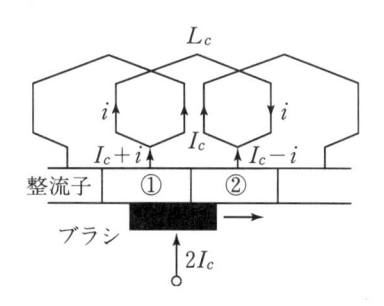

図3.11　整流回路
L_c：コイルのインダクタンス，
$2I_c$：整流電流，i：コイル電流，
i_a：アーク電流

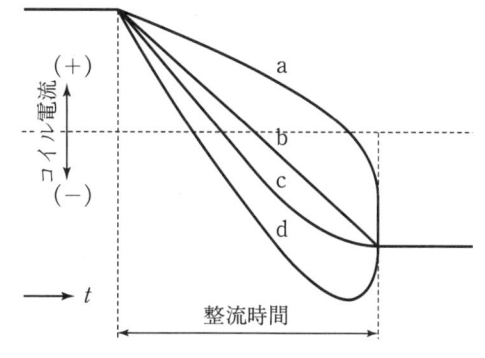

図3.12　整流曲線

のa線).この場合,整流の終期には,整流子片①からコイルに流れる電流は,強制的に遮断されることになり,整流火花(アーク)を発生する可能性が生じる.

整流の終了時に,火花(主としてアーク)が発生するかどうかの判定については,次のように考えることができる.

整流が進むにつれて,ブラシ後端の接触面積は減少するが,電流の変化は遅れる.このため,ブラシ後端の電流密度は上昇し,接触電圧降下 $v_s(=R_1(I_c+i))$ は増加する(図3.13).この結果,電流集中により接触点近傍の温度が上がり,整流の終期には材料の耐熱限界(金属の場合には沸点であるが,炭素では昇華点以下)を超え,金属的接触(metallic contact)が破壊される.また,接触点最高温度と接触電圧降下との間には,一義的な関係が成立するから(ϕ-θ関係),材料

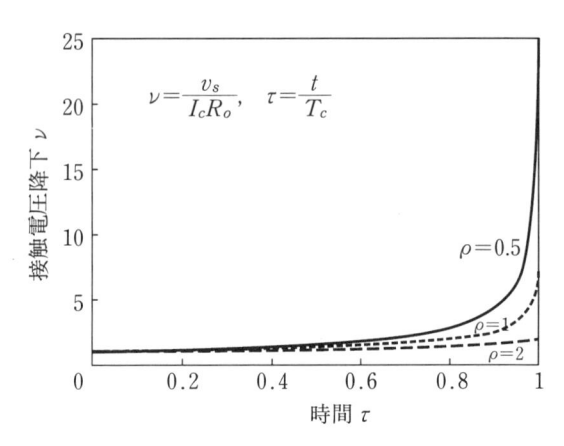

図中: $\nu = \dfrac{v_s}{I_c R_o}$, $\tau = \dfrac{t}{T_c}$

図 3.13 ブラシ後端電圧の変化

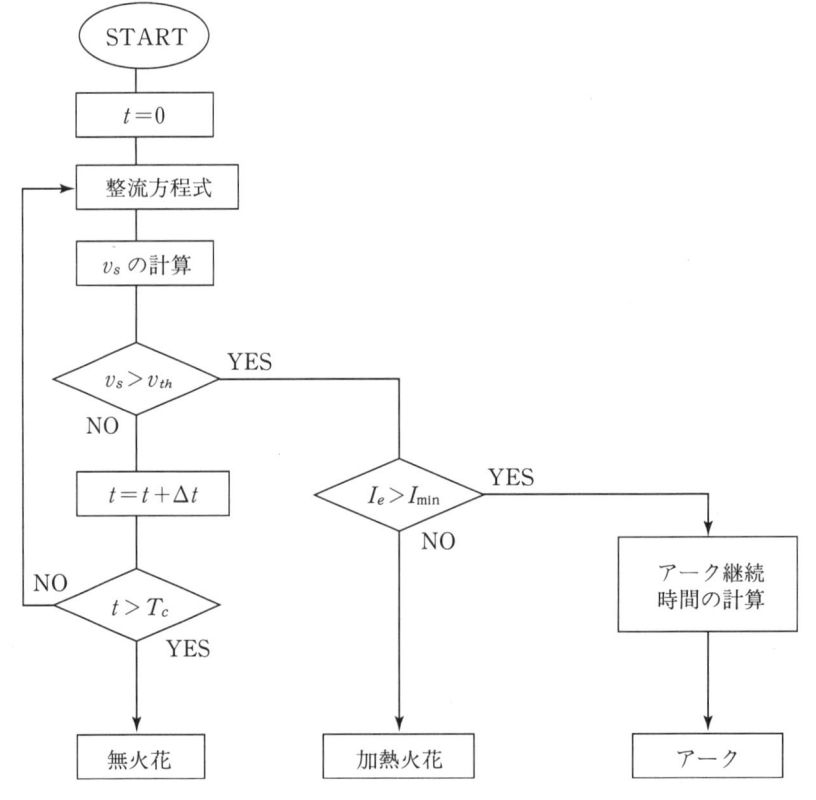

図 3.14 整流火花の発生モデル

には,金属的接触を維持できる最大の接触電圧降下 V_{th} が存在すると考えられる[6]. この電圧 V_{th} は,カーボンと銅の整流子の組合せでは,5~7 V といわれている. このことより,整流中のブラシの接触電圧降下が V_{th} に達すれば,整流周期 T_c になる前に整流は事実上終了してしまう. この時点で,ブラシ後端に流れている電流 I_e(残留電流)が,材料の最小アーク電流 $I_{\min}$ 以上であればアークが発生することになる.

図 3.14 は,このモデルをフローチャートにしたものである. また,整流を改善する方法については,整流火花の低減法などが提案されている[7,8]. 自動車用燃料ポンプ駆動 DC モータでは,整流がガソリン中で行われているという特殊例もある[9].

3.1.5 モータの種類と特性

定格負荷,定格速度において励磁回路を調整することなく,端子電圧を一定に保って負荷を変化させたときの負荷電流と回転速度との関係を負荷-速度特性という. 特に,定格負荷から無負荷にしたときの回転速度の変化を,定格回転速度で正規化した値を速度変動率といい,次式で表される.

$$\text{速度変動率} = \frac{n_0 - n_N}{n_N} \times 100 \, [\%] \tag{3.1.20}$$

ただし,n_N:定格回転速度 $[\min^{-1}]$,n_0:無負荷回転速度 $[\min^{-1}]$.

負荷-速度特性は励磁方式(図 3.15 参照)により異なり,各々次の特徴をもつ[3].

(1) 他励電動機　負荷速度特性は式(3.1.16)から,磁束 ϕ に対する電機子反作用の影響が無視できるとすれば,回転速度は電機子電流の一次式となり,図 3.16 の曲線 a のように右下りの直線で表される. しかし,実際には電機子反作用の影響により,負荷の増大に伴い ϕ が減少するため,曲線 b の特性となる. 磁束減少分 ϕ_r が電圧降下を上回れば右上りの曲線となり,安定した運転ができなくなり,改善策を必要とすることがある.

(2) 分巻電動機　分巻電動機の特性は他励電動機の場合と同様であるが,界磁電源と電機子電源が共通であることから,電源電圧が変化しても回転速度の変化が小さいという特長がある. 磁路の飽和,電機子反作用および電圧降下を無視すれば,式(3.1.16)から

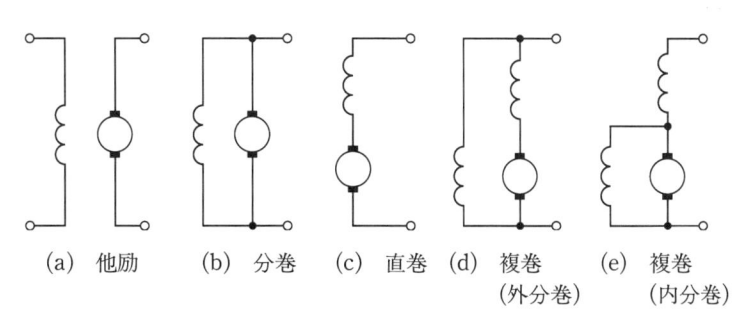

(a) 他励　(b) 分巻　(c) 直巻　(d) 複巻 (外分巻)　(e) 複巻 (内分巻)

図 3.15 DC モータの励磁方式

$$n = K_2 \frac{V_t}{\phi} = K_2 \frac{r_f}{c_1} \, [\text{min}^{-1}] \quad (3.1.21)$$

ただし，c_1：定数，r_f：励磁回路抵抗 [Ω].

(3) 直巻電動機　界磁巻線が負荷電流で励磁されるため，負荷が小さい間は ϕ が負荷電流 I に比例し，電機子反作用および電機子回路での電圧降下を無視すれば（$R_a = 0$），式 (3.1.16) から

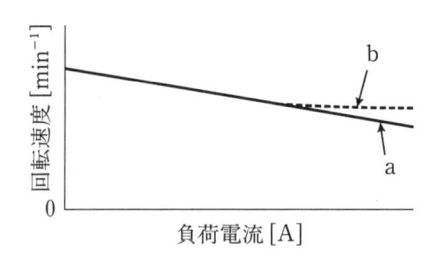

図 3.16　他励（分巻）モータの負荷-速度特性

$$n = K_2 \frac{V_t}{\phi} = \frac{K_2}{c_2} \cdot \frac{V_t}{I_a} \, [\text{min}^{-1}] \quad (3.1.22)$$

ただし，c_2：定数．

また，負荷電流が増大すると磁路の飽和により ϕ の変化が小さくなり，一方，電圧降下が無視できなくなるため，n は右下りの他励電動機に似た特性となる．図 3.17 に負荷-速度曲線を示す．

直巻電動機は，図 3.17 に示されるように負荷の減少に伴い回転速度が急激に増大し危険であるため，安全速度以下で使用できる最低限の負荷を必ず接続する必要がある．

3.1.6　負荷トルク特性

直流電動機のトルクは，式 (3.1.14) で示されるように電機子電流 I_a と磁束 ϕ の積で決まる．したがって，電流-トルク特性は励磁方式によって異なった形となる（図 3.18）．

(1) 他励（分巻）電動機　電機子反作用の小さい領域では ϕ は一定であり，トルクは I_a に比例する．しかし，負荷電流が大きくなると電機子反作用により ϕ が減少するため，トルクは I_a に比例して増加しなくなる．

(2) 直巻電動機　負荷電流によって励磁されるため，磁路が未飽和の軽負荷領域では，トルクは負荷電流の 2 乗に比例する．磁路が飽和する高負荷領域では ϕ がほぼ一定となるため，トルクは負荷電流に比例する．

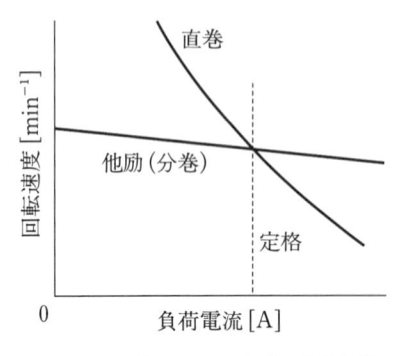

図 3.17　DC モータの負荷-速度特性

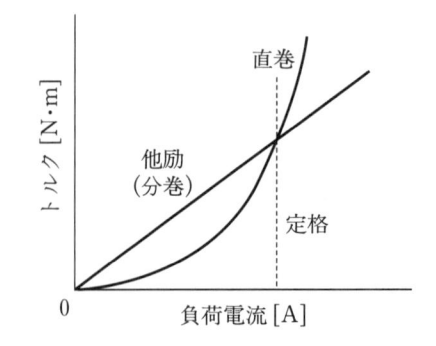

図 3.18　DC モータの負荷電流-トルク特性

3.1.7 速度制御法

モータの負荷速度特性は式(3.1.16)あるいは(3.1.17)で表される．したがって，ある負荷トルクに対して，回転(角)速度を変える方法としては，式(3.1.16)あるいは(3.1.17)中の3つのパラメータを動かすことが考えられる．つまり，① V_t を変える電圧制御，② Φ を変える界磁制御，③ R_a に直列抵抗を挿入する抵抗制御である．

ここでは，一般的に，この3つの方法について簡単に説明する．なお，小形モータでは，界磁に永久磁石を用いているので，②の Φ を変える方法は用いられず，電圧制御が主である．

a. 電圧制御

式(3.1.17)で V_t を変えると特性は図3.19のようになり，ある負荷トルク T_L の状態で考えれば，速度は0から広範囲に変化できることがわかる．この場合，$T_L = K_a \Phi I_a$ の関係は変化しないから，V_t を変えても，定格電機子電流 I_{an} における発生トルク T_n は変わらない(定トルク駆動といわれる)．

b. 界磁制御

式(3.1.17)で Φ を変化させると，(角)速度特性は図3.20のようになり，Φ による速度制御が可能であることがわかる．Φ は，界磁が電磁石の場合，界磁電流により簡単に変えることができるが，磁気回路の飽和特性のためあまり大きな Φ をつく

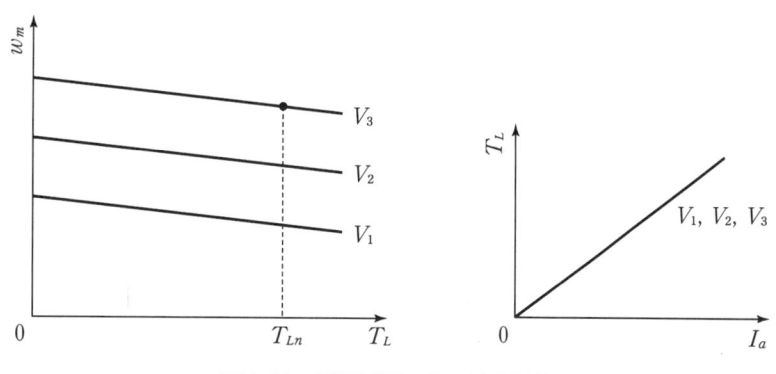

図3.19 電源電圧による速度制御

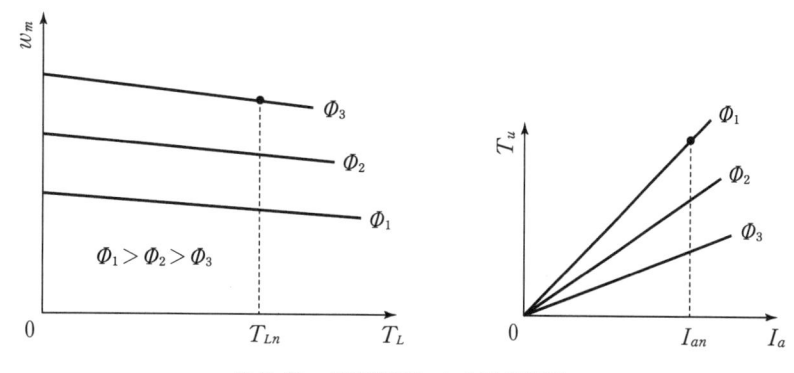

図3.20 界磁電流による速度制御

ることはできないので，この方法は低速域の速度制御には向かない．

また，$T=K_a\Phi I_a$ の関係は界磁電流が変わると変化するから，定格電機子電流 I_{an} に対する発生トルクも変わる．しかし，$\omega_m T \fallingdotseq V_t I_a$ であるから，Φ を変えても I_{an} における出力はほぼ一定である（定出力駆動といわれる）．

c. 抵 抗 制 御

電機子回路に直列に抵抗 R_s を挿入し，式(3.1.17) の R_a を等価的に増やすと，特性は図3.21 のように変化する．この方向は R_s により容易に速度制御ができるという特長がある．しかし，図からわかるように軽負荷での制御が困難，速度変動率が大きくなる，抵抗による損失のため効率が悪くなるなどの欠点がある．

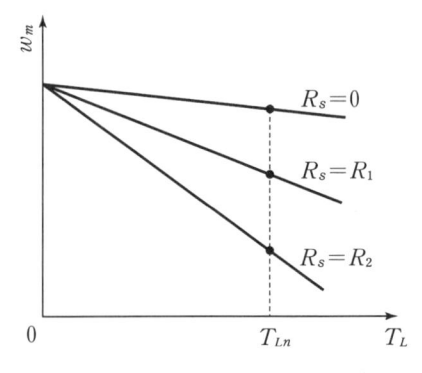

図3.21 直列抵抗による速度制御

3.1.8 損失・効率

損失は，一般的にはどの回転機でも共通であるが，次のように分類され，ブラシ損が DC モータ固有である[3]．

$$\text{損失}\begin{cases}\text{無負荷損}\\ (\text{固定損})\end{cases}\begin{cases}\text{機械損}\\ \text{鉄損}\end{cases}\\ \text{負荷損：銅損}\begin{cases}\text{電機子抵抗損}\\ \text{ブラシ損}\end{cases}$$

機械の効率 η は，次式で定義される．

$$\eta=\frac{\text{出力}}{\text{入力}}=\frac{\text{出力}}{\text{出力}+\text{損失}}=\frac{\text{入力}-\text{損失}}{\text{入力}} \tag{3.1.23}$$

3.1.9 電機子反作用

負荷時の DC モータでは，界磁による主磁界（図3.22(a)）のほかに，電機子電流による磁界が発生する．電機子電流による磁束は，図3.22(b) に示すような分布となる．したがって，合成磁束分布は図3.22(c) となり，主極中心からみて非対称となる．この結果，次の現象が生じ，これを電機子反作用という[4]．

① 主磁束分布は，主極の片側で減磁作用，反対側で増磁作用となるが，鉄心の飽和現象のため，増磁側での磁束の増加は抑えられ，全体の磁束が減少する．
② 電気的（磁気的）中性点がずれる．この結果，整流が難しくなる．
③ 主磁束分布がひずむため，各コイルに発生する起電力が均一でなくなる．

3.1.10 試験法と劣化診断

メーカがユーザに納入する際の直流機の試験については，静止試験，運転予備検

(a) 主磁極のみの磁束分布

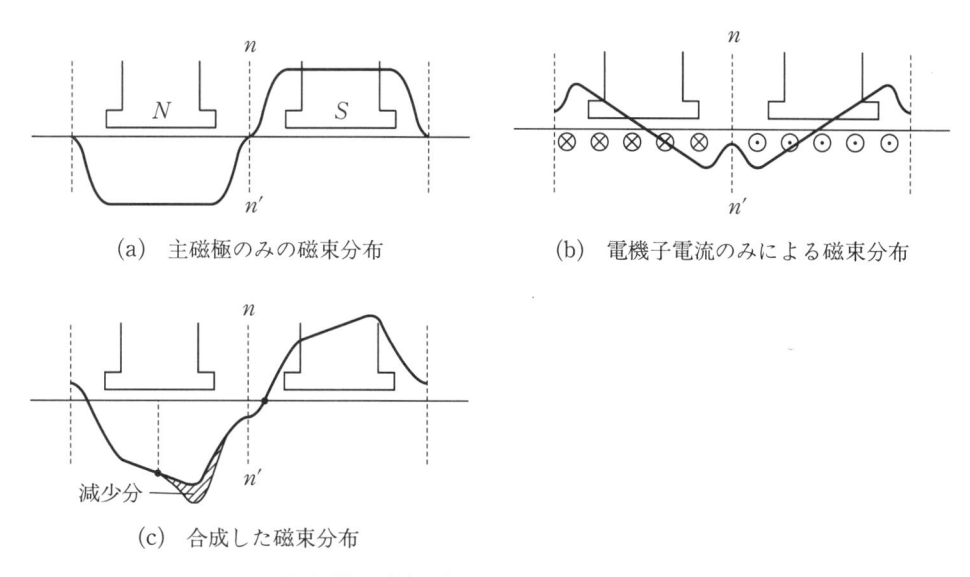

(b) 電機子電流のみによる磁束分布

減少分

(c) 合成した磁束分布

図 3.22 電機子起磁力による主磁束の変化

査，特性試験，温度上昇試験，効率試験，特殊試験に分類される．この試験法の詳細については，電気学会規格「直流機」JEC-2120-2000 に記載されている．

実際の稼動時においては，劣化診断が重要となる．特に大形の設備においては，故障は大きな損害を招く危険があり，保守あるいはリプレースの時期を的確に判断する方法が期待されている．

a. 劣化と点検

鉄鋼業における部位別故障発生状況調査結果によると，整流子部とコイル部の故障が多く，両者で全故障の 58% を占め，次に端子部，軸などの機械構造部と続いている[11]．整流子部の故障の多くは整流不良であり，コイル部の故障は，絶縁劣化が多い．整流不良と絶縁劣化の両者で，全故障の 43% 程度を占めている．

故障の未然防止，異常の早期発見には適切な点検，保守活動を必要とする．点検には，日常点検，定期点検，精密点検および臨時点検がある．日常点検は，主として運転中に外部から行い，整流状態や振動，温度などの異常の有無を調べる．定期点検は，運転を停止して，ブラシ摩耗量，整流子面の状態，導電部の過熱による変色痕の有無など，内部の状態を主に目視で点検するほか，絶縁抵抗の測定も行う[12]．

b. 劣化の種類と診断法[13,14]

直流機の絶縁劣化要因は，熱劣化，ヒートサイクル劣化および振動劣化に分類される．これらに加えて，じんあいなどの環境劣化要因を考慮する場合もある．直流モータは交流モータに比べると定格電圧が低いために，電圧劣化については考慮しないのが一般的である．複数の劣化要因が複合的に作用し，絶縁劣化が進展していく．その進展速度は，作用する劣化要因の大きさに依存する．

① 熱劣化：絶縁材料に熱が作用すると，材料の酸化や解重合などの化学反応を引

き起こす，電気的，物理的特性が低下していく．

② ヒートサイクル劣化：温度の上昇，下降により，熱膨張，熱収縮が起きる．この繰り返しによる絶縁材料の摩耗や曲げ，導体と絶縁材料との間に作用するせん断応力などによって，材料の変形，はく離，亀裂などが発生し，電気的，物理的特性が低下する．

③ 振動劣化：直流機に作用する機械的振動や電磁振動による劣化をいう．

直流機の主要劣化要因は以上の3つであるが，これに環境劣化要因を加味する場合もある．

熱劣化は，巻線の温度と累積運転時間から劣化度を推定することができ，ヒートサイクル劣化は，巻線の長さと温度上昇値および運転，停止の累積回数で劣化度が推定できる．また，振動劣化度は，振動加速度の大きさと累積振動回数から推定できる．この考え方に基づく残存寿命の推定式がいくつか発表されている．一例を以下に示す．

(1) 環境劣化を考慮しない場合
$$VR = 100 - D\,[\%] \quad \text{ここで，} D = DT + DH + DV\,[\%]$$

(2) 環境劣化を考慮した場合
$$VR = 100(1-DT) \times (1-DH) \times (1-DV) - DE\,[\%]$$

ただし，VR：残存劣化率，D：総合劣化率，DT：熱劣化率，DH：ヒートサイクル劣化率，DV：振動劣化率，DE：環境劣化率である．

残存劣化率が運転データから定量的に算出できる．VR が30%以下，あるいは最大劣化率を総合劣化率から推定し，最大劣化率が85%以上で信頼性運転の限界といわれている．

〔澤 孝一郎〕

参 考 文 献

1) 電気学会 精密小形電動機調査専門委員会編：小形モータ，第3章，コロナ社 (1994)
2) モータ技術実用ハンドブック編集委員会編：モータ技術実用ハンドブック，日刊工業新聞社 (2001)
3) 電気学会編：電気工学ハンドブック (第6版)，オーム社 (2001)
4) 森安正司：巻線，実用電気機器学，共立出版
5) モータ技術用語辞典編集委員会編：モータ技術用語辞典，日刊工業新聞社
6) R. Holm : Electric Contacts, p. 64, Springer-Verlag, New York (1967)
7) 小原木春雄・田原和雄・江藤哲生・斉藤安実・高橋典義：大形直流機におけるブラシ火花低減法の検証．電学論D，**113**，pp. 1094-1103 (1993-9)
8) 仲村・森田・沢・宮地：反復負荷時の直流機の整流アークについて．電学論D，**109**，p. 98 (1989)
9) 山本太郎・戸次一夫・長倉 謙・沢孝一郎：ガソリン中整流アークの電気特性，電学論D，**117** (1997-4)
10) 電気学会：規格 JEC-2120，直流機 (2000)
11) 林：直流機の故障分析と今後の課題，電学回転機研資，RM-90-4 (1990)
12) 直流機保全技術と AI 技法導入調査専門委員会：直流機の保全技術と AI 技法導入の現状，電学技報，473号 (1993)
13) 直流機の高性能化に関する技術調査専門委員会：最近の直流機の技術動向と高性能化技術につい

て，電学技報，684 号 (1998)
14) 直流機の予防保全と寿命診断技術調査専門委員会：直流機の寿命診断技術，電学技報，594 号 (1996)
15) 直流機の整流と保守技術の体系化調査専門委員会：直流機の整流と保守技術，電学技報，815 号 (2000)

3.2 同　期　機

3.2.1 原　理

a. 発電機の原理

図 3.23 は，1 コイル（導体）が 1 相であるような極めて相数が多い場合の突極形同期機の断面を示している．固定子には，コイルが A から I まで配置されているとする．また，回転子は，直流で励磁された同図の 2 極の界磁極である．回転子が反時計方向に N_r の回転子速度で回転するとき，コイル A には，フレミングの右手の法則により誘導起電力を図中の方向に発生する．各コイルに発生する起電力の大きさを黒丸印の大きさ，×印の太さで示す．図示の回転子位置で発生する起電力は，A が最大で E が最小となる．以下，同様に，磁極がコイル B の真下にきたときにはこのコイルに最大の誘導起電力が発生する．ギャップの磁束分布が正弦波であるとすればコイル A に発生する起電力は，図 3.24 に示す正弦波となる．コイル B にはコイル A よりも電気角で θ だけ位相が遅れた正弦波を発生する．

三相交流を得るためには，図 3.25 のように固定子に 3 個のコイル (A, B, C) を 120°（電気角）ずつずらして配置すればよい．図 3.23 と同様に回転子が反時計方向に N_r で回転してる場合を考える．各相に発生する誘導起電力 e_A, e_B, e_C は，A 相巻線軸を基準にとって描くと図 3.26 となる．

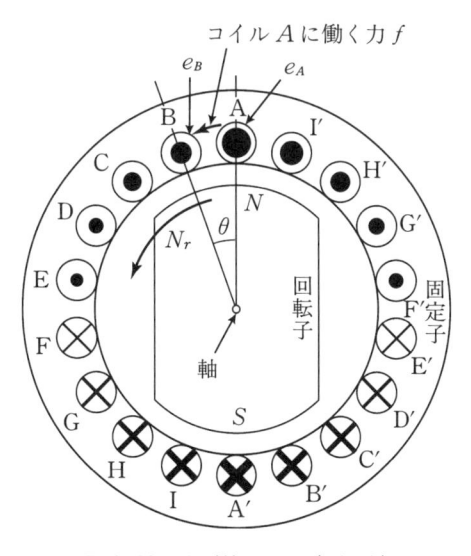

図 3.23 発電機の原理（2 極機）

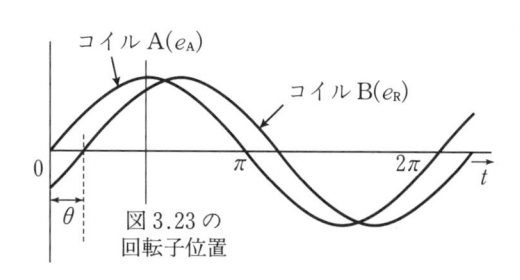

図 3.24 コイル A, B に発生する誘導起電力

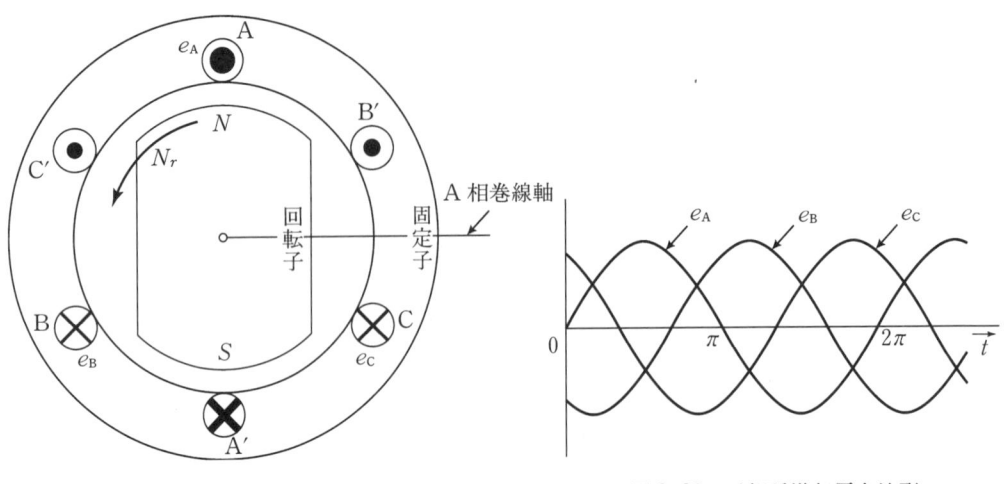

図 3.25 三相交流の発生（2極機）

図 3.26 三相誘導起電力波形

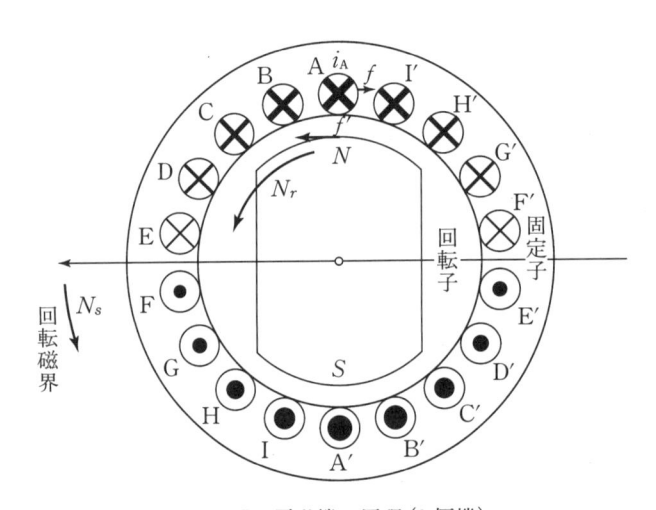

図 3.27 電動機の原理（2極機）

次に，図 3.23 の各コイルに負荷が接続された場合を考える．各コイルに流れる電流 $i_A, i_B, i_C, \cdots, i_I$ を，図 3.23 の起電力と同相と仮定すると，各コイルにはフレミングの左手の法則により，反時計方向に力 f が働く．固定子はボルトなどで固定されるので，作用・反作用の原理で磁極が時計方向の力（電気的トルク）を受けることになる．したがって，回転を維持するためには軸を外部から反時計方向に回転させる力（機械的トルク）で回す必要がある．これが同期発電機の原理である．

b. 電動機の原理

図 3.27 は，電動機の原理図である．ある時刻においてコイル A に流れる電流が最大となる電流分布を考える．発電機と同様，コイル A の真下に磁極があるとき，このコイルは，フレミングの左手の法則により時計方向の力を受ける．固定子は固定し

ているので作用・反作用の原理で磁極が反時計方向の力を受けて回転する．次にコイルに流れる電流の分布を反時計方向に回せば，磁極がこれにしたがって，さらに反時計方向に回転する．この電流分布の回転を一定の回転速度で連続的に行えば（すなわち回転磁界をつくれば），磁極が同じ回転速度で反時計方向に回転を続けることになる．これが同期電動機の原理である．各コイルに発生する誘導起電力は，電流と逆向きに発生する．

c. 電機子反作用

図 3.28 に示す三相同期発電機を例に電機子反作用について述べる．図 3.28 (a)，(b)，(c) ともに磁極が反時計方向に回転し，コイル A の真下に磁極がある場合を考える．磁極がつくる磁束 (起磁力) によって各コイルに発生する誘導起電力 e_A, e_B, e_C は，ともに図中に示す方向に発生する．各コイルに負荷を接続すると電機子電流 i_A,

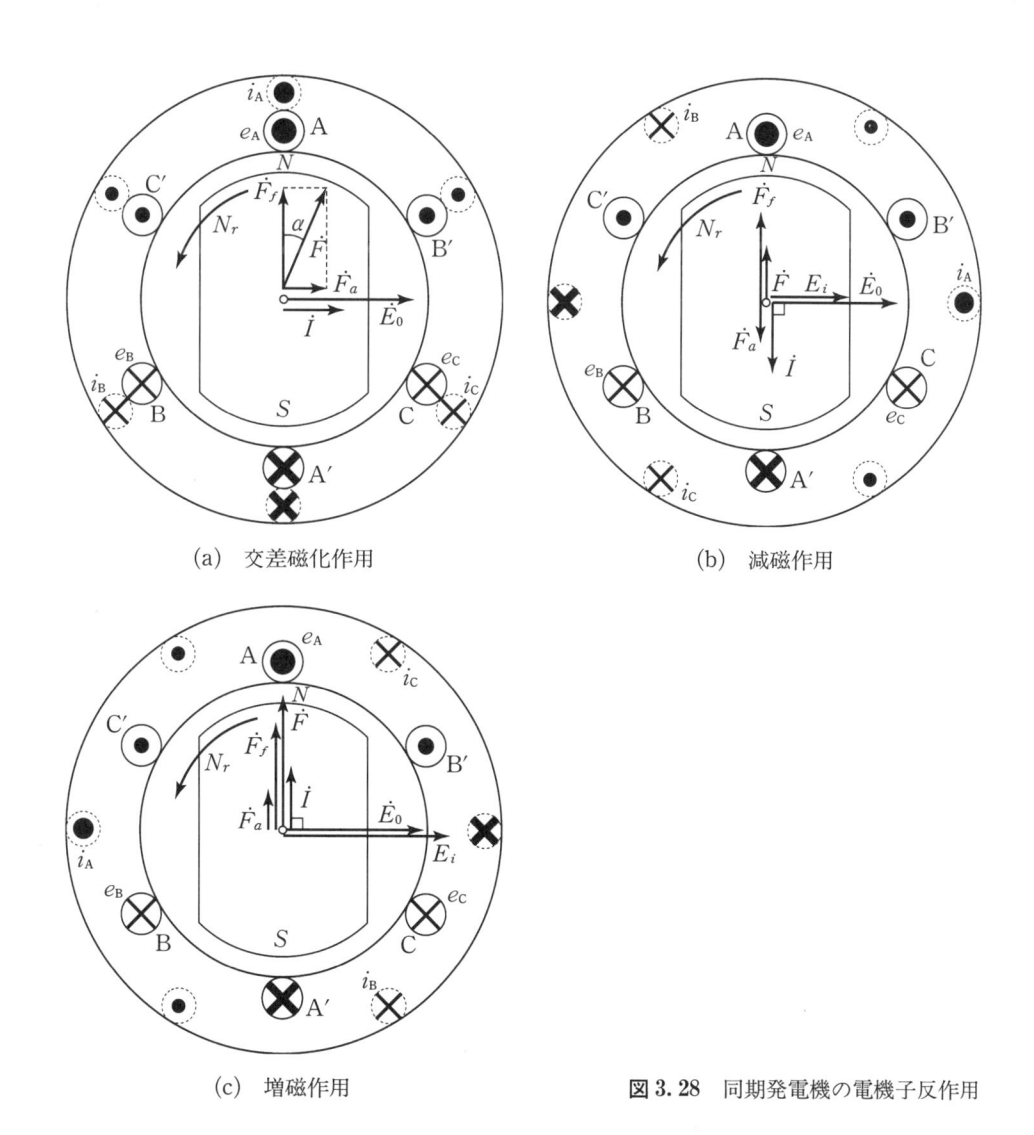

(a) 交差磁化作用　　　　　　　　(b) 減磁作用

(c) 増磁作用　　　　　　　図 3.28　同期発電機の電機子反作用

i_B, i_C が流れる.

無負荷誘導起電力 e と相電流 i が同相の場合を考える. 電流が流れるコイルと誘導起電力を発生するコイルとが別に存在すると仮定すると, 図 3.28 (a) のように表すことができる. これらの電流 i_a, i_b, i_c がつくる起磁力 $\dot{F}_a$ と界磁巻線のつくる起磁力 $\dot{F}_f$ との関係は, 図 3.28 (a) となる. $\dot{F}_f$ と $\dot{F}_a$ は, 同一速度で回転するので合成起磁力 $\dot{F} = \dot{F}_a + \dot{F}_f$ は, 界磁に対して直流起磁力として作用し, 角度 α だけ偏磁する. このような $\dot{F}_a$ の作用を交差磁化作用という. また, 1相の無負荷誘導起電力 $\dot{E}_0$ と相電流 $\dot{I}$ をそれぞれが最大値となっているコイル (図 3.28 では A 相) の巻線軸方向 (右ネジ系) にとると図 3.28 (a) となる (詳しくは 3.2.3 項参照).

次に, 負荷の力率を 90°の遅れ力率とすると, e の最大と i の最大の関係は, 図 3.28 (b) に示す通りとなる. $\dot{F}_a$ は, $\dot{F}_f$ を減磁するので負荷時の起電力 $\dot{E}_i$ が無負荷時の起電力 $\dot{E}_0$ より減少する. このような $\dot{F}_a$ の作用を減磁作用という. 負荷の力率によって $\dot{E}_i$ が変化するということは端子電圧 $\dot{V}$ が変動することとなるので好ましくない. そこで, 実機においては $\dot{F}_f$ を増加させる装置 (AVR: 自動電圧調整器) を付けることによって端子電圧を一定に保っている.

さらに, 負荷の力率を 90°の進み力率とすると, e の最大と i の最大の関係は, 図 3.28 (c) の示す通りとなる. $\dot{F}_a$ は, $\dot{F}_f$ を増磁するので, 負荷時の $\dot{E}_i$ は $\dot{E}_0$ より増大し, 端子電圧 V が上昇する. 実際の発電機では AVR によって界磁電流を減らして $\dot{F}_f$ を減少させ, 端子電圧を一定にしている. このような $\dot{F}_a$ による作用を増磁作用という.

3.2.2 構　造
a. 種類と構造

同期機は, JEC 2130-2000[2)] によると, ① 同期発電機, ② 同期電動機, ③ 反作用電動機, ④ 磁石同期発電機, ⑤ 磁石同期電動機などに分類されている. これら同期機は, 図 3.29 に示すように固定子と回転子から構成され, 固定子に誘導起電力を発

図 3.29　突極形同期発電機

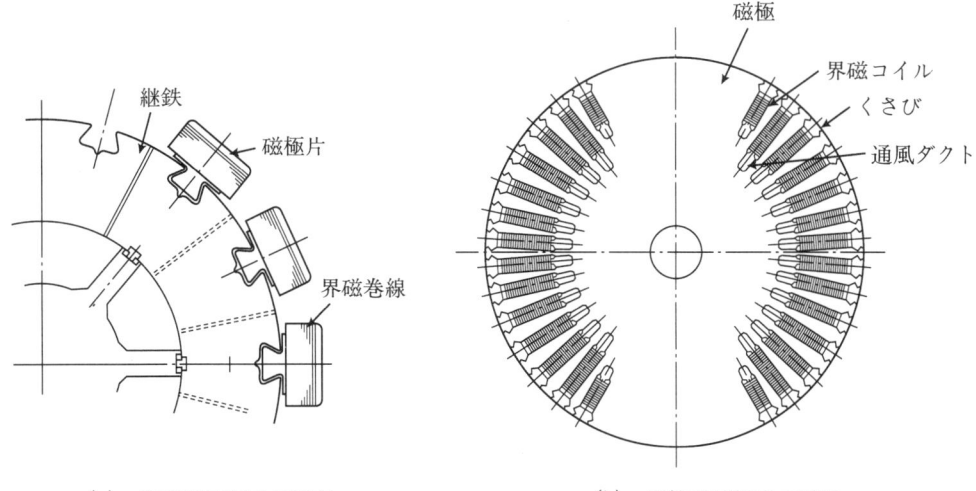

(a) 突極形回転子の断面　　　　(b) 円筒形回転子の断面

図 3.30　回転子形状（制動巻線なし）
（出典：エレクトリックマシーン＆パワーエレクトロニクス，雇用問題研究会）

生する巻線である電機子巻線，回転子に磁極を励磁する巻線である界磁巻線および制動巻線が巻かれている．制動巻線は，誘導機のかご形回転子と同様に導電閉回路で構成されている．この巻線は，高調波電流の吸収や非同期状態での制動トルク（電動機においては始動トルク）の発生を目的とする巻線である．

同期機は回転子形状によって，①回転界磁形，②回転電機子形に大別されるが，小容量機あるいはブラシレス同期機の回転励磁機以外，ほとんどすべてが回転界磁形である．回転子は，さらに図 3.30 に示すように突極形と円筒形に分けられる．また，回転子に用いられる材料によってけい素鋼板を積層に製作した積層鉄心と固塊状の鋼材を加工して製作した塊状鉄心に分けられる．

水車発電機では突極形の積層鉄心，タービン発電機では円筒形の塊状鉄心が大部分を占めている．同期電動機は，1980～1997 年の間に国内で製作された[3] 2 MW 以上の容量機の中で，60％が突極形塊状鉄心，38％が突極形積層鉄心であり，出力 54 MW（定格電圧 11 KV，力率 0.9，極数 10 極）のものが製作されている．

b. 励磁方式による分類

磁極の励磁方式には，①交流励磁機方式，②静止励磁機方式，③直流励磁機方式がある．交流励磁機方式は，励磁用の電源として，同期発電機と同一回転軸上に励磁用の電源となる回転電機子形同期発電機（交流励磁機という）と，交流を直流に変換する半導体電力変換器を取り付け，スリップリングを経由せず直接，界磁巻線に電流を供給している．この方式を通称ブラシレス励磁方式という．

静止励磁機方式は，交流を半導体変換装置（サイリスタを使用）によって直流に変換して，ブラシを通じて界磁巻線に電流を供給するもので，通称サイリスタ励磁方式という．

c. 原動機による分類

同期発電機は原動機によって，①水車発電機，②タービン発電機，③エンジン発電機などに分類される．

国内で製作されて運用されている事業用の水車発電機の単機最大容量機は，280 MVA（定格電圧 16.5 kV）である．極数は，広範囲に分散しており，最大の極数は 112 極（国外機，出力 21.62 MVA）の製作例がある[3]．

また，国内事業用のタービン発電機は，火力機で 1120 MVA（定格電圧 25 kV），原子力機で 1570 MVA（定格電圧 22 kV）である．極数は，自家用火力を除いて火力機が 2 極（クロスコンパウンド機のように 2 極と 4 極を組み合わせたものもある），原子力機が 4 極である．エンジンディーゼル発電機は，出力 10 MVA 未満のものが数多く製作されているが，製作実績としては国外機で 59 MVA（定格電圧 13.8 kV，力率 0.85，極数 70）のものがある．

3.2.3 等価回路と各種定数

a. 非突極機の等価回路

図 3.31 の三相の円筒形発電機をモデルとして，これの空間ベクトル図および等価回路について述べる．

回転子は，反時計方向に同期速度 N_r で回転し，回転子の位置が A 相巻線の真下にある場合を考える．界磁巻線がつくる起磁力 $\dot{F}_f$ の方向を図 3.31 とする．また，ギャップの磁束分布を正弦波とする．さらに，起磁力の方向と磁束の方向は同じ位相（突極性無視）とする．発電機が無負荷の状態を考えると，各巻線 (A, B, C) に発生する誘導起電力 e_A, e_B, e_C の方向は，フレミングの右手の法則により，図 3.31 のようになり，A 相巻線に発生する起電力が最大となる．その大きさを●印の大きさおよび

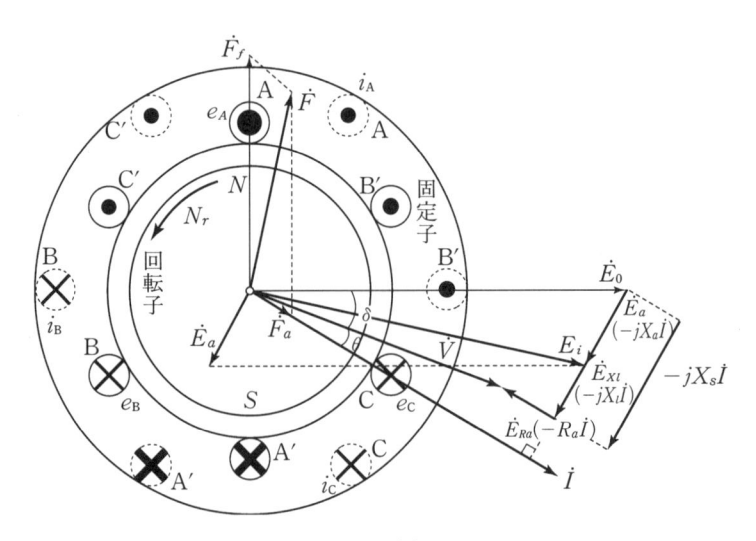

図 3.31 円筒形同期発電機の空間ベクトル図

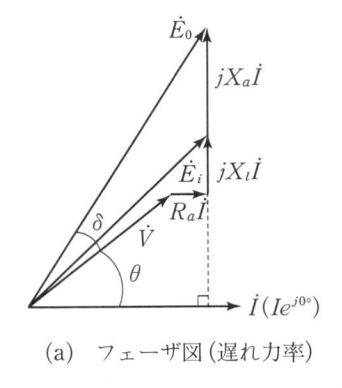

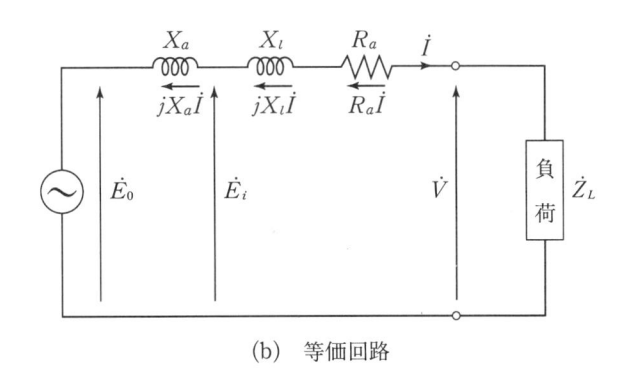

(a) フェーザ図（遅れ力率）　　　(b) 等価回路

図 3.32　フェーザ図・等価回路

×印の大きさで表している．各相の巻線は，空間的位相が 120°（電気角）ずつずれて配置されているので，それぞれ時間的に 120° ずつずれた正弦波電圧を誘導することになる．この発電機に負荷が接続されると，各電機子巻線に相電流 i_A, i_B, i_C が流れる．一般に発電機は，遅れ力率（力率角 θ，電動機の場合は進み力率）で運転されるので，その電流が流れる巻線を仮想的に描くと図 3.31 で表すことができる．最大の誘導起電力を発生する A 相巻線を巻線軸にとると，図 3.31 の e_A, i_A に対して右ねじを回した方向が正方向となる．誘導起電力および電機子電流の大きさ（実効値）を E_0, I とすると，ベクトル図は図 3.31 のように描ける．次に，電機子電流 i_A, i_B, i_C が流れると各巻線に起磁力が発生する．その合成起磁力の方向は $\dot{F}_a$ となり，電流 $\dot{I}$ の方向と一致する．

この $\dot{F}_a$ は，$\dot{F}_f$ に対して，減磁作用として働く．また，$\dot{F}_a$ は，回転子と同じ同期速度の回転磁界になり，電機子巻線に誘導起電力 $\dot{E}_a$ を誘導する．リアクタンスを X_a とすると，$\dot{E}_a = -jX_a\dot{I}$ の関係が得られ，X_a のことを電機子反作用リアクタンスという．合成起磁力 $\dot{F}$ は $\dot{F}_f$ と $\dot{F}_a$ を合成したものであり，この $\dot{F}$ もまた回転子と同じ同期速度の回転磁界となる．この起磁力によって誘導起電力 $\dot{E}_i$ が発生する．

$\dot{E}_i$ は，実際に発生する誘導起電力である．電機子巻線の端子電圧 $\dot{V}$ は，電機子巻線 1 相当たりの抵抗 R_a，および電機子漏れリアクタンスを X_l とすると図 3.31 の関係となる．$X_s = X_l + X_a$ の関係となる X_s を同期リアクタンスという．$\dot{V}$ と $\dot{I}$ との位相差 θ を力率角といい，$\dot{E}_0$ と $\dot{V}$ との位相差 δ を内部相差角という．

図 3.32 (a) は，電流 $\dot{I}(Ie^{j0°})$ を基準にとったときのフェーザ図である．ただし，電機子反作用リアクタンス X_a，電機子漏れリアクタンス X_l および電機子巻線抵抗 R_a での電圧降下の方向を電流 $\dot{I}$ と逆方向（逆起電力）にとって示している．

図 3.32 (a) のフェーザ図を等価回路で示すと，図 3.32 (b) となる．

b. 突極機の等価回路

図 3.33 の三相突極形発電機をモデルとして，これのベクトル（フェーザ）図および等価回路について述べる．

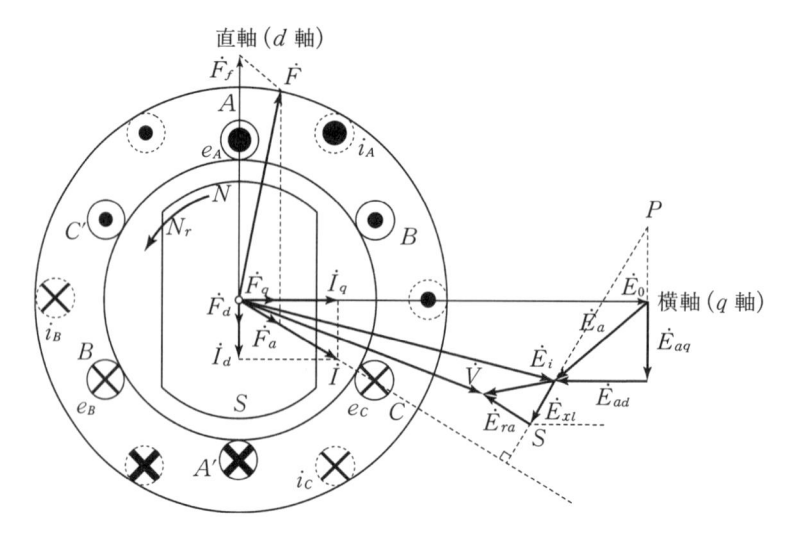

図 3.33 突極形同期発電機の空間ベクトル図

前述した円筒機の場合と同様に遅れ力率(力率角 θ)のときの空間ベクトル図を描く．回転子に巻かれた界磁巻線に電流が流れてつくる起磁力 $\dot{F}_f$ が反時計方向に同期速度で回転すると，A相，B相，C相の巻線に誘導起電力 (e_A, e_B, e_C) を発生する．非突極機と同様，A相巻線に最大の起電力を発生するので，これを巻線軸にとると，無負荷誘導起電力 $\dot{E}_0$ の方向は図 3.33 となる．

次に，電機子巻線に負荷を接続すると電機子電流 i_A, i_B, i_C が流れ，i_A が最大の電流となり，これを巻線軸にとると電流 $\dot{I}$ は図 3.33 となる．

図 3.33 から明らかなように，回転子が突極形の場合，各巻線に流れる電流 i_A, i_B, i_C が流れてつくる起磁力は，回転子の位置によって磁気抵抗が異なるので合成起磁力 $\dot{F}_a$ と基本波合成磁束が一致しない．したがって，図 3.33 に示すように磁気抵抗が最小および最大となる 2 軸(d 軸，q 軸)に分けて取り扱うのが一般的であり，これが二反作用理論の発想となっている．

二反作用理論では，回転子上に座標軸を設定し，N 極の磁極の向きを直軸(d 軸)，これと電気角で 90° だけ回転方向より遅れた磁極間中央の向きを横軸(q 軸)にとっている．

図 3.33 に示す $\dot{E}_{ad}$ および $\dot{E}_{aq}$ は，$\dot{F}_a$ の成分である $\dot{F}_d, \dot{F}_q$ が同期速度で反時計方向に回転するので，これらによる磁束によって電機子巻線に誘導する起電力である．$\dot{E}_a$ は，$\dot{E}_{ad}$ と $\dot{E}_{aq}$ を合成した起電力であり，$\dot{E}_a$ と $\dot{E}_0$ を合成することによって求められる $\dot{E}_i$ が電機子巻線に実際に発生する起電力となる．$\dot{E}_{ad}$ および $\dot{E}_{aq}$ は，$\dot{E}_{ad} = -jX_{aq}\dot{I}_q$，$\dot{E}_{aq} = -jX_{ad}\dot{I}_d$ の関係となる．X_{ad} のことを直軸電機子反作用リアクタンス，X_{aq} のことを横軸電機子反作用リアクタンスという．

図 3.33 の $\dot{E}_{xl}$ および $\dot{E}_{ra}$ は，電機子巻線 1 相当たりの抵抗 R_a および漏れリアクタンス X_l による電圧降下分であり，矢印の方向を誘導起電力と同様に取り扱い，電

3.2 同期機

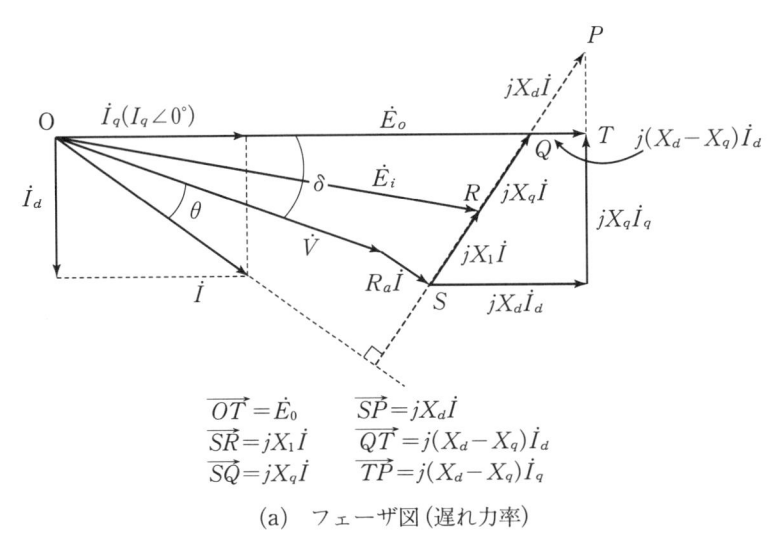

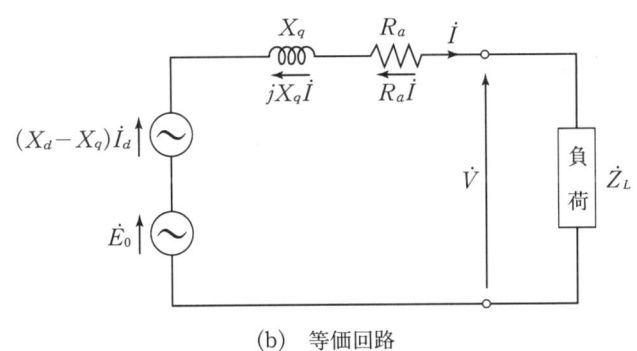

$\overrightarrow{OT} = \dot{E}_0$　$\overrightarrow{SP} = jX_d\dot{I}$
$\overrightarrow{SR} = jX_l\dot{I}$　$\overrightarrow{QT} = j(X_d-X_q)\dot{I}_d$
$\overrightarrow{SQ} = jX_q\dot{I}$　$\overrightarrow{TP} = j(X_d-X_q)\dot{I}_q$

(a) フェーザ図 (遅れ力率)

(b) 等価回路

図 3.34　フェーザ図・等価回路

機子巻線の端子に発生する誘導起電力 (1 相当たり) $\dot{V}$ が求められる．$\dot{E}_i$ と $\dot{F}$ との間の角度は，前述した理由により，円筒機の場合のように 90° とはならない．$\dot{E}_{xl} = -jX_l\dot{I}$，$\dot{E}_{ra} = -R_a\dot{I}$ および上述した関係を用いて，電流 $\dot{I}_q(I_q e^{j0°})$ を基準にとってフェーザ図を描くと図 3.34 (a) となる．

このフェーザ図から等価回路を導出する．電流 $\dot{I}$ を

$$\dot{I} = \dot{I}_d + \dot{I}_q \tag{3.2.1}$$

とおき，端子電圧 $\dot{V}$ を算出すると

$$\begin{aligned}\dot{V} &= \dot{E}_0 - R_a\dot{I} - j(X_l+X_{ad})\dot{I}_d - j(X_l+X_{aq})\dot{I}_q \\ &= \dot{E}_0 - R_a\dot{I} - jX_d\dot{I}_d - jX_q\dot{I}_q \end{aligned} \tag{3.2.2}$$

となる．X_d を直軸同期リアクタンス，X_q を横軸同期リアクタンスという．

$\dot{E}_0$ を基準フェーザにとると，前述した二反作用理論の取決めにより，

$$\dot{E}_0 = E_0, \quad \dot{I}_q = I_q, \quad \dot{I}_d = jI_d \tag{3.2.3}$$

となる．ただし，I_d は E_0 より 90° 進み位相のとき正で，図 3.34 では I_d は負となる．式 (3.2.2) は，式 (3.2.4) で表される．

$$\begin{aligned}\dot{V} &= \dot{E}_0 - R_a \dot{I} - jX_d \dot{I}_d - jX_q \dot{I}_q \\ &= \dot{E}_0 - R_a \dot{I} - j(X_d - X_q)\dot{I}_d - jX_q \dot{I} \\ &= \dot{E}_0 - R_a \dot{I} + (X_d - X_q)I_d - jX_q \dot{I}\end{aligned} \quad (3.2.4)$$

式 (3.2.4) から図 3.34 (b) の等価回路が導出できる.

3.2.4 基本特性
a. 非突極機の出力,トルク

図 3.32 に示すフェーザ図および等価回路を用いて発電機の出力およびトルクを算出する. 1 相当たりの端子電圧 (Ve^{j0}) を基準にとり, 負荷電流 $\dot{I}$ を求める.

$$\dot{I} = \frac{\dot{E}_0 - \dot{V}}{R_a + j(X_l + X_a)} = \frac{E_0 \varepsilon^{j\delta} - V}{R_a + jX_s} \quad [\text{A}] \quad (3.2.5)$$

ただし, X_s: 同期リアクタンスである. 外部に取り出すことができる皮相電力 $\dot{P}_{VA}$ は, 次のようになる.

$$\dot{P}_{VA} = 3\dot{V}^* \dot{I} = 3V \frac{E_0 \varepsilon^{j\delta} - V}{R_a + jX_s} = 3\frac{[\{VE_0(\cos\delta + j\sin\delta) - V^2\}(R_a - jX_s)]}{R_a^2 + X_s^2} \quad [\text{W}] \quad (3.2.6)$$

ただし, $\dot{V}^*$: $\dot{V}$ の共役複素数である. 有効出力 P は, 式 (3.2.6) の実数分であるので,

$$P = 3\left\{\frac{VE_0}{Z_s}\sin(\delta + \varphi) - \frac{V^2}{Z_s}\sin\varphi\right\} \quad [\text{W}] \quad (3.2.7)$$

となる. ただし, $Z_s = \sqrt{R_a^2 + X_s^2}$, $\varphi = \tan^{-1}(R_a/X_s)$ である.

一般に同期機は小形機を除いて $R_a \ll X_s$ であるので R_a を無視すると, 式 (3.2.7) は次式で表すことができる.

$$P = \frac{3VE_0}{X_s}\sin\delta \quad [\text{W}] \quad (3.2.8)$$

式 (3.2.8) は, 内部相差角を用いて算出した出力の式として一般によく知られている. 力率角 θ を用いて出力を求めれば

$$P = 3VI\cos\theta \quad [\text{W}] \quad (3.2.9)$$

となる.

次に電動機の場合を考える. 図 3.32 と同様の考え方に基づいて, フェーザを導出すると図 3.35 (a) となる. 発電機と同様に $\dot{V}$ を基準にとると電流 $\dot{I}$ は,

$$\dot{I} = \frac{\dot{V} - \dot{E}_0}{R_a + jX_s} = \frac{V - E_0 \varepsilon^{-j\delta}}{R_a + jX_s} \quad [\text{A}] \quad (3.2.10)$$

となる. 電動機の出力は $\dot{E}_0$ で吸収される有効電力に等しいので次式によって求められる.

$$\begin{aligned}\dot{P}_{VA} &= 3\dot{E}_0^* \dot{I} = 3E_0 \varepsilon^{j\delta}\left(\frac{V - E_0\varepsilon^{-j\delta}}{R_a + jX_s}\right) \\ &= 3\left\{\frac{E_0 V(\cos\delta + j\sin\delta) - E_0^2}{R_a + jX_s}\right\} \quad [\text{VA}]\end{aligned} \quad (3.2.11)$$

3.2 同 期 機

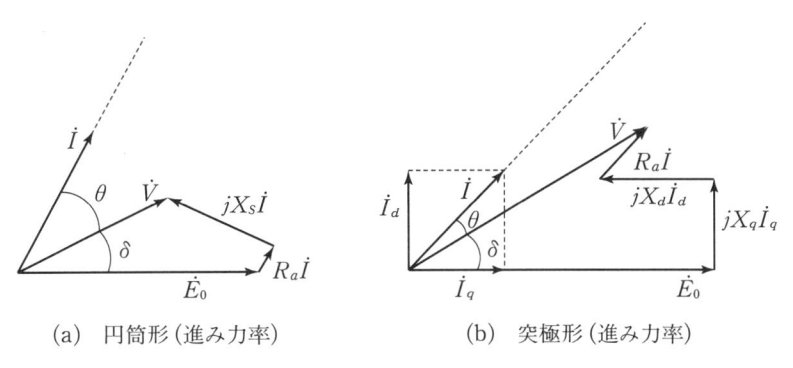

(a) 円筒形(進み力率)　　(b) 突極形(進み力率)

図 3.35 同期電動機のフェーザ図

式 (3.2.11) の有効成分が出力 P となるので，

$$P = 3\left\{\frac{VE_0}{Z_s}\sin(\delta+\varphi) - \frac{E_0^2}{Z_s}\sin\varphi\right\} \quad [\text{W}] \tag{3.2.12}$$

となる．発電機の場合と同様，$R_a \ll X_s$ のときは，式 (3.2.8) と一致する．同期機の出力は δ によって出力が変化し，$\delta = 90°$ のとき最大値となる．また，E_0 は界磁磁束によって決まるので，誘導電動機と比べて電源電圧の変化に対するトルクの変化が少ない利点がある．トルク T は，同期角速度を ω_s とすれば，式 (3.2.13) で算出できる．

$$T = \frac{P}{\omega_s} \quad [\text{Nm}] \tag{3.2.13}$$

b. 突極機の出力，トルク

図 3.34 に示す同期発電機について考える．図 3.34 (a) に示すように $\dot{E}_0$ を基準フェーザにすると，$\dot{E}_0 = E_0$，$\dot{I} = I_q + jI_d$，$\dot{V} = \dot{V}\varepsilon^{-j\delta}$ であるので，出力 $\dot{P}_{VA}$ は，円筒機と同様に考えて，次式によって求められる．

$$\dot{P}_{VA} = 3\dot{V}^*\dot{I} = 3V\varepsilon^{j\delta}(I_q + jI_d) \tag{3.2.14}$$

式 (3.2.14) の実数分が有効出力 P となるので，

$$P = 3(VI_q\cos\delta - VI_d\sin\delta) \tag{3.2.15}$$

となる．また，図 3.34 (b) より，回路方程式は，

$$\dot{E}_0 = -(X_d - X_q)I_d + jX_q(I_q + jI_d) + R_a(I_q + jI_d) + V\varepsilon^{-j\delta} \tag{3.2.16}$$

となる．小形機を除いて，X_d, X_q に比べて R_a が無視できるほど小さいので，これを無視し，各実数分と虚数分を求めると，

$$E_0 = -X_dI_d + V\cos\delta \tag{3.2.17}$$

$$0 = X_qI_q - V\sin\delta \tag{3.2.18}$$

の関係が得られる．式 (3.2.17) および式 (3.2.18) から求まる I_d, I_q を式 (3.2.15) へ代入すると，

$$P = 3\left\{\frac{VE_0}{X_d}\sin\delta + \frac{1}{2}\left(\frac{1}{X_q} - \frac{1}{X_d}\right)V^2\sin 2\delta\right\} \quad [\text{W}] \tag{3.2.19}$$

となり，トルクは，

$$T=\frac{3}{\omega_s}\left\{\frac{VE_0}{X_d}\sin\delta+\frac{1}{2}\left(\frac{1}{X_q}-\frac{1}{X_d}\right)V^2\sin 2\delta\right\}\ [\text{Nm}] \quad (3.2.20)$$

が得られる．図3.35(b)に示す同期電動機の発電機の場合と同様に$\dot{E}_0$を基準に，R_aを無視した出力Pを求めると，式(3.2.19)と一致する．式(3.2.20)の第二項は，回転子が突極のために発生するトルクであり，反作用トルクと呼ばれる．このトルクのみを利用したモータを反作用(リラクタンス)モータという．

3.2.5 基本特性
a. 単位法
同期機では，電圧，電流，出力などの諸量を基準値に対する比である単位法(p.u.)を用いるのが一般的である．単位法は，① すべての量が無次元になるので数式が常に簡単化される，② 同期機の単機容量の大きさや定格電圧の高低にかかわらず，電機子抵抗，各種リアクタンスなどが1.0 p.u.を基準値として狭い範囲の値で示すことができる，などの利点がある．

基準値をどう選ぶかについては自由であるが，各基準値を以下のようにとるのが一般的である．

- 定格電圧 V_{an} [V] (相電圧で波高値)
- 定格電流 I_{an} [A] (波高値)
- 定格角速度 ω_n [rad/s] (電気角/s)
- インピーダンス Z_{an} [Ω] (V_{an}/I_{an})
- 出力 W_n (定格電圧，定格電流，力率1.0で運転したときの出力を基準値とする．$W_n=3(V_{an}/\sqrt{2})(I_{an}/\sqrt{2})=(3/2)V_{an}I_{an}$
- 時間 (単位法での1秒は実時間の$1/\omega_n$)

b. 特性曲線
同期機で重要な特性曲線について述べる．

(1) 無負荷飽和曲線，短絡特性曲線　これは，同期機の電機子線路側全端子を開放し，定格回転速度で運転した場合の界磁電流と電機子巻線の誘導電圧の関係を示す曲線である．また，短絡特性曲線は，電機子巻線側全端子を短絡し，定格回転速度で運転したときの界磁電流と電機子電流との関係を示す曲線である．図3.36は，それらの曲線を示している．

(2) 短絡比　図3.36で，無負荷で定格電圧V_nを発生するのに必要な界磁電流I_{f0}と定格電流I_nを流すのに必要な界磁電流I_{fs}との比を短絡比Kという．

$$K=\frac{I_{f0}}{I_{fs}} \quad (3.2.21)$$

この短絡比は，同期発電機においては特に重要な定数であり，短絡比の大きい発電機は，電圧変動率が良好で，過負荷耐量が大きく，線路充電容量の大きいものに適している．

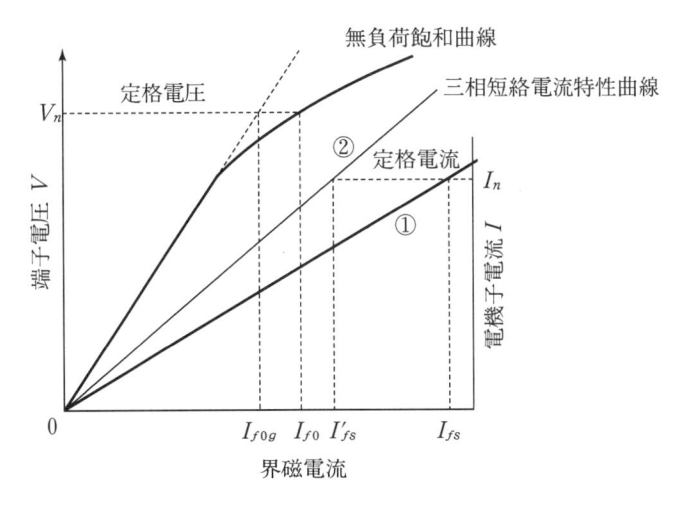

図 3.36 無負荷飽和曲線と三相短絡電流特性

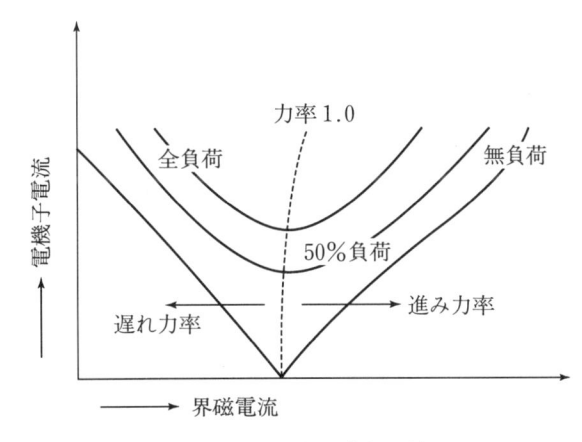

図 3.37 V 曲線（電動機）

　短絡比を大きくするための1つの方法としては，ギャップを広げたり，鉄心の磁気飽和を大きくして，無負荷時の界磁電流を増加させればよいが，磁気飽和の制限，界磁巻線の温度上昇などの問題が発生する．根本的には，電機子巻線の巻数比を減らして短絡特性を変えている．短絡電流は，力率角90°近い遅れとなって，減磁作用が働くので電機子巻線を減らすとこの巻線がつくる起磁力が小さくなる．この結果，この起磁力を打ち消すための界磁巻線がつくる起磁力も小さくなって，界磁電流が減少する．したがって，図3.36の三相短絡曲線が①から②となり，短絡比が大きくなる．しかし，電機子巻線が減った分，無負荷で定格電圧を発生する磁束量は増加するので鉄心が大きくなる．このように短絡比の大きい機械のことを鉄機械，逆に小さい機械を銅機械という．タービン発電機は，水車発電機に比べて短絡比が小さい．これはタービン発電機が高速回転のため，界磁巻線を施す場所が制限されるので，その結果として電機子巻線の巻数が多くなり短絡比が小さくなる．

(3) V曲線　同期電動機を一定の端子電圧および周波数のもとで運転し，無負荷または一定出力のもとで界磁電流を増減したときの界磁電流と電機子電流の関係である．回転子が永久磁石の場合は，端子電圧を変化することによって同様の曲線を得ることができる．

図3.37で，電機子電流が最小となる力率1.0を基準にして，界磁電流の大小によって遅れ力率となったり進み力率となる．同期電動機を進み力率で運転しているときは，減磁作用となる．逆に遅れ力率では，増磁作用となる．

同期電動機は，任意の力率で製作可能なため，系統の力率改善用（コンデンサあるいはリアクトルとしての作用）として用いることができる．

3.2.6　損失・効率
a. 損失の分類

同期機の損失である無負荷鉄損は，鉄心中のヒステリシス損と渦電流損の和である鉄損および鉄心以外の金属部分における付加的な無負荷損失を含んでいる．軸受摩擦損は，軸受と軸の間の機械的摩擦による損失であり，また，ブラシ摩擦損は，ブラシと整流子またはスリップリングとの間の摩擦による損失である．風損は，回転子と気体の間の摩擦による損失である．これら軸受摩擦損，ブラシ摩擦損および風損の和を機械損と呼ぶ．

次に，直接負荷損は，負荷に直接関係して発生する損失である．電機子巻線の抵抗損は，磁界との相対回転運動によって誘導起電力を発生する電機子巻線に電流が流れることによって発生する損失のことである．

漂遊負荷損は，負荷電流のために巻線の導体中および巻線近くの鉄心中，その他の金属部分に漂遊磁界を生じ，それによって発生する渦電流損である．

励磁回路損の一つである界磁巻線の抵抗損は，磁極を励磁する巻線に電流が流れたときに生じる損失である．励磁装置は，同期機に界磁電流を供給する直流電源装置および界磁電流を調整，制御するための装置であり，これの損失を励磁装置の損失という．例えば，電源に励磁用同期発電機を用い，半導体電力変換器とで構成される交流励磁機方式でのすべての損失（ただし，摩擦損および風損は含まない），あるいは，励磁用変圧器や励磁用変流器などと半導体電力変換器とで構成される静止形励磁方式でのすべての損失を指している．励磁調整器の損失は，抵抗調節器での損失である．抵抗調節器は，現在の同期機にはほとんど使われていない．ブラシの電気損は，界磁巻線に供給する励磁電流とブラシの接触電圧降下による損失である．

b. 効　率

表3.1は，同期機の規約効率の算定に含まれる損失である．規約効率は，入力と出力を直接測定して算出する実測効率に対して，出力を測定することなく，定められた方法によって測定あるいは算定した損失を用いて計算した効率をいう．

実測効率は式(3.2.22)，規格効率は式(3.2.23)によって算定される．

表 3.1 同期機諸定数の主な測定法

定数・記号	試験法
直軸同期リアクタンス X_d	無負荷飽和曲線・短絡特性曲線,滑り法
直軸過渡リアクタンス X'_d	三相突発短絡試験
直軸初期過渡リアクタンス X''_d	三相突発短絡試験,ダルトン・カメロン法
零相リアクタンス X_0	並列法,二相接地法
短絡初期過渡時定数 T''_d	三相突発短絡試験
慣性モーメント J	減速法
横軸同期リアクタンス X_q	滑り法,逆励磁法
横軸初期過渡リアクタンス X''_q	ダルトン・カメロン法
逆相リアクタンス X_2	単相短絡法
開路時定数 T'_{do}	界磁減衰法
短絡過渡時定数 T'_d	三相突発短絡試験
電機子時定数 T_a	三相突発短絡試験

$$\varepsilon = \frac{\text{出力}}{\text{入力}} \times 100 \quad [\%] \tag{3.2.22}$$

$$\varepsilon = \frac{\text{入力} - \text{損失}}{\text{入力}} \times 100 \quad [\%] \tag{3.2.23}$$

3.2.7 試験法

a. 損失測定法

損失の測定法は,JEC-2130-2000 によると「発電機法」,「電動機法」,「減速法」,「カロリー法」が規格化されている.ここでは,発電機法について述べる.この方法は,同期機に駆動電動機を直結し,その入力から同期機の損失を求める方法であり,励磁直結機がない場合を述べる.

同期機を駆動電動機によって無負荷(電機子の全端子開放)無励磁で定格回転速度で運転する.駆動電動機の入力が一定となった後,駆動電動機の電圧,電流および入力を測定し,駆動機の損失を差し引けば機械損 W_m が求められる.次に,界磁電流を変化させて,そのときの同期機の端子電圧,界磁電流,ならびに駆動電動機の電圧,電流および入力を測定し,この入力から駆動機の損失および W_m を差し引けば鉄損が求められる.また,同期機の電機子全端子を短絡した状態で界磁電流を変化させる.そのときの同期機の電機子電流,界磁電流ならびに駆動電動機の電圧,電流および入力を測定し,この入力から駆動機の損失と W_m を差し引けば直接負荷損と漂遊負荷損との和が求められる.なお,各測定点における駆動電動機の出力は,そのときの入力から全損失を差し引いて求める.

各試験における駆動電動機の出力と同期機の端子電圧あるいは電機子電流および損失の関係は,図 3.38 のようになる.

b. 諸定数の測定法

表 3.1 は,各諸定数の測定法である[2]).ここでは,直軸および横軸同期リアクタンスの測定法について述べる.

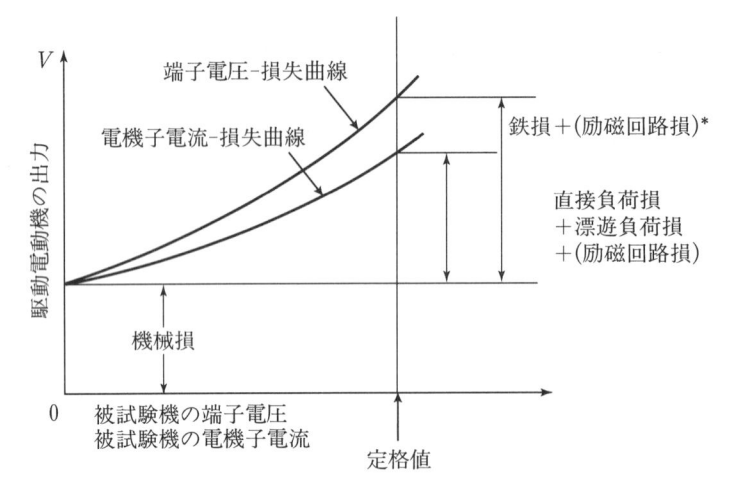

図 3.38 損失分離法
* 直結励磁機によって励磁した場合の励磁装置の電気損失については，当事者間の協議により，形式試験からの推定値あるいは設計値を使用してもよい．

(1) **無負荷飽和曲線と短絡特性曲線から求める方法** この試験からは，直軸同期リアクタンス X_d を求めることができる．

図 3.36 で電機子端子三相短絡時の電機子定格電流 I_n を流すのに要する界磁電流を I_{fs} とする．また，無負荷電機子定格電圧 V_n を誘導するのに要する界磁電流を I_{fo} とする．直軸同期リアクタンス X_d (飽和値)は次式で求められる．

$$X_d \cong Z_d = \frac{I_{fs}}{I_{fo}} \quad [\text{p.u.}] \quad (3.2.24)$$

一般に同期機は，小形機を除いて電機子巻線抵抗がリアクタンスに比べて無視できるほど小さい．

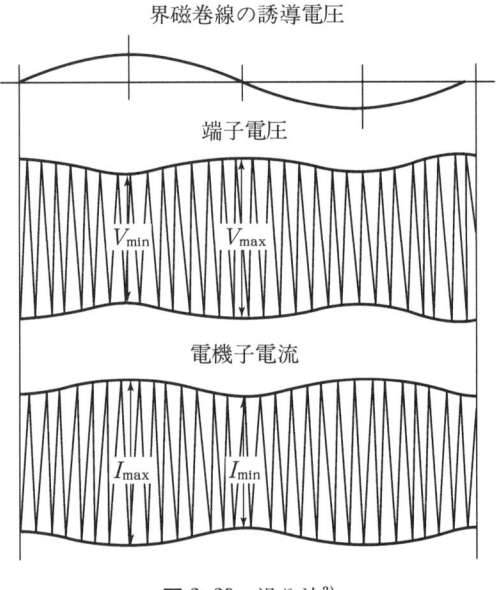

図 3.39 滑り法[2]

(2) **滑り法** この試験は，直軸同期リアクタンス X_d および横軸同期リアクタンス X_q を測定する試験である．同期機を駆動電動機と直結し，無励磁(界磁巻線開放)のまま，回転子を同期速度よりわずかに離れた速度で運転する．この状態のとき，電機子回路に定格周波数の三相平衡電圧から電機子定格電圧の 10% 程度の電圧を印加する．このときの同期機の電機子電流 I，端子電圧 V および界磁巻線の誘導電圧をディジタルオシロスコープなどで測定する．図 3.39 がこのときの各波形であ

る．これより各リアクタンスは，次式によって求めることができる．

$$X_d = \frac{V_{\max}}{\sqrt{3} I_{\min}} \quad [\Omega] \tag{3.2.25}$$

$$X_q = \frac{V_{\min}}{\sqrt{3} I_{\max}} \quad [\Omega] \tag{3.2.26}$$

ただし，電機子巻線抵抗を無視して取り扱っている． 〔荒　隆裕〕

参 考 文 献

1) エレクトリックマシーン&パワエレクトロニクス編纂委員会：エレクトリックマシーン&パワエレクトロニクス，森北出版(2004)
2) 電気学会規格：JEC-2130，同期機，電気学会(2000)
3) 電気学会技術報告：1980年以降に製作された大容量同期機諸定数の調査結果，電気学会(1999)
4) 野中作太郎：電気機器I，森北出版(1974)
5) 猪狩武尚：電気機械学，コロナ社(2000)

3.3 誘　導　機

3.3.1 誘導機の原理と回転磁界の発生

a. 誘導機の回転原理

　誘導機とは，「固定子および回転子が互いに独立した巻線を有し，一方の巻線が他方の巻線から電磁誘導作用によってエネルギーを受けて動作する非同期機である」として定義されている．電動機と発電機が主な機種であるが，周波数変換機などもある．誘導機の一種で回転子が塊状鉄心からなっているものもあるが，この構造のものは電磁誘導作用によって回転子表面に渦電流が流れて動作することになる．

　誘導機の原理は，1824年，「アラゴの円盤の回転」の発見にさかのぼるといわれている．すなわち，銅の円盤の中心に軸を設けて回転できるようにしておき，その円盤に近づけた永久磁石を回転軸の周りに回転させたとき，永久磁石の回転方向にその速度より遅い速度で円盤が回転したという発見である．

　図3.40は，誘導電動機の回転原理を説明した図であり，まさにアラゴの円盤の回転の発見にさかのぼる原理で回転するのである．

　図において，固定子には永久磁石と同様な作用をする電磁石，N極，S極ができているものと考える．一方，回転子は回転軸と鉄心とが固定され，さらにその上に銅の円環が固定されているものと考える．

　いま，固定子の磁界が時計方向に回転

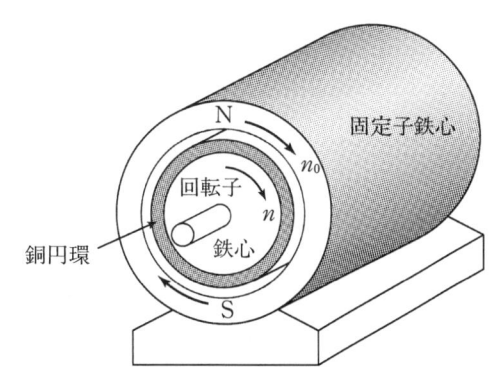

図3.40　誘導電動機の回転原理

した(回転磁界, 3.3.1 b 参照)と考えよう．このとき，固定子の磁界が静止し，逆に回転子が反時計方向に回転したと考えてもよいので，固定子の N 極の下の回転子の銅円環部分には電磁誘導作用によって，奥から手前に向かう方向(フレミングの右手の法則にしたがう方向)の起電力を発生することが理解できよう．同様に S 極の下の回転子の銅円環部分には，手前から奥に向かう方向の起電力を発生することになる．

これらの起電力によって，回転子銅円環部分には起電力と同じ方向の電流が流れ，この電流によって回転子に電磁力を発生する．この電磁力の方向は，N 極の下の銅円環部分では右方向(時計方向，フレミングの左手の法則にしたがう方向)，S 極の下の銅円環部分では左方向(これもまた，時計方向)となり，結局，固定子の磁界の回転方向と同じ時計方向に電磁力によって回転することになる．回転子の回転は，銅円環部分に発生する起電力がおおもとの原因となっているので，固定子の磁界との相対速度のあることが必須となることから，固定子の磁界の速度より遅い速度にならざるを得ないのである(発電機の場合は，逆に早くなる)．発生する電磁力は電流に，その電流は発生する起電力にほぼ比例するので，結局，電動機の負荷が重たいほど回転数は遅くなることが理解できよう．

固定子の磁界の回転速度(回転磁界の速度)を同期速度というが，これを n_0 [s^{-1}]，回転子の回転速度を n [s^{-1}] とすれば，それらの相対速度を式(3.3.1)のように表し，これを滑り s と定義する．

$$s = \frac{n_0 - n}{n_0} \tag{3.3.1}$$

ここで，$n_0 = f/p$ [s^{-1}]，f：周波数 [Hz]，p：磁極対数である．

この式で定義された滑りは，100 を乗じて，%表示することも多く，誘導機の種類，容量によっても異なるが，一般に数%(2〜3%程度が多い)である．

b. 回転磁界の発生

N 極と S 極の間隔，すなわち磁極ピッチを π [rad] と定めた電気角で表した場合，一般的に，$2p$ 極の誘導機(交流機)の固定子全周は $2p\pi$ [rad] となる．

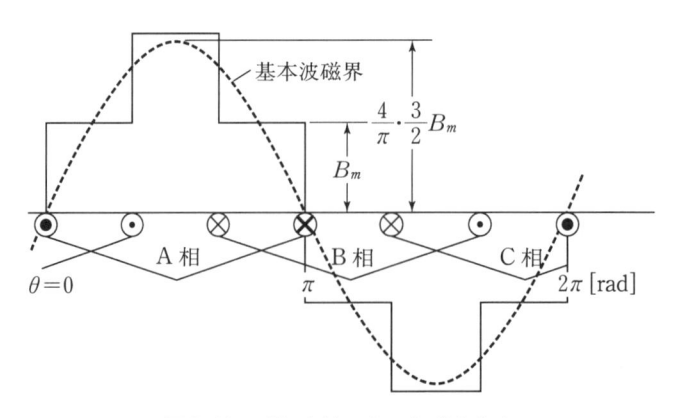

図 3.41　三相巻線による起磁力分布

いま，固定子スロット中に，それぞれ電気角で $2\pi/3$ [rad] ずつ隔てて巻いた3組の等しい巻線，A, B, C に周波数 f の対称三相交流 i_A, i_B, i_C を流した場合に発生する磁界を考えてみる．

対称三相交流であるので，A相巻線の電流が正の最大値の瞬間においては，B相巻線およびC相巻線の電流は負の値であり，最大値の1/2の大きさであるので，円筒状の固定子を一直線上に展開して表した三相全体の起磁力分布は，図3.41のような階段波状となる．固定子と回転子との間のギャップが全周にわたり一様であるとすれば，この起磁力分布と同様な磁束密度分布となる．

A相巻線の一辺を，原点 $\theta=0$ とした場合，$i_A(=\sin\omega t)$ によって生じる磁束密度分布 B_A をフーリエ級数展開すると次式で表される．

$$B_A = \frac{4}{\pi}B_m\left(\sin\theta + \frac{1}{3}\sin 3\theta + \frac{1}{5}\sin 5\theta + \cdots + \frac{1}{\nu}\sin\nu\theta + \cdots\right)\sin\omega t \tag{3.3.2}$$

ただし，ν：正の奇数，$\omega=2\pi f$ [rad/s] である．

次に，B相巻線については，式(3.3.2)の θ を $(\theta-2\pi/3)$，ωt を $(\omega t-2\pi/3)$ として B_B を求め，C相巻線については，θ を $(\theta-4\pi/3)$，ωt を $(\omega t-4\pi/3)$ として B_C を求めて，これらを合成すれば，ν 次調波の合成磁束密度の一般式は次式で表される．

$$B_\nu = \frac{4}{\pi}\cdot\frac{B_m}{\nu}\left\{\sin\omega t \sin\nu\theta + \sin\left(\omega t - \frac{2\pi}{3}\right)\sin\nu\left(\theta-\frac{2\pi}{3}\right) + \sin\left(\omega t - \frac{4\pi}{3}\right)\sin\nu\left(\theta-\frac{4\pi}{3}\right)\right\} \tag{3.3.3}$$

この一般式において，それぞれの高調波次数 ν（対称波であるので，ν は奇数）による合成磁束密度の特徴を調べてみる．

① まず，$\nu=1$，すなわち基本波の場合の合成磁束密度 B_1 は

$$B_1 = \frac{4}{\pi}B_m\frac{3}{2}\cos(\omega t - \theta) \tag{3.3.4}$$

となり，時間 t とともに最大値，$(4/\pi)(3/2)B_m$ をもった正弦波形が相回転方向（相の順番の方向），すなわち右方向（θ の正方向）に一様な速度で動いていく回転磁界を形成することが理解できよう．このような回転磁界を円形回転磁界という．

② $\nu=3h$（h は正の奇数）の高調波（3, 9, 15, … など）の場合は，合成磁束密度はゼロとなる．

③ $\nu=3h+1$（h は正の偶数）の高調波（7, 13, 19, … など）の場合は，合成磁束密度 B_ν は

$$B_\nu = \frac{4}{\pi}\cdot\frac{B_m}{\nu}\cdot\frac{3}{2}\cos(\omega t - \nu\theta) \tag{3.3.5}$$

となり，時間 t とともに基本波の最大値の $1/\nu$ 倍の最大値をもった正弦波形が基本波と同じ右方向に，基本波の ν 倍の速度で動いていく高調波回転磁界を形成することになる．

④ $\nu=3h-1$（h は正の奇数）の高調波（5, 11, 17, … など）の場合は，合成磁束密度

B_ν は

$$B_\nu = \frac{4}{\pi} \cdot \frac{B_m}{\nu} \cdot \frac{3}{2} \cos(\omega t + \nu\theta) \tag{3.3.6}$$

となり,時間 t とともに基本波の最大値の $1/\nu$ 倍の最大値をもった正弦波形が基本波と反対方向,すなわち左方向に,基本波の ν 倍の速度で動いていく高調波回転磁界を形成することになる.

上記,①の基本波による回転磁界が有効に作用し,誘導機として動作するのであるが,③および④の高調波回転磁界によって,回転子に様々な周波数の起電力を誘導し,基本波で生じる有効な定常トルクではない高調波異常トルクを生じたり,振動,騒音の原因になったりするので,これらの高調波磁界を可能な限り減少させるような種々の対応策が考えられている.その例としては,いくつかのスロットにコイルを分割して巻く方法(分布巻),コイルのピッチを磁極間隔より短くする方法(短節巻),さらには固定子または回転子のスロットを斜めにする方法(斜めスロット)などが実施されている.

3.3.2 構　　造

誘導機の構造の主要な部分は固定子と回転子であるが,一般的には図 3.42 の展開図のように,固定子が外部に,回転子が固定子の内部に配置される.

固定子も回転子も鉄心と巻線からなっており,鉄心はその内部の磁束が時間的に変化するため,通常 0.35 mm 程度の厚さの表面絶縁処理したけい素鋼板を積み重ねて組み立てる.外部から電力を受ける側の巻線を一次巻線,その電力を電磁誘導作用によって伝えられる側の巻線を二次巻線というが,固定子に一次巻線(固定子巻線)を,回転子に二次巻線(回転子巻線)を施すのがほとんどである.一次巻線の相数によって三相誘導機,二相誘導機,単相誘導機などという.

固定子巻線は,低電圧小容量のものでは亀甲形に成形した巻線を半開放スロット

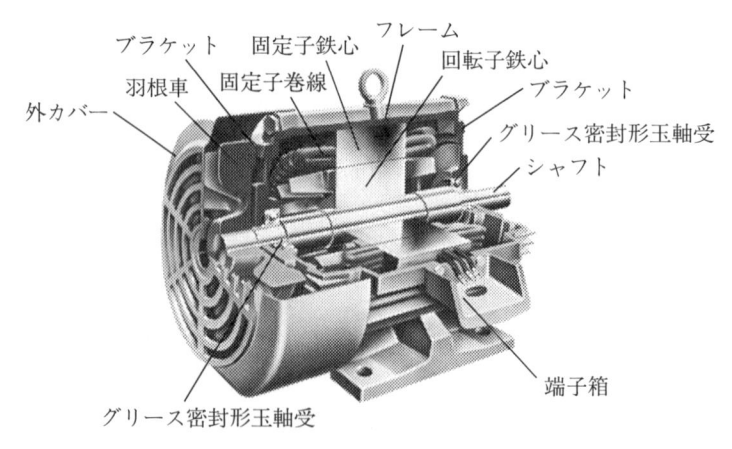

図 3.42 三相誘導機の構造(提供:明電舎)

3.3 誘導機

図 3.43 アルミダイカスト回転子 (提供：明電舎)

に，高電圧大容量のものでは平角銅線を型巻巻線として開放スロットに二層重ね巻で施す場合が多い．

回転子巻線は，回転原理であげた図 3.40 のような銅の円筒からなる回転子導体では，誘導電流の通路が任意のためトルクの発生に有効ではないので，実際には以下の 2 種類の構造の回転子を採用し，有効にトルクを発生するように工夫している．

(1) かご形回転子　この回転子は，鉄心を構成する各鉄板の外周に沿って，導体を挿入できるようなスロットを打ち抜き，それらを積み重ねた後，そのスロットに銅の導体を挿入し，その両端を鉄心の外側で銅の短絡環に溶接またはろう付けによって接続した構造のものである．かご形回転子を有する誘導機をかご形誘導機というが，中・小形機の場合，銅の導体の代わりに融解したアルミニウムを注ぎ込んで，導体，短絡環，通風翼を一度に鋳造してつくるアルミダイカスト工法も多く採用される．図 3.43 は，アルミダイカスト回転子の完成写真である．

(2) 巻線形回転子　この回転子は，その巻線が，固定子巻線と同様にスロット中におさめられた多相巻線 (一般には三相巻線) からなる構造のものであり，巻線形回転子といい，この回転子を有する誘導機を巻線形誘導機という．巻線形誘導機は，構造的には複雑であるが，回転子巻線の端子をスリップリングに接続し，ブラシを用いて外部に取り出し，外部回路に抵抗を挿入したり，また固定子巻線に加える周波数とは異なった周波数の外部電源に接続するなどの工夫をして，後述するように始動や速度制御を容易に行うこともできる．

3.3.3 等価回路と特性
a. 一次および二次巻線への誘導起電力

三相誘導機のギャップ中の基本波の回転磁束密度分布 B_1 によってコイルに誘導する起電力の一般式を求めてみる．B_1 は，既に導出したように，式 (3.3.4) で表されるが，この最大値を改めて B_{1m} とすれば，$B_1 = B_{1m} \cos(\omega t - \theta)$ [T] と簡単に表すことができる．いま，巻数 w (コイル辺の数は $2w$ 本)，コイル辺の長さ l [m]，コイル辺の間隔 (コイルピッチ) が磁極ピッチ τ [m] に等しい全節巻コイルに対し，相対速度 $v = 2\tau f$ [m/s] (f：周波数) で動いている場合に誘導する起電力 e は，フレミングの右手の法則により，次式で表される．

$$e = 4wl\tau fB_{1m}\cos(\omega t - \theta) = \sqrt{2}E\cos(\omega t - \theta) \quad [\text{V}] \tag{3.3.7}$$

ただし，E は実効値で表した誘導起電力であり，1 磁極当たりの磁束は $\Phi_1 = (2/\pi)\tau lB_{1m}$ であるので，

$$E = \frac{2}{\sqrt{2}}\pi wf\Phi_1 = 4.44\ wf\Phi_1 \quad [\text{V}] \tag{3.3.8}$$

となる．

一次巻線への誘導機電力 E_1 は，一次巻線の巻数を w_1 とし，分布巻および短節巻による起電力の減少する割合，すなわち巻線係数を k_{w_1} とすれば，

$$E_1 = 4.44\ k_{w_1}w_1 f\Phi_1 \quad [\text{V}] \tag{3.3.9}$$

となる．

一方，回転子が静止している場合の二次巻線への誘導起電力 E_2 は，二次巻線の巻数を w_2，巻線係数を k_{w_2} とすれば，

$$E_2 = 4.44\ k_{w_2}w_2 f\Phi_1 \quad [\text{V}] \tag{3.3.10}$$

となる．

また，一般に回転子が任意の速度で回転している場合の二次巻線への誘導起電力 E_{2s} は，式 (3.3.1) で明らかなように，回転磁界との相対速度が滑り s 倍になることに注意すれば，

$$E_{2s} = sE_2 = 4.44\ k_{w_2}w_2 sf\Phi_1 \quad [\text{V}] \tag{3.3.11}$$

となる．すなわち，静止時 ($s=1$) の二次巻線への誘導起電力を E_2，周波数を f，回転子漏れリアクタンスを x_2 とすれば，滑り s で回転している場合はそれぞれ sE_2, sf, sx_2 となるのである．

b. 等価回路の導出

滑り s で回転している場合の回転子を電気回路的に表せば，誘導起電力は sE_2 であり，1 相当たりの抵抗を r_2，同漏れリアクタンスを sx_2 とすれば，複素表示で図 3.44 (a) のようになる．この回路は，図 3.44 (b) のように二次電流 I_2 に対し等価変換することができる．

さらに，

$$E_1 = E_{2p} = u_w E_2, \qquad u_w = \frac{k_{w_1}w_1}{k_{w_2}w_2} \tag{3.3.12}$$

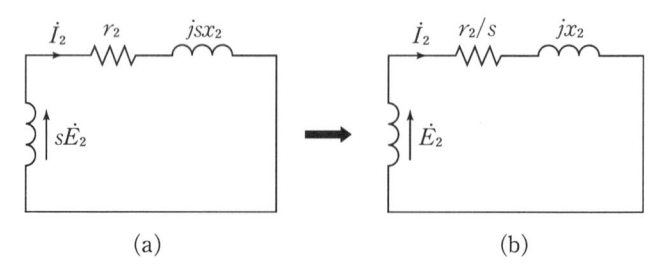

図 3.44 滑り s で回転中の回転子回路 (1 相分)

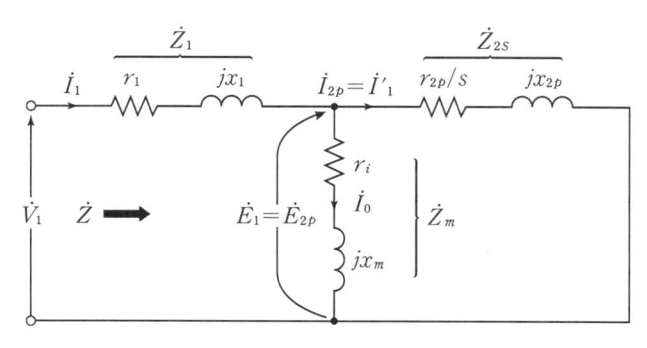

図 3.45 一次側に換算した T 形等価回路（1 相分）

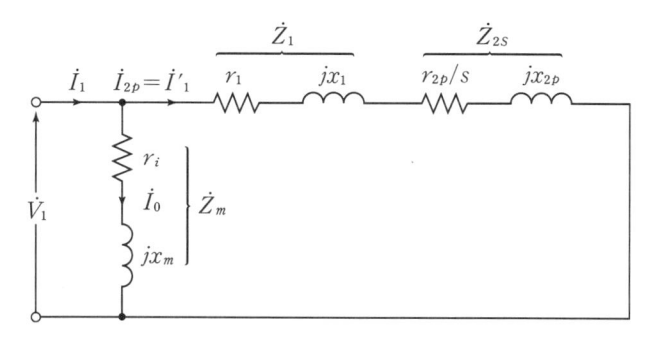

図 3.46 一次側に換算した L 形等価回路（1 相分）

とすれば，変圧器と同様に三相誘導機の一次側に換算した T 形等価回路（1 相当たり）が図 3.45 のように得られる．

図 3.45 において，回転子側の電力は不変として変換されているので，固定子と回転子の相数を同じと見なした場合，回転子電流は式 (3.3.12) の誘導起電力の変換と逆の変換をされており，回転子電流 I_{2p} は固定子の負荷電流 I_1 に等しくなるように換算されることとなる．また，図中のすべての定数は 1 相当たりの値であり，r_1 および r_{2p}：固定子および固定子側に換算した回転子抵抗，x_1 および x_{2p}：固定子漏れリアクタンスおよび固定子側に換算した回転子漏れリアクタンス，r_i：鉄損を表す鉄損抵抗，x_m：励磁リアクタンスである．

図 3.45 の励磁電流 I_0 は I_1 の値に対して一般に小さいので，I_0 による一次回路の電圧降下を無視すれば，図 3.46 のような L 形等価回路（1 相当たり）が得られる．

c. 等価回路による特性算定

それぞれの誘導機に対して，図 3.45 または図 3.46 の等価回路の $r_1, x_1, r_i, x_m, r_{2p}$，および x_{2p} なる 6 つの定数値が決まれば，誘導機の諸特性はそれらの等価回路から算定できることとなる．

いま，一次側力率を $\cos\phi$，同期角速度を ω_s，回転角速度を ω_r とすれば，図 3.45 の T 形等価回路から以下のように三相誘導機の諸特性が算定できることになる．

一次入力　　$P_1 = 3V_1I_1\cos\phi$　[W] (3.3.13)

二次入力　　$P_a = 3(I_{2p})^2\dfrac{r_{2p}}{s}$　[W] (3.3.14)

一次銅損　　$P_{l1} = 3(I_1)^2 r_1$　[W] (3.3.15)

一次鉄損　　$P_i = 3(I_0)^2 r_i$　[W] (3.3.16)

二次銅損　　$P_{l2} = 3(I_{2p})^2 r_{2p}$　[W] (3.3.17)

機械的出力　　$P_2 = P_a - P_{l2} = 3(I_{2p})^2(1-s)\dfrac{r_{2p}}{s}$　[W] (3.3.18)

トルク　　$T = \dfrac{P_2}{\omega_r} = \dfrac{P_2}{(2\pi f/p)(1-s)} = 3\dfrac{p}{2\pi f}(I_{2p})^2\dfrac{r_{2p}}{s}$　[Nm] (3.3.19)

同期ワットで表したトルク

$$T_s = \omega_s T = \dfrac{2\pi f}{p}T = P_a \quad(\text{同期ワット})\tag{3.3.20}$$

二次効率　　$\eta_2 = \dfrac{P_2}{P_a} = 1-s$ (3.3.21)

効率　　$\eta = \dfrac{P_2}{P_1}$ (3.3.22)

(ただし，機械損を考慮する場合は，P_2 から機械損を差し引いた軸出力 P_{20} を分子とする．また，漂遊負荷損も考慮する場合はさらにその値を差し引いた値を軸出力とする．)

滑り　　$s = \dfrac{\omega_s - \omega_r}{\omega_s} = \dfrac{P_{l2}}{P_a}$ (3.3.23)

このような手順で特性算定された誘導電動機の電力の流れを理解しやすく図示すれば図 3.47 のようになる．

誘導機の諸特性は回転速度の関数であり，速度の関数として諸特性を表した曲線を速度特性曲線というが，横軸を滑りで表す場合も多く，滑り-トルク特性などともいう．

図 3.48 は誘導電動機の速度特性曲線の例であり，滑り $s=1\sim0$ の範囲で表してあるが，通常の定格運転時においては $s=0.02\sim0.04$（2～4 % 程度）である．$s=1$ 以上の領域は，外力を加えて回転磁界と反対方向に回転子を回転させることになり，誘導

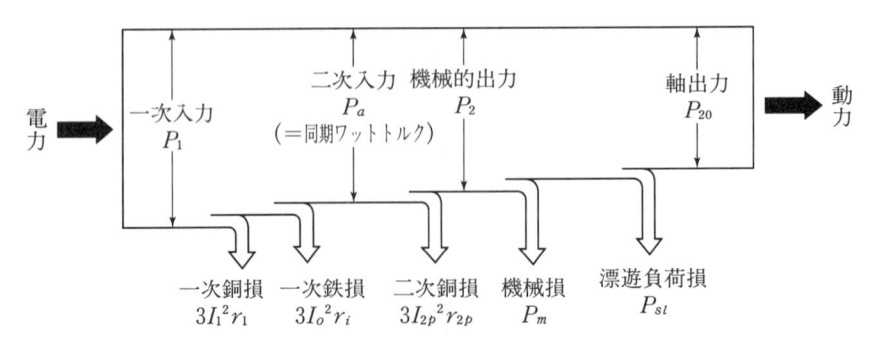

図 3.47 三相誘導電動機の電力の流れ

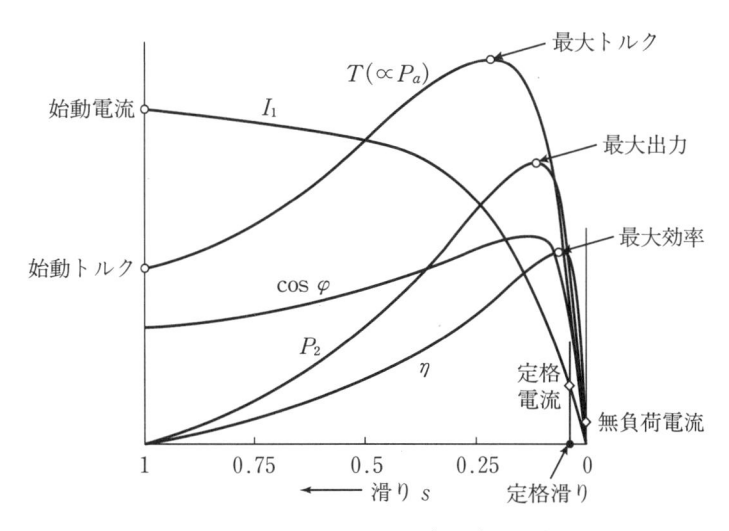

図 3.48 誘導電動機の速度(滑り)特性曲線

制動機(誘導ブレーキ)の特性となり，$s<0$ の領域は，これもまた外力を加えて回転磁界と同方向でかつ回転磁界より速い速度で回転子を回転させることとなり，誘導発電機の特性となる．

また，誘導電動機の特性を出力の関数として表すことも実際の使用に際しては極めて重要であり，出力を横軸として表した曲線を出力特性曲線といい，図 3.49 にその例を示す．通常は定格出力で使用するのが原則であるが，最大出力は定格出力の 1.5 倍程度であり，ごく短時間であれば使用可能である．

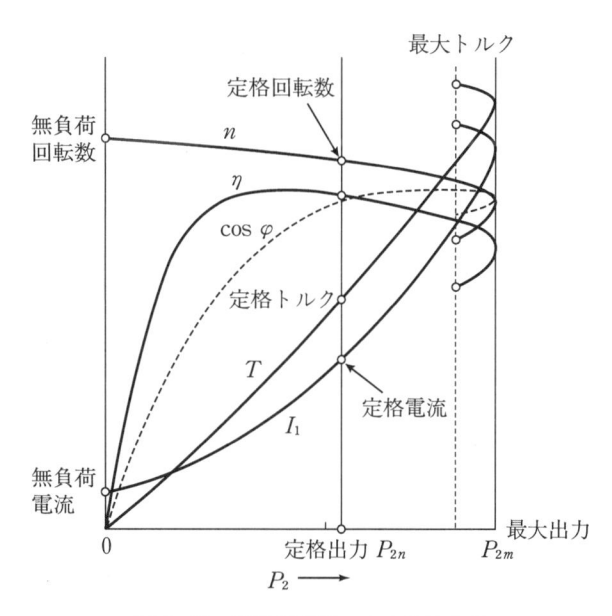

図 3.49 誘導電動機の出力特性曲線

d. 等価回路定数の決定法

等価回路定数の決定法は，設計データから求める場合と定数決定のための実験結果によって求める場合とがある．測定結果によって定数を決定する場合，採用する等価回路の種類，誘導機の構造上の差異などによって考慮すべき事柄も異なるが，ここでは図 3.45 の T 形等価回路および図 3.46 の L 形等価回路の定数決定法の基本的な方法について述べておく．

① 一次巻線の抵抗値 r_1 の決定　一次巻線 1 相当たりの抵抗(星形換算値)は，

各端子間で測定した抵抗を基準巻線温度(下記のように，絶縁種別に依存)に換算して決定する．

$$r_1 = \frac{R_1}{2} \cdot \frac{235+T_s}{(235+t)} \quad [\Omega] \quad (3.3.24)$$

ただし，R_1：直流で測定した各端子間の一次巻線抵抗の平均値 $[\Omega]$，t：抵抗測定時の一次巻線温度 $[℃]$，T_s：基準巻線温度 $[℃]$（A，E 種絶縁：75℃，B 種絶縁：95℃，F 種絶縁：115℃，H 種絶縁：130℃）．

② 鉄損抵抗 r_i および励磁リアクタンス x_m の決定（無負荷試験）　鉄損抵抗および励磁リアクタンスの決定は，電動機に定格電圧を加えて無負荷運転したとき，ほぼ同期速度に近い速度で回転することになるので（$s ≒ 0$），二次回路は開放されていると見なすことができ，そのときの1相当たりの電圧，電流，入力電力を測定することによって，以下のように決定する．

$$r_i = R_0 - r_{10} \quad [\Omega] \quad (3.3.25)$$
$$x_m = X_0 - x_1 \quad [\Omega] \quad (3.3.26)$$

ただし，R_0：無負荷試験時の電源側からみた電動機の全抵抗分であり，入力電力から機械損を差し引いた電力に対する抵抗分 $[\Omega]$，r_{10}：無負荷試験時の一次巻線温度における一次巻線抵抗 $[\Omega]$，X_0：同じくリアクタンス分 $[\Omega]$．

なお，x_1 の値は，以下の ③ で求まる値である．

③ 二次巻線抵抗 r_{2p}，一次漏れリアクタンス x_1 および二次漏れリアクタンス x_{2p} の決定（拘束試験）　一次側に換算した二次巻線抵抗，一次および二次漏れリアクタンスの決定は，回転子を回らないように拘束しておき（$s=1$），一次端子間に一次電流がほぼ定格電流に等しくなるように低電圧を加え，そのときの1相当たりの電圧，電流，入力電力を測定することによって，以下のように決定する．

$$r_{2p} = R_s - r_{1s} \quad [\Omega] \quad (3.3.27)$$
$$x_1 ≒ x_{2p} = \frac{X_s}{2} \quad [\Omega] \quad (3.3.28)$$

ただし，R_s：拘束試験時の電源側からみた電動機の抵抗分 $[\Omega]$，r_{1s}：拘束試験時の一次巻線温度における一次巻線抵抗 $[\Omega]$，X_s：同じくリアクタンス分 $[\Omega]$．

この決定に際しては，拘束試験時の励磁電流が負荷電流（二次電流）に比べて著しく小さいものと見なしていることとなる．

なお，ここでは基本的な定数決定法を記したが，JEC-2137-2000「誘導機」においては，T-II 形定常等価回路を採用しており，機種によってはかなり複雑な定数決定法となっている．

3.3.4　誘導機の運転と制御
a.　始　動　方　法
(1)　かご形誘導電動機の始動法　　一般に使用される汎用かご形誘導電動機にお

いては，図3.48の速度特性曲線からも明らかなように，定格電圧を加えた場合，滑り $s=1$ なる始動時に流れる電流(始動電流)は運転時の定格電流の5～8倍程度となり，極めて大きな値である．しかし，始動時のトルク(始動トルク)は力率が低いため大きな値とはならず，二次回路の抵抗値にも依存するが，定格トルクの1.5倍程度である．

　電動機を始動しようとするとき，定格電流の5倍以上にも及ぶ始動電流が流れた場合，大容量機になればなるほど電動機そのものの巻線の加熱，機械的ショックのみならず，電力を供給している配電線路の電圧降下を生じ，同一配電線に接続されているほかの機器に悪影響を及ぼし問題となることも多い．特に，高効率電動機とするため二次抵抗を小さな値とした場合，十分な検討をしないと大きな問題となる．したがって，始動電流を低減するため，種々の始動方法が採用されているが，代表的な方法として次のような始動方法がある．

　① 全電圧始動法(直入れ始動法)　特別な始動装置を用いず，定格電圧を電動機に直接加えて始動する最も簡単な方法で，数 kW 程度以下の比較的小形の電動機の場合に広く採用されている方法である．この方法は，負荷を含めた駆動システム全体の慣性が小さく，電源容量が大きい場合には大形機にも採用される場合がある．

　② スターデルタ始動法(Y-Δ始動法)　この方法は，一次巻線をY結線として全電圧を加えて始動し，ほぼ定格回転速度付近に速度上昇したときにΔ結線に切り替えて運転する始動方法である．Y結線の場合，各相巻線に流れる電流はΔ結線の場合の1/3であり，始動トルクも各相巻線に加わる電圧の2乗に比例するので，結局，Δ結線の場合の1/3である．この方法においては，Y結線からΔ結線に切り替えるとき，大きな過渡的な突入電流が流れ込むことがあるのが欠点であるが，簡単で始動装置が安価なことから，大きな始動トルクを必要としない数十 kW 以下の低電圧電動機に広く採用されている．

　③ リアクトル始動法　この方法は，電源と電動機端子間にリアクトルを挿入して始動し，始動完了後にリアクトルを開閉器で短絡して運転する方法である．この方法においては，始動電流を全電圧始動の場合の $1/a$ に抑えた場合に，始動トルクは $1/a^2$ となり，始動電流の減り方より始動トルクの減り方が著しくなる．したがって，この方法はファン，ポンプのように負荷トルクが回転速度の2乗に比例する用途や負荷への始動時の衝撃を軽減したい場合などに採用され，中容量機に採用される場合が多い．

　④ 始動補償器始動法　この方法は，電源と電動機端子間に始動補償器と呼ばれる単巻変圧器を挿入し，そのタップの切換によって電動機端子に加わる電圧を減圧して始動する方法であり，図3.50にその接続回路を示す．

　図において，まず開閉器 M_{s1} および M_{s2} を投入し，単巻変圧器とした状態で始動し，速度上昇後，M_{s2} を開放して単巻変圧器の巻線の一部をリアクトルとして作用させて始動電流を制限し，始動完了後，M_{s3} を投入して全電圧運転に切り替える．この

方法では，単巻変圧器で電動機に加える電圧を電源電圧の $1/a$ とすれば，電動機電流も $1/a$ となり，トルクは $1/a^2$ となるが，電源に流れる電流は変圧器作用もあるので，さらに $1/a$ 倍され，結局，全電圧を加えた場合の $1/a^2$ となり，電源に与える影響は少なくなる．しかも，切換時の過渡的突入電流も流れない．装置は高価となるが主として大容量機の始動方法として広く採用されている．

(2) 巻線形誘導電動機の始動法
巻線形誘導電動機の場合，回転子巻線の端子をスリップリングに接続し，外部に取り出せるので，始動時には外部回路に付加抵抗（始動抵抗器）を挿入し，始動トルクを大きく，始動電流を少なくし，速度の上昇とともにその始動抵抗器の値を減少させ，始動完了後は巻線端子を短絡して運転すればよく，いわば理想的な始動が可能となる．このような始動法を二次抵抗始動法という．

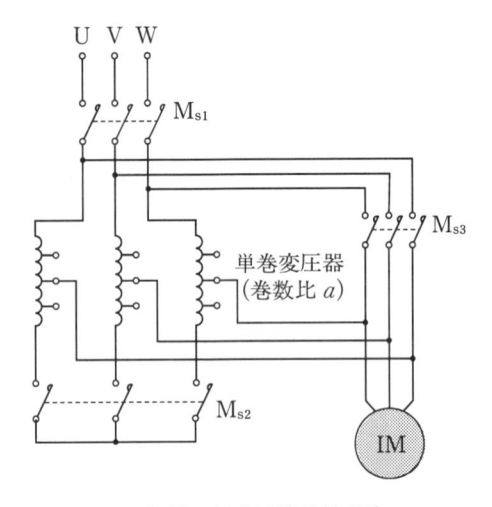

図 3.50 始動補償器始動法

その原理は，図 3.45 または図 3.46 においても明らかなように，二次側の抵抗と滑りの比，すなわち r_{2p}/s が同

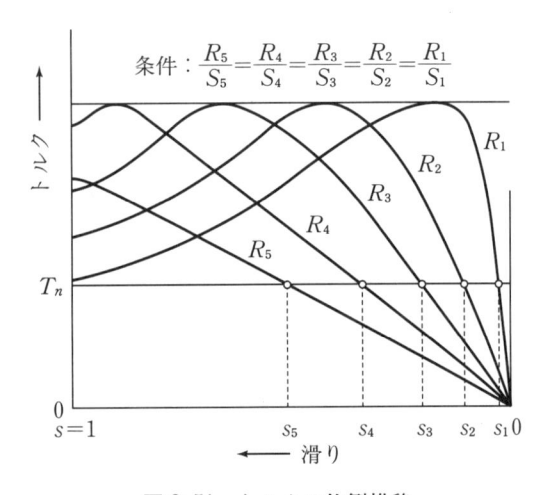

図 3.51 トルクの比例推移

じ値であれば，二次電流 I_{2p} もトルク T（式 (3.3.19) 参照）も同じ値となることを利用しているものであり，この重要な特性を比例推移という．

図 3.51 はトルクの比例推移を示したもので，二次巻線の抵抗値と始動抵抗器の抵抗値の和を R で表しているが，$R_1 < R_2 < \cdots < R_5$ であり，R_1 を始動抵抗器の抵抗をゼロ，すなわち，二次巻線端子を短絡したときの二次巻線そのものの抵抗値と考えれば，定格トルク T_n で運転しているときの滑りは s_1 となることを意味している．

なお，電流についても同様な性質があることが前述の説明から理解できよう．

始動抵抗器には金属抵抗器と液体抵抗器があり，金属抵抗器の場合，数段のタップを設けてその切換によって抵抗値を段階的に切り替えるもので，主に中・小形機に採用される．液体抵抗器の場合には，抵抗値を連続的に変化させ，円滑な始動が可能となるので，1000 kW 程度以上の大容量機に適用される．

b. 誘導電動機の速度制御法

誘導電動機の速度を制御するには，速度(滑り)に対するトルク特性を変化させることである．三相誘導電動機のトルク T は式(3.3.19)で表されるが，二次電流 I_{2p} を近似的にL形等価回路から求めることとすれば，以下の式で表すことができる．

$$T = 3\frac{p}{2\pi f} \cdot \frac{V_1^2}{(r_1 + r_{2p}/s)^2 + (x_1 + x_{2p})^2} \cdot \frac{r_{2p}}{s} \quad [\text{Nm}] \quad (3.3.29)$$

この式から明らかなように，電動機単体でトルク特性を変化させ，速度を制御するためには，極数 $P = 2p$ (p：極対数)，電源周波数 f，電源電圧 V_1，および回転子回路の抵抗 r_{2p} を変化させればよいことになる．かご形誘導電動機のトルク特性を変化させる場合，r_{2p} を変化させることは不可能であり，したがって3種類の速度制御法となるが，巻線形誘導電動機の場合は r_{2p} を外部回路の抵抗を含んだ値と見なせばよいので4種類の速度制御法があることになる．

このほか，巻線形誘導電動機の場合，回転子巻線に外部から電圧を加え，結果として二次電流を変化させ，トルク特性を変える速度制御方法(二次励磁制御法)もある．さらに，電動機と負荷との間に電磁的なカップリングを挿入し，その励磁電流の強弱の調整で速度制御する方法(電磁カップリングによる制御法)もある．

以下，電動機単体でトルク特性を変える制御法について概説する．

① 極数変換制御法　この方法は，誘導電動機の巻線に極数の異なる2組以上の巻線を設けて切り換えるか，または単一巻線の接続を変更することによって極数を変換し，同期速度を変えることにより速度制御する方法である．

図3.52は，単一巻線の接続変更で極数を変える原理を示したものであるが，二極機から四極機への極数切換が容易に理解できよう．

2組の巻線を用いて，極数の比を2：3：4：6の4段階に切り替えることも多いが，極数変換制御法では連続的な速度制御ができない．しかし，段階的な速度制御でよい場合も多いので，工作機械，大形ポンプ，ファン用などに，簡単かつ安価な方法として広く用いられている．

なお，かご形誘導電動機の場合には回転子巻線の極数が自動的に変換されるが，巻線形誘導電動機の場合は回転子巻線も固定子巻線と同様な極数に変換する必要があ

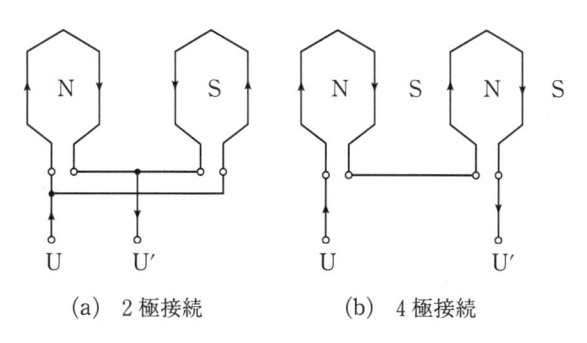

(a) 2極接続　　(b) 4極接続

図3.52 単一巻線の接続変更による極数変換原理

② 可変周波数制御法　誘導電動機を駆動する電源の周波数を変化させ,同期速度を変えることで速度制御をする方法であり,インバータなどの可変周波数電源が必要となる.

この方法の場合,式(3.3.8)で明らかなように,誘導起電力 E は周波数 f と毎極の磁束 Φ_1 に比例するので,電動機内部の磁束をほぼ一定に保つため,$E/f \fallingdotseq V_1/f$ となるように電源電圧も周波数に応じて制御すること(V/f 一定制御)が必要である.

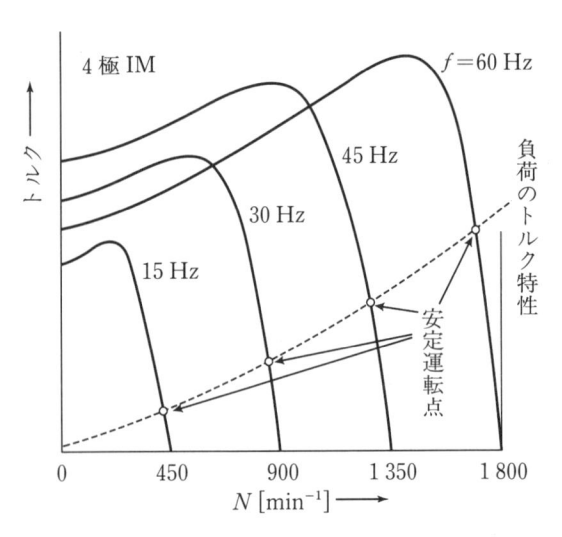

図 3.53　V/f 一定制御による連続的な速度制御

可変周波数電源として,サイリスタ,GTO,IGBT などのパワー半導体素子を用いたインバータ方式とサイクロコンバータ方式が主流であるが,大形,低速機の駆動用電源を除き,ほとんどがインバータ方式である.小・中容量のかご形誘導電動機の場合,IGBT を用いた電圧形インバータによる速度制御が一般的であり,V/f 一定制御が主流である.中・大容量のかご形誘導電動機の場合,GTO を用いたベクトル制御電圧形インバータで制御する場合が多い.

図 3.53 は V/f 一定制御した場合のトルク特性を示しているが,周波数が低くなると一次インピーダンス降下の割合が大きく,最大トルクが減少する傾向となり,図のような負荷特性の場合は円滑な速度制御が可能である.

③ 一次電圧制御法　式(3.3.29)より明らかなように,三相誘導電動機のトルクは一次相電圧 V_1 の 2 乗に比例するので,これを利用した速度制御が可能である.一般的なかご形誘導電動機の場合は速度制御範囲が非常に狭く,有効な方法ではないが,高抵抗のかご形機あるいは外部抵抗を接続した巻線形機に採用される場合がある.

電圧の制御は,サイリスタを逆並列にしたものを電源と電動機の間に接続し,サイリスタの位相角を変化させるなどの方法で行うが,高滑り領域では二次銅損が大きくなることは避けられず,小容量機で簡易的かつ連続的な速度制御を必要とする場合のみに採用される.

④ 二次抵抗制御法　この方法は,巻線形誘導電動機の場合のみであるが,二次巻線端子をスリップリングを通して外部に取り出し,それに接続した外部抵抗の値を変化させて,前述のような比例推移の原理でトルク特性を変える速度制御法である.

簡易的で,比較的安価,制御が容易などの利点から,ポンプ,送風機,クレーンなどの制御法として広く用いられるが,外部抵抗による銅損も大きいため効率が悪いこ

と，軽負荷時の速度制御範囲が極めて狭いことなどの問題もある．

この電動機の始動法同様，段階的な速度制御をする場合は金属抵抗器，連続的な速度制御をする場合は液体抵抗器を用いる．

c. 誘導電動機の制動法

制動は，所定の時間内に電動機を停止させる停止制動と，例えばエレベータを降下させるときのように一定の速度に保ちながら運転するような限速制動とに大別されるが，いずれの制動においても，負荷を含めた回転体のエネルギーを電動機が吸収しながら運転することになる．

また，負荷を含めた回転体の運動エネルギーを電気エネルギーに変換して吸収させる電気的制動法と機械的な摩擦によって吸収させる機械的制動法がある．電磁ブレーキは機械的制動法であるが，停止時に保持力が必要な場合は電気的制動法と併用されることもある．

以下，電気的制動法について概説する．

① 発電制動（直流制動）　この制動法は，運転中の誘導電動機を交流電源から開放し，直流電源を固定子巻線に加えて，それによる磁束で回転子巻線に誘導電流を流し，発生する回転子銅損として回転体の運動エネルギーを消費させる方法である．かご形機の場合にはかご形回転子そのもので消費させることになるが，巻線形機の場合には図 3.54 に示すように，外部抵抗によっても消費させることができるので制動効果も調整できる．この方法は停止制動にも限速制動にも採用される．

② 逆相制動（プラッギング）　回転中の誘導電動機の電源の3線のうち，任意の2線の接続を入れ替えて，回転磁界の回転方向を逆にして制動する方法である．電動機の回転子巻線は，電源からのエネルギーと回転体の運動エネルギーとを消費することになる．ほぼ停止状態になったとき，電源を開放しないと逆回転してしまうので，回転速度の検出器を必要とするが，急停止が可能であるので，サーボモータなどの停止制御に採用される．なお，零速度検出リレーをプラッギングリレーという．

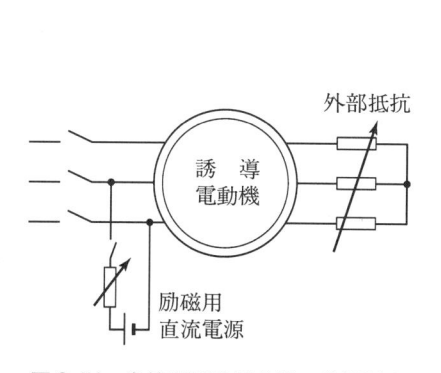

図 3.54 巻線形誘導電動機の発電制動

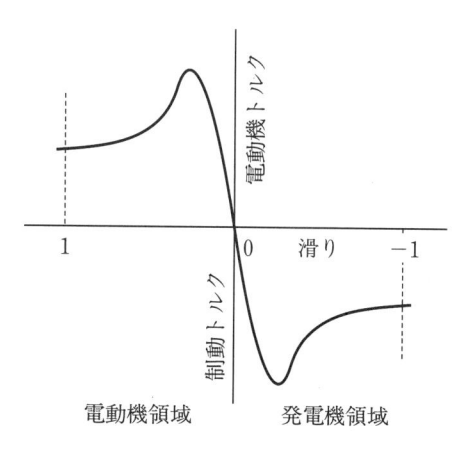

図 3.55 回生制動の原理

③ **回生制動** この方法は例えば，クレーン，エレベータなどのように重量物を降下させるとき，電動機の接続は何ら変更することなく，図 3.55 の回生制動の原理のように発電機領域で動作させて，その電力を電源に変換しながら制動する限速制動である．

回生制動は，極数切換電動機を用いてその極数を高速側から低速側に切り換えた状態，またはインバータなどにより電源周波数を下げた場合にも可能な方法であり，特に，インバータ駆動における四象限運転時に広く採用されている．

④ **渦電流制動** 例えば，直流磁界中で銅などの金属製の円盤や円筒を回転させれば，それらに発生する誘導起電力により渦電流が流れ，銅損を生じるが，この原理を応用したのが渦電流制動機（渦電流ブレーキ）である．この渦電流ブレーキを電動機の回転軸に直結させて，直流励磁電流の調整によって制動力を制御する．

3.3.5 単相誘導電動機

a. 純単相誘導電動機

単相電源で回転する誘導電動機を総称して単相誘導電動機という．単相誘導電動機は，事務機器用，家庭用，農事用などの小器具駆動用電動機としてその用途は広く，多用されており，1 kW 以下の容量のものがほとんどである．固定子に 1 組の巻線を巻いた構造のものを純単相誘導電動機と称するが，この回転原理が基本となっている．

いま，固定子に 1 組の巻線（三相誘導機の A 相巻線のみと考えてもよい）を巻き，周波数 f なる単相電源に接続した場合，f と同じ回数で正負の方向に増減する磁界，すなわち，交番磁界を発生する．この交番磁界 $\dot{\Phi}_R$ は，図 3.56 に示すように，その最大値 $\dot{\Phi}_m$ の 1/2 の大きさで正方向（時計方向と考える）と逆方向（反時計方向）とに，1 秒間に f 回，一様な速度で回転する 2 つの回転磁界（円形回転磁界という），すなわ

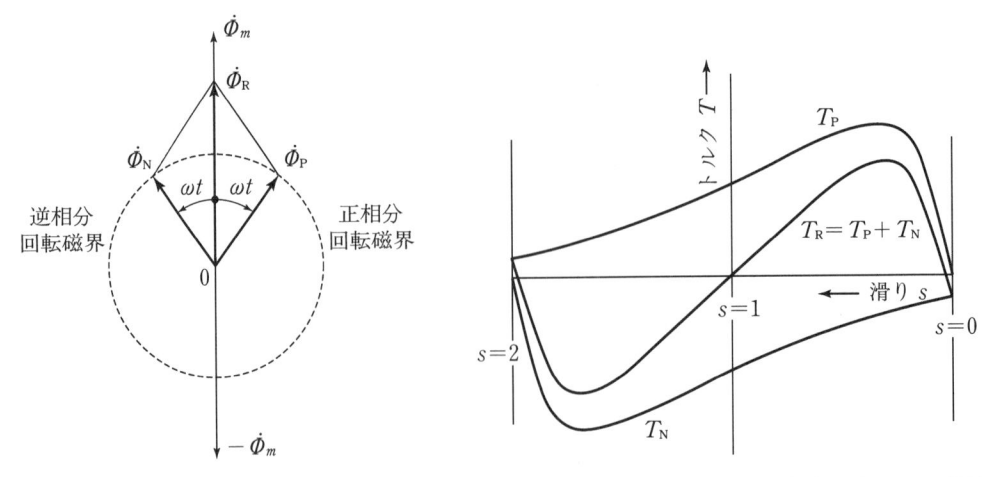

図 3.56 純単相誘導電動機の交番磁界の分解　　図 3.57 純単相誘導電動機の速度(滑り)-トルク特性

ち正相分回転磁界 $\varPhi_P$ と逆相分回転磁界 $\varPhi_N$ とに分解できる．この2つの円形回転磁界の作用は，互いに反対方向に回転する2つの三相誘導電動機が同軸上に存在することと同じ動作になると考えることができる．

したがって，純単相誘導電動機の速度-トルク特性は，図3.57のように，$\varPhi_P$ による正相分電動機のトルク T_P と逆相分電動機のトルク T_N との和である合成トルク T_R となる．この T_R は電動機の静止時，すなわち $s=1$ においてはゼロであり，始動不可能であることを意味している．しかし，何らかの方法で正方向に回転させた場合，トルクは正の値になるので加速し，負荷の要求するトルクと同じ値のトルクとなる滑りで安定運転することになる．

このように，純単相誘導電動機は何らかの方法で始動方法を工夫すれば，単相電源で容易に使用できる電動機である．

b. 各種単相誘導電動機

(1) 抵抗分相始動形誘導電動機　いま，固定子に2組の同じ巻線MとA（二相巻線）とを空間的に $\pi/2$ [rad] 隔てて巻き，それぞれの巻線に最大値が等しく，時間的にも $\pi/2$ [rad] 隔てた平衡二相交流を流せば，3.3.1b項において述べた三相誘導電動機の場合と同様に，同じ大きさをもち，相回転方向に一様な速度で回転する円形回転磁界を形成する．この場合，2組の巻線の間隔が $\pi/2$ [rad] に等しくなかったり，電流の最大値が異なっていたり，電流の位相が $\pi/2$ [rad] に等しくなかったりするなど平衡条件が崩れると円形回転磁界も崩れ，だ円回転磁界を形成する．だ円回転磁界は，大きな正相分回転磁界と小さな逆相分回転磁界の合成であるので，合成磁界は正相分と同方向に回転する磁界となり，正方向に回転するトルクを生じる．

抵抗分相始動形誘導電動機（単に，抵抗分相モータともいう）は，固定子巻線に純単相誘導電動機と同じ巻線（この場合，主巻線という）を施し，これと空間的に $\pi/2$ [rad] 隔てた位置に，別のもう一組の巻線（補助巻線）を施した構造の電動機で，だ円回転磁界を発生させて回転させるものである．補助巻線は，主巻線に対し，線径を細くして抵抗を大きくし，巻数を少なくする場合が多く，始動，加速後，電源から切り離し，純単相誘導電動機として運転する．回転数が同期速度の70～80%に達すると遠心力スイッチで補助巻線を電源から切り離す場合が多いが，主巻線の電流値を検出して，補助巻線を開放する方法も用いられている．

この電動機は，構造が簡単で，安価なことからボール盤，浅井戸ポンプ，事務機械などに用いられるが，純単相誘導電動機として運転するため，運転時に逆相分電動機の作用も残る．そのため，特性上重要となる運転効率が悪いなどの欠点があり，短時間運転用に限定される．

(2) コンデンサ始動形誘導電動機　コンデンサ始動形誘導電動機（単に，コンデンサ始動モータともいう）は，主巻線と補助巻線とを有することは抵抗分相形始動誘導電動機と同じであるが，図3.58に示すように，補助巻線の外部回路に始動用コンデンサ C_s を挿入した構造の電動機である．始動用コンデンサ容量の値を変化させる

(a) 接続図　　(b) 滑り-トルク特性

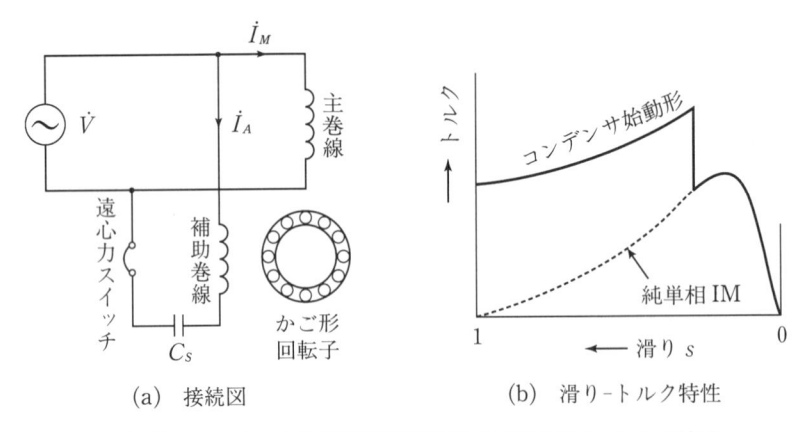

図 3.58　コンデンサ始動形誘導電動機の接続と滑り-トルク特性

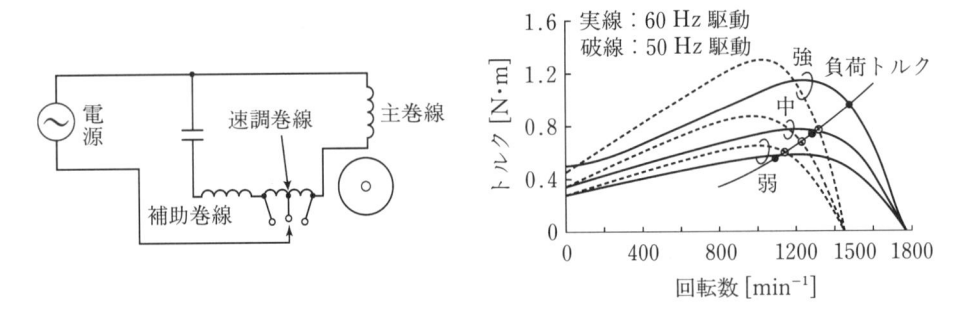

図 3.59　コンデンサ誘導電動機の簡易的速度調整法

と主巻線電流と補助巻線電流との位相差を変えることが可能であり，適当なコンデンサ容量の場合には，二相誘導電動機のような特性をもたせることも可能となり，比較的始動電流を少なくしつつ，始動トルクを大きくすることもできる．

　この電動機は，大きな始動トルクの必要なポンプ，コンプレッサ，工業用洗濯機などに用いられるが，抵抗分相始動形電動機と同じように加速後，遠心力スイッチなどによって補助巻線を開放し，純単相誘導電動機として運転するので，前述のように運転効率が悪いなどの欠点があるため，短時間運転用に限定される．

　(3)　コンデンサ誘導電動機　　固定子巻線に主巻線とほぼ同様な仕様の補助巻線を施し，始動時，運転時を通じて補助巻線を使用する単相誘導電動機をコンデンサ誘導電動機，コンデンサ運転形誘導電動機，または単にコンデンサモータともいう．この電動機のコンデンサ容量は，一般的に運転時においてほぼ円形回転磁界となるように選定するので，コンデンサ始動形電動機の場合に比べて著しく小さな値であり，したがって始動トルクは小さいが，運転時に高効率，高力率となり，最も特性が良好である．

　この電動機は，ファン，コンピュータ周辺機器，医療機器用など単相電源で常時または比較的長時間使用する場合，さらには高効率が望まれる場合など広範囲な用途に

多用されている．例えば，ファン用において3段程度の速度調整をしたい場合，図3.59に示すように，補助巻線の一部を速調巻線とし，そのタップの切換によって速度-トルク特性を変化させる簡易的な方法もあり，広く採用されている．

始動時に大きなトルクを必要とし，しかも良好な運転特性が望まれる場合は，コンデンサ始動形とコンデンサ運転形の良好な特性を生かし，補助巻線の外部回路に容量の異なる2つのコンデンサを並列に挿入し，加速後，始動用コンデンサを開放する構造の電動機をコンデンサ始動コンデンサ誘導電動機（2値コンデンサモータ）という．工作機械などに使用されるが，最も高価な単相誘導電動機となる．

(4) くま取りコイル形誘導電動機（くま取りモータ）　この電動機は，図3.60に示すように，固定子巻線を磁極鉄心に集中して巻き，さらに磁極鉄心の一部を切り取ったくま取り磁極に短絡コイル（くま取りコイル）を巻いた構造の単相誘導電動機である．

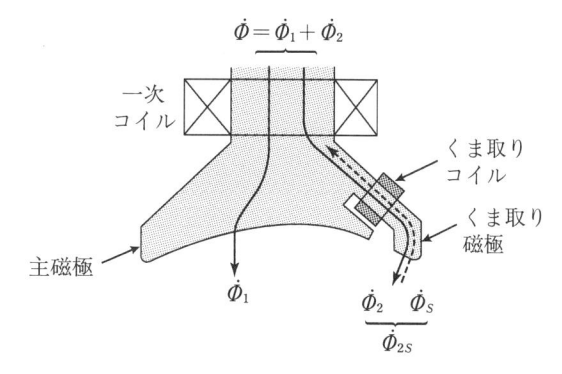

図3.60 くま取りコイル形誘導電動機の磁束の流れ

固定子巻線による磁束 $\varPhi$ のうち，くま取り磁極部分の磁束 $\varPhi_2$ の変化によってくま取りコイルに誘導起電力を発生して短絡電流が流れる．この短絡電流によって磁束 $\varPhi_s$（短絡電流と同位相で，$\varPhi_2$ より90°（$\pi/2$ [rad]）以上の位相差がある）を生じ，結局，くま取り磁極部分の磁束はそれらのベクトル和 $\varPhi_{2s}$ となり，主磁極部分の磁束 $\varPhi_1$ との位相差を有することとなる．すなわち，主磁極部分の磁束が最大となった後，ある時間遅れてくま取り磁極部分の磁束が最大となり，その最大値は異なるが最大値の位置が移動することになる．この磁界を移動磁界といい，回転子に対してはだ円回転磁界と同様な作用をすることになり，誘導電動機として回転する．

くま取りコイル形誘導電動機は，構造的に簡単で安価であるが，大きな始動トルクを得ることは難しく，25W程度の小容量のものがほとんどであり，事務機器，コンピュータ周辺機器，各種計測機器の内部冷却ファンなどとして利用される場合が多い．

〔坪井和男〕

参考文献

1) 坪井和男・百目鬼英雄：図解 小形モータ入門，オーム社(2003)
2) 松井信行編者：電気機器学，オーム社(2000)
3) エレクトリックマシーン&パワーエレクトロニクス編纂委員会：エレクトリックマシーン&パワーエレクトロニクス，森北出版(2004)
4) 電気学会規格調査会規格：JEC-2137, 誘導機，電気学会(2000)

4 小形モータ

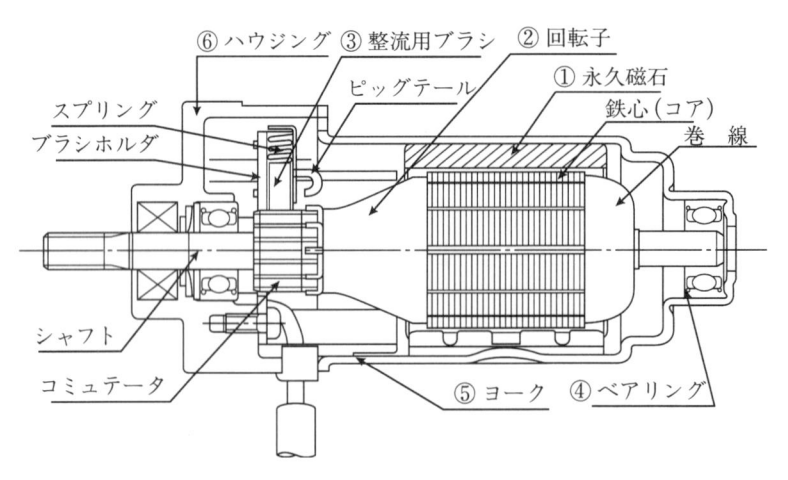

4.1 永久磁石直流機

永久磁石直流機は，簡単な構造に加え安価に製造できることから最も生産量が多く，用途も多方面にわたり効果的に活用されてきたが，各種問題も抱え，対策を必要としてきたのが現状である．以下，構造，材質，製造法，駆動・制御法，および車載用モータと対応技術について詳細に述べる．

4.1.1 構造，材質

永久磁石直流機は図4.1に示すように，主に①永久磁石（マグネット），②回転子（アーマチャ），③整流用ブラシ，④ベアリング，⑤永久磁石を保持し磁気回路をつくるヨーク，⑥整流用ブラシを保持するハウジングで構成されている．

以下，永久磁石直流機の永久磁石，回転子の構造，整流用ブラシ，その他構成品について概要を述べる．

a. 永久磁石

永久磁石は，円筒形の等方性タイプと扇形の異方性タイプがあり，異方性磁石は約10%程度磁束密度を高くできる．材質はフェライト磁石が多用されているが，最近で

図4.1 永久磁石直流機の構造

表 4.1 絶縁材の種類と許容温度

耐熱区分	許容温度	絶縁材の種類	特長	用途
A	105℃	ホルマール線	自動巻線に向く耐摩耗性	汎用モータ全般
E	120℃	ポリエステル線	判別のための着色性大	低出力モータ
B	130℃	ポリエステル線	自動巻線に向く耐摩耗性	汎用モータ全般
F	155℃	F種ポリエステルイミド線	耐熱衝撃・軟化性優れる	耐熱汎用モータ
H	180℃	H種ポリエステルイミド線	耐熱衝撃・軟化性優れる	耐熱汎用モータ
C	180℃以上	ポリイミドアミド線	耐熱性・化学性優れる	特殊耐熱モータ

はネオジウム系の高性能磁石の採用がみられ，小形・軽量化に貢献している．

b. 回転子の構造

モータの使用限界は主に自己発熱による温度で決まる．温度でダメージを受けるのは巻線の絶縁材である．モータに使われる線材を表 4.1 に示す．

鉄心 (コア) は 0.5～1.5 t の SPCC 材で渦電流損を低減するため積層構造であり，効率重視の場合はけい素鋼板や電磁鋼板などを使う．また，鉄心のないコアレスモータもある．

c. 整流用ブラシ

整流用ブラシはカーボン質と金属質に分類される．カーボン質ブラシとは炭素系の物質を主原料とし，炭素の製法により炭素黒鉛質ブラシ (小形の交流モータで電気ドリル用など)，天然黒鉛質ブラシ (オルターネータや家電用モータ)，電気黒鉛質ブラシ (汎用モータ全般) に分類される．金属質ブラシは金属 (主に銅粉) と黒鉛を主原料とした混合材で抵抗率が低く，大電流・低電圧降下の要求に適している．

d. その他構成品

ベアリングは，静粛性や小形化・高効率化要求ではボールベアリングを，低コスト化要求では鉄系や銅系焼結含油メタルが選定されている．

ヨークは，磁気回路を構成するため磁性材料で絞り性のよい SPCD-SD である．外形を樹脂化するような場合は内側に SPCC のバックヨークをもっている．

ハウジングは相手取付けの機能が大きく，加工精度が要求される部分である．材料としては熱可塑性樹脂や熱硬化性樹脂やアルミダイカストなどが多用されている．

4.1.2 製造法

製造法については生産量により自動化組付けや手組ラインでの組付けが選択される．基本的な工程は図 4.2 に示すのが一般的である．

鉄心材は SPCC 材をプレス加工，積層して使用する．シャフトに積層した鉄心を圧入し，スロット部分に絶縁用ブッシを圧入する．回転子は鉄と銅の構成でイナーシャが大きくなる，立上りの時定数が小さなモータとして鉄心をもたないコアレスモータやプリントモータがある．

コミュテータ (整流子，commutator) は銅パイプから巻線を引っかけるつめ部を外

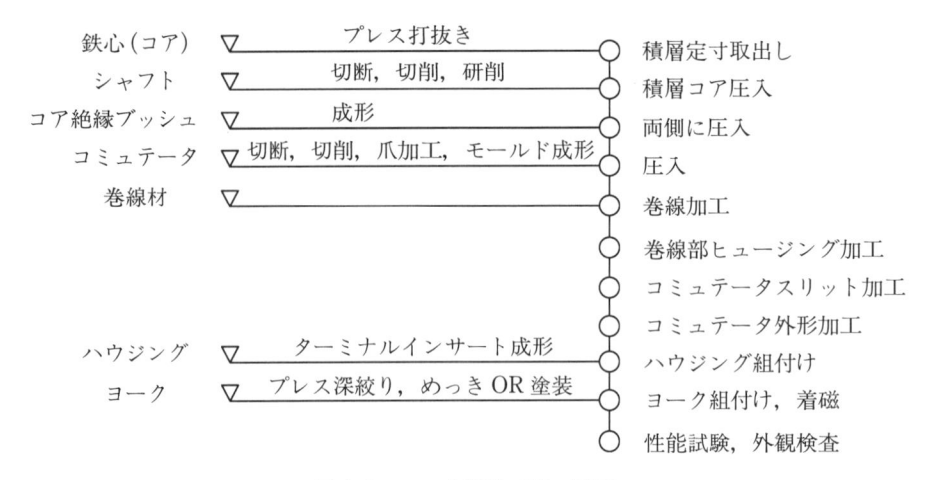

図4.2 モータ製造工程の概要

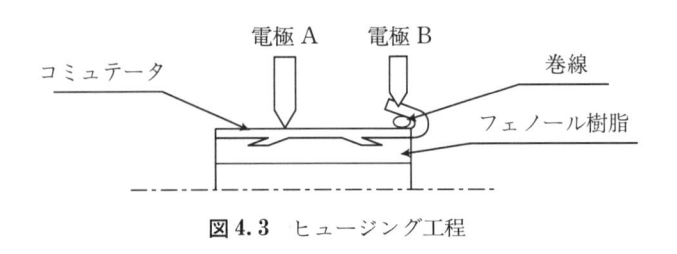

図4.3 ヒュージング工程

形に成形し，内径側には樹脂保持用のつめ加工を行い，絶縁用のフェノール樹脂などでモールドしている．小径モータではセグメントをプレスなどでつくった組立てコミュテータが一般的である．シャフトにコミュテータを圧入する．回止めには接着やシャフトにプレス加工で突出し部を設けて行う．

巻線工程ではコミュテータのつめ部に線を絡げて次々にスロットに巻いていく．巻線方法には波巻と重ね巻があるが，重ね巻が一般的である．

巻線後はコミュテータと巻線の導通をとるために，絶縁皮膜を破りコミュテータと巻線の銅どうしを溶着させる必要がある．図4.3のヒュージング工程に示すように，電極A，B間に大電流を流して，つめ部の銅が発熱し巻線とコミュテータ間の導通を確保する．

この後，スリット幅が0.5〜1.5 mmのスリット加工を行い，各セグメント間が電気的に絶縁された状態とする．次にコミュテータの外形を切削して，真円度やシャフトとの同芯度を確保するとともに，表面を鏡面状態に仕上げる．コミュテータの表面状況やセグメント間の段差などはブラシの摩耗につながる（ブラシの摩耗は機械的な摩耗は少なく，火花による電気的な摩耗が支配的である）ので，経験的に数値化して管理する必要がある．

回転子が完成したらハウジングに組み付けて永久磁石の付いたヨークを組付け，永久磁石に着磁する．組付け後に着磁を行うのは，組付け時に回転子が吸引されて永久

磁石のかどなどが破損して，使用中にロックしてしまうといった不具合を防ぐためである．

完成品は顧客の指定する定格点の出力や回転数および電流値，無負荷時の回転数や電流値を計測して合否判定を行う．

4.1.3　駆動・制御法

永久磁石直流機は，コミュテータを使って巻線に流れる電流の向きを切り替えて回転する．駆動・制御法としては速度制御，回転方向制御，停止制御に分けられる．

a.　速度制御

永久磁石直流機の速度制御には電圧制御と回転子の導体数制御がある．電圧制御で入力側の電圧を変化させることで，図4.4に示したように出力と回転数が変化して制御ができる．

例えば，負荷が一定の場合は基準電圧ではA点で運転しており，$1/n$の基準電圧になった場合はB点での運転になる．ファンのような負荷の場合は，負荷特性曲線とモータの特性の交点C点が動作点となる．

自動車用の駆動・制御に面白い方法がある．以下，自動車用に採用されている制御法を表4.2にまとめ，これについて述べる．

① 抵抗制御　　抵抗制御は抵抗を直列に入れることで，モータに印加される電圧を下げて低回転化を行う方法である．何種類かの抵抗を使えば多段制御も可能である．この制御はコスト的に安くできる利点があるが，難点は抵抗が熱損失を発生して効率が低下してしまうことである．

自動車用ではエアコンファンモータやラジエータの電動ファンモータなどで多く採用されており，抵抗の発熱はファンの風により冷却されて好都合である．

② 直並列制御　　直並列制御は同じような用途に2個のモータが使われた場合に可能であり，配線の切替だけで可能な簡便な方法で，現在も自動車用の電動ファン用モータとコンデンサー冷却ファンモータで多く採用されている制御法である．

③ PWM制御　　PWM (pulse width modulation) 制御はモータに供給する電圧

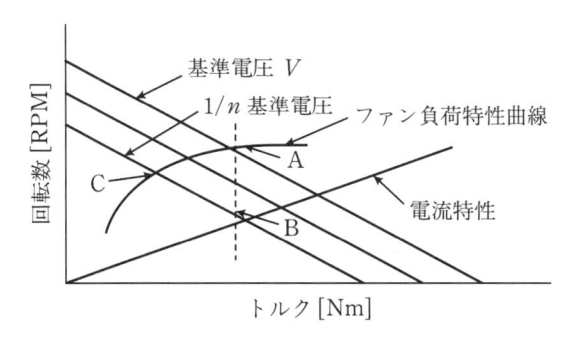

図4.4　永久磁石直流機の特性

を高い周波数(15 kHz以上が一般的)で，図4.5の回路図に示すようにオンとオフの時間割合を変えることで，モータに供給する平均電圧を制御する．

　高い周波数で制御することでオフしている時間は短く，モータは慣性で回転し電流は還流ダイオードを通して流れるため，モータはトルクを発生している．図4.6に示すように平均電圧で駆動した場合と同様になり，電圧をオン・オフしてもモータは滑らかな回転が可能である．

　自動車用途においても表4.2でみるように採用が拡大している．きめ細かく滑らかな制御が求められる用途に適している．

　半導体部品の低コスト化の動向から自動車の電子化が進展している．一方では，自

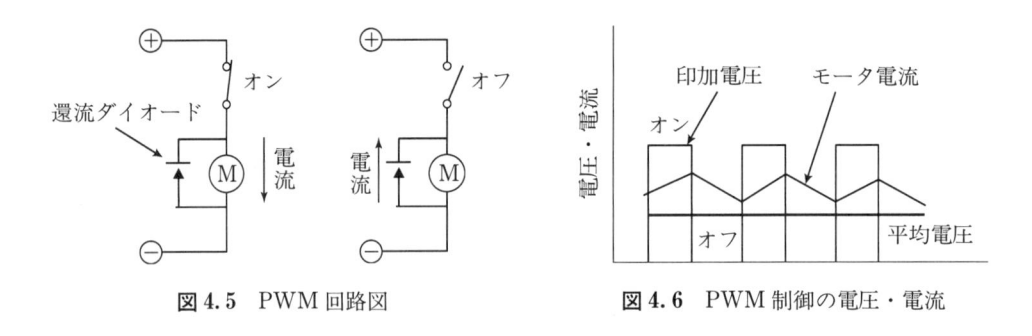

図 4.5 PWM 回路図　　**図 4.6** PWM 制御の電圧・電流

表 4.2 永久磁石直流機の速度制御法

制御方法		原理図		主な実施例
電圧制御	① 抵抗制御	定格スピード	低速スピード / 抵抗追加で多段制御が可能	自動車用ブロワモータ 自動車用ファンモータ
	② 直並列制御	定格スピード	低速スピード / 2段制御	自動車用ファンモータ
	③ PWM制御	定格スピード	変速制御時 / 無段制御	自動車用パワステモータ 自動車用ブロワモータ 自動車用ファンモータ 自動車用ワイパモータ
導体数制御	④ サードブラシ制御	ロースピード	ハイスピード / 2段制御	自動車用ワイパモータ

動車用のモータの採用は，従来のパワーを出すだけの用途から，状況によりアシスト量が変化する用途や，モータの作動が運転者の操作に違和感を生じないような用途にも採用されるようになってきた．

PWM制御は無段階に制御が可能であり，緻密な制御が可能であることから運転者をアシストするような用途に採用が拡大してきている．また，従来は有段制御を行っていた用途にもPWM制御の採用が拡大してきている．多くの場合，可聴域の騒音を防ぐ目的から，15 kHz以上の周波数で制御している．

④ サードブラシ制御　サードブラシ制御は第三のブラシをもつことで速度を切り替える方式で，自動車用ワイパが長い間採用している．通常はロースピード（定格回転）で使用するが，大雨などで視界確保のため速度をあげたい場合には，第3のブラシに切り替えることで回転子の内部並列回路が減少（導体数が減少）して，速度があがり，ハイスピード作動が可能となる．この制御は，法規制でロー，ハイの速度差がある回数以上であることと規定されていることから，機械式の制御法がスタートし現在も続いている．しかし，最近ではPWM制御を採用した車両もみられる．

b. 回転方向制御

永久磁石直流機は回転方向の切替が最も単純である．電流の流れる方向によって回転方向が決まるため，プラスとマイナスを入れ替えるだけで回転方向が切り替わる．ここで注意が必要な点は，ブラシの位置が機械的中性点にある場合は，左右回転の回転数やトルクがほぼ等しくなるが，モータによっては使用条件からブラシ位置を電気的中性点にシフトしてあるものもあり，この場合は左右回転で特性が大きく変わることになる．

c. 停止制御

永久磁石直流機は電流を遮断した後は，回転子のイナーシャで回転を続けゆっくり停止する．定位置で停止したい用途の場合にはスイッチを切った後に，モータの両端子を短絡して発電制動をかけて停止させることが可能である．さらに瞬時に停止したい場合は回転子のイナーシャをできるだけ小さくする必要があり，構造のところで述べたコアレスモータが非常に有効である．

4.1.4　車載用モータと対応技術

永久磁石直流機は低コストと駆動・制御が簡単であることから，自動車の「走る」，「曲がる」，「止まる」の各種用途に採用されてきた．現在では60個程度が装着される高級車もあり，今後も拡大採用されると予測される．以下，主な用途別に要求される項目を列記する．

a. 用途別要求項目

(1)　エンジン制御用　最近では電子スロットルと呼ばれる車両が増えているが，これには厳しい温度環境や耐振性を要求される．また，スロットル弁のリターンスプリングで戻されることから，内部のフリクションをできるだけ下げる必要がある．

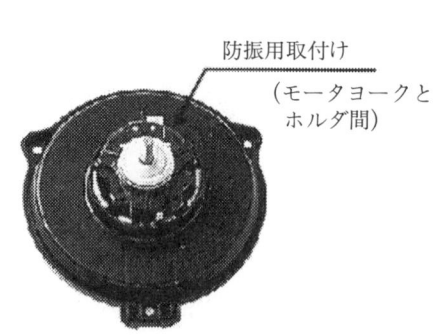

図 4.7 エアコン用ファンモータ　　　　**図 4.8** ワイパモータ

(2) 駆動系制御用　　最近は小形車にも電動パワーステアリングが装着され，燃費改善に貢献している．パワステ用はハンドルから回される場合は低フリクション・低コギングトルクが要求され，アシスト状態では自分が回るため低トルクリプルが要求される．また，装着場所がドライバに近くステアリングを常時手で握っていることから低騒音・低振動が要求される．

(3) エアコン用ファンモータ　　オートエアコン車が拡大しファンモータは常時作動状態にある．車室内に装着されエアコン吹出し口がドライバの耳に近いことから，低騒音が要求され後述する低騒音化技術で対応している．図 4.7 にエアコン用ファンモータを示す．

(4) 冷却用ファンモータ　　搭載スペースの関係から薄形高出力を要求される．一方では雨や洗車の関係から防水性の要求もある．また，営業用車両では冷却用ファンが長時間回されることから長寿命化の対応も必要である．

(5) ボディ系モータ　　搭載スペースの関係から小形・軽量であることが求められている．また，低騒音・低振動であることも重要である．図 4.8 にワイパモータを示す．

b. 対応技術

前述した用途にみたように，車載用モータに要求される主な事項は小形化，軽量化，低騒音化である．以下，これらに対応する技術について述べる．

(1) 小形化技術　　小形化は，永久磁石の高性能化，巻線占積率の向上，磁気回路の最適化や軸受の低摩擦化などの技術を積み重ねて実現している．減速機などを用いる用途では，高回転化して高減速化するなどの工夫もなされている．

(2) 軽量化技術　　当然，小形化技術が軽量化にもつながるが，磁気回路の最適化や材料などの見直しで樹脂化したり，薄肉化して軽量化することなど細かな改善を積み重ねて達成している．

(3) 低騒音化技術　　モータから発生する音は図 4.9 にみるような種類がある．

① ブラシしゅう動音：ブラシがしゅう動しているときに発生する振動による音．ブラシに起因する音にはいろいろな種類があり，コミュテータとのしゅう動音などは

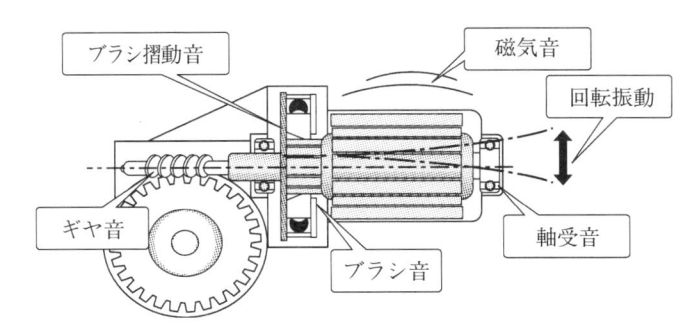

図 4.9 主なモータ騒音発生場所

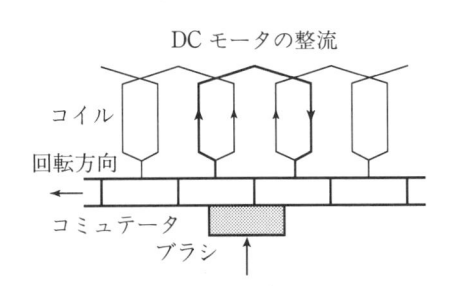

整流方程式

$$V = (R_1 + R_2 + R_c)I_c + L_c\frac{dI_c}{dt} - (R_1 - R_2)I + E_c$$

$$0 = (R_1 + R_2 + R)I + L\frac{dI}{dt} - (R_1 - R_2)I_c + E$$

V：電源電圧，E_c：主コイル誘起電圧，I_c：主電流，
E：整流コイル誘起電圧，I：整流電流，
L, L_c：整流コイルと主コイルのインダクタンス，
R, R_c：整流コイルと主コイルの抵抗，
R_1, R_2：ブラシ・コミュテータ間の接触抵抗．

図 4.10 整流方程式の導出
整流状況から整流の等価回路をつくり，整流方程式を導出して解析を実施している．

ブラシ材質やしゅう動面の面粗度などの関係から実機で確認して対応をとる．

② ブラシ音：ブラシが振動して発生する音．ブラシがホルダの中で暴れて振動音となるので，ブラシに側圧をかけて振動を防ぐような対応をとる．

③ 磁気音：磁束が切り替わるときに起きる鉄心・ヨークの微振動による音．この音の対策としては，鉄心のスキューや永久磁石端面のカットなどにより磁気変化が急激に起きないようにする．また，ヨークが磁気変化で振動するような場合もあり，図 4.10 に示すように整流時の等価回路から整流方程式を導出して磁気・振動解析で確認しながら対応をとる．

④ ギヤ音：歯車の噛合いが変動することによるたたき音．歯車の精度向上や軸間距離の精度向上を図ることで対応をとる．

⑤ 軸受音：軸の回転振動が軸受をたたく音．軸の振れを低減したり，回転子の動バランスをとることによって対応をとる．

⑥ 共振音：取付部などに伝達する振動による音．取付部の剛性アップや防振構造の採用によって対応をとる．

c. 解析と探索

上記のような振動・騒音の発生場所を特定するために，まず現象把握が重要であり，イコライザなどで目星をつけ，定常音や準定常音については図 4.11 にみるような方法で解析を行っている．非定常音の探査は，以下の方法では困難である．

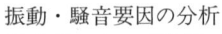

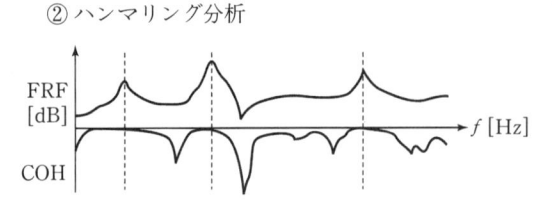

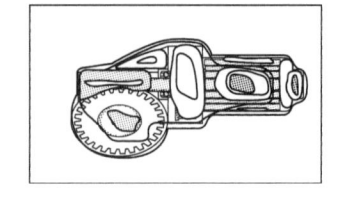

図 4.11 振動騒音の解析実施状況

(1) 振動・騒音要因の分析(FFTアナライザによる分析)

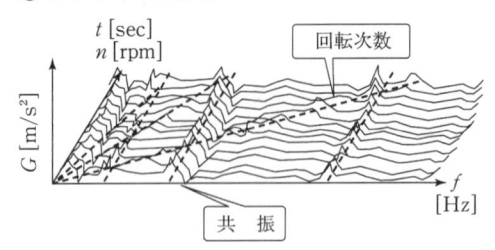

① トラッキング分析：回転数に起因する振動であるか共振による振動であるかの判定を行うのに有効な方法である．

② ハンマリング分析：共振である場合にどこの部位の共振であるかを見つけるのに有効な方法である．

(2) 音源・振源の探索

① 音源探索：放射音の音圧分布から音源を探索する方法で，サウンドインテンシティを用いて行う方法である．しかし，メッシュの大きさから小形のものには不向きである．

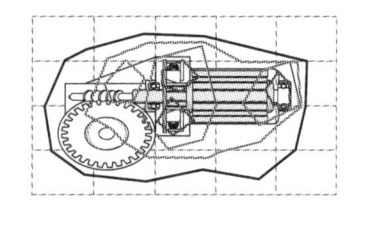

② 振源探査：表面の振動レベルを測定して振源を探査する方法で，バイブレーションパターンイメージャを用いて行う方法である． 〔中山征夫〕

4.2 永久磁石同期モータ

同期機に関する基本事項は 3.1 節で詳しく説明しているので，本節ではこれら同期機のうち，特に永久磁石を使用した同期モータである永久磁石同期モータについて述べる．このモータは，直流ブラシ付モータのブラシとコミュテータ(整流子)を，半導体のスイッチング素子で置き換えたモータであり，一般的にブラシレスモータと呼ばれる場合が多い．永久磁石同期モータの原形となったこの直流ブラシ付モータの歴史は，1831年のファラデーの電磁誘導の発見にまでさかのぼる．この直流ブラシ付モータの基本構造は，界磁用の永久磁石が固定子であり，巻線を施された電機子が回転子(ロータ)となる構成で，電機子が回転する構造となる．一方，本節で述べる永

4.2 永久磁石同期モータ

表 4.3 直流ブラシ付モータと永久磁石同期モータ(ブラシレスモータ)の構造

	直流ブラシ付モータ	永久磁石同期モータ	
		インナロータ形	アウタロータ形
構造	(図)	(図)	(図)
回路	一定速／可変速 (図)	(図)	

久磁石同期モータは，ブラシとコミュテータの機械的整流作用を半導体のスイッチング素子で置き換えるため，永久磁石が回転子となるのが一般的な構造になる．表 4.3 に両者の構造上の違いを示す．

　直流ブラシ付モータの最大の利点は，電圧に比例して回転速度が変化するため制御性が非常によく，また起動トルクが大きいという点にあるが，ブラシとコミュテータが機械的に接触して電流を切り替えるため，摩耗により性能が劣化するという致命的な欠点を有する．しかし，半導体技術の進展により，ブラシとコミュテータによる機械的接触を半導体のスイッチング素子で置き換えることが可能となったため，永久磁石同期モータは，別名ブラシレスモータと呼ばれるその名の通り，機械的整流作用によるブラシとコミュテータの摩耗による機械寿命，あるいは摩耗粉による品質的な問題などがなくなるという画期的な利点をもつことが可能となった．一方，機械的整流作用を半導体のスイッチング作用で置き換えるため，基本的には永久磁石回転子の磁極の位置を検出する検出器(位置センサ)が必要となり，また，半導体のスイッチング作用を制御するインバータも必要となる．しかし，モータを使用する側にとっては，ブラシがないことやインバータを使用するので簡単に速度制御ができることなどの利点が大きく，近年この永久磁石同期モータが多くの分野で多く利用されてきている．その結果，モータの構造面，制御面でも技術的に大きく発展してきている．以下，基本特性式，モータの構造，駆動方法について述べる．

表 4.4 駆動方式の分類

項目	相数	1φ 半波	1φ 全波	2φ 半波	2φ 全波	3φ 半波	3φ 全波	4φ 半波	4φ 全波
コイル結線と通電方向		(図)	(図)	(図)	(図)	(図)	(図)	(図)	(図)
巻線誘起電圧(発生トルク)		(波形)	(波形)	(波形)	(波形)	(波形)	(波形)	(波形)	(波形)
位置センサの数		1	1	1	2	3	3	2	4
パワートランジスタの数		1	4	2	8	3	6	4	4
特徴		・トルク脈動 大 ・構造最も簡単 ・起動トルク0区間あり ・体積効率 悪い	・トルク脈動 大 ・起動トルク0点あり ・構造簡単	・同左	・トルク0点なし ・トルク脈動 小 ・体積効率やや悪い	・パワトラ数 大 ・トルク脈動 小	・トルク脈動 小 ・体積効率やや悪い ・構造比較的簡単	・体積効率 最良 トルク脈動 最小	・2φ全波より体積効率悪 ・トルク脈動 小
主な用途		・ファン(車載用など)		・小形ファン 機器組込用ファン(冷却用ファンモータ)	・音響機器	・音響機器 ・ファン	・パワー用 ソーラポンプ ・ACサーボ ・音響機器(高級D,Dモータ) ・エアコンファン	・音響機器	

4.2.1 基本特性式

永久磁石同期モータは，永久磁石による磁束と巻線に流される電流との相互作用により回転力を発生する，いわゆる iBl 則によりトルクを発生させる．表 4.4 に駆動方式の違いによる永久磁石同期モータの代表的な分類を示す．主としてインバータ部のコストから，家電用モータ，産業用FAサーボモータでは三相全波駆動が使用され，OA機器用モータでは二相駆動方式が使われる場合が多かった．近年，半導体技術の進展により駆動回路が安価に製作可能となったため，永久磁石同期モータの駆動方式としては三相全波駆動が主流になってきており，以下，三相全波駆動を例にとり説明する．

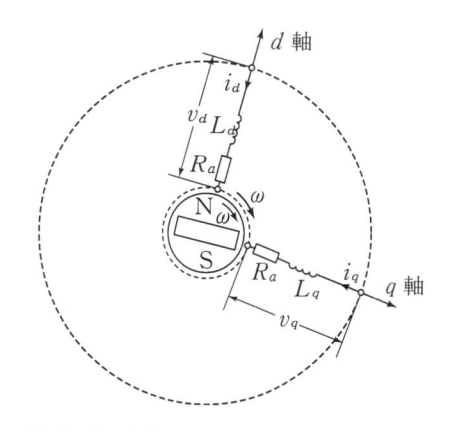

図 4.12 永久磁石同期モータの d-q 変換モデル

三相全波駆動する永久磁石同期モータの種類としては，永久磁石による磁束波形により，台形波着磁モータと正弦波着磁モータの2種類に分類される．永久磁石による磁束波形の違いとは，永久磁石で構成されたロータの回転によりステータ巻線に誘起する誘起電圧波形の形の違いで，誘起電圧波形が台形波の台形波着磁モータと誘起電圧波形が正弦波の正弦波着磁モータの2種類に分類している．本来，正弦波着磁のモータに正弦波の電流を入力するのが理想であるが，瞬時最大トルクが大きいことなどを要求される場合は，永久磁石による磁束を最大限有効利用したいため，台形波着磁モータを利用することがある．その場合には，出力トルクおよびトルク脈動の観点から台形波着磁モータには台形波の電流波形を入力するのがよい．この台形波着磁モータの特性を正確に評価するためには，台形波をフーリエ級数展開し，高調波成分まで考慮する必要がある．しかし，基本性能の評価は基本波のみを評価することで可能であるため，以下，三相正弦波着磁モータの基本特性式を用いて説明する．三相永久磁石同期モータを d-q 変換した二極の基本モデルを図 4.12 に示す．永久磁石のN極の向きを d 軸に定め，これより $\pi/2$ 進んだ方向に q 軸をとっている．U相巻線を基準に，時計回りに d 軸の進み角 θ をとると，電機子自己インダクタンス，相互インダクタンス，および永久磁石の電機子鎖交磁束は以下の式で表される．

$$\left.\begin{aligned} L_\mathrm{u} &= l_a + L_a - L_{as}\cos 2\theta \\ L_\mathrm{v} &= l_a + L_a - L_{as}\cos\left(2\theta + \frac{2}{3}\pi\right) \\ L_\mathrm{w} &= l_a + L_a - L_{as}\cos\left(2\theta - \frac{2}{3}\pi\right) \end{aligned}\right\} \quad (4.2.1)$$

$$
\left.\begin{aligned}
M_{uv} &= -L_a - \frac{1}{2}L_{as}\cos\left(2\theta - \frac{2}{3}\pi\right) \\
M_{vw} &= -L_a - \frac{1}{2}L_{as}\cos 2\theta \\
M_{wu} &= -L_a - \frac{1}{2}L_{as}\cos\left(2\theta + \frac{2}{3}\pi\right)
\end{aligned}\right\} \quad (4.2.2)
$$

$$
\left.\begin{aligned}
\psi_{fu} &= \psi_f \cos\theta \\
\psi_{fv} &= \psi_f \cos\left(\theta - \frac{2}{3}\pi\right) \\
\psi_{fw} &= \psi_f \cos\left(\theta + \frac{2}{3}\pi\right)
\end{aligned}\right\} \quad (4.2.3)
$$

これから，永久磁石同期モータの電圧方程式は式(4.2.4)で表現される．

$$
\begin{bmatrix} u_u \\ u_v \\ u_w \end{bmatrix} = \begin{bmatrix} R_a+pL_u & pM_{uv} & pM_{wu} \\ pM_{uv} & R_a+pL_v & pM_{vw} \\ pM_{wu} & pM_{vw} & R_a+pL_w \end{bmatrix} \begin{bmatrix} i_u \\ i_v \\ i_w \end{bmatrix} - \begin{bmatrix} \omega\psi_f \sin\theta \\ \omega\psi_f \sin\left(\theta - \frac{2}{3}\pi\right) \\ \omega\psi_f \sin\left(\theta + \frac{2}{3}\pi\right) \end{bmatrix} \quad (4.2.4)
$$

ただし，L_u, L_v, L_w：各相の自己インダクタンス，l_a：1相当たりの漏れインダクタンス，L_a：1相当たりの有効インダクタンスの平均値，L_{as}：1相当たりの有効インダクタンスの振幅，M_{uv}, M_{vw}, M_{wu}：相間の相互インダクタンス，$\psi_{fu}, \psi_{fv}, \psi_{fw}$：各相の永久磁石の電機子鎖交磁束，$\theta = \omega t$：$d$軸のU相からの進み角，$\omega$：電気角速度，$\psi_f$：1相当たりの永久磁石による電機子鎖交磁束の最大値，$v_u, v_v, v_w, i_u, i_v, i_w$：各相の電機子電圧と電機子電流，$p=d/dt$：微分演算子，$R_a$：電機子巻線抵抗．

三相座標系からd,q軸座標系に変換する変換行列は式(4.2.5)となる．

$$
C = \sqrt{\frac{2}{3}} \begin{bmatrix} \cos\theta & \cos\left(\theta - \frac{2}{3}\pi\right) & \cos\left(\theta + \frac{2}{3}\pi\right) \\ -\sin\theta & -\cos\left(\theta - \frac{2}{3}\pi\right) & -\sin\left(\theta + \frac{2}{3}\pi\right) \end{bmatrix} \quad (4.2.5)
$$

この変換行列を使用して，式(4.2.4)の基本電圧方程式を電気角速度ωで回転するd,q軸座標系に変換した永久磁石同期モータの基本電圧方程式は式(4.2.6)となる．

$$
\begin{bmatrix} v_d \\ v_q \end{bmatrix} = \begin{bmatrix} R_a+pL_d & -\omega L_q \\ \omega L_d & R_a+pL_q \end{bmatrix} \begin{bmatrix} i_d \\ i_q \end{bmatrix} + \begin{bmatrix} 0 \\ \omega\psi_a \end{bmatrix} \quad (4.2.6)
$$

ただし，$\psi_a = \sqrt{3/2}\,\psi_f = \sqrt{3}\,\psi_e$，$\psi_e$：永久磁石による電機子鎖交磁束の実効値，$v_d, v_q, i_d, i_q$：電機子電圧の$d,q$軸成分および電機子電流の$d,q$軸成分，$L_d = l_a + (3/2)(L_a - L_{as})$：$d$軸インダクタンス，$L_q = l_a + (3/2)(L_a + L_{as})$：$q$

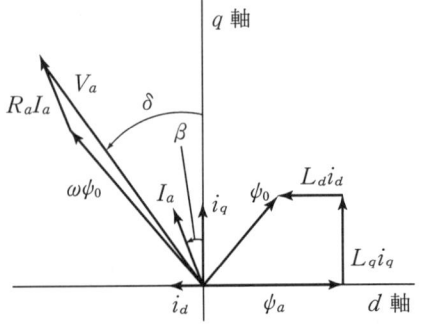

図 4.13 定常運転時の基本ベクトル図

軸インダクタンス．

図 4.13 に永久磁石同期モータの定常運転時のベクトル図を示す．

極対数 P_n の場合の永久磁石同期モータのトルクは，電流ベクトルの大きさ $I_a(=|i_a|)$ と位相 β を用いて式 (4.2.7) で表現できる．

$$T = P_n \left\{ \psi_a I_a \cos\beta + \frac{1}{2}(L_q - L_d)I_a^2 \sin 2\beta \right\} \tag{4.2.7}$$

トルク式の右辺第一項が永久磁石の磁束により発生するマグネットトルクであり，第二項がロータの突極性によって生じるインダクタンスの違いで発生するリラクタンストルクを表している[1~3]．

4.2.2　モータ構造

a.　表面磁石同期モータと埋込磁石同期モータ

従来，永久磁石同期モータの設計においては，制御の面から電流とトルクの直線性を優先させ，インダクタンスの変化を可能な限り小さく設計するのが一般的であった．いわゆる表面磁石同期モータと呼ばれる，永久磁石をロータ表面に貼り付けたモータである．ロータは鉄あるいは樹脂で構成され，円筒形状で突極性がない形状になっている．永久磁石はリング形状あるいは正弦波着磁モータを構成するため，かまぼこ形状になっているものなど様々であるが，永久磁石の透磁率は空気に近いため，どのような形状であってもロータ表面に配置されていれば突極性をもつことはない．

しかし，式 (4.2.7) より明らかなように，電流の有効利用という観点からは，$L_d >$

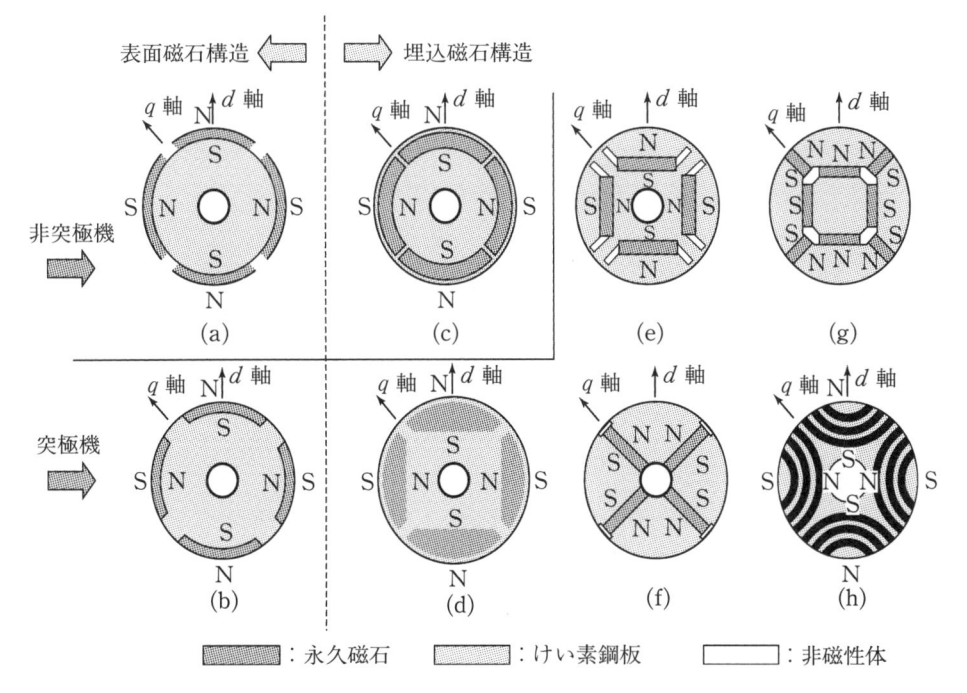

図 4.14　永久磁石同期モータのロータ構造

L_qの逆突極性をもたせたモータ構造にしてリラクタンストルクを利用する方が有利であり，近年この突極性を積極的に利用したモータの開発が活発になってきている．リラクタンストルクの有効利用はモータのロータ構造に大きく依存する．図4.14に代表的なロータ構造を示す．永久磁石をロータ表面に貼り付けた構造であれば，巻線側からみたインダクタンスの変化は小さいが，内部に埋め込むことで，永久磁石が巻線によって発生する磁束の流れを妨げる効果が発生し，ロータを回転させるとインダクタンスが大きく変化する．リラクタンストルクを積極的に利用するモータは，この効果を有効利用したモータであり，様々な構造のロータが考案されており，埋込磁石同期モータ (IPMSM; interior permanent magnet synchronous motor) と呼ばれている．図4.15にIPMSMの電流位相と出力トルクの関係を示す．また，図4.14のベクトル図から明らかなように，IPMSMは負のd軸電流によりd軸電機子反作用磁束が永久磁石の磁束を減じさせる方向に働くため，永久磁石の不可逆減磁に対する注意が必要である．一方，保磁力が大きく減磁特性に有利な磁石を利用し，積極的に負のd軸電流を流すことで総合電機子鎖交磁束を減少させ，高速回転域での誘起電圧の上昇を抑え，定出力範囲を拡大することも可能となる．巻線界磁の直流モータでは，界磁電流を少なくする弱め界磁が一般的に利用されているが，永久磁石同期モータでは，負のd軸電流による弱め界磁方式が用いられている．

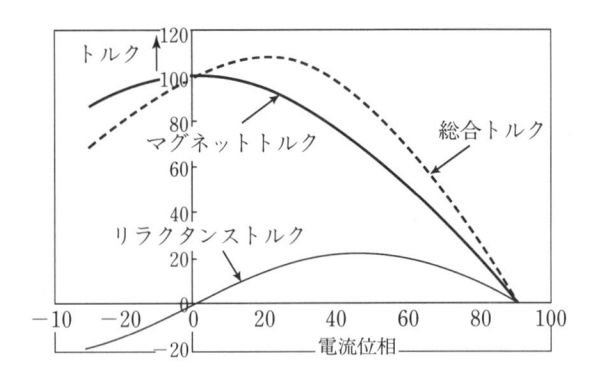

図4.15 電流位相と出力トルクの関係

b. ラジアルギャップ形とアキシャルギャップ形

前項では基本トルク式から導かれるロータ構造の違いによる永久磁石同期モータの分類を示した．一方，ステータとロータの構成からも様々な構造の永久磁石同期モータが考えられている．図4.14に示したロータをステータの内側に構成するインナーロータ構造，逆にロータをステータの外側に構成するアウターロータ構造に分類される．これらのモータは回転軸のラジアル方向にエアギャップ部を有することから，ラジアルギャップモータとも呼ばれる．一方，図4.16に回転軸のアキシャル方向にエアギャップを有するアキシャルギャップモータの構造図を示す．図4.17に，アキシャルギャップ形のコイルの例を示す．図4.18，4.19に示すラジアルギャップ形のステータ巻線とは大きく異なり，プリント基板上に平面状に巻線を構成している．

c. 巻線方式

永久磁石同期モータの巻線方式としては，図4.20，4.21に示す分布巻線方式と図4.22，4.23に示す集中巻線方式に分類される．分布巻線方式とはその名の通り，多

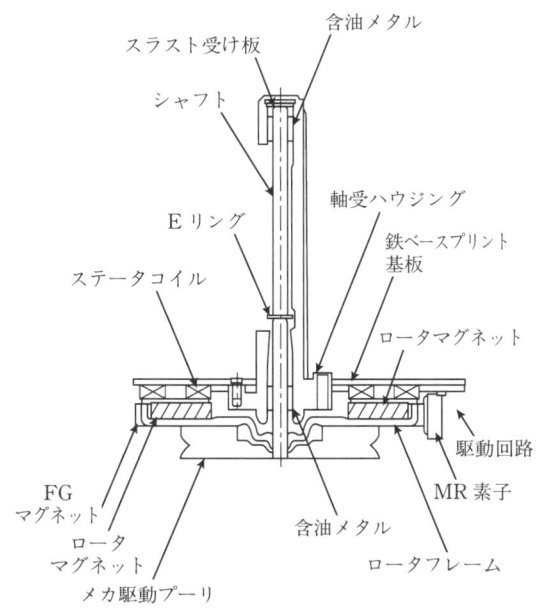

図 4.16 アキシャルギャップ形の構造図

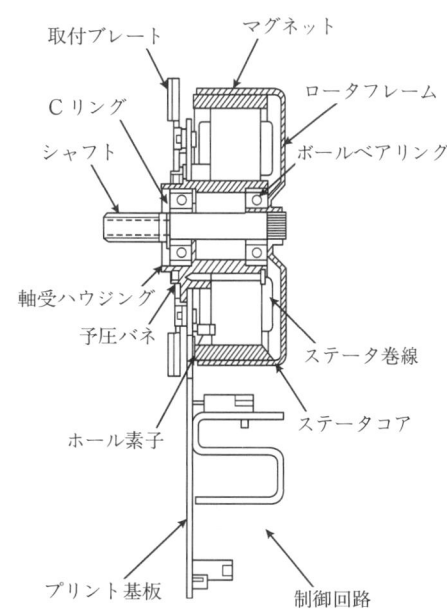

図 4.18 ラジアルギャップ形の構造図

図 4.17 プリントコイル

図 4.19 アウターロータ形のステータ巻線

数のステータ歯をもったステータに3相分の巻線を分布して巻線することで，巻線に流される電流によってエアギャップに発生する磁束分布を正弦波状にする巻線方式であり，一般的なインダクションモータの巻線方式である．この巻線方式は，エアギャップに発生する磁束分布が正弦波状になる有利さがある反面，巻線が複雑になり各巻線のコイルエンド部が交錯し，図4.20に示すようにコイルエンド部が大きくなり銅損が大きくなってしまう．一方，集中巻線方式は，1つのステータ歯に集中して巻線を巻く方式であり，図4.22に示すように，巻線どうしのコイルエンド部での干渉がなくなり，コイルエンド部も大幅に小さく構成できる．しかし，ロータとステータの極数の組合せによっては，図4.24と図4.25の磁束分布から明らかなように，磁束分布が対称形状にならない現象が生じる．これは，モータ運転時の振動，騒音の原因となりやすい．しかし，コイルエンド部が小さく巻線の無駄が少なくなるため，最

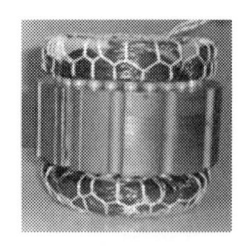

図 4.20　分布巻線方式のステータ

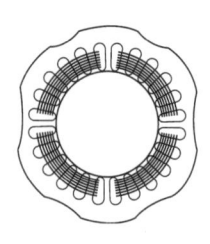

図 4.21　分布巻線

図 4.22　集中巻線方式のステータ

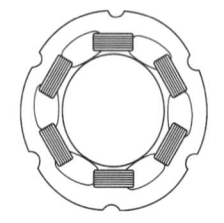

図 4.23　集中巻線

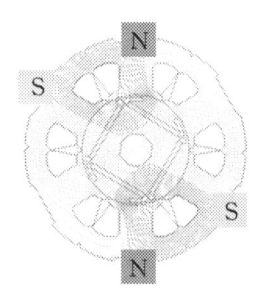

図 4.24　分布巻モータの磁束分布

図 4.25　集中巻モータの磁束分布

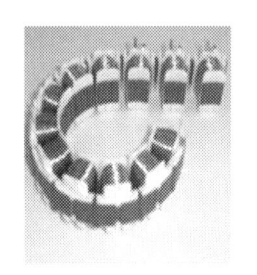

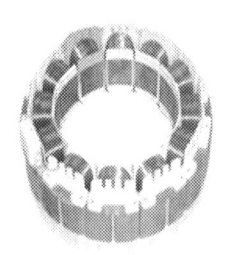

図 4.26　集中巻分割コア

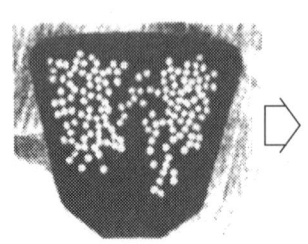

(a) 一体ステータの場合　　(b) 分割ステータの場合

図 4.27　巻線の占積率の比較

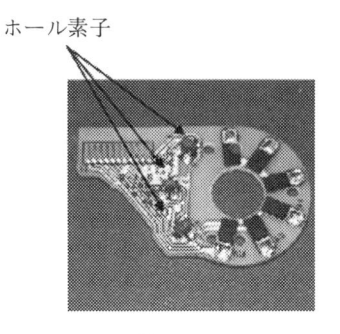

図 4.28　ホール素子の実装例[4~7]

近では図 4.26 に示すようにステータ歯をバラバラに分割して巻線し，その後組み立てる工法が考案され，図 4.27 に示すように従来のステータ一体形の巻線工法に比較して，ステータスロット部の巻線の占積率が大幅に向上してきている．

d. 位置センサ

永久磁石同期モータは，永久磁石の位置がわからなければ回転させることができないため，基本的には何らかの位置センサが必要になる．ホール素子，ホールIC，各種エンコーダ，レゾルバなど様々なものが利用されており，詳細は 2 章を参照されたい．図 4.28 に，ホール素子の実装例としてアウタロータ形永久磁石同期モータを例に示す[4~7]．

4.2.3　駆動方法

永久磁石同期モータの駆動方式としては，巻線に流す電流波形により，大きく矩形波駆動と正弦波駆動に分類される．モータの出力トルクは電流と磁束の積で求められるので，磁束の形，すなわち巻線に誘起される誘起電圧の波形が台形波であれば矩形波の電流で駆動させ，正弦波であれば正弦波電流で駆動させるのが，出力トルク，トルクリプルの面からは最も有利である．矩形波駆動としては，一般的な 120°通電に加え 150°などの広角通電の方式がある．正弦波駆動は電流を電気角 180°分すべてに通電するので，別名 180°通電方式とも呼ばれる．両駆動方式とも基本は，位置センサの信号から各相に流す電流のタイミングを決定する．位置センサとしては，2.3 節で詳しく述べたように各種センサがあるが，どの方式も永久磁石の極の位置を検出することで，巻線各相に流す電流の形と通電タイミングを決定している．図 4.29 に，ホール素子を利用した位置検出器での駆動タイミングチャートを示す．図 4.30 は，三相インバータの構成例である．図 4.31 には，3 つの位置センサから得られた信号から，通電パターンを決めている様子を矩形波駆動，正弦波駆動で示す．正弦波駆動は，位置センサからの信号を補完して正弦波を作成している．

一方，モータの使用環境によっては，この位置センサが利用できない場合があり，位置センサを用いない位置センサレス駆動方式も多種考案されている．この方式で

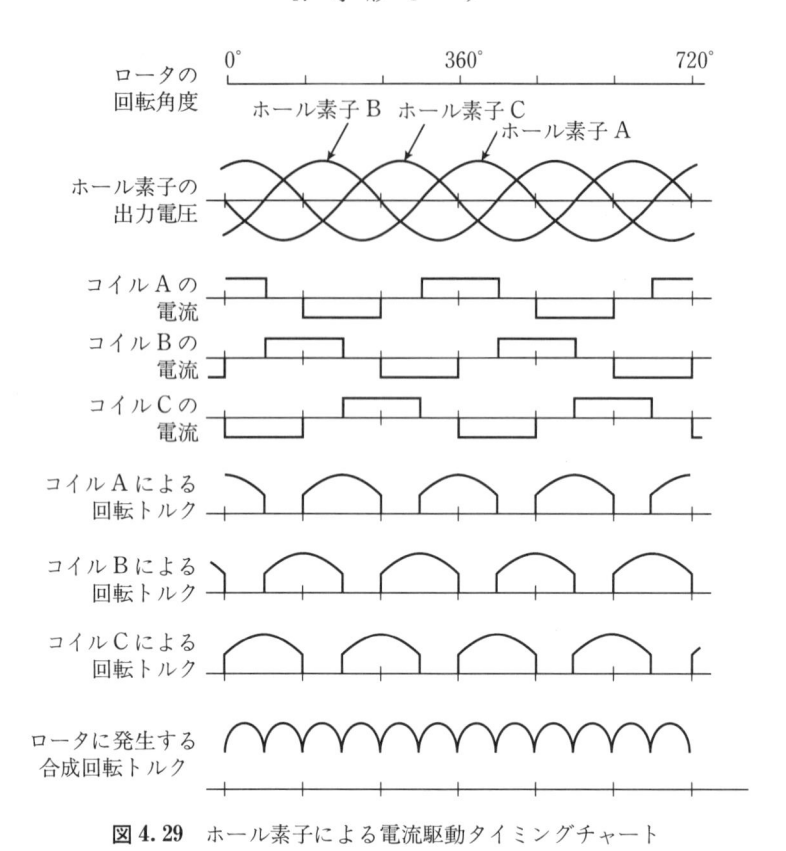

図4.29 ホール素子による電流駆動タイミングチャート

図4.30 三相インバータ回路

は，磁極の位置を機械的なセンサではなく，電流センサなどから得られる情報をモータのモデル式に当てはめ，磁極の位置を推定するのが主流である．機械的な位置情報ではないことから，推定精度が正確であることが要求されるため，様々な推定方式が

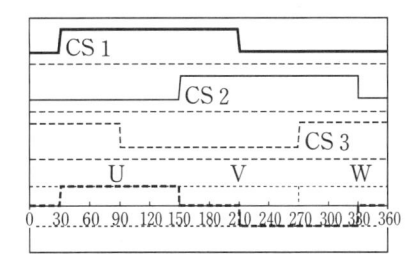

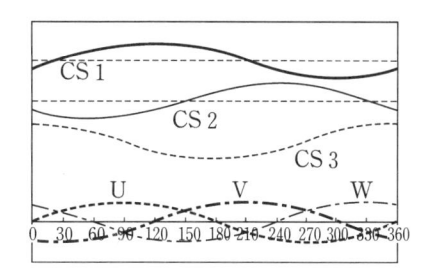

(a) 120°通電矩形波駆動　　(b) 180°通電正弦波駆動

図 4.31　位置センサの信号と通電パターン

提案されている．詳しくは 6.5 節を参照されたい．

以上，永久磁石同期モータの基本事項を述べた．永久磁石同期モータは，それを構成する要素部品である永久磁石，位置センサ，軸受，巻線，駆動方式の高性能化に伴い大きく変化してきており，また永久磁石同期モータが使用されるアプリケーションの進展によっても大きく変化している．個々の技術の詳細は本章他節の説明を参照されたい．いずれにしても，永久磁石同期モータは，構造面，制御面を含め今後とも大きく発展する可能性を秘めたモータの一つである[8,9]．　　〔本田幸夫〕

参考文献

1) モータ技術実用ハンドブック編集委員会編：モータ技術実用ハンドブック，日刊工業新聞社 (2001)
2) 武田洋次・松井信行・森本茂雄・本田幸夫：埋込磁石同期モータの設計と制御，オーム社 (2001)
3) 武田洋次・松井信行：永久磁石同期電動機とその制御技術の進歩，電気学会誌，**119**, 8/9, pp. 503-504 (1999)
   Y. TAKEDA, N. Matsui : Progress in permanent magnet motors and control, *T. IEE. Japan*, Vol. 119, No. 8/9, pp. 503-504 (1999)
4) 長竹和夫編著：家電用モータ・インバータ技術，日刊工業新聞社 (2002)
5) 見城尚志・永守重信：新ブラシレスモータ，総合電子出版 (2000)
6) 本田幸夫：モータが拓く豊かな未来，松下テクニカルジャーナル，**51**, 1, pp. 6-8 (2005-2)
   Y. Honda : Motor open up a rich future, *Matsushita Tecnical Journal*, Vol. 51, No. 1, pp. 6-8 (2005-2)
7) 松井信行・武田洋次：見直されてきたリラクタンス系モータ，電学論 D, **118**, 6, pp. 685-690 (1998)
   N. Matsui and Y. Takeda : Reluctance motors-state-of-the-art, *T. IEE Japan*, Vol. 118-D, No. 6, pp. 685-690 (1998)
8) 制御用電磁アクチュエータの駆動システム調査専門委員会：制御用電磁アクチュエータの駆動システム，電学技報，614 (1996)
9) J. R. Hendershot Jr. and T. J. E. Miller : Design of Brushless Permanent-Magnet Motors, Magna Physics Publications/Oxford Science Publications, New York (1994)

4.3 リラクタンスモータ

4.3.1 分類と基本構造

リラクタンスモータ (reluctance motor, 以下 RM と略記) とは, ギャップ面上での不均一な磁気抵抗 (リラクタンス) により生じるリラクタンストルクを利用した同期機である. 原理的には古い歴史をもつが, ここでは半導体電力変換器と回転子位置検出器が組み合わされて, 近年実用されている形態としての RM を紹介する.

表 4.5 に RM の分類と基本構造を示す. スイッチトリラクタンスモータ (switched reluctance motor, 以下 SRM と略記) は, 固定子/回転子鉄心ともにギャップ面上で不均一な磁気抵抗, すなわち磁気異方性をもつ突極構造を有し, 固定子鉄心突極にのみ集中巻巻線が施されたものを指す[1]. 互いに向き合う突極の巻線は同一方向に起磁力を生じるように磁気的かつ電気的に直列接続され, 1相の巻線を形成する. SRM と同じ鉄心形状のまま, 集中巻巻線を短節巻の分布巻巻線と捉え, 全節巻に置き換えたものが全節巻 RM (fully-pitched winding reluctance motor) である[2]. 一方, ほぼ均一な磁気抵抗をもつ多スロット円筒形鉄心に分布巻巻線を施した誘導機と同構造の固定子に対し, 磁気異方性をもつ突極構造の回転子を組み合わせたものがシンクロナスリラクタンスモータ (synchronous reluctance motor, 以下 SynRM と略記) である[1,3].

SRM, SynRM ともにリラクタンストルクを回転力とする点では同じだが, 固定子構造の違いからその電磁的な性質は全く趣を異にする. SRM の場合, 各相巻線の起磁力はおのおのが巻かれた固定子突極とそのギャップ面に主に作用する. 巻線起磁力によって発生した磁束が流れやすくなるように, 回転子突極が固定子突極に揃おうとする際にリラクタンストルクが発生する. したがって, トルクを効率的に発生させるためには, 回転子突極との位置関係に応じて各相巻線への通電を順次間欠的に切り

表 4.5 リラクタンスモータの分類と基本構造

項目＼分類	SRM	全節巻 RM	SynRM
固定子構造			
回転子構造			

替えて運転しなければならない．switched reluctance の呼称はこの運転操作に由来するもので，基本的にモータ各部の磁束分布も間欠的に変化する．SynRM の場合，前述のように固定子構造が誘導機と全く同じであり，その果たすべき役割も，同じく各相巻線を三相対称正弦波通電して回転磁界を発生させる．回転磁界方向に磁束が流れやすくなるように，磁気異方性をもつ回転子が引き寄せられることでリラクタンストルクを生じ，回転磁界に対し同期回転する．この結果，固定子側の磁束分布は連続的に変化し，回転子側はほぼ変化せず一定の磁束分布となる．この電磁的性質の差を考慮し，以下では SRM/全節巻 RM と SynRM に分けておのおのを説明する．

4.3.2 SRM/全節巻 RM
a. 構造
表 4.5 の SRM ならびに全節巻 RM はともに，三相で固定子 6 極，回転子 4 極の構成である．これを三相 6/4 極と表記すれば，SRM の場合，三相 6/4 極，同 12/8 極，四相 8/6 極がその代表的な構成として用いられている．駆動回路の簡素化・高機能化という点から，二相 4/2 極も用いられることがある[1,4]．全節巻 RM の場合，SRM に比べて取り扱った文献数が少ないが，後述するように従来の交流機と同じく三相インバータ駆動への適性を有することから，三相 6/4 極や同 12/8 極が主に用いられている[2,5,6]．

突極の極形状については，その特長である堅牢さ，鋼板の打抜きの容易さ，集中巻カセットコイルによる製造性向上の観点から，固定子/回転子突極ともに表 4.5 のストレート形状が一般的である．極開角，極の長さとヨーク厚のバランスが主な設計パラメータとなり，電流密度やターン数を含め，最大トルクや最大出力など目標性能に応じて最適設計する．例外として，運転音低減を目的に 1 極おきに極開角の異なるスタガ回転子構造を採用した報告[7]や回転子突極内に空隙穴を設けた報告[8]がある．二相機については，そのままでは起動トルクが全く得られない回転子位置，すなわちトルクのデッドゾーンが存在して始動不能となるので，デッドゾーンを排除するために回転子突極先端にステップドギャップもしくはそれに類似した構造をもつ回転子が採用される[1]．

b. SRM のトルク発生原理
トルク発生原理の説明に際して重要となる突極完全非対向/対向状態，回転子の機械的な位置変位に対する巻線インダクタンスの空間分布の概念図をみたものが表 4.6 である．

同表に示すように SRM における突極完全非対向状態とは，通電された巻線（ここでは一例として a 相巻線）をもつ固定子突極中心に回転子突極間中心（凹部中央）が一致した状態を指す．このとき，a 相巻線起磁力からみた磁気回路の磁気抵抗は最大となり，磁束が最も流れにくい．逆に突極完全対向状態とは，a 相巻線をもつ固定子突極中心に回転子突極中心が一致した状態を指し，磁気回路の磁気抵抗が最小で磁束が

表 4.6 SRM と全節 RM のインダクタンス分布

分類　　項目	SRM	全節巻 RM
完全非対向状態 ($\theta_m = -45°$ or $45°$)		
完全対向状態 ($\theta_m = 0°$)		
インダクタンス空間分布		

最も流れやすい．このことから，突極完全非対向-完全対向間の回転子位置変位に応じて，磁気回路の磁気抵抗が変化することは容易に理解できよう．磁気抵抗を回転子位置 θ_m の関数として $\mathcal{R}(\theta_m)$ と表記し，1相当たりのターン数を N とすれば，a相巻線の自己インダクタンス L_a は，

$$L_a(\theta_m) = \frac{N^2}{\mathcal{R}(\theta_m)} \tag{4.3.1}$$

となる．この結果，自己インダクタンスは回転子位置に対して表 4.6 最下部に示すような空間分布形状をもつ．一方，a相巻線通電によりb相あるいはc相巻線へ鎖交する磁束数は，構造の対称性からほぼゼロとなるため，相互インダクタンスは一般に無視できる．

磁束が最も流れにくい突極完全非対向状態でa相巻線を通電すると，磁束が最も流れやすい突極完全対向状態へと回転子突極が移動することは容易に推察できよう．このときに働く力がリラクタンストルクである．モータを含む電磁エネルギー変換機器の可動部分に働く力（トルク）は，その変位中での磁気回路の蓄積磁気エネルギーの変化量，換言すれば磁気随伴エネルギーの変化量に等しいことから，SRM におけるリラクタンストルク式を以下のように導出できる．

a相巻線における磁気随伴エネルギー W'_{ma} は一般に次式で記せる．

$$W'_{ma} = \int \lambda_a \, di_a \tag{4.3.2}$$

ここで，λ_a：a相巻線の磁束鎖交数，i_a：巻線電流である．通常，鉄心の非線形磁気

特性により，磁束鎖交数 λ_a は回転子位置 θ_m ならびに巻線電流 i_a に対する非線形関数となるが，ここでは基本駆動方式の簡単な説明に主眼をおいて，磁気飽和を無視した線形磁気回路で考える．a相巻線のみを通電しているので，自己インダクタンス L_a を用いて磁束鎖交数 λ_a は，

$$\lambda_a = L_a i_a \tag{4.3.3}$$

となり，式(4.3.3)を式(4.3.2)へ代入して磁気随伴エネルギー W'_{ma} を得る．

$$W'_{ma} = \frac{1}{2} i_a^2 L_a \tag{4.3.4}$$

回転子に働くトルク τ は，次式の回転子位置の変位に対する磁気随伴エネルギーの変化量で与えられる．

$$\tau = \frac{\partial W'_{ma}}{\partial \theta_m} \tag{4.3.5}$$

式(4.3.4)を式(4.3.5)に代入して，SRMのリラクタンストルク式を次式で得る．

$$\tau = \frac{1}{2} i_a^2 \frac{\partial L_a}{\partial \theta_m} \tag{4.3.6}$$

式(4.3.6)からSRMの基本駆動方式は，回転子位置変位に対する自己インダクタンスの空間分布の傾きが正となる区間に通電すればよいことがわかる．また，発生トルクは電流の極性に一切関係しない点も従来の交流機とは全く異なる特徴といえよう．

c. SRMの一般的な駆動回路と制御法[1]

表4.6で時計方向を正回転方向として，基本駆動方式を最も単純に反映した三相

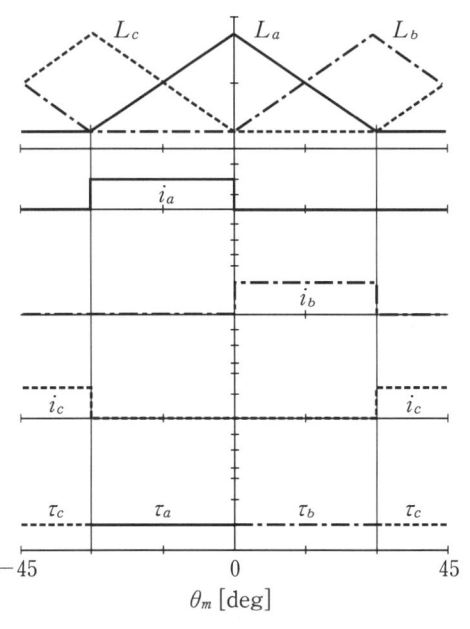

図 4.32 三相6/4極SRMの通電パターン 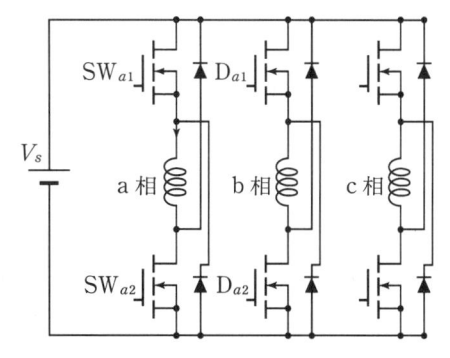　　**図 4.33** 三相SRM駆動用非対称H-ブリッジ回路

6/4極SRMの通電パターンを図4.32に示す．回転子位置変位に対して自己インダクタンスの空間分布が正勾配をもつ区間に対応させて，各相通電を順次切り替える．モータ全体としての発生トルクは，

$$\tau = \frac{1}{2}i_a^2\frac{\partial L_a}{\partial \theta_m} + \frac{1}{2}i_b^2\frac{\partial L_b}{\partial \theta_m} + \frac{1}{2}i_c^2\frac{\partial L_c}{\partial \theta_m} = \tau_a + \tau_b + \tau_c \tag{4.3.7}$$

となり，図4.32最下部に示すように回転子位置変位に対して連続的な一定トルクを得る．ここで，各相の通電期間がオーバラップしないことに注意されたい．このため，SRMでは各相独立に電流制御が可能な駆動回路が必要で，発生トルクが電流極性に依存しない点を利用して，図4.33に示す非対称H-ブリッジ回路がユニポーラ電流駆動回路として一般に用いられる．回路動作は極めて簡単で，図内a相巻線を例に説明すると，①SW_{a1}, SW_{a2}の2つのスイッチを同時にオンする正電圧印加モード，その後，②a相巻線に電流が流れている状態（$i_a>0$）からSW_{a1}をオフして電源を介さずに，巻線-SW_{a2}-D_{a2}のループで電流を還流させる零電圧モード，③SW_{a1},

(a) パルス電流制御

(b) 電圧PWM制御

(c) シングルパルス制御

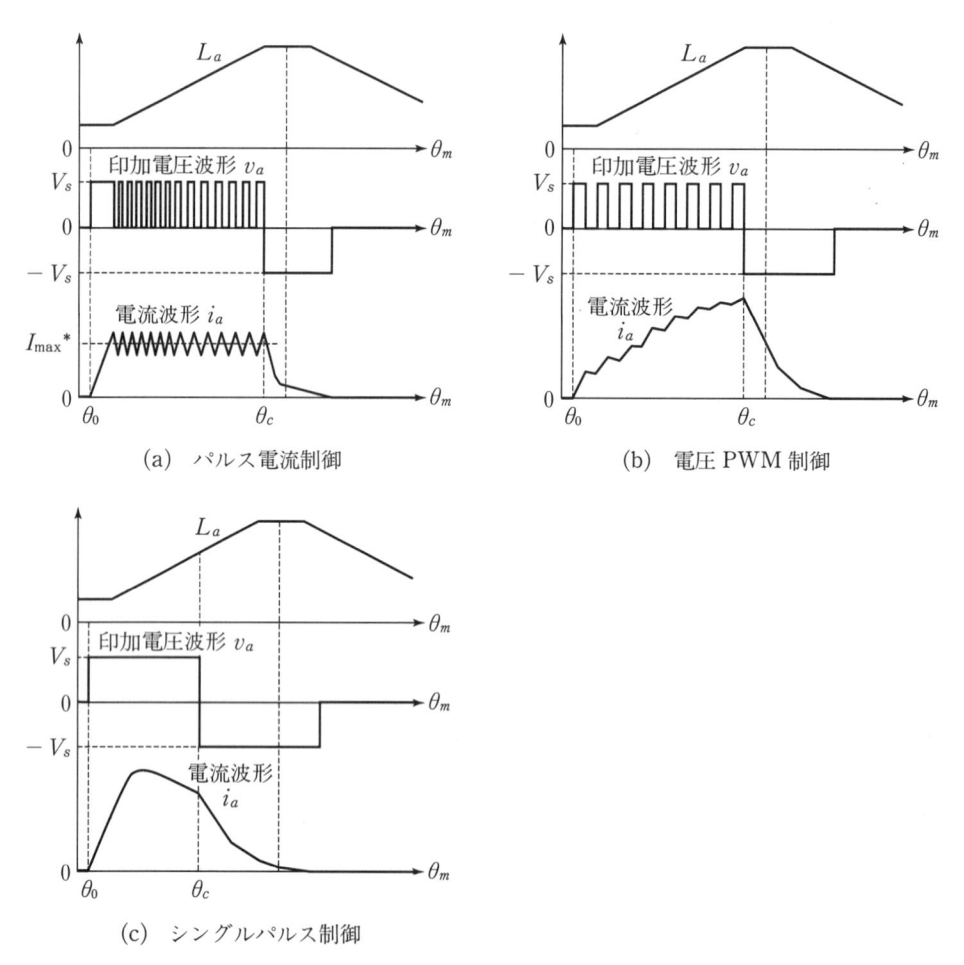

図4.34　各制御方式における印加電圧波形と電流波形

SW_{a2} をともにオフして D_{a1}, D_{a2} を介して巻線の磁気エネルギーを電源へ戻す逆電圧印加モードの3モードとなる.

図4.33の駆動回路のもとで,運転条件に応じて調整される印加電圧波形および電流波形をみたものが図4.34である.図4.34(a)は,図4.32に示したトップフラットの電流波形を供給するパルス電流制御を示している.ターンオン角(turn-on angle)と呼ばれる突極完全非対向近傍の回転子位置 θ_0 から,正電圧印加モードにより電流を立ち上げる.転流角(commutation angle)と呼ばれる突極完全対向前の回転子位置 θ_c から,逆電圧印加モードで電流を立ち下げる.θ_0-θ_c 間では,所望のトルクに対応する電流波高値指令 I_{max}* を実現すべく,ヒステリシス制御などによって電流値が調整される.主に低・中速度域でトルクを比較的精度よく制御するために用いる.図4.34(b)は電圧PWM制御を示す.電流の立上げ,立下げはパルス電流制御と全く同じで,θ_0-θ_c 間では過電流に至らない範囲の一定デューティ比を与え,等幅PWMにより電圧を制御する.電流マイナーループをもたない120°通電形ブラシレスDCモータの制御と同じく,電流の瞬時値を制御する目的での電流検出器は不要である.低・中速度域でのトルク管理精度を必要としない用途で,低速度から高速度域の制御に対応する.図4.34(c)はシングルパルス制御と呼ばれ,θ_0, θ_c のみを調整して制御を行う.通常は,電圧PWM制御でデューティ比が100%に達する高速度域での制御に用いるが,駆動回路の電源電圧値が調整可能な場合には,シングルパルス制御で低速度から高速度域もカバーできる.

d. 全節巻RMのトルク発生原理と通電パターン

SRMとの比較対照をかねて,全節巻RMの突極完全非対向/対向状態,巻線インダクタンスの空間分布の概念図を表4.6にあわせて示している.SRMとのトルク発生原理の違いは,全節巻RMの場合,1相の巻線のみではなく,2相を同時に通電してリラクタンストルクを得る点に集約される.

表4.6に示すように全節巻RMにおける突極完全非対向状態とは,同一電流値で通電した2相の巻線(図ではSRMとの対比のため,b相,c相巻線としている)がつくる合成巻線起磁力方向の固定子突極中心に,回転子突極間中心が一致した状態を指す.合成巻線起磁力方向は,SRMにおけるa相巻線起磁力方向と全く同じで,SRMと同様に磁気回路の磁気抵抗が最大で磁束が最も流れにくい状態となる.合成巻線起磁力に着目する点を除けば,完全対向状態もSRMと同じ定義となる.2相の巻線の合成起磁力に対する磁気回路の磁気抵抗の変化を個々の巻線でみた場合,回転子位置に対する相互インダクタンスの変化となる.一方,自己インダクタンスは回転子位置によらずほぼ一定となる.各インダクタンスと磁気抵抗の物理的な対応関係については割愛するが,詳細は文献5)を参照されたい.

突極完全非対向状態でb,c相巻線に同一電流通電すると,完全対向状態へと回転子突極が変位してリラクタンストルクを生じる.SRMと同様に,変位中の磁気随伴エネルギーの変化量から全節巻RMにおけるリラクタンストルク式を導出すると最

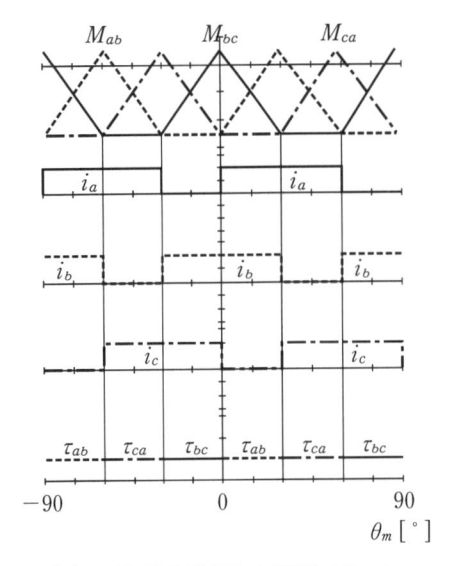

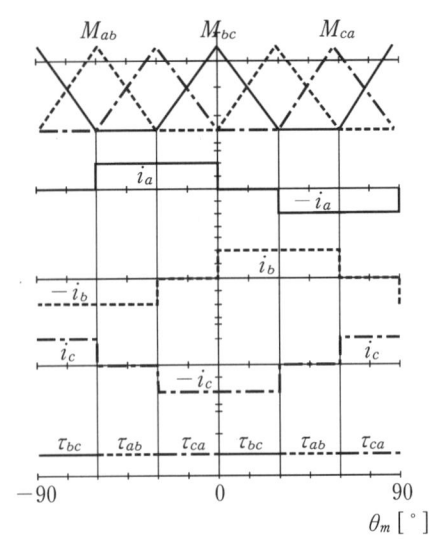

(a) 正勾配を利用した通電パターン

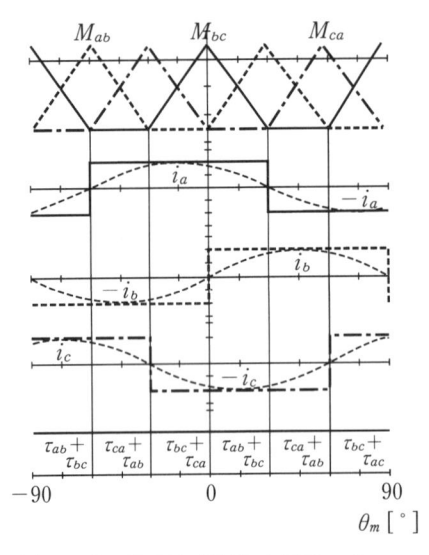

(b) 負勾配を利用した通電パターン

(c) 正負両勾配を利用した通電パターン

図 4.35 三相 6/4 極全節巻 RM の各種電流パターン

終的に次式を得る.

$$\tau = i_b i_c \frac{\partial M_{bc}}{\partial \theta_m} \tag{4.3.8}$$

式 (4.3.8) から全節巻 RM の基本駆動方式は, 相互インダクタンスの空間分布が回転子位置変位に対して正勾配あるいは負勾配をもつ区間に, 対応する 2 相の巻線電流の積が正あるいは負となるように通電すればよいこととなる.

三相 6/4 極全節巻 RM を対象に, 基本駆動方式にしたがって考えられる通電パ

ターンをみたものが図 4.35 である．図 4.35 (a) は，表 4.6 の通電状態をそのまま 3 相分に拡張した通電パターンで，回転子位置に対する相互インダクタンスの正勾配区間に対応させて 2 相の巻線をともに正に通電し，通電相を順次切り替える．モータ全体としての発生トルクは

$$\tau = i_a i_b \frac{\partial M_{ab}}{\partial \theta_m} + i_b i_c \frac{\partial M_{bc}}{\partial \theta_m} + i_c i_a \frac{\partial M_{ca}}{\partial \theta_m} = \tau_{ab} + \tau_{bc} + \tau_{ca} \qquad (4.3.9)$$

となり，回転子位置変位に対して連続的に一定トルクを得る．この通電パターンは SRM の駆動法と双対をなすもので，非対称 H-ブリッジ回路をユニポーラ電流駆動回路として用いる．図 4.35 (b) は，回転子位置に対する相互インダクタンスの負勾配区間を利用した通電パターンである．同時に通電する 2 相を異極性に通電して，その電流積が負となるようにする．この通電パターンは，120°通電形ブラシレス DC モータと全く同じで，三相 Y 結線-三相インバータが適用できる．図 4.35 (c) は，正負両勾配区間を利用した通電パターンである．図内最下部に示すように，図 4.35 (a), (b) の通電パターンに比べ，電流振幅同一のもとで 2 倍のトルクを得る．この通電パターンから，図内破線で示す三相対称正弦波通電パターンも適用可能で，トルク/銅損比の観点からも，ユニポーラ電流駆動に比べ三相 Y 結線-三相インバータによるバイポーラ電流駆動に好適なモータといえよう．

e. 位置センサレス制御例

SRM/全節巻 RM ともに，トルク最大および出力最大運転やトルク/銅損比，モータ効率改善などの観点から，通電タイミングの管理が重要となる．この目的で，回転子位置センサを必要とするが，本質的に低コスト用途指向のモータであるため，位置センサレス制御が実用上の必須技術課題となる．これに対し，現在までに提案された手法の中から 2 つを紹介する[9,10]．

図 4.36 (a) は，文献 9) で提案されている位置推定原理の概念図である．突極のオーバラップ開始角 θ_x（極形状から幾何学的に決まる）より始まるインダクタンス変化に伴い，電圧 PWM 制御のもとでの電流勾配極性が変化する特性を用いて位置情

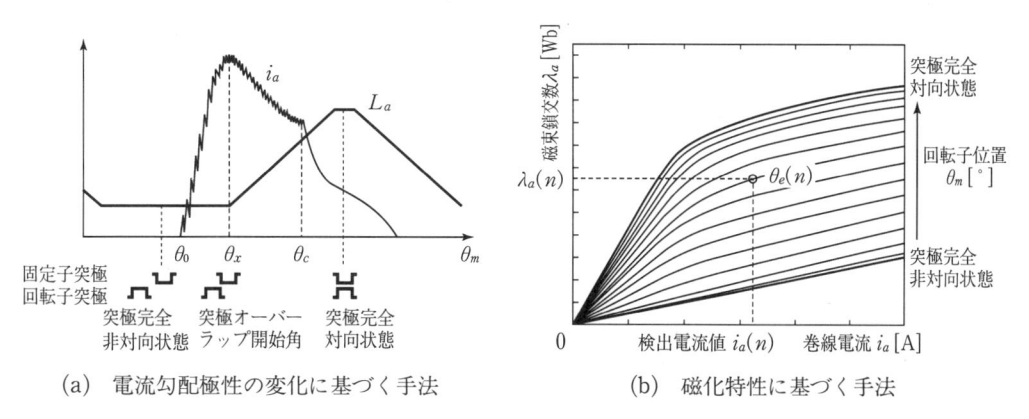

(a) 電流勾配極性の変化に基づく手法

(b) 磁化特性に基づく手法

図 4.36 SRM の各種位置推定原理の概念図

報を得る．磁気飽和の影響は一切受けず，アルゴリズムが簡単で低コスト実装可能な点が特長で，始動を含む1：2の可変速実験データが提示されている．文献10)では，油圧ポンプユニット用SRM[11]を対象に，磁気飽和領域での位置推定も可能な磁化特性に基づく位置センサレス制御手法が提案されている．図4.36(b)はその概念図で，検出電流値 $i_a(n)$ とコントローラ内の演算磁束値 $\lambda_a(n)$ から，現在位置 $\theta_e(n)$ を推定する（ここで，n はサンプル点である）．ファジー推論で構成した非線形磁化特性モデルを固定少数点形DSPコントローラ内(位置推定を含む全制御処理演算時間127.2 μsec)に実装し，円滑な始動に加えて0.1 secでの300～5000 rpmの可減速応答データが提示されている．なお，同手法を2相通電時の磁化特性に適用した全節巻RMのセンサレス制御報告例[12]もある．

4.3.3 SynRM

a. トルク発生原理と回転子形状

SynRMにおけるリラクタンストルク発生原理を図4.37で説明しよう．図4.37(a)は，回転子が完全円筒形形状で磁気抵抗が完全均一である場合に，表4.5の固定子4極分布巻巻線に三相対称正弦波電流を与えて回転磁界を発生させたある瞬間の磁束線図である．回転磁界では，時間に対する三相電流値の変化に応じて，この磁束線図がそのままの分布形状で回転する．この磁界中に磁気異方性をもつ回転子が2つの異なる位置に置かれた場合を考える．図4.37(b)は，固定子巻線による合成起磁力のN，S磁極中心に対し，回転子の凹部中心が対向するように回転子が置かれた状態である．凹部ギャップによる大きな磁気抵抗がN-S極間に介在し，図中の磁束を流れにくくするように働く．図4.37(c)は，回転子の凸部中心が磁極中心に対向するように回転子が置かれた状態で，N-S極間の磁気抵抗が小さく，図中の磁束は流れやすくなる．したがって，図4.37(b)の位置の回転子は，図4.37(c)の位置へと変位しようとすることが容易に理解できよう．この変位中に回転子に働くトルクが，SynRMにおけるリラクタンストルクである．

図4.37では，トルク発生原理を簡単に説明するため，磁気異方性をもつ最も簡単

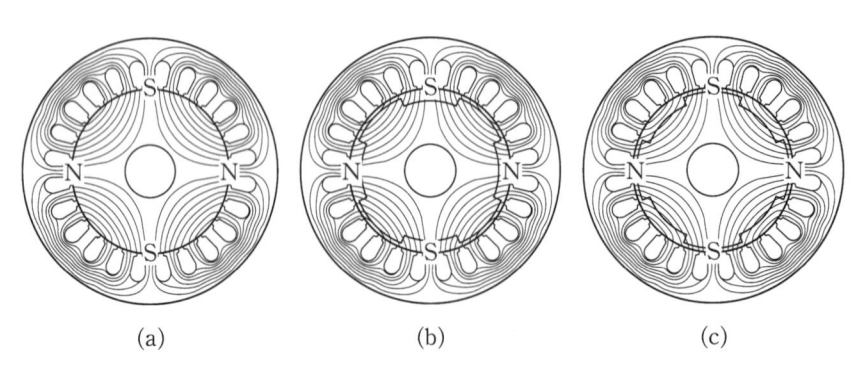

図4.37 SynRMにおけるリラクタンストルク発生原理の概念図

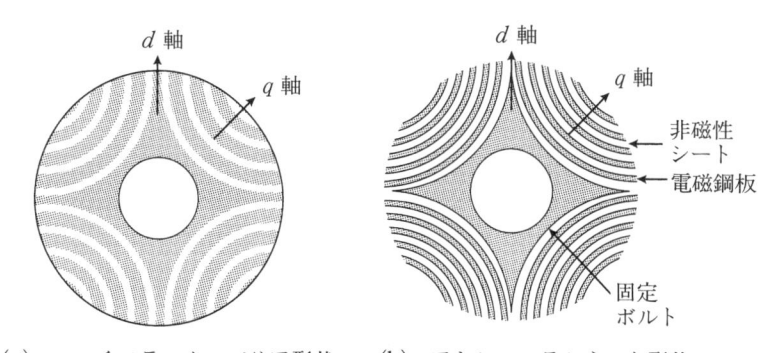

(a) マルチフラックスバリア形状　　(b) アキシャルラミネート形状

図 4.38　SynRM の回転子鉄心形状

表 4.7　SynRM のインダクタンス分布

項　目	SynRM
回転子 電気角位置 $\theta = -90°$ or $90°$	
回転子 電気角位置原点 $\theta = 0°$	
インダクタンス 分布	

な突極回転子形状を一例に用いた．しかし，より大きなリラクタンストルクを得るには，図 4.37(b) の状態で可能な限り磁束を流しにくく，図 4.37(c) の状態で可能な限り磁束を流しやすい回転子形状が必要となる．均一なメカニカルギャップ長のもと，最も磁束が流れやすい回転子形状とは，図 4.37(a) の完全円筒形回転子鉄心形状にほかならず，この場合の磁束分布は図にみる通りである．この磁束分布形状を念頭におきつつ，図 4.37(b) の状態で可能な限り磁束を流しにくくする回転子形状としたものが，図 4.38(a) に示すマルチフラックスバリア形状である．灰色の鉄心部

分の形状は，図 4.37 (a) の磁束分布形状に合致し，時計方向に 45°回転させると，鉄心間の白い空隙部分が磁束障壁となって磁束を流しにくくすることが理解できよう．固定子鉄心と同様にプレスによる製作法で対応できるため，現在実用されている SynRM ではこのマルチフラックスバリア形回転子が主に用いられている．一方，図 4.38 (b) に示すように電磁鋼板と非磁性シートをサンドイッチ構造にしてボルトで固定したものがアキシャルラミネート形状である．実用に向けて製造法に課題を残すが，SynRM の性能指標とされる突極比(詳細は次項参照)でみると，マルチフラックスバリア形状が 5～8 程度[13,14]であるのに対し，13 程度の報告例[15]もあり，今後の研究開発に期待が寄せられる．なお，SynRM は後述するベクトル制御で一般に運転され，その場合の d 軸，q 軸はそれぞれ，図示のように回転子の磁化容易方向中心，磁化難易方向中心として定義される．

SRM および全節巻 RM との対比もかねて，インダクタンス分布形状を表 4.7 に示す．SynRM における突極完全非対向/対向状態とは，回転磁界方向に対して本来定義されるべきもので，各相のインダクタンス分布形状の説明にはなじまない．そのため，a 相巻線起磁力中心方向に対し，q 軸が一致した状態/d 軸が一致した状態を突極完全非対向/対向状態に相当するものとし，d 軸が一致した状態を原点とする回転子の電気角位置 θ に対する分布形状をみるのが一般的である．表 4.7 に示すように，回転子位置 θ に対して自己インダクタンス，相互インダクタンスがともに変化し，三相対称正弦波通電下でトルク脈動がゼロとなる正弦波分布形状がその理想的な分布形状となる．

b. 一般的な制御法

正回転方向を時計方向とした SynRM の 1 極対当たりの等価モデルを図 4.39 に示す．三相巻線を図示のように Y 結線し，a, b, c の端子を三相インバータに接続して，次式の三相対称正弦波電流を給電する．

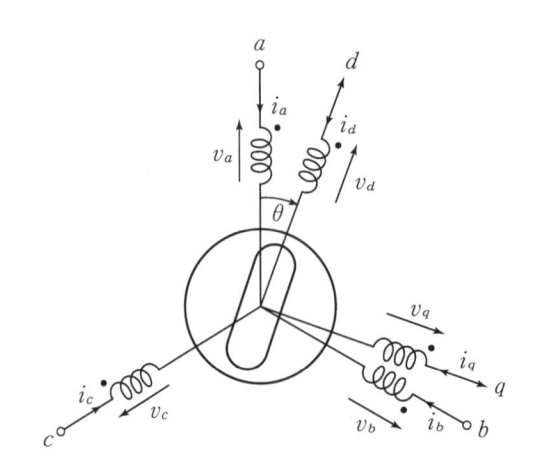

図 4.39 SynRM の等価モデル (1 極対)

$$i_a = \sqrt{2}I\cos(\theta+\alpha), \quad i_b = \sqrt{2}I\cos\left(\theta-\frac{2\pi}{3}+\alpha\right), \quad i_c = \sqrt{2}I\cos\left(\theta+\frac{2\pi}{3}+\alpha\right) \tag{4.3.10}$$

ここで,I:電流実効値,α:d軸からみた進み位相角,$\theta=\omega t$でω:電気角速度である.制御法を簡単に説明するため,表4.7に示したように電気角位置に対して三相の巻線インダクタンスが正弦波分布形状をもち,磁気飽和のない線形磁気回路を仮定する.この条件下で得られる三相電圧方程式をd-q変換すると,d-q座標上に投影されたd軸,q軸巻線の電圧方程式ならびにその諸量を用いたトルク式を次式で得る.

$$\begin{bmatrix} v_d \\ v_q \end{bmatrix} = \begin{bmatrix} R+pL_d & -\omega L_q \\ \omega L_d & R+pL_q \end{bmatrix} \begin{bmatrix} i_d \\ i_q \end{bmatrix} \tag{4.3.11}$$

$$\tau = P(L_d - L_q)i_d i_q \tag{4.3.12}$$

ここで,p:微分演算子($=d/dt$),R:d,q軸巻線抵抗(三相上の巻線抵抗と同値),L_d, L_q:d,q軸巻線インダクタンス($L_d > L_q$),P:極対数である.L_d, L_qの物理的な意味は,それぞれ図4.37(b),(c)の状態における磁束の流れやすさに相当する.より大きなリラクタンストルクを得るには,L_qができる限り小さく,L_dができる限り大きければよく,そのため突極比と呼ばれる$\xi=L_d/L_q$の値が大きいほどよいことが理解できよう.また,説明の入口を回転子形状としたために順が前後したが,より小さな電流で大きな界磁磁束を得る観点から,d軸巻線が本来の定義である界磁巻線の役割を果たすことも理解できよう.

一方,i_d, i_qと三相上の電流実効値Iと進み位相角αとの間には次の関係があり,

$$i_d = \sqrt{3}I\cos\alpha, \quad i_q = \sqrt{3}I\sin\alpha \tag{4.3.13}$$

式(4.3.13)を式(4.3.12)へ代入すると,トルク式は次式に書き改められる.

$$\tau = \frac{3}{2}P(L_d - L_q)I^2 \sin 2\alpha \tag{4.3.14}$$

式(4.3.14)から,単位銅損当たりのトルク(銅損$\propto I^2$)を最大とするためには,電流進み位相角を$\alpha=45°$,すなわち$i_d=i_q$と制御すればよいことがわかる.他方,式(4.3.11)から電圧について考えてみると,速度ωの増加とともにq軸巻線に現れる逆起電力$\omega L_d i_d$が支配的となることがわかる.したがって,インバータの最大出力電圧範囲内で,低・中速度域では$\alpha=45°$に固定して電流振幅によりトルクを調整し,高速度域では電流振幅を固定(インバータ電流定格)して電流進み位相角α($>45°$,$i_d<i_q$)によりトルクを調整する方式が一般的な制御法となる.また,巻線抵抗による電圧降下を無視した簡易な解析[3]によれば,

$$\alpha = \tan^{-1}\sqrt{\xi} \quad \text{のとき,} \quad (\cos\phi)_{\max} = \frac{\xi-1}{\xi+1} \tag{4.3.15}$$

なる最大力率運転が実現でき,力率の点からも突極比ξができる限り大きいことが望ましいことがわかる.

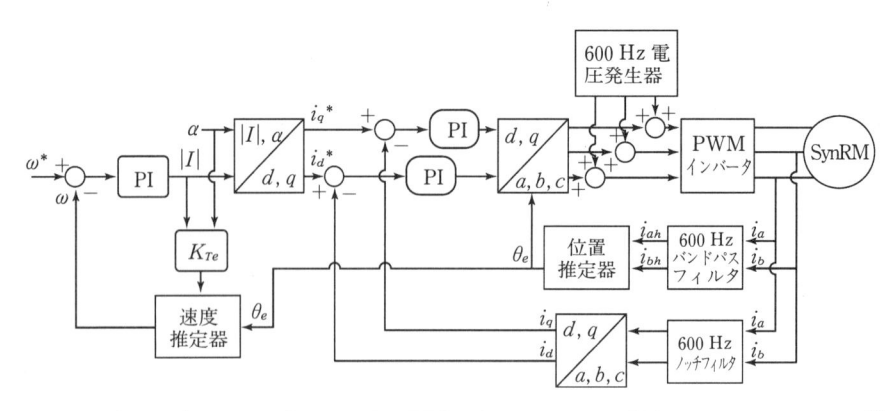

図 4.40 高周波電圧注入を利用した SynRM の位置センサレス制御システムブロック図[16]

c. 位置センサレス制御例

SRM と同様に，SynRM の場合も性能を最大限に引き出すためには d 軸からみた電流進み位相角の管理が重要で，位置センサレス制御が実用上の必須技術課題となる．これに対し，モータそのものの制御とは別に高周波信号を注入し突極性によって生じる d, q 軸電流の応答の差異に着目して，実位置に対する推定位置のずれを検出補正するセンサレス制御手法が近年提案されている[16]．そのブロック図を図 4.40 に示す．この手法により零速度を含む全速度領域で 1.5 kW の SynRM のセンサレス運転が可能であるとしている． 〔小坂 卓〕

参 考 文 献

1) T. J. E. Miller : Switched Reluctance Motors and Their Control, Magna Physics Publishing and Clearendon Press, Oxford, New York (1993)
2) B. C. Mecrow : New winding configurations for doubly salient reluctance machines, *IEEE Trans. on Industry Applications*, Vol. 32, No. 6, pp. 1348-1356 (1996-11/12)
3) T. A. Lipo, A. Vagati, L. Malesani and T. Fukao : Synchronous reluctance motors and drives —A new alternative, *IEEE IAS Annual Meeting Tutorial Course Text*, Houston (1992-10)
4) M. Barnes and C. Pollock : Power electronic converters for switched reluctance drives, *IEEE Trans. on Power Electronics*, Vol. 13, No. 6, pp. 1100-1111 (1998)
5) 小坂 卓・松井信行：簡易解析に基づく全節巻 RM の運転特性評価法，電学論 D, **119**, 10, pp. 1165-1170 (1999-10)
   T. Kosaka and N. Matsui : Simplified analysis and evaluation of drive characteristic of fully-pitched winding reluctance motors, *T. IEE Japan*, Vol. 119-D, No. 10, pp. 1165-1170 (1999-10)
6) 兼田昌子・真田雅之・森本茂雄・武田洋次・松井信行：スイッチトリラクタンスモータの継鉄厚とトルク，電学論 D, **120**, 7, pp. 891-896 (2000-7)
   M. Kaneda, M. Sanada, S. Morimoto, Y. Takeda and N. Matsui : Torques and Yoke Thickness for Switched Reluctance Motor, *T. IEE Japan*, Vol. 120-D, No. 7, pp. 891-896 (2000-7)
7) T. J. E. Miller : Development in reluctance motor characteristics and design methods, *Proc. of International Power Electronics Conference* (IPEC-Tokyo 2000), pp. 608-613 (2000-4)
8) 真田雅之・中田一聡・森本茂雄・武田洋次・山井広之：極内空隙による SR モータのラジアル力低減と低騒音化，電学論 D, **123**, 12, pp. 1438-1445 (2003-12)
   M. Sanada, K. Nakata, S. Morimoto, Y. Takeda and H. Yamai : Radial force and acoustic

noise reduction for switched reluctance motor with hole inside pole, *T. IEE Japan*, Vol. 123-D, No. 12, pp. 1438-1445 (2003-12)
9) G. G. Lopez, P. C. Kjær and T. J. E. Miller : A New sensorless method for switched reluctance motor drives, *Conf. Rec. of 32nd IEEE IAS Annual Meeting*, Vol. 1, pp. 564-570 (1997-10)
10) 小坂 卓・鍋矢善也・大山和伸・松井信行：油圧ポンプユニット搭載SRMの位置センサレス駆動，電学論D, **123**, 2, pp. 105-111 (2003-2)
    T. Kosaka, Y. Nabeya, K. Ohyama and N. Matsui : Position sensorless drive of SRM mounted on hydraulic pump unit, *T. IEE Japan*, Vol. 123-D, No. 2, pp. 105-111 (2003-2).
11) 山井広之・沢田祐造・大山和伸：油圧ポンプ駆動用途へのスイッチトリラクタンスモータ実用化，電学論D, **123**, 2, pp. 96-104 (2003-2)
    H. Yamai, Y. Sawada and K. Ohyama : Appling switched reluctance motor to oil hydraulic pump use, *T. IEE Japan*, Vol. 123-D, No. 2, pp. 96-104 (2003-2)
12) T. Kosaka and N. Matsui : Position sensorless control of general purpose inverter-fed fully-pitched winding reluctance motor drives, *Conf. Rec. of 35th IEEE IAS Annual Meeting*, Vol. 3, pp. 1745-1750 (2000-10)
13) H. Murakami, Y. Honda, T. Higaki, S. Morimoto and Y. Takeda : Rotor design and control method of synchronous reluctance motor with multi-flux barrier, *Proc. of Power Electronics Drives and Energy Systems for Industrial Growth* 1998, pp. 391-396 (1998)
14) 村上 浩・本田幸夫・森本茂雄・武田洋次：シンクロナスリラクタンスモータと各種分布巻モータの特性比較，電学論D, **120**, 8/9, pp. 1068-1074 (2000-8/9)
    H. Murakami, Y. Honda, S. Morimoto and Y. Takeda : Performance evaluation of synchronous reluctance motor and the other motors with the same distributed winding and stator configuration, *T. IEE Japan*, Vol. 120-D, No. 8/9, pp. 1068-1074 (2000-8/9)
15) S. J. Kang and S. K. Sul : Efficiency optimized vector control of synchronous Motor, *Conf. Rec. of 31st IEEE IAS Annual Meeting*, Vol. 1, pp. 117-121 (1996-10)
16) A. Consoli, F. Russo, G. Scarcella and A. Testa : Low and zero-speed sensorless control of synchronous reluctance motors, *IEEE Trans. on Industry Applications*, Vol. 35, No. 5, pp. 1051-1057 (1999-9/10)

4.4 ステッピングモータ

4.4.1 種類と構造[1]

　ステッピングモータは，図4.41に示すように駆動回路とモータが一体となってはじめて駆動することができるモータである．指示量としてはパルス信号が使われ，パルスが入力されるごとに定められた順序でコイルが励磁され，ある決まった角度 θ_s（ステップ角と呼ぶ）回転して静止する．回転角は，入力するパルス数に比例し，回転角速度はパルス周波数に比例する．パルスというディジタル量でオープンループで制御ができるため，位置決め用モータとしてコンピュータ周辺装置など小容量の分野で大量に使われている．

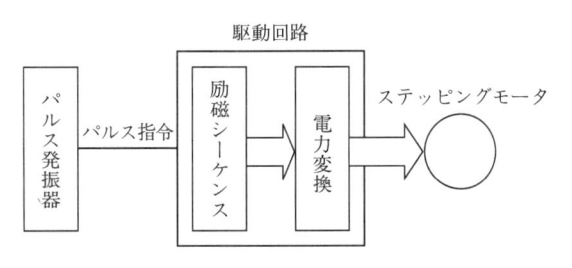

図4.41　ステッピングモータ駆動システム

(a) シングルスタック (b) マルチスタック

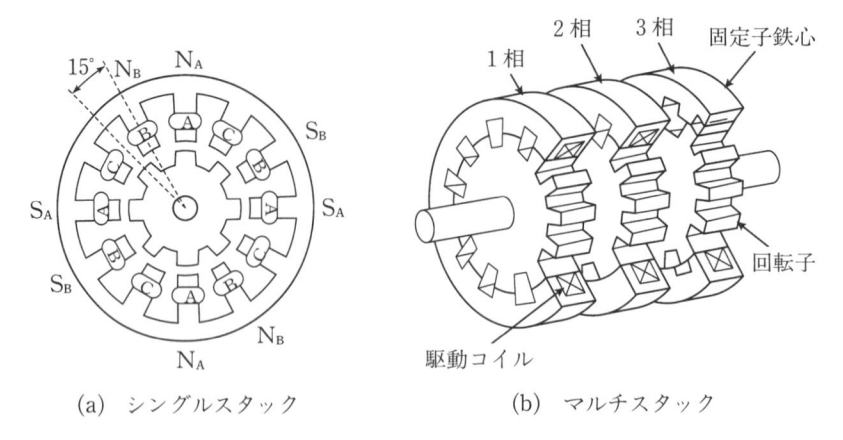

図 4.42 VR形ステッピングモータの構造

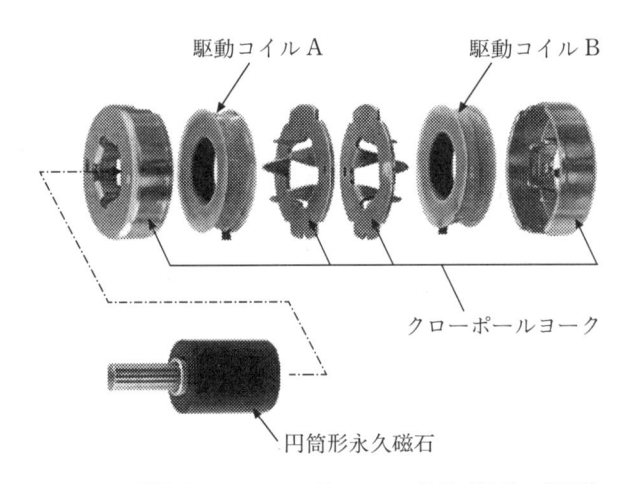

図 4.43 PM形ステッピングモータの構造（提供：FDK）

種類は大きく分けて，バリアブルリラクタンス形（以下，VR形），パーマネントマグネット形（以下，PM形），ハイブリッド形（以下，HB形）がある．

a. VR形ステッピングモータ

VR (variable reructance) 形ステッピングモータは，図4.42に示すようにけい素鋼板や電磁軟鉄のみで固定子，回転子が突極構造をもつようにつくられたものである．固定子，回転子間に働く磁気吸引力により位置を保持し，トルクを発生している．突極性に基づくギャップの磁気抵抗の変化によりトルクを発生するため可変リラクタンス形と呼ばれる．構造上，周方向に相を構成するシングルスタックと，軸方向に構成するマルチスタックがある．小容量の分野では大きな出力がとれないためほとんど使われることはない．容量が大きく，回転数も高い用途では，閉ループを組んだ駆動が実用化されスイッチトリラクタンスモータと呼ばれている．

b. PM形ステッピングモータ

PM (permanent magnet) 形ステッピングモータは，回転子が多極に着磁された永

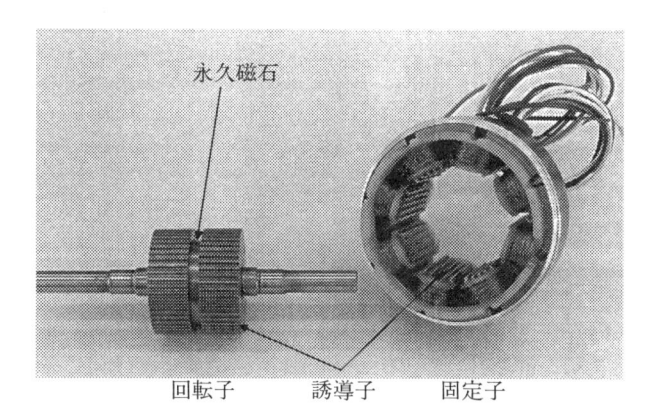

図 4.44 HB 形ステッピングモータの構造 (提供：オリエンタルモーター)

久磁石によって構成され，永久磁石がギャップと対向した構造をしている．VR 形のロータを着磁された永久磁石に置き換えても構成できるが，多極構造のステータを構成するため図 4.43 に示す構造が一般使用の大半を占めている．固定子は，軸方向に相を構成するマルチスタック構造となっている．1 つの相は，ソレノイド状に巻かれた巻線を包み込むように，電磁鋼板によりフレーム，ヨーク，くし歯状の磁極を一体にプレス加工した鉄心で形成されている．この磁極はその形からクローポールと呼ばれ，1 相のクローポールの数で極数が決定され，したがってロータの着磁極数もステータのクローポール数となる．

c. ハイブリッド形ステッピングモータ

HB (hybrid) 形ステッピングモータの代表的構造を図 4.44 に示す．固定子，回転子とも小さな歯をもつことに特徴があり，この歯のことを誘導子と呼ぶ．固定子は，各磁極に集中して巻線が施され，磁極表面に誘導子が設けられて磁極を構成する．すなわち，誘導子を設けることで，固定子磁極数を多くすることができる．回転子は，固定子誘導子と同ピッチの誘導子を設けた電磁鋼板を積層，または塊状鉄心が永久磁石を挟んで 2 組で回転子を構成し，回転子 1 と回転子 2 は誘導子 1 歯だけピッチをずらして構成されている．鉄心と永久磁石を回転子にもつことから，VR 形と PM 形の回転子構造の特徴をあわせもつという意味で，HB 形と呼ばれる．

4.4.2 動作原理とステップ角[2]

二相 HB 形ステッピングモータを例にして，動作原理からステップ角について考える．図 4.45 に HB 形の構造を直線状に展開したモデルを示す．なお，固定子は 1 つの相を 1 つの誘導子で代表し，回転子は回転子 1 側を S 極，回転子 2 側を N 極として表している．バーが付いた相は，付いていない相と異極になることを示すものとする．各相は，歯ピッチが 1 周期を 4 等分するように配置されている．A 相を励磁した場合，固定子磁極 A は N 極に，$\overline{\text{A}}$ は S 極になることから，回転子前側，後側の誘導子 S 極 N 極が，それぞれ対抗する図① の位置で静止する．ここで矢印の方向

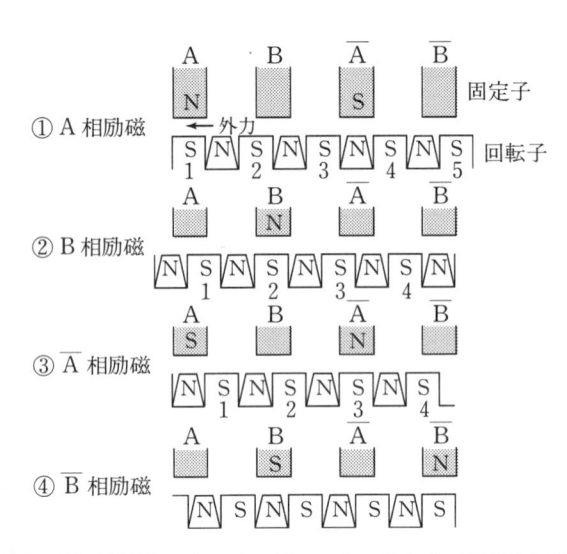

図 4.45 HB 形ステッピングモータの動作（一相励磁方式）

に外力を加えた場合，静止位置に戻ろうとする力が働く．なお，変位させた場合，固定子・回転子が同極になる位置で再びトルクがゼロとなる．さらに変位を続けると，隣の誘導子 2 の S 極と引き合い，1 と同じ状態となって誘導子 2 が A 相と対向して静止する．このことは，誘導子 1 歯ピッチで電気的に 1 周期を構成していることを示している．このとき，トルクを基本波で表現すると，回転子の歯数 Z_r，機械角での角変位 θ_m [°]，トルク定数の最大値 K_T [Nm/A] とすると，一相電流を I [A] として，次式で表される．

$$T = -K_T I \sin(Z_r \theta_m) \quad [\text{A}] \tag{4.4.1}$$

B 相を励磁すると①の状態から誘導子 2 が B 相と引き合って，②の状態で 1/4 歯ピッチ歩進して静止する．これが，1 ステップ角となる．順次励磁を切り替えることにより，③，④の状態に歩進を続け，連続回転することになる．ステップ角は，回転子歯数で 1 周期に細分化され，その 1 周期をさらに相数で分割したものが 1 ステップ角となっている．

一般に回転子の歯数を Z_r，モータ相数を m とすると，HB 形ステッピングモータのステップ角は次式で表される．

$$\theta_s = \frac{360}{2 Z_r m} \quad [°] \tag{4.4.2}$$

Z_r を 50，相数を 2 とすると，θ_s は 1.8°となり，微小なステップ角が実現できることがわかる．

PM 形ステッピングモータは，図 4.43 の回転子構造において回転子 1 と回転子 2 で磁極を構成するのではなく，周方向に N，S と磁極が構成されていると考えればよい．そのステップ角は，$2Z_r$ が磁極数となるから回転子磁極数を Z_p，モータ相数を m として次式で表される．つまり HB 形の回転子歯数は，PM 形では極対数に相当

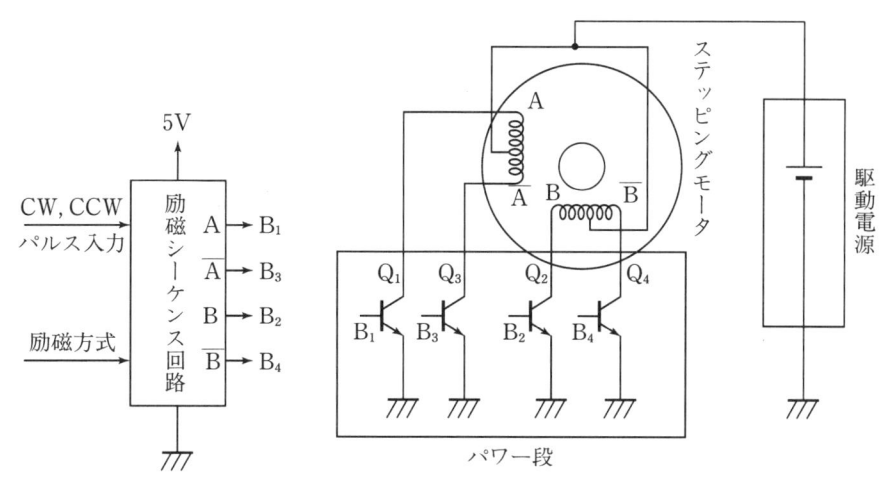

図 4.46　ステッピングモータの駆動回路の構成例

すると考えればよい．

$$\theta_s = \frac{360}{Z_p m} \quad [°] \qquad (4.4.3)$$

VR形は，固定子1相の励磁をN極にしても，S極にしても同じ回転子が引き合うことから，そのステップ角は次式となる．

$$\theta_s = \frac{360}{N_r m} \quad [°] \qquad (4.4.4)$$

4.4.3　制御方式と運転特性

最も基本的なステッピングモータの駆動回路を，ブロック図で示すと図4.46となる．永久磁

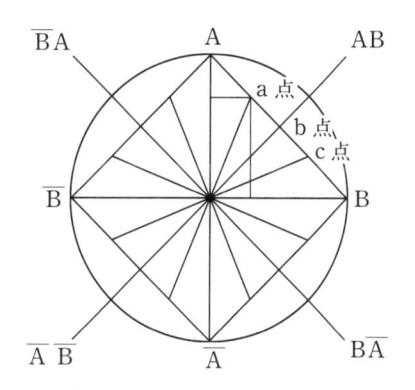

図 4.47　トルクベクトル図

石を使用するPM形やHB形では，巻線に流す電流の方向を正負に交番させる必要があり，スイッチング素子の数を減らすため，同一磁極に巻方向を逆にする2つの巻線を施したバイファイラ巻と呼ばれる巻線方式がとられている．どのトランジスタをオンするかで励磁相が決まり，その順序を決定しているのが励磁シーケンス回路である．回転子の位置とは無関係に，パルスが入力されるたびに励磁相が切り替えられる．

トルクが変位に対し正弦波状に分布するとし，変位 θ を電気角表現してA相を励磁した静止位置を $\theta = 0°$ とすると，B相，$\overline{A}$相，$\overline{B}$相はそれぞれ $\pi/2$ の位相差をもつ．各相が励磁された場合，発生するトルクを，その大きさと静止する位置で表現すると図4.47のトルクベクトル図となる．A相を励磁した場合は，$\theta = 0°$ の位置で静止，ホールディングトルクは矢印の大きさで示されると解釈する．CW方向に回転させたいならば，トランジスタ $Q_1 \to Q_2 \to Q_3$ と順次オンすることで，A $\to$ B $\to \overline{A}$ と

ベクトルが回転していく．1相ずつ励磁することから一相励磁方式と呼ばれる．

Q_1, Q_2 を同時にオンし，A相，B相を同時に励磁した場合，AベクトルとBベクトルの和ABベクトルが静止位置となり，A相より$\pi/4$進んだ位置で静止し，最大トルクは1相励磁の場合と比較し$\sqrt{2}$倍となる．2相ずつ励磁することから二相励磁方式と呼ばれる．

1相励磁と2相励磁で$\theta_s/2$の位相差をもつことに注目し，A相からA,B相に励磁を切り替えた場合，基本ステップ角の1/2のステップ角を実現できる．一相-二相励磁方式，あるいはハーフステップ駆動と呼ばれる．

励磁コイルには，方形状の電流を流すことを前提にしたが，実際はコイルのインダクタンスのため，励磁電流は方形状に変化しない．

パルスの周波数が低いときはその影響が小さいが，周波数が高くなるにしたがい電流の平均値が小さくなる．このためパルス周波数が高くなるにつれて，発生トルクも小さくなって，高速運転を目的とした駆動システムでは，パルス周波数に応じた電力制御が必要となる．様々な回路が実用されている．基本的には，PAM制御やPWM制御が行われる．

ステッピングモータの特性には，静特性，動特性があり，以降，ステッピングモータ固有の用語とともに述べる．

a. 静特性

ステッピングモータを静止させて行う試験から得られる結果を，静特性と呼ぶ．回転子を静止させたままで定格電流を流しておき，外部からトルクを加え回転子を変位させる．このとき，回転子が回転する角度と外部トルクとの関係は図4.48のようになる．静止時に発生することができる最大のトルクをホールディングトルクと呼ぶ．このトルクを超える大きさの外部トルクが加わると，回転子は元に戻ろうとする復元トルクを失い励磁磁極から外れてしまう．PM形など，永久磁石を回転子にもつものは励磁電流を流さなくても図に示すようにトルクを発生する．このトルクをディテントトルクと呼ぶ．

1パルスごと1ステップ角ずつ歩進する際，実際にはある誤差をもって歩進しており，この誤差を角度精度と呼び，静止角度誤差，隣接角度誤差，ヒステリシス誤差がある．

b. 動特性

ステッピングモータを動作させながら，試験して得られる特性を動特性と呼ぶ．ステッピングモータの励磁コイルには，規則正しい順序で電流が加えられ，また遮断される．こ

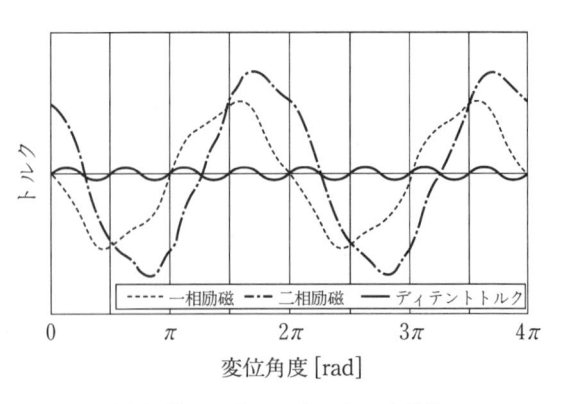

図 4.48 スティフネストルク特性

のときの周期により，回転子の回転速度が決まる．モータが1秒間に動作するステップ数を，パルス/秒(通常ppsと書く)で表現し，パルス周波数(単に周波数と呼ぶ場合もある)という．

回転子が1回転(360°)するのに要するステップ数 S_p とステップ角 θ_s の間には

$$S_p = \frac{360}{\theta_s} \quad (4.4.5)$$

の関係がある．1分間の回転数を N [min^{-1}] とすると，パルス周波数 f [pps]，ステップ角 θ_s との関係は

$$N = \frac{f*60}{S_P} = \frac{f*60}{360/\theta_s} = \frac{1}{6}f\theta_s \quad (4.4.6)$$

となる．

図4.49は，モータの発生トルクとパルス周波数特性の例を示したものである．パルス周波数がある周波数以上になると，始動トルクは徐々に下がり始め，f_s pps でゼロになる．このような特性を同期に引き込む特性という意味で引込トルク特性という．モータが始動しうる最高のパルス周波数を最大自起動周波数という．負荷トルクを徐々に増加し，駆動できる最大のトルクを脱出トルクと呼ぶ．脱出トルク曲線と引込トルク曲線で囲まれた領域をスルー領域と呼ぶ．

ステッピングモータを始動させようとしても，どのような条件でも始動できるわけではない．大きい慣性負荷につながれていたり，自起動周波数以上のようにパルス周波数が高すぎると始動できない．このような場合には，引込トルク以下の自起動領域から次第に加速し，一定速度の運転を行い，最後は減少してゼロとなる台形駆動と呼ばれる制御が必要となる．一定速度の領域がゼロとなる場合，三角駆動と呼ばれる．いずれにしても，スルー領域で運転するためには，加速減速の制御が必要になる．

ステッピングモータの動特性は，慣性モーメントによって大きく変化する．また，発生トルクは回転子極の位置によって異なるため，複雑な動作をする．1ステップの動作は，減衰を伴うステップ応答となり振動的になる．回転子の回転状態はパルス周波数によっても変化し，図4.50のようになる．図4.50(a)は，ステップ応答の振動をしながら回転していく様子を示している．θ_s を何回か繰り返すと，1回転する．図4.50(b)は，ステップ角移動するごとに，次々と励磁が切り替えられる高周波パルスの例であり，回転は振動を伴わず，滑らかに動作している．図4.50(c)は，図4.50(a)と図4.50(b)の中間状態を示す．回転子が励磁極の中心を大きく行きすぎると，この極を戻すトルクも大きくなる．引き戻されている間に次

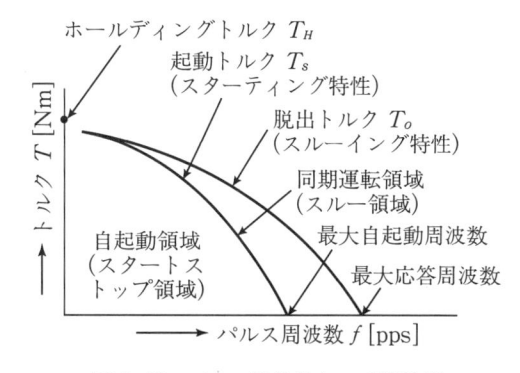

図4.49 パルス周波数トルク特性例

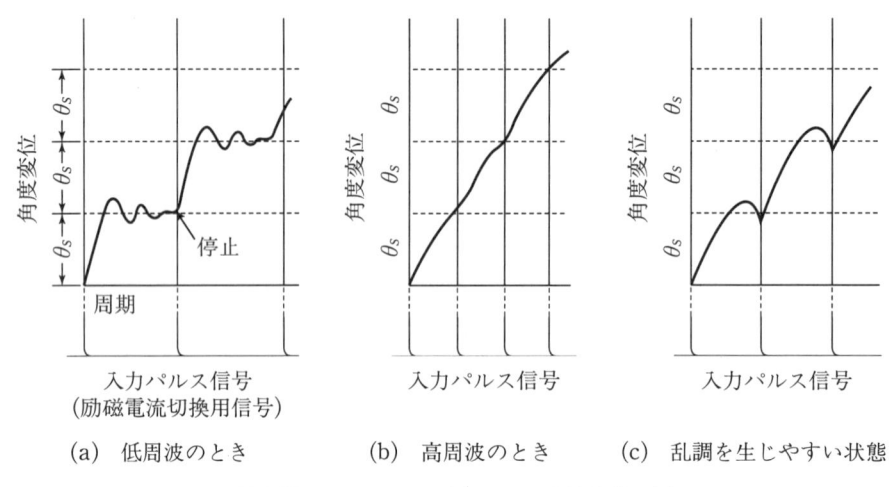

(a) 低周波のとき　　(b) 高周波のとき　　(c) 乱調を生じやすい状態

図 4.50　ステッピングモータの過渡応答の例

の励磁が始まると回転子が回転できなくなることがある．このような状態を乱調と呼ぶ．

　振動を小さくするためには，ステップ角を微細にすることが重要で，各相巻線の励磁電流を階段状に変化させることでも基本ステップ角を細分化することができる．これは，マイクロステップ駆動と呼ばれ，近年重要な駆動技術となっている．図 4.47 のトルクベクトルにおいて，A 相の電流を 1/3 ずつ減じ，逆に B 相の電流を 1/3 ずつ増加させると，トルクの軌跡は A 点，a 点，b 点，c 点というように分割される．ここで電流を正弦波状に変化させれば，図の円軌跡となり変位によらずトルクは一定となって，トルクリプルのない駆動とすることができる．

4.4.4　モータの使い分け

　ステッピングモータは，以下の特徴があり，表 4.8 に示すように様々な分野で使用されている．

① 回転子を定められた位置に停止，保持できる．

表 4.8　ステッピングモータの主な用途

用　途	PM 形	HB 形
カメラ，デジタルカメラなど	◎	×
コンピュータ周辺機器	◎	△
プリンタ	◎	○
FAX	◎	○
コピー機	○	◎
自動車電装部品	△	◎
スロットマシンなどゲーム機	×	◎
半導体製造装置	×	◎
自動改札など産業機器	×	◎

② ステップ角の精度がよい．
③ 回転角度が励磁パルスの数に比例する．したがって，励磁パルス数で回転角度の制御ができる．
④ 応答性がよい．すなわち，始動・停止が正確に反復できる．

　ステッピングモータの種類の選択に際して，極小容量の分野ではPM形が使われるが，小から中容量の分野では，大きなトルクを発生できるHB形がまず利用される傾向にある．すなわち，ステッピングモータはオープンループ駆動のため，過渡的な負荷トルクの変動に対しても脱調しないようなトルク余裕をもったモータ選択が要求される．例えば，要求トルクの2倍の余裕をみた駆動システムの選定をすることが重要で，このような場合にはHB形を選定するということになる．　〔百目鬼英雄〕

参　考　文　献

1) 百目鬼英雄：ステッピングモータの使い方，工業調査会(1993)
2) 坪井和男・百目鬼英雄：図解　小形モータ入門，オーム社(2003)

4.5　バーニアモータ

4.5.1　原理と構造

　バーニアの原理を利用した有名なものにノギスがある．ノギスはある目盛間隔をもつ本尺とその目盛間隔とはわずかに異なった目盛間隔をもつ副尺から構成され，本尺に対し副尺を相対移動させることで両者の目盛間隔よりも小さな位置を読み取る．バーニアモータはノギスと同じ原理を利用したものであり，本尺と副尺の役割を回転子と固定子が果たすことで回転可能になるモータである．

　表4.9はバーニアモータを構造別に分類したものである．小スロットのない表面PM形（永久磁石形）バーニアモータを例に構造と回転原理を説明する．回転子は表面に配置された極対数 Z_2 の永久磁石から構成され，固定子は巻線スロット数 Z_1 を有する鉄心と巻線スロットに配備された極対数 p の電機子巻線から構成される．巻線スロットの開口幅が大きくとられるので，ギャップのパーミアンスはスロットピッチを1周期（次数 Z_1）とした正弦波状に分布する．電機子起磁力がつくるギャップ磁束は，このパーミアンス分布の影響を受けることで，p 次成分だけでなく $Z_1 \pm p$ 次成分も発生する．$Z_1 \pm p$ 次成分のギャップ磁束は電機子巻線に流れる電流の角速度 ω に対し，$\omega/(Z_1 \pm p)$ に減速された角速度で回転する．ここで，回転子の永久磁石極対数 Z_2 が次数 $Z_1 + p$ もしくは $Z_1 - p$ と一致しているため，回転子は ω/Z_2 の角速度で同期回転することができる．

　同様の原理を利用することで各種構造のバーニアモータが考えられる（表4.9）．ギャップ面が小スロットのみで構成されるVR形（可変リラクタンス形），ギャップ面に永久磁石が設けられたPM形（永久磁石形），軸方向に磁化された永久磁石が回

表4.9 バーニアモータの構造別分類

VR形	PM形		HB形
	表面PM形	埋込PM形	
小スロットあり: $Z_2=Z_1\pm 2p$, Z_1:固定子の小スロット数, Z_2:回転子の小スロット数, p:電機子巻線の極対数	$Z_2=Z_1\pm p$, Z_1:固定子の小スロット数, Z_2:回転子の永久磁石極対数, p:電機子巻線の極対数	$Z_2=Z_1\pm p$, Z_1:固定子の小スロット数, Z_2:回転子の小スロット数, p:電機子巻線の極対数	$Z_2=Z_1\pm p$, Z_1:固定子の小スロット数, Z_2:回転子の小スロット数, p:電機子巻線の極対数
小スロットなし: $Z_2=Z_1\pm 2p$, Z_1:固定子の巻線スロット数, Z_2:回転子のスロット数, p:電機子巻線の極対数	$Z_2=Z_1\pm p$, Z_1:固定子の巻線スロット数, Z_2:回転子の永久磁石極対数, p:電機子巻線の極対数		

転子内部に組み込まれたHB形(ハイブリッド形)に大別される．VR形とPM形には巻線スロットのみ設けたもの，さらにギャップ面に小スロットを設けたものがある．また，PM形には回転子にスロットを設けず表面に永久磁石を配置したもの(表面PM形)，小スロットに永久磁石を埋め込んだもの(埋込PM形)がある．

一見するとすべての構造が永久磁石同期機，スイッチトリラクタンスモータ，ステッピングモータに当てはまるようである．しかし，表4.9中に示す規則式にしたがっているのがほかのモータとは異なる点である．

4.5.2 バーニアモータのトルク式

表面PM形バーニアモータを例にトルク式がどのようにして導かれるのか説明する[1,2]．電機子巻線のU相軸の位置を原点として固定子上に設定された座標を θ_1，時間 $t=0$ の瞬間に θ_1 の原点に最も近い回転子の永久磁石(ギャップ表面N極)の中央を原点として回転子上に設定された座標を θ_2，さらに $t=0$ の瞬間における両原点間の空間角を ξ とする(表4.9参照)．この座標系において，トルク T は回転子の位置を微小変化(ξ を微小変化)させたときの磁界エネルギーの変化として次式により求められる．

$$T=\frac{p\tau l_a}{2\pi}\int_0^{2\pi}\left\{B\frac{\partial F}{\partial \xi}+F\frac{\partial B}{\partial \xi}\right\}d\theta_1 \qquad (4.5.1)$$

ここで，τ：電機子巻線の極ピッチ，l_a：鉄心長，F および B：ギャップにおける全起磁力と全磁束密度である．

表面PM形バーニアモータの全起磁力 F には，回転子の永久磁石による起磁力，電機子巻線に電流が流れたことにより生じる起磁力の2つがある．回転子の永久磁石起磁力 F_r は，極対数 Z_2 を基本次数とする成分とその高調波成分を含むので

$$F_r=\sum_m F_{rm}\cos(mZ_2\theta_2) \qquad (4.5.2)$$

と表される．ここで，m：ゼロを含む正の整数である．また，1相の直列導体数が N_1 の三相巻線に角速度 ω，実効値 I_1 の電流が流れたときに生じる電機子巻線の起磁力 F_1 は

$$F_1=\sum_n(-1)^n\frac{3N_1I_1}{\sqrt{2}p\pi}\cdot\frac{k_{w(1+6n)}}{(1+6n)}\cos\{(1+6n)p\theta_1-\omega t\} \qquad (4.5.3)$$

と表される．ここで，n：ゼロおよび正・負の整数，$k_{w(1+6n)}$：$1+6n$ 次の巻線係数である．

一方，ギャップのパーミアンス分布を表すパーミアンス係数は，スロットピッチを基本次数とする成分とその高調波成分を含むことになるので

$$\sum_a P_a\cos(aZ_1\theta_1) \qquad (4.5.4)$$

と表される．ここで，a：ゼロおよび正・負の整数である．

回転子の永久磁石により生じるギャップ磁束密度は式(4.5.2)と式(4.5.4)の積(＝①式)，固定子の電機子起磁力により生じるギャップ磁束密度は式(4.5.3)と式(4.5.4)の積(＝②式)である．全起磁力 F は式(4.5.2)と式(4.5.3)の和(＝③式)であり，全磁束密度 B は①式と②式の和(＝④式)である．よって，③，④式を式(4.5.1)に代入することでトルク式を導くことができる．回転子の角速度 ω_m と電機子電流の角速度 ω の関係が

$$\omega_m=\frac{\omega}{Z_2} \qquad (4.5.5)$$

であるとき，同期した定常トルクを発生する．一般的に，電流値と回転角度を検出し，定常トルクが常に最大となる電流制御を行う．よって，最終的に定常トルク T は

$$T=Z_2\frac{3\tau l_a N_1 I_1}{\sqrt{2}\pi}\left\{k_{w1}B_{m1}+(-1)^{aq}\frac{k_{w(1\pm 6aq)}}{(1\pm 6aq)}B_{m(1\pm 6aq)}\right\} \qquad (4.5.6)$$

と表される．ここで，a：正の整数，q：毎極毎相のスロット数の分子であり

$$Z_1=6aqp \qquad (4.5.7)$$
$$Z_2=(6aq\pm 1)p \qquad (4.5.8)$$

の関係がある．B_{m1} と $B_{m(1\pm 6aq)}$ は永久磁石によるギャップ磁束密度であり，p 次の基本波成分と $(1\pm 6aq)p$ 次の高調波成分である．

式(4.5.6)の右辺かっこ内の第1項はバーニアの原理により発生する永久磁石のギャップ磁束密度p次成分を利用したトルクを意味する．右辺かっこ内の第2項は，$(1\pm 6aq)p$が式(4.5.8)より$\pm Z_2$とおけるので，極対数Z_2の永久磁石起磁力を利用した永久磁石モータ本来のトルクを意味する．

同様に他構造のバーニアモータのトルク式も導くことができる[1～4]．ただし，VR形はPM形やHB形と異なった同期速度

$$\omega_m = \frac{2\omega}{Z_2} \tag{4.5.9}$$

であるときに定常トルクを発生する．

4.5.3 バーニアモータの試作事例

表面PM形バーニアモータの試作事例について紹介する[5]．図4.51および表4.10は試作機の構造と諸元である．固定子の電機子巻線の極対数は$p=2$，固定子のスロット数は$Z_1=24$，回転子の永久磁石極対数は$Z_2=22$，毎極毎相のスロット数は2/11である．したがって，式(4.5.7)，(4.5.8)より$a=1$, $q=2$, $1-6aq=-11$となる．一方，電機子巻線は1つのコイル幅が電気角300°，同相のコイルが電気角330°の位相差で分布しているので，巻線係数k_{w1}, $k_{w(-11)}$は短節係数と分布係数が掛け合わされた$k_{w1}=0.836$, $k_{w(-11)}=-0.836$となる．式(4.5.6)右辺かっこ内の第1項と第2項のトルク比は，ギャップ磁束密度の設計値から計算すると7：3となる．

図4.52は試作機のホールディングトルク特性である．理論的なコギングトルクの発生次数はスロット数$Z_1=24$と永久磁石極対数$Z_2=22$の最小公倍数528次である．極めて高次であるため，実測されたコギングトルクはほぼゼロとなっている．また，トルク/電流比が10％低下する点を最大トルクと定義すれば，最大接線応力（最大

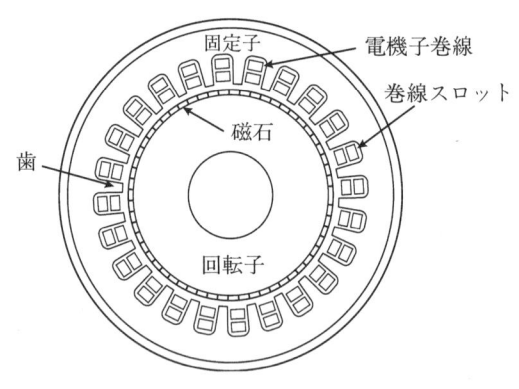

図4.51 表面PM形バーニアモータ試作機の構造

表4.10 試作機の諸元

ステータ	外径×長さ	ϕ122×63 mm
	スロット数	24 ($Z_1=24$)
	スロットピッチ	10.5 mm
	歯端幅	3.14 mm
ロータ	外径×長さ	ϕ80×63 mm
	磁石数	44 ($Z_2=22$)
	磁石 (Nd-Fe-B)	30 MGOe
	ギャップ	0.3 mm

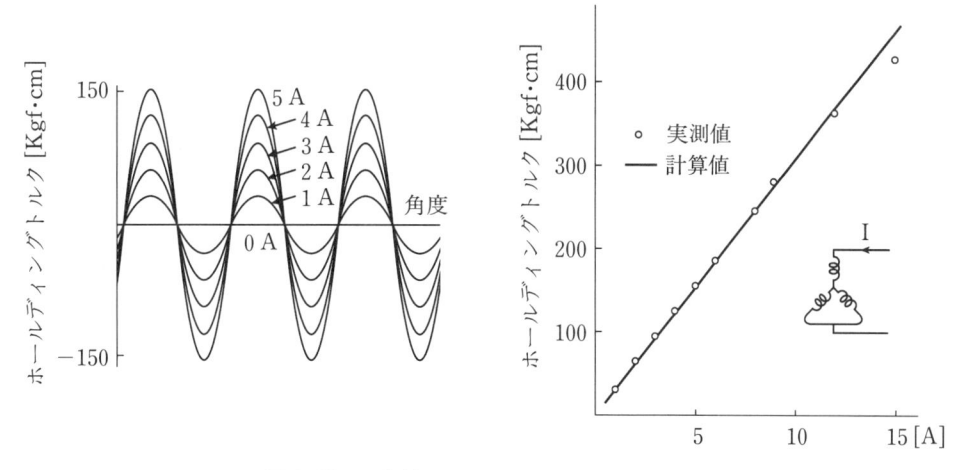

図 4.52 試作機のホールディングトルク特性

トルク/ギャップ面積)は，約 7 N/cm² に達する．この値は永久磁石同期機に比べ遜色ない大きな値である．このように PM 形バーニアモータは，ダイレクトドライブ用に要求される低速大トルクおよび小コギングトルクの特性を有している．

一方，永久磁石同期機に比べ力率が大幅に低下する．そのため，大容量用途への適用時にインバータ容量が増大することが問題視されている[6]．低力率の原因は，スロット開口幅が広く永久磁石の有効利用率が極めて低いためである．

バーニアモータは低速大トルクの長所を有する一方で，低力率の短所を有する．この短所の影響を比較的受けにくい小容量のダイレクトドライブ用として実用化が進むものと考えられる．　　　　　　　　　　　　　　　　　　　　　　　〔鹿山　透〕

参 考 文 献

1) 石崎　彰・田中丈志・高崎一彦・西方正司・渡邊勝之・片桐淳夫：PM 形バーニアモータの理論とトルク特性，電学論 D, **113**, 10, pp. 1192-1199 (1993)
A. Ishizaki, T. Tanaka, K. Takasaki, S. Nishikata, K. Watanabe and A. Katagiri : Theory and torque characteristics of PM vernier motor, *T. IEE Japan*, Vol. 113-D, No. 10, pp. 1192-1199 (1993)
2) 石崎　彰・田中丈志・高崎一彦・西方正司・片桐淳夫：PM 形バーニアモータの設計最適化に関する検討，電学論 D, **114**, 12, pp. 1228-1234 (1994)
A. Ishizaki, T. Tanaka, K. Takasaki, S. Nishikata and A. Katagiri : Study on oprimum design of PM vernier motor, *T. IEE Japan*, Vol. 114-D, No. 12, pp. 1228-1234 (1994)
3) 渡邊勝之・斎藤和夫・石崎　彰：HB 形バーニア・モータのトルクについて，平成 2 年電気学会全国大会，**7**, 158 (1990)
4) 石崎　彰・柴田幸也・渡邊勝之・斎藤和夫：バーニアモータのトルクを活用した低速大トルク駆動について，電学論 D, **111**, 9, pp. 786-793 (1991)
A. Ishizaki, Y. Shibata, K. Watanabe and K. Saito : Low speed high torque drive system applying vernier motor torque, *T. IEE Japan*, Vol. 111-D, No. 9, pp. 786-793 (1991)
5) 長坂長彦・岩渕憲昭：バーニヤ構造 PM 形ブラシレス DC モータの試作，平成元年電気学会全国大会，**6**, 177 (1989)

6) 鳥羽章夫・渡部俊春・大沢　博・小金井義則：5 kW 級低速大トルク表面磁石バーニアモータの特性評価，電学論 D, **122**, 2, pp. 162-168 (2002)
A. Toba, T. Watanabe, H. Osawa and Y. Koganei : Design and experimental evaluations of 5kW-surface permanent magnet vernier machines, *T. IEE Japan*, Vol. 122-D, No. 2, pp. 162-168 (2002)

5
特殊モータ

5.1 アクチュエータ一般

　機械的な動きを与えるアクチュエータとして使われるものは，駆動源でみると電気駆動だけでなく，油圧，空気圧も数多く用いられる．また，アクチュエータとしては，回転運動を与えるモータだけでなく，直線運動を与えるシリンダなどの要素もある．本節では電気駆動モータ以外の分野について概説する．

5.1.1 油空圧アクチュエータ総論
　アクチュエータとして油空圧を使用する理由としては，以下のようなことがあげられる．
① 大きな力を容易に作り出すことができる．
② 発生させる力に対し，機器の重量，サイズがコンパクトである．
③ 特に直線運動で大出力を出すためには油空圧シリンダ以外に適当なものがない．
④ 離れたところに動力を伝達するのが容易である(機械的構造物でなく，配管により動力を伝達できるため，伝達経路の自由度が高い)
⑤ 各種油空圧回路およびその電子制御(メカトロ化)により，容易に自由な制御が可能である．

さらに空圧を使用する際のメリットは
① 力の伝達媒体が空気であり，万一漏れても環境に負荷を与えない．特に食品などを扱う場合には重要な要素であると同時に，最近は地球環境への負荷という意味でも考えられるようになっている．
② 空気を使用するため，少々漏れたとしてもその分を補うことが容易であり，漏れをあまり気にしないでよい．
③ 漏れたとしても火災につながりにくい．
④ 動力伝達媒体(空気)に対するコストが不要である．
⑤ 圧縮性流体である空気を使用するため，エネルギの蓄積が出来，負荷の性質によっては高速作動が可能となる．

デメリットとしては

① 圧縮性流体のため，万一の場合破裂して危険であり，あまり高圧では使用しない (1 MPa 以上の圧力では圧力容器等の各種規制がかかるようになる)．このため大きな力を必要とする場合，機器の小型化が困難となる．特に負圧を利用し，大気圧との差圧で使用する機器の場合はこのデメリットが大きい．
② 水分を含む大気を使用するため，断熱圧縮，膨張により水を生じる．このため，冬季は凍結によるトラブルが発生しやすいだけでなく，通年にわたり錆の問題が生じる．
③ 乾燥空気においては潤滑性が無いため，アクチュエータ各部の摩擦によるトラブルが発生する．

これに対して油圧回路のメリットは，
① 非圧縮性流体であるため，使用圧力を高くしても破裂の危険はない．
② 非圧縮性であるため位置決め精度が高い．
③ 使用圧力を高くすることが出来るので，機器の小型化が可能となる．(空圧では 1 MPa 以下が一般的であるが，建設機械では 35 MPa が一般的に使用されている．これにより同じシリンダ推力を得ようとすると，シリンダ直径は $1/\sqrt{35}$ すなわち約 1/6 となる)

デメリットとしては
① 力の伝達媒体である油の量と質の管理が必要になり，定期的に油の交換が必要となる．
② 万一油が漏れた場合，環境に対して負荷となる．
③ 万一高温部で漏れが生じると火災につながる．

以上が油空圧アクチュエータを使用する際のメリット・デメリットであり，特に電気アクチュエータと比較すると，下記用途に用いられることが多い．
① 直線運動
② 高トルクモータ
③ 電気 (スパークや漏電，電磁ノイズなど) を嫌う環境での使用

油圧機器に関しては，建設機械がその使用量の大半を占めており，使用に当たっては油圧機器の専門メーカーを調べるだけでなく，建設機械を観察することで，その量産効果により安く高品位のものが入手できる可能性がある．

油空圧機器に関する業界団体としては社団法人日本フルードパワー工業会 (http://www.japan-fluid-power.or.jp/) があり，各種機器の製造および販売会社等が加盟し，各種資料の収集・作成，規格や基準の作成などを行っている．また専門学会としては社団法人日本フルードパワーシステム学会 (http://www.jfps.jp/) がある．

【関連規格】
① 油圧及び空気圧用語 JIS B0142:1994
② 油圧・空気圧システムおよび機器－図記号及び回路図 JIS B0125:2001

5.1.2 要素機器
a. 油圧要素機器
(1) ポンプ(pump)

油圧の発生源となるポンプには用途によりいろいろな構造のものが使われている．動力により駆動され，油圧を発生するのがポンプであるが，逆に油圧を加えることにより回転を生じて動力を取り出すことができることになるため，モータとしても同様の構造のものが用いられる．選定上の主な注目点は下記の通りである．

① 使用圧力
② 固定容量か可変容量か，可変の場合どのように操作するか．
③ 油種により内部で使用するシールなどを考慮する．
④ 耐久性
⑤ その他の特殊な要求

【関連規格】

JIS B2292:2005 油圧-容積式ポンプ及びモータ-取付フランジ及び軸端の寸法並びに表示記号

　i) 歯車ポンプ(gear pump)　両側面を挟まれた複数個の歯車を組合せ，歯車とケーシングの間にできる隙間が歯車の回転により移動しつつ容積変化することを利用したポンプ．歯車の構造により外接形と内接形に分類される．構造的に可変容量にすることは困難であり，また歯面とケーシングの精度によりシール性能が決まるため，高圧には向かない．しかし構造が簡単なため，コストと場積の面で有利であり，広い用途に用いられている．歯車ポンプではケーシング側板との隙間からの漏れも使用圧力を高く出来ない原因となるため，側板を軸方向に可動式にして側板の裏側に吐出圧力をかける事により，内圧との平衡状態を作ることで側板と歯車の隙間を適正に保ち，高圧で使用する際の漏れを減らす工夫がされているものもある．

　歯車の歯幅を変えてやることで側板などの部品は共通のままで吐出量を増やすことが出来る．また，複数のポンプを使用するときは，駆動軸を串刺しにして複数個のギヤポンプを重ねて使用する．

【関連規格】

JIS B8352:1999 油圧用歯車ポンプ

① 外接形歯車ポンプ(external gear pump, 図 5.1)
平行2軸の平歯車とケーシングからなる．使用圧力は7〜10 MPa 程度が一般的だが，可動側板を採用することで14〜25 MPa まで使用できる製品もある．

② 内接形歯車ポンプ(internal gear pump, 図 5.2)
トロコイド歯車により負圧側と加圧側の2室を仕切るような構造をとったものと，外歯のインボリュート歯車と内歯のインボリュート歯車を組合せ，仕切り板により負

図 5.1 歯車ポンプ・モータ

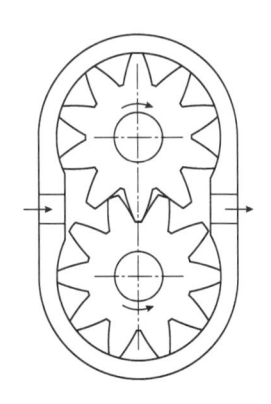

圧側と加圧側を仕切った構造のものがある．トロコイドポンプは使用圧力が 7 MPa 以下の低圧で使われるが，仕切り板を用いた形式のものでは，構造を工夫することで使用圧力を 30 MPa 程度まで高めたものもある．

ii) ベーンポンプ(vane pump, 図5.3)　ベーンポンプは，放射状の溝が掘られたロータに嵌められた板状のベーンが，ロータとは中心のずれた円筒状のケーシングの中でケーシングの内面に接して回転することにより，隣り合うベーンとロータ，ケーシングで囲まれた容積が変化することを利用して圧力を発生させる構造をとる．ケーシングとロータの相対位置を変えることにより，吐出容量を変えることができる．吐出圧力をロータとベーンの間に導いたり，ベーンをロータにばねを挟んで取り付けたりすることにより，ベーンは常にケーシングに押さえつけられることになる．簡単な構造のものは 7 MPa までで使われるが，歯車ポンプと同様に側板を可動にしたり，ベーンの構造を工夫してベーンとケーシングの接触圧力を制御することで高圧性能を高め，最高使用圧力が 40 MPa に達するものも登場している．

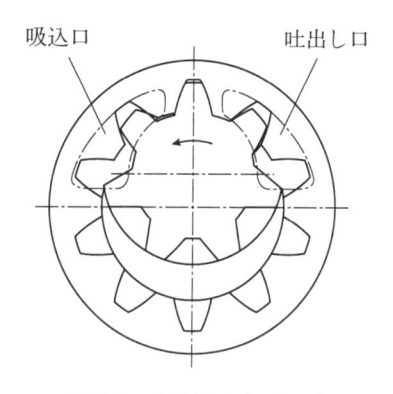

図5.2　内接形歯車ポンプ

【関連規格】
JIS B8351:1999 油圧用ベーンポンプ

iii) ピストンポンプ(piston pump)　ピストン(プランジャともいう)がシリンダ内を往復運動することによる容積変化を利用して圧力を発生させる構造をとる．プランジャポンプともいう．ピストンを動かす構造により，レシプロピストンポンプ(reciprocating piston pump)とロータリーピストンポンプがあり，ロータリーピストンポンプの中ではピストンの配列によりラジアルピストンポンプ(radial piston pump, 図5.4)とアキシャルピストンポンプ(axial piston pump)がある．更にアキシャルピストンポンプにはピストンが入力軸と平行な斜板式(swash plate type piston pump, inline piston pump, 図5.5)と入力軸に対して傾斜している斜軸式(bent

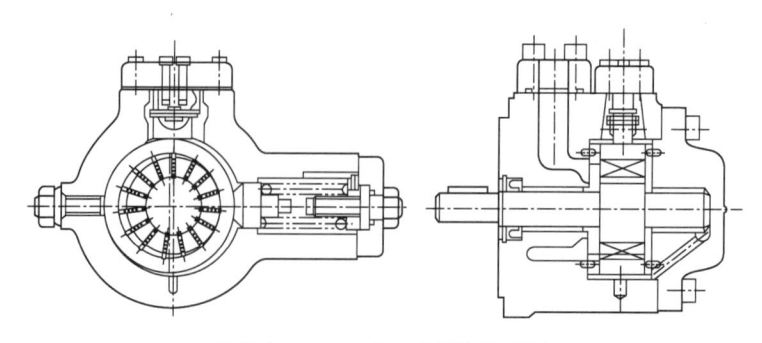

図5.3　ベーンポンプ(JIS B8351)

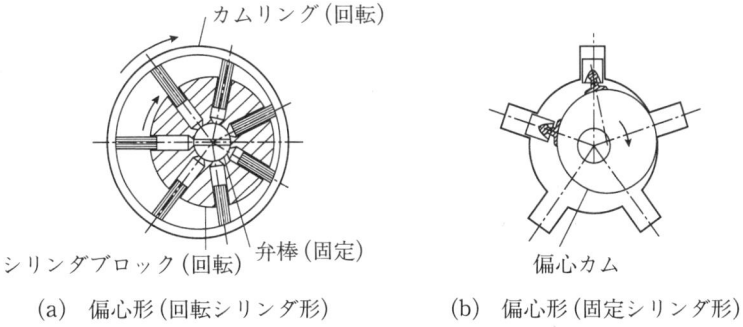

図 5.4 ラジアルピストンポンプの作動図

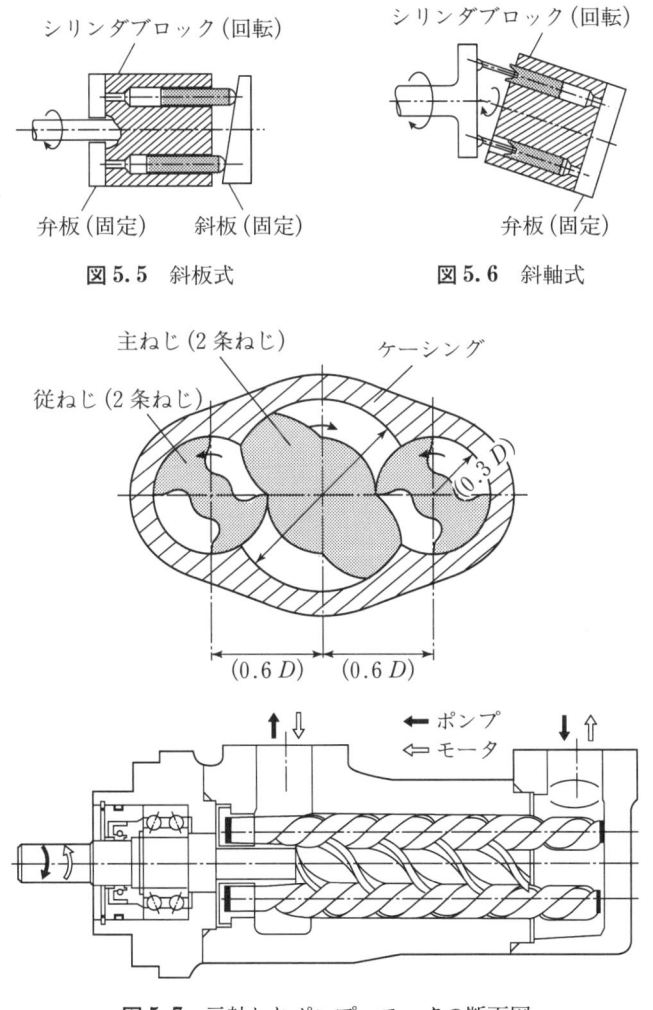

(a) 偏心形（回転シリンダ形）　　(b) 偏心形（固定シリンダ形）

図 5.5 斜板式　　**図 5.6** 斜軸式

図 5.7 三軸ねじポンプ・モータの断面図

axis type axial piston pump, angled piston pump, 図 5.6）がある．直径に対して長さの長い円筒形のピストン（このような形態のものを特にプランジャと称する）を使

用することにより，漏れを小さくすることが可能となるため，高圧の供給に最も適している．アキシャルピストンポンプでは斜板あるいは斜軸の傾斜角，またラジアルピストンポンプの場合はシリンダブロックの偏心量を変更することでピストンストロークを変更し，吐出量を可変に出来る．

脈動を減らすためにプランジャの数は奇数個としている．

最も数多く使われているのはアキシャルピストンポンプであり，油圧ショベルのほとんどがこれを使用している．

iv）ねじポンプ（screw pump, 図5.7）　特に圧力や流量の脈動を嫌う場合に用いられるポンプで，スクリュを組み合わせることで構成されている．ねじのかみ合いにより密閉された空間がねじの回転により軸方向に移動することにより油が連続的に軸方向に吐出される．脈動がないため運転音も小さくなる．また，ごみの影響を受けにくく，信頼性が高いのも特長のひとつで，油圧式エレベータの油圧源などに多用される．最高使用圧力は25 MPa程度である．

(2) **アクチュエータ**（actuator）

流体のエネルギを機械的エネルギに変換する機器（component）を指す．

i）モータ（motor）　基本的にはポンプに逆に油圧をかけてやることでモータとして機能するので，ポンプと同じように分類できる．

ii）シリンダ（cylinder）　シリンダは油圧を力に変換するピストン（piston），力を伝達するピストンロッド（piston rod）およびこれらを包むシリンダチューブ（cylinder tube）から構成され，油圧を推力に変換する．ピストン片側にのみ油圧のかかる単動シリンダ（single acting cylinder, 図5.8）と，両側にかかり伸縮両方向の推力を発生する複動シリンダ（double acting cylinder, 図5.9）がある．単動形シリンダの場合は，ばねあるいは重力により元の位置に戻るように設計する．

最高使用圧力は35 MPa以下が普通であるが，現在JIS B8367:2002に規定されている油圧シリンダは呼び圧力（nominal pressure) 10 MPa, 16 MPa, 25 MPaの3種類のみである（JIS B8367:1999では他に7 MPa, 14 MPa, 21 MPaが規定されていた）．し

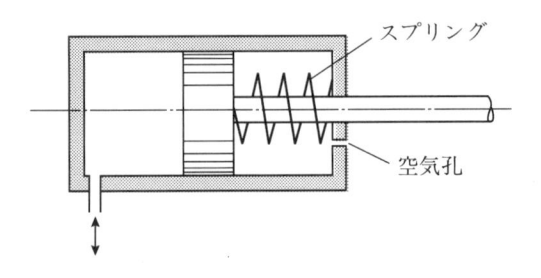

図5.8　単動シリンダ

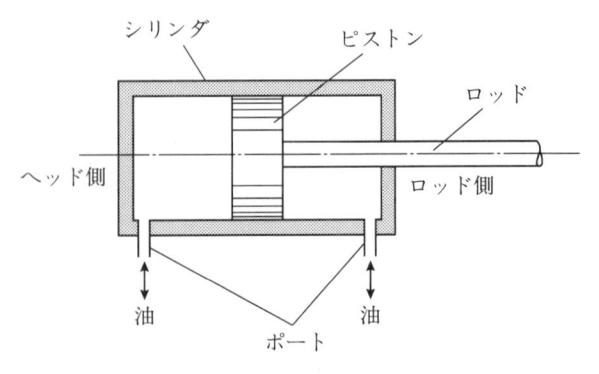

図5.9　複動シリンダ

かし JIS B8366-2:2000 では油圧・空圧システムおよび機器—シリンダとして以下の呼び圧力が規定されている．

0.63，1，1.6，2.5，4，6.3，10，16，25，31.5，40 (MPa)

ロッドがピストン片側だけにある片ロッドシリンダと，両側にある両ロッドシリンダがある．片ロッドシリンダの場合，ロッドの付いている側と付いてない側では同じ油圧で発生する力や同じストロークのために必要とする油量が異なるため，車両のステアリング回路など双方向で同じ力，同じ動きを必要とする場所に使用する場合は注意が必要である．

また，長いストロークを必要とするが縮めた時は短いスペースに収める必要のある場合（ダンプトラックのホイストシリンダなど）には，多段チューブ形のテレスコープ形シリンダ (telescope cylinder, 図 5.10) が用いられる．

シリンダのストロークエンドで，慣性力により発生する衝撃力を緩和するため，背圧側の流体を絞ってピストンロッドの速度を減速させる機能をシリンダクッション (cylinder cushioning, 図 5.11) という．図に示すようにピスト

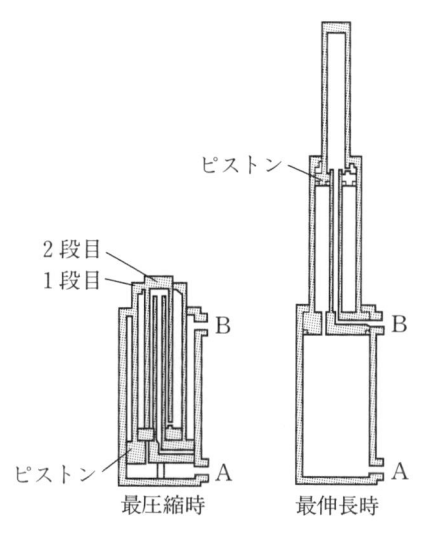

図 5.10 テレスコープ形シリンダ

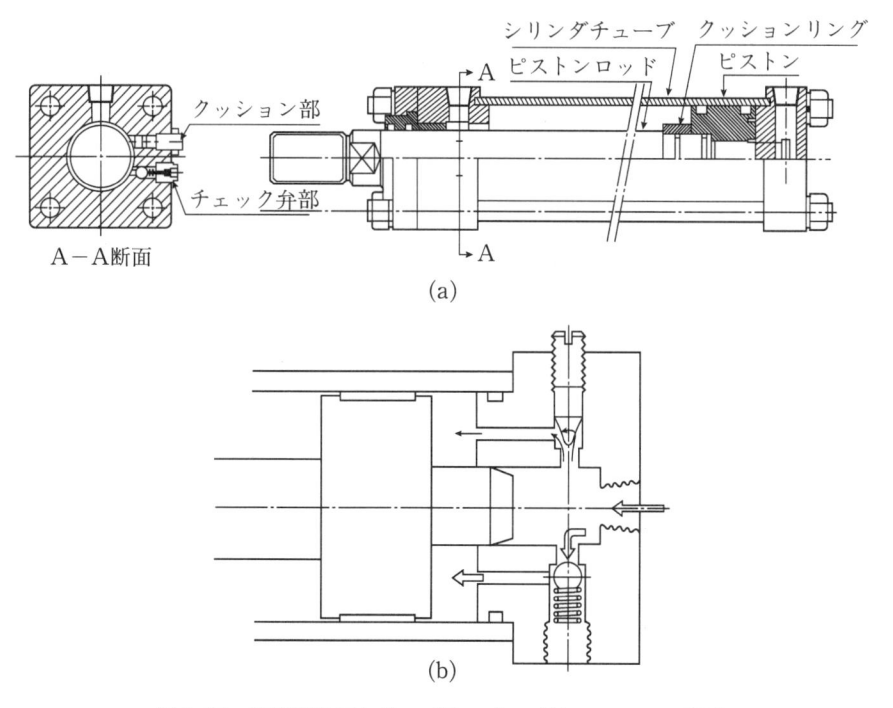

図 5.11 複動形油圧シリンダとシリンダクッションの構造

ンロッド先端のクッションプランジャあるいはピストンのロッド部に設けられたクッションリングがキャップ側 (cap end，ピストンロッドが出ていない側) あるいはヘッド側 (head end，ピストンロッドが出ている側) の穴に入ることで，流路を絞る構造である．逆に縮みはじめや伸びはじめにおける動きをすばやくするために，それぞれのポートに図に示すようなチェック弁付き流路が設けられている．

シリンダの推力は下記の式で与えられる．

$$F = \frac{\pi}{4} \times (D^2 - d^2) \times P \times \eta$$

ただし，F：シリンダ出力 (cylinder output force, N，ピストンロッドにより伝えられる機械的な力)，P：シリンダ内圧 (Pa)，D：シリンダ内径 (m)，d：ロッド径 (m，ロッドの伸びる方向の推力計算においては $d=0$)，η：シリンダの推力効率 (thrust efficiency，シリンダ摺動面やロッドパッキンなどにおける摺動抵抗を差し引いてロッドから出力される推力の割合．通常 85〜95％) である．

① シリンダ取付部の構造は図 5.12 に示すような形式がある．フート形やフランジ形で固定する場合は油圧シリンダに曲げがかからないような構造とすること．

また，シリンダのストロークを制御に利用するために，ストロークセンサを内蔵したシリンダもある．

シリンダ速度は一般に 15〜300 mm/s で使用する．速過ぎるとパッキンなどの寿命に影響するのは当然だが，遅過ぎても影響するとともに，スティックスリップ現象が起こりやすくなり，スムーズな作動ができなくなる．

細長いシリンダで圧縮力を受けて使用する際は，座屈強度を次式で確認する．

$$W = \frac{n\pi^2 EI}{l^2}$$

ここで，W：座屈荷重 (N)，E：縦弾性係数 (N/cm²)，I：ピスト

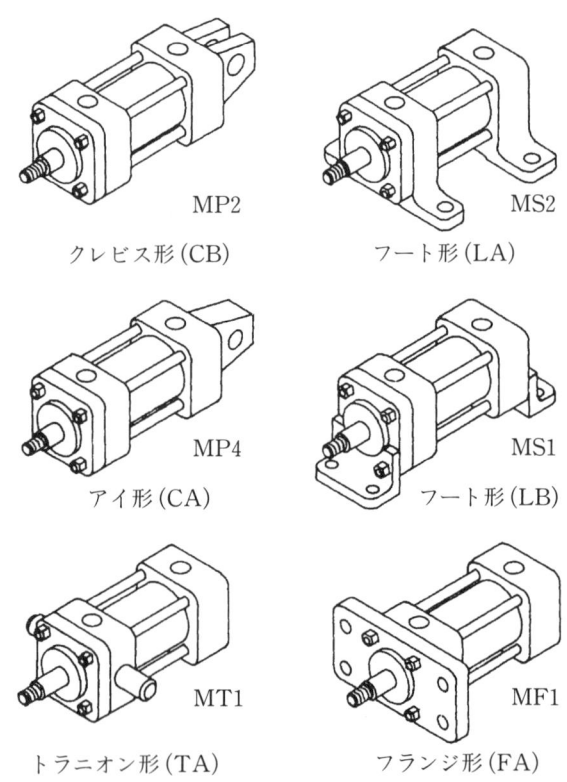

MP2　クレビス形 (CB)
MS2　フート形 (LA)
MP4　アイ形 (CA)
MS1　フート形 (LB)
MT1　トラニオン形 (TA)
MF1　フランジ形 (FA)

① トラニオン形 (trunnion mounting cylinder)
② クレビス形 (clevis mounting cylinder)
③ アイ形 (eye mounting cylinder)
④ フート形 (foot mounting cylinder)
⑤ フランジ形 (flange mounting cylinder)

図 5.12 シリンダ取付部の構造

ンロッドの断面2次モーメント (cm^4), l：取り付け長さ (cm), n：取り付け端末条件による係数, 固定－自由：$n=1/4$, 球端－球端：$n=1$, 固定－球端：$n=2$, 固定－固定：$n=4$ である.

iii) 揺動形アクチュエータ　揺動形アクチュエータにはベーン形(図5.13)とピストン形がある. ベーン形はベーンポンプと同様, 軸に取り付けられたベーンが油圧を受けて一定角度回転する構造のものである. ピストン形はピストンと揺動軸の接続方法の違いにより, ラック＆ピニオン形(図5.14), クランク形(図5.15), スコッチヨーク形(図5.16)などがある. 駆動物の大きな慣性力でアクチュエータを破損させないように外部にストッパを設けたり, ショックアブソーバを装着して減速するように工夫する.

b. 空圧要素機器

空圧要素機器が油圧要素機器と違う点について記述する.

(1) ポンプ (pump)

空圧の発生源となるポンプには大抵レシプロ式のポンプが用いられる.

(2) アクチュエータ

i) 空気圧モータ　空気圧モータの性能曲線は, 一定供給圧力のもとでは回転速度の上昇とともにトルクが減少し, 無負荷速度(最高回転)においてトルクが0となる. これはモータ内を通過する空気の抵抗により, モータの発生する出力がすべて消費されている状態である. 回転0でトルクは最大であるものの出力は0となり, 回転数の上昇とともに出力も増大し, 無負荷速度の約半分の回転で最大出力となる. さらに回転が上昇すると出力は徐々に低下し, 上記のように最高回転において再び出力が0となる.

① ロータリベーン形空気圧モータ　ロータリベーン形空気圧モータは, 放射状

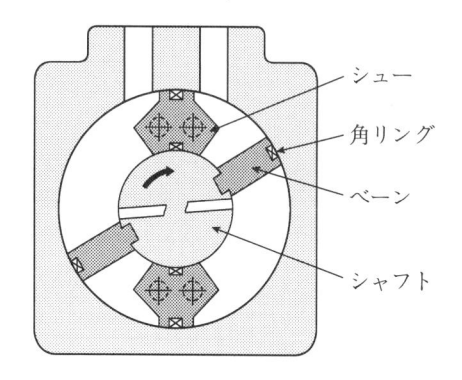

図5.13　ベーン形揺動アクチュエータ

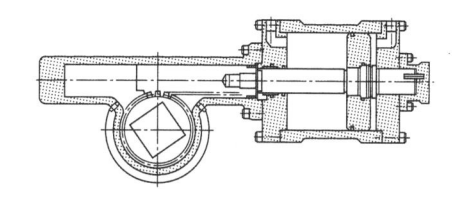

図5.14　ラック＆ピニオン形揺動アクチュエータ

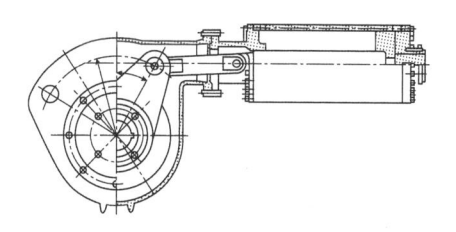

図5.15　クランク形揺動アクチュエータ

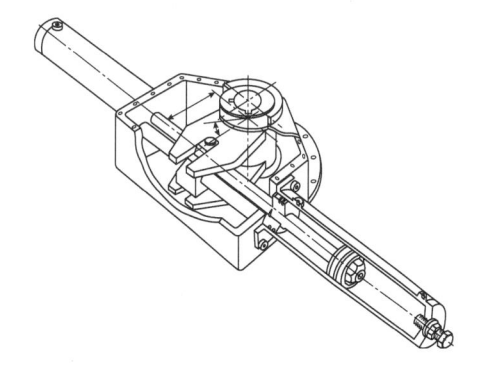

図5.16　スコッチヨーク形揺動アクチュエータ

の溝が掘られたロータに嵌められた板状のベーンが，ロータとは中心のずれた円筒状のケーシングの中でケーシングの内面に接して回転することにより，隣り合うベーンとロータ，ケーシングで囲まれた容積が変化することを利用している．単位重量当たりの出力はピストン形に比較して大きい．

② ピストン形空気圧モータ　ピストン形空気圧モータは低速高トルク型である．

ii) 空気圧シリンダ　前述のように1 MPa以上の空気圧を使用すると「高圧ガス取締法」が適用されるため，空圧回路は1 MPa未満で使用されるが，労働安全衛生規則により，定格圧力が0.2 MPa以上で内容積が40 l 以上およびストロークが1,000 mm以上のシリンダは第2種圧力容器安全規則によって規制されることになる．

〔草加浩平〕

5.2　電磁アクチュエータ

5.2.1　リニア振動アクチュエータ

一般にリニア振動アクチュエータ(LOA ; linear oscillatory actuator)では，可動体をばねで外部に固定して，固有の振動数をもつ系を構成する場合が多く，振動の安定性の向上と高効率化が図られている[1]．リニア電磁ソレノイド(LES ; linear electromagnetic solenoid)は通称ソレノイドと呼ばれ，そのストロークがあまり大きくとれない(数mm程度)が，小形のわりに比較的大きな推力が得られる特徴がある．動作時にはLESに発生する推力で可動鉄心を動作させ，復帰時にはばねの力で動作させる．LOAとLESとの厳密な分類は困難であり，その可動体の運動形態が振動的な場合を一般にLOA，そうでない場合をLESと呼んでいる．

a.　リニア振動アクチュエータの構成と種類

表5.1にLOAの分類を示す．可動体から分類すると，可動コイル形，可動鉄心形および可動永久磁石形の3種類に分類できる[2,3]．それぞれのLOAの電磁力の発生原

表5.1　LOAの分類

	可動コイル形	可動鉄心形	可動永久磁石形
可動体	コイル	鉄心	永久磁石
電磁力	電流力	磁気力	磁気力，電流力
永久磁石(バイアス)の有無	あり	あり，なし	あり
磁路の構成	アキシャル磁束形，ラジアル磁束形		
磁路の独立性	磁路独立形，磁路共通形		
推力の発生面	片側式，両側式		
形状	円筒状，平板状，角状		

理は，可動コイル形では電流力，可動鉄心形では磁気力，可動永久磁石形では磁気力または電流力である．電流力で動作するLOAは永久磁石（または，電流による磁気バイアス）を磁気回路内に有しており，フレミングの左手の法則によって電流に比例した推力が発生する．磁気力で動作するLOAの中で永久磁石を有するものはコイルに流す電流に比例して推力が発生するが，そうでないものは電流の2乗に推力が比例する特性となる．

LOAの磁路の構成は，アキシャル磁束形（軸方向磁束形）とラジアル磁束形（径方向磁束形）とに分類できる．この分類はリニアモータの磁路構成の横磁束形と縦磁束形とにそれぞれ対応している[4]．ラジアル磁束形では，ラジアル方向に磁束が流れるため電磁鋼板を用いた積層構造とすることが可能であり，また複数のLOAを多段に接続した構造も構成できる[5]．しかしアキシャル磁束形では，磁束が固定子内を三次元的に流れるため積層構造の採用が困難であり，一般にブロック材が使用されている．さらに，LOAは磁路独立形と磁路共通形とに分類でき，磁路独立形LOAは2つのコアを有し，2つのコイルに交互に電流を流すことで可動子に往復運動を与える．一方，磁路共通形では，電流を流した場合に中央磁極が共通となっているため推力の低下を招くことが確認されている[6]．

推力を発生する面で分類すると片側式と両側式とがある．形状による分類では円筒状，平板状および角状があるが，製作の容易さとコイルエンドの有無による効率の観点から円筒状LOAが最も多く製作されている．

b. 可動コイル形LOA

図5.17は，可動コイル形LOAの構造例であり，推力はフレミングの左手の法則による電流力によって発生する．可動コイル形LOAは，リニア直流モータそのものであり，推力は電流に比例し，かつ推力-変位特性は平坦な特性が得られる．ばねを用いて固有の振動数をもつ系を構成して振動の安定性の向上と高効率化が図られている．

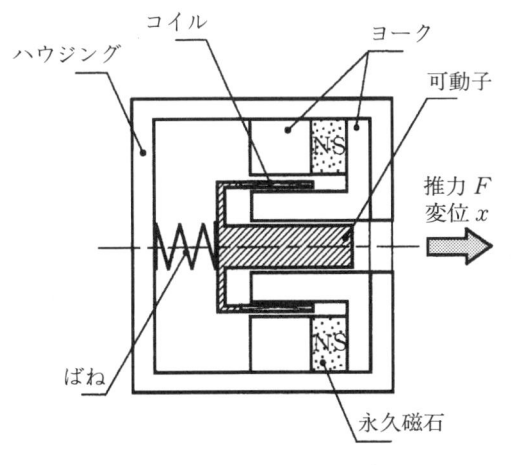

図5.17 可動コイル形LOAの構造例 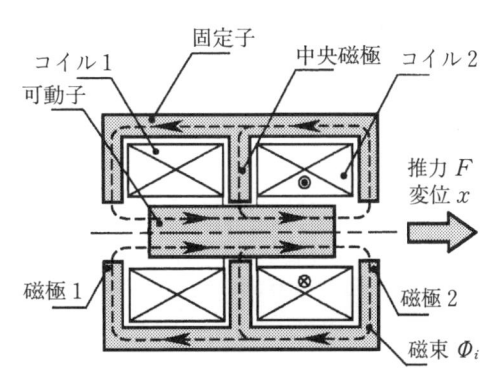   **図5.18** 可動鉄心形LOAの構造例

c. 可動鉄心形 LOA

図 5.18 は可動鉄心形 LOA の構造例であり，コイル 2 に電流を流すと，電流によって生じた磁束 Φ_i は，磁極 2 から中央磁極と磁極 1 へと流れ，さらに可動子を通り磁極 2 へと還流する．すると，同図の右手方向に推力が発生して可動子は右手方向に変位する．

各コイル 1, 2 にそれぞれ電流 $i_1(t)$, $i_2(t)$ が交互に流れると，電流が流れたコイル側の磁極と可動子との間に磁気力が作用して可動子である可動鉄心はその方向に引っ張られ，同図の左右方向に往復運動をすることになる．

図 5.18 に示した可動鉄心形 LOA の系に蓄えられる磁気エネルギー W_m は，変位 x と時間 t の関数として次式で与えられる．

$$W_m(x, t) = \frac{1}{2}L_1(x)i_1^2(t) + M(x)i_1(t)i_2(t) + \frac{1}{2}L_2(x)i_2^2(t) \quad [\text{J}] \quad (5.2.1)$$

ここで，$L_1(x)$：コイル 1 の自己インダクタンス [H]，$L_2(x)$：コイル 2 の自己インダクタンス [H]，$M(x)$：コイル 1, 2 の相互インダクタンス [H]．

この可動鉄心に作用する推力 F は，運動方向が同図中において x 方向に限定されているので，式 (5.2.1) で示される磁気エネルギーの x 方向の正の勾配となり，変位 x と時間 t の関数として次式で与えられる．

$$\begin{aligned} F(x, t) &= \frac{dW_m}{dx} \\ &= \frac{1}{2}i_1^2(t)\frac{dL_1(x)}{dx} + i_1(t)i_2(t)\frac{dM(x)}{dx} + \frac{1}{2}i_2^2(t)\frac{dL_2(x)}{dx} \quad [\text{N}] \end{aligned} \quad (5.2.2)$$

上式は，可動鉄心形 LOA の電磁力が磁気エネルギー W_m の変位 x への勾配として与えられる磁気力によって発生していることを示している．

図 5.19 に可動鉄心形 LOA の静推力特性を示した[6]．一般に可動鉄心形 LOA においては，磁極の肩と可動鉄心の先端とが一致する変位で最大推力が得られる．

図 5.20 は永久磁石を内蔵する可動鉄心形 LOA の構造であり，上下対称の構造で固定子（ヨーク，永久磁石，コイル），可動子，軸受によって構成されている[7]．固定子ヨークは無方向性電磁鋼板を積層したもので中央に磁極を設けてあり，先端部には円弧状の Nd-Fe-B 永久磁石を軸方向に NS 交互の極性となるように配置してある．また，磁極の周りにコイルが巻かれている．可動子は固定子と同様に積層構造としており，十分な強度が得られるように締結されている．

図 5.21 は，図 5.20 に示した LOA の動作原理であり，図 5.21 (a) は無励磁の場合，図 5.21 (b) は励磁した場合の磁束を示してある．図 5.21 (a) に示したように，無励磁のときは中央の磁極の内部で隣り合う異極の磁石とギャップ，可動子を通して磁束が流れている．次に図 5.21 (b) に示したように，磁極に巻かれたコイルを励磁すると，その起磁力により一方の磁石による磁束は合成されて強まり，他方は相殺されて弱まる．合成して強められた磁束はコイル外側のヨークを通して下側の磁極へ向

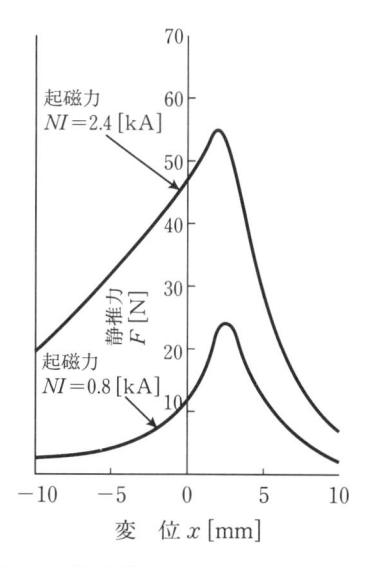

図 5.19 可動鉄心形 LOA の起磁力をパラメータとした静推力-変位特性[6)]

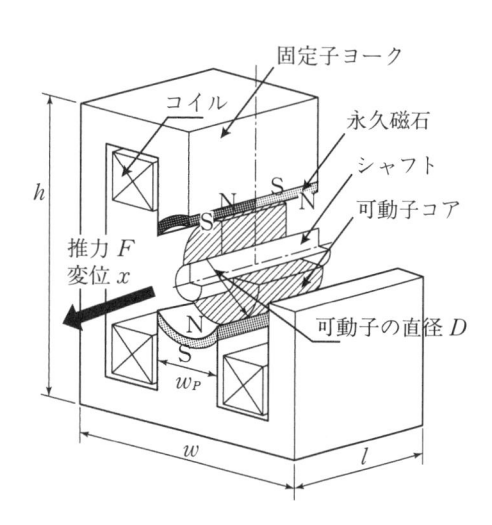

図 5.20 永久磁石を内蔵する可動鉄心形 LOA の構造[7)]

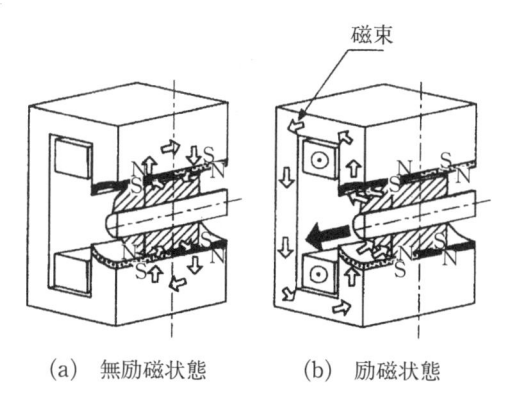

図 5.21 永久磁石を内蔵する可動鉄心形 LOA の動作原理

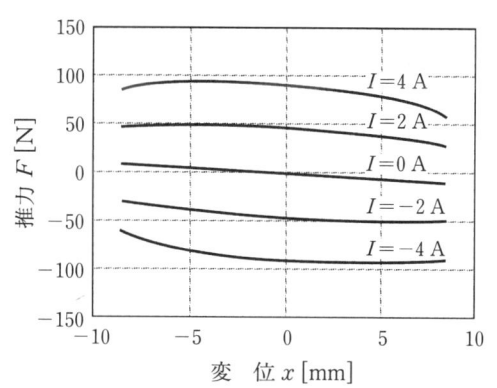

図 5.22 永久磁石を内蔵する可動鉄心形 LOA の推力-変位特性

かって流れ，その磁束は逆極性となっているため図 5.21 (b) の手前側に強められた磁束の偏りができ，可動子に作用して推力が発生する．発生する推力は電流に比例し，電流の方向を切り替えると逆方向に推力を発生する．

図 5.22 は，図 5.20 に示した永久磁石を内蔵する鉄心可動形 LOA の推力-変位特性である．変位 ±8 mm の範囲においてほぼ平坦な推力特性が得られており，変位に対する推力変化の割合を示す磁気ばね定数は 1 N/mm 以下である．

d. 可動永久磁石形 LOA

図 5.23 は可動永久磁石形 LOA の構造で上下対称の構造となっており，ヨーク，コイル，永久磁石から構成されている[8)]．ヨークは無方向性電磁鋼板，永久磁石には Nd-Fe-B 磁石を用いている．

図5.24に永久磁石による磁束 Φ_m を計算するためのパーミアンスモデルを示した．同図からパーミアンス P_1, P_2, P_m を用いて磁束 Φ_m は次式のように求められる．

$$\Phi_m = \frac{F_m}{1/p_1 + 1/p_2 + 1/p_m} \quad [\text{Wb}] \quad (5.2.3)$$

$$F_m = H_c h_m \quad [\text{A}] \quad (5.2.4)$$

ここで，F_m：永久磁石の起磁力 [A]，H_c：永久磁石の保磁力 [A/m]，h_m：永久磁石の厚さ [m]．

さらに，エアギャップの磁束密度 B は次式で求められる．

$$B = \frac{\Phi_m}{w_m l} \quad [\text{T}] \quad (5.2.5)$$

ここで，w_m：スロット開口幅 [m]，l：ヨークの積層厚さ [m]

励磁電流 I をコイルに流した場合に上下のコイルは並列接続されているので，1個当たりのコイルに流れる電流は $I/2$ となる．また，LOAの構造は上下対称であるので，LOAの全静推力を求めるためには2倍する必要がある．フレミングの左手の法則からLOAの静推力 F_s を求めると次式となる．

$$F_s = 2pNLB\frac{I}{2} \quad [\text{N}] \quad (5.2.6)$$

ここで，p：極数，N：コイル1個当たりの巻数，$L=l$：磁束密度が作用するコイルの長さ [m]．

図5.25は，可動永久磁石形LOAの推力-変位特性であり，

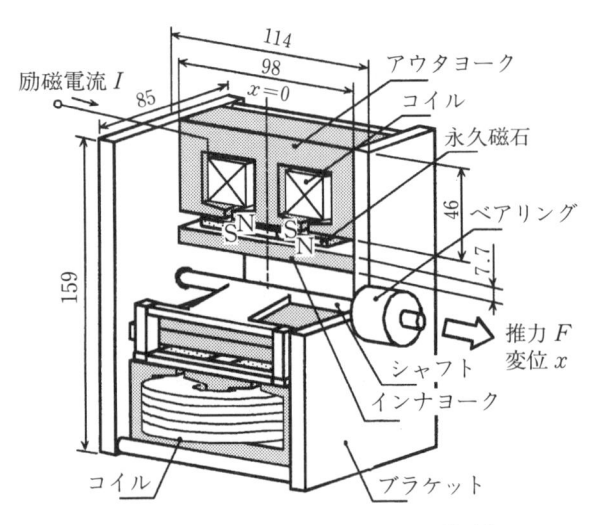

図5.23 可動永久磁石形LOAの構造[8]

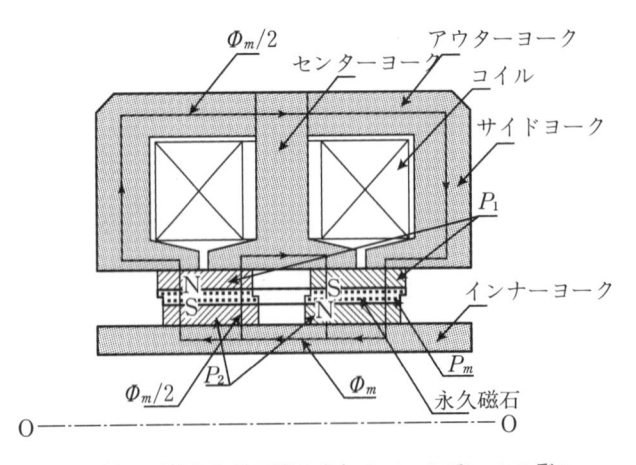

図5.24 可動永久磁石形LOAのパーミアンスモデル

同図中にパーミアンス法と有限要素法 (FEM ; finite element method) で求めた計算値を示した．励磁電流が大きくなるにしたがって，実測値とパーミアンス法との計算誤差が大きくなっているが，これはヨークの磁気飽和に起因している．また，FEMの計算誤差は5%以内となっている．パーミアンス法は簡便な方法であり，LOAの構造寸法が諸特性に与える影響を大まかに把握するためには有用な方法である．

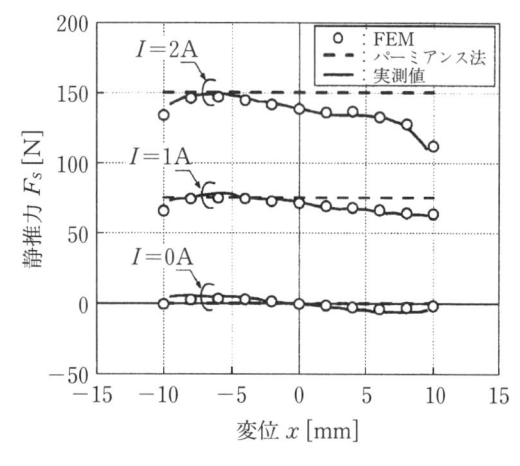

図 5.25 可動永久磁石形 LOA の推力-変位特性

5.2.2 リニア電磁ソレノイド

リニア電磁ソレノイドは，印加する電圧によって直流ソレノイド (DC solenoid) と交流ソレノイド (AC solenoid) とに分類することができる．図5.26は，リニア電磁ソレノイドの種類を示したものであり，(a) 磁気漏れ形，(b) 支点形，(c) プランジャ形，(d) 平板形，(e) 脚形に細分化される[1]．磁気漏れ形は，ストロークが大きい，可動子が移動した場合の騒音が少ないなどの利点を有しているが，吸引力や保持力の点でプランジャ形に劣るので，特殊用途にしか用いられない．

図5.27はプランジャ形リニア直流ソレノイドの構造例である．磁路は，ヨーク，固定鉄心，可動鉄心（プランジャ）から構成されており，構造用炭素鋼や軟鋼でつくられている．非磁性体のパイプが固定鉄心のガイドの役目をしている．LESの静推力 F も式(5.2.2)に示したように，磁気エネルギーの変位に対する勾配として求め

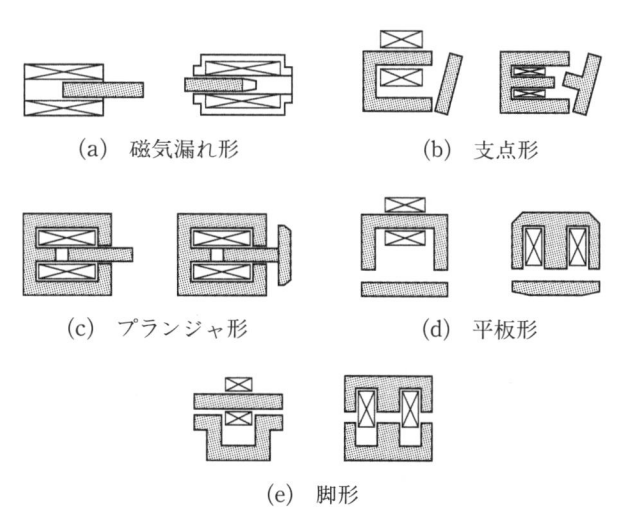

図 5.26 リニア電磁ソレノイドの種類[1]

図5.27 プランジャ形リニア直流ソレノイドの構造例

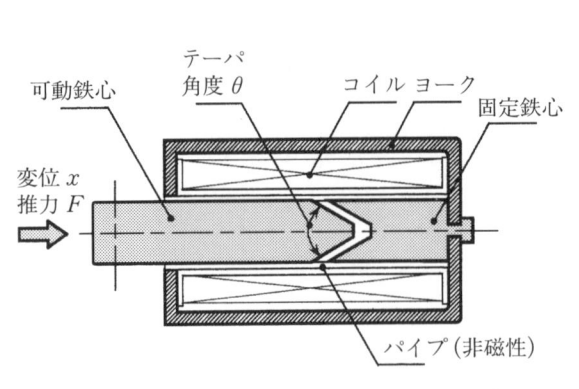

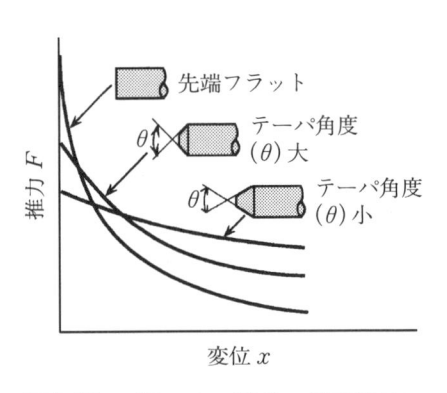

図5.28 プランジャ形リニア直流ソレノイドの可動鉄心先端形状と推力特性との関係

ることができる．

図5.28はプランジャ形リニア直流ソレノイドの可動鉄心先端形状と推力特性との関係を示したものである．プランジャ形リニア直流ソレノイドの可動鉄心および固定鉄心のテーパ角度θを変えることで推力-変位特性を変化させることができる．同様に，図5.18に示した可動鉄心形LOAにおいても可動子と磁極にテーパを付けることによって推力-変位特性を変化させることができる．

5.2.3 超磁歪アクチュエータ

超磁歪材料は，希土類金属であるTbやDyを含む合金で$Tb_{0.3}Dy_{0.7}Fe_2$の合金が一般的であり，0.1〜0.2%(1000〜2000 ppm)の巨大磁歪を有している[9]．代表的な製法には，ブリッジマン法と粉末冶金法がある．ブリッジマン法は原材料を溶解成形後，熱処理を施して結晶を成長させる方法であり，加工コストが高い．それに比べて粉末冶金法は，原材料を粉砕して磁場中形成後焼結するため加工コストが安く，圧縮形成のため多様な形状の製造が可能である．これらの超磁歪材料を用いたアクチュエータは超磁歪アクチュエータと呼ばれている．海洋音響トモグラフィ用振動子，超磁歪ブレーキやアクティブ制振などのアクチュエータへの応用例がある[9]．

図5.29は超磁歪素子を用いた油圧ポンプの構造である[10]．コイルに電流を流すと超磁歪素子は伸長してピストンを押し，作動油が加圧されて吐出側のチェック弁が開き油圧がブレーキに供給される．逆にコイル電流を切ると超磁歪素子は元の長さに収縮して，ピストンはばねにより左方向に戻される．このとき，作動油

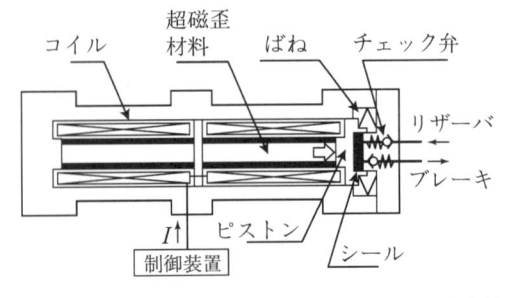

図5.29 超磁歪素子を用いた油圧ポンプの構造[10]

はリザーバから吸入側のチェック弁が開いて吸入される．電流 I の周波数の2倍の周波数でピストンは駆動される．

5.2.4 静電アクチュエータ

1980年代後半より半導体製造プロセスを用いたマイクロ静電アクチュエータが注目されて試作されるようになった．マイクロ静電アクチュエータが注目を集めた理由として，2つの電極をギャップと隔てて配置する単純な構造であるためマイクロマシニングで製作しやすいことと，寸法を小さくするほど力密度(単位体積当たりの発生力)が向上することがある．上述の理由により，静電アクチュエータはマイクロアクチュエータとしての試作例が多く報告されているが[11]，本項では比較的大きな静電アクチュエータについて紹介する．

図5.30は紙送り機構用に開発された誘導電荷形静電アクチュエータの構造であり，帯状電極を有する固定子と高い抵抗率を有する移動子から構成されている[12]．移動子は固定子の上に直接置かれ，固定子電極は3相に配置されている．まず，図5.30(a)のように，3相の電極のうち1相目と2相目の電極にそれぞれ正負の電圧を印加して3相目の電極を接地する(以下，このような電圧の印加の方法を$[+,-,0]$と記述する)．すると，電極内には電源から電荷が直ちに誘導される．移動子は微弱な導電性を有するために，移動子内部には電極内の電荷がつくる電場によって微弱な電流が流れ，移動子の固定子側界面には固定子電極の反対極性の電荷が徐々に誘導される．このような静電誘導現象はある一定時間，すなわち，移動子の電気抵抗と電極間の静電容量で定まる時定数 T の間続き，その後平衡状態に達する．このときの界面上の電荷は，図5.30(b)の点線で示した位置にある仮想電荷で置き換えることができる．次に図5.30(c)のように印加電圧を$[-,+,-]$に切り替える．すると固定子電極内の電荷は直ちに入れ替わるが，移動子内の電荷は，移動子の高い抵抗率のために時定数 T までの間，移動子内の同じ位置にとどまる．この間，移動子の電荷とその真下にある固定子の電荷は同符号となるため，移動子には上向きの力が働き，移動子・固定子間の摩擦力が軽減される．同時に第三の電極に誘導された負の電荷により，移動子には右向きの力が働く．ここで，時定数 T が十分長ければ，移動子は固定子の電極ピッチ程度右に移動する．この後は，図5.30(b)

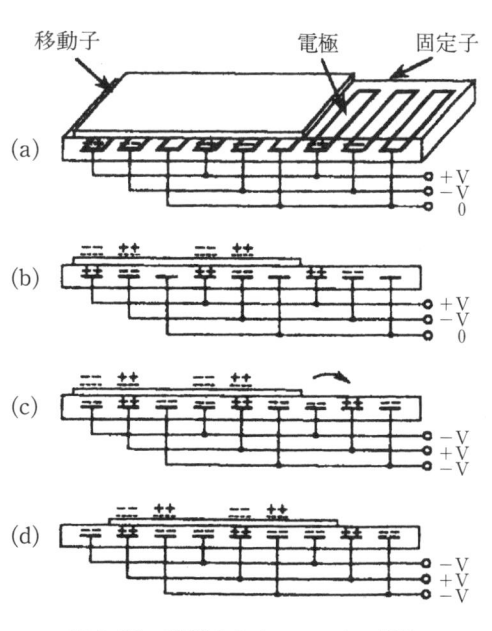

図5.30 静電アクチュエータの構造

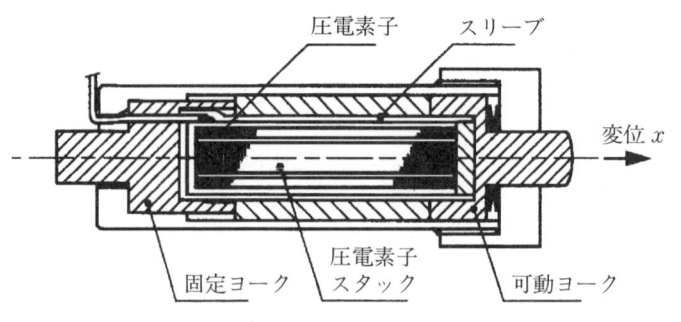

図 5.31 圧電アクチュエータの構造例

から (c) の操作を電極ピッチで 1 ピッチずつずらした電圧印加パターンで行うことで，移動子はステップ状に連続搬送される．

5.2.5 圧電アクチュエータ

PZT (チタン酸ジルコン酸鉛) などの圧電材料に電圧を印加すると伸縮する性質があり，逆圧電効果と呼ばれ，この効果を用いて動作するのが圧電アクチュエータである[11]．発生力も大きく，応答速度も比較的速いのが特徴である．変位は全長の 0.1% (1000 ppm) 程度と比較的小さいため，バイモルフやてこの原理を用いた変位拡大機構と組み合わせて使用される場合もある[13]．圧電材料には，クリープ（一定電圧でも変位が徐々に変化する）やヒステリシス（同じ電圧でも伸び方向と縮み方向で変位量が異なる）の問題があり，高精度の位置決めを行うためには変位センサを用いた閉ループ制御が用いられる．

図 5.31 は圧電アクチュエータの構造例である．大きな変位が得られるように圧電材料を積層して圧電素子スタックを構成し，この圧電素子スタックをスリーブで覆う構造となっている．図中の左端が固定側であり，右端が可動側である．左端には固定ヨークが組み込まれており，このヨークを介して圧電アクチュエータは機械的に固定され，右端には可動スリーブが組み込まれている．電圧が印加されると逆圧電効果により圧電素子自体が伸びて可動ヨークが変位する． 〔水野　勉〕

参 考 文 献

1) 電気学会磁気アクチュエータ調査専門委員会編：リニアモータとその応用，電気学会 (1984)
 The Magnetic Actuator Technical Commitee of The Institute of Electrical Engineers of Japan : Linear motors and their applications, IEE Japan (1984)
2) 水野　勉・山田　一：リニア振動アクチュエータの分類と研究開発の現状 — 磁気力で動作するリニア振動アクチュエータ—，電気学会リニアドライブ研究会資料，LD-96-117，pp. 19-28 (1996)
 T. Mizuno, H. Yamada : Classifications and present situation on research and development of linear oscillatory actuator ; linear oscillatory actuator acted by magnetic force, Techical Meeting on Linear Drives, LD-96-117, pp. 19-28 (1996)
3) 水野　勉・山口昌樹・山田　一：リニア振動アクチュエータの分類と研究開発の現状 — 電流力で

動作するリニア振動アクチュエータ—, 電気学会リニアドライブ研究会資料, LD-97-36, pp. 41-46 (1997)

T. Mizuno, M. Yamaguchi, H. Yamada : Classifications and present situation on research and development of linear oscillatory actuator ; linear oscillatory actuator acted by electrodynamic force, Techical Meeting on Linear Drives, LD-97-36, pp. 41-46 (1997)

4) 山田 一・三輪善一郎・海老原大樹：リニアアクチュエータとその応用機器の開発動向, 自動化技術, **16**, 11, pp. 147-148 (1985)

5) 中尾春樹：エアーコンプレッサ, 機械設計, **29**, 12, pp. 60-65 (1985)

6) 山田 一・浜島孝徳・大平膺一：鉄心可動形リニア振動アクチュエータの推力特性の改善, 電気学会論文誌 B, **105**, 10, p. 85 (1985)

H. Yamada, T. Hamajima, Y. Ohira : Improvement of thrust characteristics of moving iron type linar oscillatory actuator, T. IEE Japan, Vol. 105-B, No. 10, p. 85 (1985)

7) 中川 洋・福永 崇・村口洋介：鉄心可動形 LOA「レシプロモータ」の諸特性, 電気学会リニアドライブ研究会資料, **LD-03-77**, pp. 7-10 (2003)

H. Nakagawa, T. Fukunaga, Y. Muraguchi : Basic characteristics of moving-iron-type linar oscillatory actuator ; Reciprocating-motor, Techical Meeting on Linear Drives, LD-03-77, pp. 7-10 (2003)

8) 水野 勉・宇津野良・高井正樹・八重樫拓也・山本秀夫・渋谷浩洋・山田 一：大きいモータ定数をもつ磁石可動形リニア振動アクチュエータの設計, 日本 AEM 学会誌, **9**, 4, pp. 509-515 (2001)

T. Mizuno, M. Utsuno, M. Takai, T. Yaegashi, H. Yamamoto, K. Shibuya, H. Yamada : A design of amoving-magnet-type linear oscillatory actuator having large motor constant, *Journal of The Japan Society of Applied Electromagnetics and Mechanics*, Vol. 9, No. 4, pp. 509-515 (2001)

9) 脇若弘之・山田洋次：超磁歪材料の材料開発と応用の動向, 日本応用磁気学会誌, **25**, 8, pp. 1425-1433 (2001)

H. Wakiwaka, Y. Yamada : Trends in the development of giant magnetostrictive materials and their applications, *Journal of Magnetics Society Japan*, Vol. 25, No. 8, pp. 1425-1433 (2001)

10) 村田幸雄・増子 実・小川 豊・脇若弘之・水野 勉・山田 一：超磁歪材料を用いたディスクブレーキアクチュエータの開発, 第 11 回「電磁力関連のダイナミックス」シンポジウム, pp. 361-364 (1999)

Y. Murata, M. Mashiko, Y. Ogawa, H. Wakiwaka, T. Mizuno, H. Yamada : Development of disc brake actuator using giant magnetostrictive material, 11th Symposium on Electromagnetics and Dynamics, pp. 361-364 (1999)

11) 電気学会：電気工学ハンドブック（第 6 版）, 電気学会, pp. 464-466 (2001)

IEE Japan : Electrical engineering handbook, IEE Japan, 6th Edition, pp. 464-466 (2001)

12) 新野俊樹・柄川 索・樋口俊郎：静電力による紙送り機構, 精密工学会誌, **60**, 12, pp. 1761-1765 (1994)

T. Niino, S. Egawa, T. Higuchi : An electrostatic paper feeder, *Journal of The Japan Society of Precision Engineering*, Vol. 60, No. 12, pp. 1761-1765 (1994)

13) 内野研二：圧電/電歪アクチュエータ, p. 257, 森北出版 (1986)

5.3 超音波モータ

5.3.1 超音波モータの特徴

超音波モータは，1980 年に指田[1]が発明した摩擦駆動形のアクチュエータである．超音波モータでは，振動子の一部に配置された圧電素子（PZT）によって，金属など

の弾性体に，周波数が超音波領域(20 kHz 以上)の固有振動を励振する．また，摩擦力を介して振動エネルギーを移動体の回転あるいは並進運動に変換する．以上のような原理に基づき，超音波モータは，一般の電磁モータと比較して，以下に示す特徴を有する．

(1) 低速高トルク特性を有するためダイレクトドライブに適する
(2) 応答性・制御性に優れるため精密位置決めに適する
(3) 無通電時に摩擦に伴う保持トルクを有する
(4) 電磁波を発生せず，電磁波の影響を受けない
(5) 減速ギヤが不要であるため静粛性に優れる
(6) 小形・軽量化が可能
(7) 用途に応じて様々な形状のモータを設計可能
(8) 摩耗・発熱が小さくない
(9) 高速回転域での駆動には向かない
(10) 高周波駆動回路が必要

超音波モータは振動子(ステータ)と移動子(ロータ，スライダ)から構成される．一般に，駆動方式によって進行波形と定在波形に大別されている．まず，リング形超音波モータを例に，進行波形超音波モータの駆動原理を示す．

5.3.2 進行波形超音波モータ

リング形超音波モータの斜視図を図 5.32 に，圧電素子の分極状態を図 5.33 に，駆動原理の模式図を図 5.34 に示す．振動子は金属弾性体の底面に圧電セラミックスを貼り合わせた構造であり，上部に多数の突起を備えている．図 5.33 に示したように，振動子に進行波を励振するために，圧電素子には2組の駆動電極(A 群と B 群)が形成されている．それぞれの駆動電極の長さは進行波の1/2波長であり，交互に逆極性

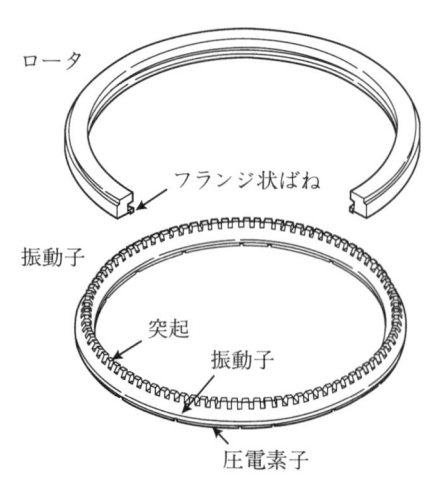

図 5.32 リング形超音波モータ斜視図

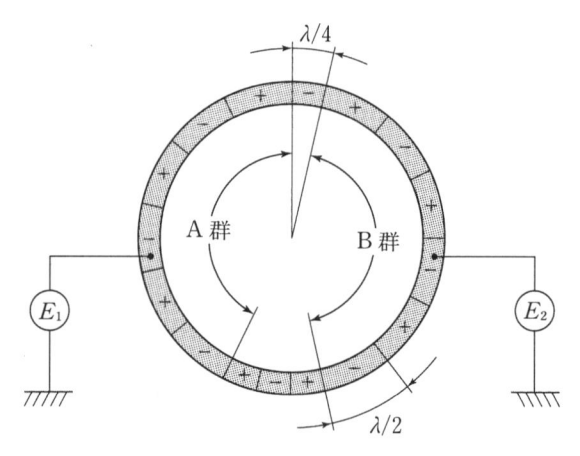

図 5.33 リング形超音波モータにおける圧電素子分極状態と印加電力の模式図

に分極されている．これらの駆動電極に，周波数がたわみ振動の固有振動数に近い交流電圧を印加すると，圧電セラミックスは交互に伸縮し，振動子にたわみ振動が生じる．したがって，2つの駆動電極群に位相差が90°の交流電圧をそれぞれ同時に印加すると，位置的にも時間的にも位相がずれた2つの定在波が合成され，たわみ振動の進行波が得られる．また，印加電圧位相差の符号を切り替えることにより，進行波の進行方向を逆転することができる．なお，振動子を有限長の弾性体とすると，両端で波が反射するため進行波の励振が困難なので，多くの進行波形超音波モータでは円環[1,2]あるいは円盤状[3]の振動子が用いられている．

図5.34に示したように，弾性体に右向きの進行波が励振されると，弾性体表面の点Pは反時計回りのだ円軌跡を描いて運動する．ただし，図5.34は誇張して描かれている．実際は，波長数十mmに対し振幅は数μmである．ロータをばねなどによって加圧接触させると，ロータは進行波の波頭で振動子と接触し，振動子表面のだ円軌跡に沿って進行波の進行方向と逆向きに摩擦駆動される．

図5.35は別の形状の進行波形超音波モータの例である[4]．ランジュバン形振動子のように積層圧電素子を振動子間にボルト締めした構造になっている．図に示したような，紙面内の屈曲一次モードと，紙面に垂直な方向の屈曲一次モードを，時間的に90°位相を違えて励

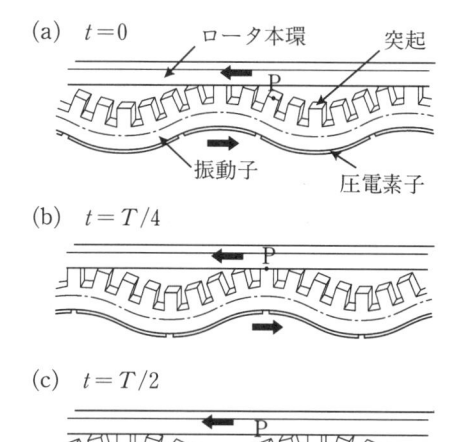

図5.34 リング形超音波モータ展開図を用いた駆動原理の説明図

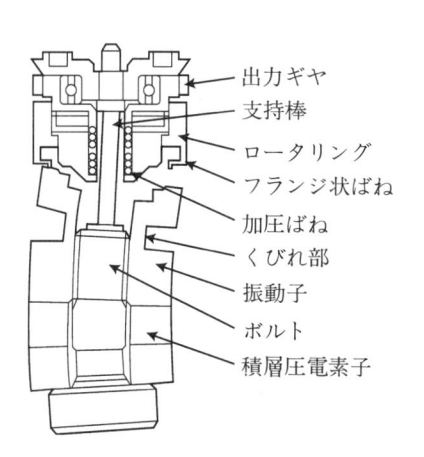

図5.35 棒状超音波モータ断面図を用いた駆動原理の説明図[4]

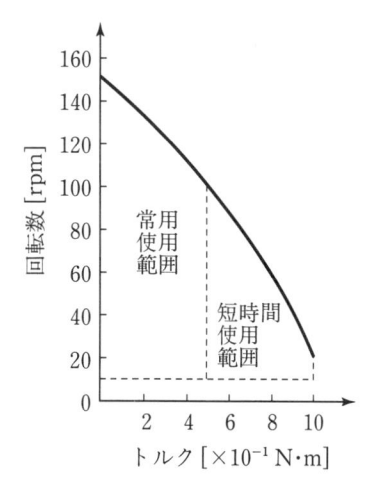

図5.36 超音波モータの速度-負荷特性の例(新生工業USR60)[5]

振すると，振動子先端部分は首振り運動を行う．このため，振動子先端に接触するロータは，軸周りに回転することになる．

また，進行波形超音波モータの性能の一例として，直径60 mmのリング形超音波モータの速度-負荷特性を図5.36に示す[5]．電磁モータよりも大きなトルクが容易に得られていることがわかる．

5.3.3 定在波形超音波モータ

進行波形超音波モータでは，振動子の2つの相似な固有振動を利用していたが，定在波形超音波モータでは一般に異なる2つの固有振動，あるいは1つの固有振動を用いて部分的なだ円運動または往復運動を生成する．例えば，板の曲げ振動と縦振動の固有振動数を一致させ，90°の位相差をもつ交流電圧を印加すると，2つの振動を異なった位相で発生させることができる．縦振動による振動方向と曲げ振動による振動方向が直行する部分に突起を設けておけば，その点はだ円軌跡を描き，移動子を駆動することができる．また，圧電素子に入力する信号を入れ替えることにより，だ円運動の回転方向を反転することが可能である．なお，縦振動と曲げ振動以外にも，様々な固有振動を用いた定在波形超音波モータを考えることができる．すなわち，ねじり振動や縦-曲げ結合振動，平板の面内振動などを用いた定在波形超音波モータが開発されている[5]．

進行波形超音波モータは，弾性波の進行とともに振動子と移動子の接触部分が連続的に移動していくうえに，接触面積が大きいため，定在波形超音波モータよりも接触部分の摩耗が少ない．一方，定在波形超音波モータは形状の設計自由度が大きいため，小形化やリニア駆動系に適している．

5.3.4 超音波モータの利用

超音波モータは前述した特徴のうち(1)～(7)に示した利点を生かし，カメラのオートフォーカス・ズームや走査形電子顕微鏡，半導体製造装置，マイクロマシン製造装置などの精密位置決め機構に利用されている．また，ロールスクリーン/カーテンの昇降，ヘッドレストの位置決め，MRIの本体および周辺機器などへの適用も行われている．さらに，近年は，自励発振回路を応用して，駆動回路も含めて小形化した超小形超音波モータが腕時計に搭載されるなど，応用展開もさかんである．

〔前野隆司〕

参 考 文 献

1) 指田年生：超音波振動を利用したモーター装置，特開昭55-125052 (1980)
2) 細江三弥：超音波モータの自動焦点レンズへの応用，東北大通研シンポジウム資料，pp. 117-118 (1989)
3) 伊勢悠紀彦：超音波モータ，日本音響学会誌，**43**, 3, pp. 184-188 (1987)
4) I. Okumura : A designing method of a bar-type ultrasonic motor for autofocus lense, Pro-

ceeding of IFToMM-jc Intl. Symp. on Theory of Machines and Mechanisms, pp. 75-80 (1992)
5) 超音波モータ連絡会：超音波モータガイド (2001)

5.4 ダイレクトドライブモータ

　一般に，モータはねじやギヤなどの動力変換機，伝達機構を通じて使用されている．ここで紹介するダイレクトドライブモータ（以下，DD モータ）とは，ねじやギヤの動力伝達機構を用いず直接負荷を駆動するモータである．原理的には前節で既に紹介されているモータの原理を応用したものである．

5.4.1 DD モータの特徴

　図 5.37 に回転テーブルを駆動する用途で，「サーボモータ＋減速機」と DD モータとを使用した例を示す[1]．DD モータは名前の通り，直接回転テーブルを駆動できるため装置全体をコンパクトに設計できる．一方，「減速機＋サーボモータ」は回転テーブルを受ける軸受とハウジング，モータの駆動を伝えるカップリングなどが必要となり，部品点数が多く，DD モータ方式よりもスペースが必要なことがわかる．この例では，DD モータ方式は「減速機＋サーボモータ」の 23% のスペースですんでいる．以下に DD モータの特徴をまとめる．

(1) 減速機とモータの組合せがなくなり，駆動部ユニットとしてコンパクトになる．特に，フットプリント（設置面積）が大幅に減少し，省スペース化，装置の小形化ができる．

(2) ねじやギヤなどの減速機を使用しないため，バックラッシがない，伝達部の

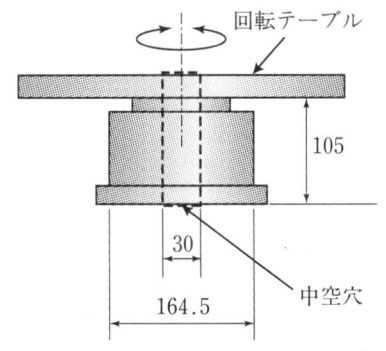

メガトルクモータ (YSB 2020) を使用の場合
占有容積：$\phi 164.5 \times 105 : 2.2\,\mathrm{m}^3$

↓

DD モータは「サーボモータ＋減速機」
に比べ，占有容積は 23%

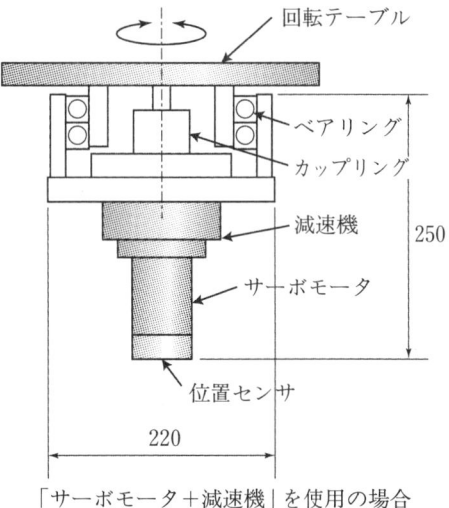

「サーボモータ＋減速機」を使用の場合
占有容積：$\phi 220 \times 250 : 9.5\,\mathrm{m}^3$

図 5.37 DD モータと「サーボモータ＋減速機」の比較[1]

摩擦・損失がない，機械剛性が高くできるなどの理由から，高精度，高速の位置決めが可能となる．

(3) モータに使用している軸受以外にメンテナンスする箇所がなくなり，メンテナンスのインターバルを長くできる，または，メンテナンスフリーが実現できる．

(4) モータ本体に中空穴が確保でき，そこを配線や配管のスペースとして使用できるため，モータを組み込んだ装置全体として，コンパクトですっきりした形にできる．

5.4.2 DDモータに求められる特性

a. 低速・高トルク

減速機なしでモータのトルクを負荷に伝達するため，減速比が1：10から1：100の減速機を使用している場合，モータのトルクとして，10倍から100倍のトルクが必要となる．

b. 高分解能の位置センサ

モータを単に駆動力源として使うのではなく，高精度，高速の位置決めを行うためには，モータの極数と一致した高分解能の位置センサが必要になる．1回転当たり，30万分割から300万分割のセンサが実用化されている．また，最近の傾向として，インクリメンタルセンサだけでなく，アブソリュートセンサを内蔵したDDモータが主流になっている．

c. 高剛性の軸受

負荷を直接受けるため，DDモータはモータとしてだけでなく負荷の支持機構も含んだものとなる．そのため，軸受構造もモータのステータとロータのギャップを保持する役割だけでなく，負荷の支持機構としての剛性が要求される．軸受として主にクロスローラ軸受が採用されている．この理由は，クロスローラ軸受は，軸受を1個使用するだけでモーメントとスラストの両方の荷重を受けられる軸受であるため，DDモータのコンパクト性を引き出せるからである．反面，高速化の要求に関しては，クロスローラ軸受は回転数の上昇に対して損失が増大するため，高速回転には限界がある．軸受の予圧を下げるなどの対策を施しているが，モーメント剛性も下がり，新しいタイプの軸受の実現が望まれる．

d. 低 損 失

減速機を使った従来のモータではカップリングを介しており，モータの発熱は装置全体には伝わりにくかったが，DDモータではモータの発熱が装置の熱変形を起こす可能性があり，低発熱，低損失が望まれる．また，割出し機の用途では，高速性を活かし，装置のサイクルタイムを高めるため，DDモータは高いデューティで長時間使われる．この用途でも，DDモータには低損失が不可欠な項目になる．

5.4.3 実用化されているDDモータ

表5.2に現在実用化されているDDモータの分類を示す[2~7]．

5.4 ダイレクトドライブモータ

表 5.2 DD モータの分類[2~7]

モータの分類	インダクタ形					
	VR 形		HB 形			
供給会社	日本精工		横河電機		神鋼電機	
モータの形式	RS1410	JS1003	DR5500A	DR1008B	HDM1200H	HDM1010M
仕様 最大出力トルク [Nm]	245	3	500	8	2000	100
連続出力トルク [Nm]	—	—	—	—	1330	66
最高回転数 [min^{-1}]	180	←	120	144	30	120
位置検出器分解能 [パルス/rev]	614400	←	425984	507904	204800	←
繰り返し位置精度 [秒]	±2.1	←	±5	←	±6.3	←
質量 [kg]	80	3.2	75	6	282	27
外形(外径×高さ) [mm]	φ420×170	φ100×100	φ264×417	φ145×85	φ380×488	φ209×176

モータの分類	ブラシレス DC モータ形					
	SPMSM				スロットレス	
供給会社	新明和工業		CKD		安川電機	
モータの形式	B57-76	B03-06	AX1210	AX1022	SGMCS-25D	SGMCS-04C
仕様 最大出力トルク [Nm]	2130	0.08	210	22	75	10.5
連続出力トルク [Nm]	—	—	70	7	25	3.5
最高回転数 [min^{-1}]	フレームレスモータ		100	←	250	500
位置検出器分解能 [パルス/rev]	(ステータとロータのみ)		540672	←	1048576	←
繰り返し位置精度 [秒]			±5	←	—	—
質量 [kg]	46	0.05	44	8.9	25	6
外形(外径×高さ) [mm]	φ570×140	φ31.7×23	φ242×205	φ160×104	φ220×160	φ170×50

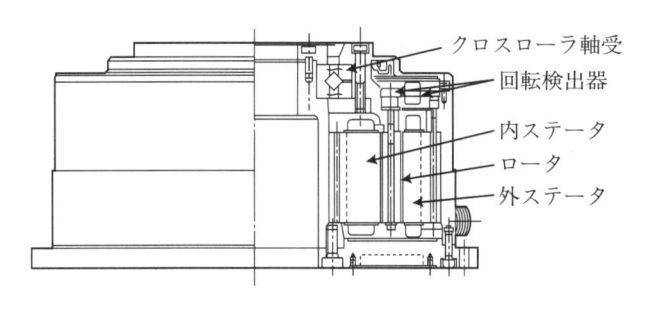

図 5.38 メガトルクモータの構造図

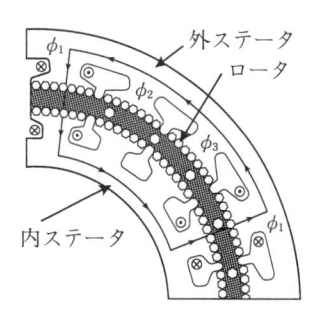

図 5.39 ロータとステータの間の磁気回路

　DD モータは動作原理から，インダクタ形(ステップモータ)とブラシレス DC モータ形に大別できる．DD モータの実用化は 1985 年にインダクタ形のメガトルクモータが業界ではじめて市販されたことに始まり，最近ではネオジム永久磁石の入手性がよくなり，ブラシレス DC モータ形も市販化されてきている[8]．

　メガトルクモータでは，ロータの歯数を 100~200 と増やすことにより，極数を容易に増やし低速・高トルクを得ている．また，図 5.38 のようにロータの内外でトルクが出せるような 2 ステータ構造をしている．各相巻線によってつくられる磁束は，図 5.39 のようにロータの半径方向に通るように励磁され，磁路の長さが短くなるように工夫されている[9,10]．

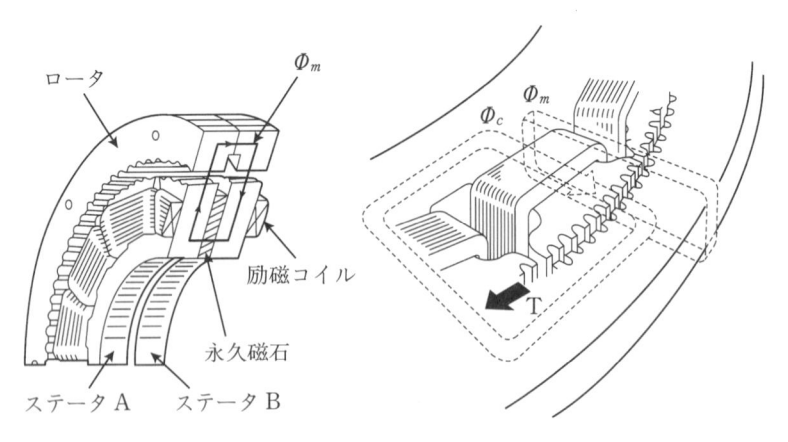

図 5.40 HB 形モータの磁気回路構成[11]

同じインダクタ形で永久磁石を使う HB 形の磁気回路を図 5.40 に示す[11]．永久磁石が発生する磁束 $Φ_m$ と磁極巻線の磁束 $Φ_c$ との和の 2 乗に比例したトルクが発生する．永久磁石をステータ側に配置し，アウタロータ構造とすることで，力発生半径を大きくして高トルクを実現している．

HD モータは図 5.41 に示す通り，VR 形のロータの鉄心歯の溝部にくし状の磁石を埋め

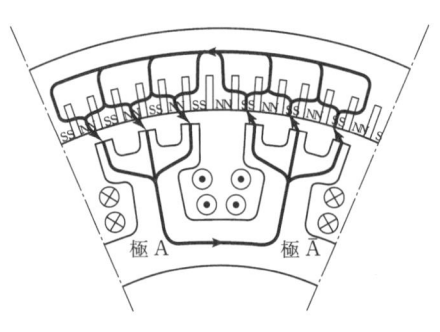

図 5.41 HD モータの磁気回路[12]

込み，歯先部に磁束を集中化させることにより，HB 形，VR 形よりも単位面積当たりの推力を向上している[12]．

ブラシレス DC モータ形はネオジム永久磁石が安価に入手できるようになり，実用化，普及が進んできた．1986 年頃の巻線方式は分布巻(図 5.42)が主流であったが[13]，最近の実用化されたものは，集中巻(図 5.43)となり，コイルエンド高さを小さくして小形化し，巻線抵抗を少なくして銅損の低減を図っている[14]．また，モータ

図 5.42 分布巻のブラシレス DC モータ

図 5.43 集中巻のブラシレス DC モータ

巻線の占積率を上げるため，磁極をストレートにして巻線は集中巻にし，コギングトルクは磁極の配置を多相多重化することで低減する方式も提案されている[15]．

また，永久磁石の高エネルギー積の出現により，スロットレスモータのDDモータが実現してきた．従来は，モータ磁束密度を上げるため，ステータ側では磁極を設け，巻線をスロットに配置する構造が一般的だったが，この方式のモータは巻線をギャップに配置する簡単な構造となっている[16]．ギャップ磁束は低くなるものの，磁極スロットに起因するコギングトルクが原理的になくなり，滑らかな回転が期待できるモータとなっている．

5.4.4 用途例

(1) CD/DVD搬送への応用（図5.44）　ストッカの割出し，プロセス処理装置の搬送アームに使用され，装置のタクトタイム向上，装置のコンパクト化に貢献している．CD/DVD製造ラインで1ライン当たり20〜30台のDDモータが使用されている．

(2) CMP装置への応用（図5.45）　減速機を使わないため騒音が少ない，モータ電流のモニタによって加工状況がより高精度化できる，コンパクトな装置が実現できるなどの理由により使用されている．

(3) インデックステーブルへの応用　図5.46では90°前の割出しを行う事例を示している．機構のシンプル化，装置の立上げの短縮化が図れる，また，割出し角度の設定，変更がフレキシブルに行えることが特徴となっている．

5.4.5 今後の展開

当初，ロボット用として開発されたDDモータがそのメリットが認知され，FA用アクチュエータとして広く普及してきている．今後，省エネ化，高効率化，環境対応，装置のインテリジェント化の要求がさらに強くなり，DDモータにもさらなる進化が求められる．その中で，装置のタクトタイム向上，微細な位置決めの要求はますます強くなり，① 軸受を含めた高速対応（180 rpm → 600 rpm），② 高速性と高分解

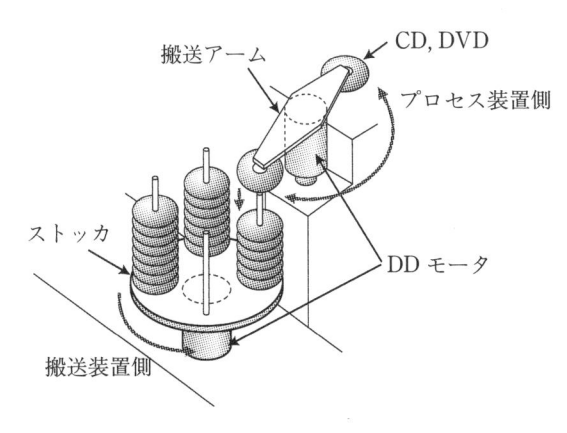

図5.44 CD/DVD製造ラインの搬送装置

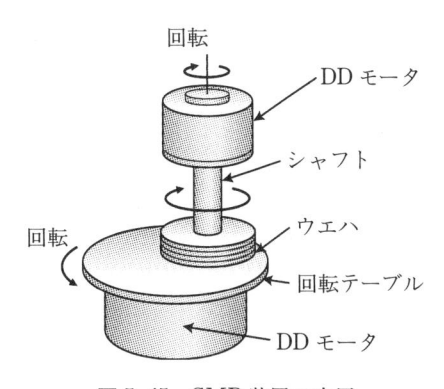

図5.45 CMP装置の応用

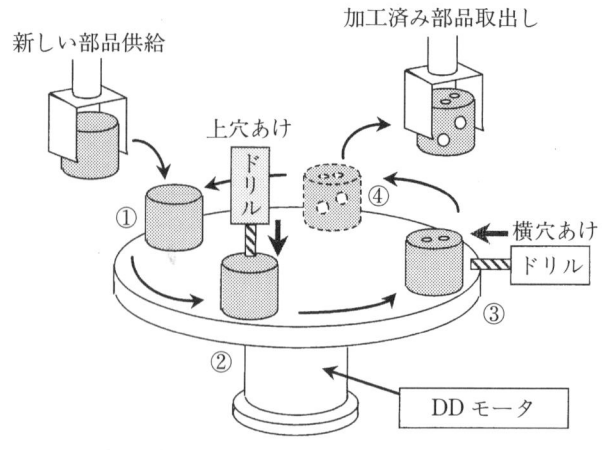

図5.46 インデックステーブルへの応用

能の両立化，③高加減速が実現できる高推力化，がDDモータに求められる．

DDモータはその技術開発の進展に伴い，減速機＋サーボモータ，カム式インデックス，ウォーム式インデックス，油圧アクチュエータ，空圧アクチュエータなどの従来のFA用アクチュエータを凌駕し，FA用アクチュエータの中心的存在になる日が遠くないと確信される． 〔山口義治〕

参 考 文 献

1) 小林誠一：ダイレクトドライブモータ，精密工学会誌，Vol. 69, No. 11, pp. 1534-1537 (2003)
2) 日本精工：メカトロアクチュエータカタログ
3) 横河電機：MD製品総合カタログ
4) 神鋼電機：神鋼 HD モータ
5) 新明和工業：フレームレスモータ BUILT・IN DD シリーズ
6) CKD：アブソデックス AX シリーズカタログ
7) 安川電機：AC サーボダイレクトドライブ Σ シリーズカタログ
8) 五十嵐洋一・小西博英・小林誠一：高精度・高速位置決め用メガトルクモータ，新シリーズ「PSシリーズ」の開発，NSK テクニカルジャーナル，No. 678, pp. 35-42 (2005)
9) 山口義治・鈴木 保：ダイレクトドライブアクチュエータ，Robot, No. 74, pp. 68-75 (1990)
10) 山口義治：バリアブルリラクタンス形ダイレクトドライブモータの設計的考察と特徴，パワーエレクトロニクス研究会第3回専門講習会テキスト，pp. 9-14 (1988)
11) 小野 裕：DD モータの制御系とその特徴，日本ロボット学会誌，Vol. 7, No. 3, pp. 142-152 (1989)
12) 中川 洋・前田 豊・田中 滋：HD モータとその応用，神鋼電機技報，Vol. 40, No. 3 (1995)
13) 奥田宏史：ロボット用ダイレクト・ドライブアクチュエータ，システムと制御，Vol. 29, No. 8, pp. 503-513 (1985)
14) 武田洋次・松井信行・森本茂雄・本田幸夫：埋込磁石同期モータの設計と制御，オーム社 (2001)
15) N. Wavre：PERMANENT-MAGNET SYNCHRONOUS MOTOR, United States Patent, No. 5642013
16) 出光利明・宮本 剛・山本純生：AC サーボダイレクトドライブ Σ シリーズ，技報安川電機，**66**, 3, pp. 176-179 (2002)

5.5 ギヤードモータ

一般的にモータは小形，軽量で高い出力を得るために，1000 min^{-1}以上の高速で運転している．一方，産業機械において，この回転数を直接利用する用途は非常に少ない．このためモータと負荷の間には減速機構が介在し，用途にあわせた回転数に減速して使われる．その減速機構にはギヤが使われる場合が多く，モータにギヤを取り付けて一体とした製品をギヤードモータと呼んでおり，メーカはユーザが使いやすいように各種ギヤ付きを標準化している．

5.5.1 ギヤードモータの機能と特徴

ギヤは回転角あるいは回転数を変換し，同時に回転数に逆比例したトルクを増幅する．効率を無視すれば，出力（回転角速度×トルク）一定の条件で運転される．

a. 基本的な機能

① 一定の比率で滑らかな回転角速度の変速（減速）
② 回転数に逆比例（減速比に比例した）したトルクの増幅

近年，モータにインバータやサーボの可変速機能が付くとギヤードモータに新たなメリットが見出され，運搬機械から食品・農業・産業機器まで，幅広い産業分野で機器の無段変速駆動源として需要が大きく増加している．

b. 特　徴

(1) **高トルク化と高効率化**　モータトルクはモータの大きさ（モータ体格）で決定され，出力は回転数に比例する．このためできる限り高い回転数でモータを運転すると大きな出力が得られ，効率がよい．負荷にモータを直結し，低速運転する場合（ダイレクト駆動 DD モータなど），所定のトルクを得るため，大きなモータ体格が求められ，不経済なモータ選定となる．このような場合にギヤードモータを使用すると，減速比に応じ低速高トルクが得られ，モータは高速運転できるため効率も高く，モータを小形化できる．

(2) **負荷慣性モーメントの低減**　モータは運転できる負荷慣性モーメントに制限があり，モータ仕様の適用負荷慣性モーメントまでの負荷しか運転できない．特に一般産業機械では，慣性モーメントが大きい負荷が多い．適用負荷慣性モーメントを大きくする方法の一つとしてモータを大きくする方法があるが，負荷に要求される回転数が低ければ，減速によってモータ出力軸換算の負荷慣性モーメントを大幅に小さくできる．負荷慣性モーメント J_L と減速比 r には次の関係がある．

$$J_m = \frac{J_L}{r^2}$$

ここで，J_m：モータ軸換算負荷慣性モーメント
すなわち，減速比の2乗分の1になり，大きな負荷慣性モーメントを小形のモータで

駆動できる．

(3) 省スペース化　モータとギヤが一体に組み込まれているので，小形軽量で取り扱いやすい．そのうえ，機械の稼働部に直結できるため減速機構が省略でき，機械の簡略化・省スペース化が実現できる．また小形ギヤードモータではグリースが封入してあり，メンテナンス不要で取付方向に制限がない．

5.5.2　ギヤードモータの種類

ギヤードモータは様々な用途にあわせて多種類あり，ギヤの幾何学的配置により代表的ギヤ6種類に分類される（図5.47参照）．この中で，産業用途に採用が進む4タイプ（表5.3参照）は，それぞれの特徴から用途にあったギヤードモータが選定される．一般に減速比・バックラッシ，許容トルク，コンパクト・軽量，高効率・低騒音，長寿命・メンテナンスフリー，ワイドバリエーションなどが差別化特徴としてあげられる．

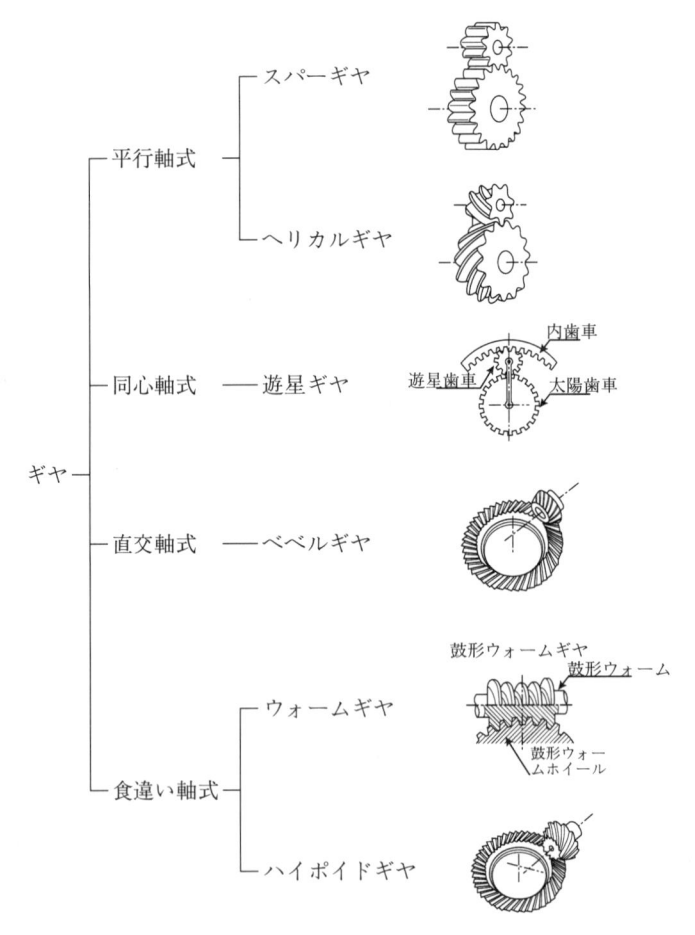

図5.47　ギヤードモータに組み込まれるギヤの種類

表 5.3 ギヤの種類と特徴

ギヤの種類	ハイポイドギヤ	遊星ギヤ	内接式遊星ギヤ	波動歯車
シリーズ名称	ハイポニック減速機®	IBシリーズ	サイクロ®減速機	—
構造	ハイポイドギヤセット	内歯／太陽歯車／キャリア／遊星歯車	偏心体／遊星歯車／外ピン（外ローラ付き）／内ピン（内ローラ付き）	内歯車／弾性歯車／ウェーブジェネレータ
特徴	・高効率，低騒音 ハイポイドギヤの採用により高効率，低騒音を実現 ・伝達容量大 直交軸の主なギヤであるベベルギヤに対して，同じ大きさでは大きな荷重を伝達可能 ・省スペース モータとシャフトが直交しているため，装置に横付けが可能	・高トルク 伝達トルクを複数の遊星歯車で分散するため，スパーギヤと比べさらに高トルクを実現 ・入出力軸同芯 センターシャフト構造が可能で，モータと同じ感覚で取付けができ，据付けに場所をとらない ・バックラッシレススパーギヤ採用，およびギヤ歯車精度，組立精度の高精度化によりバックラッシュ0.5分可能	・高トルク，長寿命 エピトロコイド歯形の採用により，噛合率が高く，歯の折損がないため高トルクを得られる ・豊富な減速比 一段で，高い減速比が得られる ・低イナーシャ 内部慣性モーメントが小さく，可変速運転に適している	・ノーバックラッシ 波動歯車はバックラッシがないのでモータの位置決めが可能 ・高分解能 減速比が高く，ノーバックラッシだから高分解能で微細な送り位置決めが可能 ・高トルク 波動歯車は，同時に噛み合う歯車が多く，伝達トルクを多数の歯で分散できるので高トルクを実現
一段減速比	~1/10	~1/6	1/6~1/87	1/30~1/100

「ハイポニック減速機」「サイクロ減速機」は住友重機械工業（株）の登録商標．

表 5.4　選定事例

1. 負荷条件
① モータの種類：三相汎用モータのインバータ駆動　電源 200 V 60 Hz
② 加速時間：$t_a = 1.5$ sec
③ ブレーキあり
④ 総質量（搬送重量＋台車自重）：$W = 750$ kg
⑤ 始動停止頻度：3 回/時間
⑥ 走行抵抗：$\omega_r = 0.025$
⑦ 台車走行スピード：$V = 30$ m/min
⑧ ギヤードモータ減速比：$Z_c = 21$
⑨ ギヤードモータ出力軸取付チェーンスプロケットのピッチ径：
　　PCD＝91.42 mm
　　取付位置は出力軸中心
⑩ 移動時間：10 時間/日
⑪ 負荷性質：軽い衝撃負荷

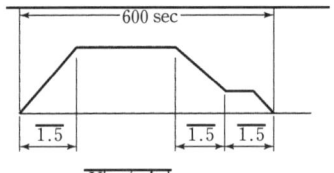

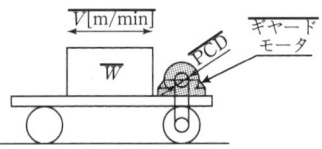

2. モータ容量の決定

① 負荷動力の算出　$P_1 = \dfrac{\omega_r \times W \times V}{6120 \times \eta_T}$　[kW]

注1）　η_T は総合効率下式で示されます．
　　　$\eta_T = \eta_c \times \eta_1$
　　　η_c：ギヤードモータ効率（ギヤ形式および減速比で異なる）
　　　η_1：ギヤードモータを除く装置効率

② 負荷トルク　$T_1 = \dfrac{P_1 \times 9550}{N}$　[N·m]

注2）　N はモータ回転数 [r/min]

③ モータ軸換算負荷慣性 J_L
　　$J_L = \dfrac{W}{4} \times \left(\dfrac{V}{\pi \times N}\right)^2$　[kg·m²]

④ 加速動力
　　$P_a = \left(\dfrac{2\pi \times N}{60}\right)^2 \times \dfrac{J_L + J_m}{t_a}$　[W]

⑤ 始動時必要動力　$P_n = \dfrac{P_a + P_1}{k}$

k：始動トルク係数

	三相モータ直入れ	$k=1.6$
インバータ駆動	汎用モータ	$k=1.0$
	インバータ専用モータ	$k=1.2$

⑥ モータ動力の決定
　　モータ動力　$P_m > P_n$
汎用モータでインバータ駆動の場合 $0.8 \times P_m > P_1$ の条件も満足する必要があります．

---

① 負荷動力の算出
　　$P_1 = \dfrac{0.025 \times 750 \times 30}{6120 \times 0.8} = 0.115$　[kW]

② 負荷トルク
　　$T_1 = \dfrac{0.115 \times 9550}{1800} = 0.610$　[N·m]

③ モータ軸換算負荷慣性 J_L
　　$J_L = \dfrac{750}{4} \times \left(\dfrac{30}{\pi \times 1800}\right)^2 = 0.0053$　[kg·m²]

④ 加速動力
　　$P_a = \left(\dfrac{2\pi \times 1800}{60}\right)^2 \times \dfrac{0.0053 + 0.0005}{1.5} = 138$ [W]
　　　　$= 0.138$ [kW]

注）　J_m は 0.2 kW ブレーキ付ギヤードモータの $J_m = 0.0005$ kg·m² を使用．

⑤ 始動時必要動力
　　$P_n = \dfrac{0.115 + 0.138}{1.0} = 0.253$　[kW]

⑥ モータ動力の決定
　　モータ動力　0.4 kW＞0.253 kW
　　汎用モータのインバータ駆動
　　　$0.8 \times 0.4 = 0.32$ kW＞0.253 kW

3. ギヤードモータの選定

① 等価動力の決定
　　使用条件によりサービスファクター（S.F.）を決定し，等価連続動力 P_E を求めます．
　　　$P_E = P_n \times$ S.F.
　　S.F.：負荷条件および 1 日当たりの運転時間より決定（決定の考え方は各ギヤー

---

① 等価動力の決定
　　S.F.＝1.2（10 時間/日稼動・軽い衝撃負荷より）
　　$P_E = 0.253 \times 1.2 = 0.304$ kW
　　0.4 kW のギヤードモータで十分です．

② サイクロ　ギヤードモータの仮選定 0.4 kW

ドモータメーカの「選定手順」を参照下さい)
② ギヤードモータの仮選定
　等価連続動力トルク P_E 以上の容量のギヤードモータを仮選定.
③ 慣性比による許容起動頻度のチェック
　慣性比＝J_L/J_m
　下表より許容起動頻度が決まります. 起動頻度＜許容起動頻度を確認

負荷との連結方法	慣性比	許容起動頻度
直結などでガタがないとき	2 1 0.6以下	3回/時間 1回/分 10回/分
チェーン伝動などでガタがあるとき	1 0.6 0.4以下	3回/時間 1回/分 7回/分

④ 出力軸ラジアル荷重のチェック
　出力軸ラジアル荷重
$$P_r = \frac{T_n \times L_f \times C_f \times F_s}{(PCD/2)} \quad [\text{N}\cdot\text{m}]$$
　T_n: ギヤードモータ出力軸における負荷トルク
$$T_n = (P_n \times 9550/N) \times Z_c \times \eta_c \quad [\text{N}\cdot\text{m}]$$
　L_f: 位置係数　C_f: 連結係数　F_s: 衝撃係数
　(各メーカ技術資料を参照下さい)
　$P_r < P_{ro}$ であることを確認
　P_{ro}: 出力軸中心における許容ラジアル荷重 [N·m]
⑤ 以上の検討で問題がなければ仮選定したギヤードモータ形式で正式決定します.

1/21 より
CNHM05-6075-B-21
0.4 kW　4P　200V 60Hz
$J_m = 0.000675$ kg·m²
許容出力トルク: 43.5 [N·m]
出力軸許容ラジアル荷重: $P_{ro} = 1770$ [N·m]
③ 負荷慣性比による許容起動頻度のチェック
　慣性比＝0.0053/0.000675＝7.8
1 回/分の起動を許容できる慣性比は 1.0 であり, 慣性比からのみ判断すると問題があります.
しかしながら, 今回の場合汎用モータをモータ定格トルクの 100%（始動トルク係数 $k = 1.0$）で加速するクッションスタートのため問題ありません.
④ 出力軸ラジアル荷重のチェック
　$T_n = (0.253 \times 9550/1800) \times 21 \times 0.9$
　　　$= 25.4$ [N·m]
　出力軸ラジアル荷重
$$P_r = \frac{25.4 \times 1.0 \times 1.0 \times 1.2}{(0.09142/2)} = 666 \quad [\text{N}\cdot\text{m}]$$
　位置係数 $L_f = 1.0$ 連結係数 $C_f = 1.0$ 衝撃係数 $F_s = 1.2$
　666 [N·m] ＜ $P_{ro} = 1770$ [N·m] であり問題なし.
⑤ 検討結果
　サイクロギヤードモータ形式: CNHM05-6075-B-21
　0.4 kW 4P 200V 60Hz FB ブレーキ付き

5.5.3 選定例
表 5.4 に, 搬送台車に使用されるギヤードモータの選定方法を記す.

5.5.4 ギヤードモータ使用上のポイント
汎用ギヤードモータを可変速運転する場合の注意すべき点を記す. ギヤードモータは駆動源となるモータ部と, モータの回転数を減速し負荷に伝達するギヤ部より構成されている. したがって, 運転時の注意点や制限事項も, モータに対するものとギヤ部に対するものとがある.

a. 使用可能回転数範囲
一般的にギヤードモータは, 商用電源により定速運転をすることを前提として製作されている. したがって, このギヤードモータをインバータなどにより加速あるいは減速する場合の使用可能範囲は次のような内容で制限される.

(1) 許容最高回転数はモータ部とギヤ部のいずれか低い方の値で決まる.
　モータの制限要因には, 軸受の制限回転数, ファンなどの強度, 回転子の危険速

度,騒音(ファン騒音など)等があり,機械的制限から一般的には 5000 min^{-1} 程度である.

一方,ギヤ部は主に次のような要因により制限される.

・ギヤの許容周速:回転が高すぎると,歯面の温度が高くなりグリースやオイル潤滑性能が低下する,遠心力により潤滑剤が飛散し潤滑能力がなくなるなど,ギヤ焼付の原因となる.

・オイルシールの許容周速:回転が高すぎるとギヤケースから油漏れを防ぐオイルシールと軸間の摩擦熱により焼付の原因となる.

これらのギヤ部により制限される許容最高回転数は,通常モータ機械部のそれに比べて低いため,モータ単体の許容値より低くなるのが一般的である.

(2) 許容最低回転数は,ギヤ部の潤滑方式により制限される.

グリース潤滑の場合には比較的低速でも使用可能であるが,オイル潤滑の場合にはある速度以上の回転でなければギヤ部が十分潤滑されない場合があり,低速での連続運転が制限されることがある.

b. 連続運転トルク特性

ギヤの温度上昇は入力にほぼ比例するため,低速運転時にモータが制限を受けることがある.汎用ギヤードモータは,モータ軸とともに回転する冷却ファンにより冷却されるため,インバータで長時間にわたり低速運転する場合に,モータの冷却効果の低下により温度上昇が問題となる.低速域で定格トルク連続運転する必要がある場合には,冷却効果低下分を補えるだけトルク(電流)を低減して使用するか,またはモータ構造を他力通風形に変更,もしくはモータサイズを大きくして冷却効果を改善する必要がある.

c. その他

その他,注意すべき事項を以下に示す.

・騒音:高速回転になるほど,モータの通風音が大きくなり,それに加えてギヤ音も大きくなるので,高速域での使用には注意が必要である.

・ブレーキ付き:ギヤードモータにはブレーキ付きが多いが,これをインバータなどで駆動する場合には,ブレーキ用電源はインバータの入力側(電源側)へ別回路として接続しなければならない.また,インバータの主回路オフ後にブレーキ動作をしてもよい用途であることなどに注意が必要である.

5.5.5 今後の方向性

高精度な速度制御,定位置制御など高度な運転形態の増加に加えて,省エネ,高効率,低騒音など環境負荷低減が求められてきている.このような市場ニーズの変化への迅速な対応が必要である. 〔林 秀俊〕

5.6 その他の特殊モータ

5.6.1 ヒステリシスモータ[1~3]

ヒステリシスモータは，原理的に回転子表面が滑らかで磁路が均一であるため，トルクむらがなく回転がスムーズで低騒音であり，高級レコードプレーヤやテープレコーダ，目覚し時計などによく使われていた．しかし，その効率や体積効率が悪いことと高価であることから，現在では市場からその姿を消している．

ヒステリシスモータの固定子は，三相誘導電動機やコンデンサモータと同じ構造で，回転磁界を発生させる．回転子は，コバルト鋼やモリブデン鋼のようなヒステリシス損の大きな材料で平滑な円筒形のヒステリシスリングをつくり，図5.48に示すように回転子を構成する．

このような回転子を回転磁界中に置くと，ヒステリシスリングの磁気ヒステリシスのため，回転子磁束が固定子回転磁界に対して位相が遅れ，固定子磁界との間に吸引力を生じ，トルクを発生して回転する．

ヒステリシスモータのトルクを検討する

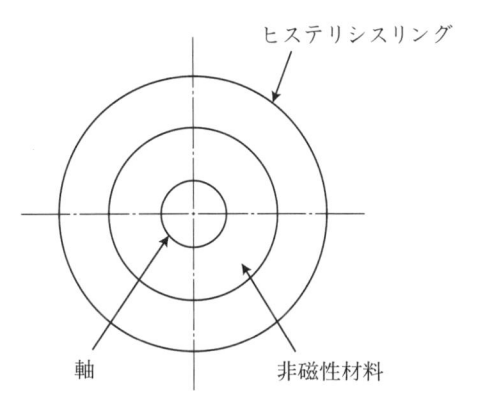

図5.48 ヒステリシスモータの回転子

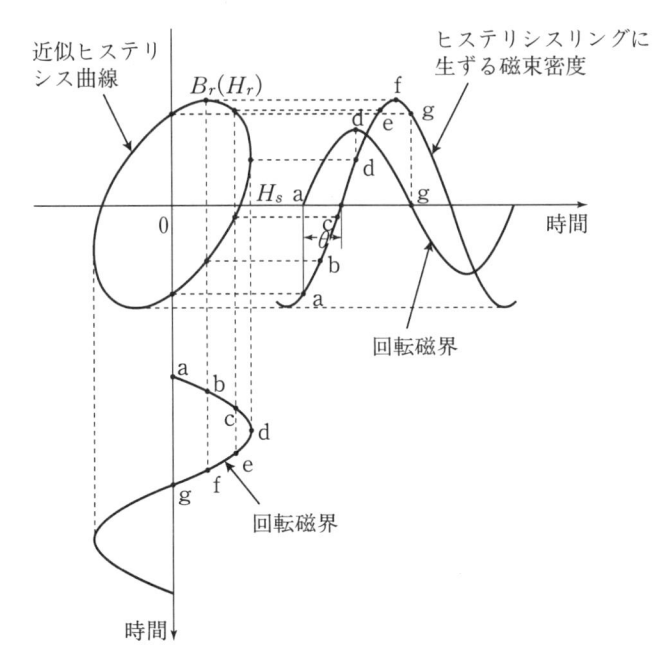

図5.49 トルク発生の原理

場合，簡単化のためにヒステリシス曲線を図5.49に示すようにだ円で近似する．滑りのある状態の回転子磁束は，回転磁界起磁力に対して一定の遅れ角をもって追従する．電気角で表したこの遅れ角を θ，起磁力および回転子磁束密度の最大値をそれぞれ，H_s, B_r とすると，トルクは次式で表される．

$$T \cong k H_s B_r \sin\theta$$

ここで，$H_s B_r \sin\theta$ はヒステリシス曲線の面積に相当し，θ は通常30°程度になる．θ は材料のヒステリシス曲線によって決まる値であるので，非同期時のトルクはほぼ一定の値となり，同期状態に連続的に移行する．同期状態では，同期引入れ時点の着磁状態をもった永久磁石同期電動機として動作する．

5.6.2　コアレスモータ[4〜9]

サーボモータとして要求される特性は，一般の動力用電動機としての特性のほかに次のようなものがある．

(1)　制御指令への追従性をよくするため，回転子の慣性モーメントはできるだけ小さいこと．

(2)　始動・停止・逆転がひんぱんに繰り返されるので，耐熱性が高いこと．

慣性モーメントを小さくするために，一般的には，回転子を非常に細長い構造にする．その他，慣性モーメントを小さくするために，回転部分に鉄心をもたない構造のモータが考案され，コアレスモータと呼ばれている．一般的には電機子鉄心をもたない直流電動機を指すが，コアレスモータを，「回転部分に鉄心をもたない構造」をキーワードに分類すれば，直流電動機では，① 中空円筒巻線形，② 円板巻線形がある．誘導電動機では，① ドラグカップ形回転子，② スリーブ形回転子がある．

(1)　直流電動機

① 中空円筒巻線形は図5.50に示すように電機子巻線をエポキシ系の樹脂で固め，カップ状にしたものである．電機子に鉄心をもたない以外，整流子，ブラシその他の機構は一般の永久磁石直流電動機と変わらない．

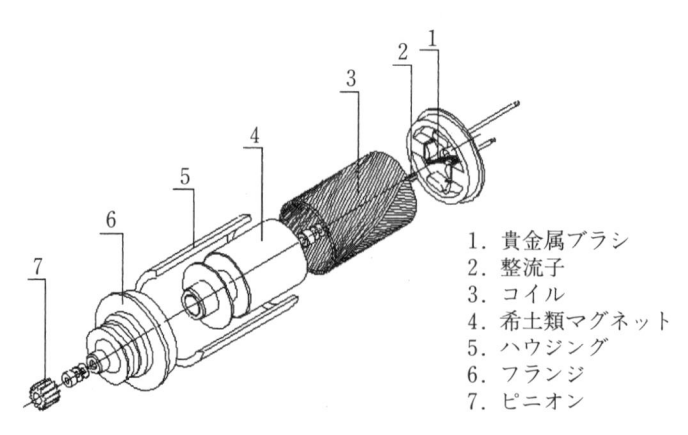

1. 貴金属ブラシ
2. 整流子
3. コイル
4. 希土類マグネット
5. ハウジング
6. フランジ
7. ピニオン

図5.50　中空円筒巻線形（並木精密宝石(株) ホームページより）

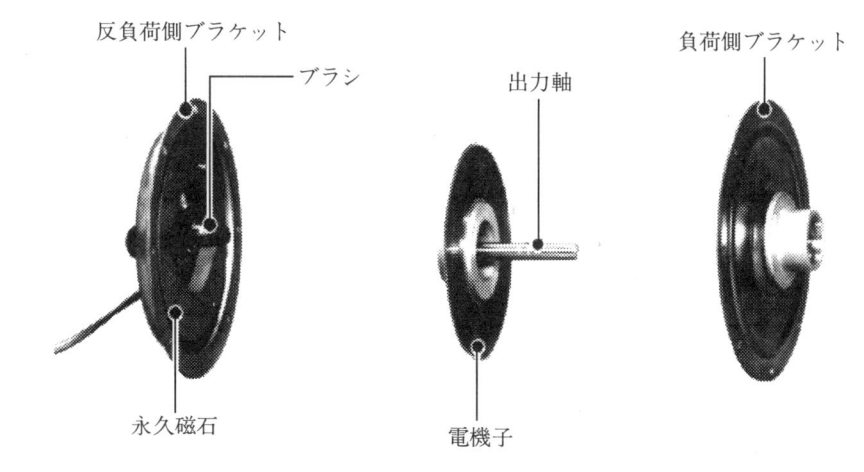

図 5.51　円板巻線 (安川電機 (株) のカタログより)

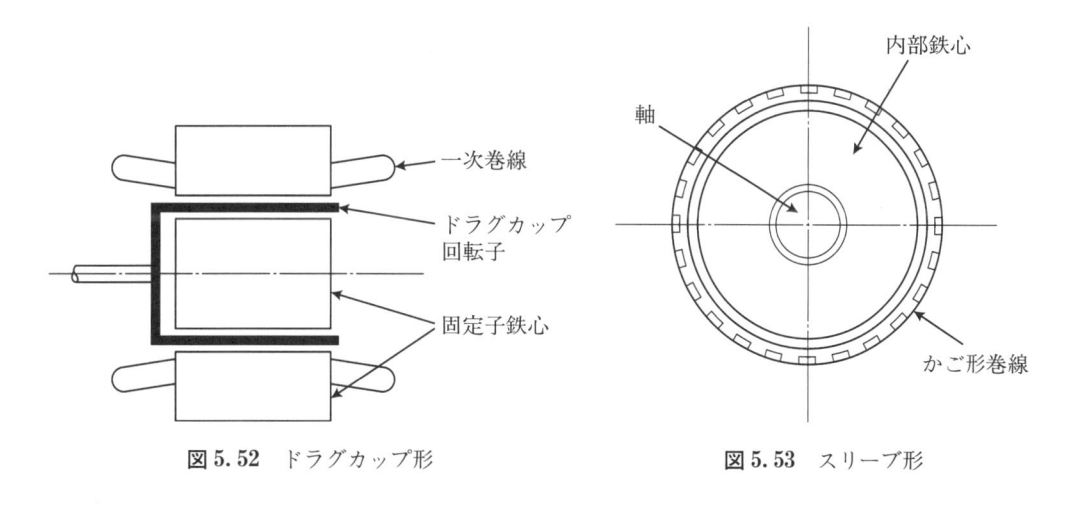

図 5.52　ドラグカップ形

図 5.53　スリーブ形

② 円板巻線形は図 5.51 に示すように回転子が円板形をしている，アキシアルエアギャップ形のモータである．電機子巻線は，電子回路のプリント配線技術を用いて製作されるのでプリントモータと呼ばれている．電機子はガラスやセラミックスなどの耐熱性の高い薄い絶縁円板両面に厚手の銅板を打ち抜いて貼り付けるか，絶縁円板に直接電機子巻線を印刷してつくられる．露出した電機子巻線の表面をブラシでしゅう動させることによって整流子を兼ねさせる．

コアレス DC モータは，1) 電機子導体がスロットに入っていないので，電機子巻線のインダクタンスが小さく，整流が容易である，2) 電機子巻線の冷却が非常によいので，電流密度を高くとることができる，3) スロットと歯の磁気抵抗に起因するトルクの脈動がない，などの特徴がある．

(2)　誘導電動機

① ドラグカップ形は図 5.52 に示すように，銅またはアルミ合金などの高導電率材料からなるカップ状の回転子を用いたものである．回転子が非磁性体であるので，磁

気吸引力による振動がないが，固定子スロットに基づく渦電流が流れ損失となる．また，回転子が非磁性体であるので，ギャップ長が大きくなり，励磁電流が大きくなる欠点もある．

② スリーブ形は図5.53に示すように，普通のかご形回転子をスリーブロータといわれるかご形巻線の部分と鉄心部分に分離し，二重ベアリングによって互いに自由に回転できるようにしたものである．

5.6.3　ユニバーサルモータ[10〜15]

ユニバーサルモータ（単相直巻交流整流子電動機）の原理は，直流直巻電動機と同じである．いま，直流直巻電動機の端子電圧を入れ替えた場合，電機子電流と界磁の磁束はともにその方向が反対となるからトルクはやはり同じ方向に働き，電動機は同一方向に回転する．この電動機は交流・直流でも運転できるのでユニバーサルモータと呼ばれている．

ユニバーサルモータは，直巻特性をもっており，起動トルクが大きく，高速回転が可能なので，数千ないし数万回転で動作させるクリーナ，ドライヤ，ミキサ，ミシンなどの家電機器，電動工具用モータとして使用されている．

ユニバーサルモータの原理は，直流直巻電動機と同じであるが，直流直巻電動機に交流電圧を印加してもそのままでは実用にならない．これは，界磁束が交番することによって鉄損が増大することや，直巻界磁巻線のリアクタンス電圧降下による力率の低下，整流が直流機に比べ困難になるなどのためである．ユニバーサルモータでは，交流で運転するために，次のような点を工夫してつくられる．

(1) 界磁極も成層鉄心を使用する．

交流で運転することにより界磁束が交番するので，界磁鉄心にも鉄損が発生する．鉄損を減少させるために，回転子ばかりではなく界磁も成層鉄心を使用する．

(2) 界磁巻線の巻数を少なく，電機子巻線の巻数を多くする．

界磁巻線のリアクタンス電圧降下によって力率が低下するので，界磁巻線の巻数を少なくする．その結果，界磁束が減少するので発生トルクの減少を補うため電機子巻線の巻数を多くする必要がある．電機子の1つのコイルの巻数を大きくすると，整流子片間の電圧が高くなり，整流が悪化するのでコイルの巻数は小さくして，コイル数を増して全体の巻数を大きくする．このため同じ定格の直流機と比べて整流子片は多くなり，電機子は大きくなる．

(3) 補償巻線を設ける．

界磁巻線の巻数を減らして電機子巻線の巻数を増やすと，電機子反作用が大きくなるので，小出力のもの以外は補償巻線を設けて，電機子反作用を打ち消すようにする．

(4) 補極を設ける．

整流期間中ブラシで短絡されるコイルには，直流機と同様に電機子巻線のインダク

タンスによる誘導起電力のほかに，ユニバーサルモータの場合には主磁束の交番による変圧器起電力が誘導する．このためブラシを通る短絡電流が大きくなり，直流機の場合に比べ整流は一層困難になる．大形機では，このために直流機と同様に補極を設ける．また，接触抵抗の大きいブラシを用いて抵抗整流を行ったり，電機子コイルと整流子片の間に抵抗導線をつないで短絡電流を制限したりする．

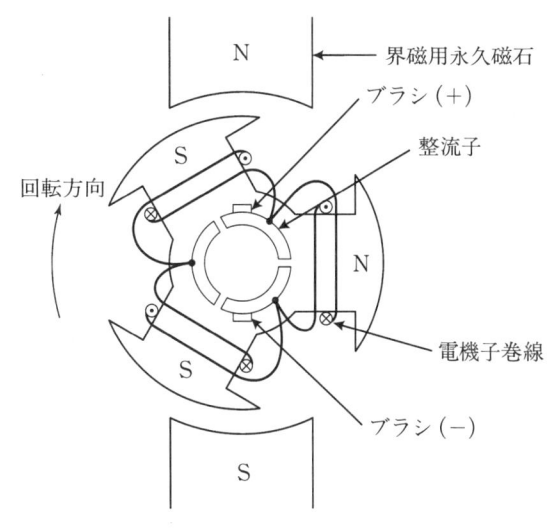

図 5.54 マイクロモータ

5.6.4 マイクロモータ[16,17]

携帯用の音響機器などに用いられる超小形直流電動機は，マイクロモータと呼ばれている．この種のモータは，図5.54に示すように，固定子に永久磁石を使用し，電機子は3極(3スロット)構造の積層鉄心に集中巻コイルが巻かれているものが主流である．ブラシは箔状の金属片に貴金属をめっきしたものが使われる．速度調整用電子回路を組み込んだマイクロモータは，電子ガバナモータと呼ばれる．　〔穴澤義久〕

参 考 文 献

1) 電気学会精密小形電動機調査専門委員会編：小形モータ，pp. 32-34, 194-203，コロナ社(1991)
2) 藤田　宏：電気機器，pp. 110-112，森北出版(1992)
3) 大川光吉：特性と設計　永久磁石回転機，pp. 226-285，総合電子出版社(1975)
4) 野中作太郎：応用電気工学全書2 電気機器Ⅰ，pp. 212-214，森北出版(1986)
5) 野中作太郎：応用電気工学全書2 電気機器Ⅱ，pp. 71-73，森北出版(1986)
6) 海老原大樹：series 電気・電子・情報系2 電気機器，pp. 110-112, 共立出版(2001)
7) 藤田　宏：電気機器，pp. 60-61，森北出版(1992)
8) 大川光吉：特性と設計　永久磁石回転機，pp. 294-299，総合電子出版社(1975)
9) 山田　博：精密小形モータの基礎と応用，pp. 108-111, 126-127，総合電子出版社(1975)
10) 電気学会精密小形電動機調査専門委員会編：小形モータ，pp. 178-190，コロナ社(1991)
11) 後藤文雄：電機概論，pp. 255-258，丸善(1975)
12) 野中作太郎：応用電気工学全書2　電気機器Ⅱ，pp. 84-87，森北出版(1986)
13) 藤田　宏：電気機器，pp. 329-331，森北出版(1992)
14) 猪狩武尚：新版 電気機器，pp. 267-269，コロナ社(2001)
15) パワーエレクトロニクス教科書編纂委員会編：エレクトリックマシーン&パワーエレクトロニクス，pp. 190-191，雇用問題研究会(2003)
16) 電気学会精密小形電動機調査専門委員会編：小形モータ，pp. 54, 194-203，コロナ社(1991)
17) 海老原大樹：series 電気・電子・情報系2 電気機器，p. 112，共立出版(2001)

5.7 磁気軸受およびベアリングレスモータ

ここでは磁気軸受とベアリングレスモータについて解説する．磁気軸受[1,2]には半径方向の力を発生するラジアル磁気軸受(radial magnetic bearing) と，軸方向の力を発生するスラスト磁気軸受(thrust magnetic bearing) がある．ベアリングレスモータ[3] (bearingless motor)は磁気軸受とモータを一体化したものであり，self-bearing motor, integrated motor bearing などと呼ばれることもある．

5.7.1 磁気軸受

図5.55は磁気支持システムの基本的な構成を示している．C型の鉄心にコイルが施され，コイルに電流が供給され，質量 m の鉄心に電磁吸引力を発生してつり下げている．電磁吸引力は不安定であるため，フィードバックによる安定化が必要である．そこで，ギャップセンサで質量 m の物体の位置を検出し，コントローラで流すべき電流の値を決定し，電流制御器により電流を供給する．

図5.56はシステムのブロック線図を描いている．物体には電流の k_i 倍の電磁力，重力などの外乱力 f_d，距離 x に比例する不平衡吸引力 $k_x x$ が作用する．これらの力の和が $1/m$ 倍されて加速度，加速度を積分すると速度，さらに

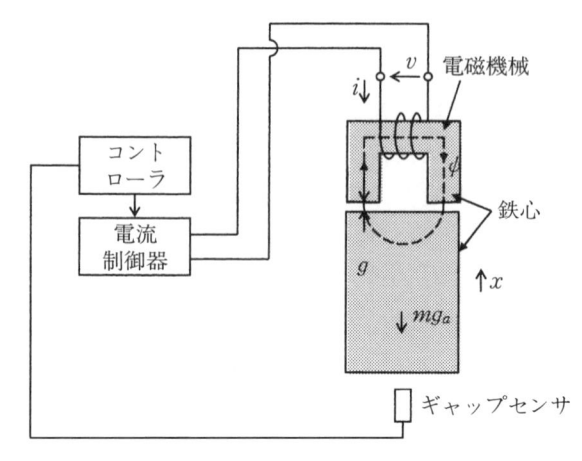

図5.55 磁気支持システム

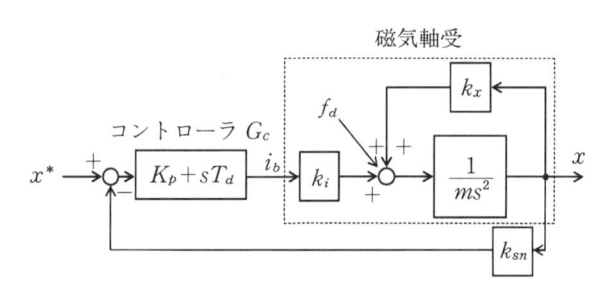

図5.56 ブロック線図

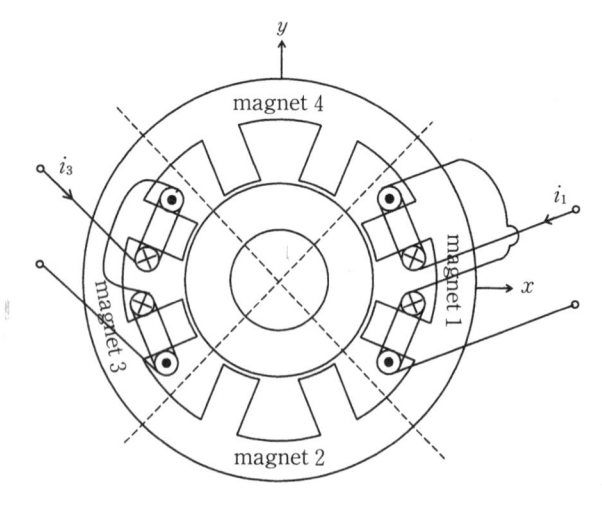

図5.57 ラジアル磁気軸受の断面と x 軸電磁力制御の2つのコイル

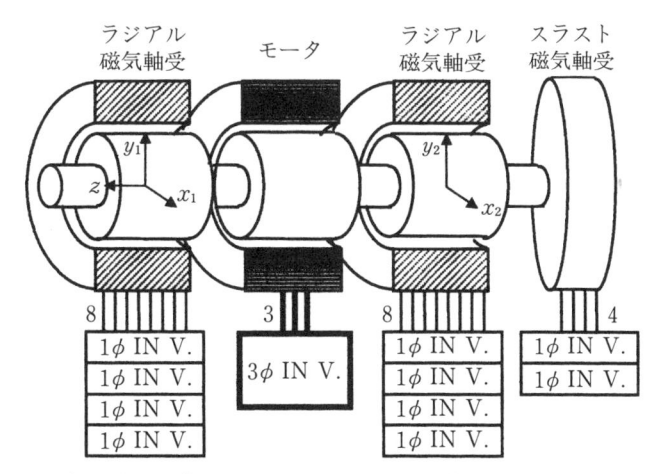

図 5.58 磁気軸受で支持されるモータドライブと電流を供給するインバータ群

積分すると位置 x が得られる．この x をセンサにより検出し，指令値 x^* と比較し，位置誤差をコントローラ G_c で増幅する．G_c は安定性を確保するために比例要素と微分要素が必要であり，実際には高周波カットフィルタ，積分制御などが追加される．比例ゲイン，微分時定数には最適値があり，制御対象の質量，定数などを同定して決定する必要がある．安定性を損なわないようにゲインを増加しすぎる，あるいは減少しすぎることがないように周到な準備が必要である．

吸引形磁気軸受は図 5.57 に示すように x 軸方向では magnet 1 と magnet 2 でそれぞれ吸引力を発生し，吸引力の差で主軸に作用する電磁力を調整する．したがって，1 軸を制御するために 2 つの電流制御器が必要である．

図 5.58 は磁気軸受で支持されるモータドライブの鳥瞰図を描いている．回転する主軸では，回転速度に加え，x_1, y_1, x_2, y_2, z の 5 つの軸の運動を制御する必要がある．すなわち，5 軸を制御する必要がある．x_1, y_1 は左端の磁気軸受，x_2, y_2 は右端の磁気軸受，z はスラスト磁気軸受で制御する．電流を供給するインバータは 5 軸分で 10 台必要になる．磁気軸受を伴ったドライブの問題点は，磁気軸受が大きく，また，電流制御インバータ (INV.) 数が多いためコストが高い点である．

5.7.2 ベアリングレスモータ

ベアリングレスモータは磁気軸受とモータを一体化したもので，小形化，低コストを促進するコンセプトである．図 5.59 は永久磁石を用いたコンシクエントポール形電動機 (consequent-pole motor) のベアリングレスモータの断面図を示している．4 つの永久磁石極と 4 つの鉄心極があり，破線のように磁束が発生して 8 極の電動機として動作する．固定子スロットにはトルクを発生するための 8 極電動機巻線と，図に示すサスペンション巻線 N_x, N_y が施されている．いま，N_x 巻線に電流が流れると実線で示す磁束が発生し，ギャップ 1, 2 で磁束密度が増加し，3, 4 で減少する．このため x 軸方向の電磁力が回転子に発生する．N_x 巻線の電流方向を負とすれば x 軸負方

・磁束が磁気抵抗の小さい磁石間鉄心部を通る
・ギャップ部の磁束密度：1, 2 密，3, 4 疎
・x 軸正方向に電磁力が発生

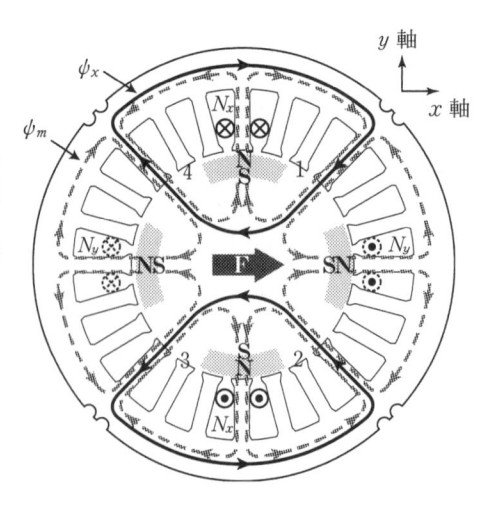

図 5.59　コンシクエントポール形ベアリングレスモータの磁気支持力発生原理

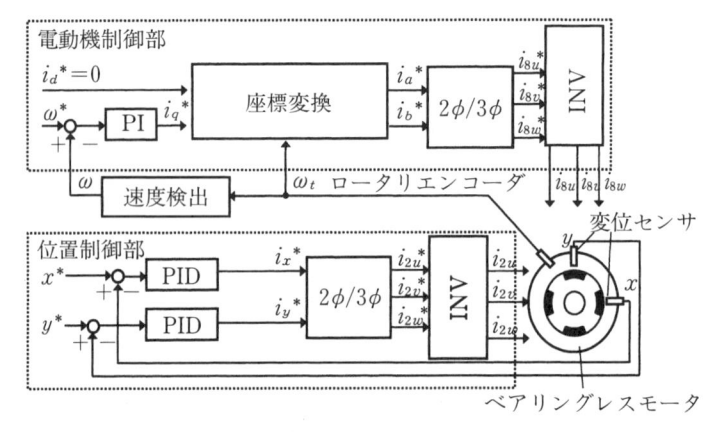

図 5.60　コンシクエントポール形ベアリングレスドライブのシステム構成

向の力が発生する．さらに，N_y 巻線の電流により y 軸方向の力を発生することができ，x, y の力をベクトル的に合成して任意の方向に電磁力を発生することができる．

図 5.60 はシステムの構成を示している．上段が電動機ドライブのブロック，下段が磁気力支持のブロックである．主軸位置 x, y を検出し，指令値と比較して PID コントローラで増幅し，二相-三相変換をして三相電流指令値を発生し，インバータにより電流を供給する．半径方向 2 軸の制御に 1 台の三相インバータがあればよい．

〔千葉　明〕

参考文献

1) 電気学会磁気浮上応用技術調査専門委員会：磁気浮上と磁気軸受，コロナ社 (1993)
2) 日本機械学会：磁気軸受の基礎と応用，養賢堂 (1995)
3) 千葉　明・深尾　正：ベアリングレスドライブの開発動向，電気学会論文誌解説，Vol. 121-D, No. 7, pp. 724–729 (2001)
   A. Chiba and T. Fukao : The state of the art in developments of bearingless drives, *IEEJ Transaction Overview*, Vol. 121-D, No. 7, pp. 724–729 (2001-7)

6
交流可変速駆動

6.1 V/f 制御と滑り周波数制御

　誘導電動機 (induction motor) や同期電動機 (synchronous motor) の速度制御方式に V/f 制御 (V/f control)[1,2,4] およびベクトル制御 (vector control)[3] がある．また，誘導電動機には滑り周波数制御 (slip frequency control)[1,4] と呼ばれる方式もある．V/f 制御は，電動機に印加する電圧 (voltage) とその周波数 (frequency) を制御する方式であり，精度的にはあまりよくないが，速度検出を必要としない開ループ制御であり比較的簡単であることから，汎用インバータに標準的に設定されている．また，滑り周波数制御は誘導電動機の V/f 制御方式に速度検出を追加し，電動機の速度をフィードバックする閉ループとして，負荷に応じて低下する滑り周波数分の回転速度を補正する制御方式であり，速度一定制御が可能となる．ベクトル制御については，次節以降で述べる．

6.1.1　V/f 制　御

　交流機の動作原理より，電動機の同期速度 (synchronous speed) N_0 [min^{-1}] は次式で表され，回転速度は電源周波数 (一次周波数) および極数 (または極対数) により決定されることがわかる．

$$N_0 = \frac{60f}{p} \tag{6.1.1}$$

ここで，f：電源周波数，p：極対数 (number of pole pairs) である．

　以上のことより，誘導電動機や同期電動機の可変速運転を無段階で効率的に行うには，基本的には電源周波数を変化させれば可能であることがわかる．しかし，周波数の変化とともに電動機の内部インピーダンスも変化することになり，単に周波数を変化させるのみでは，電動機は磁束が不足して十分なトルクが得られない場合を生じたり，過剰な磁束により磁気飽和が生じ，過電流，オーバーヒートを引き起こすことになる．したがって，これらのことを防ぐためには周波数とともにインバータの出力電圧を制御し，電動機のギャップ磁束 (air gap flux) を一定に制御すればよい．このような制御を実現するには，具体的には $V/f =$ 一定なる近似的な制御を行うことである．この方法は，スカラー量である電圧の大きさと周波数を変化させればよいので比

較的簡単であり，汎用インバータをはじめとしてファン，ポンプなどの省エネ駆動や複数台の電動機駆動などの用途に適用されている．

a. 制御原理

はじめに，例として誘導電動機の場合を取り上げて述べることにする．図6.1は三相誘導電動機のT形等価回路（T-type equivalent circuit）を示している．同図では簡単のために鉄損分抵抗を無視している．この回路から次式が成り立つ．

$$\dot{E}_0 = j\omega M \dot{I}_0 \tag{6.1.2}$$

$$\dot{I}_2' = \frac{\dot{E}_0}{R_2'/s + j\omega l_2'} \tag{6.1.3}$$

ここで，$\omega = 2\pi f$，M：励磁インダクタンス（exciting inductance），E_0：誘導起電力（induced electromotive force）であり，滑り（slip）sは電動機の回転速度をN_r [min^{-1}]とすれば，$s = (N_0 - N_r)/N_0$で求められる．

ギャップの磁束を一定にするためには励磁電流I_0を一定にすればよいので，式(6.1.2)より，$E_0/\omega M$を一定に，すなわちE_0/fを一定に制御[5]すればよいことがわかる．

次にトルク（torque）について考えてみる．図6.2は式(6.1.2)および(6.1.3)の関係をベクトル図に表したものである．電動機発生トルクTは，同図に示されている電動機のギャップ鎖交磁束$\dot{\Phi}$とこれに直交する二次電流の有効成分$\dot{I}_{2r}'$との積に比例する[6]．したがって，

$$T \propto \Phi I_{2r}'$$
$$= \frac{2\pi s f R_2'}{R_2'^2 + (2\pi s f l_2')^2} \cdot \left(\frac{E_0}{f}\right)^2 \tag{6.1.4}$$

上式より，E_0/fを一定にすれば電動機発生トルクは滑り周波数（slip frequency）sfにより決定されることがわかる．

以上のようにE_0/fを一定に制御できれば問題ないが，誘導起電力E_0は電動機内部の電圧であり直接に検出することも制御することもできないので，実際には誘導起電力E_0の代わりに近似的に電動機の端子電圧V_1を制御する．E_0とV_1との間には一次漏れインピーダンス（一次抵抗および一次漏れリアクタンス）における電圧降下分の差があり，この電圧降下は一次電流により変化し，また周波数によっても変化す

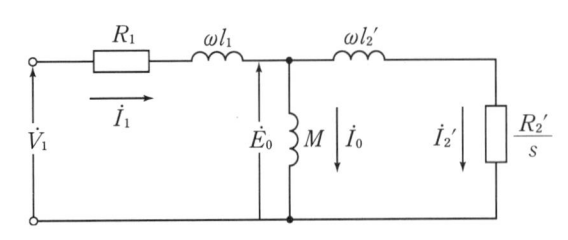

図6.1　三相誘導電動機のT形等価回路

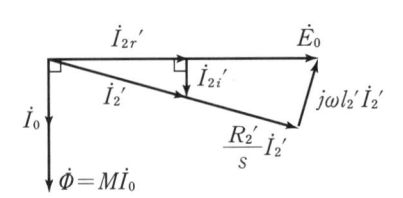

図6.2　誘導電動機のベクトル図

る．低周波数領域において，電動機に印加される電圧は $V/f=$ 一定のもとで周波数に比例して低電圧となる．このとき，一次電流はそれほど大きな変化をしないので，一次漏れインピーダンスで生じる電圧降下は印加電圧に対して相対的に大きくなる．この場合，低周波数なので周波数に比例する一次漏れリアクタンス値は小さく，周波数にさほど影響を受けない一次抵抗における電圧降下の影響の方が大きい．その結果，E_0 が小さくなり励磁不足となってトルクが

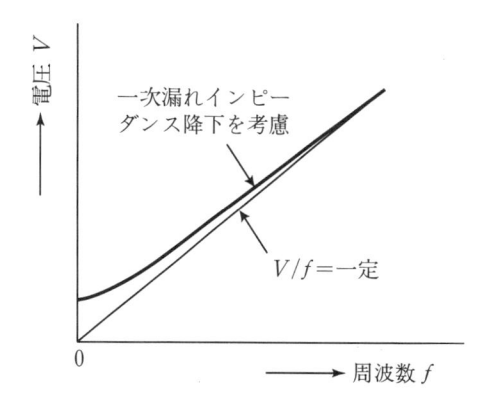

図 6.3 印加電圧と周波数の関係

減少する．そこで，図6.3に示すように周波数の低いところでは一次抵抗における電圧降下分だけ印加電圧を上昇させて制御する．このような制御のことをトルクブースト補償[7]と呼ぶ．この補償法にはいくつか方式があり，加速中のみ V/f を上昇させる方式，定速運転中のみ電流比例で V/f を上昇させる方式などがある．

 $E_0/f=$ 一定制御時の速度-トルク特性を図6.4に，$V/f=$ 一定制御時の速度-トルク特性を図6.5に示す．図6.5の場合では，インバータの出力電圧に上述の電圧降下分を考慮していない．両図を比較すると明らかなように，$V/f=$ 一定制御時では低速度，すなわち低周波数領域において励磁不足となってトルクが低下していることがわかる．なお，本方式は同期電動機にも適用されるが，この場合，誘導電動機が滑り周波数の分だけ速度が同期速度より下回って回転するのに対して，同期電動機では同期速度で回転する．しかし，開ループ制御であるため，急加減速時や負荷の急変時などにおいて同期電動機で生じる可能性のある脱調の危険性がある[2]．これを避け，高性能な速度制御を行うためには，回転速度などを検出して閉ループ制御系を構成する必要がある．

b. 制御の基本構成

 V/f 制御方式による誘導電動機の速度制御システムの基本構成を図6.6に示す．同図は PWM 制御トランジスタインバータ (pulse width modulation transistor

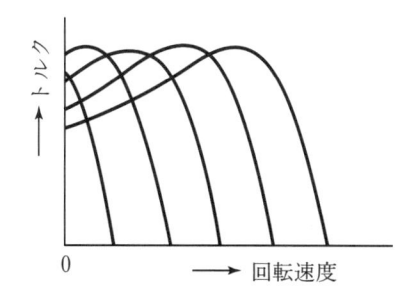

図 6.4 $E_0/f=$ 一定制御時の速度-トルク特性 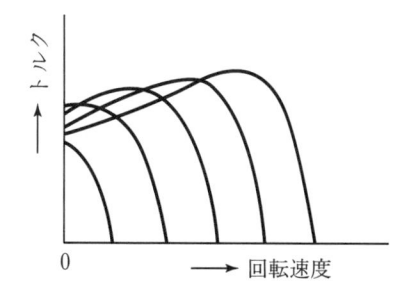　　**図 6.5** $V/f=$ 一定制御時の速度-トルク特性

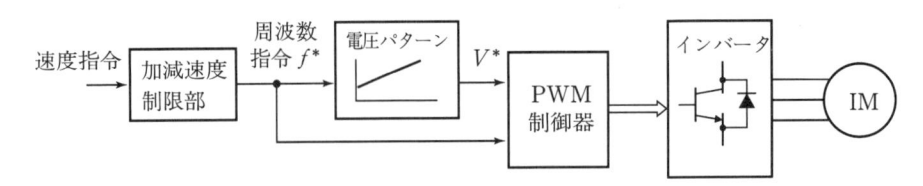

図 6.6 V/f 制御方式のシステム基本構成
IM：誘導モータ

inverter）により駆動される場合を示している．速度指令は加減速制限部により電動機が追従できる周波数指令となり[8]，一次抵抗における電圧降下を補償した電圧パターン指令を発生する．この電圧指令と周波数指令とからPWM制御器を通してインバータに適切な信号が送られる．

6.1.2 滑り周波数制御

誘導電動機の同期速度は式(6.1.1)で求められるが，周知のようにこの電動機は同期速度で回転するわけではなく，一般には常に同期速度よりも低い回転速度で運転される．したがって，前述の滑りという概念が重要となる．

一次周波数 f と電動機の回転速度(回転周波数) f_r および滑り周波数 $f_s(=sf)$ との関係は次式となる．

$$f_r = (1-s)f = f - sf = f - f_s \tag{6.1.5}$$

上式より，周波数 f を制御する V/f 制御において，電動機速度は負荷に応じて変化する滑り周波数 f_s 分だけ低下することがわかる．そこで，速度検出器を電動機に設置し，速度をフィードバックする閉ループ制御を行い，滑り周波数を補正することによって V/f 制御よりも加減速特性などの制御性能を向上させることができる．この制御方式が滑り周波数制御である．しかし，これは定常状態時の等価回路より導かれた制御方式であり，後節で述べるベクトル制御に比較すると過渡特性は劣る．また，この方式は一般に1台のインバータと1台の電動機を1組として使用される．

a. 制御原理

式(6.1.3)より

$$I_2' = \frac{sf}{\sqrt{R_2'^2 + (2\pi sfl_2')^2}} \cdot \frac{E_0}{f} \tag{6.1.6}$$

が得られる．また，トルクは式(6.1.4)に比例定数をかけることで求められるが，これらの式より E_0/f が一定，すなわち電動機のギャップ磁束が一定であれば，前述のように電動機発生トルクのみならず二次電流も滑り周波数 sf によって決定されることがわかる．V/f 制御方式に，負荷状態に応じて適切な滑り周波数を制御できる機能を追加すれば，電動機発生トルクを制御することができる．

速度検出器により電動機の回転速度がわかるので，式(6.1.5)から明らかなようにこの回転周波数に滑り周波数を加えた周波数がインバータの出力周波数となり，必要

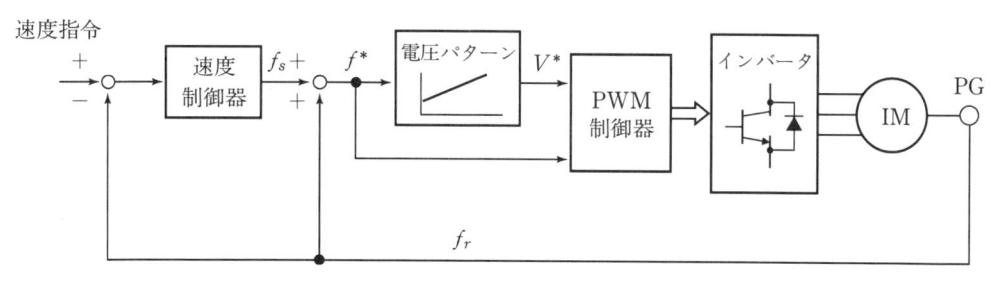

図 6.7 滑り周波数制御方式のシステム基本構成
IM：誘導モータ，PG：タコジェネレータ．

な電動機発生トルクを得ることができる．

b. 制御の基本構成

滑り周波数制御方式の基本構成を図 6.7 に示す．誘導電動機に直結して PG（タコジェネレータ）やロータリエンコーダなどの速度検出器が設置され，電動機の回転速度をフィードバックしている．速度指令と電動機速度の差が速度制御器 (speed controller) に入力され，滑り周波数が出力されて回転周波数と加算される．こうして得られた周波数指令から，インバータの出力電圧が決定されるまでの流れは V/f 制御方式と同様である．速度制御器は一般に比例・積分制御器 (PI controller) が使用される．

〔三木一郎〕

参 考 文 献

1) 電気学会：電気工学ハンドブック（第 6 版），p. 882 (2001)
2) 電気学会：電気工学ハンドブック（第 6 版），p. 874，876 (2001)
3) 中野孝良：交流モータのベクトル制御，日刊工業新聞社 (1996)
4) 今井孝二監修：パワーエレクトロニクスハンドブック，pp. 442-443，R&D プランニング (2002)
5) 山村　昌・山本充義・多田隈進：電気機器工学 II，p. 136，電気学会 (1997)
6) パワーエレクトロニクス教科書編纂委員会：エレクトリックマシーン&パワーエレクトロニクス，p. 76，雇用問題研究会 (2003)
7) 安川電機製作所編：インバータドライブ技術，p. 125，日刊工業新聞社 (1990)
8) 田村吉章・田中　茂：エネルギー変換応用システム，p. 85，丸善 (2000)

6.2 誘導モータのベクトル制御

6.2.1 誘導モータの複素ベクトル表示

ここに取り上げる誘導モータは次の仮定が成り立つものとする．
(1) 固定子，回転子とも対称三相巻線で起磁力分布は正弦波状である．
(2) ギャップのパーミアンスは一様，鉄損および磁気飽和は無視できる．

仮定により各巻線の電流はギャップの円周方向に正弦波状の起磁力分布をつくる．電流の大きさと起磁力分布の中心方向をもって「（モータ巻線の）電流ベクトル」と定義する．その結果，誘導モータモデルを集中定数で扱うことができ，ベクトルの分解・

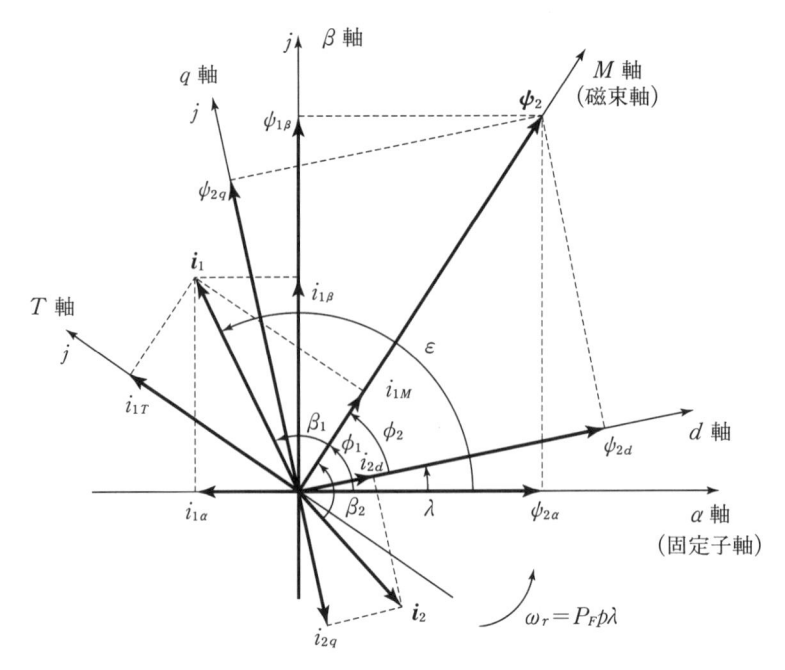

図6.8 誘導モータの空間ベクトル図

合成,座標の変換が容易に行える.三相巻線の各電流ベクトルを三相分合成して1つの空間ベクトルとして表すことができる.一次側 a, b, c の三相電流は各巻線が $2\pi/3$ の位相差で配置されているので式(6.2.1)の合成電流(空間)ベクトル $\boldsymbol{i}_1^s$ をつくる.二次側電流ベクトル $\boldsymbol{i}_2^r$ についても同様である.

$$\boldsymbol{i}_1^s = \sqrt{\frac{2}{3}}\left\{i_{1a} + i_{1b}\exp\left(j\frac{2\pi}{3}\right) + i_{1c}\exp\left(j\frac{4\pi}{3}\right)\right\} \tag{6.2.1}$$

$$\boldsymbol{i}_2^r = \sqrt{\frac{2}{3}}\left\{i_{2a} + i_{2b}\exp\left(j\frac{2\pi}{3}\right) + i_{2c}\exp\left(j\frac{4\pi}{3}\right)\right\} \tag{6.2.2}$$

式(6.2.1),(6.2.2)の左辺でのベクトル表示 $\boldsymbol{i}$ に付けられている上添字 s, r はそれぞれ固定子座標系(α-β座標系),回転子座標系(d-q座標系)でのベクトルであること,下添字 1, 2 は一次,二次を示している.式(6.2.1),(6.2.2)の電流ベクトルはそれぞれの座標系で直交形式の複素ベクトルでも表せる(図6.8参照).

$$\boldsymbol{i}_1^s = i_{1\alpha} + ji_{1\beta} \tag{6.2.3}$$

$$\boldsymbol{i}_2^r = i_{2d} + ji_{2q} \tag{6.2.4}$$

回転子座標系からみた二次電流ベクトル $\boldsymbol{i}_2^r$ を固定子座標系から見直すと,基準軸の位相差 λ だけ回転させて式(6.2.5),(6.2.6)の関係がある.

$$\boldsymbol{i}_2^s = \exp(j\lambda)\boldsymbol{i}_2^r \tag{6.2.5}$$

$$= i_{2\alpha} + ji_{2\beta} \tag{6.2.6}$$

式(6.2.5)は座標変換式であり,ほかの座標系との間でも同一形式で表せる.

ここまで述べてきた複素ベクトル表示は磁束にもそのまま適用できる.一次巻線鎖

交磁束数ベクトル $\boldsymbol{\phi}_1^s$, 二次巻線鎖交磁束数ベクトル $\boldsymbol{\phi}_2^r$ (以下, 鎖交磁束数ベクトルを単に磁束ベクトルと呼ぶ) はそれぞれ次式となる.

$$\boldsymbol{\phi}_1^s = L_1 \boldsymbol{i}_1^s + M \boldsymbol{i}_2^s \tag{6.2.7}$$

$$\boldsymbol{\phi}_2^r = M \boldsymbol{i}_1^r + L_2 \boldsymbol{i}_2^r \tag{6.2.8}$$

ただし, L:自己インダクタンス, M:相互インダクタンス. 式(6.2.5)を参照し, 回転子座標系での式(6.2.8)の両辺に $\exp(j\lambda)$ を乗算すれば固定子座標系での式に変換される.

$$\boldsymbol{\phi}_2^s = M \boldsymbol{i}_1^s + L_2 \boldsymbol{i}_2^s \tag{6.2.9}$$

電圧に関しては空間ベクトルとしての物理的な意味はないが, 電流と同一形式で扱っても問題ない. 誘導モータのベクトル形式での電圧方程式はそれぞれの座標系で次式となる.

$$\boldsymbol{v}_1^s = r_1 \boldsymbol{i}_1^s + p \boldsymbol{\phi}_1^s \tag{6.2.10}$$

$$\boldsymbol{v}_2^r = r_2 \boldsymbol{i}_2^r + p \boldsymbol{\phi}_2^r \tag{6.2.11}$$

ただし, $p = d/dt$ (微分演算子) である. 二次電圧式(6.2.11)の両辺に $\exp(j\lambda)$ を乗算し, 回転子座標系から固定子座標系に変換する. その際, 式(6.2.12)の関係を利用する.

$$p\boldsymbol{\phi}_2^s = p[\exp(j\lambda)\boldsymbol{\phi}_2^r]$$

$$= \exp(j\lambda) p\boldsymbol{\phi}_2^r + j\frac{d\lambda}{dt}\exp(j\lambda)\boldsymbol{\phi}_2^r$$

$$\therefore \exp(j\lambda) p\boldsymbol{\phi}_2^r = p\boldsymbol{\phi}_2^s - j\frac{d\lambda}{dt}\boldsymbol{\phi}_2^s \tag{6.2.12}$$

その結果, 式(6.2.11)は式(6.2.13)のように固定子座標系に変換される.

$$\boldsymbol{v}_2^s = r_2 \boldsymbol{i}_2^s + p\boldsymbol{\phi}_2^s - j\frac{d\lambda}{dt}\boldsymbol{\phi}_2^s \tag{6.2.13}$$

式(6.2.10), (6.2.13)はよく知られている固定子座標系での電圧方程式に相当し, 複素ベクトル表示したものである.

一様な磁界中に置かれたコイルに電流を流すと, そのコイルは鎖交磁束数が増加する方向へ回転しようとする. 図6.9でいえば電流ベクトル $\boldsymbol{i}$ の方向, すなわちコイル面の法線方向から磁束ベクトル $\boldsymbol{\phi}$ 方向への角度 ϕ がゼロになるようにコイルはトルク τ_e を発生し, 式(6.2.14)のようなベクトル積で表せる. なお, トルク τ_e の方向は反時計回りが正である.

$$\tau_e = \boldsymbol{i} \times \boldsymbol{\phi} \tag{6.2.14}$$

ここで極対数 p_F を考慮して式(6.2.14)をモータ二次巻線に働くトルクに書き直す. 二次電流ベクトル方向から二次磁束ベクトル方向への角度を β_2 とすると, 式(6.2.15)となる.

$$\tau_e = p_F i_2 \phi_2 \sin\beta_2 \tag{6.2.15}$$

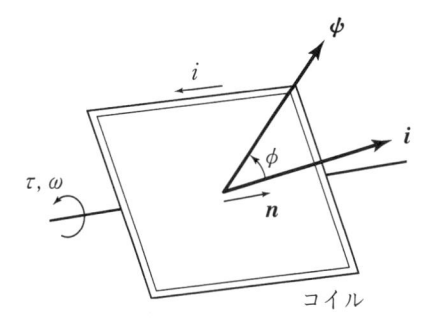

図6.9 モータトルクの発生

一次，二次電流と二次巻線鎖交磁束数の各空間ベクトルを座標系と関連させて図6.8に示す．

6.2.2　誘導モータのベクトル制御原理と理論式[1,2]

式(6.2.14)あるいは(6.2.15)から，二次電流ベクトルのうち二次磁束ベクトルに対して直交方向成分のみがトルク発生に直接寄与することがわかる．一方，二次磁束ベクトルは一次，二次電流ベクトルの磁束と同方向成分によってつくられる．直流モータは電機子電流ベクトルと電機子巻線に直交する磁束ベクトルが別々の巻線でそれぞれ独立に調整でき，しかも整流子とブラシの働きにより両ベクトルの直交性が保たれているのでトルクの瞬時制御が容易である．一方，誘導モータでは両ベクトルをつくる電流が一括して一次側から供給されるので，そのままでは独立に調整ができないためトルクの制御が難しい．

ここで理想的な可制御電流源が得られ，磁束ベクトルと同一方向の電流ベクトル成分と，それと直交方向電流ベクトル成分を分離・独立して調整できれば，直流機と同等あるいはそれ以上の制御性能が得られるはずである．これが誘導モータのベクトル制御(vector control)であり，磁界方向を基準として制御するのでフィールドオリエンテーション制御(field oriented control)と呼ばれる理由である．

電圧方程式(6.2.10)と式(6.2.13)を，二次磁束ベクトル方向を基準座標軸とした磁界座標系に座標変換する．磁界座標系では二次磁束ベクトル方向である基準座標軸(実軸)を M 軸，それより $\pi/2$ 進んだ虚軸方向を T 軸とする．また磁界座標系でのベクトルには上添字 f を付ける．固定子座標系と磁界座標系との間には位相差 ϕ_1 があるから次式で座標変換を行う．

$$\boldsymbol{v}_1^f = \exp(-j\phi_1)\boldsymbol{v}_1^s \tag{6.2.16}$$

$$\boldsymbol{v}_2^f = \exp(-j\phi_1)\boldsymbol{v}_2^s \tag{6.2.17}$$

その結果，式(6.2.10)，(6.2.13)は

$$\boldsymbol{v}_1^f = r_1 \boldsymbol{i}_1^f + p\boldsymbol{\phi}_1^f + j\frac{d\phi_1}{dt}\boldsymbol{\phi}_1^f \tag{6.2.18}$$

$$\boldsymbol{v}_2^f = r_2 \boldsymbol{i}_2^f + p\boldsymbol{\phi}_2^f + j\frac{d\phi_2}{dt}\boldsymbol{\phi}_2^f \tag{6.2.19}$$

$$\phi_2 = \phi_1 - \lambda \tag{6.2.20}$$

となる．ここで，λ：固定子座標系の基準軸である a 軸から回転子座標系の基準軸である d 軸までの角度，ϕ_1：a 軸から磁界座標系の基準軸である M 軸までの角度，ϕ_2：d 軸から M 軸までの角度である．

かご形モータの場合は

$$\boldsymbol{v}_2^f = 0 \tag{6.2.21}$$

であり，磁界座標系での二次磁束ベクトル $\boldsymbol{\phi}_2^f$ は

$$\boldsymbol{\phi}_2^f = \exp(-j\phi_1)\boldsymbol{\phi}_2^r = \phi_{2M} + j\phi_{2T} \tag{6.2.22}$$

6.2 誘導モータのベクトル制御

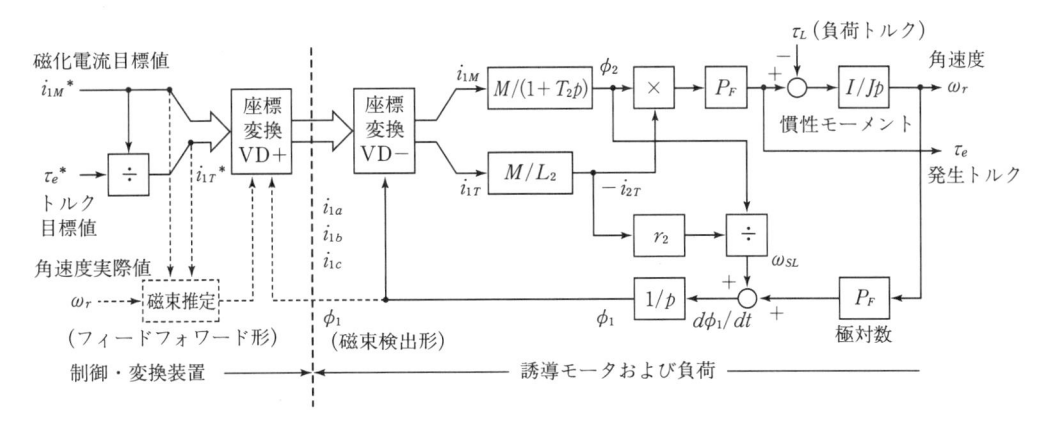

図 6.10 誘導モータの内部構成とベクトル制御原理図

となる．ただし，磁界座標系では $\psi_2^f = \psi_{2M}$, $\psi_{2T} = 0$ であるから

$$\psi_{2M} = M i_{1M} + L_2 i_{2M} \tag{6.2.23}$$

$$\psi_{2T} = M i_{1T} + L_2 i_{2T} = 0 \tag{6.2.24}$$

である．式 (6.2.19) を実軸成分 (real part) (M 軸成分) と虚軸成分 (imaginary part) (T 軸成分) に分け，$i_2^f = i_{2M} + j i_{2T}$ と式 (6.2.21)，(6.2.23)，(6.2.24) を代入すると

$$\psi_{2M} = \frac{M}{1 + T_2 p} i_{1M} \tag{6.2.25}$$

$$T_2 = \frac{L_2}{r_2} \tag{6.2.26}$$

$$i_{2T} = -\frac{M}{L_2} i_{1T} \tag{6.2.27}$$

$$\frac{d\phi_2}{dt} = \omega_{SL} = \frac{M}{L_2} \frac{r_2}{\psi_{2M}} i_{1T} \tag{6.2.28}$$

となる．ω_{SL} は回転子角速度と二次磁束ベクトル角速度の差，すなわち滑り角速度である．発生トルクは式 (6.2.15) において $\psi_2 = \psi_{2M}$, $i_2 \sin \beta_2 = -i_{2T}$ として磁界座標系に変換すると次のように表せる．

$$\tau_e = -p_F \psi_{2M} i_{2T} \tag{6.2.29}$$

$$\therefore \tau_e = p_F \frac{M}{L_2} \psi_{2M} i_{1T} \tag{6.2.30}$$

式 (6.2.28) において i_{1T} が ω_{SL} に比例していることから，式 (6.2.31) となる．

$$\tau_e = p_F \frac{\psi_{2M}^2}{r_2} \omega_{SL} \tag{6.2.31}$$

磁束が一定ならばトルクは滑り角速度に比例することを表している．式 (6.2.25)～(6.2.31) の関係をブロック図で表すと図 6.10 右側部分となる．

二次鎖交磁束 ψ_{2M} をつくる電流 i_{1M} は直流モータの界磁電流に相当するので磁化電流といい，一方 i_{1T} はトルクを発生させるので直流モータの電機子電流に相当し，トルク電流という．

実際のベクトル制御システムでは二次磁束ベクトルの方向 ϕ_1 がわかれば座標変換によって，磁化電流およびトルク電流の目標値 $i_{1M}{}^*$, $i_{1T}{}^*$ から固定子座標系での一次電流目標値 $\boldsymbol{i}_1^{s*}$ がつくられ，可制御電流源あるいはこれに代わって電流制御形のインバータ制御入力として与えられる（図 6.10 左側部分）．

$$\boldsymbol{i}_1^{s*} = i_{1\alpha}{}^* + ji_{1\beta}{}^* = \exp(j\phi_1)(i_{1M}{}^* + ji_{1T}{}^*) \tag{6.2.32}$$

右辺の $\exp(j\phi_1)$ は座標変換に相当する．式 (6.2.32) を入力とするインバータから駆動されるモータは式 (6.2.25) の磁束と式 (6.2.30) のトルクを発生する．

6.2.3 磁束ベクトルの演算

誘導モータのベクトル制御では二次巻線に鎖交する磁束ベクトル方向を基準座標軸として制御するため，そのベクトル方向を正しく捉えることが重要である．磁束ベクトルの大きさも磁束の安定化や弱め磁束運転のためにフィードバック制御量として欠かせない．

基準座標軸としては一次巻線に鎖交する磁束ベクトル方向とする実用例もあるが，M, T 軸電流間の相互干渉が存在し，電流振動対策が必要である．そのため基準座標軸としては二次巻線に鎖交する磁束ベクトル方向とすることが多い．磁束ベクトルの検出方法としてはホール発電素子やサーチコイルをモータに埋め込む方法もあるが，モータが特殊仕様となるので一般的ではない．そこで通常は二次磁束ベクトル端子電圧，電流，回転速度などから演算によって求める方法，あるいはそれらの目標値，実際値から予測演算する方法が採用される．以下，これらの方法の代表的な例を述べる．ただし，いずれの方法も何らかの欠点があり，単独で使われる場合でも何らかの補償を加えるか，複数方式を組み合わせることで欠点を補う対応がとられている．

a. 電圧モデル法（図 6.11）

まず一次電圧を検出し，式 (6.2.10) より一次磁束ベクトルを求め，磁束ベクトルの式 (6.2.7), (6.2.9) から $\boldsymbol{i}_2^s$ を消去して二次磁束ベクトル $\boldsymbol{\phi}_2^s$ を得る．

$$\boldsymbol{\phi}_1^s = \int (\boldsymbol{v}_1^s - r_1 \boldsymbol{i}_1^s) dt \tag{6.2.33}$$

$$\boldsymbol{\phi}_2^s = \frac{L_2}{M}(\boldsymbol{\phi}_1^s - \sigma L_1 \boldsymbol{i}_1^s) \tag{6.2.34}$$

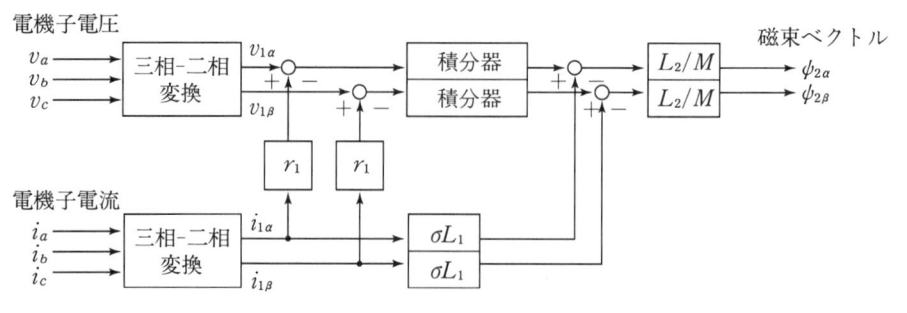

図 6.11 電圧モデル

$$\sigma = 1 - \frac{M}{L_1 L_2} : 漏れ係数 \tag{6.2.35}$$

式(6.2.33)の v_1^s と $r_1 i_1^s$ の大きさが近づく低速域では積分誤差および r_1 の温度変化による誤差が無視できず，特に零速度付近では安定運転が困難である．したがって，零速度付近での誤差補償対策が必要である．しかし中高速域では良好な特性を示す．

b. 電流モデル法(図 6.12)

固定子座標系での二次電圧式(6.2.13)および磁束ベクトル式(6.2.9)より $v_2^s = 0$, i_2^s を消去して式(6.2.36)を得る．

$$p\boldsymbol{\phi}_2^s = -\frac{1}{T_2}\boldsymbol{\phi}_2^s + jp_F\omega_r\boldsymbol{\phi}_2^s + \frac{M}{T_2}\boldsymbol{i}_1^s \tag{6.2.36}$$

速度検出信号 ω_r を必要とし，二次時定数 T_2 の変化の影響をそのまま受けるが，零速度を含めた低速域でも使える．

c. フィードフォワード形電流モデル法(図 6.13)

磁束ベクトルは極座標形式で表すこともできる．大きさは磁界座標系での磁束ベクトルの式(6.2.25)から，ベクトル角(方向) ϕ_1 は滑り角速度の式(6.2.28)を利用して求まる．

$$大きさ \quad \psi_{2M} = \left[\frac{M}{1+T_2 p}\right] i_{1M} \tag{6.2.37}$$

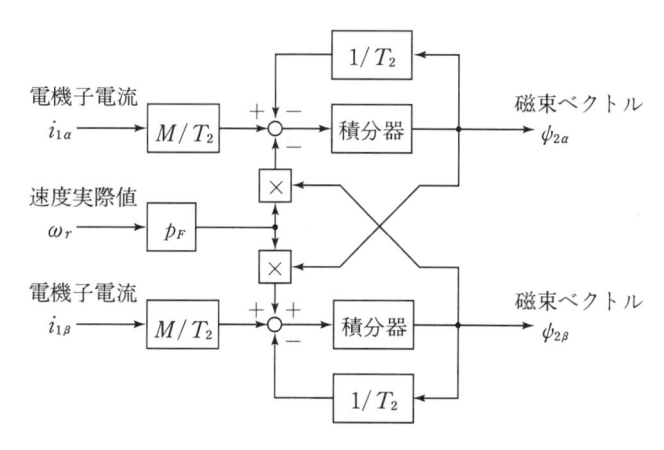

図 6.12 電流モデル

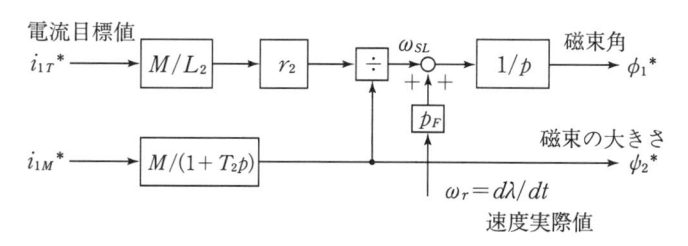

図 6.13 フィードフォワード形電流モデル

方向　　　$\phi_1 = \int [p_F\omega_r + \omega_{SL}]dt$

$$= \int \left[p_F\omega_r + \frac{M}{L_2} \cdot \frac{r_2}{\phi_{2M}} i_{1T} \right] dt \qquad (6.2.38)$$

しかし，上式で i_{1M}, i_{1T} は磁束ベクトルを検出する以前には知ることはできない．そこで一次電流目標値と実際値とが一致していると仮定して，$\phi_{2M}, i_{1M}, i_{1T}$ としては目標値 $\phi_{2M}{}^*, i_{1M}{}^*, i_{1T}{}^*$ をそのままフィードフォワード的に使う．前述の電流モデルと同じ欠点をもつが，構成が簡単であるため最もよく利用されていて，滑り周波数形ベクトル制御とも呼ばれる．磁束ベクトル演算部がベクトル制御部と一体となっているため，制御システムの的確な調整が行われない場合には磁束ベクトル演算にも影響を及ぼすという問題点を内在している．具体的には電流モデル法を採用した場合を含め，電流制御遅れや二次時定数の変化のため磁束モデル誤差を生じ，電流が振動的になることがある．しかし速度制御など外部制御ループを付加することで，実際にはほとんど問題にならない．むしろ動作点のずれからインバータ容量が不足することが指摘されている[3]．特にインダクタンスが変化する弱め磁束運転に課題がある．

6.2.4　電流制御とベクトル制御システム構成

ベクトル制御では電流制御の追従性が性能を左右する．ここまでは可制御電流源を仮定して議論を進めてきた．しかし実際には，電圧形インバータに電流制御ループを付加して電流制御形インバータを構成して用いることが多い．図 6.14 は磁化電流 $i_{1M}{}^*$ とトルク電流 $i_{1T}{}^*$ を制御目標値としているが，それらを座標変換して $i_{1\alpha}{}^*, i_{1\beta}{}^*$ を入力とする交流電流制御ループを付加して制御するシステム構成の例である（式 (6.2.32) 参照）．ここでは磁束ベクトル検出には 6.2.3 項の電圧モデルを用いている．しかし交流電流制御は直流電流制御の場合とは異なり，電流の振幅のみではなく位相の制御もしなければならず，電流目標に対する追従性を高めることは容易ではない．電流制御系の遅れは制御の応答性に影響するのみならず，インバータ容量の不足や電流波形ひずみに結びつく．そこで定常状態では，直流量である i_{1M}, i_{1T} をフィードバック値とする直流電流制御ループを構成し応答改善を行う例が多い．図 6.15 に速度制御を主制御ループとするベクトル制御構成の代表的な例を示す．磁束ベクトル検出はフィードフォワード形電流モデルを用い，応答改善のために直流電流フィードバックループをもたせているので，直流機をはるかに凌ぐ制御性能が得られる．

ベクトル制御の応答性を高めるにはスイッチング遅れが小さい高速スイッチングデバイスを採用することが好ましい．中容量機以下では高速スイッチングが可能な IGBT，MOSFET (metal oxide semiconductor field effect transistor；電界効果型トランジスタ) によるパルス幅変調 (PWM) インバータが使え，電流制御系は比較的高性能が得られる．大容量機では変換装置として高耐圧 IGBT または GTO インバータあるいはサイリスタ式サイクロコンバータが適用される．その場合，変換装置の高速

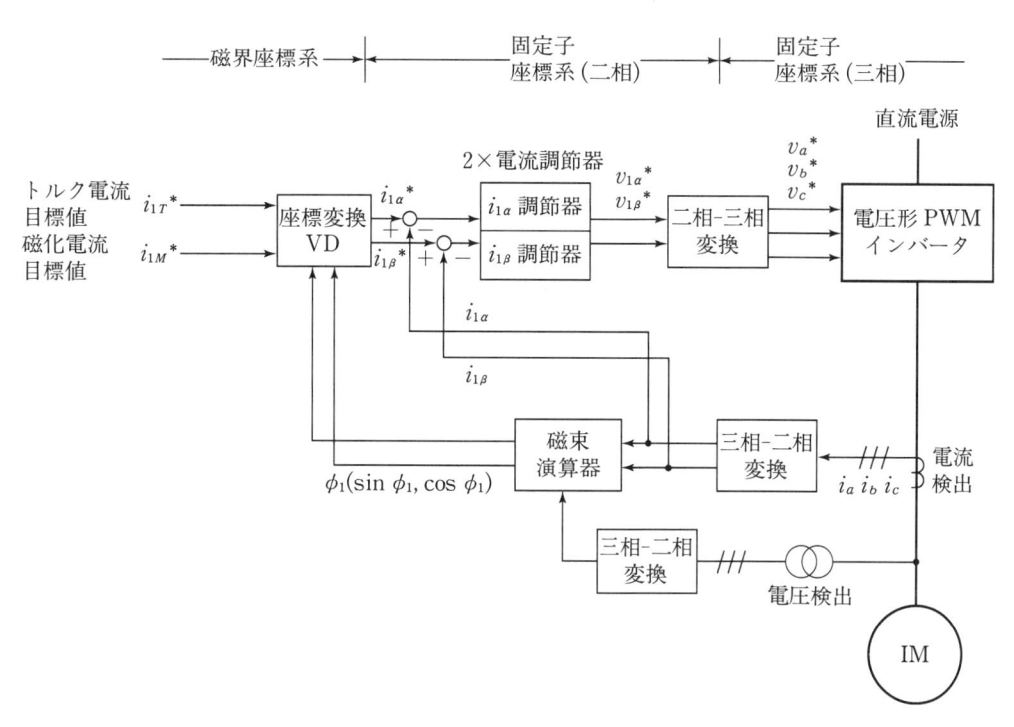

図 6.14 誘導モータのベクトル制御システム構成（電圧モデル磁束演算電流制御）
IM：誘導モータ

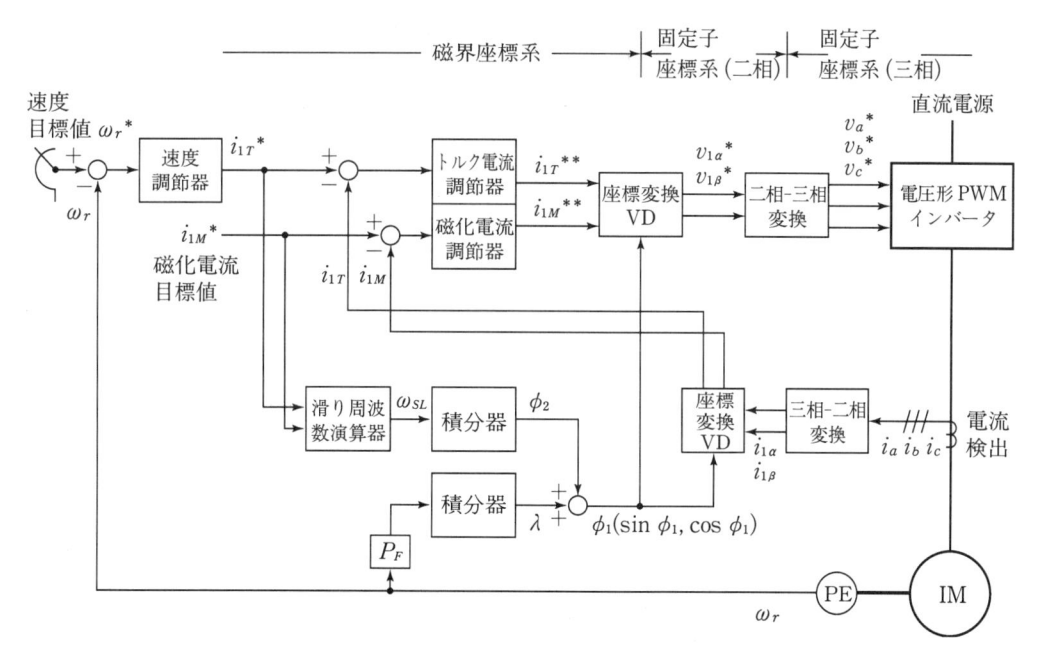

図 6.15 誘導モータのベクトル制御システム構成（滑り周波数形ベクトル制御）
IM：誘導モータ，PE：速度検出．

応答性能，波形分解能の向上のため変換回路の多パルス化や多重化構成をとるなど工夫が凝らされている．

〔中野孝良〕

参 考 文 献

1) 赤木泰文：AC モータのベクトル制御，電学論 D, **108**, 8, p. 726 (1988)
2) 中野孝良：交流モータのベクトル制御，日刊工業新聞社 (1996)
3) M. Koyama, H. Sugimoto, M. Mimura and K. Kawasaki : Effect of parameter change on coordinate control system induction motor, IPEC-TOKYO '83, p. 684 (1983)

6.3 同期モータのベクトル制御

6.3.1 ベクトル制御の原理[1)]

電動機の発生トルクは前節で述べた誘導モータと同じく，巻線電流ベクトル(大きさは巻線電流の値，方向はその巻線起磁力方向とする．以下，電流ベクトルと呼ぶ)と巻線鎖交磁束数ベクトル(以下，磁束ベクトルと呼ぶ)とのベクトル積で表せる．

$$\tau = i \times \psi \tag{6.3.1}$$

ここで，制御座標の基準軸を磁束ベクトルの方向(M 軸)とそれに直交する方向(T 軸)にとり，M 軸方向にある磁束を一定に保ちながら，電流ベクトルの T 軸方向成分を所要の値に瞬時値制御すればトルクを高応答に制御できる．これをベクトル制御(vector control)あるいはフィールドオリエンテーション制御(field oriented control)と呼ぶ．

ベクトル制御は永久磁石形機にも適用できるが，ここでは同期機の解析でよく知られている巻線界磁式二極回転電機子形機について進めることとする[1)]．回転方向，トルク方向は回転電機子形機に好都合な時計回転方向を正とする．

電機子巻線磁束鎖交数，界磁巻線鎖交磁束数，ダンパ巻線鎖交磁束数を，界磁巻線軸上に基準座標をとる d, q 座標軸上で表すと式 (6.3.2)〜(6.3.6) である．ただし，界磁には q 軸巻線はないので界磁 q 軸鎖交磁束，界磁 q 軸電圧方程式はない．

$$\psi_{ad} = (l_a + M_d) i_{ad} + M_d i_f + M_d i_{kd} \tag{6.3.2}$$

$$\psi_{aq} = (l_a + M_q) i_{aq} + M_q i_{kq} \tag{6.3.3}$$

$$\psi_f = M_d i_{ad} + (l_f + M_d) i_f + M_d i_{kd} \tag{6.3.4}$$

$$\psi_{kd} = M_d i_{ad} + M_d i_f + (l_k + M_d) i_{kd} \tag{6.3.5}$$

$$\psi_{kq} = M_q i_{aq} + (l_k + M_q) i_{kq} \tag{6.3.6}$$

同様に電機子回路電圧方程式，界磁回路電圧方程式，ダンパ回路電圧方程式は式 (6.3.7)〜(6.3.11) である．

$$v_{ad} = R_a i_{ad} + p\psi_{ad} - \omega_r \psi_{aq} \tag{6.3.7}$$

$$v_{aq} = R_a i_{aq} + p\psi_{aq} + \omega_r \psi_{ad} \tag{6.3.8}$$

$$v_f = R_f i_f + p\psi_f \tag{6.3.9}$$

$$v_{kd} = R_k i_{kd} + p\psi_{kd} = 0 \tag{6.3.10}$$

$$v_{kq} = R_k i_{kq} + p\psi_{kq} = 0 \tag{6.3.11}$$

ここでの記号は電機子換算値であり，v：電圧，i：電流，l：漏れインダクタンス，M：有効インダクタンス，R：抵抗，ψ：鎖交磁束数，ω_r：回転子回転速度，θ_r：回転子回転角度，τ_e：発生トルク，p：d/dt 微分演算子．添字は，a：電機子，f：界磁，k：ダンパ，d：直軸，q：横軸，r：回転子，M：M 軸，T：T 軸を表す．各巻線の空間起磁力分布，空間磁束分布が正弦波状であり，磁気飽和はないと仮定する．

発生トルクの原理式(6.3.1)は反時計方向を正回転方向としているから，ここでの発生トルクは式(6.3.1)において右辺に負符号を付し，電機子電流ベクトル $\boldsymbol{i}$ と電機子磁束ベクトル $\boldsymbol{\psi}$ を代入すればよい．

$$\tau_e = -\boldsymbol{i} \times \boldsymbol{\psi}$$
$$= \psi_{ad} i_{aq} - \psi_{aq} i_{ad} \tag{6.3.12}$$

座標変換行列式(6.3.13)により，電機子電流，電機子鎖交磁束数および電機子電圧は回転座標系の d-q 座標量から磁界座標系の M，T 座標量に変換され式(6.3.14)〜(6.3.16)となる．δ は d 軸と M 軸との位相差で負荷角に相当する．

$$C = \begin{bmatrix} \cos\delta & \sin\delta \\ -\sin\delta & \cos\delta \end{bmatrix} \tag{6.3.13}$$

$$[\psi_{aM}\psi_{aT}]^T = C[\psi_{ad}\psi_{aq}]^T \tag{6.3.14}$$

$$[i_{aM}i_{aT}]^T = C[i_{ad}i_{aq}]^T \tag{6.3.15}$$

$$[v_{aM}v_{aT}]^T = C[v_{ad}v_{aq}]^T \tag{6.3.16}$$

M，T 座標軸の取り方にしたがい，T 軸電機子鎖交磁束数 ψ_{aT} はゼロであるから発生トルクは式(6.3.17)に単純化される．

$$\tau_e = \psi_{aM} i_{aT} \tag{6.3.17}$$

ベクトル制御では式(6.3.17)にしたがい ψ_{aM} を一定に保ち，i_{aT} を調整してトルク τ_e を制御する．

さらに式(6.3.2)，(6.3.3)の電機子鎖交磁束式，式(6.3.7)，(6.3.8)の電機子電圧式を回転座標変換すると式(6.3.18)〜(6.3.21)となる．

$$\psi_{aM} = l_a i_{aM} + (M_1 + M_2 \cos 2\delta)(i_{aM} + i_{kM} + i_{fM}) - M_2 \sin 2\delta (i_{aT} + i_{kT} + i_{fT}) \tag{6.3.18}$$

$$\psi_{aT} = l_a i_{aT} - M_2 \sin 2\delta (i_{aM} + i_{kM} + i_{fM}) + (M_1 - M_2 \cos 2\delta)(i_{aT} + i_{kT} + i_{fT}) = 0$$
$$\tag{6.3.19}$$

$$v_{aM} = R_a i_{aM} + p\psi_{aM} \tag{6.3.20}$$

$$v_{aT} = R_a i_{aT} + p\psi_{aT} + \left(\frac{d\delta}{dt} + \omega_r\right)\psi_{aM} \tag{6.3.21}$$

ただし

$$M_1 = \frac{M_d + M_q}{2}, \quad M_2 = \frac{M_d - M_q}{2} \tag{6.3.22}$$

式(6.3.20)では座標軸の取り方により $\psi_{aT}=0$ となるため，v_{aM} には速度起電力の項は存在しない．また i_{fM}, i_{fT} は界磁電流 i_f の M, T 軸成分である．

$$i_{fM}=i_f\cos\delta, \qquad i_{fT}=-i_f\sin\delta \tag{6.3.23}$$

式(6.3.18)をみると電機子鎖交磁束 ψ_{aM} は主として i_{aM}, i_{fM}, i_{kM} の M 軸電流によりつくられるが，右辺第三項にみられるように，T 軸電流の干渉を受けることがわかる．これは突極性があるためである．同様に式(6.3.19)から T 軸電機子電流 i_{aT} についても M 軸電流の干渉を受けることがわかる．

ここでは制御系設計の見通しをよくするため，突極性を無視して考察する．よって $M_d=M_q=M$，またダンパ巻線漏れインダクタンスを無視し，$\psi_{kT}\fallingdotseq 0$ とする．ダンパ回路の式(6.3.5)，(6.3.6)，(6.3.10)，(6.3.11)より座標変換を経てダンパ回路電流 i_{kM}, i_{kT} を求め，式(6.3.18)，(6.3.19)に代入して，ψ_{aM}, i_{aT} を求める．

$$i_{kM}=-\frac{T_k p}{1+T_k p}(i_{aM}+i_f\cos\delta) \tag{6.3.24}$$

$$i_{kT}=-\frac{\psi_{kM}}{R_k}\cdot\frac{d\delta}{dt} \tag{6.3.25}$$

$$\psi_{aM}=l_a i_{aM}+\frac{M}{1+T_k p}(i_{aM}+i_f\cos\delta) \tag{6.3.26}$$

$$i_{aT}=\frac{M}{l_a+M}\left(\frac{\psi_{kM}}{R_k}\cdot\frac{d\delta}{dt}+i_f\sin\delta\right) \tag{6.3.27}$$

ただし，

$$T_k=\frac{M}{R_k}：ダンパ巻線時定数 \tag{6.3.28}$$

ψ_{aM} は M 軸方向電流 i_{aM} と i_{fM} の関数，i_{aT} は i_{fT}，負荷角 δ とその時間微分 $d\delta/dt$

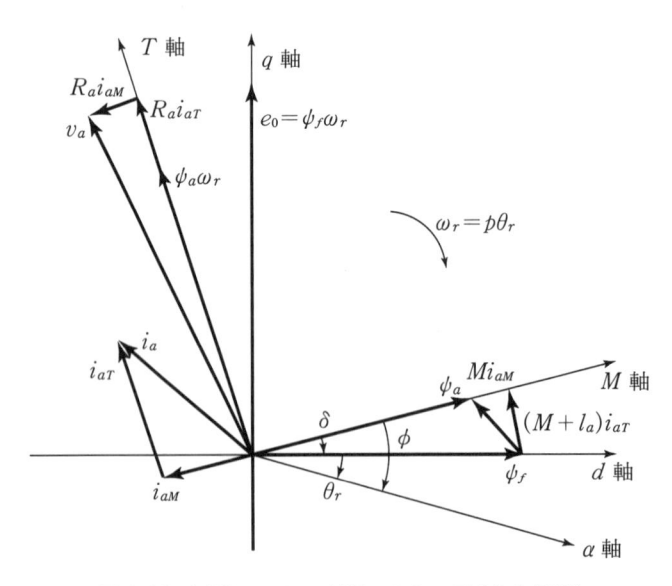

図 6.16　同期モータの空間ベクトル図（非突極機）

の関数となり分離制御ができる．$d\delta/dt$ は電機子鎖交磁束と回転子の間に過渡的に発生する滑り角速度であり，誘導機の滑り角速度と同じようにトルクを発生する．一方，$i_f \sin\delta$ の項は定常トルクを発生する電流に相当する．

実際には円筒機といえども突極性が多少残るため，理想的な $M\text{-}T$ 軸分離制御はできない．しかし電流制御ループ，磁束制御ループを付加することで高速応答性能は実現されている．以上より円筒機の定常状態でのフェーザ図が描け，図 6.16 となる．

6.3.2 制御システム構成[2)]

a. 磁束検出

ベクトル制御を実現するためには磁束ベクトルの検出が必須であり，大別して電流モデル法と電圧モデル法とがある．

電流モデル法の構成を図 6.17 に示す．ダンパ巻線の式 (6.3.10)，(6.3.11) においてダンパ巻線漏れインダクタンスを無視してダンパ巻線電流を消去すれば，電機子鎖交磁束数式 (6.3.2)，(6.3.3) は次式となる．

$$\psi_{ad} = l_a i_{ad} + \frac{M_d}{1+T_{kd}p}(i_{ad}+i_f) \tag{6.3.29}$$

$$\psi_{aq} = l_a i_{aq} + \frac{M_q}{1+T_{kq}p} i_{aq} \tag{6.3.30}$$

$$T_{kd}=\frac{M_d}{R_k}, \quad T_{kq}=\frac{M_q}{R_k}：直軸および横軸ダンパ巻線時定数 \tag{6.3.31}$$

まず電機子電流の三相量 i_a, i_b, i_c を二相量 $i_{a\alpha}, i_{a\beta}$ に変換し，ついで磁極位置信号 θ_r により座標変換して d, q 量 i_{ad}, i_{aq} とし，界磁電流 i_f とあわせて式 (6.3.29)，(6.3.30) により ψ_{ad}, ψ_{aq} を演算する．さらに磁束ベクトルの大きさ $\psi_a = (\psi_{ad}^2+\psi_{aq}^2)^{1/2}$ とその方向 $\delta = \tan^{-1}(\psi_{aq}/\psi_{ad})$ を求める（図 6.17）．

電圧モデル法は固定子電圧各相の積分 $\int(\boldsymbol{v}_a - R_a \boldsymbol{i}_a)dt$ から磁束ベクトルの大きさ ψ_a を，電機子巻線軸から磁束軸の位相 ϕ を求める．

b. 界磁制御と力率

巻線界磁形同期機を採用する場合には，設備容量の点から定常状態では力率1運転

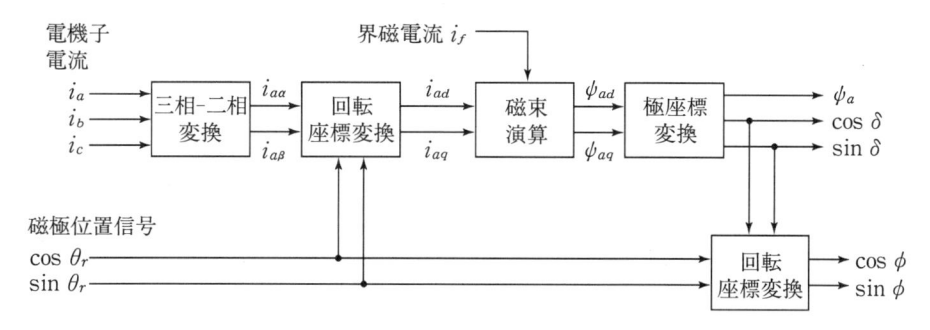

図 6.17 同期モータの磁束モデル（電流モデル）

としたい．$\psi_{aM}=\psi_a$ 一定に保つなら，式(6.3.20)は $i_{aM}=0$ で $v_{aM}=0$ となり，力率 1 運転である．そこで M 軸電機子電流目標値 $i_{aM}{}^*$ をゼロとする．

界磁電流目標値 $i_f{}^*$ は式(6.3.26)において $i_{aM}=0$ とし，磁束目標値 $\psi_a{}^*$ の関数として

$$i_f{}^* = \frac{\psi_a{}^*}{M\cos\delta} \tag{6.3.32}$$

をフィードフォワードで与えるか，磁束制御ループをおき，磁束制御器出力 $i_\mu{}^*$($\psi_a{}^*$ に相当する M 軸電流)から次式で与える．

$$i_f{}^* = \frac{i_\mu{}^*}{\cos\delta} \tag{6.3.33}$$

界磁電圧の制約などから過渡的に界磁電流応答が悪化する場合には

$$i_{aM}{}^* = i_\mu{}^* - i_f\cos\delta \tag{6.3.34}$$

として，電機子側から不足分を M 軸電流 i_{aM} で補うこともできる(図 6.18)．

c. 電流制御とベクトル制御システム構成

ベクトル制御では磁束ベクトルの正確な検出とともに，電流 i_{aM}, i_{aT} の高速な瞬時値制御が要求される．そのため電力変換装置としてはサイクロコンバータか PWM インバータが使われる．電流制御は i_{aM}, i_{aT} をフィードバック値とする閉ループ制御が行われる．これに主制御ループとして速度制御と磁束制御が重畳されることが多い．図 6.18 にその例を示す．

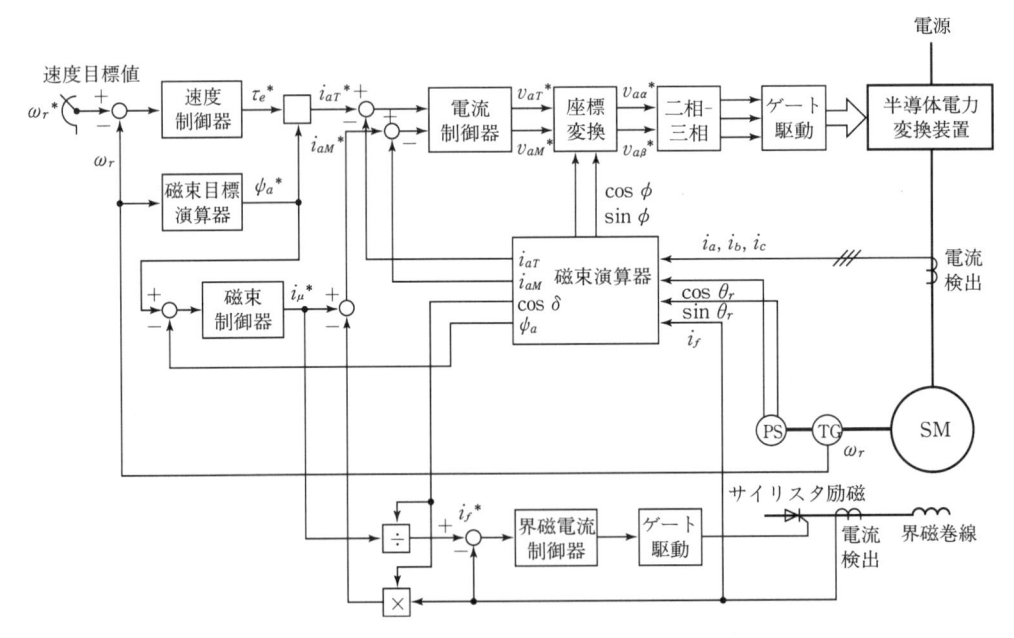

図 6.18 同期モータのベクトル制御システム構成
PS：レゾルバ，TG：タコジェネレータ，SM：同期モータ．

(a) 表面磁石形　　(b) 内部磁石形

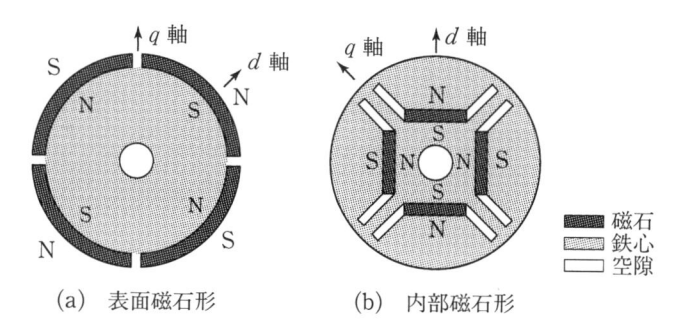

図 6.19 永久磁石モータの代表的回転子構造

6.3.3 永久磁石モータの制御

同期モータのベクトル制御は良好なダイナミック応答とともに，主として大容量機を対象に電機子端子電圧を定格電圧内におさめ，力率1制御とすることを目指している．一方，設備利用率があまり問題とされず，設計的にも余裕がある中小容量機や永久磁石モータではベクトル制御を採用しなくとも良好なダイナミック応答を得ることができる．巻線界磁形の同期モータにおいても界磁電流一定としておけば，永久磁石モータと制御特性にほとんど変わりはないので，ここでは永久磁石モータの高応答制御について取り上げる．

a. 永久磁石モータの代表的な回転子構造[3]

図 6.19 に示すように，永久磁石モータの代表的回転子構造には，表面磁石(SPM; surface permanent magnet)構造と内部磁石(IPM; interior permanent magnet)構造がある．永久磁石の透磁率は真空の透磁率とほぼ等しいので，前者は回転子位置によって磁気抵抗(リラクタンス)が変化せず突極性を示さない($L_d = L_q$：非突極性)．これに対し，後者は永久磁石部分とこれを囲む磁性材料部分の透磁率が異なるため，回転子位置によってリラクタンスが変化し突極性($L_d < L_q$：逆突極性ともいわれる)を示す．ただし，

$$L_d = M_d + l_a, \qquad L_q = M_q + l_a \tag{6.3.35}$$

b. トルク制御

同期モータの式(6.3.2)，(6.3.3)においてダンパ巻線電流をゼロ，界磁電流による電機子巻線鎖交磁束数 $M_d i_f$ に代えて，永久磁石による電機子巻線鎖交磁束数 ψ_{af} とし，式(6.3.12)のトルク式に代入すれば，同期回転する d-q 座標量で表した永久磁石モータのトルク式となる．

$$\tau_e = \{\psi_{af} i_{aq} + (L_d - L_q) i_{ad} i_{aq}\} \tag{6.3.36}$$

したがって，回転子(磁極)位置 θ_r を検出し，d, q 軸上で電機子電流 i_{ad}, i_{aq} を制御することにより，トルクを高応答制御することができる[4]．図 6.20 にトルク制御系の一例を示す．ベクトル制御との違いは電機子鎖交磁束の検出が不要なことであり，制御回路構成が簡単である．ただし，回転子位置 θ_r を検出するために，レゾルバやアブソリュートエンコーダなどの絶対位置検出器が必要である．

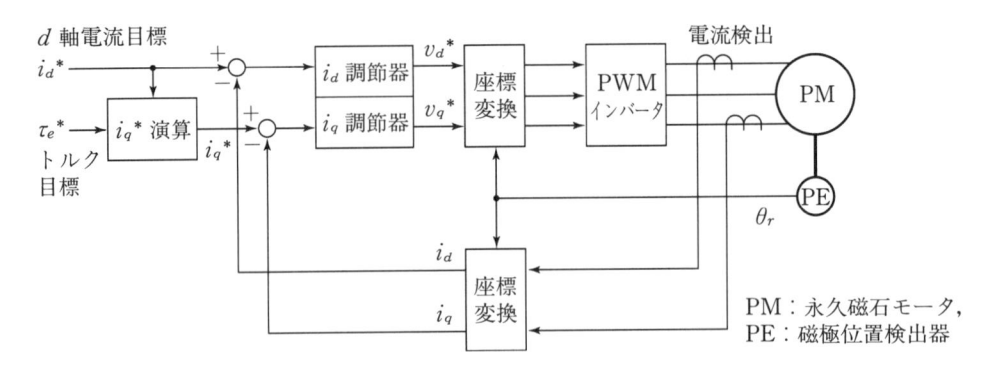

図 6.20 永久磁石モータのトルク制御構成

式 (6.3.35) の右辺第一項は磁石トルク, 第二項はリラクタンストルクである. SPM モータ ($L_d \fallingdotseq L_q$) の場合はリラクタンストルクをほとんど発生しないため, 通常, $i_{ad}=0$ となるように制御される. 一方, IPM モータ ($L_d < L_q$) の場合は, $i_{ad} < 0$ の制御を行うことにより正のリラクタンストルクが発生し, トルクの増大が図れる.

c. 弱め磁束制御[5,6]

電機子巻線鎖交磁束数の式 (6.3.2), (6.3.3) は式 (6.3.35) を使って書き換えると

$$\psi_{ad} = L_d i_{ad} + \psi_{af} \tag{6.3.37}$$

$$\psi_{aq} = L_q i_{aq} \tag{6.3.38}$$

となる. したがって, 負の d 軸電流 i_{ad} を流すことによって生じる d 軸電機子反作用すなわち減磁作用を利用して, 電機子磁束 d 軸成分の弱め制御が行え, 端子電圧上昇を抑えながらモータの速度制御範囲を拡大することができる. しかもリラクタンストルクが発生し, 直流モータや誘導モータにみられるような弱め磁束制御でのトルク減少を少なく抑えることもできる.

この弱め磁束制御は, IPM モータではよく行われるが, SPM モータの場合ではあまり行われていない. その理由は, SPM モータではインダクタンス L_d が比較的小さく (電機子反作用が小) 十分な弱め磁束効果が得にくく, 磁束弱めのために大きな (負の) d 軸電流を流すことは電機子電流制限の点から q 軸電流を減らさねばならず, モータトルク τ_e は急激に減少する. そのため, 実質的に弱め磁束運転範囲を広げられない[3].

〔中野孝良〕

参 考 文 献

1) 中野孝良:交流モータのベクトル制御, 日刊工業新聞社 (1996)
2) 大沢 博・木下繁則・中野孝良:同期電動機の高性能可変速制御, 電学論 D, **107**, 2, p. 175 (1987)
   H. Osawa, S. Kinoshita and T. Nakano : High-performance variable speed control of synchronous motor, T. IEE, Japan, Vol. 107-D, No. 2, pp. 175-182 (1987-2)
3) 武田洋次・森本茂雄・大山和伸・山際昭雄:PM モータの制御法と回転子構造による特性比較, 電学論 D, **114**, 6, p. 662 (1994)
   Y. Takeda, S. Morimoto, K. Ohyama and A. Yamagiwa : Comparison of control characteristics of permanent magnet synchronous motors with several rotor configurations, T. IEE

Japan, Vol. 114-D, No. 6, pp. 662-667 (1994-6)
4) 杉本英彦編者：AC サーボシステムの理論と設計の実際，総合電子出版社 (1990)
5) 森本茂雄・畠中啓太・童毅・武田洋次・平紗多賀男：PM モータの弱め磁束制御を用いた広範囲可変速運転，電学論，**112**, 3, p. 292 (1992)
S. Morimoto, K. Hatanaka, Y. Tong, Y. Takeda and T. Hirasa : Variable speed drive system of permanent magnet synchronous motors. *T. IEE. Japan*, Vol. 112-D, No. 3, pp. 292 (1992-3)
6) 森本純司・森本茂雄・武田洋次・平紗多賀男・山際昭雄・大山和伸：PM モータの磁石配置と運転特性，平成 4 年電気学会産業応用部門全国大会，p. 73 (1992)

6.4 誘導電動機の速度センサレス制御

　誘導電動機の瞬時トルクを制御する必要がある場合，二次鎖交磁束ベクトルを基準とした回転座標上の電流を制御するベクトル制御が広く利用されている．ベクトル制御を行うためには，一次巻線を基準とする静止座標と二次鎖交磁束ベクトルの位相差を知る必要がある．ロータリエンコーダやレゾルバなどの回転子の位置(回転角度)を測定する位置センサやタコメータなどの速度センサが利用可能な場合には，センサから得た速度情報と電動機モデルから，フィードフォワード的に二次鎖交磁束ベクトルの位相を演算する間接形ベクトル制御（滑り周波数形ベクトル制御ともいわれる）が採用されている．しかしながら，このようなセンサは，電動機軸方向に設置スペースが必要であり，頑健な誘導電動機に比べ寿命が短く信頼性の低下を招く，センサ自身および取付けのためのコストが必要，などの欠点がある．そこで，サーボモータなどのように回転角度の精密な制御が必要な場合を除いて，上述の機械的なセンサを使わずに二次鎖交磁束ベクトルの位相を求め，ベクトル制御を行う「速度センサレス制御」が採用される傾向が高くなっている．

　速度センサレス制御法は種々の方式が提案されており，すべての方式を紹介することは難しいが，いくつかに分類し，分類ごとに例をあげて紹介することにする．

6.4.1 基本波に基づく方式
a. 誘導電動機の基本方程式
　かご形誘導電動機の電圧方程式を一次電流と二次鎖交磁束を用いて，静止直交座標上(α-β 座標)で表すと次式となる．

一次側　　　$v_{s\alpha} = (r_s + \sigma L_s p) i_{s\alpha} + \dfrac{M}{L_r} p \psi_{r\alpha}$ 　　　　　　　　(6.4.1)

$v_{s\beta} = (r_s + \sigma L_s p) i_{s\beta} + \dfrac{M}{L_r} p \psi_{r\beta}$ 　　　　　　　　(6.4.2)

二次側　　　$0 = -\dfrac{M i_{s\alpha}}{\tau_r} + \left(\dfrac{1}{\tau_r} + p\right) \psi_{r\alpha} + \omega_r \psi_{r\beta}$ 　　　　　　　　(6.4.3)

$0 = -\dfrac{M i_{s\beta}}{\tau_r} + \left(\dfrac{1}{\tau_r} + p\right) \psi_{r\beta} - \omega_r \psi_{r\alpha}$ 　　　　　　　　(6.4.4)

これを角速度 ω で回転する座標上 (d-q 座標) に変換すると

一次側
$$v_{sd}=(r_s+\sigma L_s p)i_{sd}+\frac{M}{L_r}p\psi_{rd}-\omega\sigma L_s i_{sq}-\omega\frac{M}{L_r}\psi_{rq} \qquad (6.4.5)$$

$$v_{sq}=(r_s+\sigma L_s p)i_{sq}+\frac{M}{L_r}p\psi_{rq}+\omega\sigma L_s i_{sd}+\omega\frac{M}{L_r}\psi_{rd} \qquad (6.4.6)$$

二次側
$$0=-\frac{Mi_{sd}}{\tau_r}+\left(\frac{1}{\tau_r}+p\right)\psi_{rd}-\omega_s\psi_{rq} \qquad (6.4.7)$$

$$0=-\frac{Mi_{sq}}{\tau_r}+\left(\frac{1}{\tau_r}+p\right)\psi_{rq}+\omega_s\psi_{rd} \qquad (6.4.8)$$

となる．ただし，v_s, i_s は一次電圧，一次電流で，ψ_r は二次鎖交磁束であり，その他の記号は以下の通りである．r_s, r_r：一次および二次抵抗，L_s, L_r：一次および二次自己インダクタンス，M：相互インダクタンス，σ：漏れ係数 $(1-M^2/(L_sL_r))$，τ_r：二次時定数 (L_r/R_r)，ω：電源角周波数，ω_r：回転角速度(電気角表示)，ω_s：滑り角周波数，p：微分演算子 (d/dt)．

b. 一次側の方程式に基づく方式

式 (6.4.1)，(6.4.2) より二次鎖交磁束は一次電圧から一次側のインピーダンスを差し引き，積分することで次式のように求められることがわかる．

$$\psi_{r\alpha}=\frac{L_r}{M}\left\{\int(v_{s\alpha}-r_s i_{s\alpha})dt-\sigma L_s i_{s\alpha}\right\} \qquad (6.4.9)$$

$$\psi_{r\beta}=\frac{L_r}{M}\left\{\int(v_{s\beta}-r_s i_{s\beta})dt-\sigma L_s i_{s\beta}\right\} \qquad (6.4.10)$$

ベクトル制御のために必要な位相情報は次のようにして得られる．

$$\theta=\tan^{-1}\frac{\psi_{r\beta}}{\psi_{r\alpha}} \qquad (6.4.11)$$

式 (6.4.9)，(6.4.10) は純粋積分演算が含まれており，直流オフセットなどの問題があり，実際には一次遅れフィルタで代用することになる．したがって，周波数が低くなる低速域では正しい磁束演算は困難となる．また，低速域では，一次電圧が低くなっているため，電圧の精度や一次抵抗の誤差などの影響で正しい磁束演算は一層困難になっている．

c. 一次側および二次側の方程式に基づく方式

上述の問題を軽減するため，一次側の方程式と二次側の方程式を併用する手法が多数提案されている．ここでは，そのうちのいくつかを紹介する．

(1) モデル規範適応システム構造による方式
モデル規範適応システムとは図 6.21 に示すように，出力が同じ変数となる 2 つの異なるモデル(規範モデルと可調節モデル)の出力の差をゼロにするように可調節モデルのパラメータを変更

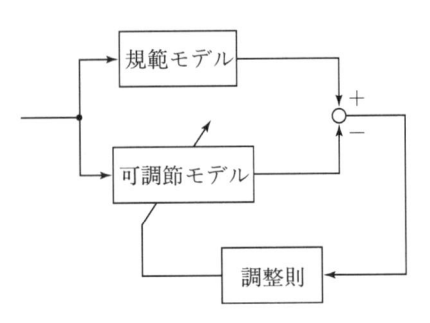

図 6.21 モデル規範適応システム

するシステムであり，制御ゲイン調整やパラメータ推定などに用いられる．速度センサレスベクトル制御の多くの手法はこのような構造となっている．モデルの取り方を次のように分類することにする．

① 一次側方程式を規範モデル，二次側方程式を可調節モデルとする方式
② 誘導電動機自身を規範モデル，一次および二次方程式を可調節モデルとする方式
③ ベクトル制御系を可調節モデル，その理想状態を規範モデルとする方式

次に，それぞれの分類からいくつかの例を紹介する．

分類①の例を紹介する[1~3]．規範モデルとするのは速度情報を含まない一次側方程式である．上述のように二次鎖交磁束は式(6.4.9)，(6.4.10)で得られるが，純粋積分の演算は困難であるから，積分の代わりに一次遅れフィルタを用い，次のように演算する．

$$p\psi'_{r\alpha 1}=\frac{L_r}{M}(v_{s\alpha}-r_s i_{s\alpha}-\sigma L_s p i_{s\alpha})-\frac{\psi'_{r\alpha 1}}{T} \tag{6.4.12}$$

$$p\psi'_{r\beta 1}=\frac{L_r}{M}(v_{s\beta}-r_s i_{s\beta}-\sigma L_s p i_{s\beta})-\frac{\psi'_{r\beta 1}}{T} \tag{6.4.13}$$

ここで，一次遅れフィルタを用いているので，二次鎖交磁束と区別するため $\psi'_{r\alpha 1}$，$\psi'_{r\beta 1}$ という記号を用いている．等価的には，式(6.4.9)，(6.4.10)で求めた二次鎖交磁束を一次のハイパスフィルタに通したことになる．可調節モデルとして，式(6.4.3)，(6.4.4)を用いて，次のように二次鎖交磁束を演算する．

$$p\psi'_{r\alpha 2}=\frac{Mi'_{s\alpha}}{\tau_r}-\frac{1}{\tau_r}\psi'_{r\alpha 2}-\hat{\omega}_r\psi'_{r\beta 2} \tag{6.4.14}$$

$$p\psi'_{r\beta 2}=\frac{Mi'_{s\beta}}{\tau_r}-\frac{1}{\tau_r}\psi'_{r\beta 2}+\hat{\omega}_r\psi'_{r\alpha 2} \tag{6.4.15}$$

ここで，$i'_{s\alpha}, i'_{s\beta}$ は測定した一次電流を一次のハイパスフィルタに通したもので，式(6.4.12)，(6.4.13)でフィルタを通していることに対応させている．式(6.4.14)，(6.4.15)の演算には速度情報が必要であるが，これは，2つのモデルで求めた二次鎖交磁束の外積をとり，これを PI 演算し，適応的に推定して求められる．式中では推

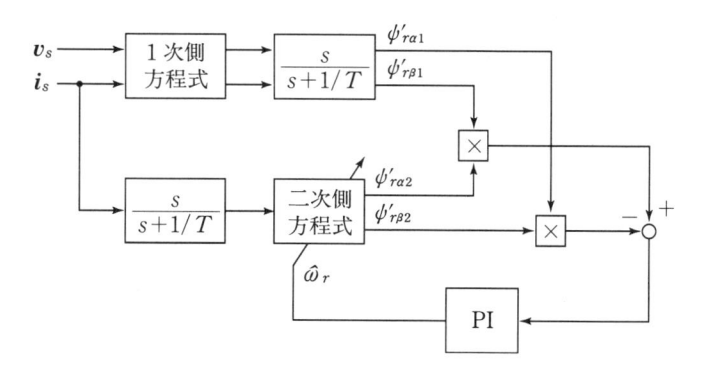

図 6.22 MRAS 速度・二次磁束推定器

定値であることを明記するために $\hat{\omega}_r$ とした．このブロック図を図 6.22 に示す．

分類②の例を紹介する[4~8]．規範モデルは誘導電動機自身を用いる．入力は一次電圧，出力は一次電流とする．可調節モデルは誘導電動機の一次側および二次側の方程式に基づき，オブザーバを構成する．式 (6.4.1)～(6.4.4) を整理し，状態方程式の形で表すと

$$p\boldsymbol{x} = \boldsymbol{A}\boldsymbol{x} + \boldsymbol{B}\boldsymbol{v}_s \tag{6.4.16}$$

となる．ただし，

$$\boldsymbol{x} = [i_{s\alpha}\ i_{s\beta}\ \psi_{r\alpha}\ \psi_{r\beta}]^T, \qquad \boldsymbol{A} = \begin{bmatrix} \boldsymbol{A}_{11} & \boldsymbol{A}_{12} \\ \boldsymbol{A}_{21} & \boldsymbol{A}_{22} \end{bmatrix}, \qquad \boldsymbol{B} = \begin{bmatrix} \boldsymbol{B}_1 \\ \boldsymbol{0} \end{bmatrix},$$

$$\boldsymbol{v}_s = [v_{s\alpha}\ v_{s\beta}]^T, \qquad \boldsymbol{i}_s = [i_{s\alpha}\ i_{s\beta}]^T,$$

$$\boldsymbol{A}_{11} = -\{r_s/(\sigma L_s) + (1-\sigma)/(\sigma \tau_r)\}\boldsymbol{I}, \qquad \boldsymbol{A}_{12} = M/(\sigma L_s L_r)\{(1/\tau_r)\boldsymbol{I} - \omega_r \boldsymbol{J}\},$$

$$\boldsymbol{A}_{21} = (M/\tau_r)\boldsymbol{I}, \qquad \boldsymbol{A}_{22} = -(1/\tau_r)\boldsymbol{I} + \omega_r \boldsymbol{J}, \qquad \boldsymbol{B}_1 = 1/(\sigma L_s)\boldsymbol{I},$$

$$\boldsymbol{I} = \begin{bmatrix} 1 & 0 \\ 0 & 1 \end{bmatrix}, \qquad \boldsymbol{J} = \begin{bmatrix} 0 & -1 \\ 1 & 0 \end{bmatrix}.$$

上式からオブザーバは次のように構成される．

$$p\hat{\boldsymbol{x}} = \hat{\boldsymbol{A}}\hat{\boldsymbol{x}} + \boldsymbol{B}\boldsymbol{v}_s + \boldsymbol{G}(\hat{\boldsymbol{i}}_s - \boldsymbol{i}_s) \tag{6.4.17}$$

ここで，^記号はそのベクトル量が推定値であることを，行列の場合は推定値を含むことを意味する．また，$\boldsymbol{G}$ はオブザーバゲイン行列である．

行列 $\hat{\boldsymbol{A}}$ に含まれる速度推定値 $\hat{\omega}_r$ は，電流推定誤差と推定二次鎖交磁束との外積 $\{(i_{s\alpha} - \hat{i}_{s\alpha})\psi_{r\beta} - (i_{s\beta} - \hat{i}_{s\beta})\psi_{r\alpha}\}$ を PI 演算することで求められる．さらに，温度変化とともに変化し，低速域でその誤差の影響が大きい一次抵抗も同時に推定できる．一次抵抗の推定値は電流推定誤差と電流推定値の内積 $\{(\hat{i}_{s\alpha} - i_{s\alpha})\hat{i}_{s\alpha} + (\hat{i}_{s\beta} - i_{s\beta})\hat{i}_{s\beta}\}$ を積分することで求められる．このブロック図を図 6.23 に示す．この方式については，多くの研究者が安定性について検討を行っており，安定範囲が明確になっている．上述の速度推定については，オブザーバゲインの選び方によっては，低速回生領域の一部で不安定になる場合があり，これを回避する方法が検討されている．文献 5～7) においては，低速回生領域においても安定に動作するオブザーバゲインの設計について述べており，文献 8,9) においては，適応調整則の改良により，安定化を図っている．

ところで，基本波に基づく速度センサレス方式では，二次抵抗設定値に誤差がある場合には速度推定誤差が残ることが知られている．これは誘導電動機の等価回路において，二次側の等価抵抗が r_r/s であることから，容易に理解できることであるが，定常状態においては，一次電圧および一次電流とからでは二次抵抗の誤差と速度推定誤差の影響を分離できな

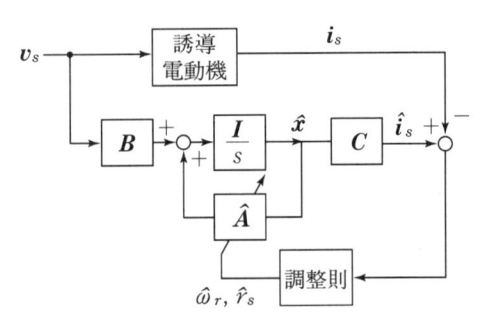

図 6.23 適応二次磁束オブザーバ

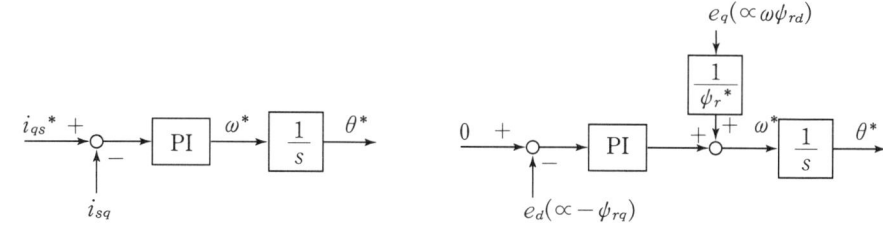

6.4 誘導電動機の速度センサレス制御

(a) トルク成分電流誤差を利用する方式(1)

(b) q軸二次鎖交磁束を利用する方式

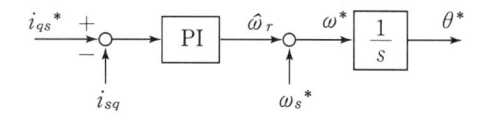

(c) トルク成分電流誤差を利用する方式(2)

図 6.24 ベクトル制御器内の適応調整則

いからである．これを解決するために，励磁電流成分に交流成分を重畳し，二次抵抗を推定する方法が提案されている[8,10]．

次に，分類③の例を紹介する．規範モデルであるベクトル制御された理想状態の誘導電動機は，トルク成分電流（q軸電流）が指令値通りに流れ，また，q軸（トルク軸）の二次鎖交磁束がゼロとなっている．この分類の方式では，トルク成分電流の誤差あるいはq軸磁束またはそれに比例する量をPI演算し，ベクトル制御器の操作量である一次角周波数を調整し，これを積分することで二次鎖交磁束の位相をフィードフォワード的に得るものである（図6.24参照）．図6.24(a)のようにq軸電流誤差を用いる場合は，電流制御系を組むことができないので，電流指令から次式のように，フィードフォワード的に電圧指令を作成する[11]．

$$v_{sd}{}^* = r_s i_{sd}{}^* - \omega^* \sigma L_s i_{sq}{}^* \tag{6.4.18}$$

$$v_{sq}{}^* = r_s i_{sq}{}^* + \omega^* \sigma L_s i_{sd}{}^* + \omega^* \frac{M^2}{L_r} i_{sd}{}^* \tag{6.4.19}$$

図6.24(b)のようにq軸磁束に比例する量を用いる例としては，次式のd,q軸誘起電圧の利用が考えられる[12]．

$$e_d = v_{sd}{}^* - \{(r_s + \sigma L_s p)i_{sd} - \omega^* \sigma L_s i_{sq}\} \tag{6.4.20}$$

$$e_q = v_{sq}{}^* - \{(r_s + \sigma L_s p)i_{sq} + \omega^* \sigma L_s i_{sd}{}^*\} \tag{6.4.21}$$

e_d（式(6.4.20)）は $-\omega(M/L_r)\psi_{rq}$ に，e_q（式(6.4.21)）は $+\omega(M/L_r)\psi_{rd}$ に相当する．

いずれの場合でも，速度制御を組む場合には，トルクまたはトルク電流指令から得られる滑り角周波数 $\omega_s = (r_r i_{sq}{}^*)/(L_r i_{sd}{}^*)$ を一次角周波数 ω^* から差し引くことで速度情報を得る．

図6.24(c)はq軸電流推定値の誤差をPI演算したものを，一次角周波数ではなく，速度推定値とする方式である．一次角周波数は速度推定値と滑り角周波数指令を

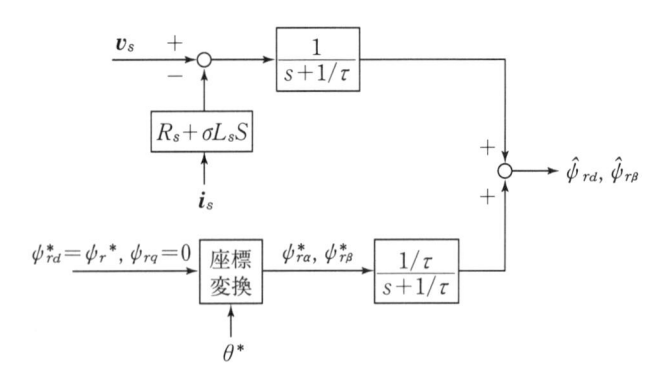

図 6.25 改良二次鎖交磁束演算器

足し合わせて生成し，これを積分したものをベクトル制御用の二次鎖交磁束位相として用いる[13]．この位相を基準として電流制御系を構成しているので，前述の q 軸電流推定用にはこの位相は利用できない．したがって，別の手段により二次鎖交磁束位相を推定した位相を用いて q 軸電流推定値を得る必要がある．文献 13) では，図 6.25 に示すように式 (6.4.12)，(6.4.13) と二次鎖交磁束指令を用いて補正した二次鎖交磁束推定値を用いている．

(2) 二次側方程式で求めた二次鎖交磁束を一次側に帰還する方式　二次側方程式で得られる二次鎖交磁束を一次側方程式に帰還することにより，積分演算に関する問題を回避する方式[14]を紹介する．一次側方程式に基づき，式 (6.4.22)，(6.4.23) により二次鎖交磁束を演算する．

$$\psi_{r\alpha} = \frac{L_r}{M}\left\{\int[(v_{s\alpha} - r_s i_{s\alpha}) - K(\psi_{r\alpha} - \psi_{r\alpha i})]dt - \sigma L_s i_{s\alpha}\right\} \tag{6.4.22}$$

$$\psi_{r\beta} = \frac{L_r}{M}\left\{\int[(v_{s\beta} - r_s i_{s\beta}) - K(\psi_{r\beta} - \psi_{r\beta i})]dt - \sigma L_s i_{s\beta}\right\} \tag{6.4.23}$$

ただし，$\psi_{r\alpha i}, \psi_{r\beta i}$ は二次側方程式により，次式より求める．

$$p\psi_{r\alpha i} = \frac{M i_{s\alpha}}{\tau_r} - \frac{1}{\tau_r}\psi_{r\alpha i} - \hat{\omega}_r \psi_{r\beta i} \tag{6.4.24}$$

$$p\psi_{r\beta i} = \frac{M i_{s\beta}}{\tau_r} - \frac{1}{\tau_r}\psi_{r\beta i} + \hat{\omega}_r \psi_{r\alpha i} \tag{6.4.25}$$

式 (6.4.24)，(6.4.25) 中に含まれる速度推定値 $\hat{\omega}_r$ は式 (6.4.22)，(6.4.23) から求められる二次鎖交磁束の位相を微分した角周波数 ω から滑り角周波数 ω_s を差し引いて求める．具体的には次のようにする．二次鎖交磁束の位相は

$$\theta = \tan^{-1}\frac{\psi_{r\beta}}{\psi_{r\alpha}} \tag{6.4.26}$$

であるから，上式を微分しても角周波数 ω は得られるが，微分演算を避けるため，

$$\omega = \frac{\psi_{r\alpha} p\psi_{r\beta} - \psi_{r\beta} p\psi_{r\alpha}}{\psi_{r\alpha}^2 + \psi_{r\beta}^2} \tag{6.4.27}$$

としてもよい．次に滑り角周波数 ω_s は

$$\omega_{s1} = \frac{M(\psi_{r\alpha}i_{s\beta} - \psi_{r\beta}i_{s\alpha})/\tau_r}{\psi_{r\alpha}^2 + \psi_{r\beta}^2} \tag{6.4.28}$$

$$\omega_{s2} = \frac{(\psi_{r\alpha}i_{s\beta} - \psi_{r\beta}i_{s\alpha})/\tau_r}{\psi_{r\alpha}i_{s\alpha} + \psi_{r\beta}i_{s\beta}} \tag{6.4.29}$$

$$\omega_s = \omega_{s1} + K_1\int(\omega_{s2} - \omega_s)dt \tag{6.4.30}$$

のようにして求める．式(6.4.28)で求めた滑り角周波数は一次抵抗設定誤差の影響が大きいため，定常時のみに成立し一次抵抗の影響が少ない式(6.4.29)を用い，式(6.4.30)のように補正を行っている．なお，文献14では，二次鎖交磁束を基準としたベクトル制御ではなく，一次鎖交磁束を基準とした直接トルク制御を用いている．

6.4.2 高周波成分に基づく方式

基本波に基づく方式は，電動機の起電力から二次鎖交磁束の位相を推定することになるので，周波数がゼロ付近では起電力もほぼゼロとなり，位相の推定は困難となる．これに対し，部分的な磁気飽和によるインピーダンスのアンバランスや，回転子スロットに起因するインピーダンス変動などを把握できれば，二次鎖交磁束の位相あるいは速度を推定することが可能である．ただし，これらの情報は基本波成分からでは把握することは困難であり，高周波成分を加える必要がある．また，電動機回転子のスロット形状によっては，適用できない場合もある．以下に高周波成分に基づくいくつかの手法を紹介する．

a. PWM パルス印加時の電流変化分を用いる方式[15]

誘導電動機の磁束レベルを飽和領域で使用した場合，漏れインダクタンス(主として一次漏れインダクタンス)は磁束方向とこれに直交する方向では異なっている．テスト信号電圧を加え，漏れインダクタンスを測定すれば磁束方向を把握することができる．文献15ではこれをINFORM (indirect flux detection by on-line reactance measurement)法と呼んでいる．

誘導電動機が無負荷，停止状態で磁束が飽和レベルにあるとき，テスト信号電圧が十分短いとすると，電流変化分は一次抵抗による電圧降下を無視して，次式で表される．

$$\frac{d\boldsymbol{i}_s}{dt} = \boldsymbol{y}(2\xi_v)\boldsymbol{v}_s \tag{6.4.31}$$

漏れインダクタンス $1/\boldsymbol{y}$ は複素量で，磁束ベクトルとテスト信号電圧ベクトルとの位相角 ξ_v の2倍の関数となる．磁束軸の y を $y_m + \Delta y$，直交方向の y を $y_m - \Delta y$ とすると，複素量 $\boldsymbol{y}$ の実数分と虚数分はそれぞれ次のようになる．

$$y_{re} = y_m + \Delta y \cos 2\xi_v \tag{6.4.32}$$
$$y_{im} = -\Delta y \sin 2\xi_v \tag{6.4.33}$$

式(6.4.31)に(6.4.32)，(6.4.33)を代入すると次式となる．

$$\frac{d\boldsymbol{i}_s}{dt} = \boldsymbol{v}_s[y_m + \varDelta y \exp(-j2\xi_v)] \quad (6.4.34)$$

磁束ベクトルがほぼ同じ位置にあると見なせる時間内に複数回テスト信号電圧を加えることにより，y の値が不明でも磁束方向を把握することができる．電圧形インバータで印加できる電圧ベクトルは図 6.26 に示す 7 種類に限られる．いま，a, b, c 相の各方向にそれぞれテスト信号電圧，$\boldsymbol{v}_1, \boldsymbol{v}_3, \boldsymbol{v}_5$ を加えると，電流変化分は次のようになる．

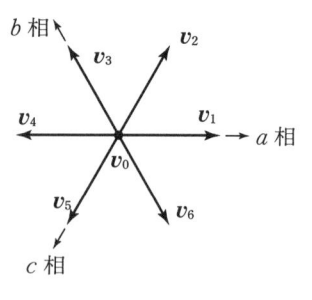

図 6.26 空間電圧ベクトル

$$\left.\begin{aligned}|\varDelta i_{s,1}|\exp(j\zeta_1) &= |v_1|\varDelta t[y_m + \varDelta y \exp(-j2\xi_{v1})] \\ |\varDelta i_{s,3}|\exp(j\zeta_3) &= |v_3|\varDelta t\left[y_m + \varDelta y \exp\left(-j\left(2\xi_{v1} + \frac{2\pi}{3}\right)\right)\right] \\ |\varDelta i_{s,5}|\exp(j\zeta_5) &= |v_5|\varDelta t\left[y_m + \varDelta y \exp\left(-j\left(2\xi_{v1} - \frac{2\pi}{3}\right)\right)\right]\end{aligned}\right\} \quad (6.4.35)$$

ただし，ζ はテスト信号によって変化した電流ベクトルと電圧ベクトルの位相差である．上式の左辺の実部はそれぞれ a, b, c 相の電流変化分であり，$\varDelta i_{sa,1}, \varDelta i_{sb,3}, \varDelta i_{sc,5}$ と表記することにする．ここで，これらを三相-二相変換し，複素表現すると，次式となる．

$$\begin{aligned}\boldsymbol{c} &= \varDelta i_{sa,1} + \varDelta i_{sb,3} \exp\left(j\frac{2\pi}{3}\right) + \varDelta i_{sc,5} \exp\left(-j\frac{2\pi}{3}\right) \\ &= 3|\boldsymbol{v}_1|\varDelta t \varDelta y(\cos 2\xi_{v1} + j\sin 2\xi_{v1})\end{aligned} \quad (6.4.36)$$

したがって，複素量 $\boldsymbol{c}$ の偏角から磁束方向がわかる．なお，a 相からみた磁束の方向 θ は $-\xi_{v1}$ である．

無負荷で回転している場合には，式 (6.4.31) で $\boldsymbol{v}_s$ から速度起電力を差し引く必要がある．速度起電力を正確に把握することは難しいので，同一方向で大きさの異なるテスト信号電圧を 2 度加えて，それぞれの差をとることによって磁束方向を求めることができる．

負荷時には上記の方法で求めた磁束の角度 θ_{INFORM} にトルク電流成分 i_t の項を補正して磁束方向とする．補正のための係数 K は実験的に定める．

$$\theta = \theta_{\text{INFORM}} + K i_t \quad (6.4.37)$$

この方法はかご形回転子のスロット形状が閉スロットの場合，インダクタンスの差が現れず，適用困難のようである．

b. スロット高調波を利用したセンサレス位置制御[16]

かご形回転子の場合，回転子スロットバーの影響で各相巻線からみた漏れインダクタンスは回転子位置に対応して脈動している．N スロットの回転子では 1 回転で N 回の脈動が現れる．したがって，前述のように，特別な PWM パルスを印加し，漏れインダクタンスを把握することで回転子位置が把握できる．中性点をもつ三相 4 線式の電動機では，各相の相電圧の和である零相電圧から漏れインダクタンスの脈動を

把握することができる．回転子がほぼ同じ位置にあると見なせる時間内に図6.26の電圧ベクトルの $v_1 \sim v_6$ の6種類を印加する．各電圧ベクトルを印加したときの零相電圧から次の演算を行う．

$$\boldsymbol{p} = p_a + p_b \exp\left(\frac{2\pi}{3}\right) + p_c \exp\left(-j\frac{2\pi}{3}\right) \tag{6.4.38}$$

ただし，$p_a = u_{\sigma,1} - u_{\sigma,4}$，$p_b = u_{\sigma,3} - u_{\sigma,6}$，$p_c = u_{\sigma,5} - u_{\sigma,2}$，$u_{\sigma,k}$：電圧ベクトル v_k を印加したときの零相電圧．

複素量 $\boldsymbol{p}$ は電動機が $1/N$ 回転すると1回転する円軌跡を描く．したがって，位置情報として利用することができる．

なお，磁束レベルが飽和領域にあるときは6.4.2a項で述べたように電源周波数の2倍で脈動する成分も含まれることになる．この成分を除去するには，検出量を 2ω で回転する回転座標に変換し，ローパスフィルタで直流成分を除去すればよい．

この方式も閉スロットの回転子に対しては適用困難のようである．

c. 磁束軸に高周波成分を重畳する方式[17~19]

前述の2つの方式は特別なPWMパターンを必要とし，また，閉スロット構造の電動機に対しては適用できない．文献17で提案されている方式は推定磁束軸の電圧指令に高周波成分を重畳するもので，閉スロット構造の電動機に対しても適用可能である．

重畳した高周波成分に対する磁束軸のインピーダンスとトルク軸のインピーダンスは異なっている．この理由は主として表皮効果によるようである[18]．図6.27に示すように推定磁束軸（d 軸）に高周波成分を重畳し，d 軸と $\pm 45°$ 異なる軸（q_m 軸と d_m 軸）上でのインピーダンス Z_{qm} と Z_{dm} を測定する．推定磁束軸が正しい場合は，Z_{qm} と Z_{dm} とは等しいが，誤差 θ_{err} がある場合には差が生じる．したがって，この差をフィードバックし，推定磁束軸を補正できる（図6.28参照）．

ところで，この手法は基本波周波数が非常に低い場合にも適用できるという長所がある反面，高周波成分を重畳するという短所をもっている．そこで，文献19では，この手法と基本波に基づく6.4.1c項で述べたオブザーバを用いる方式を併用している．高周波成分に基づき推定した電動機速度と基本波成分に基づき推定した速度のそれぞれに重みを付けて加算する．低速域では前者，中高速域では後者の重みが増すよ

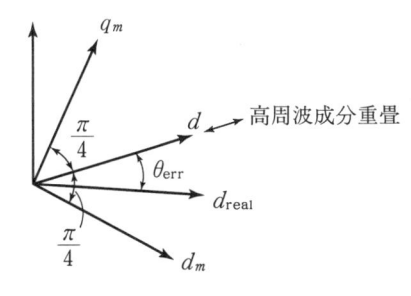

図6.27 磁束軸と測定軸の関係

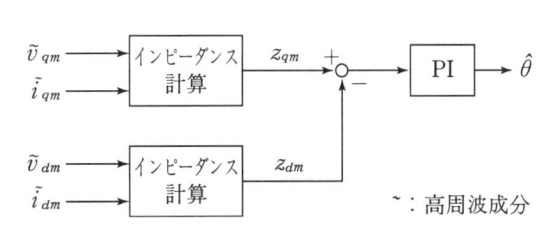

図6.28 高周波成分重畳による磁束軸推定器

うになっている．このようにすることで，停止・低速域から高速域まで安定な運転が可能となる．
〔久保田寿夫〕

参 考 文 献

1) 杉本・矢野・玉井：モデル規範適応システムを適用した誘導電動機の速度センサレスベクトル制御，電学論 D, **108**, p. 306 (1988-3)
2) C. Schauder : Adaptive speed identification for vector control of induction motors without rotational transducers, *IEEE Trans. on Industry Applications*, Vol. 28, p. 1054 (1992)
3) 田島・堀：フィルタ時定数可変型 MRAS 速度推定器による速度センサレス磁界オリエンテーション制御，平成 4 年電気学会産業応用部門全国大会，No. 626
4) 久保田・尾崎・松瀬・中野：適応二次磁束オブザーバを用いた誘導電動機の速度センサレス直接形ベクトル制御，電学論 D, **111**, p. 954 (1991-11)
5) 金原・小山：低速・回生領域を含む誘導電動機の速度センサレスベクトル制御法，電学論 D, **120**, p. 223 (2000-2)
6) 金原・小山：二種類の適応磁束オブザーバを併用した誘導電動機の速度センサレス制御と一次・二次抵抗同定，電学論 D, **120**, p. 1061 (2000-8/9)
7) 田村・佐藤・久保田・太田・堀：誘導電動機の速度センサレスベクトル制御系における回生領域での適応オブザーバの一設計法，電学論 D, **117**, p. 940 (1997-8)
8) H. Tajima, G. Guidi and H. Umida : Consideration about problems and solutions of speed estimation method and parameter tuning for speed-sensorless vector control of induction motor drives, *IEEE Trans. on Industry Applications*, Vol. 38, p. 1282 (2002)
9) 河野・長谷川・松井：電流推定誤差の回転変換を用いたロバスト適応オブザーバに基づく誘導電動機速度センサレスベクトル制御の実験，平成 14 年電気学会産業応用部門大会，No. 219
10) 久保田・吉原・松瀬：速度センサレスベクトル制御誘導電動機の二次抵抗同定，電学論 D, **117**, p. 940 (1997-8)
11) 奥山・藤本・松井・久保田：誘導電動機の速度・電圧センサレス・ベクトル制御法，電学論 D, **107**, pp. 191-198 (1987-2)
12) 近藤・結城：誘導電動機速度センサレス制御の鉄道車両駆動への適用検討，平成 14 年電気学会産業応用部門大会，No. 36
13) 大谷・渡辺・高崎・高田：ベクトル制御による誘導電動機の速度センサレスドライブ，電学論 D, **107**, p. 199 (1987-2)
14) I. Miyashita and Y. Ohmori : Speed sensorless high-speed torque and speed control of induction motor based on instantaneous spatial vector theory, IPEC-Tokyo, p. 1144 (1990)
15) M. Schroedl : Sensorless control of induction motors at low speed and standstill, Proc. Int. Conf. on Electr. Mach.(ICEM), p. 863 (1992)
16) J. Holtz : Sensorless position control of induction motors-an emerging technology, *IEEE Trans. on Industrial Electronics*, Vol. 45, p. 840 (1998)
17) J. I. Ha and S. K. Sul : Sensorless field-orientation control of an induction machine by high-frequency signal injection, *IEEE Trans. on Industry Applications*, Vol. 35, p. 45 (1999)
18) K. Ide, I. Murokita, M. Sawamura, M. Ohto, Y. Nose, J. I. Ha and S. K. Sul : Finite element analysis of sensorless induction machine by high frequency voltage injection, IPEC-Tokyo, p. 1842 (2000)
19) K. Ide, J. I. Ha, M. Sawamura, H. Iura and Y. Yamamoto : High frequency injection method improved by flux observer for sensorless control of an induction motor, PCC-Osaka (2002)

6.5 永久磁石同期電動機の位置センサレス制御

地球環境の保全のために温室効果ガス発生の削減が求められ，電気エネルギーの合理的な使用が産業・民生・運輸部門でそれぞれ進められている．このような状況の中で，誘導電動機に比較して高効率かつ小形で制御も容易な永久磁石同期電動機が，急速に産業界に普及してきている．永久磁石同期電動機をトルク制御する場合には回転子位置に応じて電流を流すための位置情報を必要とするが，例えば，コンプレッサ用電動機として使用される場合には電動機が高温，高圧下に曝されるため，一般的に位置センサを用いない位置センサレス制御が用いられる．永久磁石同期電動機は電動機構造から表6.1に示すように分類され，その構造によりセンサレス制御法も異なっている．ここでは起電力波形が台形波と正弦波それぞれの電動機のセンサレス手法を紹介する．

6.5.1 台形波起電力電動機のセンサレス制御

台形波の速度起電力波形をもつ永久磁石同期電動機は，主に1kW以下の小容量電動機で高速な速度応答を必要としない用途に使用されることが多く，特に小容量電動機ほど，その制御回路は簡単であり，電流制御系をもたない場合が多い．台形波の速度起電力波形をもつ永久磁石同期電動機の駆動システムは，インバータ，検出器および制御回路を一体化してブラシレスモータと呼ばれている．このモータは，ブラシ付き直流モータの直流界磁を回転子側の永久磁石に，電機子巻線を固定子巻線に置き換え，回転子位置に応じた電機子電流の切替を行うブラシ・コミュテータの役割を，回転子位置検出器情報によって半導体スイッチング素子のオン・オフを行うインバータにすることで，機械的なスイッチによる電流切替のために生じる問題点の解消を図ったものと考えてよい．この意味で，このモータは「ブラシレスDCモータ」とも呼ばれる．図6.29は，電流制御系だけではなく，位置センサをもたないセンサレスブラシレスモータの構成例である．インバータの直流電圧と電動機の各相端子電圧から回転子位置を推定し，センサレス制御を実現する．

図6.30に永久磁石同期電動機の台形波速度起電力波形，巻線電流波形とインバー

表6.1 電動機構造とセンサレス制御法

PM同期電動機の電動機構造	通電方式	位置・速度推定原理	
		通常速度領域	低速度領域
台形波起電力電動機	120°	速度起電力検出	—
正弦波起電力電動機 非突極形電動機	180°	速度起電力推定	—
逆突極形電動機	180°	速度起電力推定	インダクタンスの位置依存性

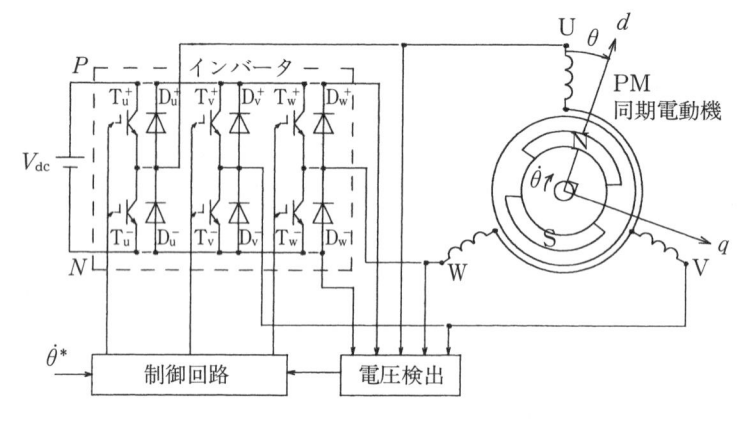

図 6.29 センサレスブラシレスモータの構成

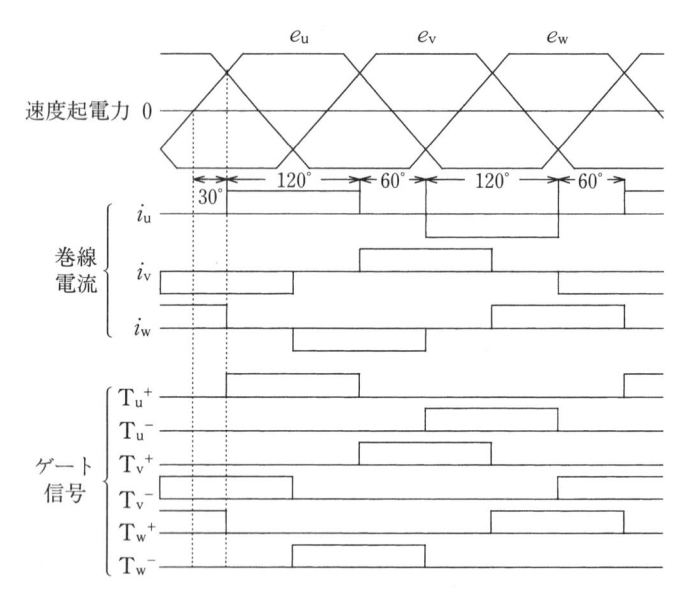

図 6.30 速度起電力・電流波形とゲート信号

タゲート信号を示している．電動機のトルク/電流の比を最大に制御するために，同図に示すように回転子位置に応じて発生する台形波上の各相速度起電力 e_u, e_v, e_w 波形と各相巻線電流 i_u, i_v, i_w を同相に制御することが望まれる．U相においては，e_u が最大になる120°期間において i_u が正の電流になるように，スイッチング素子 T_u^+ のゲート信号にオン信号を与えている．また，e_u が負で最大になる120°期間において，i_u が負の電流になるようにスイッチング素子 T_u^- にオン信号を与えている．ほかの相においても同様である．同図では，120°期間は常時オン信号を与えているが，ブラシレスモータを速度制御するためには，ゲート信号を間欠的に与えるチョッパ制御により行われる速度制御時を含め，センサレス制御では，ゲート信号を与えるタイミングを回転子位置検出器を用いずに実現しなければならない．

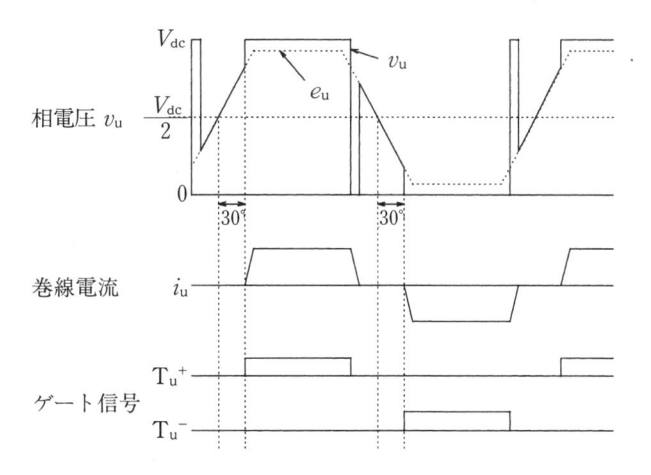

図 6.31 速度起電力検出によるセンサレス制御の原理

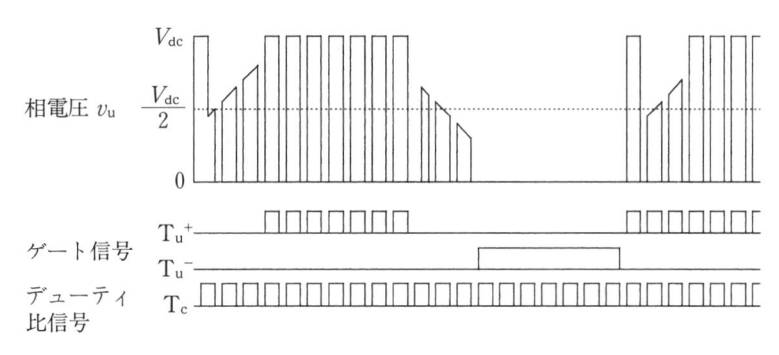

図 6.32 チョッパ制御による可変速制御法

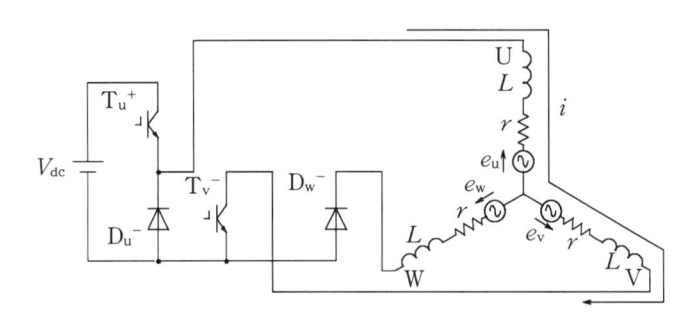

図 6.33 チョッパ制御時のブラシレスモータ等価回路

　図 6.31 は，速度起電力検出によるブラシレスモータのセンサレス制御の原理を示している．U 相にゲート信号が与えられておらず，かつ U 相電流 i_u が流れていない期間では，インバータの直流電源の N 側端子からみた U 相電圧 v_u に速度起電力波形 e_u が現れている．v_u が直流電圧 V_{dc} の 1/2 となる時点を検出し，そこから 30° 後が T_u^+ をオンさせるタイミングとして得られ，センサレス制御が実現される[1,2]．

　図 6.32 は，チョッパ制御により低速でモータを駆動する場合の相電圧 v_u，ゲート

信号およびチョッパのデューティ比信号波形である．電動機速度を低くするには，チョッパのデューティ比を低くする．低速になると速度起電力そのものが低くなり，またデューティ比も低くなるので巻線電流の不連続などにより，ゲート信号を与えていない相から正確な速度起電力波形が得られなくなり，運転限界をもつ．低速時のセンサレス制御の運転範囲拡大を目的として，文献2にダイオードの順方向電圧降下の情報から速度起電力の零クロスを検出する方式が提案されているので紹介する．

図6.33は，T_u^+，T_v^- にゲート信号を与え，T_u^+ をチョッパ制御をしているときのブラシレスモータの等価回路である．この場合，ゲート信号を与えていないW相の速度起電力 $e_w=0$ となる時点の検出法を示す．T_u^+，T_v^- にゲート信号を与え，電流は T_u^+ →U相巻線→V相巻線→T_v^- に流れている．T_u^+ のゲート信号をオフすると，$e_w>0$ の場合には，ダイオード D_u^- がオンし，電流が D_u^- →U相巻線→V相巻線→T_v^- で環流するモードになる．このとき，ダイオード D_w^- は逆バイアスされ，W相には電流は流れず，D_w^- はオフ状態を保つ．これに対し，$e_w<0$ の場合には，T_u^+ のゲート信号をオフすると，電流経路として D_u^- →U相巻線→V相巻線→T_v^- で環流するモードに加え，ダイオード D_w^- が順バイアスされ，D_w^- →W相巻線→V相巻線→T_v^- で環流するモードが形成される．したがって，ダイオード D_w^- の順方向電圧降下の観測により，$e_w>0$ を検出できる．文献2によれば，直流電圧 $V_{dc}=140$ V，起電力定数が 27.7 mV/rpm，インバータに使用したトランジスタとダイオードそれぞれの順電圧降下 V_{CE}，V_F に対して，$V_{CE}+V_F=1.2$ V のブラシレスモータを用いた場合，提案方式で速度範囲 110～2300 rpm までのセンサレス制御を実現している．さらに，先に述べた相電圧から直接速度起電力を検出する方式では，900～2700 rpm の速度範囲でのセンサレス駆動が確認されている．両方式を併用して，速度範囲 110～2700 rpm の広範領域のセンサレス制御を実現している．

6.5.2　正弦波起電力電動機のセンサレス制御

一方，速度起電力波形が正弦波の永久磁石同期電動機は，図6.34の回転子構造に示すように，(a)回転子表面に永久磁石を貼り付けた表面磁石構造の非突極形電動

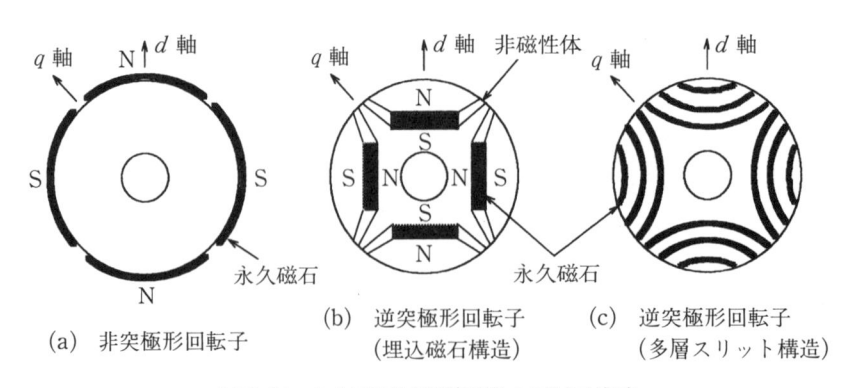

(a) 非突極形回転子
(b) 逆突極形回転子（埋込磁石構造）
(c) 逆突極形回転子（多層スリット構造）

図6.34 永久磁石同期電動機の回転子構造

6.5 永久磁石同期電動機の位置センサレス制御

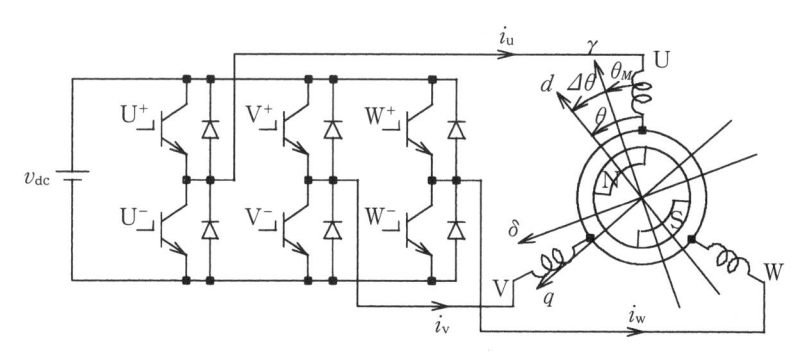

図6.35 永久磁石同期電動機の二極機モデル

機，(b) 回転子内部に永久磁石を埋め込んだ埋込磁石構造，(c) 多層スリット構造の逆突極形電動機に分類される．非突極形電動機では，永久磁石の影響を除いて d 軸と q 軸の磁気回路に差はなく，d, q 軸インダクタンス L_d, L_q は等しい．これに対し，埋込磁石構造の逆突極形電動機では，d 軸に比較し q 軸の磁気抵抗が低く，L_d に比較し L_q が大きい構造 ($L_d < L_q$) になっている．逆突極形モータは，磁石トルクだけではなく，L_d, L_q のインダクタンス差で発生するリラクタンストルクの利用により，高効率特性が得られるので注目を集めている．センサレス制御の観点から正弦波起電力電動機をみると，非突極形，逆突極形いずれの電動機制御においても線電流を正弦波波形に制御するようにインバータは180°通電され，すべての相が常時励磁されるので，速度起電力波形を直接検出できず，電圧電流情報から位置・速度を推定しなければならない．ここでは，非突極形電動機を逆突極形電動機 ($L_d < L_q$) において，$L_d = L_q$ とした場合と考え，逆突極形電動機を前提としてセンサレス制御法を説明する．

図6.35は正弦波起電力をもつ永久磁石同期電動機の二極機モデルである．モータの回転子磁極上に定義された d-q 軸上の電圧方程式およびトルク式は次式で与えられる[3]．

$$\begin{bmatrix} v_d \\ v_q \end{bmatrix} = \begin{bmatrix} R + pL_d & -\dot{\theta}L_q \\ \dot{\theta}L_d & R + pL_q \end{bmatrix} \begin{bmatrix} i_d \\ i_q \end{bmatrix} + e \begin{bmatrix} 0 \\ 1 \end{bmatrix} \tag{6.5.1}$$

$$e = \dot{\theta}\phi \tag{6.5.2}$$

$$T = \phi i_q + (L_d - L_q) i_d i_q \tag{6.5.3}$$

ここで，v_d, v_q：電機子電圧の d, q 軸成分，i_d, i_q：電機子電流の d, q 軸成分，$\dot{\theta}$：回転子速度，e：速度起電力，T：電動機出力トルク，R：巻線抵抗，$\phi = \sqrt{3/2}\phi_f$，ϕ_f：永久磁石の電機子鎖交磁束の最大値，$p(=d/dt)$：微分演算子である．式(6.5.3)のトルク式において，右辺第一項が磁石トルクで第二項がリラクタンストルクである．非突極形電動機ではリラクタンストルクを発生しないので通常 $i_d = 0$ の制御がなされる．逆突極形電動機では $i_d < 0$ の制御により正のリラクタンストルクを発生させるとともに弱め界磁制御ができ，この結果，トルク電流比の改善による高効率

化と高速領域の運転拡大が実現できる[4~6].

位置センサレス制御では，コントローラ内で d-q 軸の正確な位置 θ，速度 $\dot{\theta}$ はわからないので，図 6.35 に示すように d-q 軸の推定軸を γ-δ 軸とし，γ-δ 軸の位置 θ_M (推定位置)，速度 $\dot{\theta}_M$ (推定速度) にしたがって制御を行う．このとき，γ-δ 軸上のモータの電圧方程式は次式で表せる．

$$\begin{bmatrix} v_\gamma \\ v_\delta \end{bmatrix} = \begin{bmatrix} R + \dot{\theta}_M L_{\gamma\delta} + pL_\gamma & -\dot{\theta}_M L_\delta - pL_{\gamma\delta} \\ \dot{\theta}_M L_\gamma - pL_{\gamma\delta} & R - \dot{\theta}_M L_{\gamma\delta} + pL_\delta \end{bmatrix} \begin{bmatrix} i_\gamma \\ i_\delta \end{bmatrix} + e \begin{bmatrix} -\sin \Delta\theta \\ \cos \Delta\theta \end{bmatrix} \tag{6.5.4}$$

$$\Delta\theta = \theta - \theta_M \tag{6.5.5}$$

$$\left.\begin{aligned} L_\gamma &= \frac{1}{2}\{(L_d + L_q) - (L_q - L_d)\cos 2\Delta\theta\} \\ L_\delta &= \frac{1}{2}\{(L_d + L_q) + (L_q - L_d)\cos 2\Delta\theta\} \\ L_{\gamma\delta} &= \frac{1}{2}(L_q - L_d)\sin 2\Delta\theta \end{aligned}\right\} \tag{6.5.6}$$

式 (6.5.4) から明らかなように，位置推定誤差 $\Delta\theta$ の情報は右辺第一項のインピーダンス行列と第二項の速度起電力項にそれぞれ現れる．これら位置推定誤差 $\Delta\theta$ を電圧，電流情報を用いて推定し，それをゼロに収束させることでセンサレス制御が実現される．通常の速度領域では，式 (6.5.4) の速度起電力推定に基づいた位置・速度推定法が用いられている[7~11]．この方法では，速度の低下とともに速度起電力も低下するので低速度領域に駆動限界を有する．非突極形電動機では低速駆動域において位置推定情報は得られないが，逆突極形電動機ではインダクタンスの位置依存性に基づいて位置推定が行われる．逆突極形電動機では回転子位置 θ により巻線インダクタンスは 2θ の正弦波関数で変動するので，印加電圧とモータ電流から間接的にインダクタンスを計測できれば，位置推定ができる．インダクタンスの計測には電流の過渡現象を発生させる必要があり，したがって，一定の印加電圧を与えるのではなく，変動成分を有する印加電圧を与える方法[11~15]がとられ，逆突極形電動機はセンサレス制御の面からも注目されている．

6.5.3 具体例

ここでは，センサレス制御法の一例として全速度範囲でセンサレス制御を実験的に

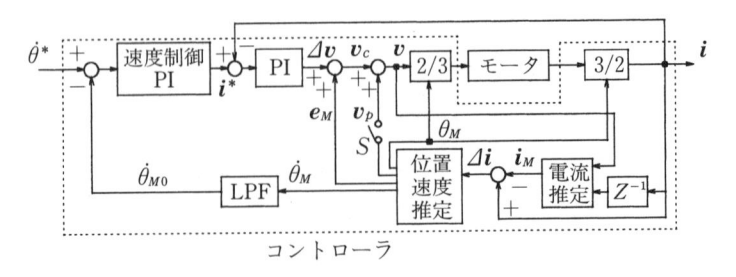

図 6.36 センサレス速度制御システム[11]

検証している文献11,および位置推定アルゴリズムに理論的に近似がない拡張誘起電圧を提案している文献16について紹介する.

図6.36は,文献11のセンサレス制御速度制御システムの構成である.コントローラ内の電流推定部では,式(6.5.1)の$\dot{\theta}$を$\dot{\theta}_M$に置き換えた式を数学モデルとしてもち,指令印加電圧vと1サンプル前の検出電流iから推定電流i_Mを算出する.推定電流i_Mと検出電流iとの電流誤差Δiが位置推定誤差$\Delta\theta$または速度推定誤差$\Delta\dot{\theta}$により生じたとして位置,速度推定を行う.

通常速度時においては,位置誤差による電流誤差Δiの影響は,式(6.5.4)の右辺第一項に比較して第二項が大きく,第一項の位置誤差を無視し,第二項の速度起電力項の位置推定誤差$\Delta\theta$により生じていると近似する.この場合,電流誤差Δiのγ軸,δ軸成分が,それぞれ速度起電力の位相誤差(位置推定誤差),大きさの誤差(速度推定誤差)に対応し,これらから位置・速度を推定している.この方法では,速度の低下とともに速度起電力そのものが低くなるので,位置推定に速度の下限をもち,それ以下の速度では原理的にほかの方法による位置推定が必要になる.

停止時を含めた低速度時においては,逆突極形電動機の巻線インダクタンスの位置依存性に基づいて,間接的にイ

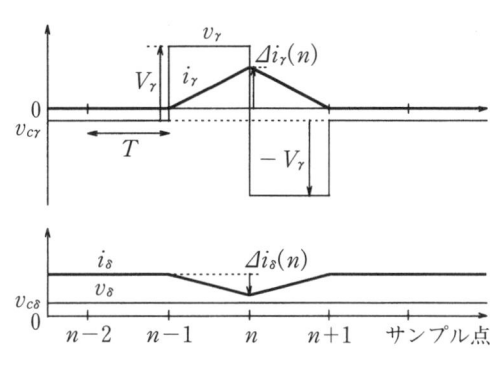

図6.37 低速時の位置推定原理

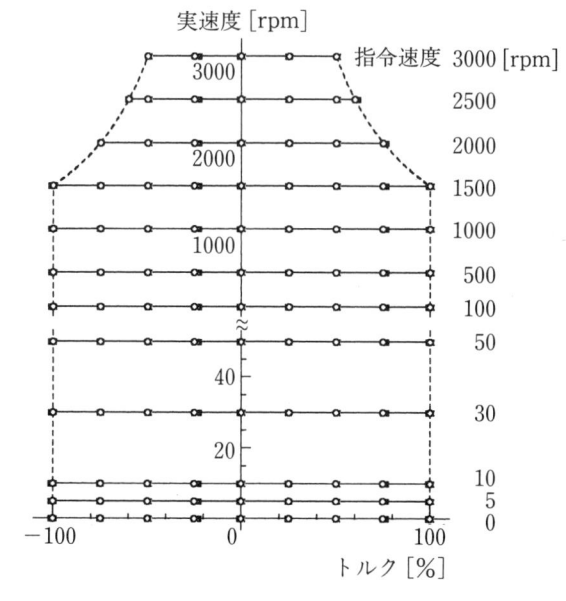

図6.38 速度-負荷トルク特性[11]

ンダクタンスを計測するために，一定の印加電圧を与えるのではなく，変動成分を有する印加電圧を与える．推定軸の片方に外乱電圧または電流を加え，他方の軸への外乱の影響の有無により位置補正を行う．この原理は，推定位置と実位置が一致（$\Delta\theta=0$）していれば，式(6.5.4)のインピーダンス行列において $pL_{\gamma\delta}=0$ となり，$\dot{\theta}_M\simeq0$ の低速時には γ, δ 間の干渉がなくなることに基づいている．例えば，v_γ に外乱電圧を加えても位置が一致していれば，その影響は i_δ には現れない．一方，位置誤差 $\Delta\theta$ がゼロでない場合には γ-δ 軸の干渉により発生する他方の軸の干渉項を計測すれば，位置補正ができる．文献11では，外乱電圧印加時の位置誤差による電流誤差 Δi の影響は，低速時には式(6.5.4)の右辺第二項に比較して第一項が大きく，第二項の位置誤差を無視している．γ 軸電圧に間欠的に方形波状の外乱をそれぞれ加えている．図6.37は文献11の位置推定の原理図で，特定のサンプル周期で与えた γ 軸外乱電圧 V_γ により発生する δ 軸電流の変化量 Δi_δ で位置補正をしている．

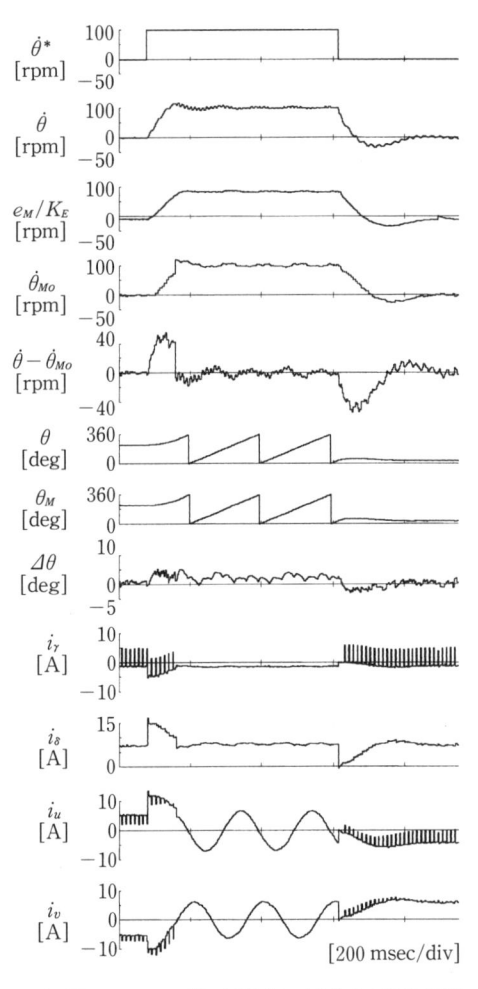

図6.39 ステップ速度指令に対する50%負荷トルク時の各応答波形[11]

図6.38は，6極，1.5kW，1500rpmの供試機を用いた速度-負荷トルク特性である．提案する速度推定法を用いて0rpmから定格速度の2倍の3000rpmまでのセンサレス制御を実現している．定格速度1500rpm以下では，力行，回生領域において100%負荷トルク範囲内で，また定格以上の速度では力行，回生ともに定格出力範囲内で，それぞれ安定な駆動特性が確認されている．図6.39は，負荷トルク50%の状態で速度指令を0rpmから100rpmにステップ変更し，再び0rpmに戻したときの各状態量を示している．低速時から通常速度時の位置推定アルゴリズムの切替を含めた過渡状態においても位置推定誤差 $\Delta\theta$ は電気角で最大5°以内に抑えられ，安定な速度ステップ応答が得られている．

文献11の方式は，通常速度時と低速時の位置推定時に電動機の数学モデル式を近似しているが，文献16では拡張誘起電圧 $e_{e\gamma}$, $e_{e\delta}$ を定義し，近似なしの位置推定法を提案している．式(6.5.4)を次式のように変形し，式(6.5.8)の拡張誘起電圧 $e_{e\gamma}$, $e_{e\delta}$ 項のみに位置推定誤差 $\Delta\theta$ をもつようにしている．

$$\begin{bmatrix} v_\gamma \\ v_\delta \end{bmatrix} = \begin{bmatrix} R+pL_d & \Delta\dot{\theta}L_d - \dot{\theta}L_q \\ -\Delta\dot{\theta}L_d + \dot{\theta}L_q & R+pL_d \end{bmatrix} \begin{bmatrix} i_\gamma \\ i_\delta \end{bmatrix} + \begin{bmatrix} e_{e\gamma} \\ e_{e\delta} \end{bmatrix} \quad (6.5.7)$$

$$\begin{bmatrix} e_{e\gamma} \\ e_{e\delta} \end{bmatrix} = \{(L_d - L_q)(\dot{\theta}i_d - i_q) + \dot{\theta}\phi\} \begin{bmatrix} -\sin\Delta\theta \\ \cos\Delta\theta \end{bmatrix} \quad (6.5.8)$$

通常速度時においては拡張誘起電圧の位相から回転子位置推定が可能となり，停止時や低速時には，拡張誘起電圧がゼロにならないようにq軸電流i_qを変化させることで位置推定が可能になる．したがって，位置検出の原理としては，文献11と同じであるが，近似式を用いずに位置推定ができることと，$\phi=0$の場合にはシンクロナスリラクタンスモータのモデル式として扱え，交流同期電動機の共通センサレスモデルとして扱えることに特徴がある．

なお，非突極形電動機は始動時からはトルク管理を正確には行えないが，特に始動時のトルク管理を要求しない負荷に対してはオープンループ的に制御してある速度まで上昇させ，その後にセンサレス運転によってトルク管理を行うなどの方法があることを付記しておきたい．　　　　　　　　　　　　　　　　　　　　　〔松井信行〕

参考文献

1) K. Izuka, H. Uzuhashi, M. Kano, T. Endo and K. Mohri : Microcomputer control for sensorless brushless motor, *IEEE. Trans. on Ind. Appl.*, Vol. 21 (1985)

2) 小笠原悟司・鈴木和人・赤木泰文：センサレス・ブラシレスDCモータの一構成法，電学論D，**111**, pp. 395-401 (1991)
   S. Ogasawara, K. Suzuki and H. Akagi : A sensorless brushless DC motor system, *IEE Japan*, Vol. 111-D, pp. 395-401 (1991-5)

3) 竹下隆晴・市川　誠・李宙柘・松井信行：速度起電力に基づくセンサレス突極形ブラシレスDCモータ制御，電学論D，**117**, pp. 98-104 (1997-1)
   T. Takeshita, M. Ichikawa, J. Lee and N. Matsui : Back EMF estimation-based sensorless salient-pole brushless DC motor drives, *IEE Japan*, Vol. 117-D, pp. 98-104 (1997-1)

4) 松本太一・森本茂雄・武田洋次：定出力運転が可能なPMモータの機器定数と効率特性，平成7年産業応用部門全大，Ⅲ, No. 306, pp. 385-388 (1995-8)
   T. Matsumoto, S. Morimoto and Y. Takeda : Machine parameters of PM motor for constant power operation considering efficiency, 1995 National Convention Record IEE Japan/IAS, Ⅲ, No. 306, pp. 385-388 (1995-8)

5) W. L. Soong, D. A. Staton and T. J. Miller : Design of a new axially-laminated interior permanent magnet motor, *IEEE Trans. on Ind. Appl.*, Vol. 31, p. 358 (1995)

6) 山下貴史・森本茂雄・武田洋次：多層スリットを有するリラクタンス/PMハイブリッドモータの諸特性，平成8年産業応用部門全大，Ⅲ, No. 286, pp. 343-346 (1996-8)
   T. Yamashita, S. Morimoto and Y. Takeda : Characteristics of reluctance/PM hybrid motor with multi-slit, 1995 National Convention Record IEE Japan/IAS, Ⅲ, No. 286, pp. 343-346 (1996-8)

7) 楊耕・富岡理知子・中野　求・金東海：適応オブザーバによるブラシレスDCモータの位置センサレス制御，電学論D，**113**, pp. 579-586 (1993)
   G. Yang, R. Tomioka, M. Nakano and T. Chin : Position and speed sensorless control of brush-less DC motor based on an adaptive observer, *IEE Japan*, Vol. 113-D, pp. 579-586 (1993)

8) 角　和紀・山村直紀・常広　譲：DCブラシレスモータの位置センサレス制御法，電学論D，**111**,

pp. 639-644 (1991)

K. Kaku, N. Yamamura and Y. Tsunehiro : A novel technique for a DC brushless motor having no position sensors, *IEE Japan*, Vol. 111-D, pp. 639-644 (1991)

9) N. Matsui and M. Shigyo : Brushless DC motor control without position and speed sensors, *IEEE Trans. on Ind. Appl.*, Vol. 28, No. 1 (1992)

10) 渡辺博巳・宮崎 聖・藤井知生：永久磁石界磁同期電動機の回転子位置と速度のセンサレス検出の一方法，電学論 D, **110**, pp. 1193-1200 (1990)
H. Watanabe, S. Miyazaki and T. Fujii : A sensorless detection strategy of rotor position and speed on permanent magnet synchronous motor, *IEE Japan*, Vol. 110-D, pp. 1193-1200 (1990)

11) 竹下隆晴・臼井 明・松井信行：全速度領域におけるセンサレス突極形 PM 同期電動機制御，電学論 D, **120**, pp. 240-247 (2000)
T. Takeshita, A. Usui and N. Matsui : Sensorless salient-pole PM synchronous motor drives in all speed ranges, *IEE Japan*, Vol. 120-D, No. 2, pp. 240-247 (2000)

12) 松沢 隆・小笠原悟司・赤木泰文：突極性に基づく位置センサレス IPM モータの位置制御とサーボロック特性，平 9 電学全大，**4**, 1001, pp. 352-353 (1997)
T. Matsuzawa, S. Ogasawara and H. Akagi : Rotor position control and servo-lock characteristics of a position-sensorless IPM motor drive system based on magnetic saliency, *1997 National Convention Record IEE Japan*, Vol. 4, 1001, pp. 352-353 (1997)

13) M. Schrödl : Sensorless control of permanent-magnet synchronous machines at arbitrary operating points using a modified "Inform" flux model, *ETEP*, Vol. 3, p. 277 (1993)

14) M. J. Corley and R. D. Lorenz : Rotor position and velocity estimation for a permanent magnet synchronous machine at standstill and high speeds, IEEE/IAS Annual Meeting, Vol. 36 (1996)

15) 藍原隆司・鳥羽章夫・柳瀬孝雄：センサレス方式による突極形同期モータの零速トルク制御，平成 8 年産業応用部門全国大会，III, No. 170, pp. 1-4 (1996)
T. Aihara, A. Toba and T. Yanase : Sensorless torque control of salient-pole synchronous motor at zero operation, 1996 National Convention Record IEE Japan/IAS, III, No. 170, pp. 1-4 (1996)

16) 市川真士・陳志謙・富田睦雄・道木慎二・大熊 繁：拡張誘起電圧モデルに基づく突極型永久磁石同期モータのセンサレス制御，電学論 D, **122**, pp. 1088-1096 (2002-12)
S. Ichikawa, Z. Chen, M. Tomita, S. Doki and S. Okuma : Sensorless controls of salient-pole permanent magnet synchronous motors using extended electromotive force models, *IEE Japan*, Vol. 122, pp. 1088-1096 (2002-12)

7
機械的負荷の特性

7.1 負荷のトルク-速度特性

7.1.1 負荷の表現

モータは通常，その動作の対象として機械的な負荷を有している．これらは運動方程式としてモデル化できるが，機械要素の変形等を考慮すると，それらは非線形かつ偏微分方程式で記述される．しかし，ある要素の動作への影響を明示的に知ろうとしたり，安定性の限界を知ろうとするなど，見通しのよい動作解析や制御系設計を行うという観点からは，解が既知の線形常微分方程式で記述される方がよい．そのためには，実際の負荷システムを線形系として記述できるよう理想化を行う必要がある．具体的には以下のような理想化が行われる[1]．

(1) 系を集中定数系と見なす．

一般に質量は分布し，完全な剛体も存在しないので，物体は連続体としてモデル化されるべきである．しかし実際には，質点やある点にばねやダンパが集中した集中定数系としてモデル化して差し支えない場合がほとんどである．

例えばロボットのアームをモータで回転させる場合，厳密にはアームの剛性は有限であるからアーム変形を考慮したモデルとして記述されるべきであるが，たいていの場合は剛体と見なすことができる．

(2) 系を線形系と見なす．

解析対象の変数に対して，ばねやダンパ等の各要素は厳密には非線形である．しかし，実際にはこれらの変数に対して線形と見なして解析して差し支えないことが多い．

例えば，実際のばねであれば，その伸び縮み量によって押し返す力は変動する．また，伸び縮みに伴って，内部損失による減衰が生じる．これに対し，モデル化を行う際には動作範囲を限定したり，わずかな非線形成分を無視するなどして変位量に比例する理想的なばねと見なす．また，減衰要素は無視するか，もしくは別の等価的な減衰要素と見なしてモデル化を行う．

(3) 系を定数係数と見なす．

系のパラメータ変動範囲が微小または，その変動が解析対象系の挙動に比べ十分遅い場合には，定数係数と見なしてモデル化を行う．例えば，ロケットなどの飛翔体

7. 機械的負荷の特性

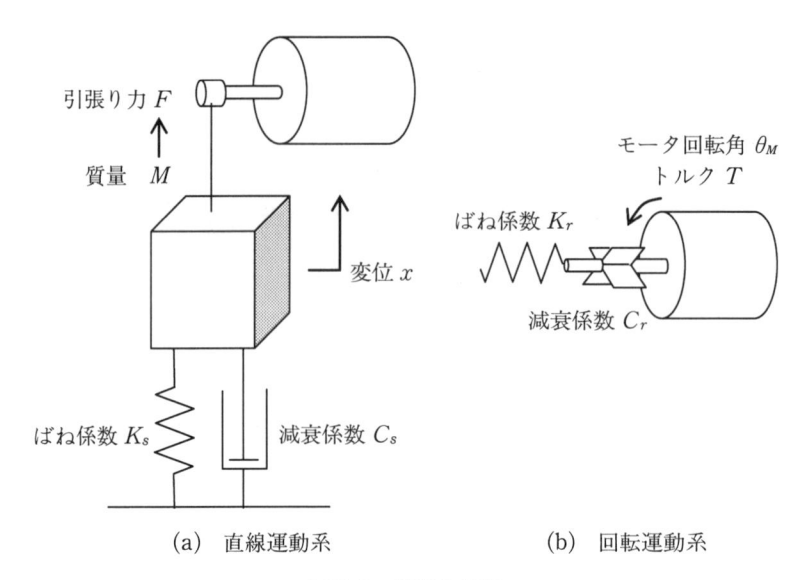

図7.1 線形な負荷

(a) 直線運動系　(b) 回転運動系

は，その質量のうち，燃料の占める割合が大きく，飛翔に伴い質量が減少する．この姿勢制御系を解析しようとした場合，その運動速度に比べ，燃料消費に伴う質量減少がゆっくりであれば，ある時点での質量を一定と考えて解析を行う．

以上のように，解析の目的を損なわない範囲で理想化を行った場合，機械系負荷は線形な質点・ばね・ダンパ系としてモデル化することができる．図7.1は解法が一般的に知られている線形時不変斉次微分方程式で表現可能な，質点・ばね・ダンパ系の例である．直線運動系は(7.1.1)式にて，回転運動系は(7.1.2)式にてそれぞれ表すことができる．

$$M\frac{d^2x}{dt^2}+C_s\frac{dx}{dt}+K_sx=F \tag{7.1.1}$$

$$J\frac{d^2\theta}{dt^2}+C_r\frac{d\theta}{dt}+K_r\Delta\theta=T \tag{7.1.2}$$

ここで，直線運動系において，xは質点の変位量，Mは質点の質量，C_sはダンパの減衰係数，K_sはばねのばね定数，Fはモータによる引張力を表す．また，回転運動系では，θはモータの回転角，Jは回転体の慣性モーメント，C_rは回転系ダンパの減衰係数，K_rは回転系ばねのばね定数，Tはモータによるトルクを表す．FやTが一定と見なせる場合，過渡解の一般的な解の形が知られていることから解析が容易となる．

一方，実際の負荷の中には理想化による線形化が適用困難な負荷もある．このような場合には，非線形要素をモデル化する必要が生じる．本節では各種モータ負荷についてその例を特性とともに紹介していく．

7.1.2 線形な負荷
a. 前後動解析モデル

モータの駆動対象となる負荷は，7.1.1項で述べた理想化を適用することで，線形な負荷として捉えて差し支えない場合が多い．図7.2はそのような例の一つである，駆動力・ブレーキ力変動による電車の前後運動を解析するモデルである[2]．車体・台車は各々質量 m_b, M_c の質点と考え，車体・台車間および車両間がばねで結合され，車輪からの駆動力 F_m に対する負荷と捉えることができる．

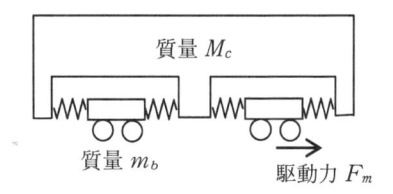

図7.2 前後振動モデル

b. 2慣性モデル

線形な回転系負荷の例として，製鉄所の圧延機駆動系の2慣性モデル[3]があげられる．図7.3に示すように，モータ回転子も慣性負荷と見なし，駆動軸はねじれバネ要素として見なしてモデル化を行う．このように2つ以上の回転慣性がばね要素で結合された系を多慣性系と呼ぶ．圧延機以外でも，例えば，電気機関車のモータ・歯車・車輪を含む駆動系等も多慣性系として捉えることができる．図7.4は図7.3のシステムのモータトルク T_M からモータ回転角周波数 ω_M までの伝達関数の周波数特性の例である．2慣性系では共振周波数のほかに反共振周波数が現れる．駆動側トルクの共振周波数成分は慣性負荷の回転角振動を増幅するが，反共振周波数成分のトルクはちょうど軸のねじればね要素でモータ回転角が吸収され，慣性負荷側には伝達されにくい．負荷側に速度センサを取り付けずにモータトルクで振動抑制を行う問題は2慣性系問題として研究の対象となっている[3]．これについては詳しくは7.6節を参照されたい．

7.1.3 非線形な負荷—変位量に依存して変化する負荷
a. 非線形ばねの例

一般に，ばね力はその変位に比例してばね係数自体も変化する．しかし，電車やバスの車体を支持する空気ばねは，図7.5に示すように，変位が増すとばね係数が変化

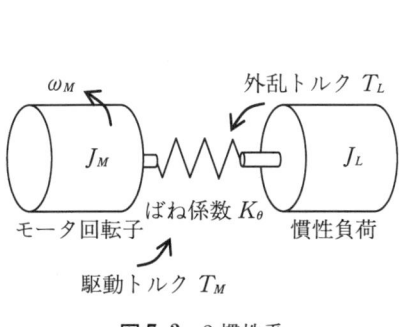

図7.3 2慣性系

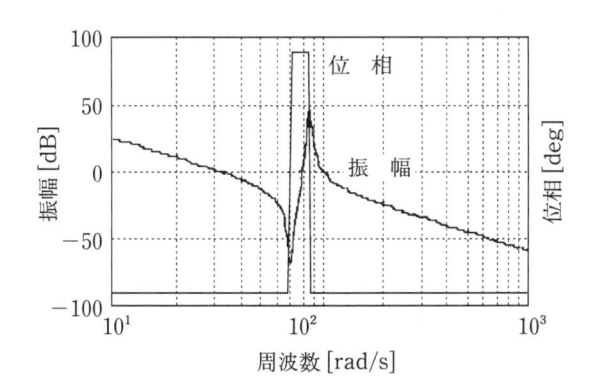

図7.4 T_M から ω_M までの周波数特性

する(この場合は大きくなる)特性をもっている．そのため，例えば共振周波数は一定とはならず，変位によって変化する．このような負荷を解析しようとする場合には，位相平面法や記述関数等を用いるほか，数値シミュレーションによる動作解析や制御系設計を行う方法が考えられる．

b. バックラッシ

歯車など接触して動作する機械では，歯どうしが滑りながら接触してトルクを伝達するためには，図7.6に示すような隙間(遊び)がないと所定の動作が行われない．この遊びは動作上不感帯として作用し，図7.7に示すように，力を伝達しない変位 θ_r の領域が生じてしまう．このような現象をバックラッシと呼ぶ．バックラッシは厳密には歯車のほか，ほとんどすべての動力伝達機構でみられるが，解析上考慮するか否かは個々の事例に依存する．例えば，無視しえないバックラッシが発生する歯車で，起動時や回転方向の変化を含む運動を解析する場合は，その影響を考慮する必要が出てくる．

c. ロボット多関節アーム

工業用ロボットは多関節のアームを用いると，モータの回転角制御のみで，平面上の任意の点にアーム先端部を移動させることが可能となる．図7.8はそのような例のうち，最も簡単な2つの関節からなる機構を有する例を示している．各関節に装備されたモータのトルク T_{M0} および T_{M1} にて，各関節の角度 θ_0 および θ_1 を制御して

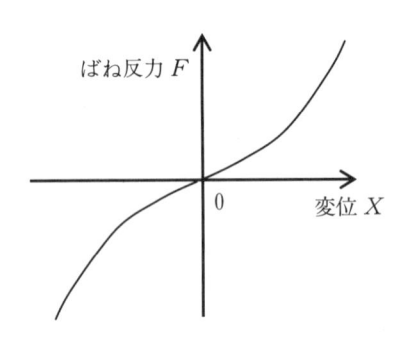

図7.5 非線形ばね特性の例

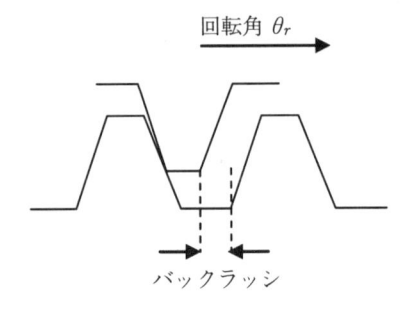

図7.6 歯車のバックラッシ

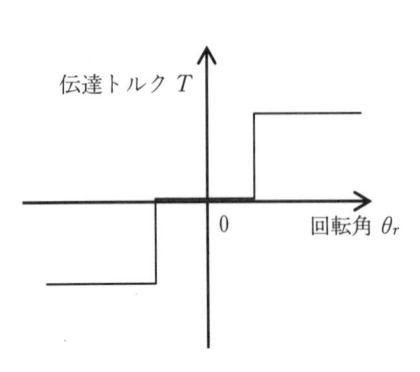

図7.7 バックラッシのある歯車の特性

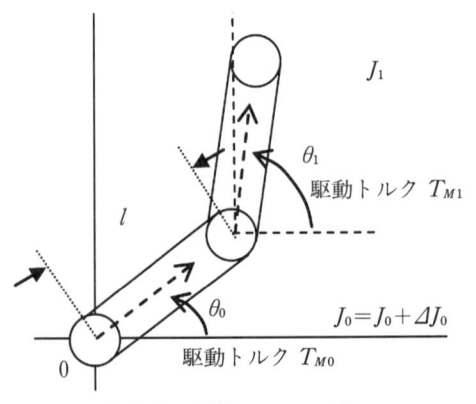

図7.8 2関節アームモデル

アーム先端の位置を平面上の任意の点に移動させる．図7.8において原点まわりの慣性モーメントのうち，原点に近い側のアームに起因する成分は一定値J_0となるが，もう一方のアームによる原点まわりの慣性モーメントΔJ_0はθ_1の関数となる．すなわち，原点まわりの回転系運動方程式は，回転系のばね要素やダンパ要素が無視できる場合には，(7.1.3)式のように表される．

$$\{J_0+\Delta J_0(\theta_1)\}\frac{d^2(\theta_1-\theta_0)}{dt^2}=T_{M0} \tag{7.1.3}$$

もう一方の関節まわりの回転系運動方程式については(7.1.4)式のようになる．この場合，J_1は一定である．

$$J_1\frac{d^2\theta_1}{dt^2}=T_{M1} \tag{7.1.4}$$

式(7.1.3)と式(7.1.4)を連立させることでこのアームの運動は解析できるが，この場合，θ_1について非線形な運動方程式となる．

7.1.4 非線形な負荷—速度に依存して変化する負荷
a. 摩擦負荷
流体の摩擦力を利用したオイルダンパなど厳密には非線形な特性を有しているが，線形と見なせる場合が多い．一方，固体どうしの摩擦では静止時の静止摩擦力と相対運動を行っている場合の動摩擦力は，異なる値をとる非線形な特性を有している．ある物体が摩擦のある面に置かれて静止しているとき，この物体に外力を与えると，これに抗する摩擦力が物体の接触面に働く．外力を徐々に増していき，物体が運動を開始する瞬間の摩擦力を静止摩擦力と呼ぶ．物体が運動を開始した後には物体が垂直面を押し付ける力に比例した摩擦力が発生する．これが動摩擦力である．図7.9に示すように，動摩擦力F_aは一般に静止摩擦力を$F_{a\max}$より小さい．このように，速度$v=0$とそれ以外の$v>0$もしくは$v<0$で摩擦力は不連続に変化する．

b. 車輪回転系負荷
鉄道車両の車輪がレール上を転がる場合のように，円状の物体が転がりながら移動

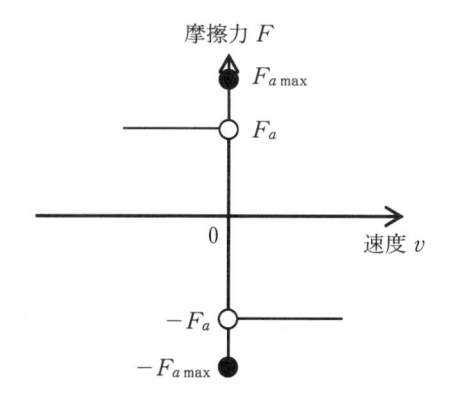

図7.9 摩擦負荷の速度-摩擦力特性 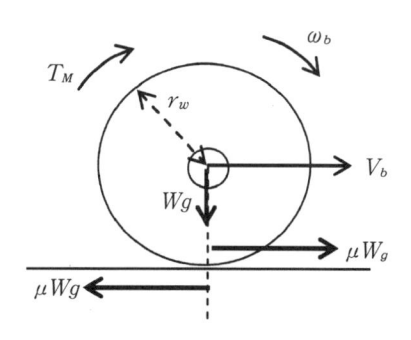　　**図7.10** 車輪・レール間の転がり摩擦現象

する負荷の特性は，主にレール・車輪間に伝わる力の特性に依存する．図7.10に示すように，車輪半径 r_b，垂直荷重（輪重）W_g（g は重力加速度）の鉄車輪が駆動トルク T_M で駆動され，速度 V_b で移動をしながら回転角速度 ω_b で回転する場合の T_M に対する負荷は，車輪自体の回転慣性力のほかは車輪・レール間で伝達される駆動力であり，これを接線力と呼ぶ．接線力は輪重 W_g に比例し，その比例係数である接線力係数を μ とすると μW_g で表される．このとき，回転体と路面の間では微小な滑り速度 v_s が生じ，それに比例した車輪・路面間の駆動力や制動力が伝達される[4]．滑り速度は(7.1.5)式で表されるが，これを移動速度で正規化したものを滑り率 s と呼び，(7.1.6)式のように表す．

$$v_s = r_w \omega_b - v_b \qquad (7.1.5)$$
$$s = (r_w \omega_b - v_b)/v_b \qquad (7.1.6)$$

接線力を接触点の垂直荷重で除したものを接線力係数と呼ぶ．図7.11に示すように，一般に接線力係数は滑り s に対してピークをもつ特性となる．接線力の最大値は粘着力と呼ばれ，粘着力を垂直荷重で除したもの，すなわち接線力係数の最大値を粘着係数 μ_{max} と呼ぶ．s が小さく，μ が粘着係数以下の領域をクリープ領域と呼ぶ．また，例えば T_M が大きくなり，粘着力を越える接線力相当のトルクが車輪にかかると，s が増加し μ_{max} を与える s である s_0 を越え，μ は急激に低下する．これがいわゆる空転現象であり，このような領域を巨視滑り領域と呼ぶ．

粘着係数 μ_{max} を含む μ の特性は，車輪・レール間の接触状態や天候条件（湿潤か否か），温度等により大きく変化するとされている．乾燥したレール車輪間では，粘着係数は 0.2～0.3，s_0 は 0.02～0.03 といわれている[4]．このような車輪回転系負荷では，粘着力を超えないように T_M を調節し，例えば μ_{max} が変化して巨視滑り領域に入った場合，すなわち空転が生じた場合には T_M を素早く絞り，クリープ領域に復帰させることが行われる．

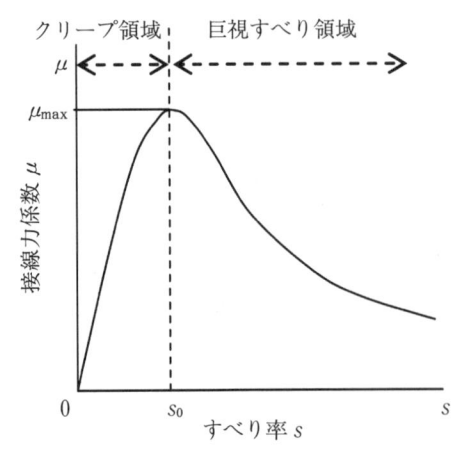

図7.11 滑り-接線力係数特性

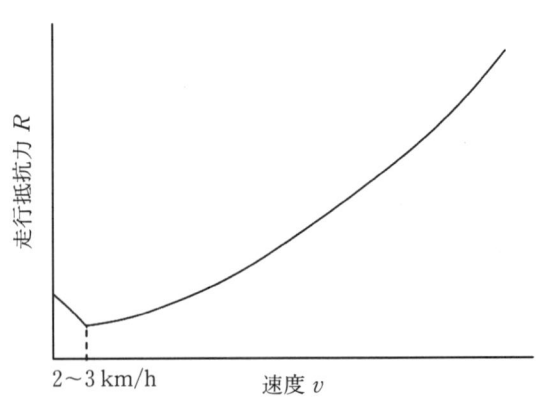

図7.12 走行抵抗の例

c. 走行抵抗力

鉄道車両や自動車が走行する場合には，走行抵抗力が作用する．鉄道車両の走行抵抗 R_t は一般に (7.1.7) 式のように表される[5]．

$$R_t(v)=(A+Bv)W+Cv^2 \tag{7.1.7}$$

ここで，v は速度，W は車両質量を表し，A, B, C はそれぞれ定数を表す．

$(A+Bv)W$ は車両の運動に基づく各部の摩擦損失を表し，車両抵抗と呼ばれる．また，車両の空気抵抗は厳密には v の2以上のべき乗で表されるが，電動機の駆動力に対する負荷モデルとしては Cv^2 で表現される．図7.12に示すように走行抵抗力は起動時には (7.1.7) 式の $R_t(0)=AW$ で表される値より大きな出発抵抗(静止摩擦力に相等)が発生する．いったん車両が運動を始めると摩耗部分の潤滑状態により，R_t は不確定となるが，1つの例としては R_t は低下し，2～3 km/h から高い速度で (7.1.6) 式で表される速度のべき乗に比例する負荷となり，速度の上昇とともに抵抗力が急激に増加する．このように走行抵抗は速度に対し非線形な負荷となる．

［近藤圭一郎］

参 考 文 献

1) 伊藤正美：自動制御概論(上)，pp. 8-9，昭晃社 (1993-5)
2) 松本　康・尾崎　覚・河村篤男：鉄道車両用1インバータ・複数台誘導機駆動ベクトル制御方式，電気学会産業応用部門誌，**121**-D, pp. 747-755 (2001-7)
Y. Matsumoto, S. Ozaki and A. Kawamura : A Novel parallel-connected multiple induction mortors vector control method for the rolling stock traction system. *T. IEE. Japan*, Vol. 121-D, No. 7, pp. 747-755 (2001-7)
3) 堀　洋一・大西公平：応用制御工学，pp. 173-175，丸善 (2000-10)
4) 渡邊朝紀：空転・滑走検知，再粘着制御研究の内外の歴史と最近の動向．電気学会雑誌，**122**, pp. 613-617 (2002-8)
5) 日本機械学会鉄道部門委員会鉄道車両の走行抵抗調査分科会編：鉄道車両の走行抵抗，pp. 3-4 (1964-5)

7.2　始動が困難な負荷

7.1節ではモータと負荷との関係について総論的に述べた．続く7.2節では，モータ(とその制御法)との組合せによっては始動が困難になることが少なくない負荷として，回転中の負荷トルクに対して停止状態から始動するのに必要なトルクが大きい例について，代表例とその特性，始動に関する対策などを示す．

7.2.1　摩擦負荷

一般に摩擦は静止状態で大きく，動き出すと小さくなる．この特性は摩擦を小さくするために潤滑材を用いても定性的には変わらない．特に潤滑油などの液体潤滑剤を用いた平軸受やピストンなどでは，静止時と回転時とのトルクの比は数倍に達することがある．

定常的な運転時には本質的にパワーをあまり必要としないような負荷，例えば表示が目的である指針をもつ時計などでは，始動時に最大の負荷トルクを必要とする（図7.13）．連続的に動く普通の時計の場合には，最初の始動時と，電池の交換などに伴う一時的な停止後の始動ができればよいと考えられ，いずれも始動時には電池の交換，時刻合わせなど人が介在することから，万一始動に失敗した場合に人力で始動させてやるメカニズムを用意することで，過大なトルクのモータを用意して結果的に電池の消耗を早めるような設計を防ぐことも行われている．

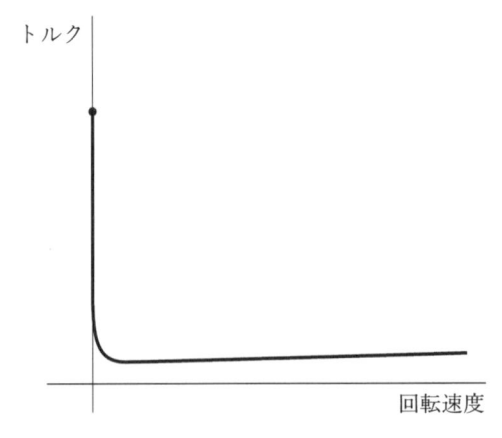

図7.13 摩擦負荷のトルク-速度特性

これに対して，長時間停止後に自動的に始動することが要求される負荷，例えば防火シャッターを閉じる装置などでは停止期間が長くなるほど，始動に必要なトルクが大きくなりがちであるとともに，どの程度大きくなるかの推定も困難になる．したがって，いざというときに不動作になることを防ぐためには，始動トルクに関して十分に余裕をもった設計をすることと，錆び付きなどによる異常な状態にならないように定期的に点検，試運転をすることが必要になる．

また，間欠的に用いるもので，使用中に潤滑状態が悪化しがちな摩擦負荷，例えばバルブや扉の開閉，分岐器の転換，時計でもストップウォッチ的な間欠使用の表示器などに関しては，動作中に動作に要する電流や動作に要した時間などから摩擦の状態を監視して，不動作，誤動作になる前に警報を出して摩擦状態の改善を促すことも行われる．

7.2.2 慣性負荷

摩擦負荷と同様に定常状態では大きなトルクを要求しない負荷に，慣性負荷がある．代表例は貨物列車である．急勾配の路線を運転する場合を除いて動いている鉄道車両の走行抵抗は極めて小さく，摩擦係数に換算すると0.001ないし0.003程度にすぎない（8.2節参照）．しかし，停止状態ではベアリングの種類や曲線部での車輪のフランジとレールとの接触状態によっても違うが，この数値は0.005ないし0.03程度に増加し，最悪の数値でも確実に始動できるように機関車を設計することは経済的には現実的でない．仮に機関車の質量を100トン，確実に発揮できる粘着係数（駆動軸が出すことのできる引張り力を駆動軸の重量つまり駆動軸がレールを下方に押す力で割った数値）を25%とすると引張り力は250 kNになり，摩擦係数0.03の負荷なら800トン程度の貨車しか引き出せないことになる．現実には機関車質量の20倍から40倍の質量の貨車を牽引している例が多い．

それでは現実にはどうしているかというと，負荷の特性を巧妙に変えているのである．すべての貨車を前後方向に剛体と見なせるように連結するのではなく，連結器に意図的にバックラッシをもたせたうえで，ばねと緩衝器で貨車本体と連結器を結合して，始動に際しては停止状態の貨車を 1 両（または永久連結された少両数のユニット）ごとに始動させているのである（図 7.14）．このような方法で，始動のためだけに過大な機関車を用いることを防いでいる．

ちなみに，わが国の客車（寝台車などに用いられている，もっぱら機関車に牽引される旅客車で，電車や気動車のように動力付きの旅客車をもたないグループ）は，基本的に貨車と類似の構成になっているため始動に際して衝撃があるが，多くの外国では貨車に比べてはるかに軽く，

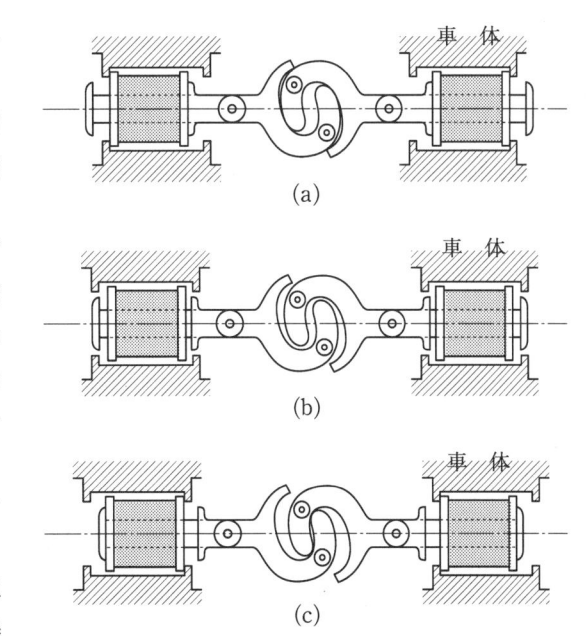

図 7.14 貨物列車が用いる連結器の例
(a) 押し合っている状態，(b) 中立の状態，(c) 引き合っている状態．
意図的にバックラッシを設け，貨車群全体ではなく，1 両ずつ始動できるようにしてある．このような方法での衝撃力を過大なものにしないために，連結器と車体とは緩衝器を介して結合されている．

大きな加速度が要求される客車では，始動のためだけに過大な機関車が必要になることがないことから，前後方向に剛体的に連結することで乗心地の悪化を防止している．つまり，上記の 100 トンの機関車の例でいえば，客車の質量を 400 トン程度にして確実に始動させ，いったん始動したら引張り力の 250 kN の大部分（小さな走行抵抗分を除いた分）を列車の加速に活用しているのである．

7.2.3 往復式圧縮機（コンプレッサ）

始動が困難になりがちな上記以外の負荷の代表的なものにコンプレッサがある．圧縮機は空気や冷媒などを圧縮する機械で，圧縮空気をつくったり，冷蔵庫やエアコンでの冷却機構の中心になっている．これには回転式もあるが，ピストンを用いた往復式が多く，インバータエアコンでは速度制御を行って連続運転するものもあるが，多くは圧力が上限に達すると停止し，下限にまで下がると再び運転する間欠動作をしている．ここでは間欠動作の往復式圧縮機を対象に述べる．

これは，ピストンの摩擦に関しては摩擦負荷としての特性をもつほかに，圧縮された流体の圧力が背圧としてかかるため，定常的な負荷トルクとして加わるものである（図 7.15）．

コンプレッサはこの特性から，最初の始動は容易であるが，再始動時の負荷が大きく，これに打ち勝って始動できるだけの始動トルクを必要とする．最も厳しい条件は，圧力が上限に近づいて停止する直前に停電などによって停止し，その直後に大きな圧力のままの状態で復電して再始動する場合である．このように普段は起きない特殊な条件の場合でも始動を可能にする設計は一般的に過大なモータを必要とするから，これをしたくない場合には，以下のような工夫が必要である．

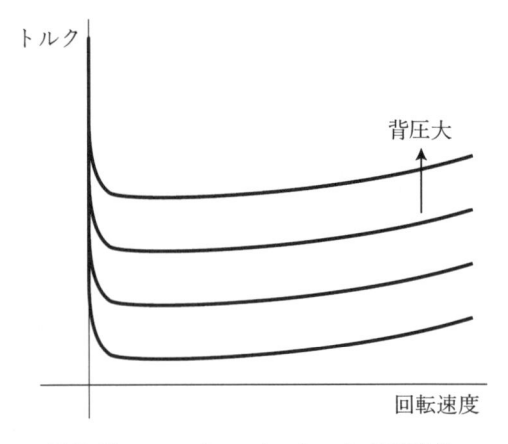

図7.15 コンプレッサのトルク-速度特性

空気圧縮機の場合には，始動に必要な短時間だけピストンの空気を抜いて背圧をゼロにして始動する（この場合，空気ダメからは逆流しないような弁が必要になる）．空気中に放出することが許されない冷媒用の圧縮機などでは，圧力が上限に達しないまま停止した場合にも，下限に下がるまでは再始動させないように制御する．さらに，単相電源で動作するエアコンなど多数のコンプレッサを同一電源で動作させる場合には，単相モータの始動電流が非常に大きくなって，これによる電圧降下でモータのトルクが低下して始動できなくなる可能性を減らすために，停電後の再始動に関してはコンプレッサ群をいくつかに分けて時間差をおいて始動する，などの対策がとられることがある．

[曽根　悟]

7.3　負になることがある負荷と制動法

7.2節まででモータと負荷との関係について，全般的な事項と始動対策について述べた．7.3節では負荷だと思っているものが時には負のトルクを要求することがあって，モータ・制御法・電源の選択を誤ると暴走する可能性があることを述べて，その対策を示す．

モータの負荷は常に正のトルクを要求するとは限らないことに注意が必要である．

正負ともに大きな値をとる可能性の高い負荷の代表はエレベータ，クレーンなどの上下方向にものを移動させる装置である．エレベータの場合，空の車両（一般に車両と呼ばれるものを乗りかごと呼び，普通はかごと略称される）は負の重量にみえるように，ロープの反対側におもりを設置している．平均的にモータに必要となるトルクの絶対値が最小になるように，最大荷重の1/3ないし40％の荷重でつり合うようにおもりを設計している．したがって満員のかごが上がるときと空のかごが下がるときはモータとして動作し，逆に満員のかごが下がるときと空のかごが上がるときはモータには常に負のトルクがかかり，ブレーキとして発電機動作をしなくてはならない．

つり合いに近い状態では加速時にはモータとして，減速時にはブレーキとして発電機動作になる．つまり，正負のトルクを連続的に出すことができなくてはエレベータは実現できないのである．

このように，負のトルクを出すことが必要であることが明白な負荷の場合は，このことへの配慮を忘れることはないであろうが，その他の負荷でも過渡的には同様なことが起きるのである．

当然には負にはならないはずの負荷で，状況に応じて負にもなるものとしては，風の影響がある．アンテナの追尾などの場合，アンテナ自体が動力源になるとは考えにくいが，風によってはこのようなことが起きる．同様に冷却用のファンも，強風を受ければ風車として動作することもある．

複数のモータによって協調的に制御されるはずの負荷では，何らかの原因で特定のモータからみると負の負荷にもなりうる．例えば電車が定速制御されている状態で，仮に複数の誘導モータが同一周波数の電源に接続されている場合，車輪径に差があると，モータの回転速度に差が出るから，車輪径が小さく，高速で回転しているモータは負の負荷を背負っているように動作する．そもそもこのようなことにならないように設計すべきものであるが，この場合には車輪径の管理が悪ければ起きうることなのである．

速度制御の応答を速くしようとすれば，より高速側に指令値を変更する場合に大きなトルクを出す必要があり，より低速側に指令値を変更する場合には負のトルクを出さなければならない．つまり，回転系には慣性があるから，トルクをゼロにしても急速には速度は低下せず，積極的に低速にするためにはブレーキをかけることが必要になる．これは高速応答を実現するためには一般的なことであり，標準的な動作状態での角速度を ω，モータと負荷を合わせた慣性モーメントを J，そのときの負荷トルクを T とするとき，モータのトルクをゼロにした場合の $d\omega/dt$ は $-T/J$ となるから，これより速く減速させたい場合にはモータでブレーキをかけなければならないのである．

さらに，通常の制御とは別に，何か異常が発生した場合に急速に停止させたい場合は少なくない．例えば，高速で印刷する輪転機で紙切れが発生したような場合に急いで停止させないとロールから飛び出した紙が散乱して収拾がつかなくなる．このような場合も，上記の考え方で対処できるが，紙が切れたことにより T も変化するから，通常の制御とは異なる論理や装置で非常停止させる考え方も必要になるかもしれない．つまり，モータを使った通常のブレーキ以外に，別途摩擦などを用いた非常ブレーキをもつ考えの方が適切な場合もある．

7.3.1 モータを用いたブレーキ

モータを使ってブレーキをかけるためには，回転速度を横軸，トルクを縦軸にとった座標系で，モータ動作を第1象限とした場合，第4象限の動作が必要になる．慣性

負荷を定速制御するような場合には，第1象限と第4象限との間を連続的に制御できるような制御装置とそれを可能にする電源が必要になる．一方，回転方向が両方向に変わる乗物，搬送装置，クレーンなどでは，停止間際の位置合わせに伴って第1象限と第2象限との間を連続的に動作させる必要もある．第2象限は逆回転のモータ動作（第3象限）に対するブレーキ動作である．さらに，このような例の一つであるエレベータが停止中に乗降に伴って重量が変化する場合を考えると，停止中は縦軸上に動作点があり，バランサのおもりとの関係で縦軸上の正の位置から負の位置に渡っても連続的に動作する必要がある（図7.16）．

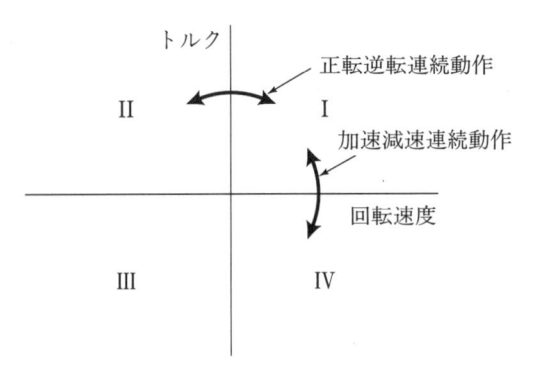

図7.16 回転機のトルク-速度に関する動作象限

どのような動作が必要かによって，どのような制御器（モータからみれば駆動用電力変換制御装置）と，電力変換器からみた電源が必要かが決まるのである（図7.17）．

電源とモータとの間に入って，制御の中心的役割を果たす電力変換制御器をブレーキがかけられるかどうかという観点で整理すると以下のようになる．

7.3.2 チョッパ

最も簡単な降圧チョッパ（図7.18）は電圧の向きも電流の向きも固定であり，当然電力は一方向である．同様に昇圧チョッパ（図7.19）も電圧・電流とも向きが固定で，やはり電力の方向は一定である．

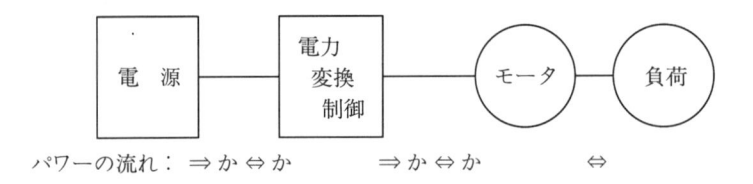

図7.17 電源からモータの負荷までの全体システムと動作象限との関係

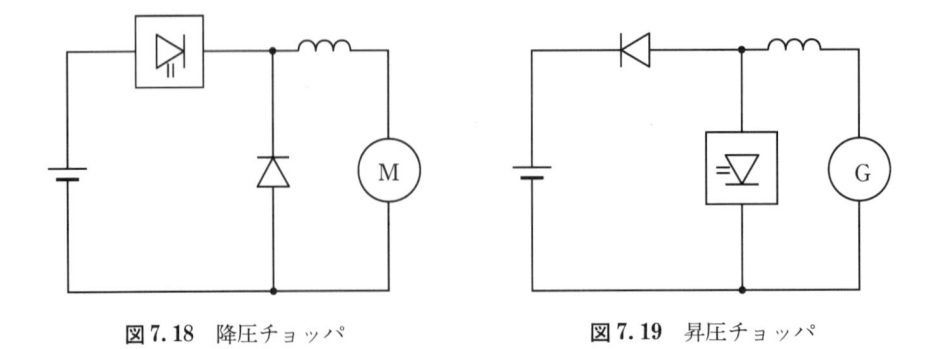

図7.18 降圧チョッパ

図7.19 昇圧チョッパ

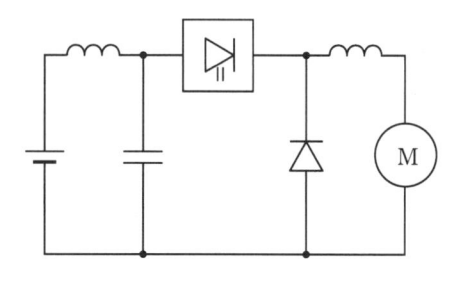

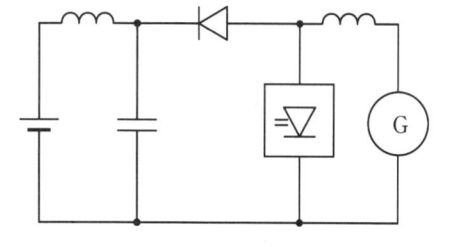

図 7.20 降圧チョッパを用いた加速専用回路

図 7.21 昇圧チョッパを用いた減速専用回路

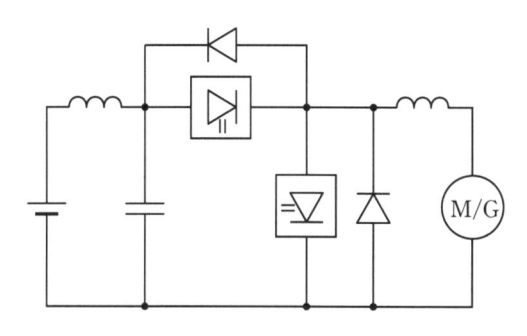

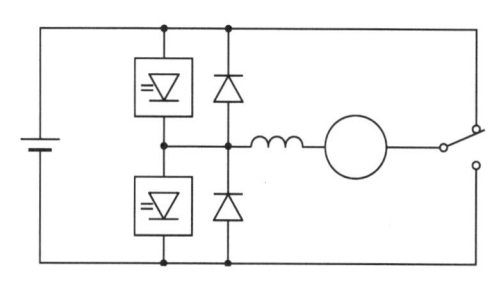

図 7.22 降圧チョッパと昇圧チョッパを用いた加速・減速共用回路

図 7.23 電圧の向きの切替による可逆回転回路

　降圧チョッパと直流電源(ここでは理想的な電圧源とする)とモータとを図 7.20 のように接続するとモータ動作専用の回路ができる.ここでは界磁は固定(一定)とすると,回転方向は一定で,この動作を第 1 象限の動作とする.

　昇圧チョッパと直流電源と直流機を図 7.21 のように接続するとブレーキ専用の回路になり,電圧の向きが図 7.20 と同じであるから,この動作は第 4 象限の動作になる.

　チョップ部とダイオードとを一つずつ用いて,回路を切り替えて図 7.20 と図 7.21 とにすることは可能であるが,これでは第 1 象限と第 4 象限の動作は連続にはならず,回路の切替の間はモータとしてもブレーキとしても動作できない,無制御の時間が入ることになる.この動作を連続的に行わせるためには,降圧チョッパと昇圧チョッパとを図 7.22 のように並列接続することが必要である.

　これで電圧の向きは一定であるが,電流の向きを双方向にすることができたことになる.さらに電圧の向きも変えようとすれば,図 7.22 で電源の負側に固定的に接続されていたモータの端子を図 7.23 のようにスイッチで切り替えればよい.ここでもスイッチの切替の間は無制御になってしまうから,これも電子スイッチにすれば,図 7.24 のようなインバータの回路と同一になる.このように電圧も電流も正負にわたって制御可能なチョッパを四象限チョッパという.

7.3.3 インバータ

一般に交流負荷では電圧と電流の位相にはずれがあるから，1周期の間に電圧正・電流正，電圧負・電流正，電圧負・電流負，電圧正・電流負の4象限にわたる動作が必要になり，結局図 7.24 の形の回路が必要になる．つまり，インバータとは本質的に4象限の変換器なのであるが，後述するようにインバータからみた電源側がこれに対応できないことがあることに注意する必要がある．

7.3.4 制御整流器

サイリスタなどを用いた制御整流器には電圧が一方向，つまり常に正の非対称制御のもの(図 7.25)と，電圧を正負にわたって出すことのできる対称制御のもの(図 7.26)とがあり，電流はいずれの場合も一方向である．

非対称制御の整流器ではモータとしての動作しかできないが，対象制御の整流器を，界磁磁束の方向が一定の直流機の電機子電圧制御に用いると，トルクの方向を一定に保ちながら回転速度を正負にわたって得ることは可能になるが，このままではいわゆるブレーキ作用，つまりトルクの方向を変えることはできない．電機子電流の方向を変えずにトルクの方向を変えるには界磁の電流を反転させればよい．しかし，直流機の界磁回路には大きなインダクタンスがあるから，界磁磁束の大きさを保ったまま向きだけを瞬時に変えることは有接点の転極スイッチを電子スイッチに変えても不可能であり，界磁の方向を変えることによる制御は連続制御ではないことに注意しな

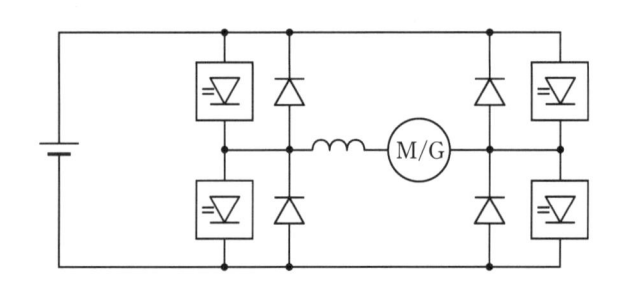

図 7.24 電圧電流とも向きが自由な可逆回転回路

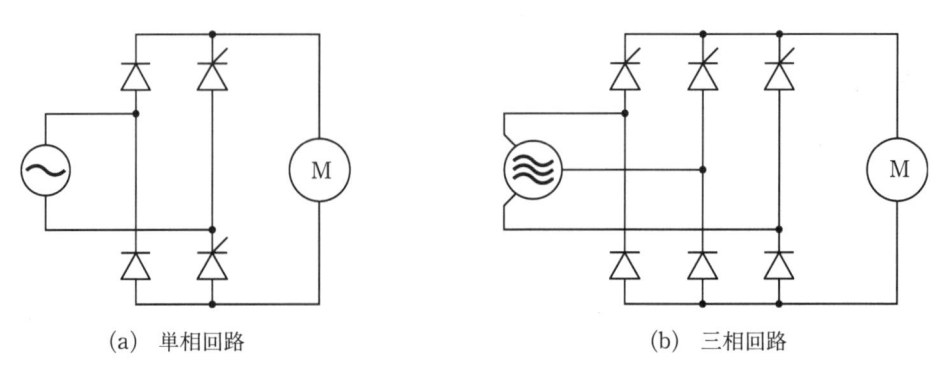

(a) 単相回路 　　　　 (b) 三相回路

図 7.25 非対称制御整流回路

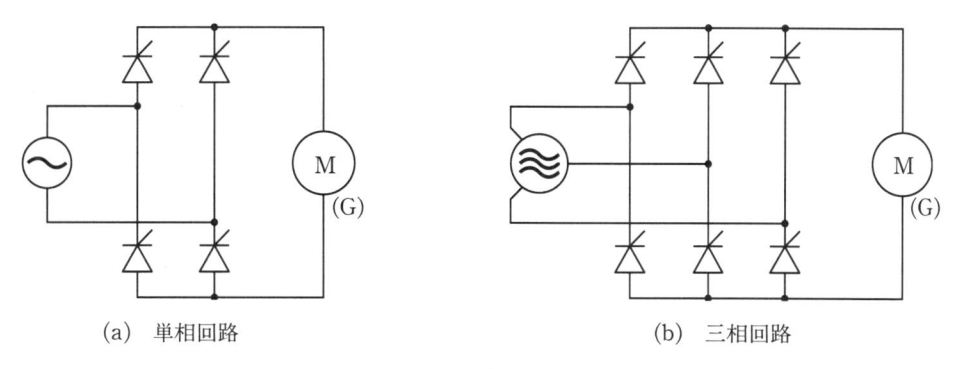

7.3 負になることがある負荷と制動法　　279

(a) 単相回路　　　　　　　　　　(b) 三相回路

図 7.26 対称制御整流回路

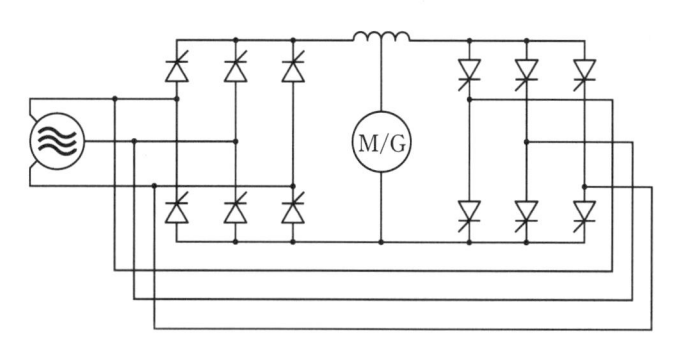

図 7.27 対称制御整流回路の 4 象限化（三相回路を例示）

ければならない．

　制御整流器を用いて電流の方向を反転させようとすれば，電圧が同じになるように制御された2組の，つまり正電流供給用と負電流供給用の，対象制御整流器を並列接続した回路（図7.27）を用いなければならない．ここで直接並列にできないのは，平均電圧は等しくすることができても瞬時値は異なるため，常にある程度の循環電流を流し続ける必要があって，制御が複雑な上に損失が大きくなるため実用性は低い．

7.3.5 電力変換器の電源

　制御整流器の電源は一般に商用交流電源（途中に例えばスコット変圧器のような三相/二相変換の変圧器がある場合も含めて）で，電力の流れが双方向性であるから問題は少ないが，チョッパやインバータの電源の多くは整流器を通して得られた直流である．通常，整流器は交流電力を直流電力に変換するだけで，直流側から交流側への電力の返還はできない．この場合，モータをブレーキとして使用する代表的な方法である電力回生ブレーキは，変換器には制約がないとしても，電源が余剰回生電力を吸収できないために使用できないか，他の負荷の消費電力の範囲でしか有効に動作できないという不確実性をもつことに注意しなければならない．

　先に述べたように，インバータに接続される交流負荷は1周期の中でモータから電源に電力が流れる時間があるが，モータとしての動作の中での短時間の電力の逆流

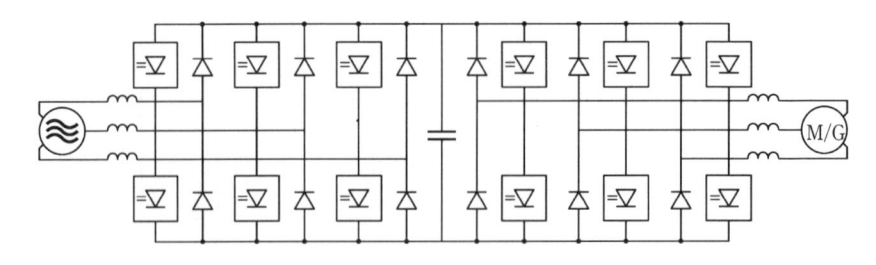

図7.28 PWM変換器による4象限運転回路(三相回路を例示)

表7.1 電源・電力変換制御回路・モータの組合せと可能な動作との関係

モータ	電源	電力変換制御回路	回路図	可能な動作の象限 第2⇔第1⇔第4
直流機	整流器	降圧チョッパ	7.3.3	× × ○ × ×
直流機	整流器	昇圧チョッパ	7.3.4	× × × × △
直流機	PWM変換器	昇圧チョッパ	7.3.4	× × × × ○
直流機	整流器	双方向チョッパ	7.3.7	× × ○ ○ △
直流機	PWM変換器	双方向チョッパ	7.3.7	× × ○ ○ ○
直流機	整流器	4象限チョッパ	7.3.9	△ ○ ○ ○ △
直流機	PWM変換器	4象限チョッパ	7.3.9	○ ○ ○ ○ ○
直流機	商用電源	非対称制御整流器	7.3.10	× × ○ × ×
直流機	商用電源	対称制御整流器	7.3.11	○ ○ ○ × ×
直流機	商用電源	対称制御整流器(界磁反転)	7.3.11	× × × × ○
直流機	商用電源	循環電流形逆並列対称制御整流器	7.3.12	○ ○ ○ ○ ○
交流機	整流器	インバータ	7.3.9	△ ○ ○ ○ △
交流機	PWM変換器	インバータ	7.3.13	○ ○ ○ ○ ○

は,直流側に平滑などのために入れてあるコンデンサが吸収するから問題はない.

一部の直流安定化電源装置では,応答速度を速めるため,あるいは定電流源にも共用するためなどの理由でコンデンサを入れていないものもあるので,このような回路でインバータを動作させる場合には,十分なダミー抵抗を用いたり,外部にコンデンサを付加する必要が生じる.

回生ブレーキを常用する負荷を運転するためのインバータやチョッパの直流電源としては,整流器と並列に直流側の余剰回生電力を交流側に返還するためのインバータを設置したり,はじめから両方向性の変換器であるPWM変換器(図7.28)を用いることが必要になる.

以上のことをまとめると,表7.1のようになる.

7.3.6 非常ブレーキ

これまで述べたブレーキは,通常の速度制御の一環としての,制御されたブレーキである.これに対して,非常ブレーキという別の種類の,あるいは別の目的のブレー

キがある．速度制御の一環ではなく，できるだけ早く停止させたい場合のブレーキである．モータを使った非常ブレーキには，直流機の場合には電機子短絡，誘導機の場合には直流印加，逆相ブレーキ（逆回転するような相順の交流を印加）などがある．

　モータを使わないブレーキとしては，摩擦ブレーキが代表的なものであり，ばねや重量などによってあらかじめブレーキがかかる機構を準備しておいて，普段の通常の制御が行われるときにはその制御電源によってブレーキ機構を動作させないようにしておく．非常時には，制御電源を遮断することによって，加速を中止するとともに，事前のブレーキ機構が動作するようにする．　　　　　　　　　　　　　[曽根　悟]

7.4　要求される速応性・制御精度

　本節では，産業界で求められている制御系の速応性と精度について説明した後，それを実現するための機械の構造や制御技術について解説する．

7.4.1　速応性と精度

　モータで駆動される機械系の位置や速度等の物理量が，目標値に至るまでの速さを表す性質を速応性と呼び，その目標値に対する実際の物理量の近さを表現する程度を精度と呼ぶ．求められる速応性と精度は，扱う機械ごとに異なるものである．具体的な例をいくつかあげよう．ただし，製品の種類や組織ごとに表現方法も異なるので簡単に比較はできない．

　（1）組立用ロボット　　50 mm 上昇，300 mm 平行移動，50 mm 下降の往復動作に 0.6 秒前後．繰り返し精度で ±10〜50 μm 程度．

　（2）ハードディスクドライブ装置（2.5〜3 インチ用）　　7 mm 強の移動を 4 ms 強で移動．精度は ±20 nm 程度．

　（3）自動車エンジン用電子制御スロットル　　帯域（カットオフ周波数）は 8 Hz 以上，精度は 0.05 度．（＝エンジンのスロットル弁を開閉するサーボモータ制御系）

　（4）電車　　加速時間・減速時間は数十秒〜数分．ホームでの停止精度は数十 cm 以内．

　このように速応性や精度の表現方法には様々な方法が用いられる．電気回路のパルス波形の応答時間などの場合は，出力電圧の L レベルから H レベルへの立ち上がり波形の 10〜90% に要する時間がしばしば用いられるが，機械の場合は，作業の平均サイクル周期の場合もあれば，何がしかのセンサの ON 時点から作業終了までの時間として評価されることもあるだろう．最も基本的な速応性の評価手法の例としては，図 7.29 や図 7.30 のような応答波形が用いられることが多い．両図は，例えば位置決め機構に対するステップ状の位置指令値（振幅は 1）に対する応答波形であって，図 7.29 は行きすぎ量（オーバーシュートともいう）がなく，指令値にゆっくりと近づく応答波形であり，図 7.30 は行きすぎがあり，振動しながら速く指令値に近づく応

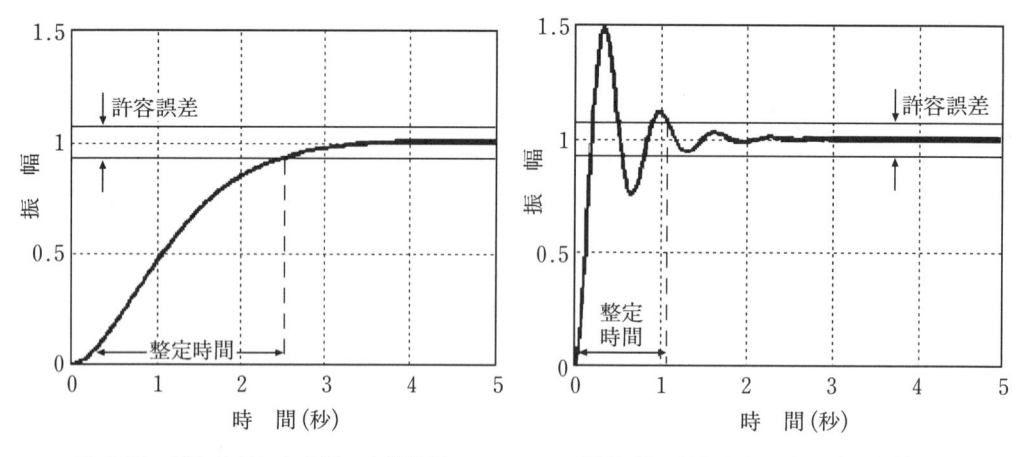

図 7.29 行きすぎがなく遅い応答波形　　**図 7.30** 行きすぎがある速い応答波形

答波形である．具体的に，図 7.29 では，動作開始後，許容誤差に入るまでに 2.5 秒程度を要するのに対し，図 7.30 の波形は 1 秒程度を要している．

位置や速度などの物理量が目標値に至るまでの途中の振舞いに関する性質のことを過渡特性といい，応答波形が動作開始から許容誤差以内に収束するまでに要する時間を整定時間と呼ぶ．一般に応答波形は，行きすぎがなく速いことが望ましいが，両方の要求を同時に満たせないこともある．どのぐらいの整定時間を速いと考えるか遅いと考えるかは，先の (1)～(4) の例にみられるように，用途により異なるのである．制御系の目的によっては，行きすぎは致命的な障害を発生させる原因になることもある．そのような条件も考慮しつつ，要求精度が低ければ速く，高ければ遅くするような選択を行うことになる．

次に，精度に視点を移してみよう．精度には繰返し精度と絶対精度とがある．繰返し精度とは，位置決め装置などにおいて，同じ位置に位置決めを繰り返す際のばらつきを統計的に評価した数値のことである．例えば，n 回の往復運動をし，位置の平均，分散などを調べ，平均位置から 3σ に含まれる範囲を繰返し精度として表記する．これに対して，絶対位置は，あらかじめ定めた指令位置に対して，上記平均位置がどれほどの誤差を有するかを数値で表す．単に精度というと後者を表すことが多い．

7.4.2 機械の構造と特性

ロボットの腕・手・足，加工機械の刃先，あるいはディスク装置のアームなどは，モータにとって，一般的に機械的負荷と呼ばれる．機械的負荷は機械が作業を行う主たる部位である．

モータにより駆動される機械には，① モータが減速機などの伝達機構を介して駆動する構造の機械と，② 減速機などの伝達機構をもたずにダイレクトドライブモータを用いる機械とがある．最近，実用化と普及が進むリニアモータも後者に含まれる．図 7.31 は減速機を用いた機構構造の例であり，角度センサ付きのサーボモータ

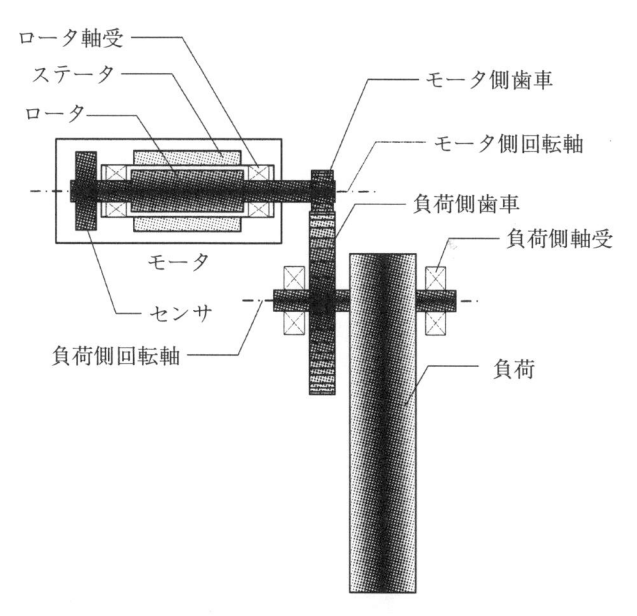

図 7.31 減速機を用いた機構構造の例

の先端に平歯車を介してアーム状の機械的負荷が接続されている．サーボモータの内部で，ステータに対してロータに発生するトルクは平歯車を介し，減速比倍されて機械的負荷に伝わる．その結果，機械的負荷が外界の壁などに拘束されていない限り，ロータ，歯車，機械的負荷が同期して回転運動を始める．このとき機械的負荷側の回転速度はロータ回転速度の減速比分の1倍となる．

しかし実際には，歯車にはガタがあったり，減速機自身が弾性変形を起こす場合もある．図においては，ロータの回転軸と機械的負荷の回転軸は平行にみえるが，厳密には平行誤差を含むものであり，位置ずれや摩擦の変動を引き起こす原因ともなる．つまり，機械の内部には精度を劣化させるいくつもの要素がある．

また図7.31の例では，センサによりロータの回転角度を観測することができるが，機械的負荷の位置や角度を直に観測することができない．厳密に考えれば，そのために機械的負荷が本当に高精度で動作しているのかを確認できないことになり，実際にわずかながら精度の劣化が起こることがある．そこで，精度の劣化を避けるために，ダイレクトドライブモータを使用する例が見受けられる．しかし，すべての機械をダイレクトドライブ化すればよいかというと，問題はそう簡単ではない．モータのうち，特に多用される電気モータは高速回転が可能な反面，油圧アクチュエータなどと比べると，自身の大きさに比して，減速機を要さないほどの大きなトルクを発生することができない場合があるためである．しかしながら，トルクと回転速度の積であるパワーについては，他のアクチュエータに劣らず，大きな値を出力することができるため，減速機を介して低速で使用されることが多い．このように，減速機は速度を減速比分の1倍に落とし，トルクを減速比倍できる便利な機械要素である．

7.4.3 速応性と精度を確保するためのモーションコントロール

モータで駆動する機械が，要求される速応性と精度とを実現するためには，フィードバック制御系を構成することが多い．特に機械的負荷の変動が大きい場合や，振動が発生しやすい機器においては，フィードバック制御は欠くことができない技術である．またその一方で，フィードバック制御系を適切に設計できない場合や，正常に機能しない場合もある．そのような場合，フィードバック制御が，かえって機器の安定性を阻害することもある．機器を安定に制御できるフィードバック制御系を設計するには，制御理論と呼ばれる理論体系を学び，それを縦横に活かすノウハウが必要となる．すなわち，モータで駆動されるすべての機械がフィードバック制御を利用しているわけではなく，機械が使用される条件などに応じて制御法が選択されている．

図 7.32 はフィードバック制御系の例を構成するハードウェアに則して表したものである．モータは，本質的には，電気パワーを機械パワーに変換する装置であり，電力変換回路は電力を変換してモータに供給する装置である．ここでパワーとはエネルギーの時間変化であり，その単位はエネルギーが J（ジュール）であるのに対して，W（ワット）（＝J/s）である．しかしながら，精密な位置制御や速度制御を行う場合には，モータを本来の電力変換装置としてではなく，トルク発生器（または力の発生器）として扱い，電力変換回路も所望の電流値の制御が可能な電流変換回路として扱うことが多い．そもそも，機械は力やトルクによって動かすものであるから，モータによって任意の力やトルクを発生できると考えると，機械の制御を物理的に理解しやすく，フィードバック制御系を設計するうえで便利なのである．

さて，そのような機能は，PWM インバータなどの電力変換回路に電流フィードバック機能をもつ電流制御回路を追加することによって実現される．これを直流モータと交流モータの場合について簡単に述べよう．直流モータのトルクは電流に比例するので，電流を任意の値に制御できればモータのトルクを任意にできる．交流モータの場合も，ベクトル制御と呼ばれる電流制御法を用いるとトルクを任意の値にできる．すると，見かけ上，電力変換回路への入力がモータを含む機械を直接に制御する制御入力の役目を果たし，同入力に比例したトルクをモータが発生することになり，その時点でモータはトルク発生器の役目を果たすものと見なすことができる．

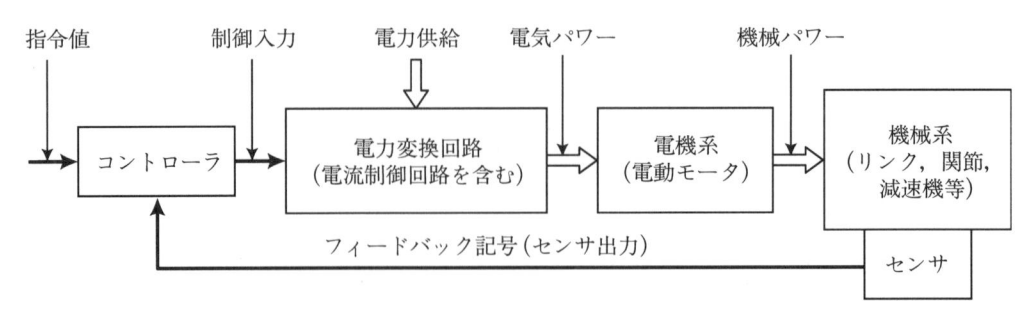

図 7.32 代表的なフィードバック制御系のハードウェア構成図

図7.32に即してさらに説明を加えると，機械（またはモータ）に接続されたセンサにより機械の位置・速度などの値が観測され，コントローラがセンサ出力を指令値と一致させるための制御入力を演算によって求め，短い制御周期ごとに出力することになる．図におけるコントローラと電力変換回路の一部は，通常はコンピュータ上のプログラムとして実現される．先に述べたように，同プログラムのアルゴリズムは制御理論やパワーエレクトロニクス理論に基づいて作成される．特に，コントローラに実装されるフィードバック制御に用いる演算式には，古典制御理論に基づく設計法によるもの，現代制御理論に基づくもの，あるいは近年，提案されているロバスト制御理論に基づくものなどが使われる．それらの理論のおのおのに対して連続系理論とディジタル系理論の2種類がある．しかし，たいていの場合，初学者は古典制御理論さえ学べば，ある程度高性能な制御系が設計できる．

以下に，最も一般的なフィードバック制御法であるPID制御系を紹介しておこう．その理由は，後に説明するように，制御理論の知識がなくても，ある程度性能のよい制御系を実現できるためである．

図7.33の制御対象は，前記したように，図7.32における機械系，電機系，および電力変換回路をモデル化したものであり，例えば，伝達関数$P(s)$で表される．PIDコントローラは，指令値$r(s)$と観測出力$y(s)$との偏差$e(s)$の比例項，積分項，微分項を加算して制御入力とする演算機能であり，proportional（比例），integral（積分），derivative（微分）の頭文字を名称に用いている．記号sはラプラス変換演算子であり，簡単にはsは時間微分演算を，$1/s$は積分演算を表現すると理解してよい．ただし，図中の$s/(s\tau+1)$は近似微分器である．τは大きさの小さい適当な正数とする．係数K_P, K_I, K_Dの値を調整することにより，7.4.1項で示した応答特性の速応性や精度が変化する．通常は正の実数に選ぶ．物理的に考えて，偏差が位置の次元であるのに対し，制御入力はトルク（または力）の次元である．偏差の比例倍，偏差の積分値の比例倍，偏差の時間微分値の比例倍の3つの値を加算することに違和感をもたれる読者もいるかもしれないが，フィードバック制御で用いるコントローラは人工

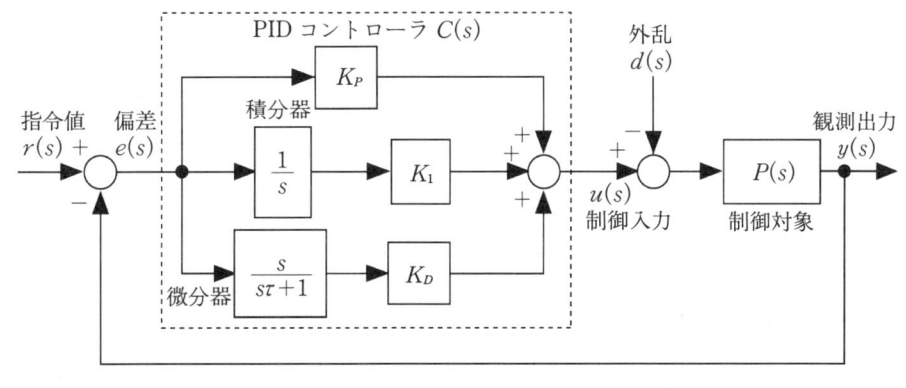

図7.33 PID制御系のブロック図

物であり，その部分に次元の飛躍があることは問題にならない．また，PID制御は調整する変数が3つと少ないゆえに，比較的調整が容易であり，良好な応答特性が得られることが多い．その逆に，調整できる変数値が3つしかないゆえに，得られる制御性能には限界もあり，もっと複雑な制御対象に対しては，次節以降で紹介するような高度な制御手法の適用が望まれることもある．

まとめ

以上，主に位置制御を例として，速応性と精度の意味，過渡特性との関係を述べ，機械の構造と特徴を示した後，制御を目的としたモーションコントロール技術の初歩を紹介した．制御目的が速度制御である場合や力制御である場合も基本的な考え方は同様であり，上記を基本として理解されるとよい． 　　　　　　　　　　　　　　　[島田　明]

参　考　文　献

1) 島田　明編著，大石　潔・柴田昌明・市川　修著：EEテキスト　モーションコントロール，電気学会，オーム社(2004)
2) 堀　洋一・大西公平著：応用制御工学，丸善(1998)

7.5　非線形性の取り扱い

非線形性の取り扱いの代表例として，ここでは摩擦に関して取り扱う．

物体が他の物体の表面を移動するとき，物体表面には進行方向と逆向きの摩擦力が図7.34のように発生する．様々な研究により摩擦力は速度の関数であることが次第に明らかになってきている．しかしながらその特性は非線形であるため，モーションコントロールを

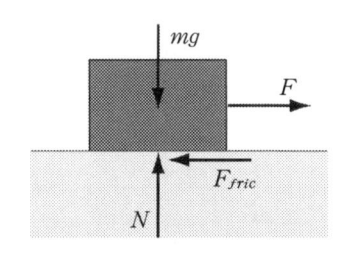

図7.34　摩擦力

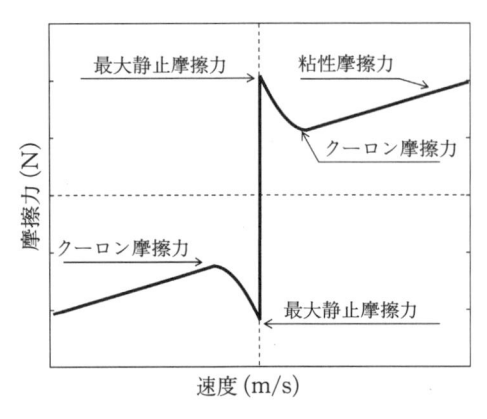

図7.35　摩擦特性

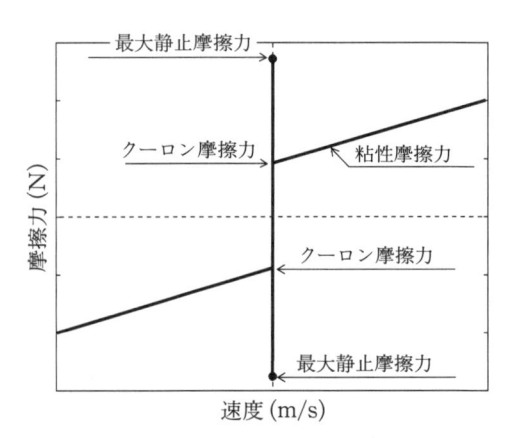

図7.36　近似した摩擦特性

7.5 非線形性の取り扱い

行ううえで大きな問題となる．摩擦力は一般的に図 7.35 のような特性を示す．図 7.35 は非常に複雑な特性のため，一般的にはその近似である図 7.36 が用いられることが多い．摩擦特性は物体の動作時と停止時において，それぞれ異なる挙動を示すため複雑となる．

7.5.1 物体の静止時に働く摩擦

物体の静止時には静止摩擦力が物体に働く．静止摩擦は物体の静止時に，その物体を動かそうとする力と反対向きに働く摩擦力である．床に置かれた重い荷物などを人が引きずるとき，その荷物はある力を超えるまで動き出さない．このとき作用している力が静止摩擦力である．荷物は最大静止摩擦力の大きさを超える力を人間が加えることで動き出すこととなる．

最大静止摩擦力 $F_{s\max}$ は式 (7.5.1) で与えられる．

$$F_{s\max} = \mu_s N \tag{7.5.1}$$

式 (7.5.1) において μ_s は静止摩擦係数と呼ばれ，接触面の表面荒さによって決まる係数であり，接触面積に依存しない．つまり最大静止摩擦力 $F_{s\max}$ は，接触面の表面荒さと物体に働く垂直抗力 N によって決まることとなる．

物体を動かす駆動力を F，物体の位置を x とすると静止摩擦力 F_s は式 (7.5.2) で表すことができる．ただしその値は $F_s < F_{s\max}$ となり，最大静止摩擦力を超えることはなく，超えたときには物体は動き出すこととなる．

$$F_s = \begin{cases} F\,(\dot{x}=0) \\ 0\,(\dot{x}\neq 0) \end{cases} \tag{7.5.2}$$

7.5.2 物体の動作時に働く摩擦

物体の動作時には，物体の動く方向によってのみ決まるクーロン摩擦力 F_k と動く速度に比例する粘性摩擦力が物体の動く方向と逆向きに働く．クーロン摩擦力は物体が動く方向と逆向きに働く一定の力であり，その運動速度には依存しない．クーロン摩擦力 F_k の大きさは式 (7.5.3) となる．

式 (7.5.3) において μ_k は動摩擦係数と呼ばれる係数であり，静止摩擦係数と同じく物体の表面状態のみに依存する係数となる．一般的には $\mu_k < \mu_s$ という特性をとるため，$F_k < F_{s\max}$ となる．

$$F_k = \mu_k N \tag{7.5.3}$$

粘性摩擦力 F_v は速度に依存する摩擦力であり，物体の速度を $\dot{x}$ とすると式 (7.5.4) で与えられる．式において D は粘性摩擦係数と呼ばれ，潤滑に用いられるオイルの粘性や空気摩擦などに起因する定数となる．

$$F_v = D\dot{x} \tag{7.5.4}$$

物体の動作時にはこれらの和が摩擦力として作用し，式 (7.5.5) の力が運動を阻害する方向に働く．式において $\mathrm{sgn}(\dot{x})$ は $\dot{x}$ が正の際に 1，負の際に -1 となる関数であ

る．

$$F_{kall} = F_k \operatorname{sgn}(\dot{x}) + c\dot{x} \tag{7.5.5}$$

これら静止摩擦，クーロン摩擦，粘性摩擦をまとめると全摩擦力 F_{all} は式 (7.5.6) となり，図 7.36 の近似図となる．

$$F_{all} = F_s + F_k \operatorname{sgn}(\dot{x}) + D\dot{x} \tag{7.5.6}$$

7.5.3 摩擦による問題とその補償法

摩擦は非線形な特性をもち，位置によりその特性は変化する．そのためモーションコントロールを行ううえで様々な問題を引き起こす．

たとえば消しゴムを机の表面に押しつけて一定力で押す作業を行うと，その動きはなめらかなものとならず，机の表面を引っかかりながら動作と停止を繰り返す．この現象をスティック・スリップモーションと呼び，静止摩擦力とクーロン摩擦力の大きさの違いにより起こる現象である．

静止摩擦 F_s とクーロン摩擦 F_k の関係は $F_s < F_k$ であるために，一度静止摩擦に捕らわれ停止してしまうと，静止摩擦から抜け出すために大きな力を必要とされる．しかしながら，一度動き出すとその摩擦はクーロン摩擦と粘性摩擦であり，その値は静止摩擦に比べて小さい値であるために進みすぎてしまう．その後再び静止摩擦に捕まり停止するというサイクルを繰り返すため，スティック・スリップ現象は起こるのである．

図 7.37 はスティック・スリップモーションの概念図である．目標位置付近で静止摩擦につかまり停止した後，静止摩擦から脱出するために大きな推力を必要とし，動き出すと摩擦の値が小さくなるため，目標値を行き過ぎてしまうというサイクルを繰り返す．

このような摩擦による悪影響を補償するために様々な制御法が提案されている．ここではそのなかのひとつである bang-bang 制御による補償法を紹介する．bang-bang 制御は図 7.38 のブロック図のように，あらかじめ同定しておいた摩擦特性に基づく補償量 u_s をコントローラの出力 u_c にフィードフォワード的に重畳することで，摩擦を補償する方法である．

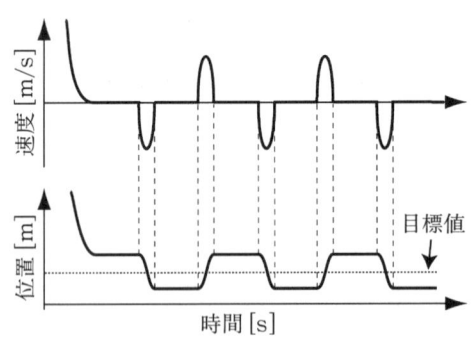

図 7.37 スティック・スリップモーション

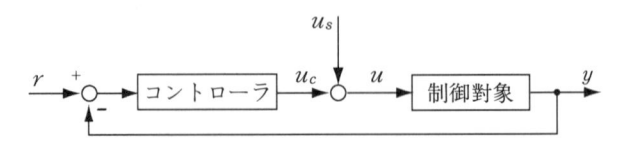

図 7.38 bang-bang 制御

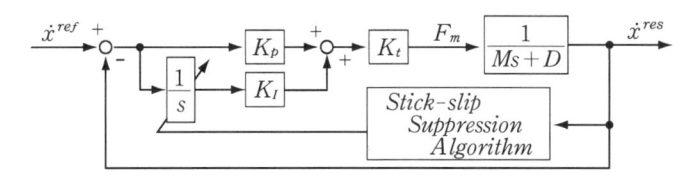

図7.39 スティック・スリップ抑制アルゴリズムを付加した速度制御系

補償量は目標との偏差 e, 制御対象の速度 $\dot{x}$, 正と負の静止摩擦をそれぞれ u_{sp}, u_{sn} とすると式(7.5.7)のように計算できる.

$$u = u_c + u_s, \quad u_s = \begin{cases} u_{sp} & (e>0 \ \& \ \dot{x}=0) \\ u_{sn} & (e<0 \ \& \ \dot{x}=0) \\ 0 & (e>0 \ \& \ \dot{x}=0) \\ 0 & (\dot{x}=0) \end{cases} \quad (7.5.7)$$

7.5.4 コントローラの積分器によるスティック・スリップモーションとその抑制法

摩擦の影響が大きい系において，制御器が積分器をもつような場合は，積分器の影響によりスティック・スリップ振動を起こすことがしばしばある．動き出す直前の推進力 F_m は最大静止摩擦力 $F_{s\max}$ と釣り合い式(7.5.8)となる．しかしながら一度動き出すと摩擦力は急激にクーロン摩擦力 F_k となり，一般的に $F_{s\max} > F_k$ クーロン摩擦力の方が小さい．制御器の積分器はその値を瞬時に変化させられないため，式(7.5.9)のように加速力 F_{acc} が発生する．加速力 F_{acc} は式(7.5.10)となり，静止摩擦力とクーロン摩擦力の差が大きい場合に特に大きく，積分器の値が修正されるまで加速力が発生するためスティック・スリップが発生する.

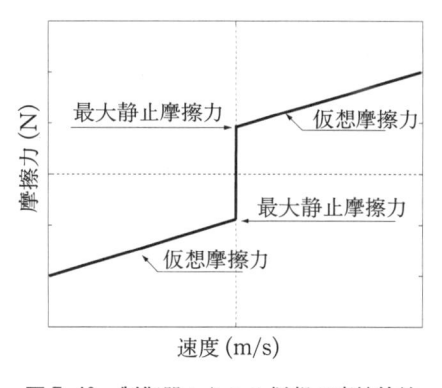

図7.40 制御器からみた仮想の摩擦特性

$$\dot{x}=0 : F_m = F_{s\max} \quad (7.5.8)$$
$$\dot{x}\neq0 : F_m = F_k + F_{acc} \quad (7.5.9)$$
$$F_{acc} = F_{s\max} - F_k \quad (7.5.10)$$

制御器の積分器によりスティック・スリップ振動が起こるような系に対しては，図7.39のように制御系の積分器に補正をかけるのが効果的である．モー

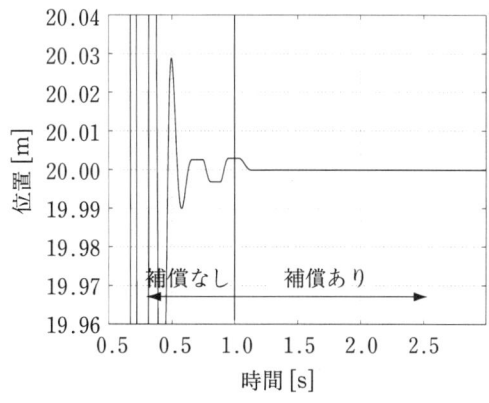

図7.41 スティック・スリップ補償を行った位置応答

タの動き出す瞬間において PI 速度制御系の出力が式(7.5.11)となるように，積分器の値を瞬時に補正することでスティック・スリップを補償することが可能となる．

$$F_m = F_k \qquad (7.5.11)$$

積分値を瞬時に補正することで，制御器からはシステムの摩擦特性が図 7.40 であるようにみえる．結果として非線形要素が補償できる．図 7.41，図 7.42 はスティック・スリップ補償を入れた PI 速度制御系を用いて位置制御を行った位置応答と速度応答である．時刻 1 秒の時点で補償を行うとスティック・スリップ振動が抑制できているのが確認できる．

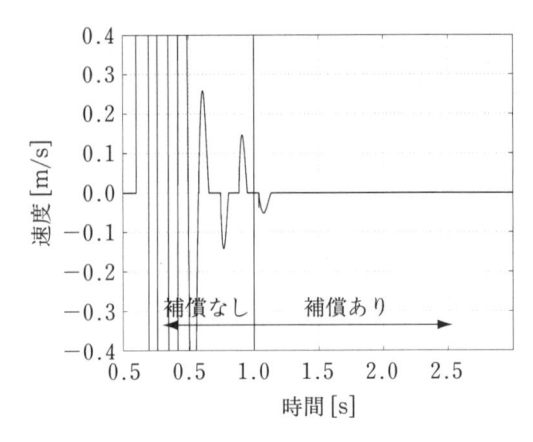

図 7.42 スティック・スリップ補償を行った速度応答

［大 石　　潔］

参 考 文 献

1) 三菱電機(株)編：AC サーボ応用マニュアル，電気書院 (1992)
2) 内藤　渉・大石　潔：ステックスリップを抑制した位置サーボ系の構成法，平成 11 年電気学会産業応用部門大会講演論文集，Vol.1, pp. 421-424 (1999)

7.6　軸ねじれ振動抑制制御

モータでものを動かす応用の中には，送風機やコンプレッサのようにモータと負荷とが直結していて，モータの速度と負荷の速度とが常に一致しているとみられる場合だけではなく，長いロボットアームの先で部品をつかんで取り付ける作業とか，ケーブルカーや高層棟のエレベータのように弾性体であるロープの先端に車両がある乗り物のように，柔らかい部分を介して動きを伝達するものもある．後者では不用意に設計すると，停止させる際などに共振に伴う振動が発生して，素早い取り付けができない，乗降に差し支えるなどの問題が発生し，時には系を不安定にしてしまうこともある[1]．

一見すると柔らかい部分がないようにみえる圧延機や機関車の伝達機構でも，実は伝達機構に含まれる柔らかさやバックラッシが原因となって板厚が不均一になったり，空転や滑走が起きやすくなって性能が大幅に低下してしまう．

このような現象は，これらの例に限らず，ステッパやハードディスクドライブなどの高速高精度位置決め装置，天井走行クレーンによる搬送，大型の宇宙構造物などにも共通にみられる普遍的な問題であって，多くの場合に 7.6.1 項に示す簡単なモデル

7.6.1 軸ねじれ振動系と2慣性系モデル

例えば，圧延機駆動系において問題となる振動が生じる原因は，駆動電動機と負荷ロール間に長い伝達軸が存在し，従来は問題にならなかった軸ねじれ振動を，制御帯域の広い速度制御系が励振してしまうためである．モータトルクはいったん軸ねじれトルクとなって負荷を駆動するため遅れが生じる．また負荷の挙動情報も軸ねじれを介してモータ側に返ってくるため，それぞれの過程において位相が大きく遅れ，通常のフィードバック制御を施すと容易に不安定になってしまう．

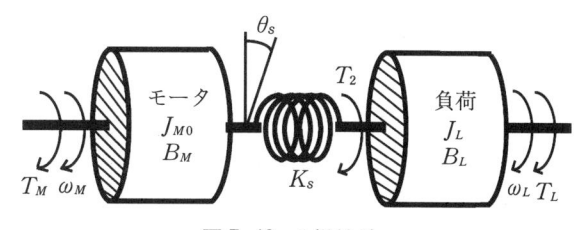

図7.43 2慣性系

このような軸ねじれ系は本来，分布定数系であるが，通常モーダル解析などによって，数個の慣性モーメントとねじれ軸よりなる多慣性系としてモデル化される．さらに本質を失わず見通しのよい議論を行うためのモデルとして，図7.43に示す2慣性系モデルがよく用いられる．これは振動の一次モードまで考えた最も簡単なモデルであるが，上述の性質をよく表している．ここに，T_M はモータトルク，ω_M, ω_L はモータ速度および負荷速度，θ_s は軸ねじれ角，T_L は外乱トルクである．また，J_{M0}, J_L はモータおよび負荷の慣性モーメント，K_s は軸のばね定数，B_M, B_L はモータ側および負荷側の動摩擦係数である．

7.6.2 2慣性系の性質

2慣性系の状態方程式は，

$$\begin{pmatrix} \dot{\omega}_M \\ \dot{\theta}_s \\ \dot{\omega}_L \end{pmatrix} = \begin{bmatrix} \dfrac{-B_M}{J_{M0}} & \dfrac{-K_s}{J_{M0}} & 0 \\ 1 & 0 & -1 \\ 0 & \dfrac{K_s}{J_L} & \dfrac{-B_L}{J_L} \end{bmatrix} \begin{pmatrix} \omega_M \\ \theta_s \\ \omega_L \end{pmatrix} + \begin{pmatrix} \dfrac{1}{J_{M0}} \\ 0 \\ 0 \end{pmatrix} T_M + \begin{pmatrix} 0 \\ 0 \\ \dfrac{1}{J_L} \end{pmatrix} T_L \quad (7.6.1)$$

で与えられる．B_M, B_L を無視すれば，モータトルク T_M からモータ速度 ω_M までの伝達関数 $G(s)$ が，

$$G(s) \cong \frac{1}{s} \frac{J_L s^2 + K_s}{J_{M0} J_L s^2 + K_s(J_{M0} + J_L)} = \frac{1}{J_{M0} s} \frac{s^2 + \omega_a^2}{s^2 + \omega_{r0}^2} \quad (7.6.2)$$

で与えられる．このボーデ線図は図7.44となり，共振周波数，反共振周波数と呼ばれる二つの周波数，

$$\omega_{r0} = \sqrt{\frac{K_s}{J_L}\left(1 + \frac{J_L}{J_{M0}}\right)} \quad (7.6.3)$$

$$\omega_a = \sqrt{\frac{K_s}{J_L}} \quad (7.6.4)$$

において振幅や位相特性が大きく変化する．共振周波数が J_{M0} および J_L の両方の関数であるのに対し，反共振周波数は J_L のみの関数となることに注意されたい．

ここで，共振比と呼ぶ量を，

$$H_0 = \frac{\omega_{r0}}{\omega_a} = \sqrt{1 + \frac{J_L}{J_{M0}}} = \sqrt{1 + R_0}$$
$$(7.6.5)$$

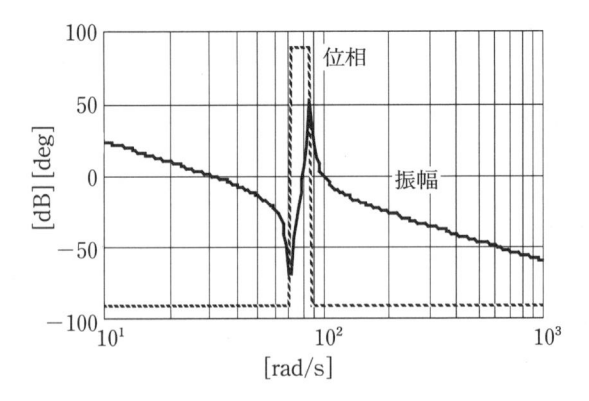

図 7.44 T_M から ω_M までの周波数特性例
$J_{M0}=0.02$, $J_L=0.01$ [kgm^2], $B_M=B_L=0$, $K_s=50$ [Nm/rad]

で定義する．$R_0 = J_L/J_{M0}$ は慣性比である．共振比 H_0 が 2～3 程度の系は制御しやすいが，共振比が 1 に近い場合，すなわち R_0 が極端に小さい場合は，制御が難しくなることが知られている．これは，J_{M0} が J_L に比べて大きい場合，負荷側のエネルギーが，振動エネルギーを吸収するための制御を司るモータ側に返ってきにくくなるためである．

7.6.3 諸種の 2 慣性系制御法

2 慣性系の制御目的は，モータ速度 ω_M のみを観測しモータトルク T_M を制御して，負荷速度 ω_L を振動なく速度指令に追従させること，外乱トルク T_L の影響をできるだけ小さくすることである．ここでは諸手法の概要を述べる．

(1) PI 速度制御器　ばね要素が剛体であるとした 1 慣性系に対して設計した PI 速度制御器を，そのまま 2 慣性系に用いると，速度応答は振動的となり外乱の影響を大きく受ける．

(2) 速度微分フィードバック　振動抑制の基本は加速度（速度の不完全微分で演算する）のフィードバックである[2]．フィードバックゲインを適当に調節すれば，そこそこの振動抑制効果がある．最適なゲインの大きさや符号は慣性比 R_0 の関数になる．近年では加速度センサが容易に手に入ることから，センサを用いて工作機械などの振動抑制にもよく用いられる．

(3) モデル追従制御　この分類の代表である SFC (simulator following control)[3] はパラメータ変動や軸ねじれ振動を適度に抑制できる実用的な手法であり，エレベータ駆動系の振動抑制などに広く用いられている．振動要素をもたない規範モデルの出力と実速度の差にゲインをかけてトルク指令に加算する．その構成を図 7.45 に示す．SFC の特長は，SFC が全くの追加オプションであって，現場で効果を調整できる点にもある．

(4) 外乱オブザーバの利用　外乱オブザーバは 1 慣性系での外乱トルクやパラ

7.6 軸ねじれ振動抑制制御

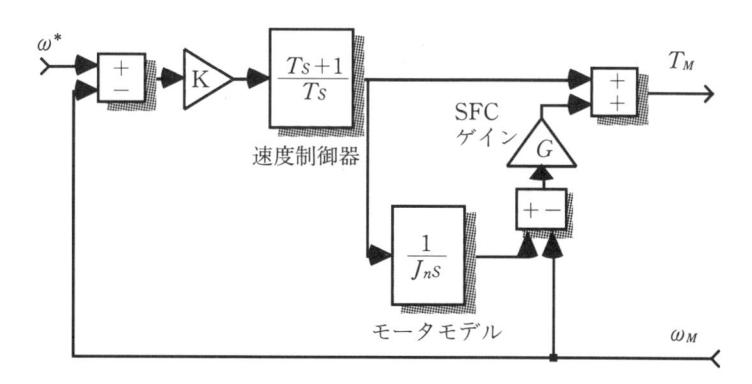

図 7.45 シミュレータ追従制御 (SFC)

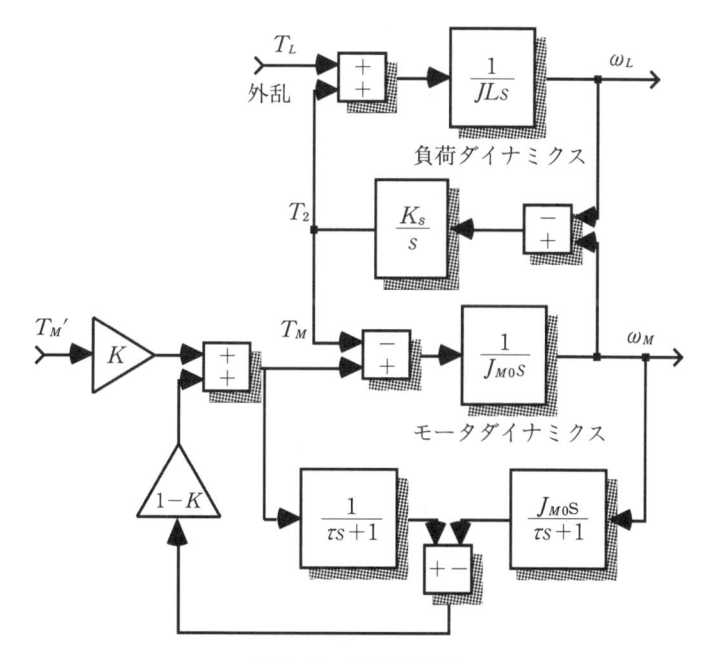

図 7.46 共振比制御

メータ変動の補償に効果的であるが，そのまま 2 慣性系に適用すると大きな振動を誘発することが知られていた．しかし，推定外乱に 1 以下のゲインを介してフィードバックしたり，オブザーバのカットオフ周波数を工夫したりすれば振動抑制にも大きな効果があることがわかってきた[4]．

例えば文献 5 の手法では，適当なゲインを挿入したり，外乱オブザーバのカットオフ周波数を反共振周波数のやや下という非常に遅いところに設定することにより，トルク指令からは進み補償，軸トルクからは微分フィードバックに相当する効果を得ている．

軸ねじれ振動抑制制御法の中で比較的簡単な構造であるにもかかわらず，有用性の高い手法として共振比制御[6]がある．

図7.47 共振比制御の効果

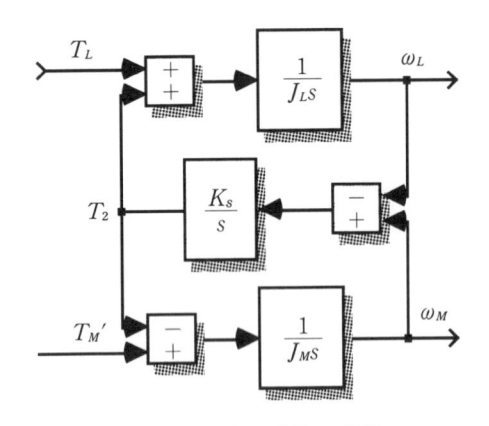

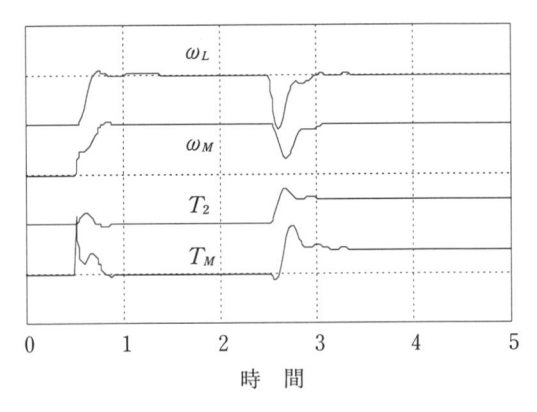

図7.48 共振比制御の時間応答シミュレーション 10〜20%のモデル誤差とバックラッシ, トルクリミットをもたせている. $t=0.5$でステップ速度指令, $t=2.5$でステップ外乱を加えた. 横軸は正規化した時間. $\tau=(1/\omega_r)/4$.

図7.46において, モータ側に設けた外乱オブザーバ出力の$1-K$倍をトルク指令にフィードバックすることにより図7.47の等価システムが得られる. 新しい共振周波数が

$$\omega_r = \sqrt{\frac{K_s}{J_L}\left(1+\frac{J_L}{J_M}\right)} \tag{7.6.6}$$

となり, 共振比

$$H = \frac{\omega_r}{\omega_a} = \sqrt{1+R} = \sqrt{1+\frac{J_L}{J_M}} = \sqrt{1+\frac{J_L}{J_{M0}/K}} = \sqrt{1+R_0 K} \tag{7.6.7}$$

をKによって自由に変えることができるため, 共振比制御と呼んでいる.

新しい共振比を2〜3程度に設定すれば良好な振動抑制が行えることが示されている. 図7.48にシミュレーション例を示す. 制御器が低次であるにもかかわらず, 振動抑制効果は著しく, 外乱オブザーバが高速動作できる場合には理想的な振動抑制と外乱抑圧性能を示す. しかし, 外乱推定速度が遅くなると性能が劣化する. これを解決する手法として, 遅い共振比制御と呼ばれる手法が開発されているが, 詳細は文献にゆずる[1].

(5) **状態フィードバック** 状態フィードバックによって系の極を安定化すれば, 当然, 振動抑制に効果がある. 測定できるモータトルクとモータ速度のみを用い, オブザーバによって残りの状態変数を推定する. この考えに基づく振動抑制制御系の典型例を図7.49に示す. 振動抑制と外乱抑圧を行うため, 外乱を同時に推定している[7].

さらに発展させた手法として, 速い軸ねじれトルクオブザーバと遅い2慣性オブザーバの両者で推定される外乱トルクの差をフィードバックすることにより, 高次振動モードやバックラッシの抑制を可能にする手法もある[8].

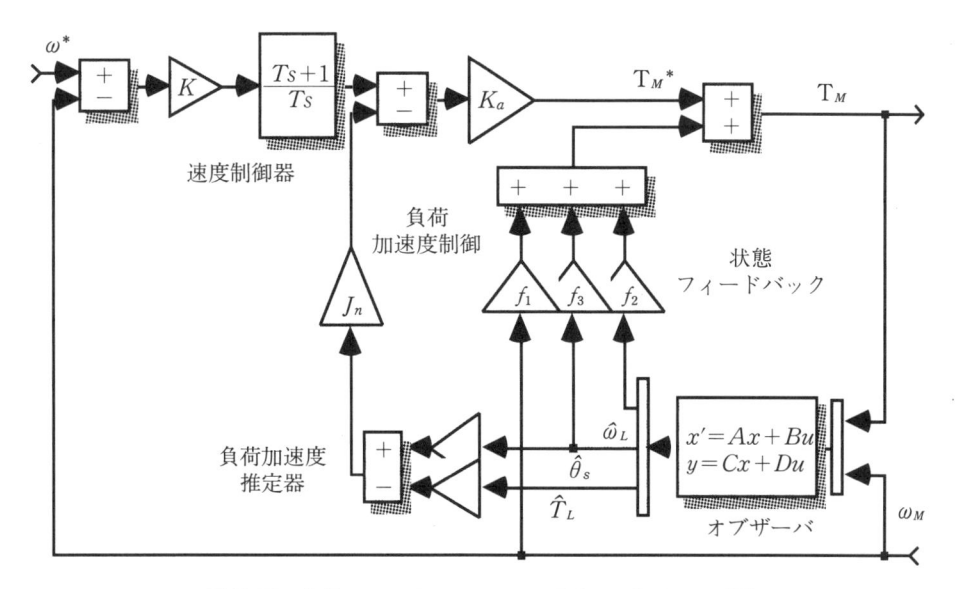

図 7.49 状態フィードバックとオブザーバを用いる手法

(6) $H\infty$制御　$H\infty$制御はモデル化誤差を積極的に扱う手法であり，通常は2慣性系をノミナルモデル，高次モードをモデル化誤差として定式化する．文献9で得られた $H\infty$ 制御器は，共振周波数付近でPI制御器に位相進み補償が付け加わった構造になっている．文献10ではモード展開形モデルの0次と1次モードのみを考慮してフィードバック制御器を設計したあと，0次から2次モードまでを考えたフィードフォワード制御器によって目標値応答を指定している．$H\infty$制御器の設計においては，多くの設計要因を考慮する必要がある．うまく設計すればたしかによい性能は得られるが，誰もが短時間でよいものを設計できるかどうかについてはなお課題を残している．

7.6.4　軸ねじれ系制御のあり方

最近では，2自由度 $H\infty$ 制御，二次安定化制御，定数スケーリング行列付き $H\infty$ 制御などの適用が試みられている．外国では，ドイツでオブザーバベースの精緻な検討があり，ACCにおいて2質量系のベンチマーク問題が解かれたことがあるのも，この課題が広い工学分野に共通する技術であることを物語っている[11]．

制御の難しさや手法の違いは慣性比 $R_0 = J_L/J_{M0}$ によって大きく異なる．よく設計された制御器を調べてみると，微分項の大きさが慣性比の関数となり，R_0 が2を下回るようになると加速度の正帰還が効果的となる．この場合，制御器は不安定ゼロ点をもち，外乱トルクが印加された時点でモータトルクがいったん大きく引くなど，振動抑制と外乱抑圧は矛盾する要求となる．最初から不安定ゼロ点をもつ制御器を排除する設計法(現代制御理論に多い)ではこのような制御器は得られなくなるので，注意が必要である．

最後に，実用的な制御方法の満たすべき条件として，
- 設計法がわかりやすいこと（難解なものは普及しない）
- 現場の調整がやさしいこと（現場に複雑なCADは持ち込めない）
- 制御器の次数が高くないこと（制御計算機は意外に能力が低い）
- バックラッシュやトルク制限に強いこと（現実的な制約にあわせて性能を調整したい）
- 適応的手法との相性がいいこと（自動パラメータチューニングが可能）

などをあげておきたい． ［堀　洋一］

参 考 文 献

1) 堀　洋一・大西公平：応用制御工学，丸善 (1998)
2) 菅野ほか：速度微分による軸ねじり振動抑制制御方式，電学研究会，SPC-90-109 (1990)
    Sugano, et al.: Torsional torque suppression using speed derivative, IEEJ Technical Meeting, SPC-90-109 (1990)
3) 黒沢良一ほか：シミュレータ追従制御付速度制御，昭60電学全大，604 (1985)
    R. Kurosawa, et al.: Speed control with simulator following control, *IEEJ Annual Meeting*, 604 (1985)
4) 藤川　淳ほか：等価外乱オブザーバによる高性能電動機速度制御，電学研究会，IIC-92-5 (1992)
    J. Fujikawa, et al.: High performance motor speed control based on equivalent disturbance observer, IEEJ Technical Meeting, IIC-92-5 (1992)
5) 海田英俊ほか：最小次元外乱トルクオブザーバに基づく多慣性機械系の振動抑制制御，電学研究会，SPC-93-38 (1993)
    H. Umida: Vibration suppression control of multi-inertia mechanical system based on minimal order disturbance torque observer, *IEEJ Technical Meeting*, SPC-93-38 (1993)
6) 結城和明ほか：推定反力に基づくフレキシブルジョイントの防振制御，電学研究会，IIC-92-23 (1992)
    K. Yuki, et al.: Vibration prevention control of flexible joint based on estimated reaction force, IEEJ Technical Meeting, IIC-92-23 (1992)
7) 堀　洋一：負荷加速度制御と状態フィードバックによる2慣性系の制御，電学論D, **112**, 5, pp. 499-500 (1992)
    Y. Hori: Two inertia system control based on load acceleration control and state feedback, *T. IEE Japan*, Vol. 112-D, No. 5, pp. 499-500 (1992)
8) 久保謙二ほか：高次振動モードを持つ機械系のロバスト振動抑制制御，電学研究会，IIC-93-29 (1993)
    K. Kubo, et al.: Robust vibration suppression control of mechanical system with higher order vibration modes, IEEJ Technical Meeting, IIC-93-29 (1993)
9) 大内茂人ほか，$H\infty$制御理論に基づく電動機の制振制御，電学論D, **113**, pp. 325-330 (1993)
    S. Ouchi, et al.: Vibration suppression control of mechanical system based on $H\infty$ control theory, *T. IEE Japan*, Vol. 113-D, pp. 325-330 (1993)
10) T. Hoshino, et al.: Torsional Vibration Suppression of Hot-rolling Mill Based on $H\infty$ Control Theory, 3rd AMC Workshop, Berkeley (1994)
11) B. Wie and D. Bernstein: A Benchmark Problem for Robust Control Design, ACC'90, pp. 961-962 (1990)

応用編

8
交通・電気鉄道

8.1 交通の概要

8.1.1 交通と動力 — 交通の技術史
　産業界の動力がほとんど電気モータを利用している中で，交通の分野には自動車のように電気モータの利用が始まったばかりであったり，飛行機のように当面電化の可能性のない分野もみられる．このような理由を明らかにして今後の展望を得るために，交通全般に対する動力変遷の技術史からこの章を始めたい．

a. 交通への工学の関与
　工学以前の交通の動力は人力と畜力に頼っていた．車輪の発明により，より重いものが運べるようになり，車両の走行抵抗を減らしたり，動力としての馬が歩きやすいように道路の石畳などの舗装が生まれた．一方，いかだや丸木船から始まった舟運の分野では帆をかけて風力の利用も始まった．

　本格的に人工的な動力を利用した初めは，蒸気機関を用いた鉱山の専用鉄道が19世紀初頭に出現し，1825年には客貨を運ぶ一般の鉄道が英国で事業として始まった．1880年代に入ると都市の馬車鉄道を電化したり，初めから路面電車としてつくられるネットワークが先進諸国の大都市に急速に広まった．このころ，内燃機関も発明されて蒸気機関とともに道路交通にも使われ始めたが，自動車が普及し始めるのは20世紀に入ってからのことである．内燃機関を搭載した飛行機が初飛行に成功したのも1903年のことで，20世紀初頭には蒸気機関車を用いた鉄道の実用最高速度は100 km/hを超えており，電気鉄道は路面電車のほかに地下鉄や登山鉄道としても応用範囲を拡大していた．都市間鉄道としての電気鉄道の開発も試みられ，ドイツでは1904年には試験で210 km/hを記録していた．

b. 交通動力に必要な特性
　人工動力以前の主な動力であった馬は，都市の乗合交通用としても鉱山などでの重量物輸送用としてもパワーが十分ではなく，2頭立てや4頭立てにするものも生まれたが，要領のよい馬がさぼるためにパワーが2倍，4倍にはならないことが知られ，複数動力の協調制御は馬車時代から重要な技術課題であった．

　パワーを大きくすることは，輸送単位を大きくするためにも速度を高めるためにも最大の課題であった．鉄のレールと鉄の車輪をもつ鉄道は重さに耐える能力が高かっ

たので，機関助手の投炭能力の限界までは比較的容易にパワーを増すことができた．そのうえレール・車輪の構造は走行抵抗が小さく，結果的に大きなパワーを高い速度に結びつけることもできた．

　石炭と水を自ら運ぶ蒸気機関車から電気動力への転換の試みの始めは1850年代のことで，まだ発電機が発明される前であったから動力源は車載の一次電池であった．このレベルでは，質量当たりのエネルギーが石炭に比べて一次電池の方が低く，電気機関車の性能は蒸気機関車には及ばなかった．車外で発電した電力を集電によって取り入れる技術が完成すると，質量当たりのパワーが蒸気機関より大きくできる電気動力が優位に立ち，鉄道はこの特性を生かして発展を続け，現在主要な鉄道は米国の貨物用の鉄道を除いてほとんどが電気鉄道になっている．これに対して，集電が現実的でない一般の自動車では今でもエネルギー源としてのガソリン＋タンクがどの二次電池よりも格段に優れているために，なかなか電気自動車が実用にならないのである．走行路線が固定している場合には自動車でも集電は可能で，都市交通としてのトロリーバスはわが国以外の多くの国で活躍している．

　飛行機が用いているジェットエンジンは，パワー/質量が非常に大きな機関であり，これとジェット燃料＋タンクとの組合せに対抗できる電池＋モータは当分実現の可能性はないと考えられている．

　制御特性も交通機関としては重要な特性である．単に速度やトルクが精度よく制御できるだけでなく，複数のモータの協調制御，異常時も含めた即応性も重要である．4輪駆動の自動車が複雑な動力伝達機構を備えなければならないのは，エンジンを1台にしたいからであり，電気自動車なら各車輪にモータを組み込んで，これを協調制御したり，場合によっては意図的に違う状態に制御することで，従来の自動車では不可能な特性をもたせることも検討されている．異常時に即応性が要求されるのは，自動車のABS，電車の空転滑走制御などであり，このほか，衝突事故などに際して自動的にエンストを起こす自動車に比べて，電気自動車では暴走の危険を心配する向きもある．

　高密度の都市で用いる交通機関では，いわゆる公害問題も重要である．古くは馬の排泄物，蒸気機関車の煙害や火の粉から始まり，内燃自動車からのNOx，SOx，CO_2，黒煙まで交通の動力に絡む評価は多様で，これらの問題は時代の進展とともに重要性を増している．

　最後に，必ずしも動力だけの問題ではないが，走行に伴う騒音問題も近年その社会的重要性が増している．

8.1.2　水平移動の交通の動力特性

　主として水平に移動する交通の代表的なものは船と鉄道である．これらに共通する特徴は，特に高速な場合を除いて走行に伴う抵抗が小さく，慣性が大きいことである．この結果質量当たりのパワーが小さくても比較的高速で走行できるが，慣性が大

きいために加速度・減速度は小さくなりがちなことがあげられよう．抵抗が小さいから，加速のための力は主として慣性の加速に使われる．加速力が比較的小さくても，走行抵抗が小さいから，時間をかければ高速に達し，加速に要した仕事のかなりの部分が運動エネルギーとして蓄えられている．これを停止させるには一般には加速に必要とした力と同程度の力で，やはり時間をかけて減速することになる．

減速の過程でも走行抵抗による自然の減速はわずかであるから，高速時にもっていた運動エネルギーの多くをブレーキによって回収することが可能である．

大きな慣性を小さな力で止めようとすることは，ブレーキに要する時間やその間の走行距離が大きくなることを意味し，この条件下で定位置に停止させることは容易ではない．

以上の特性は，特に高速ではない鉄道と船とに共通の性質である．

ブレーキによって運動エネルギーを再利用可能な方法で回収する方式を回生ブレーキと呼び，電気鉄道では広く用いられている．

主として水平に移動するもう一つの乗物である自動車については，鉄道や船とはかなり違う特性をもっている．道路とゴムタイヤ車輪との間の走行抵抗は，鉄レールと鉄車輪（正確には鋼レールと鋼車輪）間の走行抵抗に比べて1桁近く大きい．また，信号システムやそのバックアップシステムであるATCやATSに守られて，プロが事前に線路状態を熟知してから運転する鉄道と違って，アマチュアが初めて通る道路を，目視による注意力だけに頼って運転することを前提にする自動車では，加速度・減速度が大きくとれないと安全な運転は不可能であり，止めたい場所に止めることも不可能になる．このような特性から，自動車は質量当たりの加速・減速力を大きくとっていて，結果的に鉄道に比べると急勾配でも走ることが可能になっている代わりに，輸送量（トン・キロ）当たりの消費エネルギーも鉄道の数倍に達することになる．

鉄道の加速・減速に際しては，鋼レール・鋼車輪間の摩擦力も小さいことに注意する必要がある．一般の鉄道では，車輪を回すことによって列車を加速し，車輪にブレーキをかけることによって列車を停車させている．つまり，加速時も減速時も車輪・レール間の摩擦（これを鉄道では粘着と呼んでいる）に依存する進行方向の接線力に頼っていることになり，この限界を超えるトルクを車輪に与えると，空転や滑走が起きて加速度も減速度もかえって小さくなってしまう．この粘着問題は鉄道の初期から懸念されており，当初は平坦な路線にも車両の歯車をレールに設けた歯と噛み合わせながら走る歯軌条式鉄道も登場した．粘着の状態は，表面の状態，特に濡れているか乾いているか，錆びているか，油などが付着しているかどうかなどによって大幅に変化し，列車速度や車両の振動などにも依存する．実用的には，摩擦現象とは一見無関係に思えるモータのトルク-速度特性にも大きく関係することが知られている．

ブレーキの問題は，古くて新しい問題である．古い時代にはブレーキはもっぱら摩擦に頼っていたが，いかにして全体として強いブレーキ力を得るか，長い列車に均等に近くブレーキをかけることができるか，ブレーキ指令を出してから実際にブレーキ

が効き始めるまでの時間をいかにして短くできるかが大きな課題であった．

　摩擦を用いる機械式ブレーキとしては，圧縮空気を動力源として車輪か車軸に取り付けられたブレーキディスクにブレーキシューを押し当てる方式が多く，近年のものは，動作の遅れを減らすために，ブレーキ指令は電気式が一般化している．この方式によって，非常に長い無駄時間は消滅したが，ブレーキシューの押し付け力の制御をしているから，変動する摩擦係数の分だけは原理的にブレーキ力の変動が避けられないという問題は残っている．

　先進国の電気鉄道では，ブレーキは駆動用のモータを使った電力回生ブレーキか，発電した電力を車上の抵抗器で消費させる発電ブレーキ（ダイナミックブレーキ，抵抗ブレーキとも呼ばれる）が主体になっている．

　これらの電気ブレーキでは，摩擦ブレーキと違ってモータの電流などで直接ブレーキトルクが制御できる．電気ブレーキの中では，車両質量を増加させる上発熱に伴う危険をもつ抵抗ブレーキと比べて，省エネ性に優れた電力回生ブレーキが望ましい．

　しかし，電力回生ブレーキは発生した電力を吸収する負荷があって始めてブレーキになるから，場合によっては回生失効が発生し，ブレーキとしての信頼性は抵抗ブレーキよりも低い場合もある．回生失効は，車両は回生能力を備えていても地上の設備等がそれに対応できないとブレーキが失効してしまう現象であり，これを防ぐ各種の工夫によって，ブレーキとしての信頼性を確保することが大きな課題になっている．

8.1.3　鉛直移動と物流

　水平に移動する走行抵抗の少ないシステムが，主として慣性負荷として振る舞うのに対して，鉛直移動をする乗物などでは，重量物を上げる場合には加速時・減速時を問わず常にモータとして，下げる場合には常に発電機として動作しがちである．これらの乗物の代表として，ケーブルカー，エレベータ，エスカレータをあげることができる．

　急勾配の乗物としてのケーブルカーでは，山上駅に設置された巻上機のロープの両端に釣瓶式に1両ずつの車両を配置し，巻上機からみた車両とロープによる力をバランスさせるため，山下側の線路の勾配は緩く，山上に近づくにつれて勾配が急になるのが理想的である．このような配慮をしても，乗客数のバランスは期待できないから，結局かなりのアンバランスを覚悟した設計が必要になる．

　エレベータも基本的にはケーブルカーと同様であるが，線路に相当するシャフトに1基の乗り篭（車両に相当するものをこのように呼び，単にかごと呼ぶことが多い）があって釣瓶の反対側には薄いおもりが付いている．平均的にバランスをとるために，バランサの質量は定員の1/3程度の乗客が乗ったかごの質量にしてある．バランスをとる仕掛けをもった上に比較的大きな加速・減速を行うから，エレベータのモータの動作は常にトルク-速度特性上の4象限すべてにまたがった動作が要求される．

エスカレータは連続動作をするために，バランサを設置できず，登り運転では常にモータ動作になり，下り運転では発電機動作になりやすい．

物流のハンドリングを行うフォークリフトやクレーンも，上げ下げの動作を伴う．クレーンではバランサを用いるものもある．

8.1.4 電気動力の特徴

交通・物流部門は先に述べたように一般産業に比べて，電化の程度が低い．

この中には，航空機のように，想定可能な未来においても動力部門の電化の見通しがないものもある．これらの理由も含めて，交通・物流部門での電気動力の特徴をまとめておこう．なお，ここでは特に断らない限り，電気のモータは回転型の交流機（誘導機と同期機）を対象にする．

(1) パワー/質量　モータ自体のパワー/質量は鉄道車両用の交流モータ（三相誘導機）で $0.3 \sim 1\,kW/kg$ であるのに対して，自動車用のガソリンエンジンでは $1\,kW/kg$ 程度，ディーゼルエンジンでは $0.7\,kW/kg$ 程度で，数値上は大差がないが，自動車用は最大出力に近い数値なので常用している状態では交流モータの方が質量当たりのパワーはやや大きいとみてよい．

(2) 効率　電気モータの効率は格段に優れており，誘導機で90%程度以上，同期機では95%程度に達する．これに対して自動車用のガソリンエンジンでは23%程度，ディーゼルエンジンでは27%程度にすぎない．これらの数値はいずれも高効率の動作状態での値である．鉄道や自動車は速度やトルクの大幅な変化を繰り返しながら使うから，実使用状態での平均効率は上記の数値よりも低下する．電気モータはもともと損失が少ないから，平均効率も極端に低くなることはないが，自動車用では使用条件によって全く異なる．アイドリング時には効率はゼロであり，極端な例は坂道を下る際のエンジンブレーキで，燃料を消費しながらブレーキ作用をするのであるから，効率は負である．

(3) 車載エネルギー/質量　電気鉄道が集電によりエネルギー源を持ち運ばないですむのを例外として，一般には交通・物流用の車両等はエネルギー源を搭載して移動する．ガソリン，ジェット燃料，ディーゼル用軽油が $60\,MJ/kg$ 程度のエネルギー密度であり，タンクの質量を計算に入れても $40\,MJ/kg$ 程度が得られるのに対して，電池のエネルギー密度はリチウムイオン電池の高エネルギー型で $0.3 \sim 0.4\,MJ/kg$ 程度，高出力型で $0.1 \sim 0.3\,MJ/kg$，一般的な鉛蓄電池では $0.1\,MJ/kg$ 以下と非常に小さい．近年注目されている電気二重層キャパシタは，現状ではエネルギー密度はリチウムイオン電池の約1/10であるが，今後1桁程度の向上が見込まれているから，近未来に上記と同程度の数値になろう．

仮にこの目標が達成されても $40\,MJ/kg$ と $0.4\,MJ/kg$ とでは2桁の開きがあり，モータの実質的な効率に5倍の開きがあるとしても，電気動力を車上蓄積型でまかなうと20倍もの質量負担になるのである．電気動力の鉄道が集電に頼り，飛行機の電

気動力化が当面見込みがないのは電気エネルギーの蓄積能力にかかっているのである．

(4) 集 電　エネルギー源を搭載しないですむ集電の技術は，電気動力の魅力を著しく高めている．単に軽くできるだけでなく，燃料をもつことに起因する火災の危険性，ブレーキ時に吸収する運動エネルギーを集電装置を通じて車外に送電することにより，車上での発熱防止など，安全性の面でも最も優れている．自動車用の長大トンネルでは過去に何度も悲惨な火災事故が起きているが，鉄道用のトンネルではこの種の事故は少ない．

(5) 環境特性　電気動力では排気ガスは発生しない．石油系の液体燃料からは無害な H_2O，地球温暖化の原因とされる CO_2 のほか，有害な NOx，SOx などが排出されることが知られている．ディーゼルエンジンからは動作状態に強く依存するが炭素粉も出る．機関本体からの動作音は電気が最低であり，ジェットエンジンからは非常に大きな音が出る．自動車用の内燃機関も本来はうるさいものであるが，乗用車では消音器の性能が高く，比較的静粛である．

動力からの音と，交通・物流機関としての音とは異なることにも注意が必要である．例えば，鉄道ではレールの繋ぎ目を車輪が走行する音が大きいし，自動車ではタイヤのトレッドに刻まれた溝による走行音が大きいが，これらは動力とは直接の関係はない．

また，集電用の電気設備に伴う景観問題，集電時に出る火花からの音や電気的障害の問題もある．

地球規模の問題として，資源問題と CO_2 問題を石油系燃料を直接用いる場合と，電力を用いる場合と比較してみよう．資源問題としては，発電には最も早く枯渇する石油を用いる必要がない．火力発電には石炭と天然ガスが主として用いられており，これらは石油が枯渇した後も数世紀は残存するとみられている．原子力発電では放射性廃棄物の処理に関して完全な対策ができていないという問題はあるが，資源問題，CO_2 問題とは無縁である．再生可能エネルギーである，水力・風力・太陽光・潮力発電などでも電力はつくられ，これらは CO_2 を発生しない．CO_2 は発生するが，再生可能エネルギーであるバイオマス発電の技術も開発中であり，電気エネルギーの利用は資源問題・環境問題に貢献する．

(6) 制御性　速度・トルクなどに対する制御性，つまり制御指令に対する応答の速さや精度の高さの点では電気モータは非常に優れた特性をもっている．さらに，制御装置自体が電子回路であるのが普通だから，電圧・電流・周波数などにより電気的に制御できる点でも，燃料や空気の噴射量などの制御を必要とするエンジンよりも相性がよく，制御が容易である．

(7) 双方向性　電気のモータは同時に発電機としての性質をもっていて，トルクを出すときにはモータとして，負のトルクを出して減速させるときにはそのまま発電機になる．このようなパワーの流れの双方向性は電気モータに特有のもので，自

動車のエンジンブレーキや航空機の逆噴射に際しても燃料は消費しているのである．

電気モータのこの特性は電力回生ブレーキとして積極的に利用されるが，これを可能にするためには電源も双方向性をもたなければならない点に注意を要する．回生される電力の行き所がなくなれば，回生失効という状態になり，ブレーキそのものが利かなくなるからである．

(8) 過負荷特性　すべてのモータは標準的な使用状態としての定格が定めてあり，速度，トルクとも定格が能力の最大を表しているわけではない．

過負荷特性とは定格を超える状態での特性のことで，電気モータではトルクはほぼ電流に比例して増減する．電流に関する定格は許容温度の上限と冷却条件で決まる．単位時間の発熱量は電流の2乗にほぼ比例し，これを熱容量で割ると単位時間の温度上昇が得られる．したがって，トルクに関する過負荷特性は過負荷になる直前の温度と継続時間で決まることになる．短時間なら，定格の数倍のトルクが出せることも珍しくない．ただし，歯車などの機械系がそれに耐えることが条件であることはいうまでもない．仮に温度の限界を超えると，絶縁物の劣化をもたらして寿命に影響を与えるから，このような使用方法は避けるべきことは当然であるが，このことを覚悟して使えば使えないことはない．速度に関しては，電圧と周波数をともに n 倍にできれば，速度は n 倍になり，トルクが変わらなければパワーも n 倍になる．速度の上限は遠心力による回転子の変形か軸受の能力の低い方で決まるのが普通で，理論的には電圧の上昇に対する耐圧で決まることもありうる．

これらに対して，内燃機関では負荷トルクの増加に対応しようと燃料と空気の噴射量を増してゆくと，ある範囲では狙ったような応答をするが，やがて発生トルクの増加ができずにエンジンが停止してしまう，いわゆるエンストに陥る．速度に関しても同様で，無負荷でも速度に上限がある．　　　　　　　　　　　　　　　　［曽根　悟］

8.2　鉄　　道

ここでは電気鉄道には限定せずに，鉄道全般について述べ，電気鉄道や電気式の駆動システムについての具体的な記述は次節に譲る．

8.2.1　鉄道の動力

鉄道の動力の主なものは，時代の古い方から人力，畜力，蒸気機関，電気動力，内燃機関である．これらのほかに実用に供されたものとして，重力とガスタービンがある．

人力，畜力は古くから炭坑などで用いられてきたし，わが国にも旅客営業をした人車軌道や馬車鉄道がいくつも存在した．

本格的な動力を用いた鉄道は蒸気機関車が実用化された 1830 年頃から普及し始め，19世紀末には実用最高速度は 100 km/h に達していた．この頃の列車は，1両の蒸気

機関車が最大で20両前後の小型の客車を牽引する形態だった．蒸気機関車には燃料（主として石炭）を炊き，水を補給して必要な高圧蒸気の供給を仕事とする機関助士と，機関車の操縦を任務とする機関士とがペアで乗務し，牽引力や出力を増すために2両の機関車を用いる場合には4名の乗務員を必要とした．この場合，加速の開始や終了などの協調運転をするためには本務の機関士が汽笛で合図をしながら補助機関車の機関士に同様のことをさせる必要があった．

電気動力は1880年代前半から実用化され，約100年にわたって主として直流直巻モータが使用されてきた．このモータはトルク-速度特性が図8.1のように協調運転がしやすい特性なので，古くから複数のモータをもつ機関車や電車がつくられた．また，複数の動力車を連結した列車を一人の機関士や運転士が操縦する総括制御も19世紀に実用化されていた．

蒸気機関車は乗客にも機関士にも嫌われる黒煙を排出し，そのうえ効率も低く，時には沿線火災を引き起こすなど問題も多く，内燃機関が発明されると鉄道の動力無煙化の試みが広まった．実用化は機関車の置換えではなく，小出力の内燃機関でも自走できる内燃動車として始まった．この場合も総括制御はできないので，複数の動力車を連結運転する場合には動力車数だけの運転士が乗務して先頭車の乗務員の合図にしたがって動力伝達系の歯車切り替えやクラッチの操作をしなければならなかった．大型のディーゼル機関が発明されると機関車の置換えも進み，電気式動力伝達システムをもつものが普及した．ドイツや日本など一部の国では流体変速機を用いた液体式ディーゼル機関車も登場し，これらの中には総括制御ができるものも多くある．

特殊なものとしては，ヨーロッパの短距離の勾配区間の都市交通用として水を用いたケーブルカーが多くの都市で普及した．車両に水タンクを備え，上の駅で川の水を満たし，下の駅で水を捨てる方式のものは，釣瓶式の2両の車両の重量差で加速力が決まるから，速度制御，停止位置制御のために各車両にブレーキを制御する運転士が必要だった．また，水車動力を用いたものでは，一般のケーブルカーと同様に巻上機で速度と位置の制御を行った．

非電化路線の高速化のために，機関の出力/質量が大きいガスタービンを動力とする列車もつくられた．カナダ，フランス，エジプトなどで実用化されたものの，騒音問題や効率の低さ（燃費の悪さ）などのために普及はしなかった．

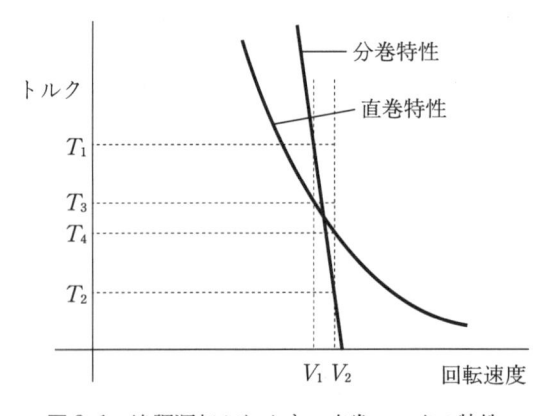

図 8.1 協調運転がしやすい直巻モータの特性
定速度性の強いモータではわずかの回転速度の違い（V_1, V_2）が大きなトルク分担のアンバランス（T_1とT_2）を生む．一方，直巻機のように定速度性がないと，分担トルクはほぼバランス（T_3とT_4）する．

8.2.2 鉄道のブレーキ

蒸気機関車の初期の頃の鉄道は，ブレーキは極めて貧弱であった．機関車自体はまともなブレーキをもたず，客車や貨車のうちの何両かに手ブレーキをもった車両とブレーキ手を配置して機関士からの合図でブレーキをかけたり緩めたりした．このような手ブレーキだけの方式は小型の路面電車などでは20世紀後半まで使われた例もあった．この手ブレーキは腕力で鎖を巻くことで車輪にブレーキシューを押し当てて摩擦で停止させる方式だった．

これと同原理の摩擦ブレーキは現在でも鉄道のブレーキの基本になっている．車輪の踏面か，車軸か車輪に取り付けられたブレーキ用のディスクにブレーキシューを押し当てるもので，その力には圧縮空気を用いるのが普通である．当初は運転台から圧縮空気を各車に送り，それをブレーキシリンダにより押し付け力に変えていたが，これでは列車が分離して空気管が切れるとどちらのブレーキも利かなくなって大事故になることから，この問題を解決した自動ブレーキが普及した．自動ブレーキはフェイルセーフなブレーキであって，各車に空気だめとブレーキシリンダをもち，列車全体を貫通しているブレーキ管の圧力が下がれば空気だめの圧縮空気がブレーキシリンダに入ってブレーキがかかる仕組みである．この方式は，動力をもたず，圧縮空気をつくることのできない客車や貨車にも圧縮空気を供給できることと，フェイルセーフな特性のために普及したが，ブレーキ管の圧力だけですべての制御を行うことから，応答特性も制御性も極めて悪い．

圧縮空気を使った摩擦ブレーキという基本は変えずに，応答性をよくした方式として電磁直通ブレーキや電気指令のブレーキがあり，いずれもブレーキ力の指示を電気信号として伝えることで，摩擦係数の変動以外の要素に伴う問題はほぼ解消した．

摩擦係数は，表面の状態や速度によって大幅に変化するため，電気指令のブレーキを使っても定位置に止めることや乗り心地よく止めることは困難である．

加速に用いるモータを使って逆向きのトルクを出せばブレーキになり，トルク制御は電流などで精度よくできる．電気のモータはパワーの双方向性があり，ブレーキとして動作する際には発電機になる．電気ブレーキの代表的なものは，発生した電力を自車に搭載した抵抗器で吸収する発電ブレーキ（抵抗ブレーキ，ダイナミックブレーキともいう）と，電源側に返還する電力回生ブレーキである．これらの詳細は8.3.5項で述べる．

電気ブレーキには，加速用のモータを用いる上記の方式以外にも，渦電流ブレーキがあり，車軸に取り付けられたブレーキ用の金属円盤（渦電流ディスク）の近くに電磁石を配置し，この励磁電流を変えて渦電流の大きさを制御する方式と，走行用のレール近くに電磁石を配置してレールに渦電流を発生させる方式がある．これらは摩擦を利用しないから，摩擦係数の変動を受けず摩耗もしないが，渦電流は速度に依存するから低速ではブレーキにならない．また，渦電流ディスク方式ではディスクの温度が，レール渦電流方式ではレールの温度が上昇し，これらの対策が必要になること

が多い．

8.2.3 電気鉄道の方式

電気鉄道の方式には，電力の供給方式と，電気方式との組合せで，表8.1のような各種のものがある．電力供給は，地上の変電所から電車線と集電装置を介して車両に取り入れるものと，車上で電源をもつものとに大別できる．前者には架空電車線方式と第三軌条方式とがある．後者は広義の電気鉄道には含まれるが，電気鉄道以外に分類する考え方もある．車上電源には，各種の電池とディーゼルエンジン・ガスタービンなどのエンジン発電機とがある．

電気方式には，大別すると交流と直流があり，交流には商用周波数と低周波，単相と三相とがある．交流・直流とも電圧による区別がある．電力供給方式の詳細は8.3.1項で触れる．

8.2.4 動力集中方式と動力分散方式

電気動力で走行する列車には，その生い立ちから蒸気機関車に代えて電気機関車が引っ張る客車や貨車で編成された列車と，自走できる路面電車から発展して複数両の電車を連結しても一人の運転士で運転できるようにした電車とがある．

これらの原型では，客車は運転台をもたず，運転方向を変える際には機関車を先頭に付けかえる必要があったし，1両ずつ自走可能な電車を多数連結して運転するのは使わない運転台が多数になる，集電装置やモータの数が多数になることなどにより，不経済になりがちであった．そこで，機関車を動力車とする列車にもそこから運転のできる運転台をもった制御客車を導入して，折返し駅での機関車の付替えを不要にし

表8.1 電気鉄道の方式と代表的な鉄道等(車上電源方式を除く)

		架空電車線	第三軌条	代表的な国と鉄道	世界の電化(km)
直流	低圧 600 V, 750 V	○		世界中の路面電車の多く	15000
	低圧 600 V, 750 V		○	地下鉄銀座線　横浜市営	7000
	高圧 1500 V	○		JR 東海道・山陽線	22000
	高圧 1200 V, 1500 V		○	ドイツ　ハンブルク　Uバーン　日本　モノレール(※)	100
	高圧 3000 V	○		イタリア FS，スペイン RENFE	79000
交流	三相 600 V		※	日本　ゆりかもめ	100
	三相 1125 V	○		スイス　ユングフラウ鉄道	20
	低周波 15 kV, 11 kV	○		ドイツ，スイス，スウェーデン	38000
	商用周波 20 kV	○		JR 鹿児島線	4000
	商用周波 25 kV	○		JR 新幹線　中国　韓国	105000

※ 標準的な第三軌条方式では走行用レールを1導体とし，その近くの絶縁されたレールをもう一つの導体とするものであるが，この例では走行路は導体ではなく，走行路付近に2または3導体を並べてこれから集電する方式．

たり，電車も実際に走行する両数の車両を固定的に組み合わせ，その中に必要数だけの電動車と運転台を設けて無駄を省く方式が普及した．わが国の場合には電車の近代化が先行したために，機関車列車での制御客車がほとんど普及しないうちに電車方式が主流になった．これらの結果，原型の機関車列車，電車から双方の歩み寄りがみられて，動力集中，分散の程度も相互に近づいてきている．

近代的な両方式どうしでの比較をすると，機関車を用いた動力集中方式では動力車の数は少なくでき，動力車の保守の観点からは有利であるが，床下に機器が配置できる電車方式（動力分散方式）では列車の全長が短くできる，最大軸重が小さくできる，動軸割合が多い分だけ電気ブレーキが活用できて摩擦ブレーキの交換や保守が容易になるなどの利点がある． [曽根 悟]

8.3 電気鉄道の駆動とブレーキ

8.3.1 電気鉄道のき電(饋電)システム

き電システムとは，電力供給システムのことであり，一般には電力会社から受電した地点から，列車の集電装置までの全体システムを指す．受電点が鉄道沿線に得にくい場合や得られない場合には鉄道会社が(特別高圧や超高圧の)交流送電線を設置することもある．以下，自前の送電線の場合も含めて鉄道沿線の変電所から上流の議論は省略する．

受電点には変電所があり，直流電気鉄道ではここで電気方式に対応した電圧の直流に変換するし，交流変電所では受電した三相交流を二相に変換したうえで，それぞれの単相交流を方面別などにき電する．以下き電システムの構成要素別に説明する．

a. 直流変電所とその特性

電力会社から供給される三相交流を直流に変換する最も簡単な方法は，変圧器で降圧した上で三相ブリッジ整流回路で直流にする方法である．このままの6パルス整流では直流側には電源周波数(例えば50 Hz)の6倍(300 Hz)の交流分が含まれたものになり，交流側にもかなりの高調波電流が流れ，近年の電磁環境基準を満足しない．そこで，一般的には位相をずらした6パルス整流2組を直列(または並列)にして等価的に12パルス整流にする．この場合，直流側の交流成分は600 Hzになり，その振幅は十分小さなものとなる．

ブリッジ整流回路を用いると，電圧制御は交流側の変圧器のタップ切替以外には行えない．一般に電圧制御の目的で負荷時タップ切替器をもつことはしないが，隣接変電所との負荷の平均的な分担を制御したり，重負荷時のパンタ点電圧の維持，軽負荷時の回生失効防止などの観点から平均電圧を調整する目的で，定格電圧に対して$\pm 2.5\%$程度の間隔でタップを用意し，調整が可能になっている．

電圧-電流特性は様々な観点から重要な特性であり，公称電圧1500 Vのシステムでは定格負荷時の電圧を公称電圧にするために，無負荷電圧を1590 V程度に設定す

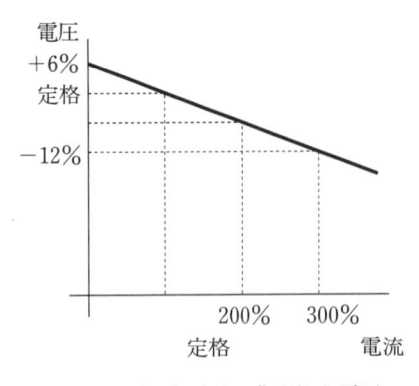

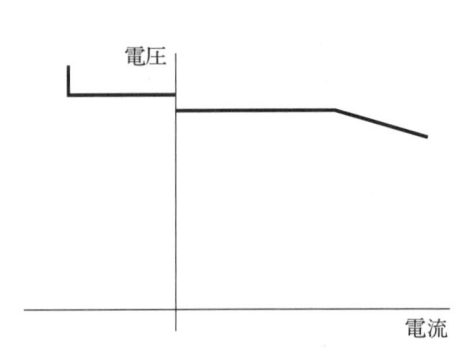

図 8.2 電鉄変電所の典型的な電圧変動特性

図 8.3 インバータを設置した変電所の電圧特性の例

ることが多い．この場合，電圧変動率は 6%になるが，この特性は所要の電圧変動率に対応する交流側のリアクタンス（整流回路の転流リアクタンス）設計によって実現する．電圧変動率は通常の使用目的では小さいほどよいが，小さくすると事故電流が大きくなって遮断が困難になる．

電鉄負荷は変動の大きな負荷であるから，普通は 300%の過負荷に 1 分間は耐えなければならない変電所用の定格種別が定められている．したがって，100%負荷で公称（定格）電圧であっても，300%負荷では変電所自身の電圧が定格より 12%下がり（図 8.2），負荷点までにはき電回路抵抗による電圧降下が加わることになる．

電圧制御を積極的に行いたいときや，電圧変動率を非常に小さくしたいときには，ダイオード整流器ではなく，サイリスタを用いた制御整流器にする．この場合，高調波が増加し，力率が悪化することに注意しなければならない．

整流回路は，ダイオードかサイリスタかにかかわらず，電流の方向が一定，つまり電力の方向が一定であるから，整流器を用いた直流変電所は力行する列車に電力を供給することはできるが，電力回生ブレーキをかけている列車からの電力のうち，他の列車などで消費される分を差し引いた回生余剰電力を受け入れることは不可能なのである．

b. 回生電力受入れ設備をもつ直流変電所

整流器自体は回生電力を吸収できないから，この目的でインバータを設置することがある．変電所内部で整流器からインバータへの循環電流が流れると無駄になるから，その電圧-電流特性は例えば図 8.3 のようにする．

整流器の代わりに PWM インバータを普段は整流器動作のモードで用いる（図 8.4）と，回生電流の受入れは（本来のインバータのモードで）当然可能である．この変換器は直流電圧はほとんどリプルをもたず，交流側の電流は力率がほとんど 1 の正弦波に近いものにできるという特徴もある．

c. 交流変電所とその特性

通常の交流電気鉄道は単相であるが，電力会社の電力網は三相であって，対称性が

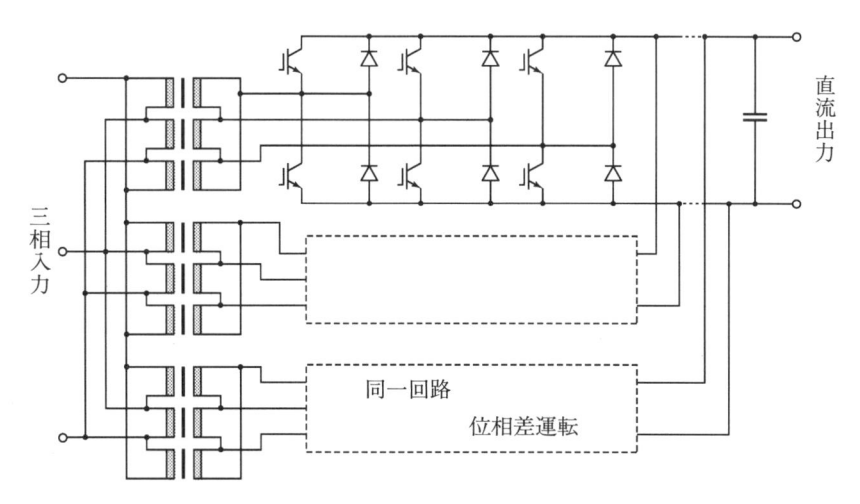

図8.4 PWM変換器式変電所

よく保たれている必要がある．配電網でも末端の家庭などの需要家は単相受電である．6.6 kV の三相配電線から三相のバランスがとれるように，柱上変圧器単位で受電する相を選択している．これに習ってバランスをとろうとすると，電鉄の場合には困難になる．それは，近似的にバランスがとれそうな3群の負荷が見つけにくいからである．単線鉄道の場合，変電所から下り側と上り側の2群に分けることはできる．複線鉄道の場合は，下り側，上り側の2群，下り線，上り線の2群，またはこれらの組合せの4群に分けることはできるが，バランスのとれそうな3群には分けられない．そこで，配電線のように3相の各相からとるのでなく，いったん三相を二相に変換してから方面別などにき電することになる．具体的には図8.5に示すスコット結線変圧器で対称三相を直角二相に変換している．

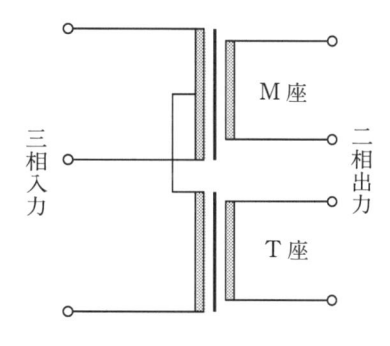

図8.5 三相-二相変換用のスコット結線変圧器

交流変電所の変換器は基本的には変圧器だけで，これらは電力流が双方向であるから，変電所の特性として回生余剰電力の行き所がなくなる心配はない．

d. 交流電気鉄道での誘導障害対策

架空電車線はレール上 5.3 m 前後の位置にある．変電所，架空電車線，列車，レールは横からみると細長い一巻きのコイルを構成している．ここに交流電流が流れると，鉄道と平行している電話線などに電磁誘導によって妨害を与えることになる．これを防ぐにはレールを通って変電所に戻る電流を，架空電車線と同じ高さの電線（負き電線と呼ぶ）に吸い上げて，横からみたコイルの面積をゼロにしてやればよい．動作の詳細は省略するが，この目的で吸い上げ変圧器 (booster transformer) を用いる BT き電方式や，単巻変圧器 (autotransformer) を用いる AT き電方式がある．

e. 単独き電と並列き電

変電所で列車にき電する形態の電圧を発生し，これを架空電車線（または第三軌条）とレールに接続することで，列車が集電できるようにする．この場合，長い鉄道の沿線に多数設置する変電所と列車との関係には以下の2つの方法がある．変電所ごとにき電する区間を定め，この区間にだけき電する単独き電と，隣接変電所を架空電車線を介して並列接続し，変電所から列車までのインピーダンスなどに応じて並列接続された両変電所の分担が自然に決まる並列き電である．

き電回路の抵抗は，電車線と並列に接続されるき電線の太さなどに依存するが，$0.03 \sim 0.04\ \Omega/\mathrm{km}$ 程度，インダクタンスは $1\ \mathrm{mH/km}$ 程度である．

単独き電の場合には区間を区分するために，電車線にはセクション（区分）装置を必要とし，列車がここを通過する際には停電を伴う．そのかわり，両変電所の電源は並列接続が許されないような，例えば位相の異なる交流電圧でもよい．これに対して並列き電では通常の走行では停電はなく，電圧が不連続に変化することもない．電圧降下，き電損失，変電所機器の利用率などの点では並列き電の方が優れている．

通常，直流電気鉄道では並列き電が，交流電気鉄道では単独き電が用いられるが，その理由は変電所間の無駄な電力の潮流を避ける観点から採用された歴史的経緯がある．整流器を用いた直流変電所では電力の逆流がないから，たとえ変電所の出力電圧に差があっても不安なく並列接続ができるのに対して，交流電気鉄道で並列き電をすれば，わずかの位相の違いで隣接変電所間の電力潮流が発生してしまうからである．ではなぜ変電所間の電力潮流を嫌うかというと，これには本質的な理由よりも電力会社との取引契約上の問題が絡んでいる．本質的な問題とは，無負荷のときの変電所間に流れる電流によるき電損失は電鉄会社にとっては無駄であることと，電力会社の電力系統の事故に対する回路の遮断に電気鉄道経由のバイパスができて，妨害になることである．契約上の問題とは，A変電所からB変電所に負荷と無関係な電力潮流がある場合，A変電所で受けた電力に対しては支払が生じ，B変電所から返した電力に対しては電気料金の返済がないような契約になっていることである．なお，回生ブレーキが一般化し，太陽光発電の余剰電力を家庭が電力会社に売る時代になったから，今後の契約に際してはもっと柔軟な対応ができるように，ルールは変更されている．

f. き電回路の保護と特性

直流電気鉄道は例えば $3000\ \mathrm{kW}$ の負荷は $1500\ \mathrm{V}$，$2000\ \mathrm{A}$ で負荷の抵抗が $1\ \Omega$ 以下と小さく，事故電流との区別が簡単でない．特に変電所から遠い地点ではき電回路の抵抗が相対的に大きく，事故検出に失敗すると危険である．このため，変電所では電流の上昇率などから近くの事故を検出して回路を遮断するとともに，この信号を並列き電している隣接変電所に伝えてそちらも遮断させる連絡遮断を行っている．

交流変電所では電流自体は小さいが，事故以外でも無負荷変圧器投入時の突入電流など相対的に大きな電流が流れることがあるため，電流の大きさだけでなく，有効電

流と無効電流との大きさの比なども勘案して区別している．

これらの事故検出に際して，従来は存在しなかった回生車からの電流は誤動作の原因にもなり，再調整などの対策をしている．

8.3.2 電気車の種類

電源の種類により，直流電気車，交流電気車，交直流電気車，電池式電気車等の発電設備等を備えた電気車に区別できる．

また，自身には客室や荷物室などの営業用のスペースをもたず，もっぱら列車の牽引 (実際の形態としては推進になる場合を含む) に用いられる機関車と，自身に客室，荷物・貨物の積載スペース，その他の目的 (例えば軌道や電車線の検測など) の設備をもつ車両である動車とに分けることもできる．機関車のうち電気動力のものを電気機関車，動車のうち電気動力のものを電車といい，両者を総称して電気車という．

電車には，駆動用の動力装置をもつ電動車とこれをもたない付随車とに大別でき，それぞれに運転台の有無により，制御電動車と電動車 (狭義)，制御車と付随車 (狭義) がある．この分類では，電動車 (広義) には制御電動車と電動車 (狭義) があって紛らわしいので，狭義の電動車を中間電動車と呼ぶこともあるが，狭義の付随車を明確に区別する用語はない．

気動車の付随車や客車と電車の付随車とは本来区別する必要はなく，共用も可能であるが，わが国の場合，多くの鉄道で制御回路の有無や電圧が異なるため別の系列になっていて，独立に用いられている．

8.3.3 電気車の駆動制御と制御方式

駆動に使われるモータの種類と電気方式に応じて，電源側の電力変換や電流・電圧などを制御する回路などが決まる．また，運転士 (JRでは機関車については機関士と呼び，これも含む) が運転台で指示する主幹制御器等が何を制御対象にしているかについても述べる必要がある．

a. モータの種類

古くはもっぱら直流直巻モータが用いられたが，電力回生ブレーキを広く活用するために直流複巻モータもほとんどの民鉄で用いられた．インバータが実用になった1985年頃からはほとんどのモータは三相かご形誘導機になった．これらのほかに，ごく少数の異形式のモータも試用されたことはあるが普及はしなかった．

b. 制御回路と方式

古い時代の直流直巻モータを用いた直流電気車では，基本的な制御方法は抵抗制御だった．これはモータ回路に電流を制限するための抵抗を入れて起動し，速度の上昇とともに抵抗を減らしてゆくものである．タップ付きの抵抗器とタップ間を短絡するための開閉器とを用いて，カム軸接触器や電磁スイッチにより次々に回路の抵抗を減らしてゆくものである．路面電車などの小出力のものでは運転士が直接ハンドルで手

図 8.6 抵抗制御と直並列制御との組合せ

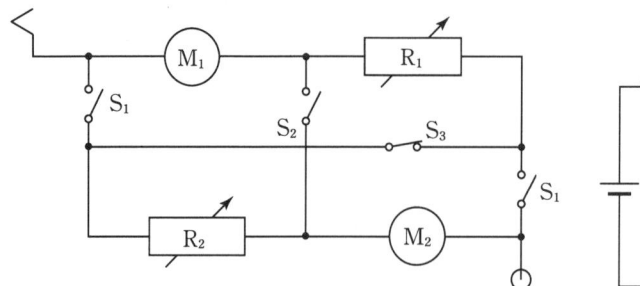

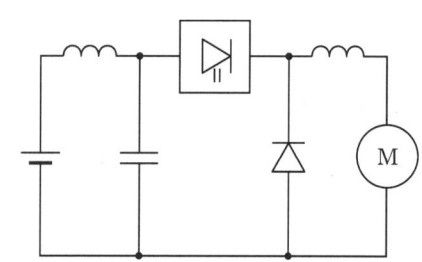

図 8.7 電機子チョッパ制御回路

S_1, S_2 が開いていて，S_3 が閉じている状態が 2 群のモータ M_1 と M_2 とが直列の状態．抵抗 R_1, R_2 を次第に小さくして，ゼロになったら S_2 を閉じて S_3 を開く．R_1, R_2 の値を [モータ電圧]/[モータ電流] にして S_1 を閉じると S_2 の電流はほとんどゼロになるから，そこで S_2 を開くと M_1 と M_2 が並列の状態になる．

動で短絡してゆく方法もある．一つの制御回路が扱うモータの数が偶数の場合モータを 2 群に分けて，これを直列と並列にすることで，モータに掛かる電圧を 1：2 にすることができるから，抵抗制御とこの直並列制御とを組み合わせる（図 8.6）と，抵抗器の容量が減り，抵抗制御に伴う無駄なエネルギーも減る．抵抗が全部抜けるとモータの電圧は定格電圧に達して頭打ちになるから，後は直巻モータに固有の特性で加速を続けることになるが，速度の上昇とともにパワーが速度にほぼ逆比例する形で減少する，つまり引張力は速度の 2 乗に逆比例して急速に減少する特性となる．定格速度を高く選べば高速特性もよくなるが，この場合機器の容量が大きくなり，抵抗制御に伴う損失も大きくなる．これらの負担なく高速特性を改善するために，電圧が頭打ちになってからは速度の上昇に伴って界磁の電流をバイパスさせて界磁を弱めることで電機子電流の減少を防ぐ，弱め界磁制御を併用する．この場合，パワーが一定に保たれるから，引張力は速度に反比例する特性になる．

直流複巻モータを用いた方式では，弱め界磁制御を直巻界磁の分流による方法ではなく，他励界磁をチョッパで連続制御することによって直巻の場合よりも広範囲に正確に行える．

抵抗制御には損失・発熱があり，抵抗の短絡を段階的に行うから，乗心地も悪く，粘着の有効活用の点からも不利である．そこで，チョッパを連続可変の直流変圧器と見立てた電機子チョッパ制御（回路は図 8.7）が誕生する．

直流直巻モータを用いた交流電気車では，車上に変圧器と整流器とをもつことになるから，このいずれかで電圧制御をすることで，損失の多い抵抗制御の必要がなくなる．変圧器で電圧制御をするには，タップ付の変圧器でタップ切替制御をすることになる．負荷状態で電圧を切り替えるために，負荷時タップ切替が必要である．整流器で電圧制御をするにはサイリスタの位相制御などによる制御整流器を用いればよい．

(a) 力行回路   (b) 発電ブレーキ回路

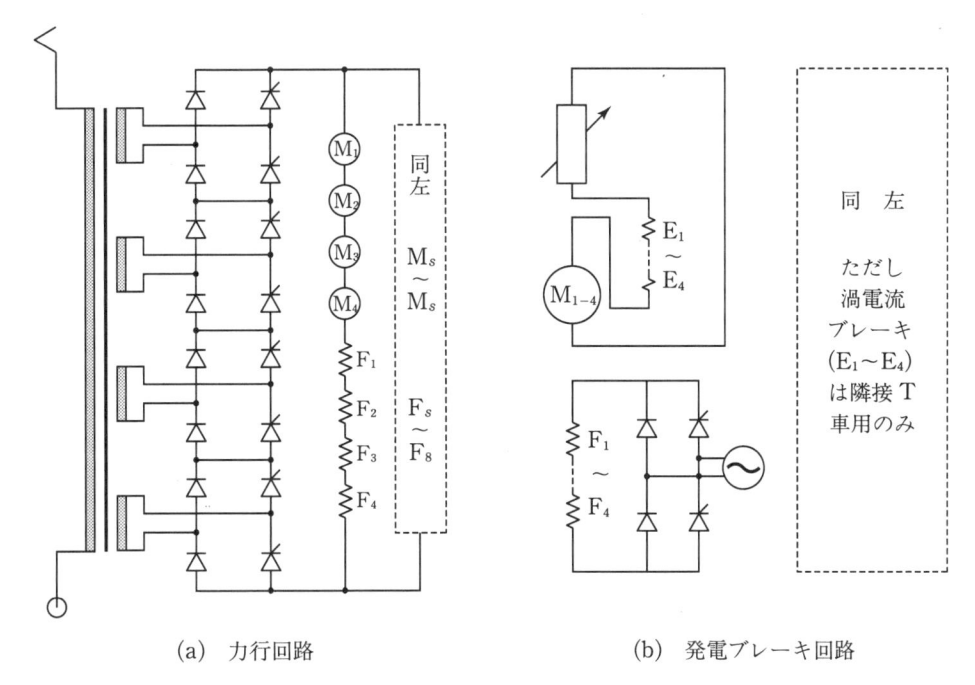

図 8.8 新幹線 100 系電車の主回路

　最大電圧の出せる整流器で位相制御のみによって電圧制御を行うと，高調波が増し，力率が低下し，この問題に対処するためのフィルタが大きくなって実用的でないから，わが国では図 8.8 に新幹線 100 系電車の主回路例として示すように，変圧器二次側を分割して，一部の分割巻線電圧のみを制御整流器として動作させ，他の分割巻線の制御整流器は全電圧を出力するか，単にバイパス回路としてゼロ電圧を出力するかの電子スイッチとして動作させている．

　直流直巻モータを用いた交直流電気車では，交流動作では制御整流器として，直流動作ではチョッパなどとして両方でパワーエレクトロニクス制御を行って高性能化する考えもあるが，わが国では実用化されず，抵抗制御の直流電気車をベースに，交流動作では直流電圧を交流架線から得るための変圧器と無制御整流器とを追加しただけのものが多数つくられた．この結果，交流電化の車両側での利点はなくなり，直流電化区間との直通の多い地域では交流電化自体が見直しの対象となり，一部では直流化されることとなった．

　車載のインバータが実用化されたことにより，電気車のモータは交流モータの時代になった．導入当初の 1985 年頃は直流の民鉄電車から始まり，もともと直流モータ時代から電力回生ブレーキを停止用に用いてきたことから，主回路制御用の抵抗は全廃し，車両の軽量化と発熱防止に貢献した．交流専用の新幹線電車でもこの利点を採り入れることにして，1991 年には 300 系電車が製作され，これ以後の新幹線電車は基本的に同一の制御方式になっている．これは，車上の直流中間回路を挟んでモータ

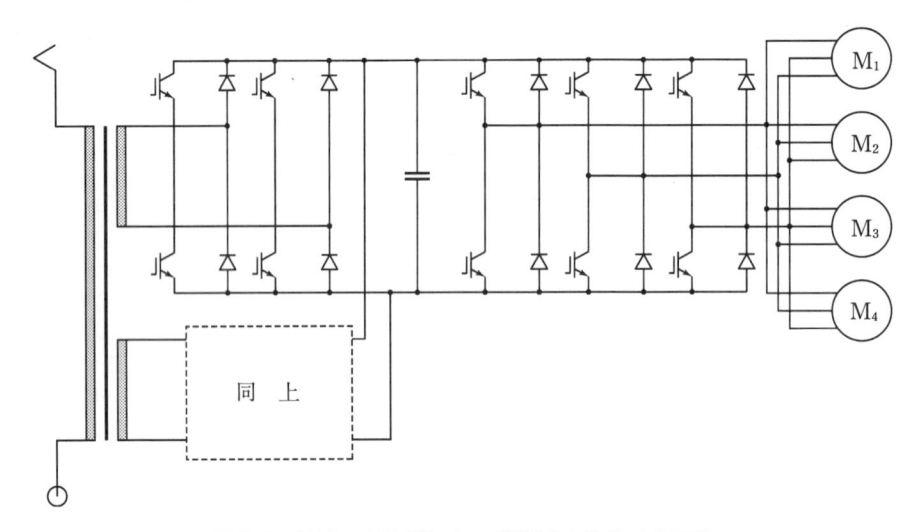

図 8.9 最近の交流電気車の PWM 変換器式主回路

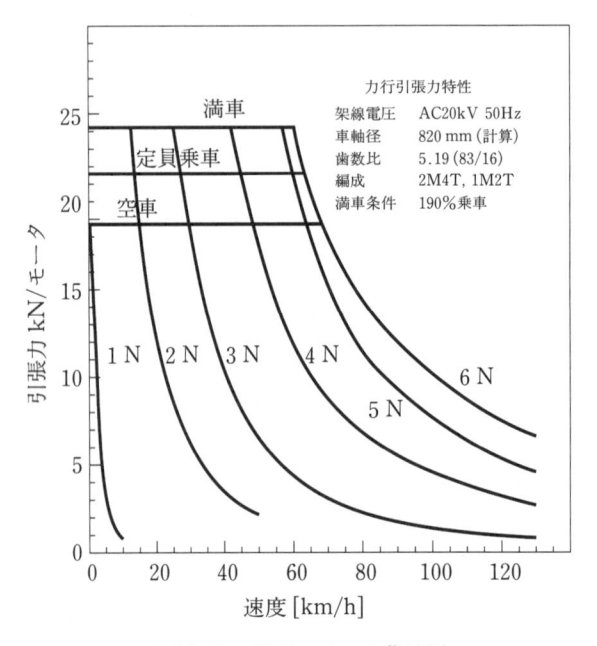

図 8.10 電車のノッチ曲線例

側は直流電気車の場合と同様三相の VVVF インバータ，変圧器側は単相の CVCF インバータで，いずれもパルス幅変調 (PWM) 方式である（図 8.9）．PWM インバータはもともと電力流が双方向性であるから，普段は変圧器側は整流器動作，モータ側はインバータ動作になり，ブレーキ時にはこの関係が逆になる．

　交流モータを用いた交直流電気車では，上記の中間直流回路の電圧を直流電車線の電圧に設計することで，交流専用電気車にわずかの付加設備を搭載するだけで交直流化が可能になり，直流モータ時代の方式とは違って，交流，直流どちらでも高い性能

が発揮できる．この方式は2001年の683系電車から標準方式として用いられている．

c. 主幹制御器の制御対象

運転士が運転台で操作する主幹制御器では，古い路面電車では主回路そのものを切り替えていたものもあるが，近年の電気車の多くでは，あらかじめ設計された速度-引張力特性群の中から運転士が特定の一つを選ぶことに相当する．選択可能な特性群をノッチと称し，その例は図8.10のようである．低いノッチは車庫内での移動や連結に際しての微速走行用，他のノッチは駅間の条件などによって選択し，例えば定員乗車で4ノッチ投入だと，45 km/h程度までは一定加速度で加速し，その後は速度の増加とともに加速度が急速に低下する特性となる．図からわかるように，通勤電車のように空車と満車との質量に大きな違いがある場合，台車の空気ばねで車体＋乗客の質量を検出し，可能な限り同一ノッチでの加速度が同一になるように，質量に応じて加速電流を自動的に調整する，応荷重制御を導入しているのである．

8.3.4 鉄道車両のブレーキ

一般の鉄道車両のブレーキは摩擦を利用する機械ブレーキと，駆動用のモータを利用する電気ブレーキとを使い分けしている．機械ブレーキは圧縮空気を動力源として車輪の踏面か，ブレーキ用のディスクにブレーキシューを押し当ててブレーキ力を得るもの（圧縮空気を用いることから，空気ブレーキとも呼ばれる）で，制御の面からは2つの大きな問題をはらんでいるものの，長年の改良の結果信頼性の高いシステムになっている．問題とは，一つは摩擦に起因する摩耗と摩擦係数の変動であり，もう一つは機械的な可動部分をもつために，制御に無駄時間と遅れを伴うことである．一方の電気ブレーキは電流などで直接ブレーキ力の制御ができるから制御性もよく，使い方によっては運動エネルギーを回収して再利用することもできる．このような特性の違いを端的に表現すれば，空気ブレーキはブレーキ系の摩耗に伴う交換や調整で金のかかるブレーキであるのに対して，電気ブレーキは発生したパワーを抵抗で消費してしまう金のかからないブレーキか，発生したパワーを別の列車などで活用する金を生み出すブレーキなのである．このことから，近年はできる限り電気ブレーキの使用を，それも電力回生ブレーキの形で増やし，摩擦ブレーキの利用を減らす努力が継続的に進められてきた．しかしながら，現状のブレーキシステムは古い空気ブレーキを基本としたシステムから脱却できていない．ブレーキの機構上からは別の構成の可能性も出てきており，すでに主幹制御器からの指令は電気式が普及している．

上記以外に，一部の車両ではばねブレーキ，手ブレーキ，直接軌道側との間でブレーキ力を生じさせるレールブレーキやリニアモータ地下鉄の電気ブレーキなどもある．

鉄道車両のブレーキは保安システムとしての要である．特に鉄道車両は走行抵抗が低いことが特徴の乗物であるから，ブレーキが故障すればほぼ確実に大事故につながってしまう．この観点から，鉄道車両のブレーキではいくつかの基本的な考え方が

確立している．一つは，指令系統の故障を想定した多重化であり，もう一つは列車分離などを想定したフェイルセーフ設計である．実質的には空気ブレーキと電気ブレーキしかないものについても，常用するブレーキ指令とは別系統の保安ブレーキをもっている．保安ブレーキの多くは，実際に動作するものは常用している空気ブレーキであるが，指令を独立させることで常用系の故障に対処している．列車分離に対して，分離した双方に自動的にブレーキがかかる仕組みは，古く自動空気ブレーキの発明で確立したもので，現在はこの仕組みのままのものは貨物列車以外にはほとんど使われなくなってしまった程度に減少しているが，その後に生まれた電磁直通ブレーキでも，電気指令のブレーキでも機能としては引き継がれている．

8.3.5 電気ブレーキ

電気ブレーキは電気的ブレーキの総称である．

一般に使われるのは，駆動モータの発生トルクを負にするもので，モータは発電機として動作する．発生した電力を車載の抵抗器で消費する発電ブレーキ（抵抗ブレーキとも呼ばれる）と，発生した電力を列車外に送り返し，他の列車などで活用する電力回生ブレーキとがある．発電ブレーキと電力回生ブレーキとは当初は全く別のものであったが，近年は状況に応じて両者を自由に使い分ける回生・発電ブレンディングブレーキも用いられていて，近い将来車載の電気エネルギー蓄積装置が実用になると，車外で有効活用できる分は回生ブレーキとして，これで余った分は車内に蓄積する方式で実質的には発生した電気エネルギーはすべて無駄なく活用することになろう．抵抗ブレーキも回生ブレーキも発電することには違いがないから，「発電ブレーキ」という用語が不適切といわれてきたが，車外に回生する方式だけを「回生ブレーキ」と呼ぶこともやがて不適切といわれることだろう．

これらのほかにも電気ブレーキの仲間には，車輪や車軸に取り付けたブレーキ用のディスクに渦電流を発生させることにより，摩擦に頼らない（したがって摩耗もしない）でブレーキ力を発生する渦電流ディスクブレーキ（図8.11），渦電流を走行用のレールに発生させる渦電流レールブレーキ（図8.12）もある．また，電気式気動車などの内燃機関を動力源とする車両でも，ブレーキに電気モータを活用する方式は電気ブレーキである．

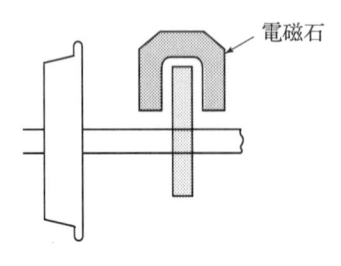

図 8.11 渦電流ディスクブレーキ 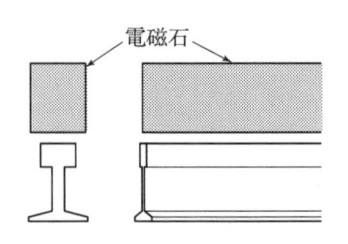　　**図 8.12** 渦電流レールブレーキ

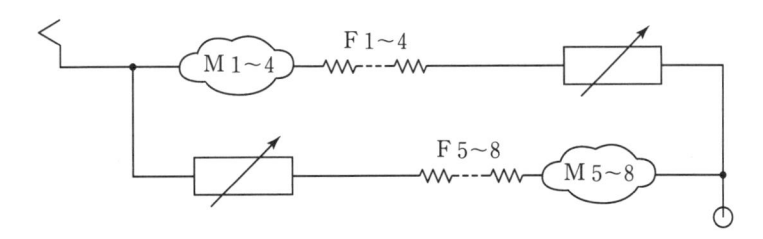

図 8.13 2両8個のモータの抵抗制御回路例

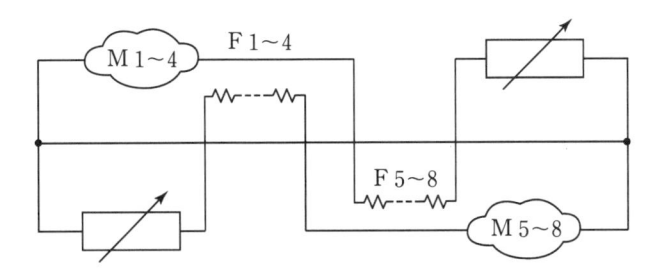

図 8.14 8個モータ制御用発電ブレーキ回路

8.3.6 発電ブレーキ

典型的な発電ブレーキは，駆動に直流直巻機を用いていた時代に登場した．加速時にはモータの電圧は架線電圧の制約を受けて頭打ちになるのはやむをえない．わが国の 1500 V の直流電化方式の鉄道では，8個のモータを一つの制御ユニットにする方式が標準になり，375 V 定格のモータ4個を直列接続したもの2組を直並列制御する抵抗制御方式(図 8.13)を用いていた．ブレーキに際してはこの2組のモータと抵抗器とを図 8.14 のようにつなぎ変えて，自励の直巻発電機回路を構成する．この回路は架線電圧の制約を受けないから，モータの過電圧耐量を活用して定格電圧の3倍近くまで用いることで，加速時の最大電力の3倍程度のブレーキ電力を得ることができる．また，抵抗を次々に短絡して抵抗値を小さくすることで停止間際までブレーキ力を維持することも可能である．このため，抵抗の容量としては加速に必要な抵抗器の容量よりもかなり大きなものが必要になった．

8.3.7 電力回生ブレーキ

空気ブレーキに比べると発電ブレーキで特性は大幅に改善されたが，抵抗器が大型になることと，抵抗器からの発熱が嫌われ，やがて電力回生ブレーキが普及し出すことになる．

a. 界磁チョッパ制御

直流電流を連続的に素早く制御できるチョッパの登場で，これを他励界磁の制御に用いることで界磁チョッパ制御(図 8.15)が 1960 年代の末に現れ，民鉄で急速に普及した．

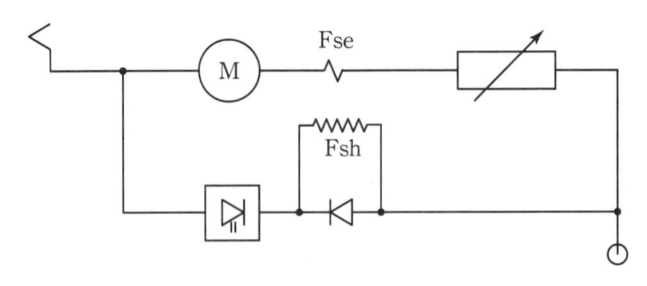

図 8.15 界磁チョッパ制御

　これは値段の高いチョッパを電機子回路の3%程度の電力ですむ他励界磁回路にだけ用い，界磁制御を多用することで定格速度を低く取り，ブレーキには抵抗を用いないこととあいまって抵抗器の大きさを大幅に縮小することが可能になった．そのかわり，モータは安定化のために直巻界磁も残したので，直巻界磁と他例界磁の両方をもつ複巻モータとなってやや大きくなった．ブレーキの特性は，発電ブレーキとは違って架線電圧の制約を受けるから，高速時のブレーキ力は低下し，発生電圧が架線電圧に達しない低速時には電気ブレーキが失効することになった．これらの結果，金のかかる摩擦ブレーキの使用が発電ブレーキよりも若干増加したものの，回生ブレーキが生み出す金の方が大きいから，全体としては改善になって急速な普及をみせたのである．

b. 電機子チョッパ制御

　これは7.3節で述べたように，加速時には図7.20で，ブレーキ時には図7.21のように切り替えて用いる方式で，1970年代から80年代の前半まで主として地下鉄で用いられたものである．地上の鉄道と相互直通運転を行い，地下線では75 km/h程度，地上では100 km/h以上の高速運転を行う場合，地下線内での省エネルギー化やブレーキ特性としては優れているが，高速特性は相対的に貧弱になり，総合的な経済性は発揮できなかった．

c. インバータ制御

　整流子とブラシという厄介な機構をもつ直流機から脱却して，軽くて手間のかからない交流モータで電気車が走るようになるには，電圧と周波数を自由に変えることができるインバータの実用化が必要であった．これが本格的に実用になるには，ゲートターンオフ (GTO) サイリスタという流れている電流を自ら遮断する能力を備えた半導体素子の開発を待たねばならなかった．この素子は1500 Vの直流電気鉄道で用いるためにわが国で開発され，長年にわたって世界の鉄道界をリードし続けてきた．電機子チョッパ制御までのパワーエレクトロニクス活用事例とは違って，インバータ制御になって初めて真の無接点化が可能になった．加速とブレーキ，列車の進行方向の違いにかかわらず，一つの回路でトルク-速度特性の4象限にわたる動作ができるようになったからである．

　これらの電力回生ブレーキ回路では，電源側に回生電力を消費する負荷（直流電気

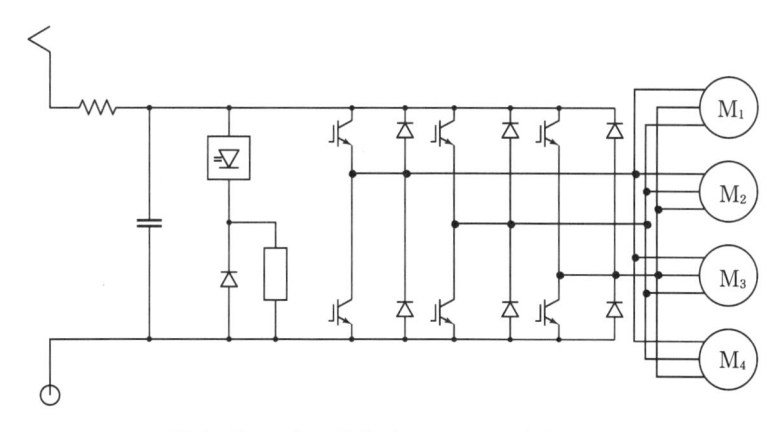

図 8.16 回生・発電ブレンディングブレーキ

鉄道では変電所自体は負荷にならないから，他の加速中の負荷がこれになる）がないと回生電流が回生車自身に搭載されているフィルタコンデンサを充電するのに用いられて，直流回路の電圧を過上昇させてしまうことになる．この過電圧の危険から車上の機器を保護するために，フィルタコンデンサの電圧が高くなると自衛上回生電流を絞る回生絞込み制御を行うことになる．回生電流が絞り込まれるとブレーキ力が不足するから，不足分は空気ブレーキで補うことになる．金のかかる空気ブレーキで補うくらいなら，余り金のかからない発電ブレーキで補う方法もあり，これが先に述べた回生・発電ブレンディングブレーキである．これは，フィルタコンデンサと並列に抵抗とチョッパを設けて（図 8.16)，絞込みにかかりそうになるとコンデンサの電荷を抵抗で放電させて電気ブレーキをフルに活用するものである．言い換えれば，回生可能な分は回生ブレーキで，それを超える分は発電ブレーキで処理する方法であって，車両としての能力をき電システムの状態にかかわらず発揮しようとするものである．

［曽根　悟］

8.4　電源とエネルギー特性

8.4.1　電気方式と電力エネルギー

(1) **電気方式**　電気鉄道には直流き電方式と交流き電方式がある．

現在，JR では，関東甲信越，東海，関西，中国および四国地方が直流き電方式で，北海道，東北，常磐，北陸，九州，および新幹線が交流き電方式である．また，民鉄は交流き電方式の JR と乗り入れする一部と，新交通システム (8.5 参照) の一部を除き，ほとんどが直流き電方式である．

(2) **電気運転の経済性**[1]　鉄道の動力として，ディーゼル運転 (内燃機関) と，電気機関車による電気運転についてエネルギーの使用効率 (機械出力/原エネルギー) を比較すると，ほぼ，ディーゼル運転が 22% で，例えば発電量の多くを占める火力

発電による電気運転が28%程度であり，電気運転が有利といわれている．

それらの経済性は，燃料や電力単価，人件費などによって異なるが，わが国では，1日の通過列車回数が50～100回を境にして，これ以上になると電気運転が有利で，それ以下の線区ではディーゼル運転が有利であるといわれている．

直流き電方式と交流き電方式の経済性を比較すると，直流き電方式は電気車の価格は低廉であるが，変電所などの地上設備は整流器などが必要なことから高価である．一方，交流き電方式は変電所などの地上設備の価格は低廉であるが，車両は高電圧の変成設備を搭載することから高価になる．

このため，運転密度の高い線区や地下鉄では直流き電方式が有利であり，都市間輸送や新幹線などでは交流き電方式が有利である．

(3) 鉄道で使用するエネルギー[2]　鉄道はエネルギー効率の高い交通機関である．図8.17は旅客部門において1人1km運ぶのに消費するエネルギー (kcal/人km) の比較であり，鉄道に対して，自家用車は6.2倍，バスは1.8倍，飛行機は3.8倍のエネルギーを消費するといわれている．一方，自家用車の全旅客輸送機関に占めるエネルギー消費量の割合は73%に達するが，輸送量の分担率は51%である．また，飛行機のエネルギー消費量は全体の5%で，輸送量は6%である．これに対し，鉄道のエネルギー消費量は全体の6%で，輸送量の27%を分担しており，鉄道はエネルギー効率の高い輸送機関といえる．

図8.18は貨物部門における1トンの荷物を1km運ぶのに消費するエネルギー (kcal/トン・キロ) の比較である．自動車のエネルギー消費量は89%に達しているが，輸送量の分担率は54%にとどまっている．これに対し，内航海運は，消費エネルギーは全体の8%であるが，輸送量の42%を分担しており，非常に輸送効率が高い．一方，鉄道は，1%のエネルギー消費量で4%の輸送を分担している．

電気鉄道が使用する電力エネルギーについては，車両の軽量化，走行抵抗の軽減，誘導電動機駆動と回生ブレーキの採用などによって，単位輸送量当たりの消費エネルギーは減少している．表8.2は，普通鉄道における車種ごとの電気エネルギーの比較である．表8.3は，東海道新幹線における車種ごとの電気エネルギーの比較であり，

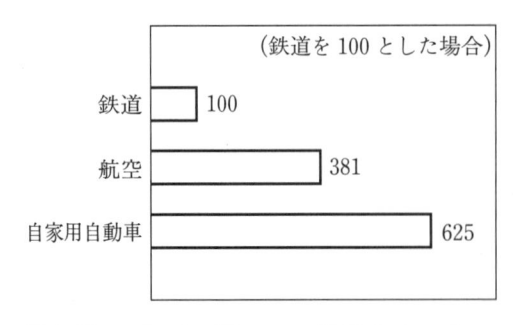

図8.17 1人1km運ぶのに消費するエネルギーの比較(資料：交通関係エネルギー要覧)

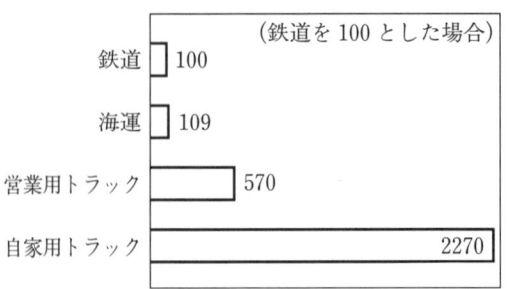

(鉄道を100とした場合)
- 鉄道　100
- 航空　381
- 自家用自動車　625

図8.18 1トンの荷物を1km運ぶのに消費するエネルギーの比較(資料：交通関係エネルギー要覧)

(鉄道を100とした場合)
- 鉄道　100
- 海運　109
- 営業用トラック　570
- 自家用トラック　2270

表 8.2 営団地下鉄における消費電力量比較

線区	車両	制御形式	消費エネルギー
千代田線	5000 系	抵抗制御	100%
	6000 系	チョッパ制御	66%
有楽町線	7000 系	チョッパ制御	100%(66%)
	07 系	VVVF 制御	88%(58%)

注( )は千代田線 5000 系を 100% とした場合.

表 8.3 新幹線消費エネルギーの比較[3]（東京～新大阪下り）

| 車両 | 制御方式 | 登場年 | 消費エネルギー | |
			220 km/h ひかり	270 km/h のぞみ
0 系	低圧タップ	1964 年	100%	—
100 系	サイリスタ位相	1985 年	79%	—
300 系	PWM	1990 年	73%	91%
700 系	PWM	1997 年	66%	84%

新形式車両の導入により，年間消費電力量の実績は 2002 年では 1990 年に比較して 16% も低減している[3]．

JR 全体の 1 年間の運転電力量は約 120 億 kWh，民鉄の運転電力量は約 80 億 kWh であり，両者合わせて自家発電などを含むわが国の総需要電力量の 2% に相当する．

(4) 電気車の電力消費率　一般に列車がある区間を走行した場合，列車質量 1 トン当たり，列車距離 1 km 当たりの電力消費量を電力消費率という．

電力消費率に，所定の時間中に変電所き電区間内を走行する列車の質量を乗じ，さらに走行キロを乗ずれば，所定の時間中の平均電力が求められる．変電所の 1 時間出力は，その時間帯の列車数，および経験的な列車の電力消費率から概算することができる．

8.4.2　直流き電方式[1]

(1) 直流き電用変電所　直流き電用変電所では，特別高圧系から受電した電力を整流器用変圧器で降圧し，シリコンダイオード整流器で直流に変換してき電している．直流側の標準き電電圧は世界的には 3000 V が多いが，わが国では主に 1500 V であり，地下鉄や一部の民鉄が 750 V または 600 V を用いている．

シリコン整流器の結線は，三相ブリッジ結線方式である 6 パルス方式が採用されていた．最近では，受電電流の高調波低減のため，30° 位相差の 6 パルス方式を組み合わせた 12 パルス整流器が用いられている．図 8.19 はシリコン整流器の結線と電流波形であり，12 パルス整流器では第 5 調波と第 7 調波電流は打ち消しあって発生しなくなる．き電側についても，直流電流の脈動分によって通信線に誘導障害を与えるため，必要により直流フィルタを用いる場合があるが，12 パルス化により脈動分は小

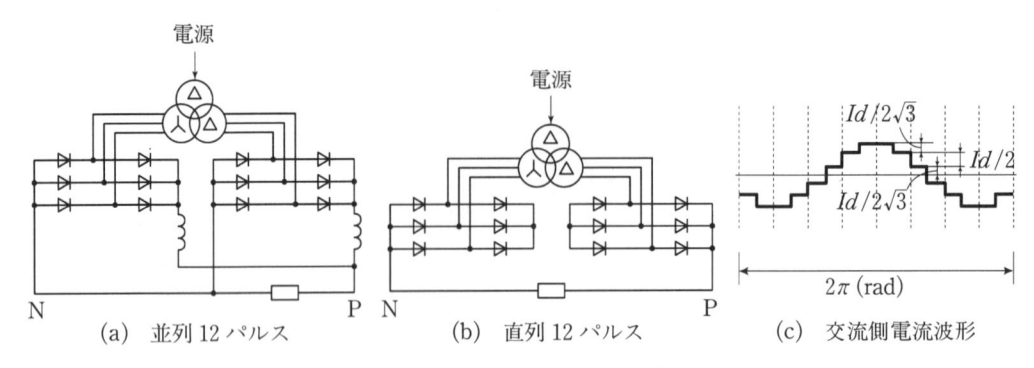

(a) 並列 12 パルス　(b) 直列 12 パルス　(c) 交流側電流波形

図 8.19　シリコン整流器 (12 パルス) の結線

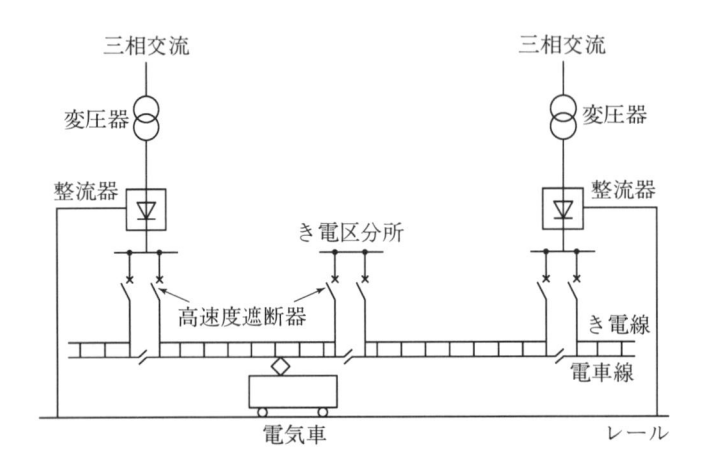

図 8.20　直流き電回路の構成

さくなりフィルタも不要または簡単になる.

(2) 直流き電回路　直流き電回路は図 8.20 に示すように架線 (き電線と並列) とレールからなる電車線路で構成され, 一般に電車線路で隣接する変電所が結ばれて, 並列き電になっている. 複線区間で変電所間隔が長い場合は, 電圧降下救済などのために, 高速度遮断器で上下線を接続するき電区分所や, 簡易なき電タイポストを設ける場合がある.

変電所間隔は, 都市圏の幹線で 5 km 程度, 亜幹線で 10 km 程度である.

(3) 回生車に適したき電システム　電車の軽量化や省エネルギーのために, 最近では停止時の運動エネルギーを電力に変換し, 架線へ戻す電力回生ブレーキ付きの電車の導入が図られている.

しかし, 付近に回生エネルギーを吸収する電車がないと回生失効をすることになる.

回生失効対策として, 回生電力を交流に変換して駅負荷に供給するサイリスタインバータ, 抵抗器に消費させるサイリスタチョッパ抵抗器, 電圧を低くして回生電力を遠方の力行負荷に届けるサイリスタ整流器, および上下一括き電方式などが一部の線

区で採用されている．また，最近では，高力率で交流～直流について双方向の変換を行える PWM 整流器が開発されている．

8.4.3 交流き電方式[1]

(1) 交流き電用変電所　交流電気車は商用周波単相交流を用いている．大容量の単相電力を使用すると，三相側に不平衡や電圧変動を生じ，発電機の過熱や回転機のトルク減少などを生じる．そのため，容量の大きい特別高圧などの三相系から受電するとともに，三相-二相変換変圧器で電気車電圧に適した電圧に変換し，位相の異なる電力を方面別にき電回路に電力を供給して，不平衡を軽減し，電源への影響を軽減している．

き電用の三相-二相変換変圧器としては，図 8.21 に示すスコット結線変圧器などが用いられる．

(2) 交流き電回路　き電回路の構成を図 8.22 に示す．鉄道沿線に，き電用変電所，き電区分するためのき電区分所，および補助き電区分所を設けている．

電車線の標準電圧は世界的には 25 kV が主であるが，わが国では，在来線が 20 kV，新幹線が 25 kV である．特に在来線の 20 kV はわが国独自の方式である．

交流き電回路では，レールから大地に漏れた電流が通信誘導の原因となるので，レールに電流が流れる区間を短くしている．BT き電方式は約 4 km ごとに設けた吸上変圧器でレール電流を負き電線に吸い上げている．AT き電方式は 2 倍の電圧でき電し，約 10 km ごとに設けた単巻変圧器で電気車電圧に降圧しており，大電力の供給に適すること，および AT 中性点からレール電流を吸い上げる効果があることから，現在の標準方式になっている．

(3) 静止形無効電力補償装置による電源電圧の安定化　最近では，パワーエレクトロニクスの進歩により，静止形無効電力補償装置 (static var compensator；SVC) を電気車負荷の大きいき電用変電所に設置して，電気車の無効電力を補償したり，不平衡補償機能をもった自励式 SVC により有効電力を三相側で等しくなるように平衡化して，電源電圧を安定化して電力供給能力の向上を図っている．

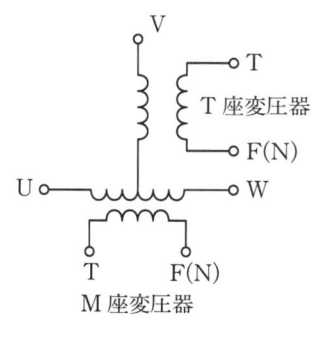

図 8.21 交流き電用スコット結線変圧器

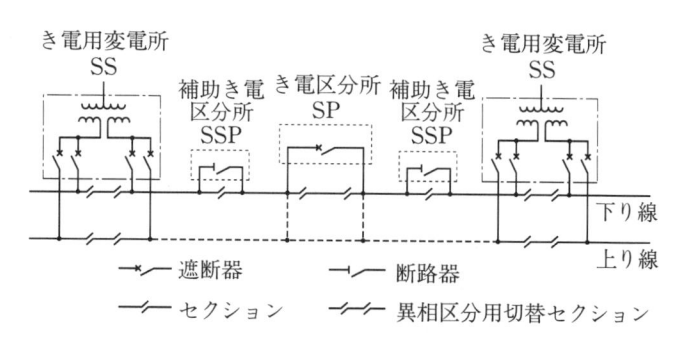

図 8.22 交流き電回路の構成

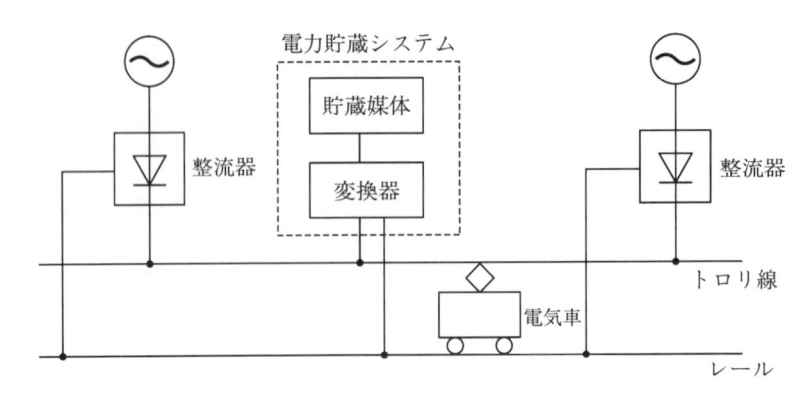

図 8.23 直流電気鉄道における電力貯蔵システム

8.4.4 電力貯蔵による電気鉄道の省エネルギー

(1) **電力貯蔵の意義** 電気鉄道は電気車の移動に伴って,負荷電力が大きく変動する.このため,軽負荷時に電力を貯蔵し,重負荷時に電力を放出すれば,電力が平準化するとともに,電車線路電圧が安定化する.

また,最近新製される電気車はほとんどが電力回生ブレーキ付きであり,回生時に電力を貯蔵して,力行時に放出すれば,回生電力の有効利用ができる.

現在,これらの各種電力貯蔵装置が開発中であり,今後の開発が期待されている.

(2) **電力貯蔵技術** 電気鉄道は変動が大きく,電力貯蔵媒体としては二次電池,電気二重層キャパシタ,およびフライホイールなどが適していると考えられる.

電力貯蔵装置を直流電気鉄道に適用するにあたっては,図 8.23 に示すようなシステム構成とし,インバータやチョッパを用いて,一定電圧以上で充電し,一定電圧以下では放電するような制御が必要になる. 　　　　　　　　　　　[持 永 芳 文]

参 考 文 献

1) 電気学会:最新電気鉄道工学,コロナ社 (2000)
2) 沢田一夫:鉄道を他輸送機関と比較する—消費エネルギー・CO_2 排出量—,RRR, pp. 2-6 (2003)
3) 鳥居昭彦・白井俊一・萩原善泰:全列車 270 km/h 化に向けた新幹線車両の技術的変遷,JR ガゼット,p. 15 (2003)

8.5 各種の新しい交通システム

電気鉄道というと,車両に搭載されたモータにより,鉄車輪を回転させ,鉄レールの上を走行するシステムが一般的であるが,わが国においては,その地形の特性(急勾配が多い)や都市構造の複雑さ(超過密な都心部と自動車中心の地方都市が混在)に対応するため,様々な形の交通システムが開発され,実用に至っている.これらを総称して新交通システムと呼ぶこともあるが,近年では,LRV (light rail vehicle) のよ

うに，従来の電気鉄道と同様に鉄輪-鉄レールで駆動するのにもかかわらず，モータの配置方法に工夫を凝らして，100％低床を実用化するシステムもあり，より広い意味で新しい交通システムと呼ぶことにする．また，それらの中には，リニアモータを使用したものや，モータを地上に敷設したものなどモータも様々な形態をとっている．

8.5.1 ゴムタイヤ駆動の新しい交通システム

鉄道とバスの中間の輸送需要(3,000～20,000人/km/日程度)を満たす目的で開発された中量軌道輸送システムは，昭和55(1980)年に，無人運転として初めて導入され，その後60年代に導入が進んだが，これらは大量輸送を必要としないため，低コストで実用化するために軽量の車両で構成された．したがって，車両の駆動はゴムタイヤで行い，案内は案内輪と案内レールにより行うシステムであった．

a. 案内軌条式鉄道

いわゆる，新交通システムと呼ばれるもので，ゴムタイヤによる車体の支持，案内輪による案内を行う点に特徴がある(図8.24参照)．このシステムは，インフラ補助制度により，インフラ部分を国からの補助でまかなうことよって各地で実用化が促進された．したがって，輸送規模，省コストの観点からゴムタイヤ式の軽量車両が開発されたが，推進は，在来の鉄道と同様の車載の回転モータで行っている．ただし，車両の寸法が小さく，電車線位置，集電子位置に関する寸法上の制約からき電電圧は低圧(直流750 V，三相交流600 V)となっている．従来は，制御機器搭載の制約から，直流き電方式では4象限チョッパ方式により直流複巻モータが，交流き電方式では可逆式サイリスタ位相制御方式により直流分巻モータが利用されてきたが，近年では，制御機器の高性能，小型化が進み，両き電方式ともIGBTインバータを利用したVVVFインバータにより三相交流のかご型誘導モータを駆動する方式が主流となりつつある．制御方式も基本的には，在来の鉄道と同様である．

ゆりかもめの最新車両(4次車・6両1編成)では，定格110 kWの三相誘導モータ

図8.24 ゆりかもめの支持・案内方式

2台をIGBT素子を利用したVVVFインバータ(1編成に3台)により制御されて，最高速度60 km/hを実現している．

b. モノレール

　空港やターミナル駅への結節交通システムとして実用化していたモノレールではあるが，道路交通を補完する役割を担い，上記の案内軌条式鉄道よりも輸送需要の多い地域をカバーするために実用化されたのが都市モノレールである．これは，基本的には従来のモノレールと同じであるが，道路上に建設することにより，インフラ部分を国の道路整備事業による補助と地方公共団体の負担により受けられることにより，導入が促進された．形式としては，跨座型と懸垂型があるが，ゴムタイヤによる車体の支持，案内輪による案内という概念は同じであり，推進も車両に搭載している回転モータで行っている．ただし，モータも近年では，案内軌条式鉄道と同様に三相誘導モータを使用し，IGBTインバータにより制御を行っている．電気方式は，電車線スペースが大きくとれないことより直流方式が選ばれ，輸送量をある程度大きく設定していることより1,500 Vが標準となっている．しかし，近年では，コスト低減を狙った，小型都市モノレールも開発されており，車両の規模，想定輸送需要とも案内軌条式鉄道との境界がはっきりしなくなってきた．

　2003年に開通した沖縄モノレール(2両1編成)では，1台車に搭載された定格100 kWの三相誘導モータ2台を1台のIGBTインバータ(1編成に3台)で制御し，最高速度60 km/hで運行されている．図8.25に沖縄モノレールの車両概要を示す．

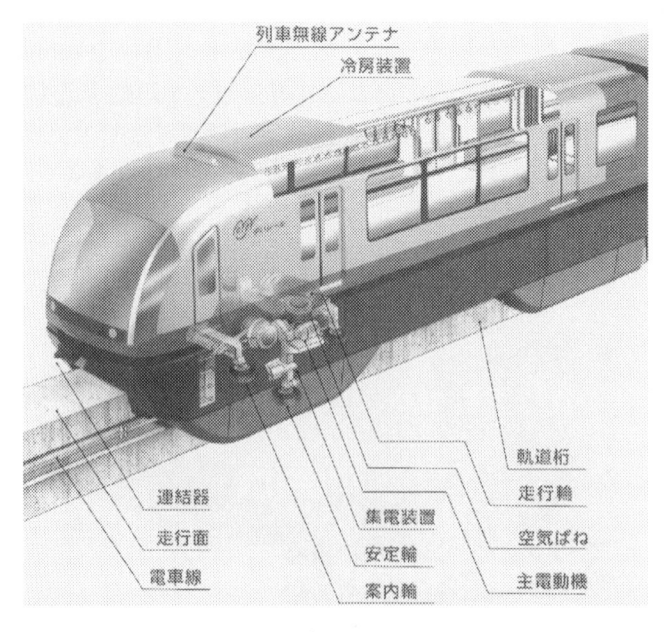

図8.25　沖縄モノレール概要

8.5.2 リニアモータを利用した新しい交通システム

リニアモータを利用する交通システムは，JR マグレブや HSST などの磁気浮上式鉄道が有名であるが，最初に実用化されたのは，車両の支持・案内は在来鉄道と同様で，推進のみをリニアモータで行うリニア地下鉄と，車体の支持・案内は懸垂型モノレールと同様であり，駅間の推進はロープで，駅部の推進をリニアモータで行うスカイレールである．

a. リニア地下鉄

地下鉄は，大都市において重要な役割を果たす交通機関であるが，建設費の高騰が課題となっている．建設費の低減にはトンネル断面の縮小が効果的であるが，その場合，車両の断面も縮小されることになり，回転型モータを利用していると車内空間が犠牲となるため，あまり断面を縮小することはできなかった．しかし，扁平構造であるリニアモータ(図 8.26 参照)を利用すると，車内空間を犠牲にすることなくトンネル断面を縮小することが可能となり，建設費の低減が図られ，またリニアモータの非粘着駆動性による急勾配走行(在来鉄道の倍である，7〜8%)も可能となる等の利点もあるため，昭和 60 (1985) 年から，運輸省，地下鉄協会等の産官学共同研究で開発に着手し，平成 2 (1990) 年に大阪(大阪市 7 号線)で，翌年に東京(東京都 12 号線)で実用化され，その後，神戸(神戸市海岸線)でも実用化され，さらに，平成 17 (2005) 年には福岡(福岡市七隈線)でも導入された．現在，横浜市で建設中であり，今後，仙台市も導入を予定しているシステムである．

リニアモータは誘導モータを使用し，車両側に一次側コイルを搭載し，地上に二次側のリアクションプレートを敷設する，車上一次方式である．モータの制御は VVVF インバータで行うため，在来鉄道の VVVF 制御と同様(最初は滑り周波数一定，効率最大点にくると，滑り率一定という，V/f 制御)であるが，一次側と二次側の間隔が 12 mm 程度あるので効率が低く，大きな推進力を出すために，滑り周波数を在来鉄道の回転型誘導モータに比して若干大きく設定している．そのため，ブレー

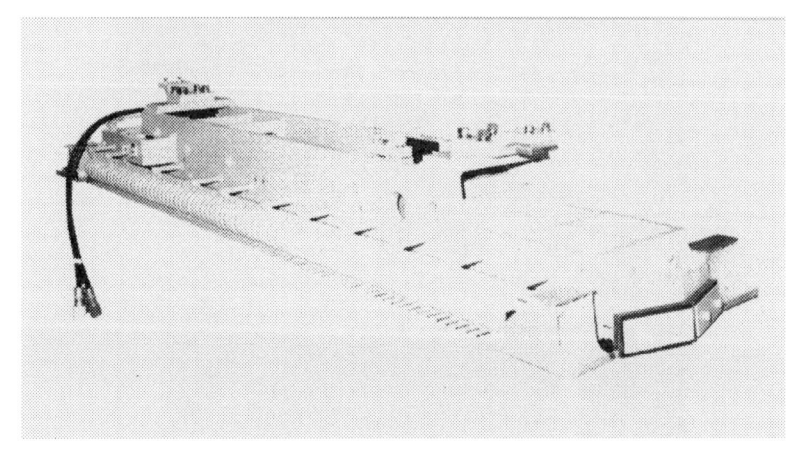

図 8.26 リニアモータ外観

キ時は電力回生を行うが，速度が0 km/hになる前にインバータ周波数が0となるため，逆相の領域となり，電気ブレーキでも逆相ブレーキとして動作する．また，リニア誘導モータの場合，一次側コイルと二次側リアクションプレートとの間に吸引力が働き，リアクションプレートの引っ張りやレールと枕木の沈み込みが想定されるので，軌道保守にはその点も考慮する必要がある．

東京都12号線（大江戸線）の4次車（8両1編成）では，全台車にリニアモータが搭載され，120 kWのリニア誘導モータ2台がIGBTインバータで制御（1編成に8台）されており，最高速度70 km/hで運行されている．

b. スカイレール

急傾斜地の頂上の住宅街と谷側の鉄道駅とを結ぶために開発されたシステムで，急勾配を上れるようにロープ駆動を行うが，風による影響を避けて，曲線走行も安定に行うため，車両の支持・案内は，懸垂型モノレールと同様に高架構造の軌道桁により行うシステムである（図8.27参照）．駅部では，車両はロープから離れ，加減速制御を地上一次方式のリニア誘導モータで行う．

広島市の山陽本線・瀬野駅（みどり口駅）と山頂（みどり中央駅）を結ぶ全長1.3 km，最急勾配27%の路線（全3駅）として平成10 (1998)年に実用化された．最高速度は18 km/hである．

ロープを駆動するモータは直流分巻モータで，440 V，330 kW定格であり，サイリスタレオナード制御を行っている．

リニアモータは誘導モータを使用し，一次側コイルを地上側に間欠配置し，二次側リアクションプレートを車両に搭載している．リニアモータ1個当たりの定格推力は1,813 Nで各駅の加・減速部それぞれに24～40個程度配置してある．

図8.27　スカイレール外観

図 8.28 BTM 外観

8.5.3 永久磁石を利用した新しい交通システム

近年,永久磁石材料の高性能,長寿命化が図られ,鉄道分野においても,車輪一体型同期モータの開発などが進められている.ここでは,永久磁石を利用した磁石ベルトにより車両を駆動する BTM (belt type transit system by magnet) システムについて述べる.

このシステムは,急傾斜地区頂上の住宅地と山麓側の鉄道の駅とを結ぶ全長 220 m,最急勾配 67.5% の路線を磁石ベルトを搭載した車両により 5 km/h で進むものである.磁石ベルトは永久磁石を貼り付けたキャタピラ状のベルトであり,誘導モータに駆動され,永久磁石の吸着力で推進する.車体の支持・案内は跨座式モノレールと同様である(図 8.28 参照).この路線は片勾配なので,下りはほとんどブレーキで走行するが,車両には抵抗器を搭載しており,モータの発電ブレーキで走行する.停止間際には機械ブレーキが動作して定位置停止精度を確保している.

モータは車両の両側に各 2 台搭載している磁石ベルトごとに,定格容量 15 kW の三相誘導モータが組み込まれ(全 4 台),1 台のインバータで制御している.

このシステムは様々な改良を加えられ,平成 15 (2003) 年に定期運行を開始した.

8.5.4 LRV (light rail vehicle)

ヨーロッパを中心に,高性能でバリアフリーを実現できる路面電車(以後,LRV)を導入して,都市交通の機能向上,環境の改善を図る街づくりが進められており,これらを実現した LRV 中心のシステムを LRT (light rail transit) システムと呼んでいる.

わが国でもこの流れを受けて,ヨーロッパの高性能で,低床式車両の導入が進められており(熊本,広島,岡山),わが国独自の LRV 開発,導入(岐阜,鹿児島,高知,松山,広島)も進んでいる.

これらのシステムは，在来の鉄道，路面電車と同様の，鉄車輪-鉄レールによる支持・案内方式，回転型モータ（主流は誘導モータ）による駆動であるが，特徴的なのは，モータの搭載方法である．車内の床下を車いすなどで直接乗り込めるように低床とするため，左右の車輪間の軸をなくし，モータを車体に装架（熊本，岡山など：図8.29参照）したり，台車枠側はりの中央長手方向に装架（広島など）したり，モータを車輪と一体化したり（フランクフルトなど）と様々な工夫をしている．従来の路面電車の床面が地面から780 mm程度であるのに対し，これらLRVは350 mm程度の床面を実現している．

熊本市が導入したLRVは直流600 Vのき電システムで，2両1編成の車両で定格100 kWの2台の誘導モータが1台のVVVFインバータで制御されている．

わが国で開発されたLRVの例としては，鹿児島市交通局が導入した車両（1000形）があり，直流600 Vのき電システムで3車体2台車の車両で，各台車ごとに定格60 kWの2台の誘導モータが1台のVVVFインバータで制御されている．

以上，モータで駆動する新しい交通システムに関して概要を述べたが，ここで紹介したシステム例において，車両1編成の総重量（空車）をモータの総定格容量で除した値を示すと表8.4のようになる．これは，モータ1 kW当たりで，どのくらいの車両重量を駆動できるかの目安となりうる指標で，大きければ大きいほど，交通システムとしては効率がよいことになる．

表8.4より，鉄輪-鉄レールのシステムが概して大きな値を示しており，効率が高

図8.29 電動機を車体に装荷して低床化を図った例（熊本市）

表8.4 モータ1 kW当たり駆動できる車両重量

	編成両数	空車重量（トン）	定員（人）	モータ総容量（kW）	kW当たりの重量（トン/kW）
案内軌条式鉄道	6	63.2	338	660	0.096
小型モノレール	2	53.8	165	600	0.09
リニア地下鉄	8	197	780	1,920	0.103
スカイレール	1×6	2.5×6	25×6	350	0.04
BTM	1	5.62	23	60	0.094
LRT（ヨーロッパ製）	2	21	76	200	0.105
LRT（日本製）	3車体2台車	19	55	240	0.079

図 8.30 3 車体 2 台車車両(鹿児島)

いことが確認される．日本製の LRV があまり高い値を示していないのは，車両重量に比してモータ容量が大きいためであり，これは，乗客の低床スペースがフローティング車体内で実現され，モータを搭載している台車のある車体と分離している構造(図 8.30 参照) に影響されているものと思われる．　　　　　　　　　　　　［水間　毅］

8.6 エレベータ

8.6.1 エレベータの種類と構造[1,2]

わが国では 2002 年度末で約 60 万台の昇降機が稼働中であり，新規需要は同年度で約 3.3 万台(うちホームエレベータ約 8000 台) である．昇降機の中でエスカレータの台数比率は約 10% であり，圧倒的にエレベータが多い．エレベータは人口の高齢化に伴い公共施設や低層建物への適用が増えている．今後は欧米のようにモダニゼーションと呼ばれる更新(リニューアル)需要が増えると予想される．昇降機の特徴としては製品寿命が約 25 年以上と長く保守が重要であること，安全性はいうまでもないが，エレベータが保守や故障で止まると仕事や生活に大きな支障をきたす場合が多く，高い信頼性とアベイラビリティが要求されることがあげられる．

a. ロープ式と油圧式

エレベータは大きくロープ式と油圧式に分けられ，ロープ式はさらにトラクション式と巻胴式に分けられる[3]．ロープ式の大部分を占めるトラクション式は，図 8.31 のようにかごとつり合いおもりがロープでつるべ式に支持されており，巻上機の綱車(プーリ) とロープ間の摩擦力により駆動する．トラクション式は，ロープを巻胴(ドラム) で巻き取る巻胴式や，油圧ポンプと油圧ジャッキを用いてかごを昇降させる油圧式に比べ，所要動力(電動機容量)が小さくてすむのが大きな特長であり，低速から超高速まで広く使われている．ロープのかけ方により 1：1 ローピングと 2：1 ローピングがあり(図 8.32)，2：1 は 1：1 に比べ電動機の回転数が 2 倍になるが駆動トルクは半分ですむ．巻胴式はつり合いおもりが不要であるが，ホームエレベータなどの低速，低揚程の用途に限られる．

油圧式エレベータは原理的に低速，大容量に適している．わが国では機械室をビル

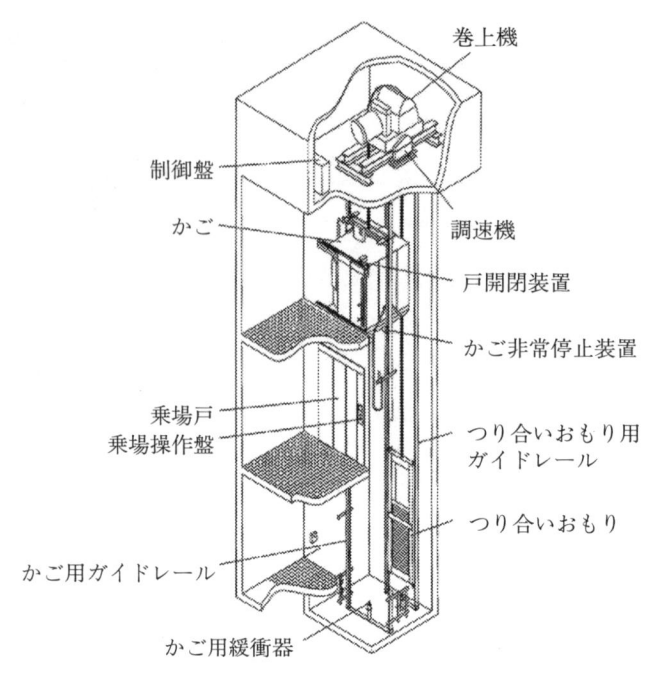

図 8.31 ロープ式エレベータの構造[3]

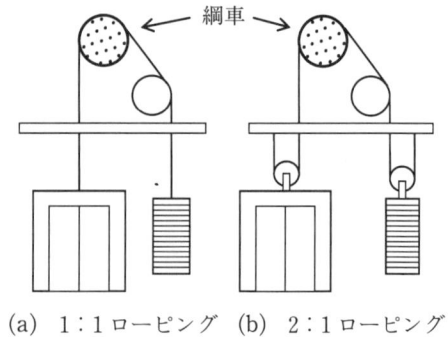

の屋上に設置しなくてよい利点から，日影規制を受ける都市部のビルで需要が伸び，1990年代前半には標準形エレベータの生産台数の約30%を占めるに至った．しかし機械室レスエレベータが1998年に登場すると急速に需要が減少し，大容量の荷物用と自動車用およびホームエレベータへの需要が中心となった．

1989年に登場したリニアモータエレベータ(図8.33)[4]は，ロープ式ではあるが綱車とロープ間の摩擦力の代わりにリニア誘導電動機(LIM)の推進力を用いる．円筒形のLIMがつり合いおもりの中に設置されており，二次導体は円柱形で昇降路の頂部と下部で固定されている．巻上機のための屋上機械室は必要ない．LIMはエアギャップが大きくなると，一般に力率，効率が悪くなる．リニアモータエレベータは油圧式エレベータに比べて，速度が速く，消費電力と電源設備容量が小さい点で勝っていたが，次に述べる機械室レスエレベータが現れるとこれらの優位性がなくなった．

リニアモータエレベータの登場で，屋上機械室不要のメリット(日影規制回避，ビル建築コスト削減など)が再認識され，世界的な開発競争が始まり，技術課題の解決

(a) 1：1 ロービング (b) 2：1 ロービング

図 8.32 ロービング

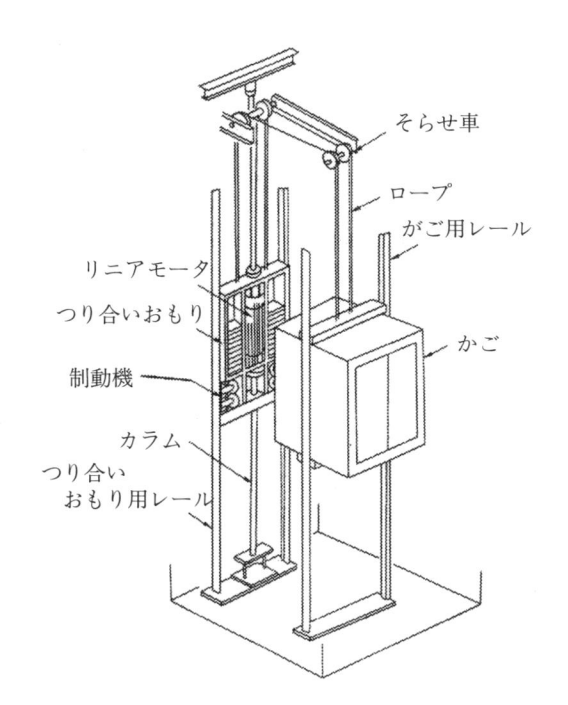

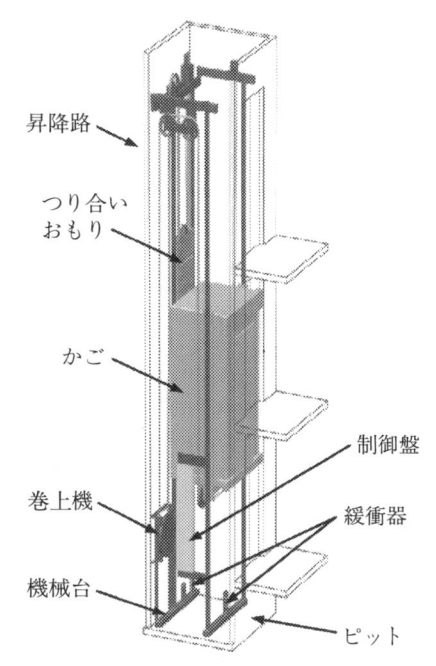

図 8.33 リニアモータエレベータの構造[4]   **図 8.34** 機械室レスエレベータの構造[5]

表 8.5 各種エレベータの消費エネルギー比較[7]

種類	機械室レスエレベータ	油圧式エレベータ	従来形ロープ式エレベータ
電動機容量 (kW)	3.7	18.5	4.5
電源設備容量 (kVA)	4	24	5
年間消費電力量 (kWh)	2590	7470	2876

住宅用エレベータ，9人乗り，速度 60 m/分，5停止，同一条件での比較．

と規制緩和が図られた結果，様々な機械室レスエレベータが実用化された．共通する主な課題と解決策としては，(1) 機械室で行われていた保守や万一の故障時の閉じこめ救出が，機械室がなくても安全に実施できる方法が開発され，機械室のないエレベータが認められたこと（それまで通常のエレベータでは機械室が必要との規制があった），(2) 機械室にあった巻上機や制御盤を昇降路内に設置する新しいレイアウト方式が開発されたこと，(3) 巻上機を永久磁石同期電動機ギヤレス方式にすることで，小型化，低騒音化が可能になったこと，があげられる．機械室レスエレベータの開発では，昇降路寸法（高さ，深さ，平面積）を従来の油圧式，ロープ式と同等以下にすること（省スペース化）が強く求められた．このため誘導電動機は寸法と薄型化の問題で，ギヤード方式は騒音の問題で主流になっていない．

機械室レスエレベータの一例を図 8.34 に示す[5]．巻上機を昇降路内に設置し，制御盤も昇降路内あるいは乗り場の袖壁に設置することで屋上機械室が不要になった．さらに表 8.5 に示すように油圧式エレベータに比べ約 65%，また従来の屋上機械室

のあるロープ式に比べても約10%の省エネになっている．

b. 高速エレベータ，低速エレベータ，標準形エレベータ

エレベータは定格速度により，高速エレベータ(120 m/分以上)と，低速エレベータ(105 m/分以下)に分けられる．ホームエレベータは一般に速度が12〜30 m/分，定員は3人以下である．乗用エレベータで需要台数が多いのは低速エレベータの中の，速度が45〜105 m/分で積載量が450〜1000 kgの標準形エレベータで，2002年度ではホームエレベータを除いたエレベータ全体の台数の約75%を占める．またその90%以上が機械室レスエレベータになっている．

高速エレベータの中でも速度が360 m/分以上のエレベータは超高速エレベータと呼ばれている．2003年時点で世界最高速のエレベータは横浜ランドマークタワーの750 m/分のエレベータであるが[1]，台湾でこれを上回る最高速度が上昇時1010 m/分のエレベータが据付中である[6]．なお下降時の最高速は600 m/分である．超高層ビル用の超高速エレベータでは気圧変化による「耳つん」の問題がある．多くの報告では(1) 人間には上昇より下降が厳しい，(2) 昇降行程≧300 mかつ下降速度≧600 m/分で問題となる，(3) 病気，体調，乳幼児などによる影響が大きい，とされている．最高速度1010 m/分のエレベータは，気圧制御システムを搭載しており，昇降時のかご内の気圧が時間的に直線状に変化するように(気圧制御なしでは加速と減速があるのでS字状になる)，高圧ブロアで気圧制御する[6]．

c. 輸送能力とサービス水準

ビルに設置するエレベータの速度と台数は，一般に朝の上方向の5分間輸送能力をもとに決められる．一般的な事務所ビルでは5分間にビル人口の約15%を，マンションでは約5%を運べる台数が目安となる．事務所ビルでは，速度は最上階までの走行時間が30秒以下となるようにする．また平均待ち時間で20秒以下，60秒以上の長待ち率が3%以下であればサービスが良好とされる[1]．

以下はトラクション式のロープ式エレベータを中心に述べる．

8.6.2 エレベータの速度制御と秤起動方式[1〜3]

エレベータは走行時間が短く，乗り心地がよく，しかも着床誤差が小さくなるように制御しなければならない．走行時間は加速度と定格速度で決まる．加速度は大きくしすぎると乗客の気分が悪くなるほか，必要な電動機容量も大きくなる．通常，加速度は$0.6〜1.2 \text{ m/s}^2$，加加速度は約1.3 m/s^3，着床誤差の目標は最近は±5 mm以下とされる．

一般にエレベータの速度制御と着床制御は，各階に設置された床位置センサーと，巻上機あるいは調速機に設置されたエンコーダの情報をもとに行われる．床位置センサーとしては，開扉許可ゾーン(おおむね基準着床位置±200 mm)を検出している位置センサーが用いられる．エレベータの走行制御は，目的階が決まると走行距離に応じた加速と減速の速度指令値をつくり，これに追従させるように速度制御する．速度

指令値は乗り心地と走行時間の点から最適な理想運転曲線（短い階床間隔の運転では加速度が正弦波となり，長い階床間隔の運転では正弦波加速度波形のピーク（最大加速度）部分を一定期間持続させる形）が得られるようにつくられる．走行中はエンコーダの情報をもとに走行し，目的階の開扉許可ゾーンに入るとこの位置センサーの情報をもとに速度指令値を修正し，着床精度を上げる方式が代表的である．

乗客乗降時のロープの伸び縮みによる床段差をなくすために，ロープストレッチリレベル装置がつけられることがある．これはかごと乗り場の床のずれが一定量を越すと，戸開状態でかごを微速運転し，ずれがなくなるようにする装置である．

高速エレベータでは，起動ショックを小さくするため，1950年代から秤起動方式が用いられてきた．秤装置で乗客の重さを測り，かごが動き出すときはかごの静止に必要な電動機電流を流してから，機械式ブレーキを解除して動き始める．停止するときは，かごが完全に停止するまで電動機で制御し，停止してから機械式ブレーキを動作させ，その後電動機電流を遮断する方式が主流である．ブレーキライニングが非常停止時以外は摩耗しないため，保守の省力化にも役立っている．なお，着床精度向上のため，着床時も秤装置の信号を利用する方式もある．1990年頃からは低速エレベータも秤起動方式を採用している．

8.6.3 エレベータの駆動制御システムと省エネルギー化の変遷[7]

ロープ式エレベータの駆動制御システムの変遷と省エネの進展を表8.6に示す．高速エレベータでは減速機のないギヤレス巻上機が主に用いられてきた．低速エレベータではウォーム歯車減速機（効率60〜70％），次にはすば（ヘリカル）歯車減速機（効率95％）のギヤード巻上機が主流であったが，機械室レスエレベータになり巻上機の

表8.6　駆動制御システムの変遷[7]

機種		年代	'70	'75	'80	'85	'90	'95	'00
高速エレベータ		駆動方法	ワードレオナード		サイリスタレオナード		インバータ		
		制御回路	リレー回路			マイクロプロセッサ			
	巻上機(電動機)	一般	ギヤレス（直流電動機）			はすば歯車式（誘導電動機）		ギヤレス（永久磁石同期電動機）	
		超高速	ギヤレス（直流電動機）			ギヤレス（誘導電動機）			
		消費エネルギー	100%	95%	72%	62%	57%		54%
低速エレベータ		駆動方法	交流二段速度制御	一次電圧制御		インバータ			
		制御回路	リレー回路			マイクロプロセッサ			
		巻上機(電動機)	ウォーム歯車式（誘導電動機）				はすば歯車式（誘導電動機）		ギヤレス（永久磁石同期電動機）
		消費エネルギー	100%	93%	74%	37%	32%		29%

小型化，低騒音化のために，永久磁石同期電動機を用いたギヤレス巻上機に変わった．

高速エレベータは古くはMG(motor generator)セットを必要とするワードレオナード方式，次にMGセットが不要のサイリスタレオナード方式が用いられた．低速エレベータは誘導電動機の極数変換による交流二段制御方式，次にサイリスタにより誘導電動機の一次電圧を制御する交流帰還一次電圧制御方式が用いられた．サイリスタ制御の時代に制御回路もリレー回路からマイクロプロセッサに置き換えられた．これらにより高速エレベータでは約40%の省エネが達成された．

1983年にパワートランジスタを用いた交流可変電圧可変周波数(VVVF)制御方式すなわちインバータ制御方式が高速エレベータで実用化され，翌年には低速エレベータにもインバータ制御方式が導入された．低速エレベータでは一次電圧制御方式に比べ約50%もの省エネになり，乗り心地も高級エレベータ並となった．

1996年，高速エレベータで誘導電動機に代わり永久磁石同期電動機が実用化された．低速エレベータも機械室レスエレベータの登場に伴い，永久磁石同期電動機になった．

8.6.4 最近の駆動制御システム

最近の高速エレベータの駆動制御システムは図8.35のように，電圧形PWM整流器(高力率コンバータ)と電圧形PWMインバータとを組み合わせた構成となっている．高速エレベータでは回生電力が大きいため，電力回生可能な電圧形PWM整流器を採用している．電源側制御においてPWM整流器の出力電圧を帰還し，出力電圧を一定値に制御するとともに，電源電圧の位相を検出して電源側の力率を力行時は1に，回生時は−1になるように制御している．また電源側入力電流も正弦波になるように制御しており，その結果，電源設備容量を大幅に低減し，高調派電流含有率も5%程度に下げることができている．

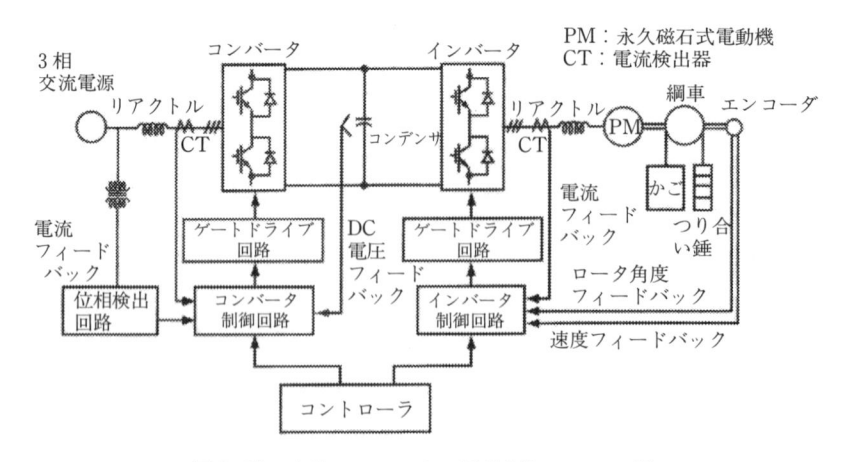

図8.35 高速エレベータの駆動制御システム[10]

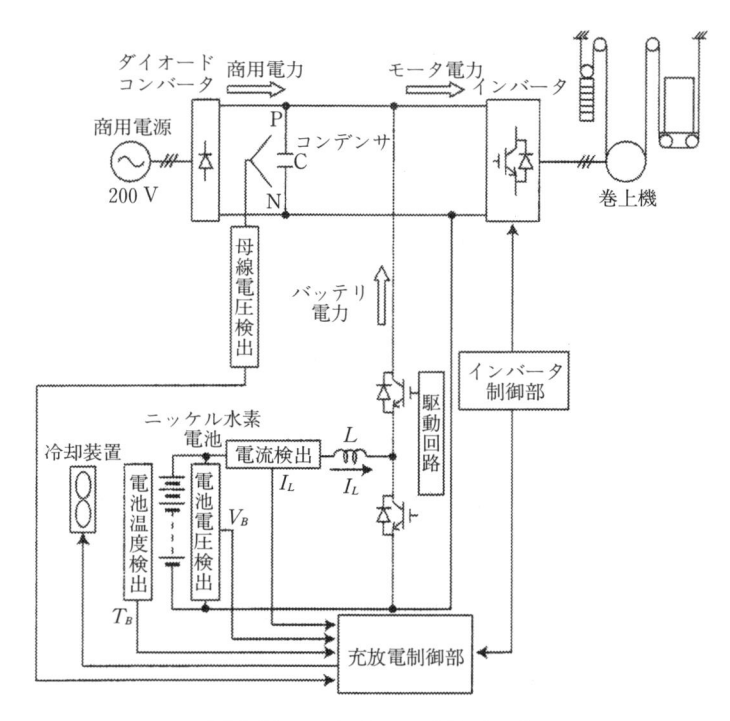

図 8.36　ハイブリッド運転方式[7]

　また，最新の超高速大容量エレベータでは，電動機へ大電流を供給するため，永久磁石同期電動機の巻き線を二重三相巻き線とし，二つの駆動制御装置で並列駆動する方式が開発されている[6,8]．

　低速エレベータでは回生電力が小さいため，ダイオード整流器を用い，電動機からの回生電力は直流部に設置される回生抵抗で消費する方式が主流である．

　最近ニッケル水素蓄電池の技術が進歩し，低速エレベータにおいて，回生電力を蓄電池に蓄え，力行時に蓄電池と商用電源とでハイブリッド運転を行う方式(図 8.36)が実用化された[9]．回生抵抗を用いた方式に比べさらに約20％の省エネが可能なうえ，停電時には10分程度低速で運転継続可能である．

　なお，エレベータでは停電になると，かごを機械式ブレーキで非常停止させる．いったん停止後，非常電源がなくても蓄電池を利用した停電時自動着床装置が備えてあれば，最寄り階まで低速で移動し乗客はかごから退出できる．そうでない場合は，保守員による救出を待つことになる．なお停電が回復すれば自動的に運転を再開する．

8.6.5　永久磁石同期電動機

　エレベータ用電動機は従来誘導電動機が主流であったが，1996年頃から希土類永久磁石を用いる永久磁石同期電動機が次々に実用化された．これらはギヤレス巻上機に用いられるため定格回転数は低い．

永久磁石同期電動機を用いた高速エレベータ用ギヤレス巻上機の一例(定格40 kW，251 rpm)を図8.37に示す[10]．永久磁石電動機は誘導電動機に比べ，(1)回転子側の励磁電流が不要なため効率がよい，(2)溝高調波音が小さく低騒音である，(3)小形省スペースであるという優れた特長がある．電動機を小型化するには，多極化により磁路となる鉄心の厚み，および巻線コイルエンドの縮小が有効であるが，誘導電動機では極数増大に伴う力率低下のため限界があった．永久磁石電動機ではこの問題がなく，多極化に伴う電源周波数の上昇も，インバータ技術の進歩で問題がなくなった．表8.7に誘導電動機と永久磁石電動機(図8.37)との比較を示す．またエレベータ用電動機は低トルクリプル特性が要求されるため，固定子巻き線は分布巻でスキューを施している．

永久磁石電動機の制御は誘導電動機に比べ容易で，磁束が常に確立しているため，電動機起動時に磁束を立ち上げる必要がなく，無駄時間が少ない．また励磁電流不要のため電動機効率にも優れている．

低速エレベータ用としては同じ頃，欧州で機械室レスエレベータ用として円盤型薄型永久磁石電動機が実用化された[11]．この電動機はアキシャルギャップであり，固定子と回転子の吸引力が軸受の負担となるため，高速大容量向けには電動機2台の間に

表8.7 誘導電動機と永久磁石同期電動機の比較[10]

種　類	誘導電動機	永久磁石同期電動機
力　率	63%	94%
効　率	90%	92%
体　積	100%*	65%

*体積については誘導電動機を100%とした

図8.37 高速エレベータ用ギヤレス巻上機(40 kW)[10]

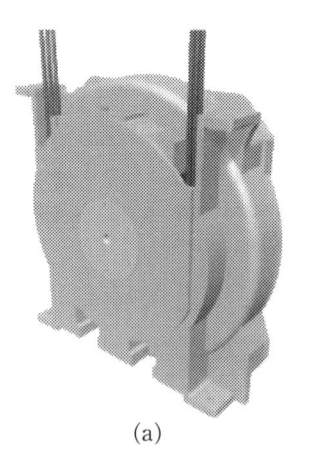

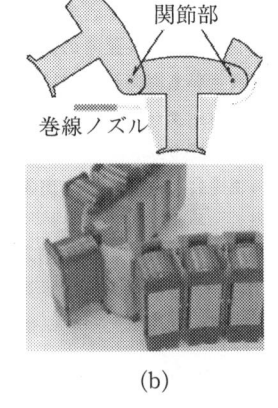

図8.38 (a) 機械室レスエレベータ用ギヤレス巻上機(3.7 kW)，(b) 関節型連結鉄心[13]

綱車を入れた巻上機とし，吸引力を相殺するようにしている．

永久磁石電動機では，高価な永久磁石の使用量削減と巻き線の自動化(機械化)が重要である．これらを可能にしたラジアルギャップの円筒型薄型永久磁石電動機(定格3.7 kW，93 rpm)を用いた巻上機を図8.38(a)に示す[12]．磁束密度が同じであれば，電動機のトルクは回転子径と磁石面積の積に比例するため電動機を大口径薄型にし，磁石の使用量を削減している．また巻き線を自動化するために，固定子鉄心に関節型連結鉄心方式(図8.38(b))を採用し，固定子巻き線は集中巻でスキューなしとしている．磁極集中巻は分布巻に比べコイルエンド部の巻き線が重ならず軸方向の厚みを小さくできる．また関節型連結鉄心により，従来の一体型鉄心に比べ，スロット内の巻き線密度を上げることができるため高電気装荷設計にでき，これも軸方向の厚み縮小に効果がある．トルクリプル低減のために，最適な極数・スロット数の選択，固定子ティース形状および永久磁石形状の最適化を行っている． ［阿部　茂］

参 考 文 献

1) 寺園成宏・松倉欣孝編：エレベーターハイテク技術，オーム社 (1994)
2) 阿部　茂・渡辺英紀：エレベータの歴史と今後の課題，電学論A，**124**, 8, pp. 679-687 (2004-8)
    S. Abe and E. Watanabe : History of elevators and related research, *IEEJ Trans. FM*, Vol. 124, No. 8, pp. 679-687 (2004-8)
3) 国土交通省住宅局建築指導課・(財)日本建築設備・昇降機センター・(社)日本エレベータ協会編：昇降機技術基準の解説(2002年版)，pp. 1-25 (2002)
4) 中井恵一郎・藤沢紀彦：リニアモータエレベーター，日本エレベータ協会40周年記念講演論文集，pp. 88-97 (1990)
5) 林　美克・山川茂樹・湯村　敬：三菱機械室レスエレベーター"ELEPAQ-i"，三菱電機技報，**75**, 12, pp. 6-11 (2001)
6) 岡本正勝・中川俊明・海田勇一郎・関本陽一・藤田善昭：世界最高速エレベーター，日本機械学会昇降機・遊戯施設等の最近の技術と進歩技術講演会講演論文集，No. 02-56, pp. 17-20 (2003)
7) 久保田猛彦，小松孝教，荒木博司：エレベーターの省エネルギー技術，三菱電機技報，**76**, 5, pp. 10-13 (2002)
8) 加藤　覚・船井　潔・西村信寛・池田史郎・檜垣潤一：世界最高速エレベーター，三菱電機技報，**75**, 12, pp. 31-35 (2001)
9) 楠間　誠・小林和幸・富永真志・菅　郁朗・荒木博司・池島宏行・田島　仁：回生電力蓄電システムによる省エネエレベータの開発，平成13年電気学会全国大会論文集，4-191, pp. 1505-1506 (2001)
    M. Kusuma, K. Kobayashi, S. Tominaga, I. Suga, H. Araki, H. Ikejima and S. Tajima : Development of energy saving elevator using regenerated powr accumulation system, 2001 National Convention Record, IEE Japan, No. 4-191, pp. 1505-1506 (2001)
10) 加藤　覚・須藤信博・荒木博司・川口守弥・河瀬千春・青木　深・本田武信：高速エレベーター用新形ギヤレス巻上機，電気学会回転機研究会，RM-97-107, pp. 1-6 (1997)
    S. Kato, N. Sudoh, H. Araki, M. Kawaguchi, C. Kawase, F. Aoki and T. Honda : New gearless traction machine for high speed elevator, IEE Japan, RM-97-107, pp. 1-6 (1997)
11) J. de Jong and H. Hakala : The advantage of PMSM elevator technology in high rise building, *Elevator Technology*, 10, pp. 284-289 (2000)
12) 大穀晃裕・橋口直樹・三宅展明・池島宏行・井上健二・安江正徳・小松孝教：機械室レス・エレベーター巻上機用永久磁石式薄形モータの開発，電気学会回転機研究会，RM-01-113, pp. 37-42 (2001)

A. Daikoku, N. Hashiguchi, N. Miyake, H. Ikejima, K. Inoue, M. Yasue and T. Komatsu : Development of flat type permanent magent motor for machine-room-less elevator, IEE Japan, RM-01-113, pp. 37-42 (2001)

13) 井上健二・橋口直樹・三宅展明・安江正徳・大穀晃裕・三菱新機械室レスエレベータ用薄形巻上機，三菱電機技報，**75**, 12, p. 12 (2001)

8.6.6 ロープレスエレベータ構想

ロープ式エレベータは，一般に1本のエレベータシャフトを1つのかごが占有する．ビルが高層化すると，かごの空間的密度が下がり，その結果輸送能力が下がるという問題を抱えている．従来，ダブルデッキエレベータやスカイロビー方式などで対応してきたが，抜本的に問題を解決する将来技術としてロープレスエレベータ構想[1]がある．

ロープレスエレベータとは，ロープとつり合いおもりを廃し，かごを自走させる方式である．密度を下げる原因となるロープを廃することで，1本のシャフトに複数のかごを入れ，水平方向にも動かすことで図8.39のような高密度循環運転の実現を狙っている．

文献2では，高さ300m級の現状レベルの高層ビルでもロープレスエレベータを適用すると，ダブルデッキとスカイロビー方式を使用した方式と同程度の輸送能力をもつとされており，それより高層ならロープレス式が優位と考えられる．

ロープレスエレベータの駆動用モータは，かごが自走するため，本質的にかご側にモータ全部あるいは一部を搭載しなくてはならない．その選択では，推力が大きいことはもちろん，かご側の自走用モータ重量が軽いことも重要である．すなわち，推力を自重で割ったペイロード比が大きく取れるモータが必要である．さらに，車上モータ部分への給電の問題もある．これらを考えると，適用できるモータ方式は限られ

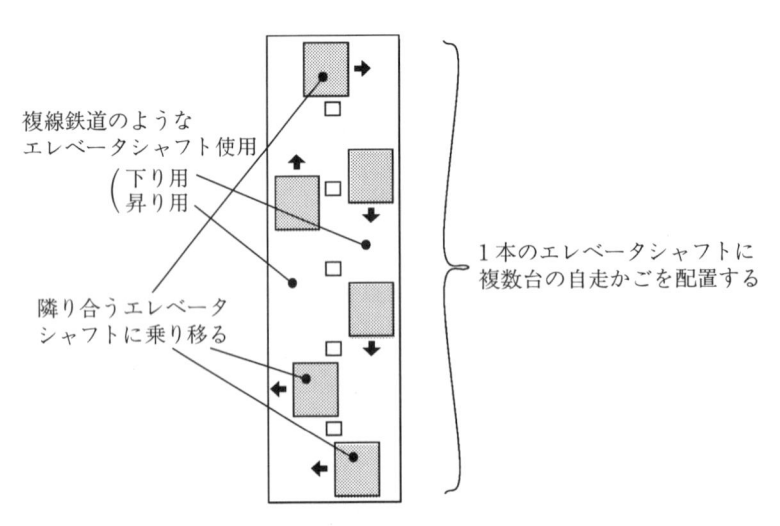

図 8.39　ロープレスエレベータで実現できる運転方法

る．自走式では摩擦に頼る駆動は困難なため，工事現場の荷物用にあるような回転機による歯車駆動か，かごに直接推力を与えられるリニアモータが考えられ，特に後者にはいくつかの検討例がある．複雑な巻線を必要として重くなる一次側（電機子）は昇降路側に固定し，二次側（界磁）は軽くて推力が出るよう永久磁石界磁とする，昇降路一次式永久磁石同期リニアモータが最も現実的であるとされる．表8.8に様々なリニアモータ方式を比較した例[1]を示す．

複数のかごを同じシャフトで走らせる場合，複数のかごが衝突する危険性があるため，鉄道の信号システムのような高い信頼性をもつ衝突防止機構が不可欠となる．さらに，複線鉄道のような高密度運行のためには，かごを左右に動かす横行機能も必要である．横行中は2つのシャフトを占有する形になり，素早い動きが必須である．このため，リニアモータのみで素早い二次元駆動の実現を試みる研究例[3]もある．

ロープレス式の利点は，高揚程時の輸送能力向上以外にもある．かご数が十分あれば低速度でも輸送能力が確保できるので，8.6.1項でも述べたような無理な高速化による「耳つん」の問題も緩和できる．さらに，文献2では，「耳つん」の限界に近い最高速度 400 m/min 時より 200 m/min 時の方が高い輸送能力を実現できており，輸送

表 8.8 各種リニアモータ駆動方式の比較（文献1より抜粋）
（エレベータ仕様；速度 7 m/s, 積載量 2000 kg, 行程 200 m）

分類	方式	昇降体総重量	かごの発熱	かご電力供給方式	制御性	判定
LIM	昇降路一次	1.5	大（二次導体）	蓄電池（夜間充電）	複雑	×（発熱）
	かご一次（INV 搭載）	∞	かごにインバータを搭載すると，その重量がプラスされ，かごは上昇できなくなる．			×
	かご一次（INV 地上）	7	大（LM）	集電子＆トロリー線	複雑	×（重量）
永久磁石式 LSM	昇降路一次	1.5	小	蓄電池（夜間充電）	複雑	○
	かご一次（INV 搭載）	2.5	中	集電子＆トロリー線	普通	△
超電導磁石式 LSM	昇降路一次	2	小	蓄電池（夜間充電）	複雑	×（信頼性）
	かご一次	超電導磁石を昇降路壁に敷き詰めることは実現性に乏しいので，検討を省略した．				×
現ロープ式エレベータ		1	極めて小	テールコード	複数かご不可	―

（注） 1. 昇降体の総重量は，現ロープ式エレベータを"1"とした時の相対値で示した．
2. 制御性は，ここでは複数かごを同一昇降路内で運転する時の制御性を示した．
3. INV：インバータ，LM：リニアモータ

能力の点では「耳つん」の限界よりさらに低い速度で運転した方がよいが，乗車時間との兼ね合いを考えると，かご密度の低くなる高層階や，需要の低い時間帯には速度を高くすることも考慮すべきである．

一方，欠点としてあげられるのは，「つるべ式」を廃してかごを直接駆動することによる宿命的な瞬時電力のピークと変動の増大，そして電力量の増大である．また，かご重量が増えるし，ロープ切断よりも停電による推力喪失の確率の方が高いため，安全装置への負担も大きい．加えて，かごどうしの衝突防止機構の確立については，従来のノウハウでは対応できないため，高信頼化の研究開発が必須となる．

ロープレス式の実用化は，コスト，安全性や需要面から当面は難しいと考えられる．しかし，例えば文献3〜6にみられるように，リニアモータ応用として将来の技術的発展性に期待できる状況にある．また，ロープレス式の特長の一部を従来機の工夫で実現する試みもある．例えば，ロープ式で1本のシャフトに数台のかごを配置できるマルチカー方式[7]や，水平方向に自走できるかごが鉛直方向の移動のみロープを使う方式などがあげられる．　　　　　　　　　　　　　　　　　　　［宮 武 昌 史］

参 考 文 献

1) 海老原大樹・正田英介：ロープレスエレベータは可能か，電学会誌，**115**, 7, pp. 420-424 (1995-7)
   D. Ebihara and E. Masada : *IEE Japan*, Vol. 115, No. 7, pp. 420-424 (1995-7)
2) 宮武昌史・古関隆章・曾根　悟：ロープレスエレベータシステムの提案とその有効性評価，電学論D，**119**, 11, pp. 1353-1360 (1999-11)
   M. Miyatake, T. Koseki and S. Sone : A proposal of a ropeless lift system and evaluation of its feasibility, *IEE Japan*, Vol. 119-D, No. 11, pp. 1353-1360 (1999-11)
3) 立石大輔・古関隆章：水平移動も可能な非接触駆動鉛直輸送システムの提案，電気学会交通・電気鉄道・リニアドライブ合同研資，No. TER-03-36 and LD-03-61，那覇 (2003-7)
   D. Tateishi and T. Koseki : Proposal of contactless vertical transportation system, which can also move in horizontal direction, joint technical meeting on transportation and electric railway and linear drives. IEE Japan, No. TER-03-36 and LD-03-61, Naha (2003-7)
4) 吉田欣二郎・森山修司・張先海：ロープレスリニアエレベータのコンタクトレス上昇下降制御，電気学会全国大会，No. 5-084, p. 130，仙台 (2003-3)
   K. Yoshida, S. Moriyama and Z. Xianhai : Contactless elevator motion control in ropeless linear elevator, National Convention Record IEE Japan, No. 5-084, p. 130, Sendai (2003-3)
5) T. Sakamoto : Dynamic Motion Control Scheme of Ropeless Elevator with Air-Cored Linear Synchronous Motor, Symposium on Linear Drives for Industry Applications (LDIA2003), No. EL-02, Birmingham, UK (2003-9)
6) T. Enomoto, T. Tsukinaga, M. Watada, S. Torii and D. Ebihara : Application of MPPT control to the LSM for the rope-less elevator, Symposium on Linear Drives for Industry Applications (LDIA2003), No. EL-03, Birmingham, UK (2003-9)
7) 山下桜子・岩田雅史・笹川耕一・匹田志郎：マルチカーエレベーターの輸送能力の検討，電気学会産業応用部門大会，No. 3-36, pp. III-193-196，八王子 (2003-8)
   S. Yamashita, M. Iwata, K. Sasakawa and S. Hikita : A study on handling capability for multi-car elevator system, IEE Japan Industry Applications Society Conf. (JIASC2003), No. 3-36, pp. III-193-196, Hachioji (2003-8)

8.7 エスカレータ・動く歩道など

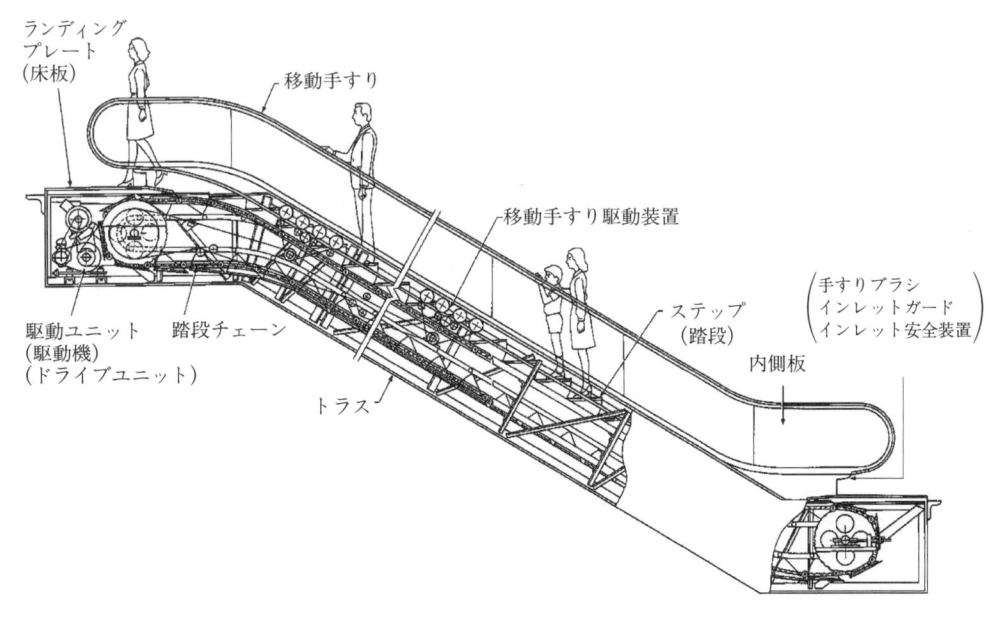

8.7.1 エスカレータの構造[1)]

エスカレータは一定方向への大量輸送に適しており，待たずに乗れる特徴がある．標準的なエスカレータは勾配が30度，速度が30 m/分で，踏段（ステップ）幅が1 mと0.6 mの2種類ある．それぞれ9000人/時と4500人/時の輸送能力がある．勾配が30度以下であれば速度が45 m/分のものも，逆に速度が30 m/分以下であれば勾配が35度のものも認められている．エスカレータの輸送能力は乗客の乗り込み速度で決まるため，速度を上げると輸送能力が上がる．また勾配を上げるとエスカレータの長さが短くなり省スペースにもなる．欧州では日本に比べ駅などで高速のものが多い．

エスカレータの構造を図8.40に示す[1)]．多数の踏段が踏段チェーンに連結されており，この踏段チェーンを上部に設置された駆動機で鎖歯車（スプロケット）を介して駆動する構造になっている．手すりへも鎖歯車から動力が伝達される．この駆動機が1台の方式は揚程が高くなると駆動機が大型化する．これに対し標準駆動機を傾斜部に分散配置するマルチ駆動方式（モジュラー方式）があり，高揚程に適している．エスカレータには駅などでみられる車いす用ステップ付きエスカレータ（1985年に実用化）や，螺旋階段のスパイラルエスカレータ（1985年に実用化）もある．

図8.40 エスカレータの構造[1)]

8.7.2 動く歩道

動く歩道は昭和56(1981)年建設省告示で「階段を有しないエスカレータ」と称されたようにエスカレータとほぼ同じ構造である．踏み板の構成によりパレット式とゴムベルト式があるが，前者が大多数である．輸送能力はパレット幅が1mで速度が40m/分の場合，12000人/時である．パレット幅が1.4mのものも許容され，空港などにみられる．

高速化への要求は昔からある．安全面から乗り込み速度は上げずに，中間部で高速にする可変速形動く歩道がいろいろと提案され，実用化された例もあるが普及していない．手すりを可変速形にする難しさや，老人や子供への安全性に原因があるといわれている．

8.7.3 エスカレータの駆動制御

エスカレータは一定速度で運転する用途が大部分である．このため電動機には誘導電動機を用い，全電圧始動(直入起動)する方式が一般的である．昇降行程が高くなると電動機容量が大きくなるので，単巻変圧器(オートトランス)を用いたコンドルファ始動方式あるいはY-Δ始動方式が用いられる．誘導電動機を用いているので，下降運転では損失分を除き電力回生が可能である．なお誘導電動機の標準的な容量は速度30 m/分，踏段幅1 m，揚程4.5 m以下では5.5 kWである．

インバータ制御方式は，車いす用エスカレータでは車いす利用者を乗せたまま起動および停止を行う必要があるため標準採用されているが，それ以外では適用が少なく，台数では全生産台数の5%以下である．

しかし次のような用途に適しており，今後の適用拡大が期待されている．

① 高揚程の地下鉄などで輸送能力拡大のための高速運転(40 m/分)と通常運転(30 m/分)を切り替える用途
② 弱者対応のため通常運転と低速運転(20 m/分)を切り替える用途
③ 利用者があるときは通常運転を行い，ないときは極低速運転(約10 m/分)に連続的に切り替え，省エネ運転を行う用途(遠方から運転中および運転方向がわかる特長がある)

インバータ制御方式はダイオード整流器と電圧形PWMインバータとを組み合わせた回路を用いるのが主流である．しかし，下降運転時の回生電力消費のため抵抗回路が必要であり，省エネ対応として電圧形PWM整流器も採用されている．

また省エネのため1980年頃，駆動装置の減速機に用いていたウォーム歯車減速機に代えて効率のよいヘリカル歯車減速機が適用された．最近は駅のホームなどのように間欠的な利用となる用途では，光電装置を用いて乗客の有無に応じ自動的に運転・停止させる自動運転式エスカレータも増えている．

8.8 リニアモータの応用

(a) 標準エスカレータ

(b) 傾斜部高速エスカレータ

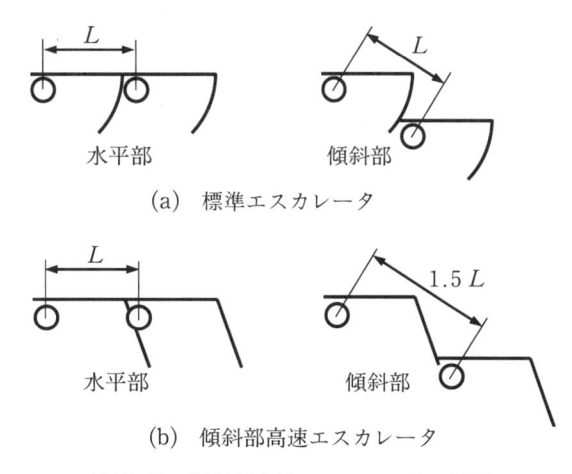

図 8.41 傾斜部高速エスカレータの原理

8.7.4 傾斜部高速エスカレータ[2]

地下鉄や駅など移動距離の長いエスカレータでは，移動時間短縮のため高速化の要望が強い．このような用途には高速運転（40～45 m/分）の方法もあるが，乗降時の安全性を考えると，乗降時の速度は遅い方が望ましい．このため乗り込み部の速度は通常速度（30 m/分）とし，傾斜部では高速走行（45 m/分）を可能にする傾斜部高速エスカレータが検討され，1/5 モデルでの円滑な走行が発表されている．

この方式の原理は傾斜部で踏段（ステップ）間隔を広げ，乗り込み部で縮めるところにある．このため踏段の断面形状が図 8.41 のように通常のエスカレータと異なっている．また踏段間隔を変化させるために特殊なリンク機構を用いている．

[阿部　茂]

参 考 文 献

1) 寺園成宏・松倉欣孝編：エレベーターハイテク技術，オーム社(1994)
2) 小倉　学・湯村　敬・治田康雅・吉川達也：傾斜部高速エスカレータの基礎検討，日本機械学会昇降機・遊戯施設等の最近の技術と進歩技術講演会講演論文集，No. 01-58，pp. 45-48 (2002)

8.8 リニアモータの応用

8.8.1 鉄道用リニアモータの分類

円筒状の回転型モータを直線状に展開し，回転ではなく直線運動をさせるのがリニアモータである．多種の回転型モータに対応するリニアモータが存在するが，鉄道においては，リニア同期モータ(LSM)およびリニア誘導モータ(LIM)を採用したシステムが開発されている．また，鉄道用リニアモータは構成上，一次側を軌道側とする地上一次形と，一次側を車両に搭載する車上一次形に区分される．LSMとLIMは地上一次，車上一次のどちらとも組合せ可能であるが，実際に実用化が進んでいるの

表 8.9 鉄道リニアモータの分類

モータ種別 \ モータ構成	地上一次型	車上一次型
リニア同期モータ (LSM)	JR リニアモータカー (日本) トランスラピッド (ドイツ)	
リニア誘導モータ (LIM)		HSST (日本)

は表 8.9 のように，地上一次 LSM 方式と車上一次 LIM 方式である．

一般に，通常の鉄道では実現困難な超高速運転を目指すシステムには，地上一次 LSM が採用される．新幹線などの在来型の高速鉄道をさらに大幅に高速化しようとすると，

① 架線からの集電が困難になる
② 増大する空気抵抗に逆らって加速するために，車上の電気機器の容量が増し，その容積，重量が著しく大きくなってしまう
③ 鉄車輪とレールの間の摩擦 (粘着) 力が速度が増すとともに漸減するので，高速で推進力を得にくくなる

などが問題となるが，地上一次 LSM 方式は推進のための電力を地上側に供給するので，上記 ①，② の問題が解決され，摩擦力を介さず直接推進力を得るリニアモータのため，③ の問題もない．また，LSM は LIM より力率，効率がよいので，大容量となる超高速鉄道用リニアモータには地上一次 LSM 方式が適しているのである．

他方，超高速走行は狙わず，急勾配の登坂が可能であるなどリニアモータの特徴を活かしたシステムの実現を目指す場合は，一般に車上一次 LIM 方式が用いられる．軌道側の設備が簡易で建設費を抑えられるためである．

8.8.2 JR リニアモータカー

a. システムの概要

大都市間を最高速度 500 km/h で結ぶ大量高速輸送機関を目指し，旧国鉄時代より開発が進められてきたシステムである．

超電導磁石を界磁として車上に搭載し，軌道側に空心の電機子コイルを敷設して地上一次 LSM を構成する．界磁は車両の全長にわたり設ける方が LSM の力率，効率の面からは好ましいが，客室の磁気シールドや車両のコストを勘案して，超電導磁石は車端の連結部のみに配置している．図 8.42 に示すように超電導磁石は台車の両側面に縦に取り付けられていて，軌道の両側面に垂直に取り付けられた電機子 (推進用コイル) と対向する．

電機子は三相で，アルミ導体を樹脂でモールドした空芯の推進コイルを軌道に電気角 120° ピッチで設置し，各相ごとに直列接続して構成している．モータの効率を確保するため，電機子はほぼ一定の長さごとに区切られ，スイッチを介してき電線に接

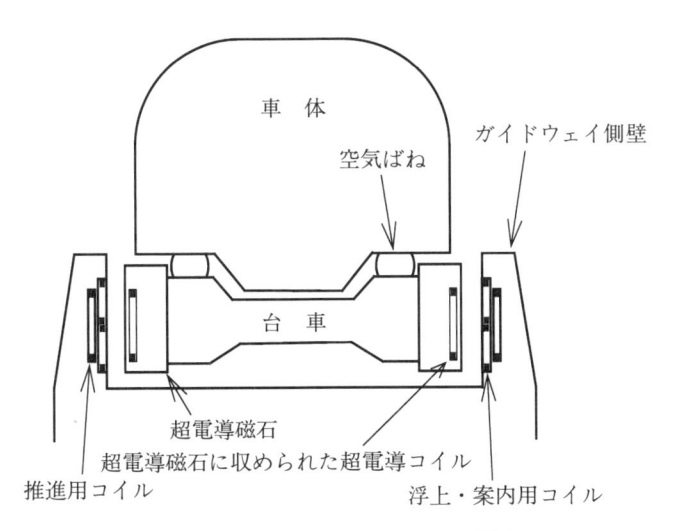

図 8.42 JR リニアモータカーの構成

続されていて，車両が存在する区間のみに通電される．

交差誘導線などにより車両の位置を常時把握し，変電所に設置するインバータから，車両の速度に比例する周波数で，速度起電力に位相を合わせた電流を電機子に通電する．

b. 開発の経緯と現状

旧国鉄において，新幹線の次の世代の高速鉄道の研究は 1962 年に始まり，様々な候補の中から超電導磁石を用いた磁気浮上リニアモータ推進方式に絞られていった．基礎的な開発に続き 1974 年より宮崎実験線を建設，1979 年には延長 7 km の実験線で無人の実験車 ML-500 が 517 km/h を達成した．

延長 18.4 km の実規模の山梨実験線は国鉄改革後に，鉄道総合研究所，JR 東海，鉄道建設公団により建設され，1997 年に実験を開始した．高速すれ違い試験，2 列車続行運転試験，長大編成模擬走行試験など，営業線に向け各種試験を実施してきた．2003 年 12 月には有人で 581 km/h を記録している．営業線レベルの試験を実施するため 2007 年，JR 東海は実験線の 42.8 km への延伸，リニューアルに着手した．

8.8.3 トランスラピッド

a. システムの概要

都市間輸送や空港アクセス用の高速鉄道として，国の補助を得てドイツの企業連合が開発したシステムである．

電磁石を界磁として車上に搭載し，軌道側に積層鋼板のスロットにケーブルを収めた電機子（ロングステータと称している）を敷設して地上一次 LSM を構成する．電磁石と電機子との間に働く磁気吸引力により車両を支持する．

図 8.43 に示すように軌道は T 字形で，左右の軌道下面に電機子が取り付けられ，

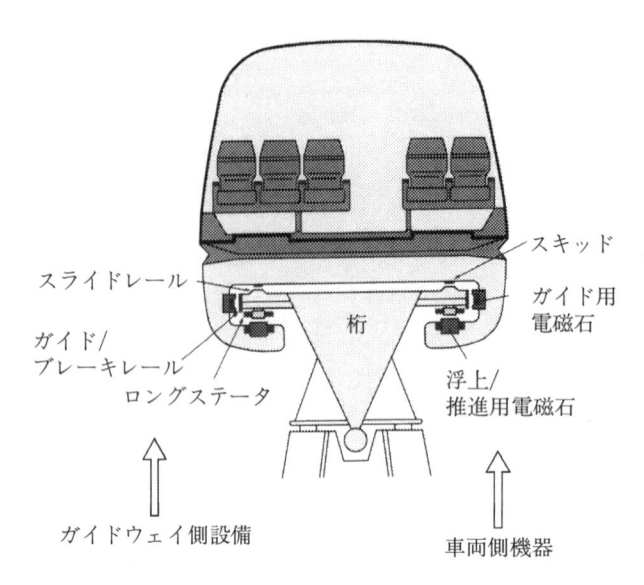

図 8.43 トランスラピッドの構成

車両側の界磁電磁石と対向する．空隙は小さく，8 mm 程度である．界磁電磁石は車両の全長にわたり取り付けられている．電機子は三相で，所定の長さで区切られ，スイッチを介してき電線に接続されていて，車両が存在する区間の電機子のみに通電される．変電所に設置されるインバータは，車両の速度に比例した周波数，速度起電力に位相を合わせた電流を供給する．

b. 開発の経緯と現状

ドイツでは，様々な磁気浮上リニアモータ推進システムの試作試験を経て，1979年より北西部のエムスランドに延長 31.5 km のトランスラピッドシステムの実験線を建設した．路線はメガネ状で周回運転が可能である．全線単線でトンネルはない．

事故で破損した TR 08 に代わる第四世代の新型実験車 TR 09 が，2007 年夏に導入される予定である．

トランスラピッドは上海の空港アクセス輸送機関として既に実用化されている．上海の新都心と浦東空港を結ぶ延長 30 km 全線高架複線の路線で，TR-08 をベースにした 5 両編成列車が，最高速度 430 km/h で，この間を約 8 分で結んでいる．2003年末に開業した．なお，試運転では 501 km/h を記録している．またドイツ国内でもミュンヘンの空港アクセスなどへの適用が検討されている．

8.8.4 HSST

a. システムの概要

HSST は "high speed surface transport" の略号であり，現在は低公害の都市内輸送機関として開発が進められている．

車上一次 LIM 推進方式を採用しており，車両にモータの一次側である三相巻線を

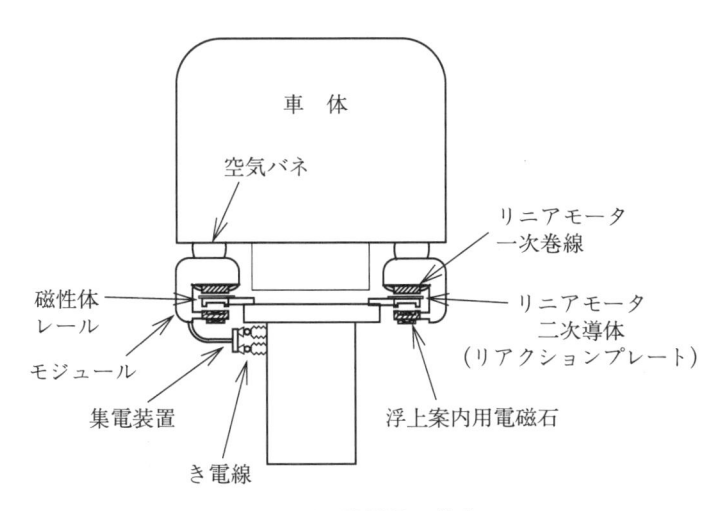

図 8.44 HSST の構成

搭載し，軌道側には磁束を通しやすい鋼板と渦電流を流しやすいアルミ板を重ねて構成するリアクションプレートを敷設する．車両は直流電流を集電し，車上のインバータを介して三相巻線に交流電力を供給する．三相巻線が発生する移動磁界でリアクションプレートに渦電流が生じ，磁界進行方向に推力を発生する．

図 8.44 に示すように軌道は T 字形で，左右の軌道下面に浮上案内用レールが取り付けられ，車両側の電磁石と対向する．LIM の一次側と鋼板との間には吸引力が働くが，これは浮上系に負担となるため，吸引力が過大にならぬよう，アルミ板に大きな電流が誘導されて吸引力を打ち消すよう，すべりが比較的大きい状態で運転されるのが特徴である．

b. 開発の経緯と現状

当初は日本航空が中心となり，空港アクセス輸送機関を目指して開発が進められた．川崎の東扇島に延長 1.6 km の実験線を建設し，無人の小型モデルが 219 km/h (補助ロケット加速により 307 km/h) を記録した．続いて各地の博覧会で有人モデルが運行され，低速ながら良好な乗り心地で好評を博した．現在は名古屋の大江に延長 1.5 km の実験線を設け，名鉄などが参加して都市内交通機関を目指して開発が進められている．

最初の営業線は名古屋市東方の東部丘陵線である．延長 8.9 km，全線複線，全 9 駅で 3 両編成列車が最高速度 100 km/h，この間を 17 分で結ぶ．愛知万博に合わせ 2005 年開業した．

8.8.5 リニアモータ地下鉄

a. システムの概要

車両の推進に車上一次 LIM を採用し，車両の支持・案内には従来の鉄道と同様に鉄車輪・鉄レールを用いる方式である．

HSSTと同様に，車両にモータの一次側である三相巻線を搭載し，軌道側はレール間にリアクションプレートを敷設する．車両は直流電流を集電し，車上のインバータを介して三相巻線に交流電力を供給する．

粘着の制限がないため急勾配登坂が可能なこと，台車設計の自由度が大きく，操舵台車の採用により急曲線走行が可能なこと，モータが扁平なため客室空間を犠牲にすることなく車高を下げられ，トンネル掘削断面を縮小できることなど，地下鉄建設費の低減に適した特徴を備えている．

鉄車輪支持のため，モータ一次側とリアクションプレートとの間の吸引力は許容され，すべりは小さい状態で運転できるが，その空隙が約12 mmと大きいので，通常の誘導モータ搭載電気車に比べ，モータの効率，力率は低くなる．

b. 開発の経緯と現状

この方式は1980年代にカナダで初めて実用化された．わが国では1990年3月に運行を開始した大阪の長堀鶴見緑地線が最初の実用路線で，その後，東京の大江戸線をはじめ，神戸の海岸線，福岡の七隈線など，各地で小型小断面地下鉄として実用化が進んでいる．

〔澤田一夫〕

8.9 磁気浮上

8.9.1 浮上方式の分類

リニアモータ推進の車両は，電磁力でダイレクトに推力を得るため，車両の支持系に粘着力を必要としない．そこで，低騒音，低振動，乗り心地向上，超高速での安定性向上，保守費の低減などを目的に浮上支持系が採用されることが多い．

浮上支持方式として多く用いられるのは磁気浮上であり，その場合，リニアモータと磁石，磁路の一部を共用するのが一般的である．リニアモーターカーに採用されている磁気浮上方式は，電磁誘導現象を利用する誘導浮上方式と，磁性体と磁石との吸引力を利用する吸引磁気浮上方式の2種類がある．

その他，リニアモータ推進に空気浮上を組み合わせたシステムも一部で実用化されているので，上記2方式と合わせ次に紹介する．

8.9.2 誘導浮上
a. 概要

軌道に敷設された短絡コイル近傍を，磁石を搭載する車両が通過すると，電磁誘導現象によりコイルに電流が誘導され，コイルは電磁石となって車上磁石と反発する．すなわち，車両は浮上力を得る．これが誘導反発磁気浮上である．JRリニアモーターカーが本方式を採用しており，リニアモータの界磁の超電導磁石を浮上にも共用している．

本方式は低速では誘導電流が小さいため十分な浮上力が得られず，タイヤなどの補

8.9 磁気浮上

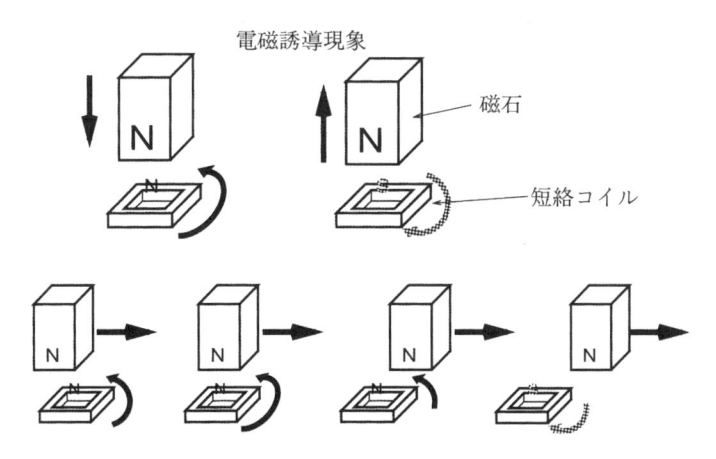

図 8.45 誘導反発磁気浮上方式の原理
高速走行時はコイル電流の変化が磁石の動きに追いつけず，浮上力＞吸引力となる．

助的な支持装置が必要となる．一方，本質的に安定な系であり制御が不要なこと，車上磁石に超電導磁石を用いることにより，磁石と浮上コイルとの有効空隙が 8 cm 程度と大きく，地盤沈下や地震などに対する裕度が大きいことが長所である．

b. 原　理

短絡コイルに上方から磁石を近づけると，コイルには電流が誘導されて，磁石の接近を妨げる向きの磁界を発生する．磁石がコイルから遠ざかるときには，逆方向の電流が誘導されて磁石を引き戻す方向の磁界を発生する．したがって，磁石を短絡コイルの上で上下に動かす場合は，コイルは磁石の動きを妨げる力は発生するが，磁石に及ぼす上下方向の力は，時間的に平均すればゼロである．

ところが，磁石が短絡コイルの上方を水平に移動する場合には様子が異なる．磁石の移動速度が速いと，図 8.45 のように，短絡コイルの電流変化がそれに追いつけず，磁石がコイルの直上を通過してある時間過ぎてから，ようやく誘導電流の向きが変わることになる．すなわち，磁石は吸引力よりも反発力をより多く受けるようになる．両者の差分が車両の得る浮上力である．これが誘導反発磁気浮上の原理で，短絡コイルの電流変化が遅いほど，すなわち，コイルの時定数 ($=L/R$) が大きいほど低速から浮上可能となる．

c. 側壁浮上

浮上力は，コイルに誘導される電流と車上磁石による磁束の積に比例する．ここで，電流はジュール損を発生し，それは浮上に伴う損失となる．したがって，磁束を有効に使い，電流をできるだけ小さくすることが，効率のよい浮上系につながる．

図 8.46 のように，「8」の字形のコイルを側壁に敷設し車上磁石と対向させると，上下の各単位コイルに鎖交する磁束の差分に相当する少ない磁束によって（ヌルフラックス方式と称する），比較的小さな電流が誘導される．一方，「8」の字コイルの中央の 2 辺は，車両の超電導磁石の正面に位置し，磁界が強いので，少ない電流でも

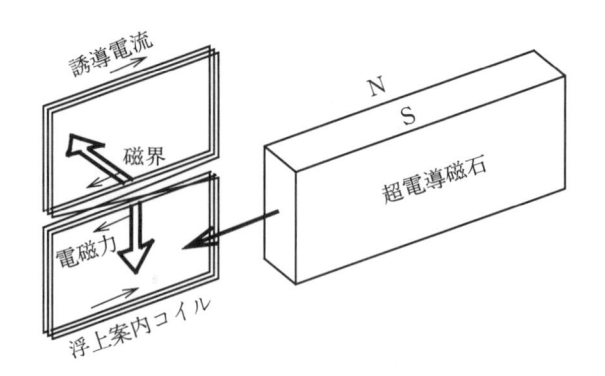

図 8.46　側壁浮上方式
コイルに押し下げ力が働き，その反力で超電導磁石は浮上力を得る．浮上力が得られるのは，下側単位コイルと鎖交する磁束が上側コイルのそれよりも多い場合のみである．

大きな浮上力を生ずる．すなわち，損失が少なく効率のよい浮上系を構成している．ちなみに，「8」の字コイルを以下2つのコイルと見なせば，下コイルは反発力を，上コイルは吸引力を発生する．これが側壁浮上方式であり，山梨実験線に全面的に採用されている．なお，山梨実験線では，左右両側壁の対向する浮上コイルどうしを結ぶ（ヌルフラックス接続）ことにより，電磁誘導による左右案内機能も得ている．

8.9.3　吸引式磁気浮上
a．概　要
図 8.47 のように，軌道側の鉄レールの下面に車上電磁石を対向させ，その電流をギャップ，加速度などでフィードバックすることにより，ギャップ一定制御を行うものである．トランスラピッドや HSST が採用している．

停止中から浮上でき，補助の支持装置が不要なのが利点である．他方，本来不安定な系であるため，常に制御を必要とし，ギャップは 8～10 mm 程度と小さい．

b．トランスラピッドの浮上・案内系
車両に搭載するリニアモータの界磁電磁石と，軌道側の電機子鉄心との間の吸引力を浮上力として利用する．すなわち，推進・浮上兼用タイプである．また，それとは別に，T 形軌道の側面に鉄板を敷設し，車両にこれと対向する電磁石を搭載して，左右方向の案内を行う．車両側の推進・浮上用電磁石と案内用電磁石は，一つの構造体に取り付けられるモジュール構造となっている．モジュール間はリンクを介して結ばれており，1 つのモジュールが故障しても，軌道に接触せず浮上走行を継続できるよう冗長系を構成している．

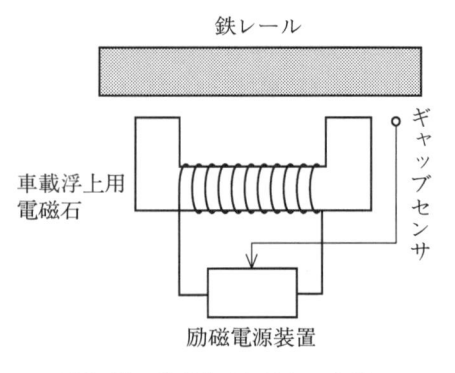

図 8.47　吸引式磁気浮上の仕組み

c. HSST の浮上・案内系

8.8.4 項の図 8.44 に示したように，左右それぞれのレールの下面に浮上案内兼用電磁石が対向しており，レールの上面に LIM 巻き線が対向している．レール下面と浮上用電磁石の鉄心はともにコの字形で，鉄心の「歯」の部分どうしの吸引力により，車両側電磁石が左右どちらかに変位した場合，磁石にレールの中心に戻そうとする力，すなわち復元力が働く．ただ，それだけでは左右案内力が不足するため，連続配置される浮上案内電磁石をレール中心に対し交互に，左右どちらかに若干ずらし（スタガ配置），浮上と独立に左右方向の制御を行えるようにしている．

トランスラピッドの軌道は，推進・浮上系と案内系は独立した設備であるが，HSST においては，浮上・案内用のレールはリアクションプレートの磁路を兼ねており，軌道側は推進・浮上・案内が一体となっている．

8.9.4 空気浮上

1960 年代から 70 年代にかけて，イギリスのホバートレイン，フランスのアエロトラン，米国 TACV など，レール車輪方式の限界を超える高速を目指す空気浮上輸送システムの開発が行われたが，これらは，ガスタービン推進のため騒音が大きい，高速のためスカートと路面の接触・摩耗が大きい，トンネル通過時の耐気圧変動特性が弱い，などが問題となり実用化には至らなかった．

しかし，空気浮上方式は，タイヤ方式などに比べてもメンテナンスが容易で騒音・振動が少なく，磁気浮上方式に比べ建設費が低いなどの利点があるので，現在，車上一次 LIM 推進と空気浮上を組み合わせた輸送システムの開発が進められている．オーチス社のリニアシャトルシステムがそれで，車両に取り付けられたブロワ装置から，アルミとゴムパッドにより構成された空気浮上装置 (エアパッド) に空気を送り，車両と軌道面との間に空気の層を形成し車両を支持する．車両の案内は，車両両側面に取り付けられているガイダンスユニットおよび軌道両側面に設置されている案内レールにより機械的に行う．最高速度は 50 km/h で，都市，空港内，ビジネスパーク，ショッピングモール，リゾート施設，多目的施設などのアクセスとして実用化を目指している．米国では既に，デューク大学病院内の病棟と駐車場を結ぶ路線延長 540 m のシステムが稼動している．

［澤田一夫］

参 考 文 献

1) 正田英介編著：リニアドライブ技術とその応用，オーム社 (1991)

9
産業用ドライブシステム

9.1 汎用ドライブ

　産業用ドライブシステムにおいて，汎用ドライブが具体的にどの範疇を指すのかについては，広く認知された定義がないと思われる．これは，技術の進歩により，汎用とされる機器がカバーする範囲と採用されている技術が変化してきているからである．

　本節では，汎用ドライブを大きく，速度制御用ドライブと位置制御用ドライブとに分けて，その技術や重要視する課題などを説明する．製品の範疇としては，速度制御用ドライブ機器としては汎用インバータドライブと呼ばれるもの，位置制御用ドライブ機器としてはACサーボドライブと呼ばれるものが，ここでの対象となる．速度制御ドライブ機器にはトルク制御モードが，位置制御ドライブ機器には速度制御モードとトルク制御モードが備えられており，これらモードはいわゆるマイナーループとしての役割も担っている．

9.1.1 速度制御用ドライブの応用分野と要求される性能

　対象となる主な応用分野は，ファン，ポンプ，圧縮機，押出し機，エレベータ，フィルム，製紙，輪転機などである．重要視される要求特性は主にトルク精度，始動トルク，速度精度，速度制御範囲，速度-トルク特性である．応答性としては，長時間の加速特性(加速途中に共振現象が起こらないことを含めて)は重要視されるが，即応性はそれほどではないものが多い．どちらかといえば精度や直線性などの静的な特性が重要視される．

　速度制御用(汎用インバータ)ドライブに用いられているモータは，誘導電動機と同期電動機に大別される．従来より用いられてきたのが誘導電動機であり，同期電動機の応用が始まったのは，位置センサレスベクトル制御が実用化されてからで比較的最近のことである．また同期電動機としては通常，IPM (interior permanent magnet) モータが一般に用いられている．最近になって環境問題に対する関心が高まるにつれ，省エネ特性が重要視されている．この項目が従来，誘導電動機一辺倒であった汎用インバータドライブの領域に同期電動機(IPMモータ)が進出してきている主因となっている．

9.1.2 速度制御用汎用ドライブ，仕様に対する適用電動機・制御方式の選択
(表 9.1)

a. 適用電動機

通常は，歴史的な背景および実績からも誘導電動機の占める割合が圧倒的に多いのが実情である．同期電動機は，全速度領域の効率，出力に対するモータ体格比，速度誤差，回生動作の安定性に優位点をもっている．しかしながら，センサレスの速度制御領域，高速回転時の誘起電圧などの欠点をもっており，これら欠点が使いやすさといった点に関連するため，同期電動機の普及に対しての大きな障害となっている．また，誘導電動機は電源直入れ運転や複数台の一括運転なども可能であり，汎用性を考えた場合に大きな利点をもっている．ただ，省エネ性などを考えた場合，同期電動機には利点があり，用途は限定されるものの同期電動機の使用比率は徐々に上がってくると思われる．

b. 制御方式の選択

汎用インバータドライブの制御目的は速度およびトルクの制御である．汎用インバータドライブでは，要求される制御を実現するためにいかに電圧と周波数を与えるかが重視される．制御方式は次の1～3のように分類される．1) V/f 制御 (ただし，誘導電動機のみ)，2) 位置センサレスベクトル制御，3) 位置センサ付きベクトル制御．それぞれの手法は第6章に詳細が解説されている．ここではその応用される条件について述べておく．

(1) V/f 制御　基本的に誘導電動機のみに適用可能な制御方式である．モータパラメータが正確にわからなくても制御可能な手法であり，広く汎用インバータドライブに用いられている．1台のインバータで複数台の誘導電動機を動かす際にも使用される．パラメータが正確にわかっている機種の場合は，速度に関してはかなり高精度な制御性能が得られるが，トルク精度に劣り，応答性や効率もそれほど期待できない．しかしながら，センサレスベクトル制御に比較し制御アルゴリズムは簡潔で動作の安定性は高い．

表 9.1 汎用インバータドライブの用途と仕様

用途	制御方式	適用電動機	トルク精度	制御速度範囲
ファン	V/f	誘導機	—	1：50～100
ポンプ	センサレスベクトル制御	誘導/同期機 小形・省エネで同期機増加	—	1：100 以上
押出機 印刷機	センサレスベクトル制御	誘導機	始動トルクが重視される	1：100 以上
エレベータ	ベクトル制御	誘導機/同期機 同期機が増加しつつある	3%程度	1：1000 程度
フィルム 製紙・輪転機	ベクトル制御	誘導機/同期機 誘導機が多い	3%程度	1：1000 程度

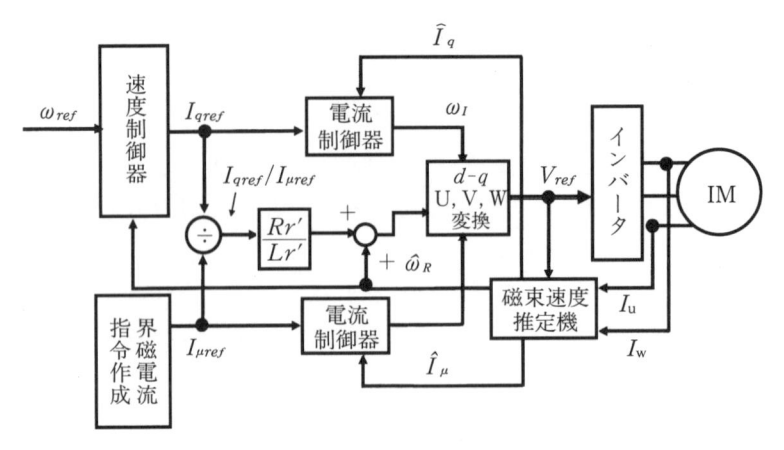

図 9.1 誘導電動機滑り周波数形センサレスベクトル制御

(2) 位置センサレスベクトル制御（誘導機）　最近の汎用インバータドライブのほとんどに搭載されている制御方式である．電圧と電流を入力として磁束と速度を推定する機構を有し，推定された磁束と速度を使用してベクトル制御を行う．本手法は制御理論を駆使したものであり，その実用化には今日のCPU性能の向上と密接なかかわりがある．

制御性能は精度，応答性ともに V/f 制御を凌駕するが，速度や磁束の推定時にオブザーバなどを利用するために，電動機パラメータが正しく把握できている必要性がある．さらに，基本的に1台の電動機に対して1台のインバータが必要となる．そのため，パラメータ同定を運転開始前に実行している製品がほとんどである．

磁束と速度の推定に関しては，電圧方程式から導く方式，電流方程式から導く方式，両方を使用する方式，適応磁束速度オブザーバを用いる方式，外積・内積を用いる方式など様々である．原理的に速度ゼロ（インバータ周波数ゼロ）付近で推定不能となるが，これに関しても，高周波重畳方式を代表に各種の方式がある．

速度・トルク制御方式には滑り周波数制御方式と磁束フィードバック方式の両方がある．わが国においては，従来の滑り周波数形ベクトル制御（図 9.1）が広く使用されてきたため，それをそのまま踏襲する場合が多いようである．しかしながらこの部分はメーカ間でも大きな違いがあり，今後進展していく分野である．

(3) 位置センサレスベクトル制御（同期電動機）　同期電動機のセンサレスベクトル制御（図 9.2）が実用化されたのは，比較的最近のことであり，汎用ドライブであるが用途はまだ限られている．同期電動機の場合は電圧と電流を入力として磁極位置と速度を推定する機構を有し，推定された磁極位置を使用してベクトル制御（トルク制御）を，推定された速度をフィードバックして速度制御を行う．推定された磁極を基準としてトルク電流が決定されるため，全速度制御領域および，すべての制御条件において磁極が正確に推定される必要がある．誘導電動機の場合は磁極位置を推定できない場合でも V/f 制御にて運転可能であるが，同期電動機は運転不可能となる．

9.1 汎用ドライブ

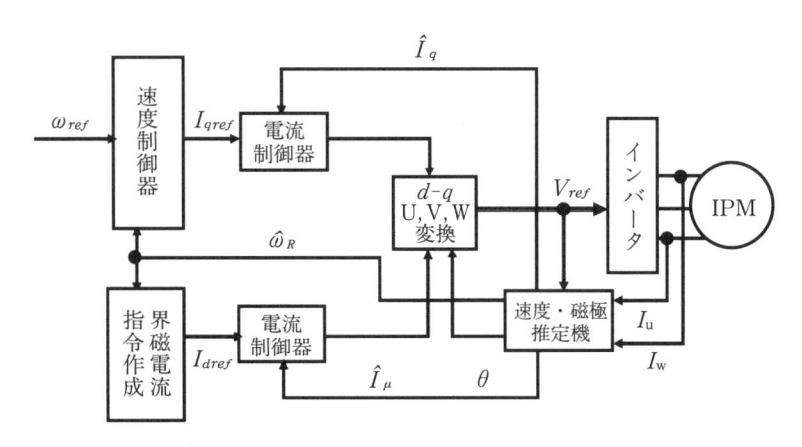

図9.2 同期電動機センサレスベクトル制御

すなわち，すべての運転領域に対して，磁束と速度を安定に推定できる機構が必要とされ，このことが同期電動機の汎用インバータドライブへの普及を妨げている大きな要因となっている．

磁束および速度の推定は，電圧電流方程式より誘起電圧を推定する部分と，求められた誘起電力より磁極位置と速度を推定する部分に大別される．詳細は6章に示した．

誘起電圧を推定する手法では基本的に速度ゼロにおける磁極は推定できない．IPMモータの場合，d軸とq軸におけるインダクタンスが異なるため，このことを利用して速度ゼロ時の磁極を推定する．また高調波重畳なども一般に用いられているが，この部分は各メーカが異なる手法を用いており，今後も進展する部分である．推定された速度と磁極位置から，速度制御およびベクトル制御を行う部分は，センサ付の制御と同様となる．

(4) 位置センサ付ベクトル制御　高精度・高応答・高信頼性(安全面において)の要求がある分野に使用されるもので，汎用インバータドライブとしては特殊な分野といえる．

誘導機の場合は，位置センサ出力より速度を導出し，滑り周波数形ベクトル制御を採用したものがほとんどである．同期電動機の場合は，位置センサの出力が磁極位置そのものを表すため，それを用いたベクトル制御を構成する場合がほとんどである．

センサ付ベクトル制御は，センサレス制御の推定値が観測値に変わったものと考えればよい．

c. 汎用インバータドライブにおけるその他の重要課題

実用上，以下に代表される重要な課題がある．汎用インバータが比較的大規模なプラントの中で用いられるため，これらの課題以外にも非常時の対応に関するものが多く存在する．

(1) 瞬時停電対応　コントローラには電源供給されていて主回路のみが低電圧

状態にある場合の処理に関する事項である．通常はコンバータ PN 間電圧の大きさを監視していて，あるレベル以下になると主回路をシャットダウンし，電源回復後に運転を再開する処理である．センサレスベクトル制御の場合，モータ回転数や磁極位置を再推定する場合もあり，いかに短い時間で運転再開できるかが課題となる．

(2) フリーラン起動　電動機始動時に電動機が外的要因で回転している場合の運転に関するものである．ファンやポンプなどにこのような要求がある．回転数を急変させることなくスムーズに運転状態に移行することが望まれる．特にセンサレス駆動のときに問題になる動作であり，誘導電動機を用いる場合は回転方向の判断が課題となり，同期電動機を用いる場合は，高速回転時に発生する逆起電力による電流抑制と回生動作となったときの電圧上昇の処理が課題となる．

(3) 異常 (非常) 停止　電動機の運転を非常停止させる場合の処置である．特に同期電動機の高速運転中の非常停止には注意が必要である．同期電動機は永久磁石をもっているため，高速回転時には高い誘起電圧を発生している．この誘起電圧はインバータ電源電圧を超えていることが多く，一般的には d 軸電流を負に流してその電圧の上昇を抑制する処置をとっている．異常停止が高速回転時に発生した場合，安易にシャットダウン処置を行うと非常に高い誘起電圧が発生し，インバータを故障させる恐れがある．

(4) パワー線断線判断　汎用インバータドライブの場合，パワー線は数百 m に及ぶこともある．そのため，断線や地絡の判断が必要となる．誘導電動機の場合は界磁電流を供給するため，断線の判断は電圧印加にもかかわらず電流が流れていないことが判断の基準となる．同期電動機は，無負荷時には供給電流はゼロとなる可能性もあるため，運転状態と電圧・電流を総合的に判断する必要がでてくる．

(5) 位置センサ異常診断および補正　位置センサ自体の故障以外にもセンサ線が長距離敷設となる場合が多く，エンコーダパルスが欠損する場合がある．誘導電動機の場合は，通常，速度信号しか必要としないためそれほど深刻な状況になることは少ないが，同期電動機の場合は，位置信号を磁極位置として使用するため，誤差が積み重なると重大な障害を引き起こす可能性がある．C 相パルス入力時のパルス補正やセンサレス併用などによる対応が重要となる．

9.1.3　位置制御用ドライブの応用分野と要求される性能

位置制御用 (汎用サーボ) ドライブは多くの位置決め用装置に使用されている．代表的な応用例としては，産業用ロボット，工作機，半導体用位置決め装置 (チップマウンタ，プローバ，ステッパなど) などがあげられる．いずれも，高速かつ高精度の位置決め制御が必要とされる分野である．汎用インバータドライブがどちらかといえば，大規模なプラントでの使用まで含めて対応するのに対して，汎用サーボドライブは，小システム・装置単独での使用が多い．このため，個々のシステムごとに重要視される項目が異なってくる．

表 9.2 汎用サーボドライブの用途と仕様

		ボールねじ			リニア		速度制御		多軸位置
		A1	A2	A3	B1	B2	C1	C2	D1
ユーザ要求	時間短縮	○	◎	◎	◎	◎			○
	最終端精度向上	◎	●	○	◎	◎			○
	経路維持			○				◎	●
	騒音減少		◎						
	静止維持	○	●		◎	◎			
	加工精度			◎				◎	
	リプルレス				◎	◎	◎	◎	○
	負荷対応	●	◎						◎
	環境維持	○					◎	○	
	省スペース		●						○

A1：従来形ステッパ，A2：チップマウンタ・プローバ，A3：工作機，B1：ワイヤボンダ，B2：走査形ステッパ，C1：スピンコータ，C2：ポリシングマシン，D1：産業用ロボット

◎非常に高度なレベル，○高度なレベル，●通常対応できるレベル

　汎用サーボドライブで使用される電動機は同期電動機であり，通常はACサーボモータと呼ばれている．汎用インバータドライブの場合は，インバータ，いわゆるドライバと誘導電動機はそれぞれ独立に取り扱われることが多いが，汎用サーボドライブにおいては，セットとして取り扱われる．これはサーボモータの容量が同じでもそのサイズや細部の構成がメーカ間で相違があることに起因している．
　表9.2に装置と重要視される項目の大別表を示しておく．

9.1.4 汎用サーボ系におけるドライブ制御系の構成

　汎用サーボドライブにおける電動機は，同期電動機であり，最終的な目的が位置決めであるために位置センサレスの構成はとらない．このため，ドライブ系の構成としては，位置センサを介して磁極位置を得るベクトル制御が構成される．
　どのシステムにおいても，位置決め時における高応答性は重要な項目であるため，サーボドライブ系に対しては高応答性などの動特性が重視される．
　具体的な構成としては大きく分けて，電流のフィードバック制御系を固定座標系（α-β軸）で取り扱うか，回転座標系（d-q軸）で取り扱うかの2通りがある．以下に述べるように固定座標系では高速処理に，回転座標系では高速域での補償に，それぞれ利点をもつ．近年では，CPUの高速化もあり，回転座標系ベクトル制御を採用することが増えている．

a. 固定座標系ベクトル制御

　図9.3に固定座標系ベクトル制御の制御ブロック線図を示す．

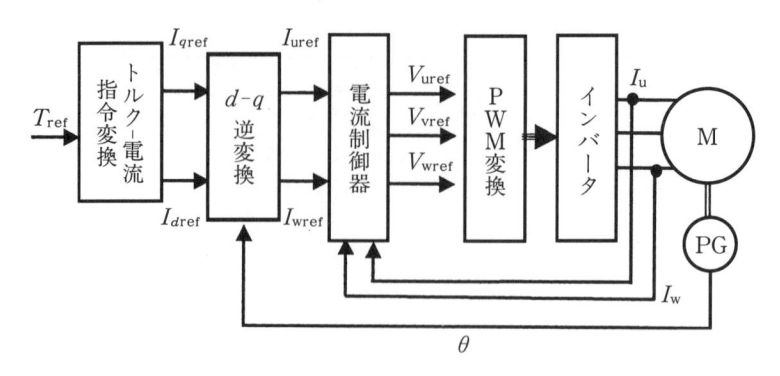

図 9.3 汎用サーボドライブ固定座標系ベクトル制御

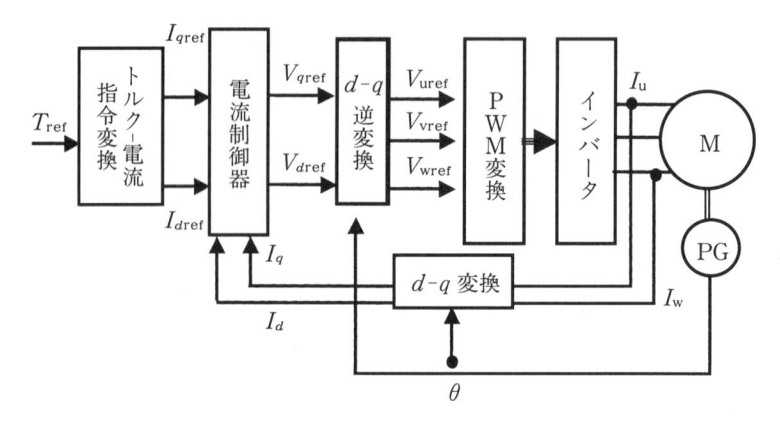

図 9.4 汎用サーボドライブ回転座標系ベクトル制御

　固定座標系ベクトル制御は，トルク指令からトルク電流指令である q 軸電流指令と電圧抑制のための d 軸電流指令を決定する．位置センサから得た磁極位置情報より，回転子座標系 d-q 軸電流指令を固定子座標系 α-β 軸電流指令に変換する．この α-β 軸電流指令と α-β 軸電流によりフィードバック制御系を構成する．出力である α-β 軸電圧指令より U, V, W 相三相電圧指令を導出し，PWM 制御系にゲート信号を送る．

　フィードバック制御系中に sin や cos 関数を含んだ座標変換が存在しないため，高速の制御ループが構成できる利点があり，アナログ回路で構成することも容易であり，高応答な電流制御系を実現するためには有利である．欠点としては，定常状態であったとしても取り扱う電流が交流となることである．周波数は回転角速度に比例するため，ゲインをよほど大きくとらないと高速回転域において追従性が不十分となる．また，逆誘起電圧による外乱も交流量となって現れるため，制御的に補償することが困難になってくる．高速回転領域において，電流波高値が低下してくるような現象を示す場合が少なくない．

b. 回転座標系ベクトル制御

　図 9.4 に回転座標系ベクトル制御の制御ブロック線図を示す．

回転座標系ベクトル制御は，トルク電流指令から d-q 軸座標電流指令を算出する．三相電流（通常，二相電流）観測値を位置センサの磁極位置情報より回転子座標電流 d-q 軸電流に変換する．この d-q 軸座標系でフィードバック制御系を構成し，d-q 軸座標電圧指令を作成する．d-q 座標電圧指令を磁極情報より逆変換してU, V, W軸三相電圧指令を算出し，PWM制御系にゲート信号を送る．

この座標系では，フィードバック制御ループ内に，sinやcos関数を用いた変換が二度必要となる．このため変換にかかる演算とソフトウェアが必要となり，多少なりとも演算時間が必要となる．しかし定常状態では，制御すべき電流量は回転数にかかわらず直流となり，逆誘起電圧による影響も直流的に現れる．このため制御系自体の構成は簡単になるし，高速域での q 軸電流減少の補正も積分制御でカバーできる．

9.1.5 汎用サーボ系における位置制御系の構成

汎用サーボドライブ機器は，最初は速度制御機器として商品化された．そのため，制御モードとしては，位置制御・速度制御・トルク制御のモードを有する．位置制御時にすべてのモードを使用するため，このモードで説明をする．

a. 位置制御系フィードバック制御系の基本設計

汎用サーボドライブ機器である限り，できるだけ広い範疇の位置決め機械を動作させる必要がある．通常は位置決め対象を剛体として捉え，サーボモータに慣性負荷が直結されたと考えて設計される．すなわち慣性負荷 J_m のモータに慣性負荷 J_L の慣性負荷が直結され J_m+J_L の慣性負荷が位置決め対象となったと考え，基本的な位置決め系が構成される．また，電流制御系は非常に高速に応答できると考え，トルク指令以下は，理想化されて設計されるのが一般的である．

図9.5にフィードバック系基本ブロック線図を示す．

b. 位置制御系の実際

位置制御系はできるだけ，フィードバックゲインを高くとることが高速・高精度応答の基本となるが，実際の機構はそれほど単純ではないうえ，高ゲイン化にも限界がある．また，実際にフィードバックできる状態量はモータ位置のみである場合も多い．そのため，通常はフィードバック制御のみでは，十分な指令追従特性を得ることは困難である．メーカは独自の工夫を凝らしているが，基本的には2自由度制御系の一種であるモデル追従制御を応用した構成となっている．すなわち実機を模擬した数値モデルを設け，数値モデルを安定化し，かつ十分な高速応答を可能とする制御系を

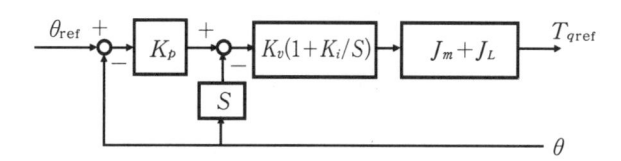

図 9.5 汎用サーボドライブフィードバック系基本制御

数値モデルの状態量を用いて構成する．この制御系のトルクを実機にも供給するため，実機と数値モデルが同じならば，実機は数値モデルの動作と全く同じ動作をすることになる．数値モデルからは実機に，実機が観測可能な観測量も供給しているため，実機の動作と数値モデル動作に誤差を生じた場合には，フィードバック制御が動作し，誤差を収束させる働きをする．

図 9.6 に位置決め制御のブロック線図の概略を示す．

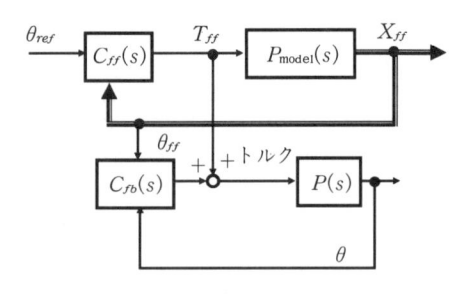

図 9.6 汎用サーボドライブ位置決め制御概略

〔小黒龍一〕

9.2 工 作 機 械

本節では工作機械におけるモータの技術動向，また特長的なモータ制御技術について最近の事例を紹介する．

9.2.1 工作機械におけるモータ用途

図 9.7 に代表的な工作機械として縦形マシニングセンタの構造図例を示す．各用途におけるモータ制御の概要ならびに技術動向の概要を述べる．

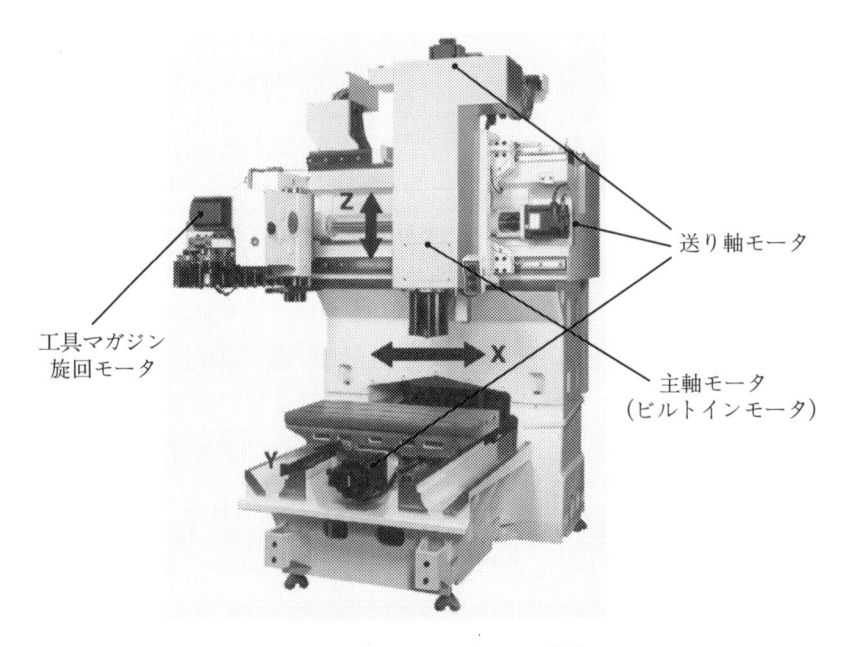

図 9.7 縦形マシニングセンタ構造図

a. 主　軸

マシニングセンタにおいては工具を把持して回転させる．また旋盤においては加工対象を回転させる．いずれの場合においても主軸モータは切削加工の動力源であり，制御モードは主に速度制御である．近年の動向としては主軸の回転精度（振れ）向上を目的として，図9.8に示すような主軸自体にモータ回転子を組み付けたビルトインモータ構造が一般化している．

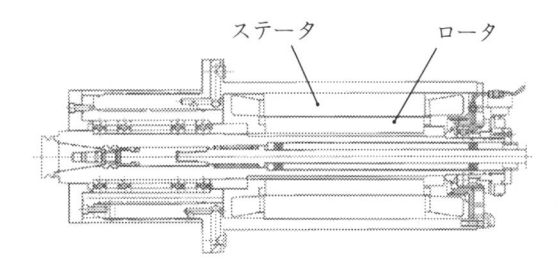

図9.8 主軸ビルトインモータ構造図

b. 送り軸

ボールねじなどを利用した直動機構を構成し，主軸と加工対象の相対位置を軌跡制御することによって任意の形状加工を行う．すなわち制御モードは位置制御であり，複数軸の同期した軌跡制御により任意形状の創成が行われる．また，近年は回転座標系による駆動機構をもつ5軸工作機械や，リニアモータを利用した工作機械も多くなってきた．

c. 周辺機構駆動

マシニングセンタにおける工具マガジンの旋回や工具交換アームの旋回，旋盤における回転形刃物台の旋回など，主に自動化に伴う周辺機構を駆動する．制御モードは位置制御であるが，一般的に軌跡制御は不要で目標位置への位置決めのみを行う．

d. 油圧ポンプ，切削液ポンプ

各種の周辺機構を駆動するための油圧ポンプや，加工時に工具先端を冷却するための切削液ポンプである．工作機械用途として特筆すべき事項はないので本節では説明を割愛する．

9.2.2　各用途における要求諸元

表9.3に工作機械における各種モータ用途に対する要求諸元を示す．表中の項目について特記事項を以下に述べる．

a. 主　軸

マシニングセンタの主軸においては，特に小径工具で刃先の周速を確保するために高速化が求められている．近年では $\phi 0.5$ mm程度の工具も利用されており，100000 min^{-1} 以上の高速化が求められているが，軸受技術の制約によって高速化の限界が抑えられている．

切削加工では定出力特性の回転数領域で切削が行われることが多く，主軸モータには広い速度範囲で定出力特性が要求される．特に，変速機構のないビルトインモータでは最大で$1:16$程度の定出力範囲が要求される．

ビルトイン構造においては，モータサイズが大きくなると主軸の剛性が低下する．

表9.3 工作機械における要求諸元

	主 軸	送り軸	周辺機器
速度範囲	旋盤 　中・大形　～5000 min^{-1} 　小形　　　～10000 min^{-1} マシニングセンタ 　転がり軸受　～35000 min^{-1} 　非接触軸受　～100000 min^{-1}	～4000 min^{-1} （直動部　～120 m/min）	～4000 min^{-1}
出力	～60 kW	～15 kW	～5 kW
定出力範囲	1：3～1：16	—	—
位置制御方式	位置決め，軌跡制御	位置決め，軌跡制御	位置決め
位置決め精度	0.001～0.01°	0.0001～0.001° （直動部：0.01～0.1 μm）	0.01～0.1°
トルクリプル	5%以下	2%以下	5%以下
要求の特記事項	・小形化：主軸を短く ・低発熱：熱変位抑制	・小形化：設計自由度向上	・ローコスト ・小形化：設計自由度向上

このため，モータは特に長さにおいて小形化が要求される．また，モータ発熱が機械の熱変位を起こすため，低発熱化が要求されている．

位置制御機能は通常の加工において不要であるが，主軸と送り軸の位置同期制御による同期タップなどの加工方法が一般化しており，軌跡制御を有する場合が多い．

b. 送 り 軸

モータ速度は送り速度とボールねじのリードピッチによって決定される．近年はボールねじピッチは 30 mm 程度が実用的で，3000 min^{-1} 程度のモータと組み合わせて 90 m/min 程度の送り速度が実用化されている．またリニアモータを利用する工作機械も近年増加しており，120 m/min 程度が実用化されている．

位置決め精度（位置制御精度）については，位置検出器に数百万パルス以上のエンコーダを使用して，モータ軸角度換算で 0.0001° 級の精度が実用化されている．

コギングトルク・トルクリプルに関して，高精密な位置制御を行うため，できる限りリプルが小さいことが求められる．特にコギングトルクリプルは仕上げ加工面に周期的なむらとなって現れやすいため，最近では 0.5%程度が要求される．また，有負荷時のトルクリプルは送り動作時に機械共振周波数と共振して異音を発生することが多く，2%程度が要求される．

c. 周 辺 機 器

自動工具交換装置やワーク交換装置など，直接的に加工にかかわらないため性能要求は低いが，ローコスト化の要求や，機械設計自由度向上のための小形化要求が強い．

9.2.3　工作機械に用いられるモータ種類

表9.4 に最近の工作機械において送り軸，主軸および周辺機器駆動に用いられる各

9.2 工作機械

表 9.4 工作機械用途を想定した各種モータ比較

	SPM	IM	IPM	SynRM
断面構造				
モータ小形化	◎	○	◎	○
速度範囲	~6000 min^{-1}	~100000 min^{-1}	~15000 min^{-1}	~15000 min^{-1}
定出力範囲	~1:2	~1:8	~1:4	~1:4
トルクリプル	◎	○	△	◎
発熱	◎	△：ロータ発熱による	◎	◎
コスト	△：磁石による	○	△：磁石による	◎
力率	◎	○	◎	○
主軸	△	◎	◎	○
送り軸	◎	△	△	○
周辺機器	◎	○	○	◎

◎優，○良，△劣．

種モータとその得失を示す．

a. 表面磁石形同期モータ (SPM)

送り軸用，周辺機器駆動用として今日，最も普及している．近年の磁石性能の向上によって小形化が進んでおり，また，設計技術の進歩によってトルクリプルを極小とする磁石形状の工夫が進んでいる．反面，高価な磁石によるコストが今後の課題である．

b. 誘導電動機 (IM)

堅牢で高速回転に対する強度が高い，界磁弱め特性が極めて良好で定出力範囲が広いという特長によって，主軸用として今日の主流を成している．反面，誘導電流によるロータの発熱のために効率が低い，ビルトインモータにおいて主軸の熱変位を起こしてしまうという課題がある．

c. 埋込磁石形同期モータ (IPM)

SPM に比べて磁石の使用量が少ないためコストが安い，IM に比べてロータの発熱がないため小形化が可能，界磁弱め特性が良好で，ある程度の定出力特性が得られるという特長によって旋盤を中心に主軸への適用例が増えつつある．だが，IM に比べると磁石によるコスト増加が普及の妨げとなっている．また，高い回転数で連続運転されることが多いマシニングセンタ主軸では，磁石による鉄損（発熱）が課題である．

d. フラックスバリア形シンクロナスリラクタンスモータ (SynRM)

磁石を使用しないためローコストであるという特長によって，周辺機器駆動への適用が期待されている．スリット構造の工夫によってトルクリプルを抑えた実用化事例

も報告されている．現状では SPM に比較して界磁電流が必要であるため，力率が低いことが課題である．

9.2.4 最近の動向

本項では工作機械における最近のモータ技術動向のうち，特徴的な事例を紹介する．

a. SynRM の適用

フラックスバリア形 SynRM のトルクリプルが小さいという特長と，界磁弱め特性が良好であるという特長の双方を生かした好適な実用化例として，旋盤の刃物台旋回（位置決め制御）と回転工具駆動に適用した例がある．すなわち刃物台の位置決め制御においては高精密サーボモータとして機能し，回転工具駆動においては定出力範囲の広い高速回転モータとして機能する．図 9.9 に示すように従来は SPM と IM の2つのモータを必要としていたが，1台のモータで実現することができ，機械サイズの小形化が実現されている．

図 9.10 に今日，量産化されている SynRM のコア断面図を示す．ロータ内に設けられた多数のスリットおよび磁路はけい素鋼板のプレス打抜き加工によって製造され

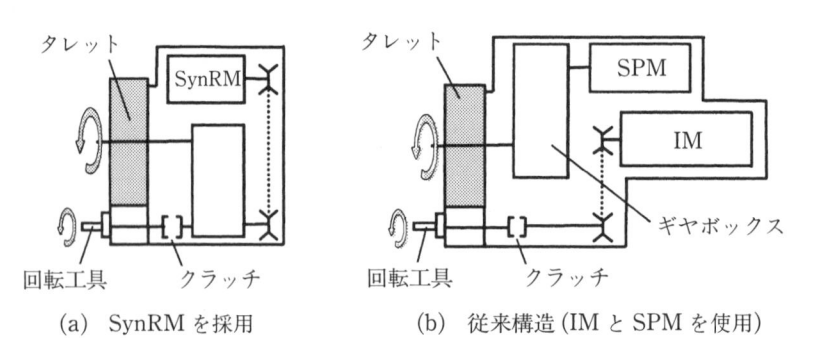

(a) SynRM を採用　　　(b) 従来構造 (IM と SPM を使用)

図 9.9　旋盤刃物台の構造図

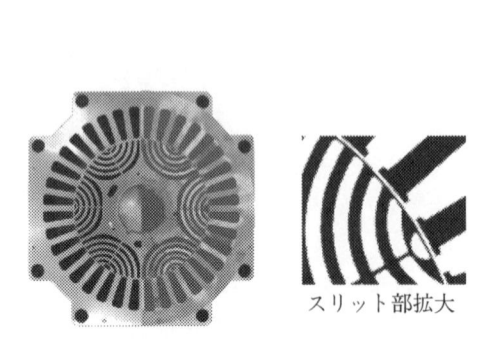

図 9.10　シンクロナスリラクタンスモータ断面

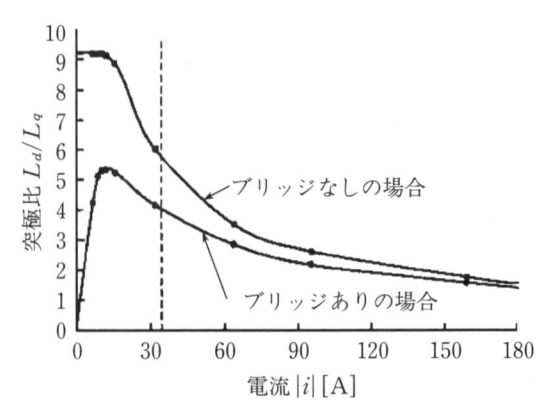

図 9.11　工作機械用 SynRM の突極比[1]

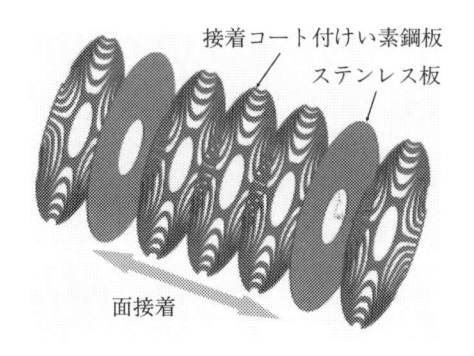

図 9.12 突極比を改善したロータ構造 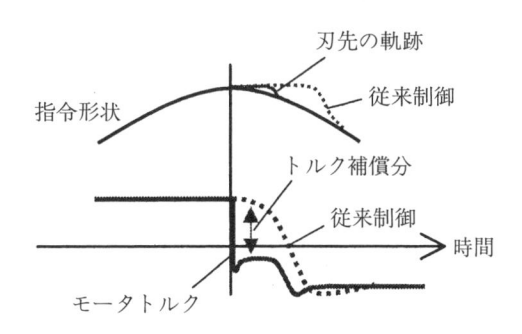　　**図 9.13** 象限反転突起補償の原理

ており，外周部および径方向に設けられた細いブリッジ構造によって支えられている．SynRM の性能レベルは一般的に突極比，つまり d 軸と q 軸のインダクタンス比で評価されるが，この構造によるモータの性能レベルは，図 9.11 に示すように突極比で 5 程度である[1]．

前述したブリッジは，q 軸方向に磁束が漏れる経路となり q 軸インダクタンスを増大させるため，突極比を上げるためにはできるだけ細いことが望ましい．しかし遠心力で破断しないためには強度上の限界がある．そこで，ブリッジをさらに細くして突極比を増大することを目的として，接着剤をコーティングしたけい素鋼板を用いて図 9.12 のように非磁性ステンレス板と面接着することによって補強した構造の開発事例も報告されており，突極比で 15 程度が実現されている[2]．

b. 象限反転突起の抑制制御

プラスチック金型の加工においては，金型表面の面品位が最終製品に転写されるため，深さ（高さ）で数 μm 程度の傷や突起も許容されない．このため従来は機械加工後に手作業によって金型表面を磨く作業が不可欠であったが，コスト削減のため磨きレス化が求められている．

一方，金型のような自由曲面の凸部もしくは凹部においては，図 9.13 に示すような象限反転突起と呼ばれる制御誤差が発生する．これは，送り軸の動作反転時の遅れによるもので，しゅう動摩擦抵抗の反転に対するモータトルクの遅れが原因である．凸部または凹部を通過するたびに誤差が発生するため，金型表面にはスジ状の段差が発生する．

この象限反転突起を抑制するため，従来はしゅう動摩擦トルクを一定と仮定したバンバントルク補償が使用されていたが，非線形に変化する摩擦トルクに対して安定に動作するためには控え目な補償とせざるを得ず，突起の抑制効果は不十分であった．

これに対して最近では図 9.14 に示す摩擦トルクの非線形補償が実用化されている．技術的なポイントは 2 つあり，第一は反転時の通過加速度に応じて補償量を非線形データテーブルによって算出していること，第二はトルク指令と速度指令の 2 段階による補償を行っている点である．

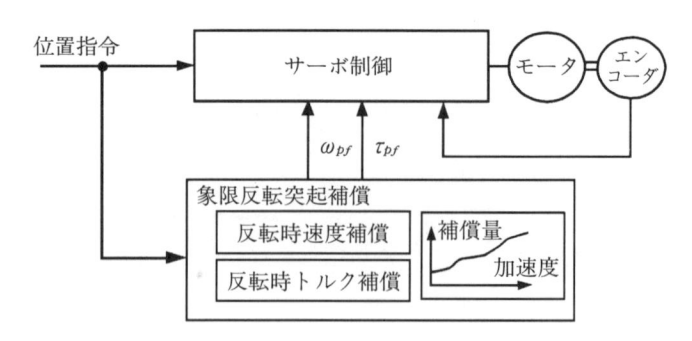

図9.14 象限反転突起補償の制御ブロック図

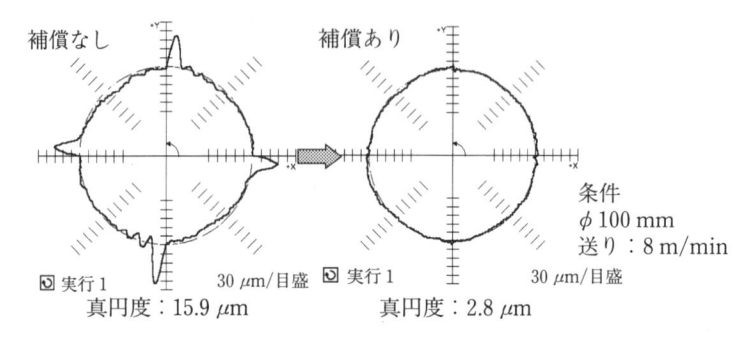

図9.15 象限反転突起補償による精度改善効果

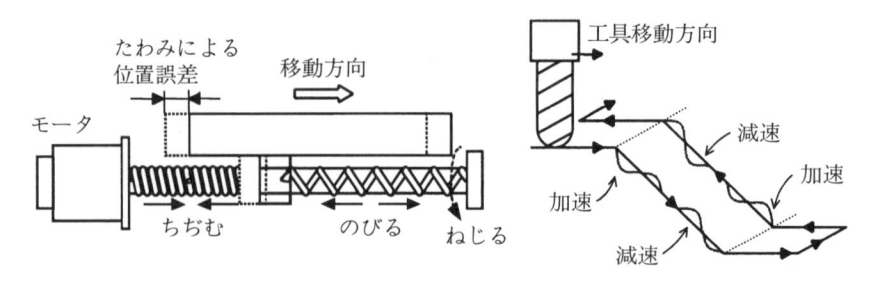

条件
φ100 mm
送り：8 m/min

補償なし　真円度：15.9 μm　30 μm/目盛
補償あり　真円度：2.8 μm　30 μm/目盛

図9.16 たわみによる往復段差の発生原理

図9.15に2軸動作により円弧動作をさせた場合の象限反転突起補償による改善効果例を示す．このように象限反転突起は高速の送り速度においても良好に抑制されているが，上記データテーブルによる非線形関数の設定および調整は実際の機械上で現合によって調整されており，調整工数の低減が今後の課題である．

c. たわみ補償制御

自動車のボディ用プレス金型は，ストロークが数mに及ぶ大形のマシニングセンタで加工される．このような大形機においては，図9.16に示すように往復動作時にボールねじのねじれや伸縮によってたわみが発生し，この結果，同図に示すような往復段差と呼ばれる軌跡誤差が発生する．このたわみ誤差は大形の機械では数十μmにも達し，実際の加工面では図9.17(a)に示すように畳の目のようなむらとなって

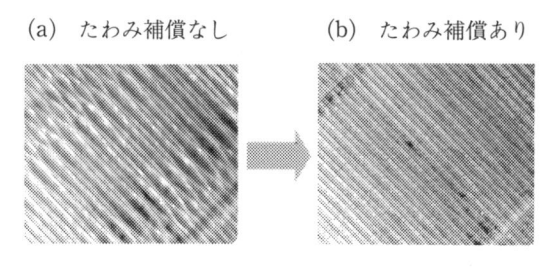

(a) たわみ補償なし　　　(b) たわみ補償あり

図 9.17 たわみ補償による加工面の改善効果

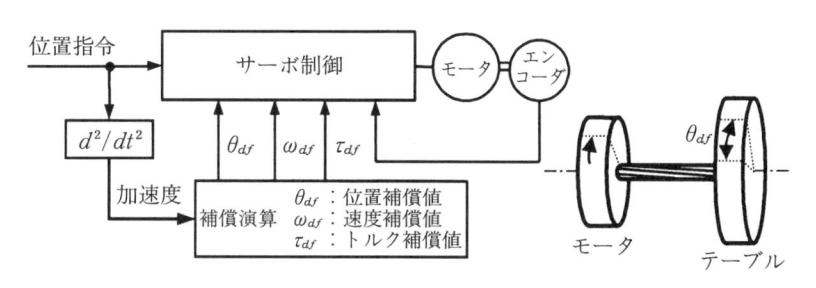

図 9.18 たわみ補償制御ブロック図

現れる．

このたわみ誤差を解消すべく図 9.18 に示すたわみ補償制御が実用化されている．図に示すように機械系のたわみ量 θ_{df} のみならず，たわみによる速度成分 ω_{df}，トルク成分 τ_{df} を位置指令の微分処理により求めて，それぞれ位置，速度，トルクに補償量として加算補正している．この結果，実際の加工面では図 9.17 (b) に示すように畳み目が大きく改善されている．

〔由良元澄〕

9.3　鉄鋼プラントの概要

鉄は，われわれに最も身近な，強く，加工性に優れた産業の基盤をなす材料である．鉄の製造プロセスは鉄鉱石と石炭を主原料として，製品の要求に応じた，微量元素の含有量制御，鋼材温度履歴制御，鋼材の圧延加工を通じて，連続的に大量かつ高精度につくり分けるプロセスである．なかでも圧延プロセスは光沢のある表面性状の優れた自動車用鋼板，あるいは板厚が均一で積層性のよい形状の優れた変圧器や電動機用の電磁鋼板を 2 m/s を超える速度で加工するプロセスであるため，特にドライブ装置に依存する割合は大きい．

9.3.1　鉄鋼プラントにおけるドライブ技術の変遷
a.　ドライブ装置の変遷

鉄鋼プラントでは，当初交流可変速技術を，ファン・ブロアなどへのインバータに適用し，省エネを図ってきており，現在も進行中である．

1980年以降は，製品の高品質化，ラインの高生産性化，電動機の保守性向上を目的に，圧延用，搬送用ドライブ装置において，従来適用されていたDC（直流電動機）ドライブ装置から，ベクトル制御によるAC（交流電動機）ドライブ装置への置換が本格化している．表9.5に，鉄鋼プラント（熱間圧延（熱延），冷間圧延（冷延），連続焼きなましプロセス）においてドライブ装置に求められる性能を示す[1]．また，図9.19にドライブ装置の変遷を示す[2,3]．

ドライブ装置の性能は，製品品質に大きな影響を与えてきたが，圧延プロセスの性能向上の一例として，図9.20に冷延プロセスにおける板厚精度の推移を示す[1,4]．ドライブ装置による圧延精度の向上は3段階の歴史をもっている．

1960年代に，DCドライブ装置の電力変換回路は，M-Gセットからサイリスタレオナードになり，圧延精度の向上だけでなく，設備運転電力の低減が図られた．

1980年代の初期には，ドライブ装置の制御ハードウェアは，アナログ制御からディジタル制御へと高度化され，速度精度が大幅に向上し，圧延精度向上に大きく寄

表9.5 ドライブ装置に求められる性能[1]

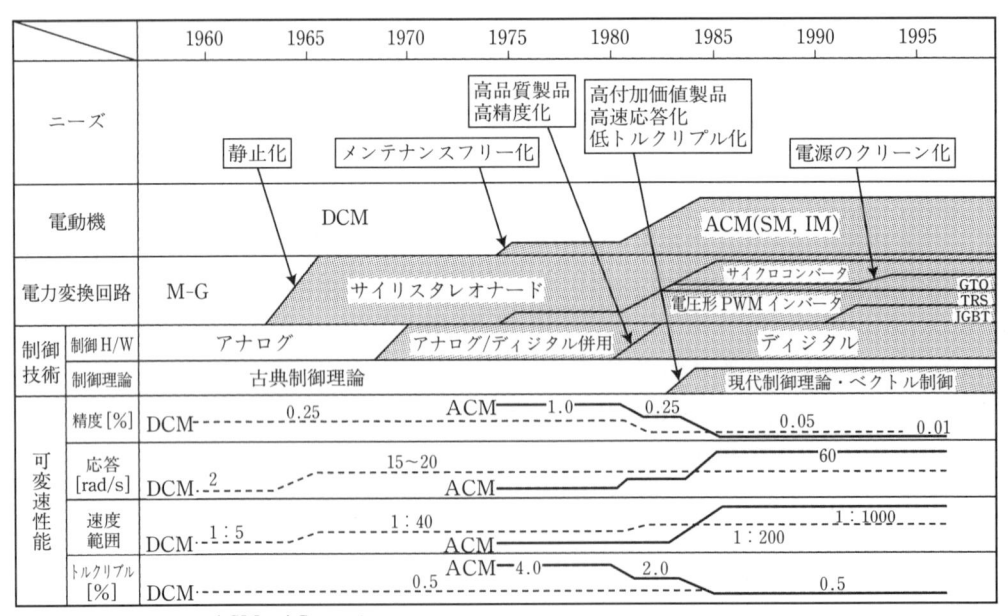

プロセス	目標	求められる性能
熱延	板厚精度向上 電源品質改善	速度応答性，揃速性向上，低トルクリプル化 高調波低減，力率改善
冷延	板厚精度向上，板表面光沢確保 電源品質改善	速度応答性，揃速性向上，低トルクリプル化 高調波低減，力率改善
連続焼なまし	薄手材高速通板	速度揃速性向上

図9.19 鉄鋼圧延機駆動における可変速技術の変遷[2,3]

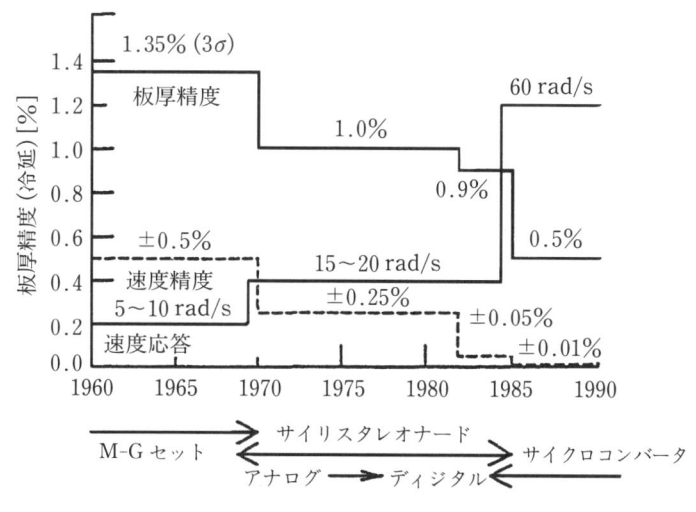

図 9.20 冷間圧延機の板厚精度の推移[1,4]

与した．

次の大きな変革は 1980 年代の中期に，AC ドライブ装置の電力変換回路が，サイクロコンバータになり，従来の DC ドライブ装置と比較すると，電流応答性の向上や圧延機のシングルモータ化による軸ねじり振動低減が図られ，速度応答性・揃速性が大幅に改善し，板厚精度が飛躍的に向上した．

b. サイクロコンバータの課題

圧延プロセスへのサイクロコンバータによる AC ドライブ装置の適用は，上記に述べたように大幅な品質向上をもたらしたが，適用においては以下の課題に留意する必要がある．

- 電源力率が 0.5 程度と低く，上位系統の電源容量の制限から別途，無効電力補償装置が必要となる場合がある．
- 電源高調波が出力周波数に左右され，かつ大きいために高調波低減装置が大形になる．
- 出力周波数が電源周波数の 80% 程度以下という制約があり，電動機の高速回転化による小形化に限界がある．

上記サイクロコンバータの課題を解決する手段として，電力変換回路への PWM (pulse width modulation) インバータの適用が進んでいる．GTO (gate turn-off thyristor) 素子などのパワー半導体の大容量化により，単機容量 5000 kW クラスの冷延ミル用ドライブ装置や，さらに最近では単機容量 10000 kW クラスの熱延ミル用ドライブ装置にも PWM インバータの適用が可能になっている．

c. PWM インバータ方式の特徴

図 9.21 に圧延用ドライブ装置に適用されている，GTO 素子を採用した PWM インバータの回路構成例を示す[1]．特徴としては，電源力率を 1.0 に制御するために，変

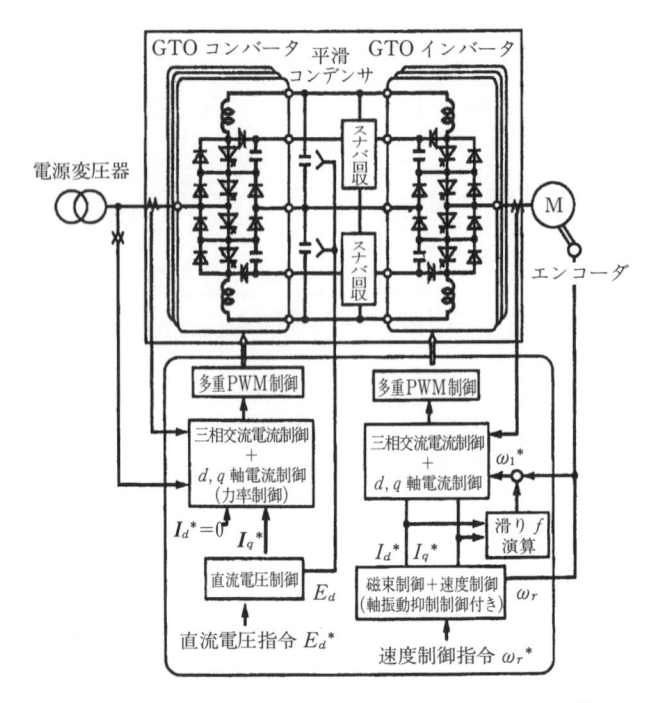

図 9.21 圧延主機用 GTO ドライブ装置回路構成例[1]

換器一次 d 軸電流をゼロとする電流制御ループなどを有するベクトル制御コンバータを装備している．また，コンバータ・インバータ部ともに GTO 素子を用いて 3 レベル化を図り，高調波の発生を抑制している．なお，電力変換回路の効率向上のために，スナバエネルギー回収回路を設けているが，サイクロコンバータの変換器効率に比較し劣位にある．そこで，スナバ損失の低減を実現する GCT (gate commutated turn-off thyristor) 素子，また IGBT (insulated gate bipolar transistor) 素子に代表されるスナバ損失が少ない素子の大容量化，例えば，IEGT (injection enhanced gate transistor) 素子などの開発が進んでおり，変換器効率はサイクロコンバータと同等レベルに達している．

また，トルクリプルに関しては，PWM インバータは 3 レベル化やスイッチング周波数の向上により改善が図られている．トルクリプルが特に板表面性状に大きな影響を与える冷延ミル用ドライブ装置にも，PWM インバータは支障なく適用されている．

9.3.2 熱間圧延プロセスの特徴

図 9.22 に代表的なホットストリップミルの圧延ラインを示す[5]．

熱延プロセスは板厚 150〜300 mm，板幅 500〜2200 mm のスラブ (slab) 材を加熱した後，3〜5 スタンドの粗圧延機で可逆圧延を行い，その後 6〜7 スタンドの仕上圧延機で板厚 1.2〜30 mm に連続圧延する設備である．熱延プロセスでは各スタンド間

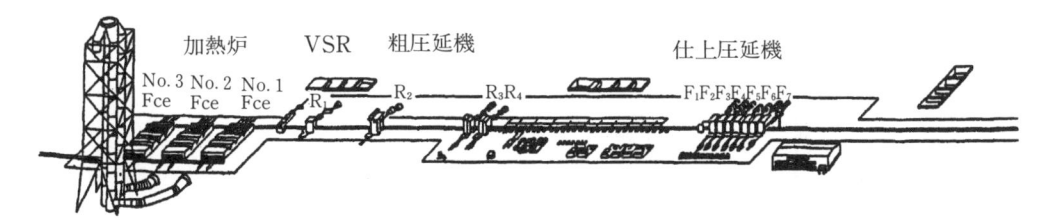

図 9.22 代表的なホットストリップミルの圧延ライン[5]

で張力を発生しないようにしながらロール間げきで所望の板厚をつくる．また熱間であるため，圧延途上でミルを停止させることはないが，材料は1枚ごとに圧延されるため，各材料がロールに噛み込むときは材料が噛み込みやすくするために速度を下げておき，全スタンド噛み込み後は一斉に加速する．この加速時は冷延プロセスと同様に揃速性が問題となる．

熱延プロセスでは材料噛み込みが毎回発生し，噛み込み時の過大な衝撃トルクに対応するため，直流電動機では特別な考慮をしなければならなかったが，交流電動機では整流子がないため，本質的に堅牢な電動機を実現できる．熱延用電動機は冷延用電動機のようにストール(電動機を静止させた状態(零速度)で所定トルクを発生)運転を必要としないため，サイクロコンバータと組み合わせる場合は，電源力率の改善を目的として，主に同期電動機が採用されている．

9.3.3 冷間圧延プロセスの特徴

冷延プロセスは，ロール径が約 400 mm の金属ロールで板厚 8～2 mm の鋼板を板厚 1～0.2 mm の板厚に圧延するプロセスである．圧延方法は，被圧延材の材質や生産量によって，複数スタンドで連続圧延されるか，あるいは単スタンドで繰り返し圧延されるかが選定される．前者は図 9.23 に示すように，通常 4～5 台の冷間圧延機が縦列(タンデム)構成となっていることから冷間タンデム圧延設備と呼ばれている．上下ロールの間隔は進入してくる板の厚みより狭く，ロールの周速度は前後スタンド間で張力が発生するようにモータ回転数を設定している．板がロール間げきを通過すること，および張力によって引っ張られることで板の厚みが徐々に薄くなっていく．このメカニズムにより最終スタンド出側の板厚を目標板厚にしている．冷間タンデム圧延設備では被圧延材を入側で溶接機により接続しながら連続的に圧延し，圧延機出側に溶接点が到着したときに走間切断機で切り離す作業を繰り返す．溶接機と圧延機の間には溶接作業中も圧延を停止させることがないようにストリップ(鋼帯)貯留装置(ルーパ，looper)が設けられている．

このように圧延機は，常に停止しないように工夫されているが，切断機の性能から，切断時には圧延速度を通常圧延速度より低下させなければならない．一方，切断完了後は生産性確保のため速やかに最大圧延速度まで回復させることが必須である．また，圧延中の材料の疵点検のために圧延機を停止することもある．このように冷間

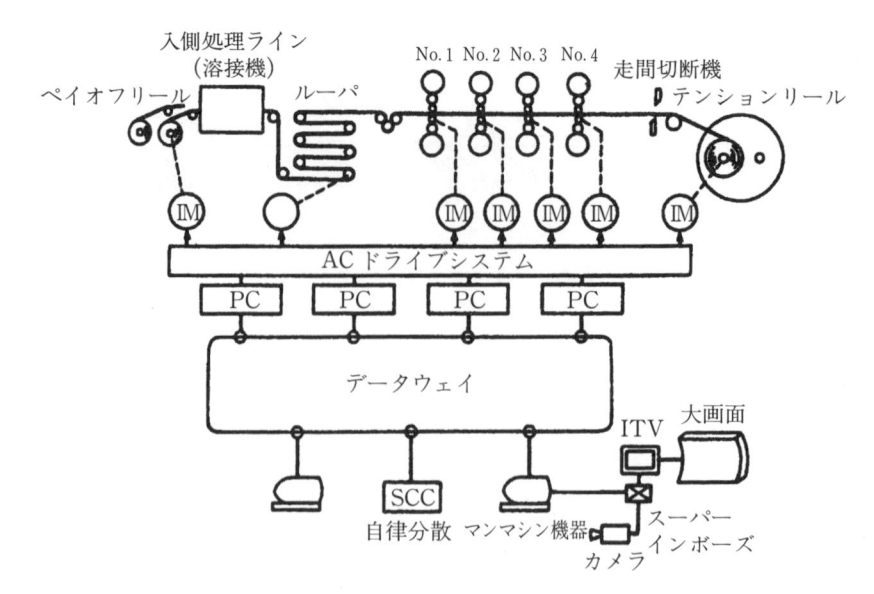

図9.23 冷間タンデム圧延機の構成例

　タンデム圧延設備では操業中に圧延速度をしばしば変更するが，速度変更時に各スタンド間の揃速性が乱れるとスタンド間で張力変動が発生し，板厚制御の外乱となるため，圧延機駆動用電動機の速度精度は板厚精度に大きな影響を与える．

　また冷間タンデム圧延設備には，前工程である熱間圧延での材料温度変動，ロール径の微小偏差によって発生した板厚変動を修正圧延するAGC (automatic gauge control) 機能があるが，圧延速度が高速であるため，板厚変動の時間周期が短く，AGC効果は冷間圧延機を駆動する電動機の速度応答に依存している．

　また，冷間圧延機は板の最終形状を決定する圧延機であることから，圧延機駆動用ACドライブ装置にはトルクリプルの小さい装置が採用されており，電力変換回路にはPWMインバータ，電動機にはストール運転が容易な誘導電動機の組合せが一般的である．

9.3.4　圧延機用電動機の特徴

　熱延プロセスの仕上圧延機用や冷延プロセスのタンデム圧延機用電動機は加減速運転が必要なため，従来，直流電動機が用いられてきた．しかし，直流電動機は機械的整流機構を有するため，整流上の制約から，電流応答に限界があり，速度応答は $\omega_c \leq 20 \,[\text{rad/s}]$ 程度に制限されるとともに，単機で製作できる容量にも制約 (いわゆるM (motor) 定数の制約) がある．

　　M定数＝定格出力 [kW]×最高回転数 [r/min]×界磁制御レンジ$<5\sim6\times10^6$

　このため，従来5000 kWを超える圧延機用電動機においては，圧延機1スタンドを複数台 (2〜4台) の直流電動機で駆動していた．

　一方，交流電動機は整流子がなく，回転子の構造も堅牢な構造であるため，電流応

答，速度応答は直流電動機の数倍以上向上するとともに，M定数は $2\sim4\times10^8$ [kW·r/min] に拡大する．

このため圧延機用交流電動機は，同一仕様の圧延機用直流電動機と比較して，長さで50～30%，幅で80%と非常にコンパクトに製作することが可能となっている．

図9.24に熱間仕上圧延機の既設直流電動機と更新交流電動機の体格差の例を示す．既設直流電動機では，必要容量6750 kW を2250 kW直流電動機3台で構成していたが，更新交流電動機では1台で実現できている．設置スペースも既設直流電動機の1台分の基礎を流量し設置できるため，既設直流電動機の約半分以下になっている．

図9.24 直流電動機と交流電動機の配置例
交流電動機：更新した交流電動機（単機（1台）構成）
直流電動機：隣接する既存直流電動機（複数台（4台）構成）

圧延機用電動機への交流電動機の適用は，板厚精度の改善，直流電動機の老朽更新時における設備費用の削減に大きく寄与している．

9.3.5 電源品質の向上

圧延機用ACドライブ装置は，電力変換回路でスイッチングを行い大容量電動機を可変速運転しているため，電圧ひずみ，電圧変動などの電源品質に影響を与える．

サイクロコンバータは，電源周波数と運転周波数に関係した側帯波としての低次高調波が発生し，かつ周波数が運転速度により変化するため，電源高調波対策が一般的には必要になる．この高調波抑制のため，低次はアクティブフィルタ，高次はハイパスフィルタを適用している．

これに対し，PWMコンバータは，発生する主な高調波成分はPWMコンバータのスイッチング周波数に起因する成分になるため，発生量が少なく高調波抑制のための設備は一般的には必要としない．また，無効電流成分である d 軸電流をゼロに制御することで，受電力率を1.0に制御でき，力率改善設備も一般的には必要としない．

以上の理由から，近年の圧延機用ACドライブ装置はPWMコンバータが主流となっている．

9.3.6 軸共振抑制対策

圧延機用ACドライブ装置にとって，軸共振は速度応答を上げるうえで大きな障害になっている．軸共振抑制方式には，モデルフォローイング方式，オブザーバ方式な

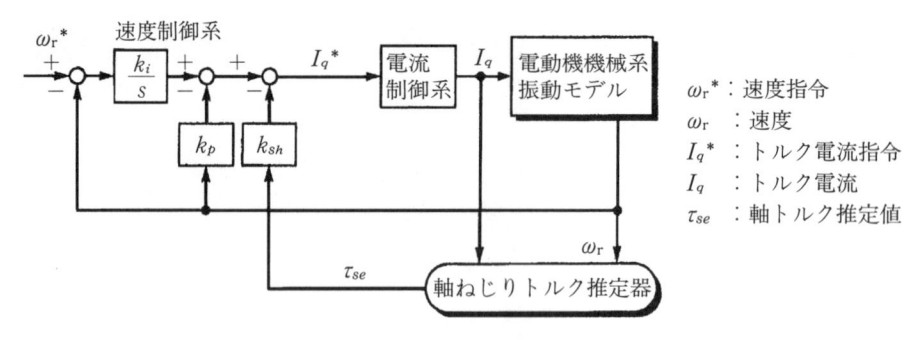

図 9.25 軸振動抑制制御系の構成図[6]

どがある．図9.25にオブザーバを用いた軸振動抑制制御の構成図を示す[6]．モータトルク電流 I_t とモータ速度 ω_m を用いて軸ねじりトルクを推定演算（オブザーバ）する．この軸トルク推定値 τ_{se} を用いて軸振動抑制制御を行っている．図9.26にオブザーバを用いたときの軸共振抑制効果を示す．軸共振周波数点（約19 Hz）においてもトルク増幅率が約1.0と共振が抑制されている．この軸共振抑制効果と電流応答の向上により圧延機機械系を含めた速度応答の向上が可能になり，従来のDCドライブ装置に対し約2倍以上の速度応答を達成している．

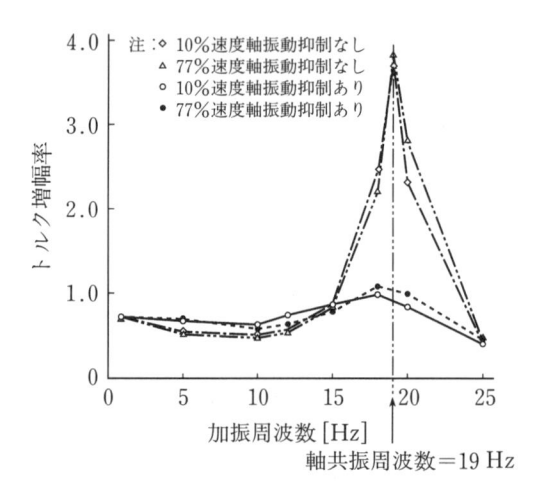

図 9.26 オブザーバによる軸振動抑制制御効果

〔橋爪健次・飛世正博〕

参 考 文 献

1) 電気学会：PWMインバータ制御方式の最新技術動向，電気学会技術報告，635号，pp. 74-77 (1997-5).
2) 電気学会：可変速制御モデルシステムにおける電動機モデルと高性能制御，電気学会技術報告，896号，pp. 31-36 (2002-8)
3) K. Kamiyama, M. Hattori and N. Azusawa : Trends in motor drive for steel industry in japan, IPEC-Tokyo 2000, Proceeding-Industrial Applications (2000)
4) M. Hattori, T. Ishikawa, M. Taniguchi, T. Ohnishi, Y. Kurata, K. Kamiyama, K. Imagawa, T. Sukegawa and K. Saito : An experience with cycloconverter-fed IM drive for a modern tandem cold mill, EPE, pp. 260-265 (1991)
5) 電気学会：ACドライブ産業応用における拡大・高度化技術，電気学会技術報告，462号，pp. 65-68 (1993-6)
6) 電気学会：電動機制御のアドバンスト制御，電気学会技術報告，737号，pp. 30-35 (1999-8)

9.4 電気自動車

電気自動車（以下，EV と略す）はガソリン自動車より先行して開発されたとも伝えられている．その後の内燃機関の発達により，開発は中座したが，1970 年代のオイルショックなどのパルス的な開発を繰り返しつつ，1990 年代における環境問題の高まりを追い風に，開発が進められてきた．その後，1997 年にハイブリッド車（以下，HEV と略す）のプリウスの発売により，これまでの試作車から実用車へと大きく変貌を遂げ，さらに車全体に占める影響力を急速に増加させる傾向にある．

9.4.1 EV の分類と各種 EV 駆動モータの特徴比較[1~4]

EV は大別すると純粋な電気自動車（以下，ZEV と略す）と，エンジンとモータとの協調による HEV との 2 種類に分けられる．両者の構成を図 9.27 に示す．ZEV はバッテリに蓄積された電気エネルギーを使用し，インバータ，モータを介して車輪を駆動する方式であるのに対して，HEV はエンジンとモータとの協調により車輪を駆動する方式である．ZEV は，一般ガソリン自動車に比較して，有害排気ガスの抑制，燃費低減などの点で優れているが，バッテリ，モータなど新たな部品の追加により価格上昇を生じる欠点がある．ここで，有害排気ガスの抑制，燃費低減はバッテリ，モータ容量に比例することから，ZEV の最大効果から，HEV 内でも搭載モータの容量によって ZEV 近くの効果からガソリン車に近いものまで多くの種類に分かれる．

ZEV の駆動モータとしては低価格化とともに，小形軽量，高効率化が最も重要な課題である．特に HEV の場合には従来エンジンがほぼそのまま存在するため，小形軽量，高効率化の要求が強い．

表 9.6 に各種 EV 駆動モータの特性比較を示す．

直流モータでは制御の素子数を少なくできる反面，ブラシ，整流子のしゅう動部分の保守が必要などのデメリットがある．誘導モータではその簡単な構造によって回転子を高速にできる点で小形軽量化に適した方式である．一方，永久磁石モータは最も小形軽量化，高効率化に適しているが，高速，軽負荷での効率が悪い欠点がある．一

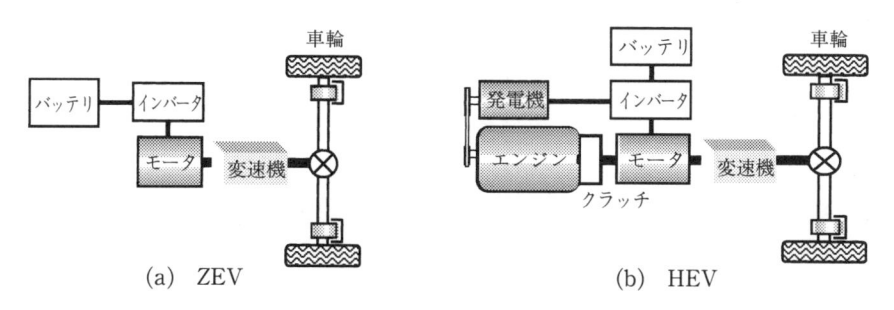

(a) ZEV　　　　　(b) HEV

図 9.27　EV 駆動システムの構成

表 9.6 各種 EV 駆動モータの特性比較

項　目		永久磁石モータ	誘導モータ	直流モータ	シンクロナスリラクタンスモータ
モータ構造		(図)	(図)	(図)	(図)
制御構成		(図)	(図)	(図)	(図)
モータ	サイズ, 質量	◎	○	△	○
	高速化	◎	◎	△	◎
	耐久性, サービス性	◎	◎	△	◎
	効率	◎	◎	△	◎
コントローラ	サイズ, 質量	◎	◎	◎	◎
	制御性	◎	◎	△	◎
	パワー素子	○ 6素子(1台当たり)	○ 6素子(1台当たり)	◎ 1〜2素子(1台当たり)	○ 6素子(1台当たり)
コスト		○	○	◎	○
総合評価		◎	○	△ 高速化, 小形化に不向き	○

◎：優, ○：良, △：劣
INV：インバータ, E：エンコーダ, PS：ポジションセンサ, N*：回路数指令, T*：トルク指令, PWM：パルス幅変調, CH：チョッパ, CC：制御回路, SM：永久磁石モータ, DCM：直流モータ, IM：誘導モータ, SR：シンクロナスリラクタンスモータ

方，シンクロナスリラクタンスモータは，永久磁石モータの高速での問題点を解決できるが，低速での発生トルクが小さいなどの欠点がある．実用化は磁石モータに匹敵する高トルク化の開発が達成できるかどうかにある．

現在では，小形軽量化，高効率化に着目して永久磁石モータが主流として実用化されている．図9.28に1990年以降におけるEV駆動モータの小形・高効率化の開発推移を示す．

第一世代から第二世代は誘導モータを使用し，アルミフレーム，水冷の採用や，高速化と電流密度・磁束密度の向上によって小形化を実現している．次の第三世代では永久磁石モータに移り，永久磁石によるトルクに加え，リラクタンストルクを有効に利用することで小形化した．

第四世代では回転子の多極化と固定子巻線を集中巻とすることによってさらなる小形化を目指している．第一世代に比べて第四世代では回転数は2倍以上，質量は1/3以下を達成している．さらに，ネオジウム磁石材料の高性能化，リラクタンストルクの活用，弱め界磁制御技術などの開発により，多くの国内メー

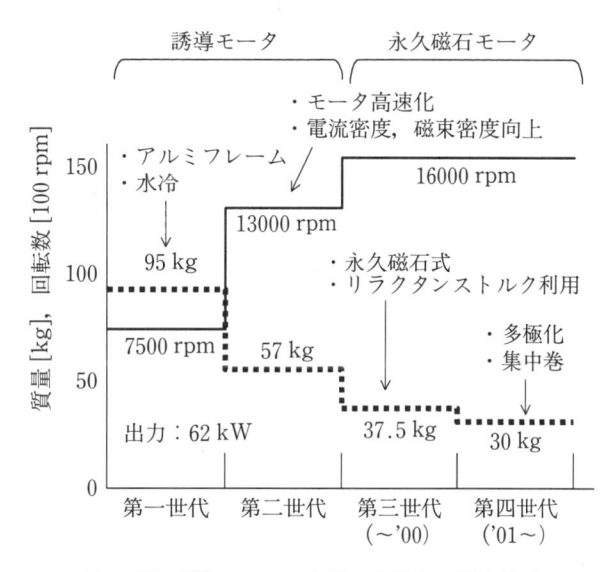

図9.28 EVモータの小形・高速化の開発推移

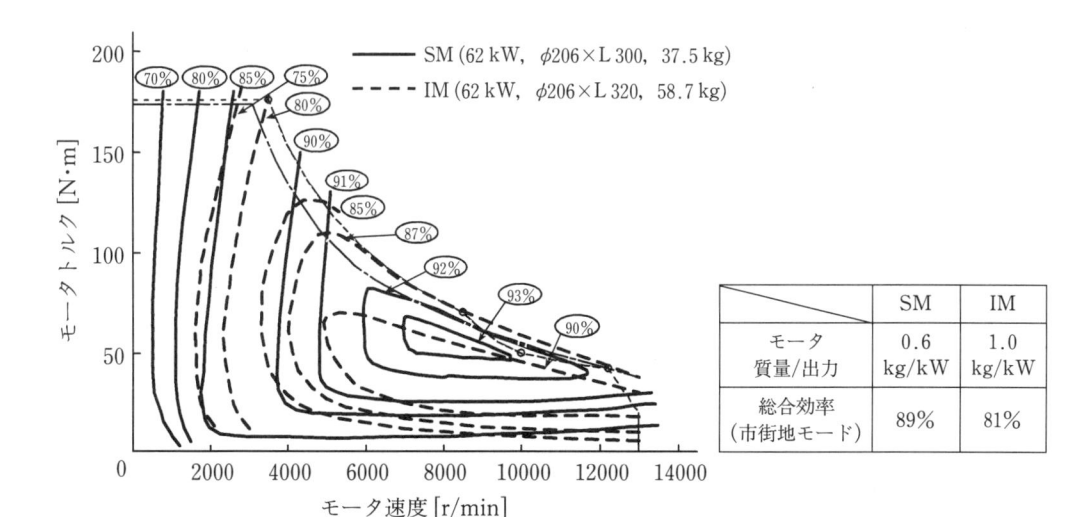

図9.29 駆動システムの効率比較
IM：誘導モータ，SM：永久磁石モータ

	SM	IM
モータ質量/出力	0.6 kg/kW	1.0 kg/kW
総合効率（市街地モード）	89%	81%

力は永久磁石モータを駆動モータとして採用している．

図9.29に代表的な誘導モータと永久磁石モータのインバータ，モータを含めた駆動システムの効率比較を示す．永久磁石モータの重量を30%以上軽量化した条件で，永久磁石モータシステムは誘導モータ駆動システムに比べて，全領域で5～6%効率を高くすることができる．これは，ZEVでは走行距離の伸長，HEVでは燃費削減の効果がある．

9.4.2　代表的なZEV用モータの開発例[1～4]

図9.30に代表的なZEV用駆動モータの開発例を示す．

主な開発課題は，高効率化，小形軽量化，低コスト化などである．以下，それぞれの課題に対するモータ設計上の開発方針を示す．

・高効率化：PMモータを採用，高性能のNd-Fe-B磁石の採用
・小形軽量化：最高回転数 16000 min^{-1} への高速化，電磁界解析技術による最適な

(a) 外観

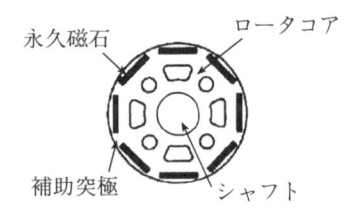

(b) 回転子構造

(c) 断面図

項　目	仕　様
定格出力	40 kW
最大出力	62 kW
最大トルク	175 Nm
最高回転数	16000 r/min
寸　法	ϕ206×L 300 mm
質　量	37.5 kg
冷却方法	水　冷

(d) モータ仕様

図9.30 代表的なZEV駆動モータの開発例

磁気回路設計，高密度巻線技術の採用，強制水冷方式の採用，アルミフレームの採用
・低コスト化：永久磁石の使用量を低減（8極への多極化）

さらに，回転子の構造として埋込磁石形を採用した．永久磁石を回転子鉄心の内部に埋め込む構造とすることにより2つの利点がある．

① 永久磁石をロータ表面に貼り付ける従来構造に対して磁石の飛散を防止でき，高速回転ができる．
② リラクタンストルクを利用できる．

図9.30に示した回転子は永久磁石によるトルクと，永久磁石間に位置する補助突極に起因するリラクタンストルクとを発生することができ，高トルク化できる．さらに磁石によるトルクの割合を低くすることにより弱め界磁制御に適した高速回転可能なモータを実現できる．

以上により開発したモータの特徴をまとめて以下に示す．
・モータ質量を37.5 kg，質量出力比を0.6 kg/kWと軽量化できた．
・モータ本体の投影面積はほぼA4サイズ（206×300 mm）と小形化できた．
・インバータを含めたパターン総合効率は実測89％で，誘導モータより8％以上よい結果を得た．

9.4.3 各種EV用モータの開発例[5~10)]

以下，トヨタ自動車，本田技研工業，日産自動車より市販された代表的な3種類のHEVとその駆動モータについて述べる．

(1) プリウス　トヨタ自動車は，1997年12月に，シリーズ・パラレル形のHEV「プリウス」を一般の人にも入手しやすい価格に設定して市販した．従来のガソリン車に対する2倍の燃費向上と排気ガスの大幅なクリーン化が特徴である．

プリウスは車両の走行状態に応じ，ガソリンエンジンによる直接駆動と，モータによる駆動とを組み合わせて走行する．これにより，エネルギー効率の向上，減速時の

(a) モータと発電機　　(b) 動力分割機構

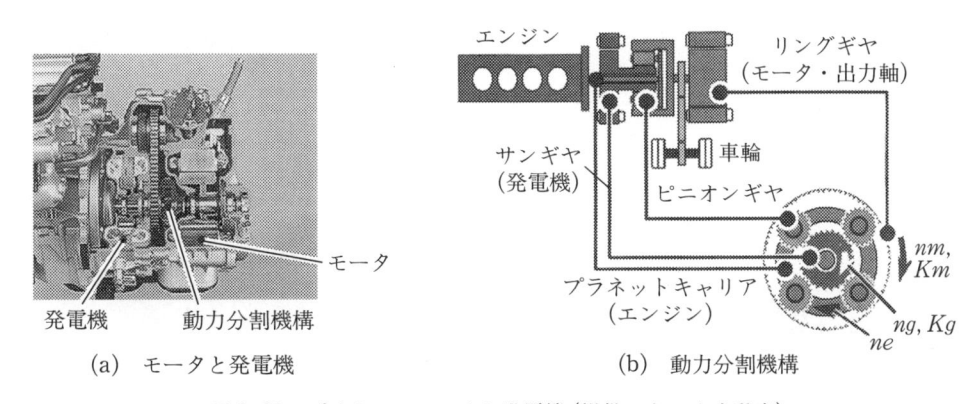

図9.31　プリウスのモータと発電機（提供：トヨタ自動車）

回生エネルギーの回収，車両停止時のエンジンストップなどを行い，画期的な燃費向上を実現している．図 9.31 (a), (b) にその中心部を構成する THS (Toyota hybrid system) パワートレインのモータと発電機，動力分割機構を示す．エンジン，発電機，駆動モータを動力分割機構である差動ギヤで結合し，運転状態に応じて効果的に制御する機構を備えている．

モータは 70% の高巻線占積率の分布巻構造の永久磁石モータで，最大出力 30 kW/940～2000 rpm，最大トルクは 305 N・m/0～940 rpm である．一方，エンジンスタータを兼ねる発電機は冷却能力を向上させるために固定子巻線に樹脂モールドを施した．両者は 2 台のインバータで制御される．なお，プリウスは 2000 年 5 月のマイナーチェンジ，2003 年 9 月の新型プリウスの発売へと続いている．

(2) インサイト　本田技研工業は，1999 年 11 月に，新骨格軽量アルミの採用，燃費 35 km/L などの特徴を有する HEV「インサイト」の販売を開始した．1 モータ方式の 1 L エンジン搭載で，モータの主な機能は加速時出力アシスト，アイドルストップ，トルク変動吸収，回生制動などである．

図 9.32 にそのホンダ IMA (integrated motor assist) パワートレインの断面図を示す．動力性能を 1.5 L ガソリン車と同等とするため，アシストするモータの出力は最大出力 10 kW/3000 rpm，最大トルクは 49 N・m/1000 rpm としている．モータは永久磁石のブラシレスモータ方式を採用し，高耐熱 Nd-Fe-B 系磁石，集中巻固定子の採用によって，エンジンとトランスミッションとの間の幅 60 mm におさめた．冷却は自然空冷方式である．モータの特徴は薄形構造で，12 極の表面磁石回転子，18 極の分割集中巻固定子の採用や集中巻巻線の接続に集中配電バスリングを開発して扁平化，コンパクト化を達成している．

(3) ティーノ　日産自動車は 2000 年 4 月に「ティーノハイブリッド」を限定販売した．

図 9.33 に日産自動車で開発した NEO Hybrid の駆動システムとモータの概要を示す．3 台のモータ，インバータ，電池，強電補機，および冷却システムを備えている．四気筒 1.8 L のガソリンエンジン，CVT (continuously variable transmission；連続可変トランスミッション)，リチウムイオンバッテリを備え，燃費は従来ガソリン車の 2 倍以上，加速性能および動力性能は同等，排気ガスのうち炭酸ガス 1/2 以下，炭化水素；HC, 一酸化炭素；CO, 窒素酸化物；NOX は 1/10 を達成している．図 9.33 (b) に 17 kW の 16 極機で走行および回生発電機用のモータ A を，図 9.33 (c) に 13 kW の 8 極機でエンジンスタータおよび発電機のモータ B を示す．モータ A は磁石形状の最適化に電磁界解析を活用しており，従来にない小

図 9.32 インサイトの駆動モータ
(提供：本田技研工業)

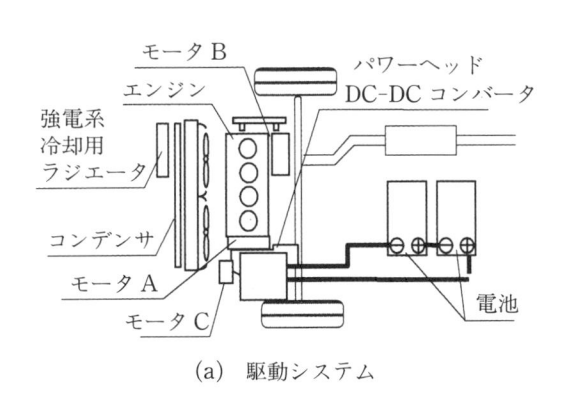

9.4 電気自動車

(a) 駆動システム

(b) 駆動モータ

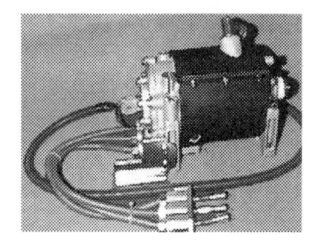

(c) スタータジェネレータ

図9.33 ティーノの駆動モータ（提供：日産自動車）

表9.7 EVの駆動モータ

メーカ	車名	モータ/発電機	出力 [kW]	トルク [Nm]	最高回転数 [min^{-1}]	モータ種類	特記事項
トヨタ	エスティマ	フロントモータ	13	110	6000	永久磁石モータ	集中巻
		リヤモータ	18	108	9300	永久磁石モータ	空冷
	クラウン	モータ/発電機	3.0/3.5	56	15000	交流同期モータ	空冷
	FCHV	モータ	80	260	13000	永久磁石モータ	—
ホンダ	シビック	アシスト/回生	10/12.4	49/108	6000	永久磁石モータ	集中巻
	FCX	モータ	60	272	—	永久磁石モータ	—

形軽量化を達成した．モータBを例にとると，トルク体積比2.4 kg·m/Lと従来のEV用モータ（1.6 kg·m/L）を超える値をだしている．いずれも水冷方式を採用し，小形軽量を図っている．また，CVT油ポンプ用モータCには自然空冷を採用している．いずれも希土類の永久磁石を使用したIPM構造のモータで小形化を図っている．

表9.7にはその後のEVの代表的な駆動モータを示す．トヨタ自動車ではエスティマハイブリッド，トヨタマイルドハイブリッドシステム搭載のクラウン，FCHVの発売，本田技研工業ではシビックハイブリッド，FCXの発売へと続いている．また，日産自動車では発電機と直流モータを使用した電動四駆システム搭載のマーチ，キューブを発売し，HEVは多様化の方向にある． 〔田島文男〕

参考文献

1) 電気学会電気自動車駆動システム調査専門委員会：電気自動車の最新技術，オーム社 (1999)
2) 本部光幸・田島文男：小形・高速電動機 — 永久磁石式同期電動機，日本油空圧学会誌，**32**， 6

(2001-9)
3) 堀 洋一・寺谷達夫・正木良三：自動車用モータ技術，日刊工業新聞社 (2003)
4) モータ技術実用ハンドブック編集委員会編：モータ技術実用ハンドブック，日刊工業新聞社 (2001)
5) 阿部眞一ほか：乗用車用量産型ハイブリッドシステムの開発，自動車技術会学術講演会前刷集，No. 975-976 (1997-10)
   S. Abe, et al : Development of hybrid system for mass productive passengercar, Proceeding of JSAE Conference, No. 975-76 (1997-10)
6) 大井敏裕・小木曾聡：新型プリウスの紹介，*TOYOTA Technical Review*, Vol. 50, No. 1 (2000-6)
   T. Oi, S. Ogiso : Introduction to the New Prius, *TOYOTA Technical Review*, **50**, 1 (2000-6)
7) 松尾勇也・久保則夫ほか：NEO Hybrid システムの開発，日産技報，**45** (1999-6)
   I. Matsuo, N. Kubo, et al : Development of the NEO Hybrid System, *NISSAN TECHNICAL REVIEW*, NO. 45 (1999-6)
8) 石川泰毅・平井俊弘ほか：パラレルハイブリッド車用強電システムの開発，日産技報，**45** (1999-6)
   Y. Ishikawa, T. Hirai, et al : Development of Power Electronics System for Nissan Parallel Hybrid Vehcle, *NISSAN TECHNICAL REVIEW*, No. 45 (1999-6)
9) 落合志信・内堀憲治ほか：ハイブリッドカー「インサイト」用モータアシストシステムの開発，*HONDA R&D Technical Review*, Vol. 12, No. 1 (2000-4)
   S. Ochial, K. Uchibori, et al : Development of the Moter Asist System for a Hybrid Car, *INSIGHT, HONDA R&D Technical Review*, **12**, 1 (2000-4)
10) 嶋田明吉・小川博久ほか：ハイブリッドカー用薄型 DC ブラシレスモータの開発，自動車技術会学術講演会前刷集，No. 2 (2000)
    A. Shimada, H. Ogawa, et al : Development of the Ultra thin DC Brushless Motor for Hybrid Car, Proceeding of JSAE Conference, No. 2 (2000)

9.5　ポンプ，ファン，コンプレッサ

　ここでは，いわゆる流体機械のうち，流体を搬送する機能，動力を伝達する機能をもつ，ポンプ，ファン(送風機)，コンプレッサ(圧縮機)の標準的な製品について，特に消費電力削減を視点にインバータ制御による運転方法を記述する．

9.5.1　ポンプ

　ポンプを大別すると，低圧で主に流体を搬送する用途に使われるターボ形と高圧で動力を伝達する用途に使われる定容積形に分類することができる．

a.　ターボ形ポンプ(図 9.34)[1)]

　ターボ形ポンプは回転する羽根車で流体にエネルギーを与えるもので，遠心力を利用し小形高揚程用途に使われる遠心ポンプ，羽根の揚力を利用し大形低揚程用途に使われる軸流ポンプ，両方を利用する中間的な斜流ポンプの3種類に大別される．生産数量は遠心ポンプが圧倒的に多い．

(1) 運転制御方法

① 一定速モータ　　いずれのポンプの場合も，ポンプの種類と羽根車の形状，回転速度によって，ポンプ流量 (Q) と，ヘッド (H) に関する性能特性が決まる．特に

回転数が一定の誘導モータ駆動の場合，この特性は製品によって一意的に決まる．図9.35で示すように，このポンプの特性と，必要揚程と管路抵抗によって決まる想定抵抗曲線が交わる点で定まる流量が，必要流量に十分かどうかによってポンプの選定を行う．流量に十分な余裕をみて選定するため，そのままでは流量が過剰となり，一般に管路に可変絞りバルブを設置して管路抵抗を調整することにより流量の微調整を行う．消費電力はQ-H性能特性と同時に商品によって一意的に定まる．可変絞りバルブで流量を調整しても消費電力はほとんど変化しないため，実際の必要動力に対し無駄な電力を消費する場合が多い[2]．

② インバータ制御　インバータモータの場合，図9.36に示すように，可変絞り弁で管路抵抗を変化させるのではなく，ポンプの回転速度を変化させ，Q-H特性そのものを変化させることにより，流量の微調整を行う．回転速度のみで圧力が決まるため，制御は比較的簡単である．回転速度が変化すると，Q-H性能特性は，Hが回転速度の4/3乗に比例する形で上下に変化し，このときの消費電力は，回転速度の8/3乗に比例して変化する．すなわち回転数を少し落とすだけで，大幅な省エネが実現できることになる．一定速モータの場合，20〜30%程度の余裕をみて設計するため，インバータモータに置き換え，管路抵抗を極小化するだけで50%以上の省エネになる場合が多い．

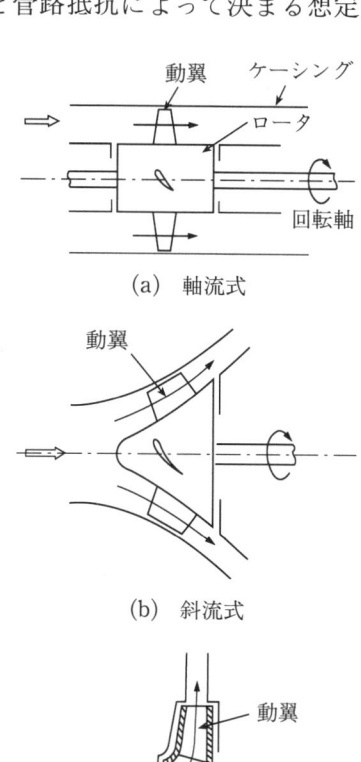

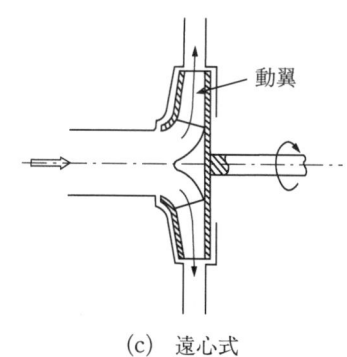

図 9.34　ターボ形ポンプ
(a) 軸流式
(b) 斜流式
(c) 遠心式

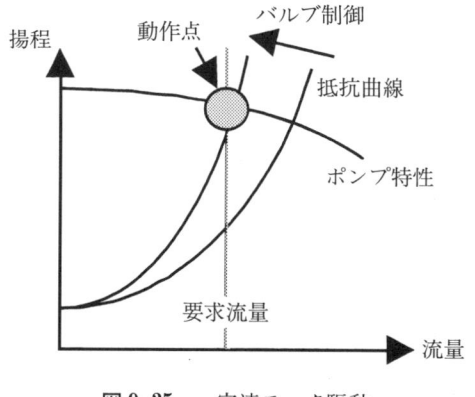

図 9.35　一定速モータ駆動

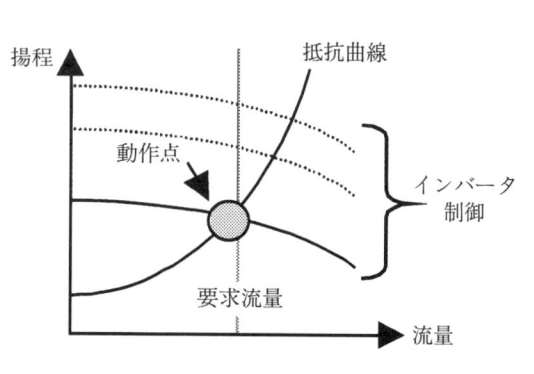

図 9.36　インバータモータ駆動

(2) インバータ制御の例

① 空調冷熱用ポンプ　セントラル空調システムの場合，中央の大形冷凍冷房機やボイラで発生させた温冷水を循環ポンプによって各室の放熱機へ送る．オフィスビルでは空調機の電力消費量よりポンプやファンで消費する冷熱流体の搬送電力の方が大きい[2]といわれており，循環ホンプインバータ制御が常識となりつつある．複数台ポンプによる台数制御が行われることが多いが，休日のように温度調整箇所が少ない場合でも，最低1台のポンプは一定回転で回し続けることになる．インバータ制御と組み合わせ，各室の放熱機に設置されている調節用のバルブの前後差圧を，圧力センサフィードバックにより一定に制御することで，各放熱機に必要な流量のみを送ることができる．空調負荷の場合，設定温度近傍の負荷が小さい状態が長く続くため，低負荷時の効率のよい永久磁石埋込形モータによる効率改善効果が大きい．国内では，ポンプはポンプメーカ，インバータは電機メーカがそれぞれ汎用品をつくり，エンジニアリング会社が両者をセットして空調システムをつくり上げるため，ポンプシステムとしての最高効率が実現できているかどうか疑わしい．欧米では，インバータコントローラとポンプモータを一体化してシステム性能を保証するインテリジェントポンプが増えている．

② 工作機械用クーラントポンプ[5]　工作機械では，切削時の工具やワークに切削液をかけて冷却する用途や切削屑を切削液で押し流す用途にクーラントポンプが使われ，その電力消費量は工作機械全体の70%にものぼることがある．工作機械の省エネといえば，主軸回転速度や切削送り速度の高速化など生産効率の向上を目指すことが多い．クーラント量は多ければよいと考えられてきたが，最近大手自動車メーカを中心に，ノズルと工具の距離を定める，切削屑の飛散量を定めるなどクーラントポンプの使い方の見直し機運が高まっている．クーラントポンプの電力の大部分は配管抵抗で消費されているため，配管を見直し，一定速モータによるバルブ制御からインバータ制御に切り換えることにより，50%以上の省エネが実現できることが多い．この用途では，初期投資削減のため，まだインバータ化が進んでいないが，この程度の省エネが実現できると短期間の償却が可能となるため，工場省エネの切り札として普及が期待される．1台のポンプに複数のノズルが設置されている場合，ノズルの開閉がほかのノズルの流量に影響を与えないように圧力一定制御が有効である．

③ 給水ポンプ[3]　中高層ビルやマンションの給水は，いったん受水槽で水道水を受け，ここからポンプによる給水を行う方式が法令によって定められていた．近年，受水槽の衛生管理上の問題により，受水槽を使わない直結給水を認可する水道事業体が増えている．給水ポンプに求められるモータドライブの仕様は，省エネ性はもちろんであるが，メンテナンス性と蛇口をひねると遅れなく水がでる応答性，生活空間に近接するために低騒音が必要であることから，永久磁石内蔵同期モータ(SPM, IPM)のセンサレス高応答制御が採用されている．また，ポンプから蛇口までの距離が長く，その間の配管抵抗が無視できない大きさとなるため，配管抵抗を考慮した末

(a) ギヤポンプ　　(b) スクリューポンプ

(c) ベーンポンプ　　(d) ピストンポンプ

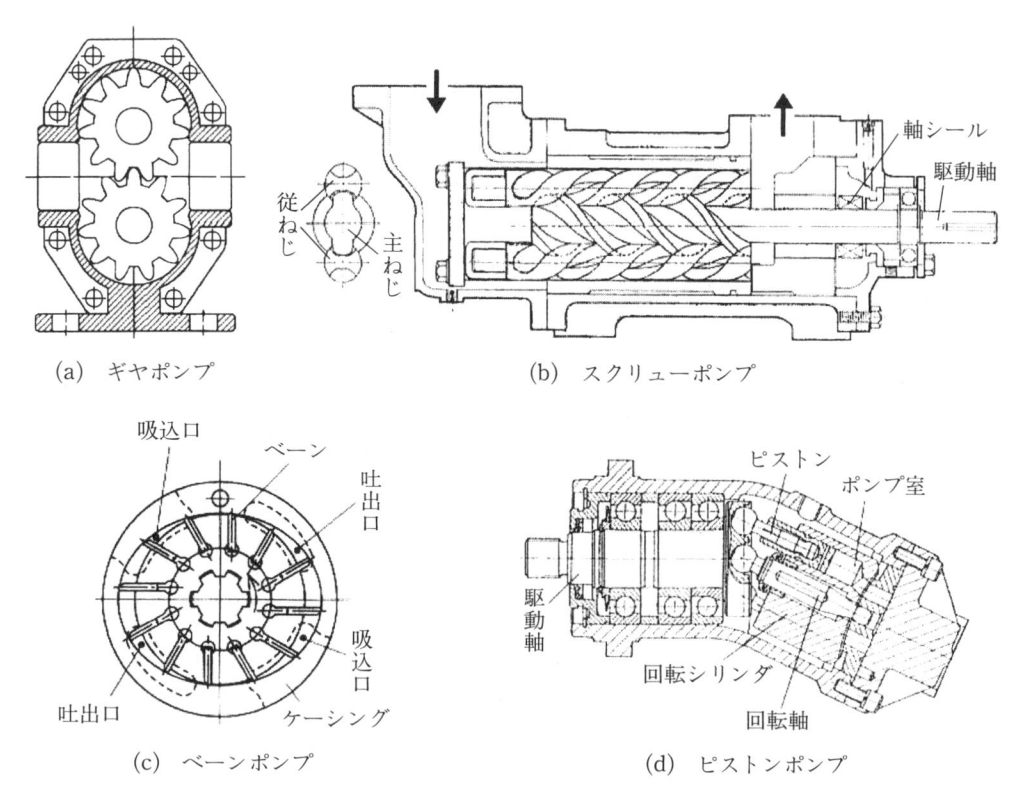

図 9.37 定容積形ポンプ[1]

端圧一定制御方式が採用されている．

④ **汚水処理場の水中ポンプ**[3,8]　将来の汚水処理能力の増大を見越し，大きな能力のポンプ選定を行う．このため，過剰流量は還流させるなど無駄が生じる．比較的小形のポンプを選定して，必要処理量に応じてインバータモータで揚水量を制御，特に処理能力増大には高速回転で対応することにより省エネが実現できる．

b. 定容積形ポンプ

定容積形ポンプは，ポンプにより定まった一定の容積を吸入側から吐出側へ搬送する．構造によって，ギヤポンプ，スクリューポンプ，ベーンポンプ，ピストンポンプに大別される（図 9.37）[1]．

モータの回転速度で吐出量 Q が決まり，圧力 p の変化は次式によって示される．

$$\frac{dp}{dt} = k\frac{Q}{V} \tag{9.5.1}$$

ここで，k：液体の体積弾性係数，Q：ポンプ吐出量，V：吐出側体積．

液体は非圧縮流体と呼ばれ，体積弾性係数は気体のそれに比べ著しく大きく，瞬時に圧力が変化し，高圧の高応答制御が可能である．このため，油圧制御のような動力伝達に利用される．油圧制御ではポンプのほか，油の方向を切り換える方向制御弁と動力を機械に伝えるアクチュエータ（シリンダなど）で構成される．配管やホースで

簡単に動力を伝達できるため産業機械や建設機械で広く使われてきた．

(1) 運転制御方法

① 一定速モータ　圧力を制御するには，図9.38に示すように，回路上に圧力制御弁を設け，一定の圧力に達した場合は，バルブが開き余剰流量を吸入側へ還流する．特に油圧制御の場合，クランプ機能のように圧力を長時間保持する使い方が多く，圧力保持状態では，ポンプ吐出量の全量が熱として排出されるため，電力の無駄が多く，タンクの高温化の問題も大きい．このため，圧力を機械的に斜板にフィードバックしてポンプの吐出量を変化させ，ポンプ自体で流量と圧力を制御する，可変容量ポンプが考案された（図9.39）．これにより，消費動力は保圧状態で60％程度削減することができ，工作機械には可変ベーンポンプ，高圧の産業機械には可変容量ピストンポンプが普及した．現在でも，小形油圧システムや室内仕様で騒音が問題になる場合には固定容量ギヤポンプ，低圧大容量には固定容量ベーンポンプ，振動が嫌われるエレベータなどにはスクリュポンプが用いられている．

② インバータモータ　インバータモータによる非圧縮性流体の圧力制御には高速応答が必要になる．例えば方向制御弁の突然の切換による液体通路遮断やアクチュエータが負荷と衝突した場合などに急激な圧力上昇が発生する．これを防ぐため

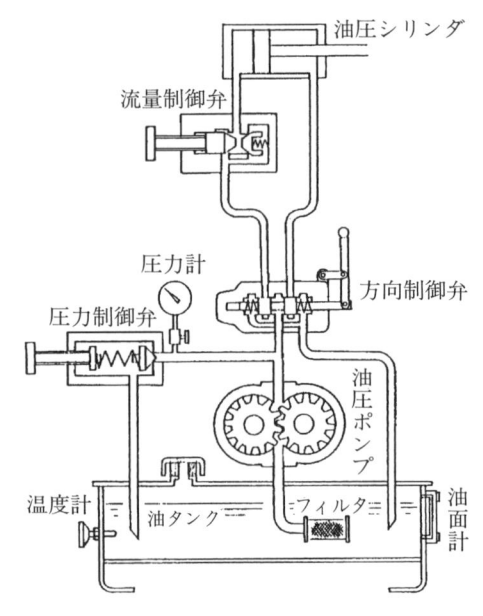

図9.38　油圧システム

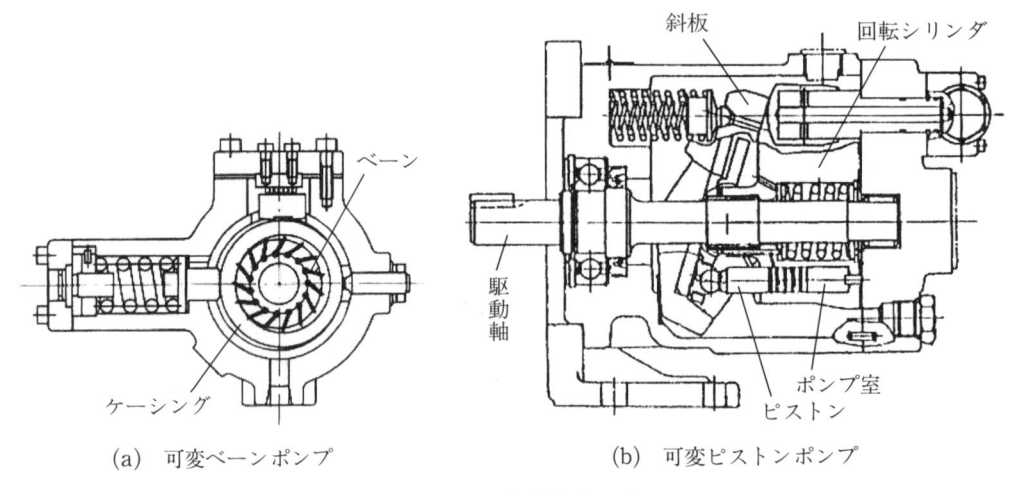

(a) 可変ベーンポンプ　　(b) 可変ピストンポンプ

図9.39　可変容量ポンプ

には，高速の速度(流量)制御からいったん反転し，ほぼ零速の圧力制御(トルク制御)に瞬時に切り換える必要があり，その応答時間は，可変容量ポンプの最小流量から最大流量までの応答性に相当し，0.1秒以下となる．このため，これまでは，高応答のサーボモータを用いて油圧固定ポンプを駆動し，アクチュエータの位置をフィードバックする高価な位置制御システムのみが用いられた．

(2) インバータ制御の例

① 油圧ポンプシステム[5,6]　最近，高速高応答インバータモータによって固定容量ポンプを回転速度制御し，負荷状態にあわせて必要なときに必要なだけの流量を供給する，従来の可変容量ポンプと互換性のある新省エネ油圧ポンプシステムが開発された．可変容量ポンプでは，油圧シリンダがストロークエンドまで移動し圧力を保持しているだけの状態のように，油圧アクチュエータが有効な仕事を行っていない保圧時においても，動作時と同じ回転速度(たとえば1800 rpm/60 Hz)で運転する．このため，機械的な摩擦抵抗と油の撹拌による粘性摩擦抵抗によって，エネルギーを無駄に消費していた．

油圧ポンプ駆動トルク T は Wilson の式から次のように表される．

$$T = V\frac{\Delta P}{2\pi} + C_v \mu n V + C_f V\frac{\Delta P}{2\pi} + T_c \tag{9.5.2}$$

この式の右辺は，第一項：理論駆動トルク(摩擦なし理想的駆動トルク：1回転当たり $V \cdot \Delta P$ の仕事のため軸に加えるべきトルク)，第二項：ポンプ内の摺動部における回転速度に比例する粘性摩擦トルク，第三項：シールや軸受の圧力に比例する機械的摩擦トルク，第四項：回転速度や圧力に無関係な一定の摩擦トルクである．

ここで，V：油圧ポンプ1回転当たりの吐出量，ΔP：ポンプ出入口の圧力差，C_v：粘性摩擦トルク係数，μ：作動油の粘度，n：ポンプの回転速度，C_f：圧力に関係する機械的摩擦トルク係数．

従来の可変容量ポンプでは，押しのけ量 V をメカニカルな機構で可変化して，流量の不必要なときには第一項，第三項を極小化するが，電動機は一定回転 n で回り続けるため第二項は削減することができない．インバータ制御では n を可変化することで第二項を極小化する．

従来の可変容量ポンプをインバータモータで制御するシステムは，省エネ効果は大きいが，インバータモータの価格アップを省電力量で償却するのに長期間を必要とするため実用的でない．新システムでは可変容量ポンプを構造の単純な固定容量ギヤポンプに置き換えることでインバータモータの価格アップ分をシステムで抑えている．モータの出力トルクとポンプの吐出量で最高圧力が決まる．ポンプの吐出量を小さくすれば，モータの出力も小さくてすむが，流量が不足するためモータの高速回転が望ましい．直接の制御対象となる油圧ギヤポンプは，モータに比べて慣性モーメントが小さい．非圧縮性流体である油の圧力制御に必要な高応答を実現するためには，モータ自体の慣性モーメントが小さく，高速回転が可能な高応答のインバータモータが必

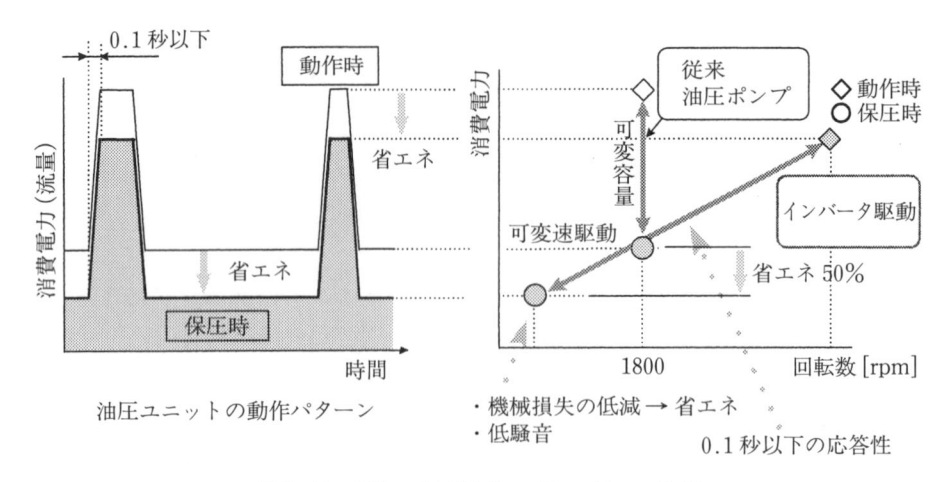

図9.40 新省エネ油圧ポンプシステムの原理

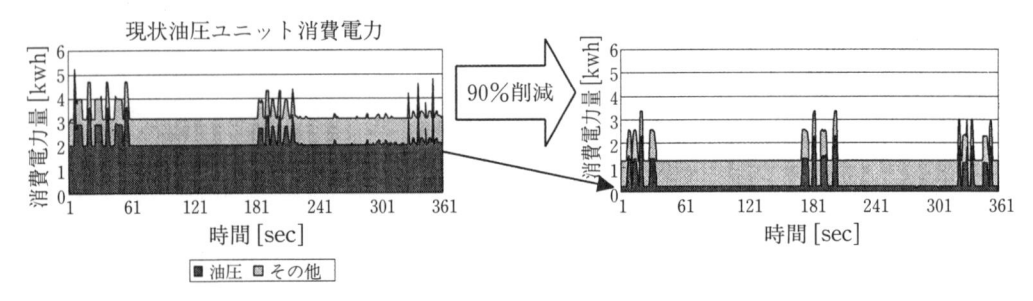

図9.41 新省エネ油圧ポンプシステム実施例

要で，7 MPa 以下の小形低圧システムでは，スイッチトリラクタンスモータ (SRモータ)，中・大形や高圧システムでは，モータ効率のよい埋込磁石形同期モータ (IPMモータ) が用いられている．いずれも低精度のエンコーダを使い，価格を抑えながら高応答を実現している．また，IPMモータの場合，内蔵磁石による誘起電力が主回路電圧を上回る領域での最高回転数を確保するため，弱め磁束制御を行っている．ただし，弱め磁束制御領域では正確な磁極検出を行わないと，トルク不足や速度不足が生じるため，常にデューティが一定値になるように電流位相指令を変更することで，その回転数での最大トルクを出力する最大トルク制御により，磁極検出誤差に起因するトルク不足や速度不足を防止している．

図9.40に従来の可変容量ポンプと比較した高速高応答インバータ駆動省エネ油圧ポンプシステムの省エネ原理を，図9.41に専用工作機械の可変容量ポンプを新省エネ油圧ポンプシステムに置き換えた場合の，電力消費量の比較を示す．ときどき現れる電力のピークが，アクチュエータの作動した状態を示しており，その時間は非常に短く，大部分は保圧と呼ばれる，動かずに力だけ保持している状態で，その場合でも常時大きな電力を消費している．この例では，インバータ油圧制御で90%の省エネを実現し，1台当たりの電力削減量は，年間8700 kW（稼働時間4600 hr/年で計算）

と大幅に削減している．また，この保圧状態の電力削減は生産量に関係なく消費する電力の削減となり，省エネの基準となる原単位削減に大きく寄与する．また，一般に可変容量ポンプは，高圧保圧時の騒音が大きい．インバータ油圧制御の場合，高圧時は回転数が下がるため低騒音となり作業環境改善にも寄与する．

② 高圧クーラントポンプ[7]　マシニングセンタの深穴加工では，シャフトから工具の内部を貫通した細い穴を通じて切削液を送り出し，加工穴からの切削屑を工具側面スパイラル穴から排出する．5～7 MPa の圧力が必要となり定容積形のポンプが用いられるが，水溶性切削液を扱うため潤滑性の問題から可変容量ポンプは使えない．固定容量のギヤポンプかスクリューポンプが用いられ，負荷が大きい場合は，圧力制御弁から余剰流量を吸入側へ還流している．インバータ油圧制御を適用すると，余剰流量を極小化できるため省エネとなる．

9.5.2　ファン・コンプレッサ

JIS 規格では，圧力が 10 kPa 未満，圧力比 1.1 未満をファン(送風機)，圧力が 10 kPa 以上 100 kPa 未満，圧力比 1.1 以上 2 未満をブロア，圧力が 100 kPa 以上，圧力比 2 以上をコンプレッサ(圧縮機)と呼ぶ．構造上，ポンプと同様にターボ形と定容積形に分類することができる．ターボ形は，遠心力を利用し小形高圧用途に使われる遠心形，羽根の揚力を利用し大形低圧用途に使われる軸流形，両方を利用する中間的な斜流形のほか，エアコン室内機のような小形低圧用途に用いられる横流形(貫流形)がある(図 9.42)[1]．

定容積形は主に高圧のコンプレッサ用途に使われ，ピストンやダイヤフラムの往復式とスクリューやベーン，ピストンの回転式がある．

(1)　運転制御方法

① 一定速モータ　設置調整時の送風機の風量調整には，モータと送風機をつなぐベルトドライブのプーリを架け換えて変速比を調整することが多い．一般に余裕をみて設計するため，使用時の風量調整には吸込口か送風口のダンパを調整するが，この場合，電力消費量は変わらず，無駄な電力を消費する．大形プラントではプロセスごとの圧力制御のため，トンネル換気用大形送風機などでは交通量に応じた送風量を制御するため，羽根の可変ピッチ制御が用いられる．

コンプレッサには一般に蓄圧タンクが設置されており，一定の圧力到達時にモータ

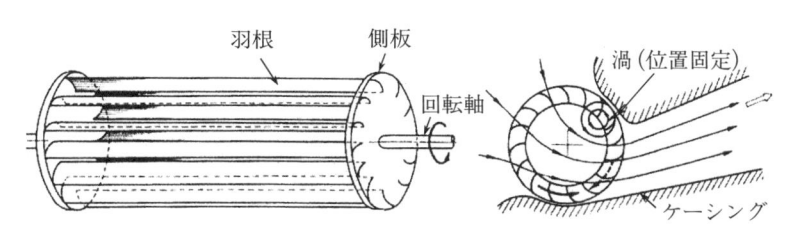

図 9.42　横流形送風機[1]

を停止させるので無駄な電力消費は少ない．

② インバータモータ　送風機の場合，送風口の絞り前後の差圧一定制御か，絞りを用いない一定風量制御が行われる．大形送風機をそのまま可変速制御するのではなく，大形送風機の代わりに小形送風機を複数台設置して台数制御する．さらにそのうち 1 台をインバータモータに代え，細かい圧力制御することにより省エネ効果が得られる．応答の遅い PID 制御で十分制御可能である．

(2) 可変速制御の例

① 汎用送風機　一般に余裕をみて能力設計するため，風量をベルトドライブのプーリ架換えで調整する場合も多いが，工場内など複数設置される場合には調整に手間がかかる．ベルトドライブを省いたモータ直結の可変速モータ制御システムを採用することにより，省エネに加え，遠隔調整による調整工数の削減と，システム構造の簡素化によるコストダウンが図れる．

② クリーンルーム用送風機　換気用送風機は，室内へのごみの侵入を防ぐため，外気より室内圧力が常時高くなるように制御し，フィルタリング用の循環送風機は風量を確保するため風量制御を行う．

③ 工場設備用エアコンプレッサ[9]　インバータモータ制御によって回転速度を上げることにより，コンプレッサの小形化が図れる．本来電力消費の無駄が少ないシステムであるため，埋込磁石形モータなど高効率モータの使用が有効である．また，工場の空気使用の運用上，圧力制御で設定圧力を若干下げ，配管からの漏れを撲減することで大幅な省エネが可能となる．

〔下尾茂敏〕

参 考 文 献

1) 大橋秀雄・黒川淳一ほか編：流体機械ハンドブック，朝倉書店 (1998)
2) クボタ：ポンプメーカ販売技術資料．例えば「ポンプ便覧」，p. 17 (1980)
3) 日本産業機械工業会：産業機械，1999 年 5 月号，2000 年 8 月号，2002 年 8 月号
4) 省エネルギーセンター：オールトヨタの省エネマニュアル，p. 145 (1997-9)
5) ダイキン工業：インバータハイブリッドシステム，カタログ HK205
6) ダイキン工業：高圧スーパーユニット，カタログ HK222
7) ダイキン工業：高圧クーラントポンプ，カタログ HK224
8) 日本下水道協会：下水道施設省資源省エネルギー化対策，p. 39 (1983-11)
9) コベルココンプレッサ (株) ホームページ http://www.kobelco-comp.co.jp/p109

10
産業エレクトロニクス

10.1　産業エレクトロニクスの概要

　エレクトロニクス技術が大きく進展していることは，今や社会の常識であり，かつその技術は留まることなく現在も著しい発展を遂げている．さらに，エレクトロニクス技術は，IT (information technology) 革命という新たな枠組みを築きつつあり，産業システムだけでなく，家庭から社会全般に大きな影響を与え，今後もその勢いは継続するとみられている．このような状況では，産業という切り口のみでなく，グローバルな視点からエレクトロニクス技術の産業への影響を論じる必要もあるかと思うが，ここではいままでいわれてきた意味での産業エレクトロニクスについて述べる．

　ところで，産業エレクトロニクスという言葉には定義があるのだろうか．米国のIEEE (The Institute of Electrical and Electronics Engineers, Inc.) の IES (Industrial Electronics Society) は，学会名が日本語でいう「産業エレクトロニクス」である．IES のホームページには，「産業および製造プロセスを，よりよいものにするためにエレクトロニクスおよび電気技術を応用すること」が学会の目的であると述べられている[1]．また，技術分野として，インテリジェント制御，計算機制御，ロボティクス，工場内通信と自動化，FMS (flexible manufacturing system), data acquisition, 信号処理，ビジョン，パワーエレクトロニクスがあげられている．産業へのエレクトロニクス応用で今後に新しい展開が期待できる分野が網羅されている．

　一方，電気学会がまとめた『電気工学ハンドブック』の 40 編のタイトルも「産業エレクトロニクス」となっている[2]．ここでも，特に定義はなく「エレクトロニクスの産業分野への応用」ということで編まれている．そこで取り上げられている産業分野は，ファクトリオートメーション，大規模計算機制御システム，計測制御装置，工場内物流，電気加工装置，産業用ロボット，工場内通信，工場・ビルの設備およびエネルギー管理である．

　このように，両学会とも特に定義を定めることなく「産業へのエレクトロニクス応用」という漠然とした意味で産業エレクトロニクスという言葉を用いている．本章でもその概念を踏襲する．

　そもそも，現在のようにエレクトロニクスという言葉が産業分野へ強烈なインパク

トを与え始めたのは，1971年に生まれたマイクロプロセッサの出現である．それ以来，マイクロプロセッサを中心とするマイクロエレクトロニクス技術の進展により，大形で，高価な計算機は，手のひらに載るぐらい小形で，かつ安価で利用できるようになり，多くの産業分野において計算機を中心とするシステムが続々と生まれてきた．特に，前述した産業エレクトロニクスが大きくかかわる分野でいえば，2つの大きなシステム上の変革があった．その1つは，計算機を中心とした生産システムの変革であり，経営情報から物流まで一貫した生産システムが構築された．2つめは，機器，装置の計算機による直接ディジタル制御(DDC)であり，複雑な情報制御がリアルタイムで実現でき，機器，装置の機能，性能を格段に向上させた．本節では，上記2つのシステムについての概要を以下に述べる．

なお，モータ応用と関連が深く，かつ生産システム上で1つの重要な位置を占める物流システムについては10.2節で，機器のDDCを代表する機械として産業用ロボットについては10.3節で，その詳細が述べられる．

10.1.1 計算機制御システム

工場内の生産システムは，図10.1に示すように生産計画などの経営情報から製造に直接携わる機器の制御までを一貫して処理する情報の流れと，製造プロセスにおいて実際につくられる製品に関する物の流れとがある．これら両者の流れを有機的に連動させ効率のよい生産を行うことが考えられており，その情報と物流の制御は計算機によって行われるので，計算機制御システムと呼ばれることも多い．鉄鋼プラントを代表とする大規模な計算機制御システムからモータなどの部品を生産するFA(factory automation)工場まで，いろいろな形態がある．しかし，いずれのシステムにおいてもマイクロコンピュータ出現以後，多くの計算機を用い，階層化，分散化したシステム構成へと大きく変わってきている．この変革にマイクロエレクトロニクス技術が大きく貢献している．

また，この変革は現在も継続しており，インターネットおよび無線技術を新たに導入し，図10.2のようなシステムが将来の監視制御システムになるといわれている[3]．図10.2の左側の構成は，従来形の監視制御システムであり，現在も多く使われている．実際の機器を制御するフィールドネットワーク，コントローラの上位に位置する制御LAN (local area network)，およびその上位に工場経営システムを管理する情報LANの3

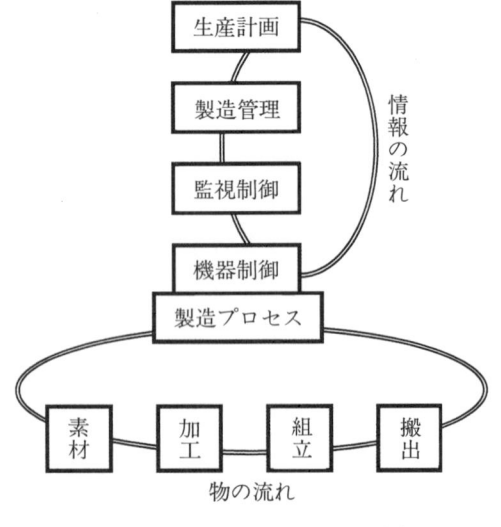

図10.1 生産システムの基本機能

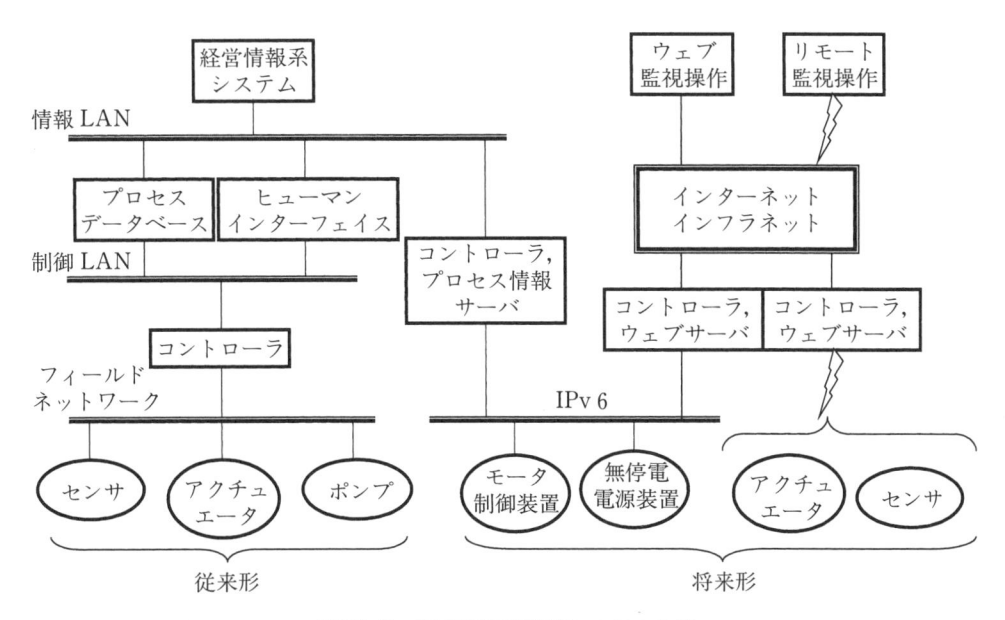

図 10.2 将来形監視制御システムの例

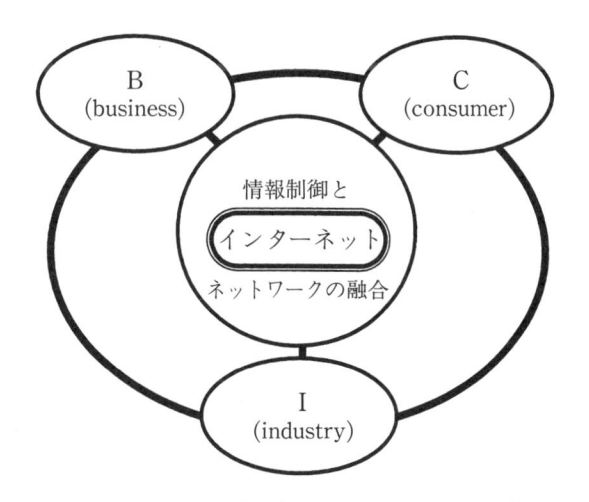

図 10.3 次世代情報制御システムのイメージ[4]

階層のネットワークが中心になっており，機器の制御から経営情報の管理まで一貫して監視制御されている．このようなシステムは，現状で稼動している鉄鋼，上下水など比較的大きな計算機制御システムの基本構成として使われている．図 10.2 の左側のシステム構成は，将来も残る基本的なものであるが，これに対して，図 10.2 の右側は今後新たに追加されるシステム構成である．その中心には，インターネットやインフラネットのような広範囲に情報授受が可能となる環境を設け，それらを使って，工場内にとらわれず，あらゆる環境からの監視を行うことができるように構成したものである．従来のオペレータ室に限らず，出張先，自宅などからもプラントの監視が可能になり，監視作業の運用方法が大きく変化し，柔軟性が増す．しかし，一方では誰もが使えるネットワークを利用するのでセキュリティに関する万全な対策を講じておかなければならない．また，緊急事態などにどのように対応していくかの問題もあり，図 10.2 の左側のシステムとの役割分担も重要な課題となる．これらの解決にも，マイクロエレクトロニクス技術と計算機のソフトウェア技術の進歩によるところが大きい．

さらに，産業における情報制御システムでは，インターネットを介してセンサやアクチュエータなどを含めた様々な機器が世界規模のネットワークで接続されるようになる．このように考えると，次世代の情報制御システムは産業の枠内だけでなく，図10.3のようにインターネットを介して，I (industry)，C (consumer)，および B (business)とが連携し，トータルソリューションを提供していく時代になると予測されている[4]．このような時代になると，産業という狭い枠ではなく，家庭から社会までを含んだグローバルなシステムとしてのエレクトロニクス技術の活用が必要である．これらを支えるのがマイクロエレクトロニクスによる計算機の技術であり，通信を支えるオプトエレクトロニクス技術である．

10.1.2 モータのディジタル制御装置

産業システムへのエレクトロニクス技術応用に対して，機器制御へのエレクトロニクス応用も産業面で大きなインパクトを与えてきた．10.1.1項で述べた計算機制御システムの最下部に位置する機器，装置である．各種機械の制御にエレクトロニクス技術が積極的に導入され，性能，機能の飛躍的な発展を遂げた．その中でも，本書で扱っているモータは機械を動かすキー部品となっており，その制御装置はエレクトロニクス技術の進展による貢献が大きい．特に，各装置，機器の制御装置は，すべてといってよいほどマイクロコンピュータを用いた直接ディジタル制御(DDC)装置である．最近では，高度な情報制御処理が必要になったこと，およびマイクロコンピュータが安価になったこともあり，1台のモータを制御するのに複数のマイクロコンピュータを用いたシステムも多くなってきている．

モータ制御システムの構成例の一つを図10.4に示す．この制御回路には，主として3つのエレクトロニクス技術が使われている．情報制御処理を実行するマイクロコンピュータを中心としたマイクロエレクトロニクス技術，電力をスイッチングで操作するパワー半導体素子を中心としたパワーエレクトロニクス技術，情報と電力との絶縁および通信で用いるオプトエレクトロニクス技術である．これら3つのエレクトロニクス技術の進歩に支えられてモータの制御性能は格段に向上した．

特に，マイクロコンピュータに代表されるマイクロエレクトロニクス技術の急速な進歩は，複雑な制御演算までをも高速に，かつリアルタイムでの処理を可能にし，その結果として誘導電動機のベクトル制御を実用化している．処理速度の進歩は，いまでも続いており，図10.5に示すように25年前に約80 μs の時間がかかっていた PI (比例＋積分)制御演算[5]が，今やモータ制御用の安価な DSP (digital signal processor)でも 25 ns の処理時間で実行できるようになり[6]，すべてのモータ制御装置をマイクロコンピュータによる DDC で実現できるといっても過言ではない．さらに，マイクロコンピュータの高集積化技術の進展は，SOC (system on chip) 技術を生み出し，モータ制御に便利な PWM 機能や A-D 変換器などの周辺機能をも同一チップ上へ実装できるようになってきている．このことから，制御回路の小形化，低コスト化

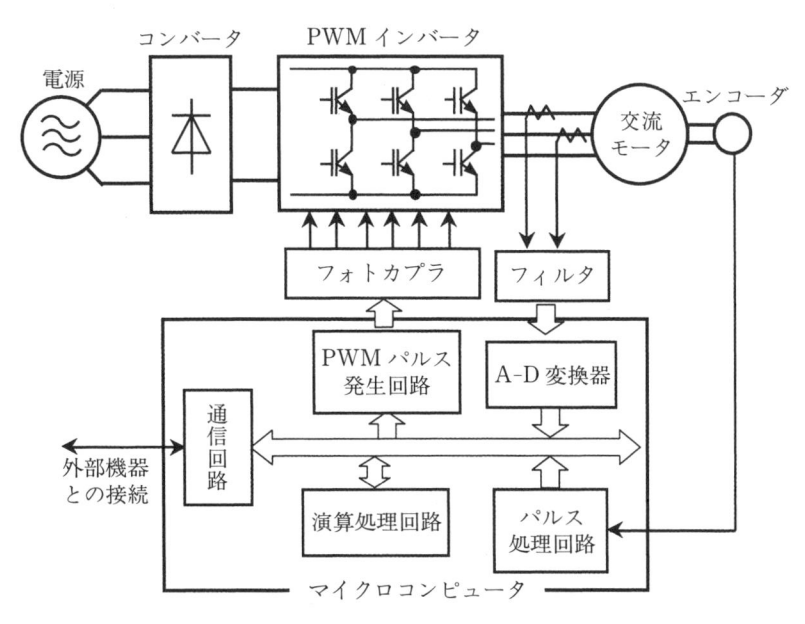

図 10.4 モータ制御システムの構成例

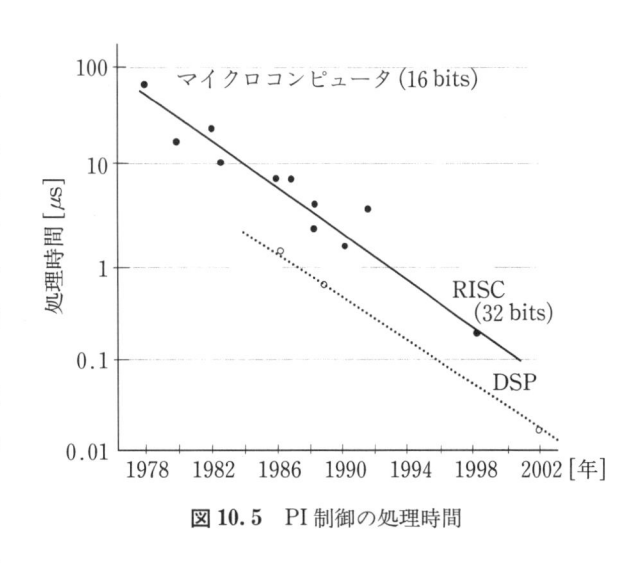

図 10.5 PI制御の処理時間

にも大きく進展している[7]．

一方，モータへ電力を印加するパワー回路にもエレクトロニクス技術の大きな進展がみられている．すなわち，半導体電力変換回路とその制御技術からなるパワーエレクトロニクス技術である．特に，パワー半導体として小容量のMOSFET，中容量のIGBT，大容量のGTOのような自己消弧素子の出現により，電力を自由自在に制御できるようになり，その性能は格段に向上した[8]．この結果，制御が難しかった交流電動機も容易に制御できるようになり，従来一定速で運転していたモータ応用分野にまで可変速駆動を行い省エネ化を図るなど，新たなモータ応用分野を拡大していった．パワー半導体を主体とするエレクトロニクス技術の進展はいまでも進められており，高温動作が可能なSiCを用いた新しい素子が発表され，モータ駆動の実験が始まっている[9]．

さらに，オプトエレクトロニクス技術の進展による影響がある．モータ制御回路では，制御回路とパワー回路の絶縁は，信頼性を確保する意味からも重要である．この部分にはフォトカプラが使われており，特に高電圧のシステムでは必須の技術であ

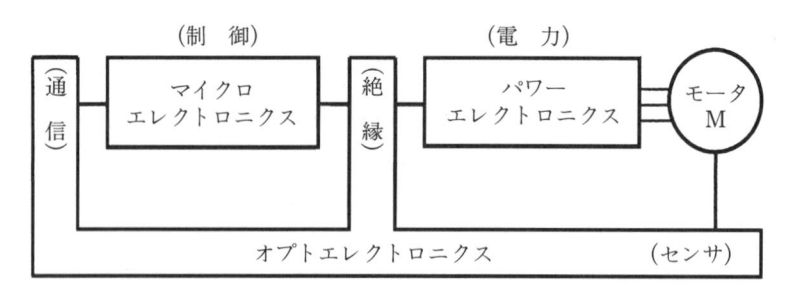

図 10.6 エレクトロニクス技術が支えるモータ制御

る．また，モータ速度を検出するエンコーダなどにもオプトエレクトロニクス技術が使われている．また，IT時代を迎え，モータ制御装置もインターネットの末端に接続されることが考えられている．その点からは，ディジタル通信の重要性がモータ制御装置にも増してくる．特に，産業応用では比較的環境の悪い状態での情報通信が必要であり，光ファイバが伝送手段として用いられることが多い．

図 10.6 に示したように，モータの制御装置一つをとってみてもマイクロ/パワー/オプトの3つのエレクトロニクス技術とその融合技術が必須であり，それらの技術なくして新しいシステムは考えられない．また，今後の産業エレクトロニクスもこれら3つのエレクトロニクス技術が中心となって進展していくものと思われる．

〔大前　力〕

参考文献

1) IEEE IE Society ホームページ：http://www.ewh.ieee.org/soc/ies/
2) 正田英介ほか：産業エレクトロニクス，電気工学ハンドブック，pp. 1755-1756, 電気学会 (2001)
3) 大庭　章・筧　敦行：計測・制御システム機器における商品展開，東芝レビュー，**58**, 10, pp. 30-33 (2003-10)
   A. Ohba and A. kakei : Trends in measurement and control system equipment, *Toshiba Review*, Vol. 58, No. 10, pp. 30-33 (2003-10)
4) 大田秀夫・船橋誠寿・福永　泰：IT時代の社会を支える日立製作所の情報制御システム，日立評論，**83**, 6, pp. 4-8 (2001-6)
   H. Ota, M. Funahashi and Y. Fukunaga : Hitachi's information and control systems for supporting IT society, *The Hitachi Hyoron*, Vol. 83, No. 6, pp. 4-8 (2001-6)
5) 大前　力・奥山俊昭：電動機制御技術の進展，フルードパワーシステム，**34**, 2, pp. 139-143 (2003-2)
   T. Ohmae and T. Okuyama : Control technology for motor drives, *Fluid Power System*, Vol. 34, No. 2, pp. 139-143 (2003-2)
6) Texas Instruments ホームページ：http://www.tij.co.jp
7) 斉藤光男：半導体技術の進歩とシステムオンチップ，東芝レビュー，**57**, 1, pp. 38-42 (2002-1)
   M. Saito : Progress of semiconductor technology and system on chip, *Toshiba Review*, Vol. 57, No. 1, pp. 38-42 (2002-1)
8) 増田郁郎：パワーエレクトロニクスの現状と今後の展開，日立評論，**82**, 4, pp. 4-8 (2000-4)
   I. Masuda : Present status and prospects for future developments of power electronics, *The Hitachi Hyoron*, Vol. 82, No. 4, pp. 4-8 (2000-4)
9) 大橋弘通：最新のパワーデバイスの動向，電学誌，**122**, 3, pp. 168-171 (2002-3)

H. Ohashi : Trends of recent power devices, *J. IEE, Japan*, Vol. 122, No. 3 (2002-3)

10.2 物流システム

10.2.1 物流システムの概要

　物流は大きく工場内物流と商品物流に分けられ，一般的に物流といえば商品物流を指すことが多いが，本節では工場内物流について説明する．

　近年の工場では，従来にも増して生産の高効率化が強く求められ，多品種少量生産での在庫削減，リードタイム短縮，実加工時間割合の向上，自動化機械やロボットの活用に基づく省力化などが求められる．また，最近はロジスティクス (logistics) ということがよくいわれるようになり，これは，市場のニーズやタイミングにあわせて的確に資材調達，生産，配送を行うことによる，無駄のない企業間取引と物流の仕組みを意味しており，物流コストの削減，収益向上，物流のフレキシブル化などの点からその重要性が強く認識されている[1~3]．

　物流システムでの作業は，包装，輸送，保管，荷役搬送，管理の5種類に大きく分けられ，工場内物流では，そのうちの保管，荷役搬送，管理が基本となる．保管系は，原材料，中間製品，製品を一時的に保管する系であり，自動倉庫，ラックなどから構成される．在庫がないことが理想ではあるが，現実には必要最小限の在庫が必要であり，在庫管理が重要といえる．荷役搬送系は，生産や加工，保管などの各工程間の搬送を受けもつ系であり，フォークリフト，コンベヤ，クレーン，無人搬送車，仕分け装置などから構成される．管理系は，荷役搬送系および保管系を流れる物（製品）とそれに付随する情報や知識などの流れを一貫して管理するコンピュータシステムであり，伝票，バーコードやIDタグ，オンラインデータ処理なども含まれる．

　物流のフレキシブル化は近年ますます重要になっている．無軌道式の無人搬送車では，磁気テープや誘導線による誘導制御が中心であるが，レーザなどを使用した自律走行式の誘導制御の導入により経路変更などのフレキシビリティが向上する．また，平面搬送だけでなく，立体的な搬送の必要性も高まっている．

　駆動用モータとしては，以前は誘導機が中心であったが，最近は搬送，停止，分岐，合流などを高品質に行うためにサーボモータを採用することが普通になってきている．また，用途によってはリニアモータの利用もみられる[4]．

10.2.2 物流システムを構成する機器・装置

　物流システムにおいては，目的に応じて多種多様な機器，装置が使用されている．以下では保管系の自動倉庫について，搬送系を間欠搬送と連続搬送に分けて説明する[1,3,5]．

a. 自 動 倉 庫

　自動倉庫とは，保管棚に材料や部品，製品などを自動的に搬入，搬出できるシステ

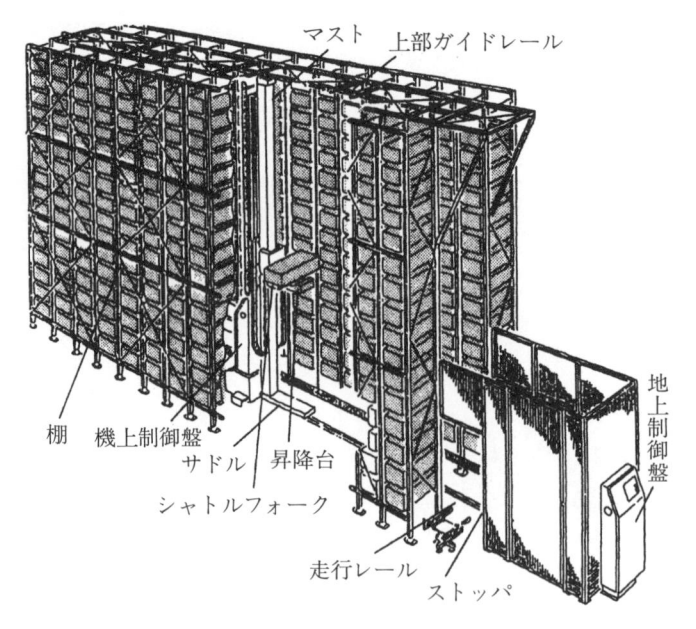

図10.7 バケット用立体自動倉庫[6]

ム化された保管庫というだけではなく，品物の種類と数量の最新状況を記録して，在庫管理の合理化を図るシステムである．そのため倉庫を高層立体化し，コンピュータによるクレーン，コンベヤなどの搬送機の自動運転制御を行い，物と情報の両方を同時管理して，最適な倉庫運用を行うのが自動倉庫システムである[6]．保管する物によって，パレット自動倉庫，バケット・ケース自動倉庫，ロール自動倉庫，危険物自動倉庫，長尺物自動倉庫，冷凍自動倉庫などがある．図10.7にバケット用の立体自動倉庫の例を示す．

スタッカクレーン方式の自動倉庫は，重量の重い，大きな物まで対応が可能であり，モータには主に走行，昇降，フォークの3動作それぞれにインバータ駆動の交流モータが使われる．高精度が求められる場合は，サーボモータを使用することがある．一方，回転ラック方式は，数十 kg 程度までの比較的小さな物に適していて，棚を水平あるいは垂直に回転させてラックに収納する．そのため設置スペースを小さくできる特長がある．

自動倉庫は，省スペース，在庫管理が容易，大量高速搬送が可能，フォークリフト作業の省力化，安全性が高いなどの長所をもつ一方，効果対投資金額が大きい，荷姿変更に弱い，移設が容易でない，短時間高精度搬送に弱いなどの欠点もある．

b. 間欠搬送

間欠搬送としては，無人搬送車，天井搬送車，無人フォークリフト，自動クレーンなどがある．

(1) 無人搬送車　自動倉庫との組合せにより全自動搬送システム化が行われる[7,8]．特に無軌道方式では誘導，通信，制御技術の発達による高精度化，高機能化

が進み,自律走行が可能である.構造として台車形,牽引形,潜込形,フォークリフト形などがある.

(2) 天井搬送車　天井搬送車は,有軌道方式無人搬送車の一つであり,軽量物の高速搬送に適する.比較的シンプルな構造でありながら,分岐・合流が可能で,フレキシブルな軌道レイアウトが可能である.軌道に沿って駆動部と惰行部を設けることにより,コストパフォーマンスの高いシステムの構成が可能である.さらに,床面のスペースの有効活用,クリーンな搬送機構,静かな作業環境,優れたメンテナンス性,高い安全性などの特徴を有し,クリーンルーム内高速搬送にも使用される.電力供給には,トロリ式,バッテリ式,非接触給電などが用いられる.

(3) 無人フォークリフト　各種センサ,アクチュエータを備え,コンピュータ制御のより自動化されたフォークリフトであり,無軌道搬送でフレキシビリティを有する.

(4) 自動クレーン　大形重量物の任意ステーション間の間欠搬送や,平置き倉庫の自動化,荷積み,荷下しの自動化などに利用される[9].駆動用モータは四象限運転され,高頻度可逆運転や寸動,低速による停止位置制御に特徴がある.近年はかご形誘導電動機のインバータ駆動が広く適用され,高精度位置決めや軽負荷時の高速化,低速運転時の安定性向上,運転効率アップ,省エネ化などが実現されている.

(5) その他　ピッキング,すなわち物品の自動取出しのための装置や移載作業の自動化のためのパレタイザ,デパレタイザなどが作業の省人化,省力化,コスト削減などを目的に導入されている.

c. 連続搬送

連続搬送の代表的な装置としてコンベヤや自動仕分け装置がある.

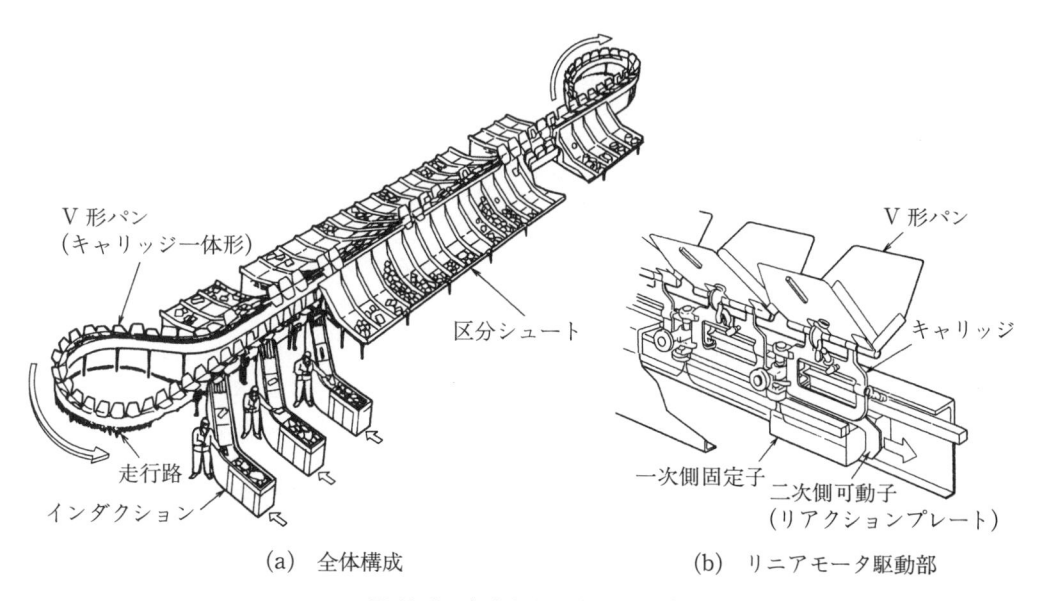

(a) 全体構成　　　(b) リニアモータ駆動部

図10.8 高速自動仕分け装置[12]

(1) コンベヤ　パレットやバケットの大量搬送や，垂直または傾斜搬送システム，自動倉庫との組合せによる全工場自動化が可能である[9]．通常は一定速度運転が行われるが，定トルク負荷のため始動トルク不足による始動失敗が発生しやすい．そこで，かご形誘導電動機と流体継手の組合せや，巻線形誘導電動機の二次抵抗始動が行われる．リニアモータ方式の高速搬送化も試行されている．

(2) 自動仕分け装置　出荷工程や物流倉庫で行き先別に物を仕分ける装置であり，近年は，低騒音化が進み，搬送物の大きさや形状を選ばない装置が増加している．図10.8に示すように，リニアモータを利用し，連結したトレー(キャリッジ)をリニア誘導モータにより走行させる仕分け装置がある．特長として，高速，低騒音，低メンテナンスコストなどがあげられる．トレーは仕分け対象物によってチルト式，ベルト式(壊れ物，薄物対応)があり，製品化されている．

10.2.3　非接触技術

高精度位置決め，高速駆動，クリーン搬送，低騒音搬送など，付加価値の高い搬送のためには非接触技術は重要な技術の一つである．非接触技術として，非接触支持，非接触給電，非接触情報伝送などがある[10]．

非接触支持は，車輪に代表される機械的接触をもつ支持機構に比べ，産業界での実用事例は非常に少ないが，当初からリニアモータ駆動との組合せを意識して開発された技術である．摩擦回避による制御の容易さ，防じん性，静穏性，保守の省力化，信頼性の向上などが期待される．

非接触給電は，搬送，物流における一般的な必要性から広く求められるシステム要素として発展してきた．移動スピードに制限がないこと，カーブにも対応できること，摩耗粉の発生がなく清潔なこと，スパークが発生しないこと，感電の心配がないこと，水気が多いところでもショートの心配がないこと，接触不良による瞬時停電がないこと，消耗部品がないため保守性に優れていることなどが期待される．

a.　非接触支持

非接触支持技術の代表例として，空気浮上と磁気浮上がある．磁気浮上については以下のような利点がある．

- 非接触化：発じんの低減，摩耗部品の削減によるメンテナンス性の向上，振動・騒音の低減，摩擦低減による位置制御性能の向上，省エネ化，高速化への対応
- 特殊環境への適用：無発じんのためクリーンルーム内での使用や，潤滑が不要になることにより真空環境へ適用できる
- 高機能化：位置制御，制振制御，支持剛性や振動減衰性能の制御，運転状態のモニタ

磁気浮上方式としては図10.9に示すような電磁吸引制御方式が一般に適用される．これは鉄などの磁性体で形成したレールの下に鉄心とコイルを組み合わせた常電導電磁石を配置して構成する方式である．電磁石コイルに流す励磁電流を制御することで

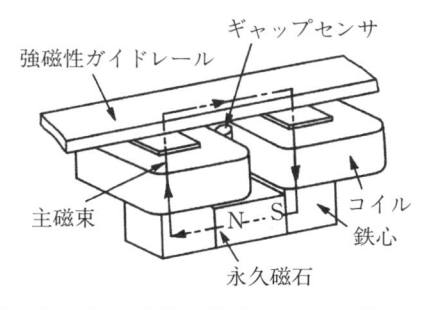

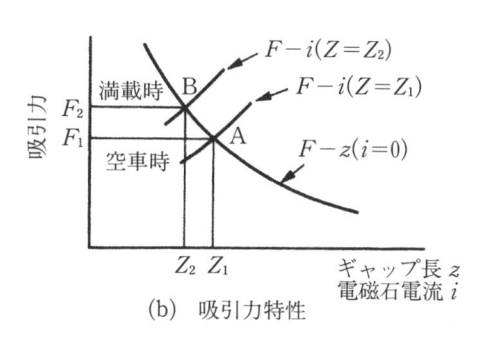

10.2 物流システム

図10.9 電磁吸引制御方式を用いた磁気浮上方式（ゼロパワー制御用複合磁石の例）[17]

(a) 永久磁石と制御用電磁石からなる複合磁石
(b) 吸引力特性

レールと電磁石の間に働く吸引力を調節し，重力方向に働く力をバランスさせることで磁気浮上を実現する．浮上安定化のために制御が必須である．永久磁石と電磁石を組み合わせて，永久磁石のバイアス磁束による吸引力を利用するようにした構成とする場合もある．この構成では，電磁石で安定化を図ったうえでコイルに流す励磁電流を定常的にゼロに収束させるゼロパワー制御を適用することで，省エネルギーな磁気浮上装置を実現可能である．

b. 非接触給電

非接触集電，誘導集電，無接触集電など，いくつかの呼称があるが，その原理は変圧器である．磁気浮上鉄道の車上電力供給用には速度起電力方式が採用されているが，産業用では，10 kHz 以上の電力用としては高い周波数による変圧器起電力を用いた方式が採用されている．この方式では，移動体の速度に関係なく低速でも有効なエネルギー伝送が可能である．図10.10に構成例を示す．

従来からの可動ケーブル，ケーブルペア，トロリによるエネルギー伝送は，原理が単純で，大きな電力を容易に効率よく伝送できるという利点はあるが，長距離移動ができない，高速移動ができない，直線移動しかできない，ケーブルに寿命がある，などの欠点があった．また，バッテリの場合も，重量が重い，寿命が比較的短く，その状態監視や交換のための保守の手間が大きい，充電の間は止める必要があり，平均的な稼働率を限界まで高くとることができないなどの欠点がある．

最近ではスペクトラム拡散方式を用いた高速重畳通信システムとして，非接触情報伝送とケーブルを共用する考え方も出てきている．

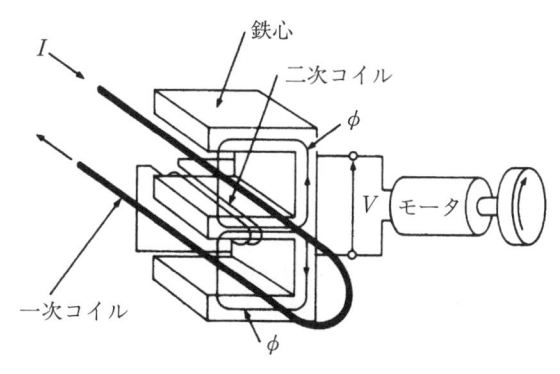

c. 非接触情報伝送

台車側（キャリヤ側）に駆動用モータを有する搬送設備では，地上設備側から車上側に動作指令，

図10.10 非接触給電の構成例

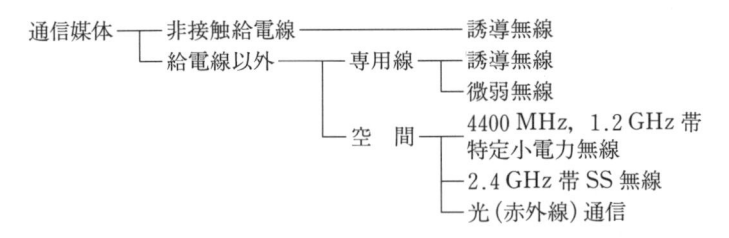

```
通信媒体 ─┬─ 非接触給電線 ──────────── 誘導無線
         └─ 給電線以外 ─┬─ 専用線 ─┬─ 誘導無線
                       │         └─ 微弱無線
                       └─ 空 間 ─┬─ 400 MHz, 1.2 GHz 帯
                                 ├─ 特定小電力無線
                                 ├─ 2.4 GHz 帯 SS 無線
                                 └─ 光 (赤外線) 通信
```

図 10.11 非接触情報伝送のための通信方式の概要

車上側から地上側に位置情報，動作指令に対する終了報告を行う双方向通信が必要である．通信方式の概要を図 10.11 に示す．

非接触給電線を通信媒体に併用する誘導無線は，給電線で動力伝達を行う 10 kHz およびその高調波の周波数と，通信での周波数を分離し，専用カプラで通信を重畳する．伝送路の損失が小さく，モデムの送信出力が 1 μW 以下の条件で 100 m 以上の通信が可能である．非接触給電装置の給電線を通信媒体に使用する場合，発射する電波が著しく微弱であれば，微弱無線機器に相当する．ほかの方式と異なり，搬送装置の据付け時にアンテナの設置スペース，工事費用が発生しない特徴を有する．

搬送路と平行にアンテナを敷設し，50〜100 mm 程度の空間距離を微弱無線電波で伝送する方法は，電界強度が電波法で規定する規制値以下であれば，アンテナの設置などに自由度がある．322 MHz 以下で使用する場合，伝送速度が 9600 bps 程度であり，同一無線区間内に複数の搬送車が存在する用途の場合，搬送車のトラッキング情報をすべて無線で伝送することはできず，搬送車の位置，停止の指令などにほかの伝送手段を併用しシステムを構成することが必要である．

1.2 GHz 以下の特定小電力無線は，2000 年の電波法改正により規格が統廃合され，電波の形式，スペクトラム拡散無線方式などの追加，連続送信ができるチャネル追加などを含め，ARIB (Association of Radio Industries and Businesses, (社) 電波産業会) 標準規格 STD-T67 に集約された．

10.2.4 リニアモータの適用

搬送装置の駆動源としてリニアモータに期待される機能と適用事例を表 10.1 に示す[11]．高速性，クリーン性，高加減速性，低保守・低騒音のいずれの機能も，リニアモータのダイレクトドライブ機能，すなわち非接触直接駆動に基づく．機械的な運動変換装置に頼らず，ダイレクトドライブを原理とするリニアモータは，移動する全長にわたって一次側 (電機子側)，二次側 (界磁側) のいずれかを配置することが基本であり，用途によっては間欠配置も可能である．また，クリーン性，メンテナンス性を優先する場合は地上一次方式が，速度安定性，多点位置決めが要求される場合は地上二次方式 (車上一次方式) が採用されるのが一般的である．

リニアモータの産業応用の始まりは搬送物流分野であった．工場内の自動化，高速搬送化の流れの中で，リニアモータ搬送が導入されてきたが，従来のコンベヤ方式の

表 10.1 搬送用リニアモータの機能[11]

機能	現状技術の課題	実用化例
高速性	ボールねじなど回転式の速度限界	室内搬送装置,工作機械
クリーン性	接触駆動搬送の限界	半導体搬送,液晶搬送,精密テーブル
高加減速性	回転方式の限界	重量物搬送,工作機械
低保守・低騒音	接触駆動部,運動変換機構部の保守,騒音	仕分け装置などすべてのリニアモータ搬送装置

代替には,コスト,技術両面で壁が高い.現時点ではクリーンルーム内,病院内搬送,自動仕分け装置,低振動搬送装置という特化された分野において特徴あるシステムが構成されている[11~14].

工場の生産工程において,工場の自動化が進むにつれて,生産機械間,機械と倉庫部間,ロボット間などいわゆる製造工程間の搬送が高速高加減速で精度よくなされることが求められる.各種のリニアモータがこのような搬送用途に利用されている.また,工場の他の物流システムとして,郵便物や新聞束などの自動仕分け装置に,従来の回転機方式に比べ低騒音であるリニア誘導モータ方式が採用され,実用化されている.さらに立体自動倉庫用には非接触給電装置を採用したシステムもみられる.生活に身近な応用ではカルテ,検体などの搬送に利用される病院内搬送装置にも利用されている.

搬送用リニアモータとしてリニア誘導モータとリニア同期モータが一般に利用され,主流は,リニア誘導モータからリニア同期モータに移る傾向にある.リニア誘導モータの場合,一般的に台車側を二次導体とし,地上側に一次巻線を間欠に配置する.この場合,搬送経路が長くなるにしたがって一次側への電力供給回路が複雑化し,供給ケーブル量が膨大となる.また,一次側間欠配置に伴う台車の惰走(空走)区間における走行制御の信頼性の改善が必要とされる.

リニア同期モータは台車側に電機子鉄心と巻線を装着し,地上側に永久磁石界磁を進行方向に沿って貼り付け,その磁界と台車の電機子コイルがつくる電磁界との作用によって推力を発生する.この場合,台車上の電機子側へは高周波コイルなどを利用した非接触給電が利用され,必要に応じて台車側に位置検出用センサを装着することによって,連続的に位置および速度の制御が可能となる.永久磁石については安価なフェライト系の磁石が利用可能とされている.

10.2.5 無人搬送車

a. 概 要

無人搬送車(AGV; automated guided vehicle)は工場内物流の自動化のための重要技術であり,自動倉庫や作業ロボットなどと組み合わされて工場の自動化を支えている[8].

無人搬送車は大きく有軌道方式と無軌道方式に分けられる.有軌道方式は,大形で

重量のある物の建家間搬送や，ほかの機械への位置精度の比較的高い受け渡し，あるいは，比較的小形の物の搬送では，高速性を活かして自動倉庫前の高速荷さばき装置などに適用されている．また，半導体工場においても，クリーンルーム内のウェハ製造ラインの工程内外の搬送用として利用される．

一方，無軌道方式はレイアウト変更が容易であり，最近の製品の多品種化や生産サイクルの短期化などにフレキシブルに対応できる特長をもつ．構造により，台車形(図10.12)，牽引車形，フォークリフト形などがある．動力源としては一般にバッテリが使用され，駆動方式としては，安定性，コスト面で優れる前輪ステアリング駆動方式，小さい旋回半径でスピンターンできる左右駆動方式，および横行，斜行といった全方位移動が可能な方式などがある．

地上側と車両側の間の通信には，光，電磁誘導カプラなどのスポット伝送や微弱無線機，特定小電力無線機，スペクトル拡散方式無線機などが使用される．特に，スペクトル拡散方式無線管制による自律分散制御，微弱無線による自律交差点制御，無人搬送車のスピンターンやプログラムステアリング技術，自動充電システムなどの開発が進み，また，障害物センサ，警報装置，自己診断，車両状態モニタなども重要な機能となっている．

無軌道方式無人搬送車の誘導方式の分類と基本原理を図10.13と図10.14に，構成例を図10.15に示す．誘導方式は大きくガイド方式とガイドレス方式に分けられる．

b. ガイド誘導式の無軌道方式無人搬送車の誘導制御

ガイド方式は，電気的な誘導線などに沿って搬送車を誘導する方式であり，制

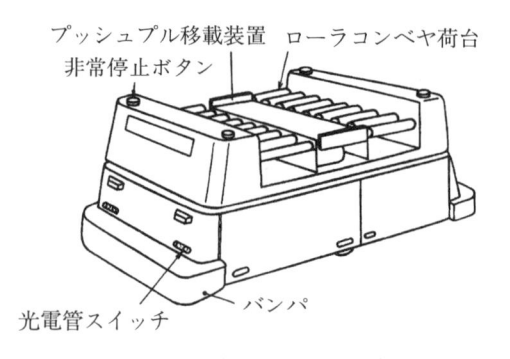

図10.12 無人搬送車の例[5]

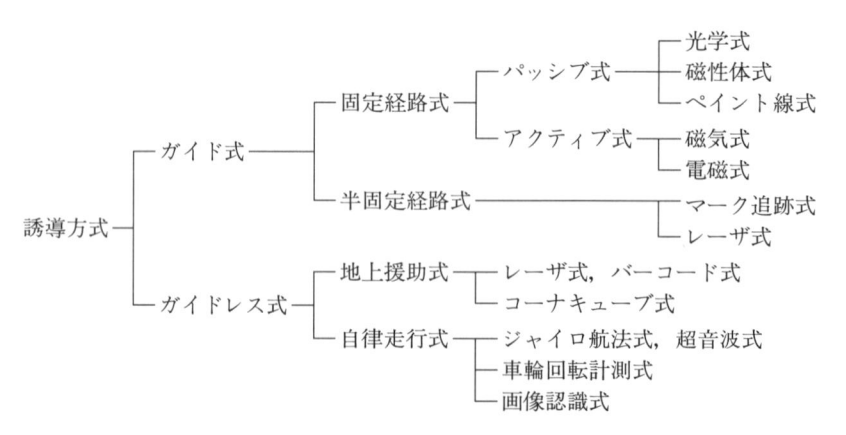

図10.13 無人搬送車の誘導方式の分類

御の信頼性が高く，技術，コストの両面で一般的な誘導方式である．電磁誘導式は，走行路に沿って溝を設け，その中に誘導ケーブルを埋設して誘導する．磁気誘導式は，走行路面に磁気テープを貼り付けるだけであり，ルート変更が容易で，工事が安

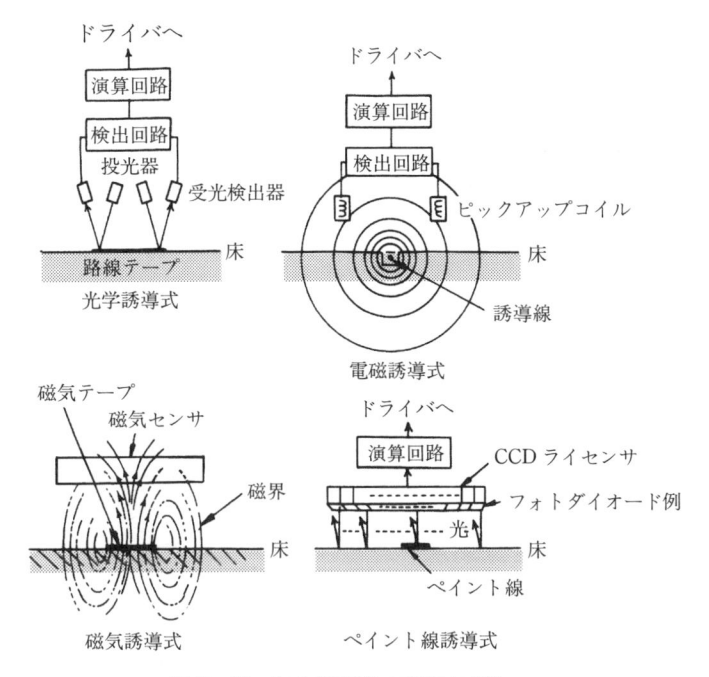

図 10.14 無人搬送車の誘導方式[8]

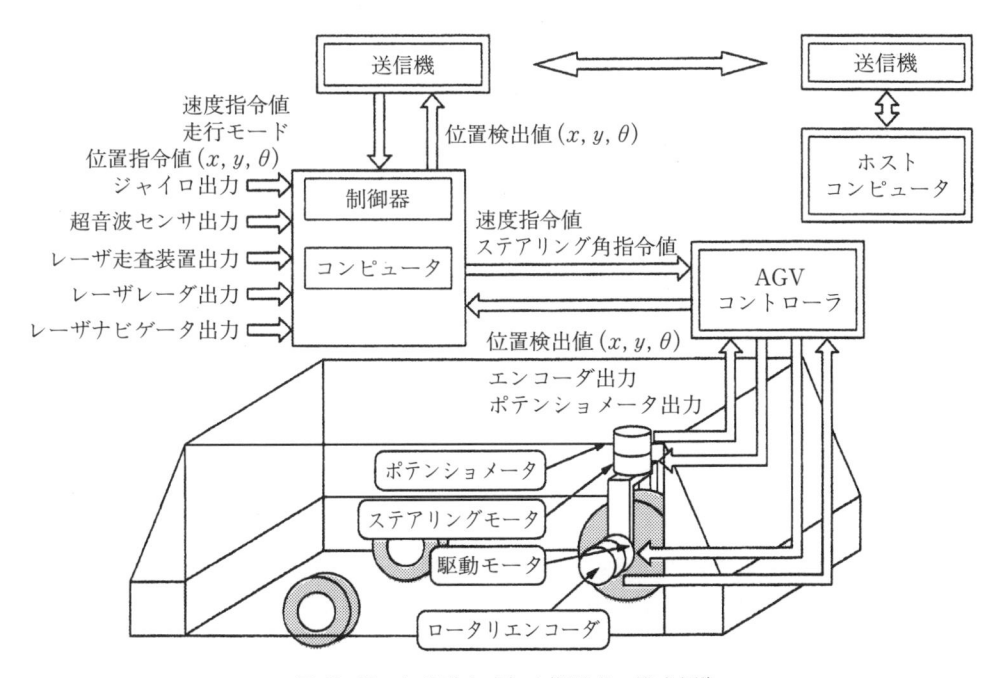

図 10.15 無軌道方式無人搬送車の構成例[1]

価である．光誘導式は，走行路面にアルミテープを貼るだけであり，路線の設定変更が容易で，停止ステーションの設定も容易である．また，要所となる地点に光学的，磁気的に検出可能なマークを配置し，その間を自律走行する半固定経路式のガイド方式もある．

c. ガイドレス誘導式の無軌道方式無人搬送車の誘導制御

一方，ガイドレス方式は，地図情報を車上メモリに登録し，GPS装置のような車載位置センサなどを用いて，登録してある地図情報と照合しながら，車両を目的経路に沿って誘導する方式であり，経路変更は，制御用のコンピュータ内のレイアウトマップのデータの変更だけですむという特長がある．

ガイドレス方式は，さらに地上援助式と自律走行式に分類される．地上援助式は，電波や光を発生する装置を地上に設置して，無人搬送車に誘導の基準を与える技術である．自律走行式は，車載位置センサなどによって現在地を決定する位置計測式，車輪の回転数と進行方向から走行経路を演算する経路演算式，イメージセンサで現在地を決定する画像認識式などがある．位置計測式において走行基準や障害物などの検出にはレーザ光や超音波が使用される．方位・位置決定手段としては，レーザ方式，光走査方式，ソナー方式，ビーコン方式，三角測量方式などがあり，三角測量方式では，GPSなどの電波源などが利用される．一方，画像認識方式は，イメージセンサにより走行路周囲の構造物を撮像し，このデータを解析して進路を決定する．また，経路演算方式は，車輪の回転回数から走行距離を求め，ジャイロで方位を求め，これらの値から走行した経路を積算し，進路を決定する．

10.2.6 物流システム例

a. クリーンルーム内搬送

半導体製造においては歩留まり向上のためにクリーンルームが必要不可欠であり，特にVLSIデバイスの製造のためには，クラス10やクラス1といった非常に高い清浄度が要求される．そのため，作業者もできるだけクリーンルームに入れないようにすることが要求され，自動搬送システムが不可欠であると同時に，その搬送システムからの発じんもできる限り抑制しなければならない．例えば，有軌道式の空間走行車形のウェハ自動搬送では，台車を車輪または空気浮上や磁気浮上により支持し，リニアモータで非接触ダイレクト駆動する方法が主力になってきている．

車輪支持方式では，車輪にウレタンローラを使用し，車輪支持部や走行軌道は負圧に設定されたダクト内に設置して，走行時に発生する微粒子の排出を抑制している．空気浮上方式は，軌道側に噴気孔を設け，空気圧によって車両の底部と軌道表面に空気層をつくって非接触支持をする．磁気浮上方式は，電磁石と鉄レールの間の電磁吸引力を利用して台車側を支持する方法であるが，電磁力は不安定なので電磁石電流を制御する必要がある．また，永久磁石を電磁石の磁路中に挟むことによって平均的な電流をゼロとし，消費電力を抑えるゼロパワー制御が利用され，バッテリによる長時

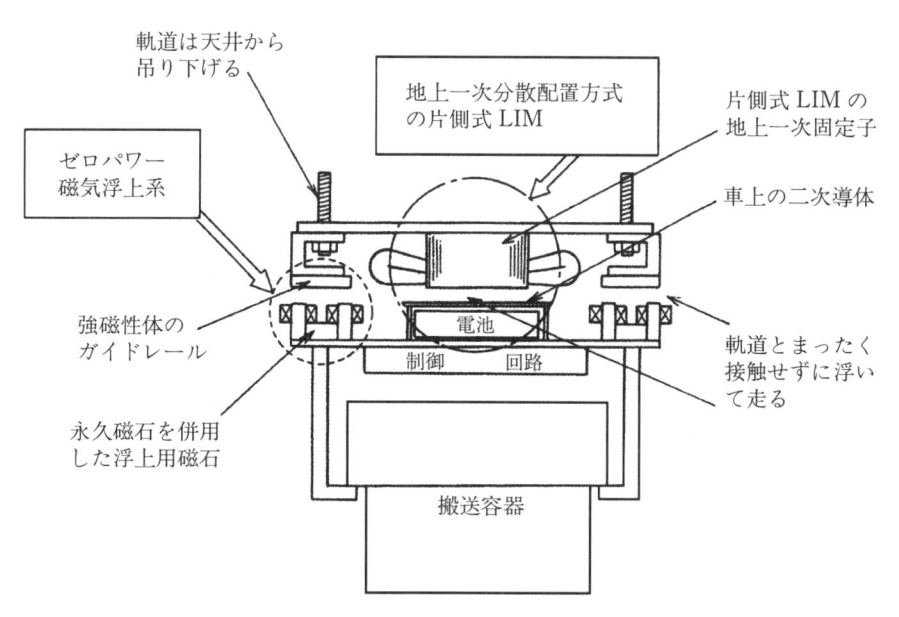

図 10.16 クリーンルーム用磁気浮上支持・リニア誘導モータ駆動の搬送システム[12]

間走行も可能となっている (図 10.16)[15〜17].

開発当初はリニア誘導モータをベースに車輪, 空気浮上, 磁気浮上が使われてきたが, 最近は永久磁石をレール上に敷き詰めたリニア同期モータタイプが主流である. 非接触給電により電力供給を受ける多数の走行キャリヤが, それぞれリニア同期モータの電機子巻線を有し自律的に走行する. 追越し, 分岐を可能とするための車両および軌道側の構造が振動するのを防止するための制振制御をリニア同期モータ自身にさせるなど高度な制御が可能になってきている.

クリーンルーム用ベルト, ローラコンベヤ用モータなどには, ブラシレスタイプとして AC サーボモータが採用されている. また, 工程内のウェハ搬送装置としての自律形無人搬送車の車輪駆動には, ホイールインタイプのダイレクトドライブモータがクリーン, 静粛性, 小形化の点で主流となっている.

b. 病院内の立体搬送

立体搬送が実用されている例として, 病院内に設置されたリニアモータによる搬送システムを紹介する[12]. 病院内では, 検体, 注射薬および食事などの様々な搬送業務が日常的に発生している. そこに搬送システムを導入することにより, 作業の負担軽減, 効率化を実現し, 人手不足の解消に貢献できる. 図 10.17 にリニア誘導モータを利用した病院内搬送システムを示す. 高速, クリーン, 低騒音およびメンテナンスが簡単であるなどの利点を有する. 狭いスペースを利用して搬送システムを構成し, かつフロア間の搬送も必要なので, 立体搬送となる. 軌道側に一次コイルを, キャリヤ側に二次導体 (リアクションプレート) を設置する地上一次方式のリニア誘導モータであり, リニアモータ一次側は, ルートや要求加減速度などに応じて, 軌道に間欠配

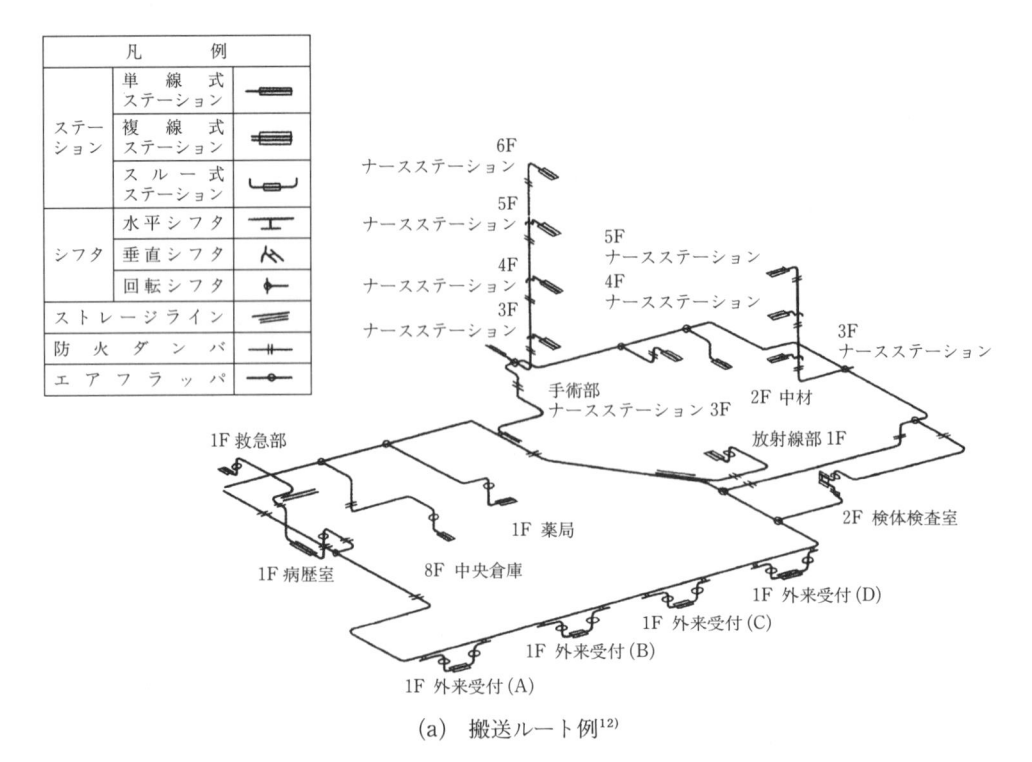

凡　例		
ステーション	単線式ステーション	
	複線式ステーション	
	スルー式ステーション	
シフタ	水平シフタ	
	垂直シフタ	
	回転シフタ	
ストレージライン		
防火ダンパ		
エアフラッパ		

(a) 搬送ルート例[12]

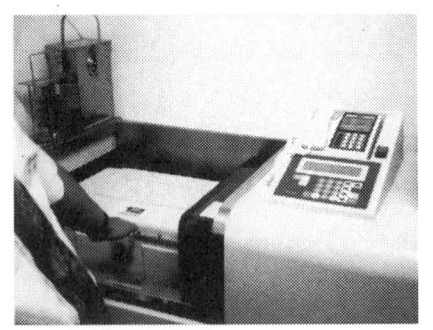

(b) ステーション部

(c) 軌道に沿って間欠配置されたリニア誘導モータ一次側

図10.17　病院内搬送システムの例

置される．最近では搬送能力を高めたリニア同期モータ駆動のシステムも開発されている．

〔大崎博之〕

参考文献

1) 電気学会：電気工学ハンドブック（第6版），pp.1788-1794，オーム社 (2001)
2) 工業調査会監修：生産技術実用化便覧，pp.227-233，工業調査会 (2000)
3) 工業調査会監修：生産技術実用化便覧，pp.326-347，工業調査会 (2000)
4) モータ技術実用ハンドブック編集委員会編：モータ技術実用ハンドブック，pp.975-993，日刊工業新聞社 (2001)

5) 日本機械学会：機械工学便覧—エンジニアリング編 C3 運搬機械，丸善 (1989)
6) 清水美希雄：立体自動倉庫，電学論 D, **114**, 2, pp. 125-128 (1994-2)
   M. Shimizu : Automated storage & retrieval system, *T. IEE Japan*, Vol. 114-D, No. 2, pp. 115-116 (1994-2)
7) 中村明徳：無人搬送設備の現状と技術課題，電学論 D, **114**, 2, pp. 115-116 (1994-2)
   A. Nakamura : Technical trend of material handling system, *T. IEE Japan*, Vol. 114-D, No. 2, pp. 115-116 (1994-2)
8) 柏原　功：無人搬送車，電学論 D, **114**, 2, pp. 117-119 (1994-2)
   I. Kashihara : Automatic guided vehicle, *T. IEE Japan*, Vol. 114-D, No. 2, pp. 117-119 (1994-2)
9) 電気学会：電気工学ハンドブック (第 6 版), pp. 1740-1742, オーム社 (2001)
10) 電気学会産業用リニア駆動システムの評価技術調査専門委員会，産業用リニア駆動システムの評価技術，電気学会技術報告，930 号，pp. 22-28 (2003)
11) 電気学会産業用リニア駆動システムの評価技術調査専門委員会，産業用リニア駆動システムの評価技術，電気学会技術報告，930 号，pp. 34-36 (2003)
12) 正田英介：リニアドライブ技術とその応用，pp. 98-129, オーム社 (1991)
13) 電気学会：電気工学ハンドブック (第 6 版), p. 690, オーム社 (2001)
14) 電気学会搬送用リニア位置決めシステム調査専門委員会，搬送用リニア位置決めシステムの応用技術，電気学会技術報告，732 号，pp. 16-24 (1999)
15) 森下明平・小豆沢照男：常電導吸引式磁気浮上系のゼロパワー制御，電学論 D, **108**, 5, pp. 447-454 (1988-5)
    M. Morishita and T. Azukizawa : Zero power control method of electromagnetic levitation system, *T. IEE Japan*, Vol. 108-D, No. 5, pp. 447-454 (1988-5)
16) 井上宏治：軌道式搬送設備，電学論 D, **114**, 2, pp. 120-124 (1994-2)
    K. Inoue : Guided transport system, *T. IEE Japan*, Vol. 114-D, No. 2, pp. 120-124 (1994-2)
17) 電気学会磁気浮上応用技術調査専門委員会編：磁気浮上と磁気軸受，pp. 102-105, コロナ社 (1993)

10.3　産業用ロボット

本節では，モータの応用例としての産業用ロボットについて概説する．産業用ロボットは多くの技術の集積によって成り立つシステムである．要素技術としては，機械，電気・電子，計測，制御，情報，システム，人工知能など多くの工学分野とかかわりをもちながら，総合技術としてのロボティクス (robotics) という独自の工学分野を形成している．また，産業用ロボットを導入した生産システムは，製造業の競争力強化という点で近年高い注目を集めている．

10.3.1　産業用ロボットとは
a.　産業用ロボットの定義

JIS (日本工業規格) による産業用ロボットの定義 (産業用ロボット用語 (JIS B0134-1993) (1) 一般) は次の通りである．

産業用ロボット (industrial robot)：自動制御によるマニピュレーション機能または移動機能をもち，各種の作業をプログラムにより実行でき，産業に使用される機械．

b. 産業用ロボットの歴史

ロボットという言葉は，1920年にチェコの劇作家カレル・チャペック(Karel Capek)が，自作の「ロッサム万能ロボット会社RUR」という戯曲の中で用いたのが最初である．チェコ語の労働，苦役を意味するロボータ(robota)という言葉からロボットという言葉がつくられた．

産業用ロボットが登場する契機は，1954年に米国のデボル(G. C. Devol)が取得したプレイバック形ロボットの特許である．その後，その特許に基づき，1961年に米国のユニメーション社がユニメートという名で，同じく米国のAMF社がバーサトランという名で，プレイバック形産業用ロボットの1号機を発売した．

わが国では，1967年にユニメートがはじめて米国から輸入された．その後，国内の様々な産業分野で使用が始まる1980年を普及元年，自動車向けのスポット溶接用に本格的に導入が始まり稼動台数が大幅に伸びた1985年を飛躍元年と呼び，産業用ロボットの市場が明確に形成されることになった．今日では，産業用ロボットは，自動車向けだけでなく，一般産業にも幅広く使われるようになった．2004年現在，世界では約90万台の産業用ロボットが稼働しているが，わが国はそのうち39%の約35万台が稼動する世界一のロボット大国である．

c. 産業用ロボットの特徴

産業用ロボットは，人が教えた通りの動作を何度でも正確に繰り返すことが最大の特徴である．人がロボットに動作を教える操作を教示(teaching)と呼ぶが，これは次のように行う．まず，教示操作盤(teach pendant)と呼ばれるポータブルな操作盤を人が手でもち，その上にある手動操作ボタンを人が指で押すことにより，対応するロボット各軸を動作させ，ロボットの手先を望みの位置・姿勢になるように動かす．次に，記録ボタンを押すことにより，その位置・姿勢を制御装置内のメモリに記憶させる．これらの操作を繰り返すことにより教示を完成させる．メモリ内には，ロボットの手先の位置・姿勢が動作順に記憶されており，これらを順番に呼び出すことでロボットは何度でも教示された動作を繰り返すことができる．これを再生(playback)と呼ぶ．実際には，ロボットの手先が直線や円弧を描くように制御したり，センサやPCとの通信あるいは周辺機器を制御するための各種コマンドが用意されており，これらを適宜プログラムすることにより，産業用ロボットに各種作業をさせることができる．

10.3.2 産業用ロボットの構成

a. 機構部

産業用ロボットは，その動作形態により，図10.18に示すいくつかのタイプに分類される．この中で，現在では，直角座標，垂直多関節，水平多関節の各タイプが多く用いられている．図10.19に，6軸の垂直多関節ロボットの構造を示す．

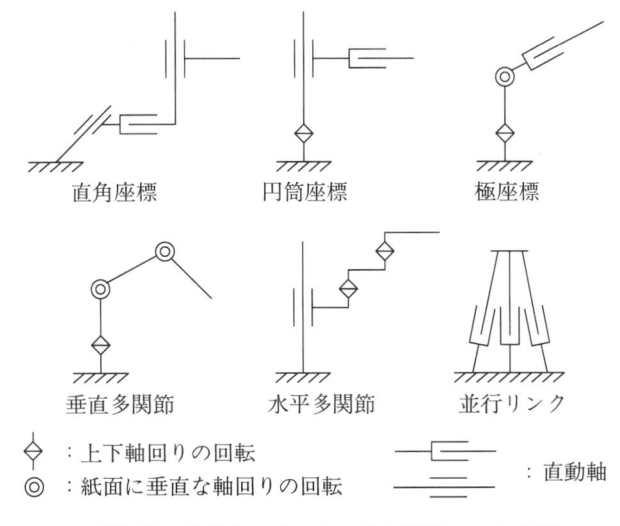

図 10.18 産業用ロボットの動作形態による分類

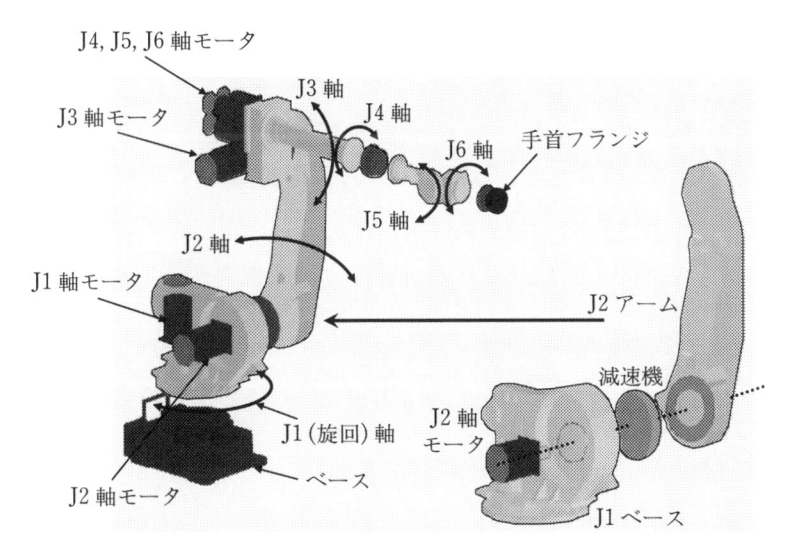

図 10.19 垂直多関節ロボット

b. アクチュエータ

初期の産業用ロボットは，アクチュエータとして，油圧シリンダ，油圧モータなど，油圧が使われていたが，その後，油を使わずクリーンな電気モータが好まれ，これをアクチュエータとして採用するロボットが主流となった．電気モータは，当初はDCサーボモータが使用されたが，その後，ブラシが不要でブラシを交換するというメンテナンス作業が不要のACサーボモータ (AC servo motor) が登場し，1982年に産業用ロボットにはじめて採用された．現在の産業用ロボットのほとんどがこのACサーボモータで駆動されている．図10.20に示すように，ACサーボモータのシャフトにはパルスコーダと呼ばれる検出器が固定され，モータの回転位置を正確に計測

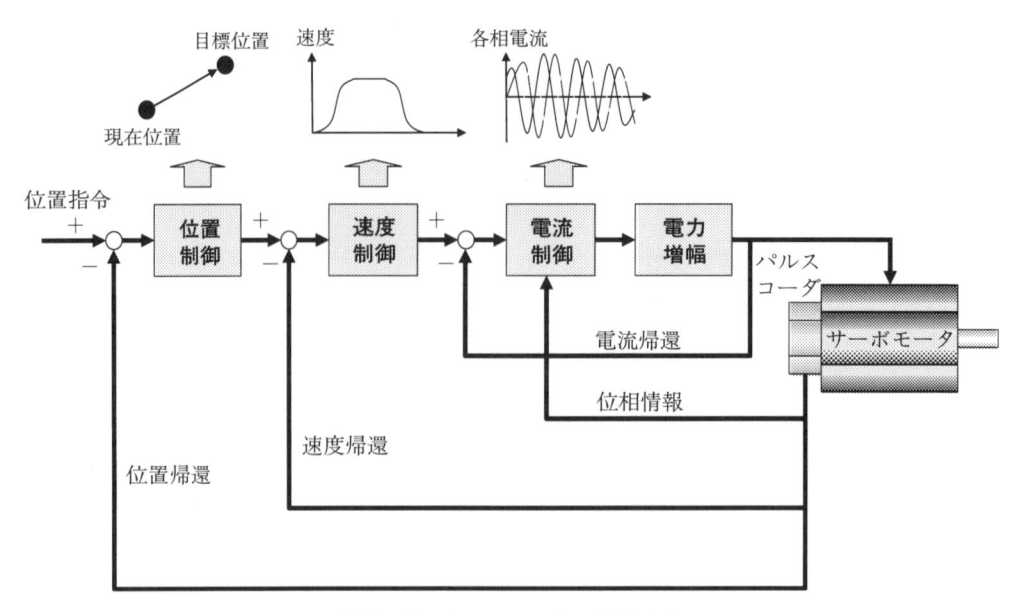

図 10.20 サーボモータの駆動方式

し，制御装置にフィードバックしている．制御装置内では，パルスコーダの信号から得られるモータの回転位置情報だけでなく，それを微分して回転速度情報も得ている．

ロボットのアームを駆動するためには大きなトルクが必要なため，一般にモータとアームの間には，モータの回転を減速させ，代わりにトルクを増やすための減速機を介在させる．減速機には各種のタイプが存在し，それぞれ特色をもっている．それに対して，低速，高トルクのダイレクトドライブモータを使い，減速機を用いずに，モータで直接アームを動かすタイプのロボットも存在する．

c. 制　御　部

制御部は，マイクロプロセッサ，メモリ，バスなどにより構成される．PCの構成と似ているが，最も異なるのは，産業用ロボットに動作を教えるための教示操作盤の専用インタフェースをもっていること，および，ロボット各軸のサーボモータを駆動するための駆動部を搭載している点である．また，最近では，センサとのインタフェースが重要となりつつある．

d. セ ン サ

これまでの産業用ロボットは，ロボットの作業対象や作業環境に変化が生じても対処することができなかった．例えば，ロボットがつかもうとする部品の位置が少しずれても，ロボットはこれをつかむことができなかった．しかし，最近のロボットには，ビジョンセンサあるいは力センサを搭載するものがあり，これらを統合的に機能させる制御ソフトウェアの進歩とあいまって，作業対象や作業環境の変化に自律的に対応できる産業用知能ロボットが登場した．ビジョンセンサ，力センサの詳細につい

e. エンドエフェクタ

産業用ロボットの手先には，作業内容に応じて工具やハンドを取り付けて作業をさせることが多く，この工具やハンドをエンドエフェクタ (end effector) と呼んでいる．エンドエフェクタには，スポット溶接用の溶接ガン，アーク溶接用の溶接トーチ，ハンドリングや組立のための把持ハンド，バリ取り・研磨のためのグラインダなど，多くの種類が存在する．作業内容に応じてこれらをロボットが自分自身で交換することもよく行われる．

f. 周辺機器

産業用ロボットが作業をするためには，部品供給装置，部品排出装置，あるいは各種治具などの周辺機器が必要である．後述するように，ビジョンセンサ，力センサを搭載した産業用知能ロボットの登場により，これらの周辺機器は非常に簡単なものですむようになりつつある．

g. PC とネットワーク

産業用ロボットの教示作業に必要な多くの工数を削減するため，最近では，PC 上にロボットおよびロボットの作業環境の形状をモデル化し，PC 画面上でロボット動作の教示を行うオフラインプログラミング (offline programming) が，PC の性能価格比の急速な向上とともに一般的になってきた．オフラインプログラミングで生成されたロボットの動作プログラムは，PC 画面上でアニメーションにより確認できる．その後，そのプログラムをロボット制御装置にダウンロードし，実際の動作環境とのずれをビジョンセンサ等を使って補正することで，ロボットを稼動させることができる．

また，最近では，ロボット制御装置や PC は，イーサネットなどのネットワークで結合され，相互にデータをやり取りできるだけでなく，工場現場でのロボットなどの稼動状況を，遠く離れたオフィスで監視 (monitor) することも一般的になってきている．

10.3.3 産業用ロボットの適用例

以下に，工場における産業用ロボットの適用例をあげる．

a. スポット溶接

図 10.21 にスポット溶接 (spot welding) への適用例を示す．スポット溶接とは，板金どうしを接合するための溶接法の一つである．ロボットの手首に取り付けられたスポット溶接ガンにより，重なった板金どうしを挟み込み，大電流を流すことで板金どうしが溶融して接合される．主に，自動車車体の板金どうしの接合に用いられる．

b. アーク溶接

図 10.22 にアーク溶接 (arc welding) への適用例を示す．アーク溶接は，ロボットの手首に取り付けられた溶接トーチから供給されるワイヤとワークとの間に高電圧を

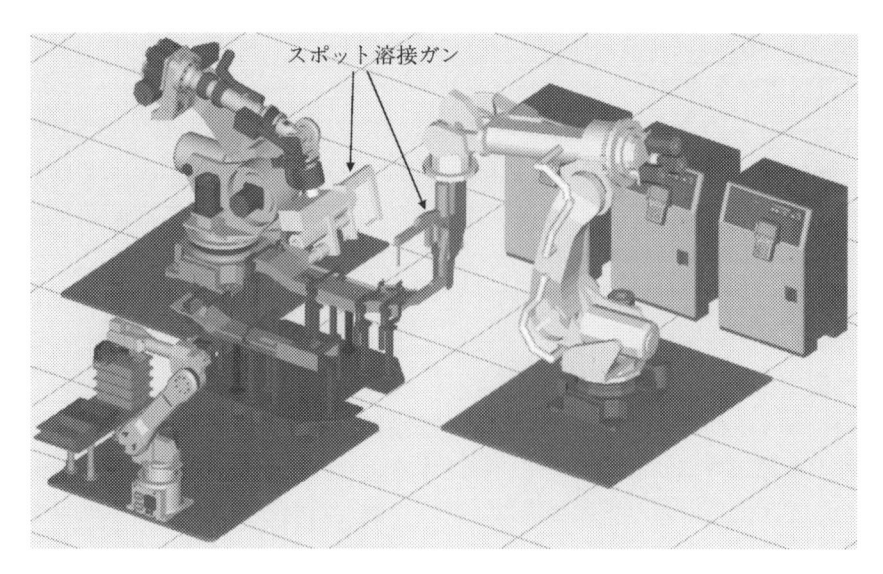

図 10.21　スポット溶接

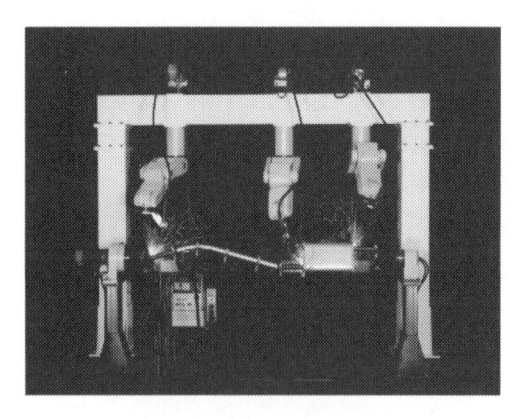

図 10.22　アーク溶接

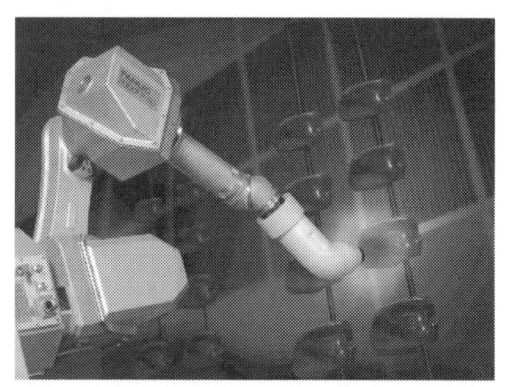

図 10.23　塗　装

かけてアーク放電を起こし，その熱でワークの接合部どうしを溶着させる．コンプレッサ，マニホルドなど，自動車やオートバイ，家電などの部品の接合に用いられる．

c. 塗　装

図 10.23 に塗装 (spray painting) 作業への適用例を示す．塗装は，いわゆる 3K 作業 (危険，汚い，きつい) の一つであり，ロボットによる自動化が早くから求められていた．ロボットの手先に取り付けられた塗装ガンから吐出される塗料の量を制御することで，均一で滑らかな塗装面を得ることができる．

d. マテリアルハンドリング

図 10.24 にマテリアルハンドリング (material handling) 作業への適用例を示す．マテリアルハンドリングとは，段ボール箱や袋に詰められた製品や素材を運搬，積上

げ，積下しする作業のことである．最近のロボットは，重量物を高速にハンドリングできるようになったため，ロボットによるマテリアルハンドリング作業の自動化が食品産業を含む一般産業で広く普及しつつある．

10.3.4　知能ロボットの登場
a. 背　　景

さて，産業用ロボットが登場して早くも四半世紀以上が過ぎた．生産現場では自動化による生産コストの低減に加え，安定した品質

図10.24　マテリアルハンドリング

の生産にロボットが大きく役立っている．ところで，これまでのロボットは，仕事を教え込めば正確に繰り返すが，細かい動作をすべて教えなければならないので手間がかかっていた．また，ワーク供給装置などの専用の周辺機器を準備しなければならず，設備費増加につながっていた．加えて，事前にワークを決められた位置に正確に並べるという，非常に単純な労働が毎日の日課として発生する．ロボットに働いてもらうために人間が下働きをしなければならないという状況が生じた．そこで，普通のロボットから進化して登場したのが産業用知能ロボット（以下，単に知能ロボットと呼ぶ）である．知能ロボットは，目になるビジョンセンサと手の感触を得る力センサを身に付けた．ただし，知能ロボットとは，単にセンサが付いたロボットではない．センサとロボットとの間の情報のやり取りにより，知能ロボットは自律的動作を行うことができる．

b. 知能ロボットの基本技術

（1）ビジョンセンサによるバラ積み部品取出し　知能ロボットは，かごや箱に放り込まれたワークや部品を見つけて取り出すことができる．かごや箱にぶつからないよう動きを調整し，運悪くぶつかっても，それを検知してやり直すことができる．最新の知能ロボットでは，三次元ビジョンセンサが対象物の全体像を画像データベースにもち，みる方向でみえ方が変わっても，その方向と傾きを知覚してつかみとることができる．知能ロボットは，数千枚にのぼる大量の画像をあらかじめ自動的にデータベースに蓄積して全体像を把握している．このとき

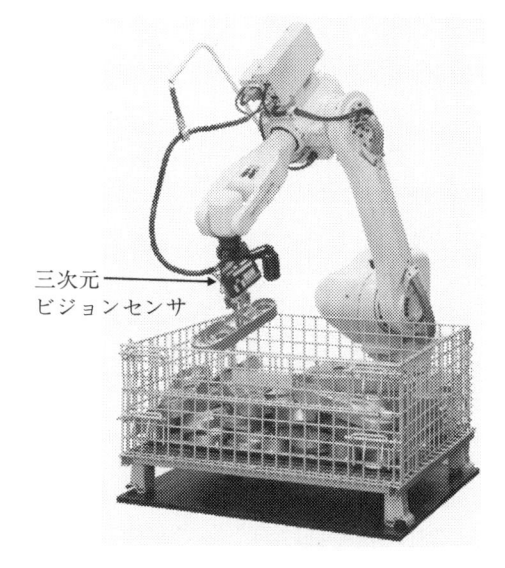

図10.25　バラ積み部品取出し

の画像に視線の方向データが埋め込まれる．この方向データとキャリブレーションデータを合成させると，対象物の位置と姿勢が求められる．計算の量，すなわち計算速度の問題は，数千枚にわたる画像をいくつかの特徴で仕分けておき，みている画像の特徴を概略で照合し，段階的に照合度を上げることで大幅に計算量を節約している．図 10.25 に，バラ積みされた鋳物部品を知能ロボットがつかみとる例を示す．

（2）力センサによる精密機械部品組立，バリ取り，研磨作業　知能ロボットは，力センサにより力加減をみながら部品を組み立てることができる．具体的には JIS 規格の H7/h7 クラスのきついはめ合い作業を行うことができる．例えば，クリアランスが 5 μm しかない φ20 のシャフトと穴のはめ合いができる．それ以下のクリアランスの部品がきたら，人が行うように別の部品と交換して再トライし，確率的にほとんど成功する．万一失敗したら，さらに再トライすればよい．図 10.26 に，知能ロボットによるワイヤカット放電加工機のワイヤ送給機構の組立例を示す．また，最近の知能ロボットは，組立作業以外にも力センサを使ってバリ取りや研磨作業などができる．例えば，ロボットの手首に取り付けたディスクサンダで洗面台の平面と曲面を一定の押付け力でならい研磨したり，超硬カッタによりはみ出した接着剤のバリ取りを行うことなどができる．

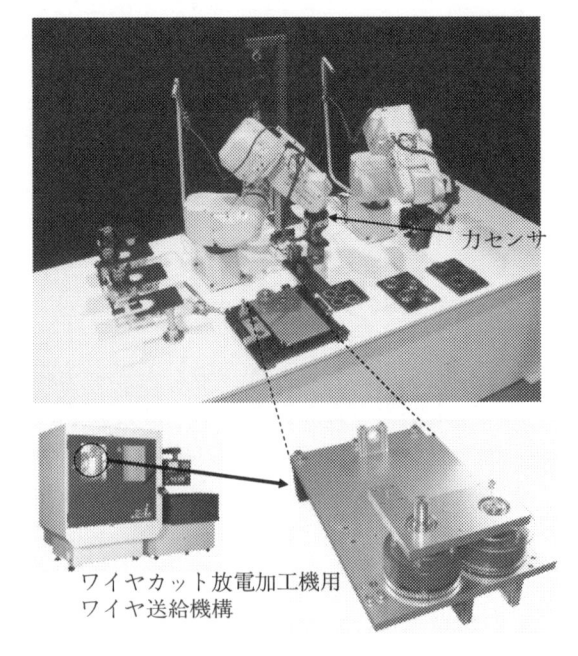

c. 工作機械へのワークの着脱

製造業における加工の仕事の一部は人件費で有利な海外へ移りつつある．人手に頼らずロボットで夜も週末も設備をフル稼動させることができれば，海外の人件費に比べても負けないコストで製造できるのではないだろうか．加工機械やロボットなど，本質的な役割をもつ機械以外は設備せず，これまでと同じように，フォークリフトでワークを運んでいくだけで，あとはロボットが仕事をしてくれる．専用の周辺機器を準備したり，そこへワークを並べる必要はない．このような要求に適合するのが，知能ロボットによるロボットセルである．

（1）ロボットセルの登場　加工システムは，できるだけ少ない初期投資で，できるだけ長時間にわたって連続運転を続けることができれば加工コストを下げることができる．図 10.27 に長時間連続機械加工システムの推移を示す．1980 年代の第一

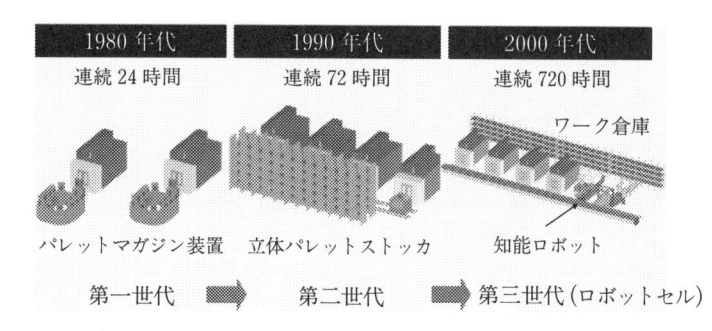

図 10.27 長時間連続機械加工システムの推移

世代機械加工システムは，マシニングセンタにパレットマガジン装置を装備することで，24 時間連続運転を実現した．1990 年代の第二世代機械加工システムは，4～6 台のマシニングセンタとワークを取り付けた加工治具を大量に格納する立体パレットストッカを組み合わせ，72 時間連続運転を実現した．これは，金曜の夜から月曜の朝までの無人運転を意味する．

最近，知能ロボットを利用した長時間連続機械加工システムである第三世代機械加工システム「ロボットセル」が開発され，720 時間連続運転を達成した．ロボットセルでは，知能ロボットが作業者に代わってワークを加工治具へ取り付ける．フォークリフトで運搬されてきたかごやパレットからワークを取り出し，加工が完了した部品をかごやパレットへ戻す．知能ロボットは，ビジョンセンサでラフに置かれたワークを拾い上げ，つかんだワークの位置・姿勢を正確に計測する．知能ロボットはワークを加工治具まで運び，後述するソフトフロート機能によりワークを加工治具に正確にならわせることができる．以下に，ロボットセルについて詳述する．

(2) ロボットセルの構成　ロボットセルは，知能ロボットによるワーク取付け・取外し工程，ロボットによるバリ取り・洗浄工程，サーボモータと CNC 装置で制御された加工治具運搬台車，ワーク倉庫およびマシニングセンタから構成される．図 10.28 にロボットセルを示す．

(3) ワーク取出し

① 二次元ビジョンセンサ　汎用パレット上のワークは位置決めされていないため，知能ロボットの二次元ビジョンセンサで汎用パレット上のワークの位置を検出する．

② サーボハンド　知能ロボットの手首には，多種類のワークを把持できるようにするため，図 10.29 に示すサーボハンドが搭載されている．このハンドはハンド爪の開閉がサーボモータで駆動され，ロボットの付加軸として制御できる．このため，ワークの寸法にあわせてハンドの開閉度，質量にあわせて把持力をロボットプログラムで自在に変えることができる．また，ワークの把持力を知能ロボットが確認することで，ワークを確実に把持したことを確認できる．このサーボハンドによって，15 種類のワークの把持を可能としている．

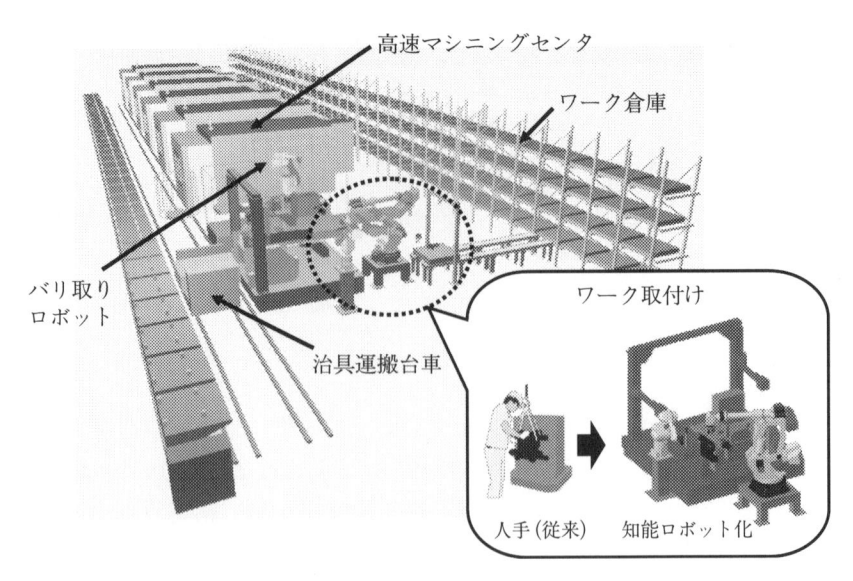

図 10.28 ロボットセル

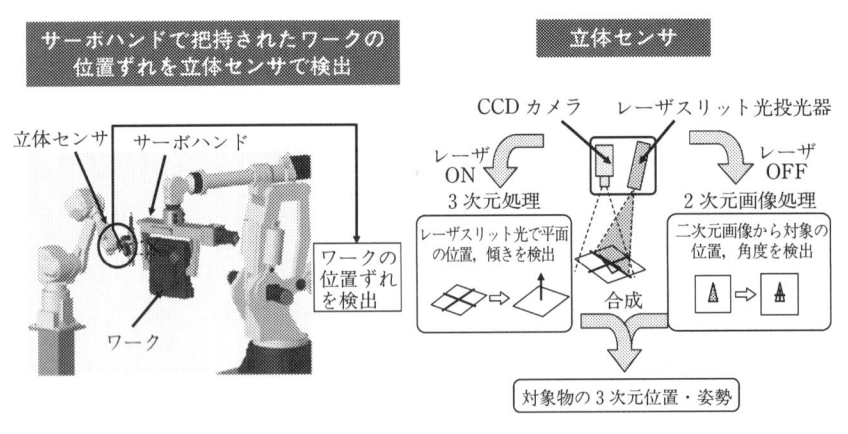

図 10.29 サーボハンドと立体センサ

(4) **ワークの加工治具への正確な位置決め**　ワークを加工治具へ正確に位置決めするためには，鋳物のばらつきによるワークの把持ずれを補正する必要がある．これを解決するため，立体センサ（三次元ビジョンセンサ）で，ワークの位置・姿勢を正確に検出し，把持ずれの量を補正する．

立体センサはCCDカメラとストラクチャ光(structured light)を組み合わせたセンサで，計測対象の位置，姿勢を検出することができる．十字のレーザスリット光であるストラクチャ光を投光し，対象の面の傾きを三角測量法で計算し，対象の特徴（例えば円の中心）を二次元視覚機能で検出する．この2つの位置情報を組み合わせて対象の三次元の位置・姿勢を検出することができる．図10.29に立体センサを示す．

(5) **加工治具へのワークの取付け**　ソフトフロートは，指定された直交座標系

に沿ってロボットの各軸を柔らかくすることができる機能である．ワークを加工治具に挿入する際，加工治具にならうようにロボットの各軸を柔らかく制御することで，ワークをこじらず高精度に加工治具に着脱することができる．

(6) 効　果　ロボットセルでは，ワーク取付け・取外し工程に知能ロボットを採用することで，周辺機器を大幅に簡素化している．これにより，第二世代機械加工システムと比較して，人件費，加工費および初期設備投資費を大幅に削減し，加工コストとして43％の削減を達成している．

10.3.5　将来の産業用ロボット

これまでに述べたように，従来の産業用ロボットは，教えた通りに何度でも正確に繰り返し動作を行うが，動作環境や対象物など，動作条件が異なると簡単には対応できなかった．それに対して，ビジョンセンサ，力センサを搭載した知能ロボットは，動作条件が異なっても柔軟に対応できるようになり，従来のロボットでは不可能であった高度な作業ができるようになった．ただし，現状では，ロボットやビジョンセンサなどへのプログラミングは，人間が細かく指示しなければならない．将来の産業用ロボットは，ロボットやセンサへの細かなプログラミングを不要とし，作業内容をおおまかにロボットに指示すれば，細かな作業はロボット自身が考えて実行してくれることが期待される．　　　　　　　　　　　　　　　　　　〔榊原伸介〕

参 考 文 献

1) D. E. Whitney : Historical perspective and state of the art in robot force control, Proc. of IEEE International Conference of the IEEE International Conference on Robotics and Automation (1985)
2) N. Hogan : Impedance control part 1-3, *Trans. of ASME, Journal of Dynamic Systems, Measurement and Control*, Vol. 107, pp. 1-24 (1985)
3) S. Sakakibara : The role of intelligent robot in manufacturing system of the 21st century, Proc. of 32nd ISR (2001)

11
家庭電器・AV・OA

11.1 ルームエアコン

　環境問題に対する地球規模での要求が高まってきているなか，エアコンにおける地球温暖化防止のための新技術開発が強く望まれている．日本国内のエネルギー消費量の推移は，周知のように2回のオイルショックを経て産業分野のエネルギー消費量の削減が進んだものの，民生・運輸分野におけるエネルギー消費量の増加が急である．この背景には，ルームエアコン・冷蔵庫などの家電製品の伸びと乗用車の利用が増えていることが考えられ，快適・利便性を求めるライフスタイルの変化がエネルギー消費の増大に影響を与えている．

　図11.1にルームエアコン国内出荷数量の推移を示す．前述のように，オイルショック後の出荷台数の伸びが顕著であり，今や家庭内消費電力量の1/4を占めるに至っている(資源エネルギー庁「平成14年度電力需要の概要」，13年度推定実績値より)．図中INVはインバータで圧縮機モータを可変速駆動するインバータエアコンの出荷台数である．1981年に発売後，その快適性が広く認知され急速に普及した．図11.2にルームエアコンの外観図を示す．ルームエアコンに使われる主なモータは，室外機に配置されている圧縮機駆動用モータ・室外ファン駆動用モータと室内機に配

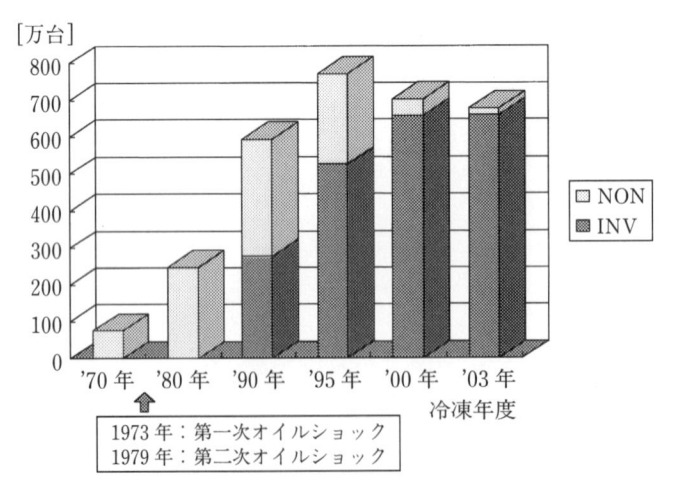

図11.1 ルームエアコン国内出荷数量の推移

置されている室内クロスフローファン駆動用モータである．近年の省エネに対する要望から，これら3つのモータには永久磁石モータが使われる場合が多い．本節では，エアコン発展の歴史とモータ技術の関係を概説したうえで，ルームエアコンに使われるモータの代表として，消費電力の8割を占める圧縮機駆動用モータについて，商品に求められる特性とモータへの要求の視点から技術動向について説明する．

11.1.1 エアコン発展の歴史とモータ技術のかかわり

図11.3に，日本国内におけるエアコンの商品ロードマップを，時代を大きく3つに分けて示す[1]．

a. 黎明期（～1950年頃）

米国で，ターボ冷凍機，パッケージエ

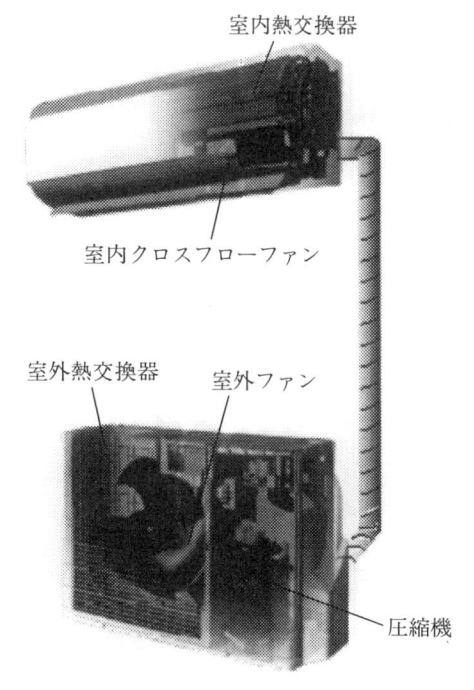

図11.2 ルームエアコンの外観図

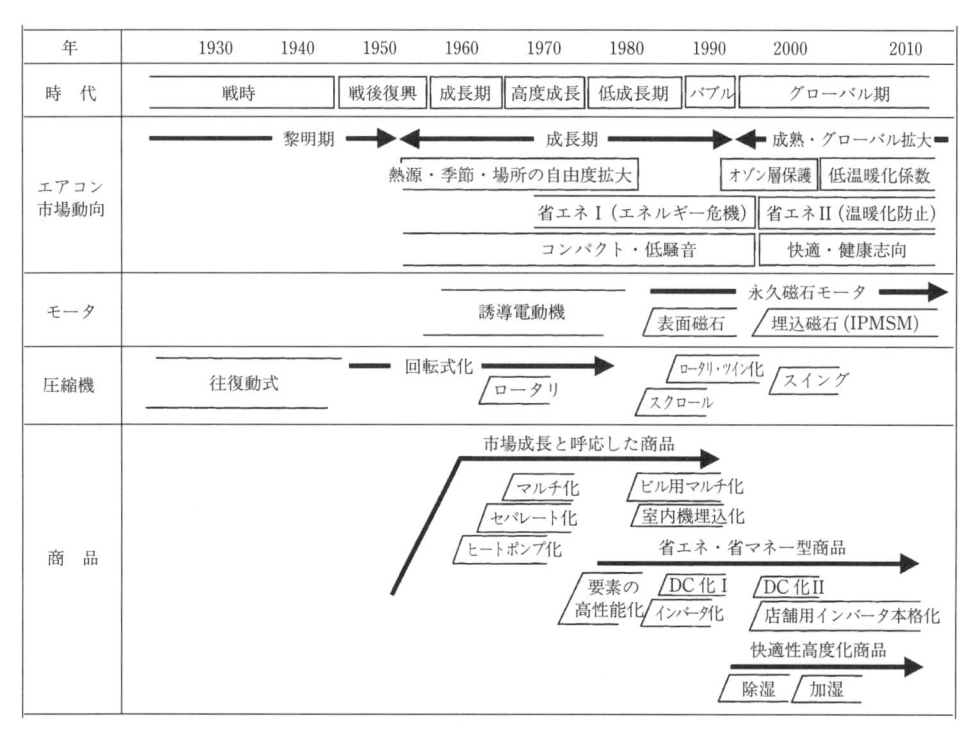

図11.3 エアコンの商品ロードマップ[1]

アコン，ふっ素冷媒など現在の冷凍・空調事業の礎が発明された時期である．

広く民生用に使用されるエアコンの出発点は，ふっ素系冷媒の誕生にある．1931年にR12冷媒が開発され，それまではアンモニア，プロパン，CO_2などの冷媒しかなく，安全性(毒性，燃焼性)や性能の壁があって民生用に広く使用することができなかったが，この安全な冷媒の開発は，その後のルームエアコン普及の原動力となった．

b. 成長期(1950年頃～バブル期)

空冷，ヒートポンプ，セパレート，マルチなど，様々な商品形態が創出されながらルームエアコン市場が拡大した時期である．

R22冷媒はそれまでの冷媒に比べて圧力損失が小さく，熱交換器のコンパクト化や配管の細径化を可能とした．空冷化は水がなくても運転することを可能とし，ヒートポンプは運転期間を夏のみの冷房から冬の暖房まで拡張させた．セパレートやマルチは据付場所の自由度を大幅に拡大させ，これらがあいまってルームエアコンの市場が大きく成長した．

この時期の前半は圧縮機駆動用モータとして，もっぱら商用電源で直接駆動される誘導電動機が用いられていた．一方，1973年のオイルショックに発して，省エネ政策が進められ，圧縮機や熱交換器の高性能化による消費電力の低減が図られた．1981年にインバータで圧縮機モータを可変速駆動するインバータエアコンが発売され，1982年10月にはさらなる高効率化を目的として，圧縮機モータに表面磁石構造(SPM ; surface permanent magnet)のブラシレスDCモータが適用され始めた．

c. 成熟期(バブル期～現在)

国内市場規模はどちらかというと収縮の方向を示し，市場は成熟期に入り，大きく2つの流れとなった．

① 地球環境保護の動き(オゾン層保護，地球温暖化防止)
② 高付加価値化(顧客価値の高度化)

オゾン層保護の観点からR22冷媒からHFC冷媒への転換が進んでいる．地球温暖化防止の観点からは，ルームエアコン(冷暖房の用に供するもののうち直吹き形で壁掛け形のもの(冷房能力が4.0 kW以下に限る))に対してトップランナー方式による一段と厳しい省エネ規制が2003年10月から開始した．これを契機に，圧縮機駆動用モータへの埋込磁石シンクロナスモータ(IPMSM ; interior permanent magnet synchronous motor)の適用が広がり，ルームエアコンの高COP (coefficient of performance : 成績係数)化が一気に進んだ．ただし，ここで注意すべき点は，オイルショックの際の省エネとは異なり，50～70%という大幅な省エネが電気代節約という具体的な顧客価値を顕在化させ，顧客への訴求力をもったことである．

もう一つの大きな流れとして，快適性の高度化が進んでいる．幅広い能力制御により室内の温度変動を抑えることを可能としたインバータエアコン，冷え過ぎを防ぐための再熱除湿，固体吸着剤による無給水加湿，光触媒による脱臭など，現在の高付加

価値形商品の主流となっている．

　これらの流れに共通する点は，顧客ニーズに応えるために，従来の冷凍空調技術では異分野であった技術をルームエアコンに取り込んできていることである．冷凍空調の基盤技術であるメカニカルな技術に加えて，インバータなどのパワーエレクトロニクス技術に始まり，吸着などのケミカルな技術などにその分野を拡大している．

11.1.2　ルームエアコンに求められる特性とモータ技術のかかわり

　省エネに代表される地球環境保護や高付加価値化の一つである快適性の観点から，モータ関連技術への要求を述べる前に，ルームエアコンに求められる特性を検討する．エアコンの消費電力や快適性に影響を与える主な因子には以下のようなものがある[2]．

　1)　機器（エアコン本体）の特性：能力変化時のCOPの変化，温度条件変化時のCOPの変化，能力可変幅，最大能力，最小能力など

　2)　ユーザの使い方：設定温度（例えば，夏：28℃，冬：20℃），こまめなオン/オフなど

　3)　建物の設計仕様：部屋の断熱性能，外気侵入量，換気量など

　4)　機器の選定と設置方法：空調負荷の計算と能力の選定，部屋形状とレイアウト，空調機のショートサーキットの回避など

　5)　空調負荷：空調負荷をなるべく減らすようにする工夫

　6)　外気温度の出現分布：機器が軽負荷でよい外気温度の出現時間が圧倒的に長い

　これらの要因から，ルームエアコン本体として消費電力削減の面から最も重視すべき点は，6)の外気温度の出現分布を考慮して1)の機器の特性を最大効率とすることであり，エアコンが軽負荷でよい外気温度の出現時間が圧倒的に長いことに留意する必要がある．さらに，上記2)～5)はエアコン本体の負荷を減らす方向にあり，同様に軽負荷時の効率向上が重要となる．一方，快適性の面から最も重視すべき点は，上記3)～6)を考慮して1)の機器の特性で設定温度に対する室温変動を抑えることである．このためには，エアコンの立上り時の最大能力を大きくし，室温が設定温度に到達してからはエアコンの能力を極小化することが重要となる．

　以上より，ルームエアコンの省エネ性と快適性を高いレベルで両立させるために必要な特性とモータ技術との関連を表現すると以下のようになる．

　(1)　効率：定格に加えて，最小能力運転時や軽負荷運転時に高効率
　　　→ ①　励磁電流削減……永久磁石励磁
　　　→ ②　低電流……リラクタンストルクの併用

　(2)　容量制御：能力制御幅を広げ快適性を高めるとともに発停ロスを減らす
　　　→ ③　可変速運転……インバータ駆動
　　　→ ④　高速回転……弱め磁束制御

　これらルームエアコンの省エネ性と快適性を高いレベルで両立させるために必須の

表 11.1 各種モータの比較（圧縮機駆動用途）

モータ形式	IM	SPMSM	IPMSM	SRM
モータ構造				
効率（定格/低速）	△/×	○/○	◎/◎	△/△
弱め磁束制御	○	×	○	○

①〜④すべてに応えるモータとして，現在 IPMSM が最も有効なものと位置づけられる．

表 11.1 に圧縮機駆動用途としての各種モータの比較を示す．また，図 11.4 に圧縮機駆動用途として量産実績のある誘導モータ (IM)，表面磁石構造 (SPM) のブラシレス DC モータと IPMSM の効率比較データを示す[3]．これらの比較より，誘導モータ (IM) は上記の①と②への対応が困難であり，効率面で IPMSM に対して大きく劣る．SPM は②と④の問題から省エネ性と快適性の高いレベルでの両立が困難である．SRM については量産実績はないが，①の問題から省エネ性に劣るものと予測できる．

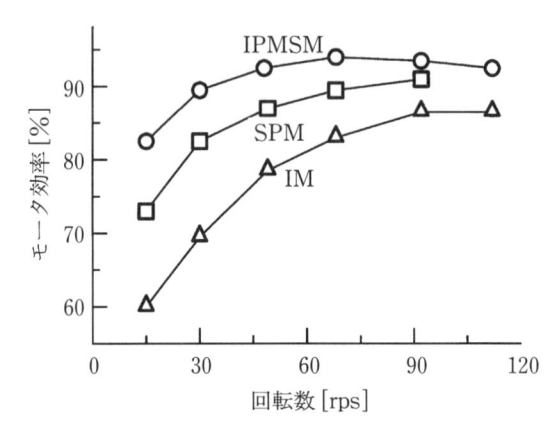

図 11.4 各種モータの効率比較（圧縮機駆動用途）[3]

11.1.3 ルームエアコン用モータ技術の進化

前項では，ルームエアコンに求められる特性から，圧縮機モータとしての IPMSM の有効性を述べた．本項では，ルームエアコン用途における IPMSM の磁気特性・制御法の特徴や商品化事例を紹介する前に，省エネに対する要求の高まりに応じて商品化が急速に進展した永久磁石モータ関連技術の進化を概説する．

1981 年に誘導モータを可変速駆動するインバータエアコンが日本国内で量産開始された後，1982 年 10 月にはさらなる高効率化を目的として 120°通電方形波インバータで駆動される表面磁石構造のブラシレス DC モータが商品化された．図 11.5 に，その後の高性能化の流れをモータ構造，インバータ制御それぞれについて示す[4]．この時期に，家庭内消費電力量の 1/4 を占めるエアコンに対する省エネ要求が急速に高まり，フェライト磁石形状の工夫や希土類磁石を用いることによる磁石磁束の増大による高効率化が進み，1996 年 3 月にはリラクタンストルクと弱め磁束制御

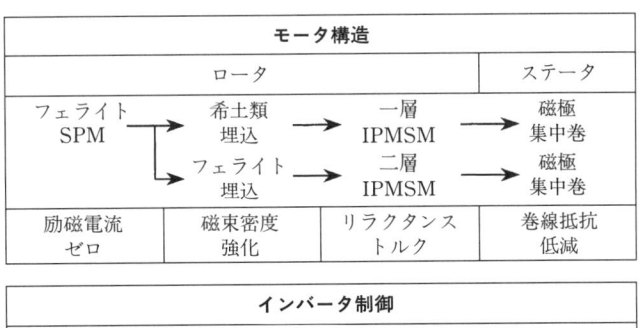

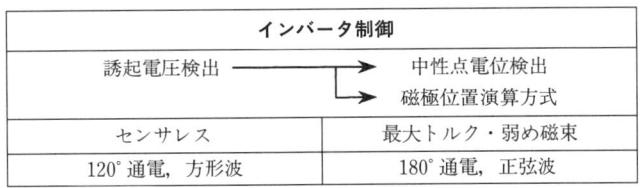

モータ構造			
ロータ			ステータ
フェライト SPM	希土類 埋込 →	一層 IPMSM →	磁極 集中巻
↘	フェライト 埋込 →	二層 IPMSM →	磁極 集中巻
励磁電流 ゼロ	磁束密度 強化	リラクタンス トルク	巻線抵抗 低減

インバータ制御	
誘起電圧検出 →	中性点電位検出 磁極位置演算方式
センサレス	最大トルク・弱め磁束
120°通電,方形波	180°通電,正弦波

図11.5 エアコンにおける永久磁石モータ高性能化の流れ[4]

を前項①〜④への対応に効果的に利用したIPMSMが量産開始された．図11.5にみるように，高効率化のための新しい技術が次から次へと開発され，その結果，大きな流れはIPMSMにおいて，1)ロータ内部に平板状の希土類磁石を埋込，2)磁極位置演算方式のセンサレス制御，3)インバータ波形は正弦波PWM駆動，4)ステータ巻線は磁極集中巻，というように，一昔前の家電製品ではコスト面から検討すらされなかったであろう高度な材料や制御技術が採用されるようになっている．また，磁界解析などの計算機援用設計技術の進歩により，高効率・高出力モータのステータ巻線には不適とされていた磁極集中巻まで採用されるようになってきた．

11.1.4 ルームエアコン用途における IPMSM の特徴

図11.6に，永久磁石モータの代表的な2種類の回転子構造を示す．図11.6(b)に示すSPM構造の発生トルクは磁石トルクのみである．一方，図11.6(a)のIPM構造は周知のように，磁石トルクに加えて逆突極性 ($L_d < L_q$) をもつため，リラクタンストルクをも併用できる回転子構造をもつ．さらに，7000 rpmを超える比較的高速な回転が要求され，かつ大量に生産されるエアコン用途として重要なことは，永久磁石を回転子内部に埋め込むことにより，回転子表面が積層鋼板となり，1)ロータ表面の渦電流が低減される，2)シンプルな構造で生産性が向上する，などの効果をあわせもつ．

一方，d-q座標軸上で表したIPMSMの電圧方程式とトルクは，v_d, v_q：モータ端子電圧のd, q軸成分 [V]，i_d, i_q：モータ電流のd, q軸成分 [A]，L_d, L_q：d, q軸インダクタンス [H]，ω：電気角加速度 [rad/s]，P_n：極対数，Ψ_a：鎖交磁束数 [Wb]，R_c：等価鉄損抵抗 [Ω]，R_a：巻線抵抗 [Ω] として次式で与えられる[5]．

$$\begin{bmatrix} v_d \\ v_q \end{bmatrix} = R_a \begin{bmatrix} i_{0d} \\ i_{0q} \end{bmatrix} + \left[1 + \frac{R_a}{R_c}\right] \begin{bmatrix} v_{0d} \\ v_{0q} \end{bmatrix} \tag{11.1.1}$$

(a) IPM 構造　　　(b) SPM 構造

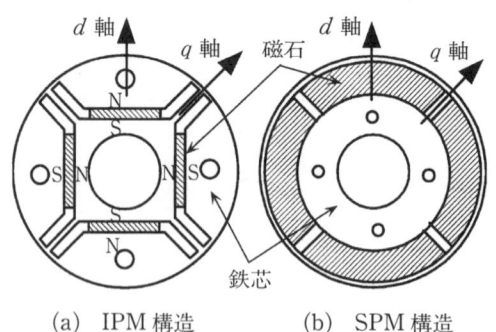

図 11.6　永久磁石モータの回転子構造

$$\begin{bmatrix} v_{0d} \\ v_{0q} \end{bmatrix} = \omega \begin{bmatrix} 0 & -L_q \\ L_d & 0 \end{bmatrix} \begin{bmatrix} i_{0d} \\ i_{0q} \end{bmatrix} + \omega \begin{bmatrix} 0 \\ \psi_a \end{bmatrix} \tag{11.1.2}$$

ここで，$i_{0d} = i_d - i_{cd}$, $i_{0q} = i_q - i_{cq}$.

$$T = P_n \psi_a i_{0q} + P_n (L_d - L_q) i_{0d} i_{0q} \tag{11.1.3}$$

式(11.1.3)の第一項は磁石トルクを表し，第二項はリラクタンストルクを表している．

ここで，ルームエアコン用途で最も重要なモータ効率を上げるためには，低電流で大きなトルクを発生させる必要があり，式(11.1.3)より①磁石磁束の増大，②突極性の増大，③インダクタンスの増大，という3点が重要な設計ポイントとなる．

これらの項目を検討するうえで，磁石配置方法と磁石材料の選定が重要な意味をもち，例えば，ネオジウム磁石を採用し，磁石磁束を上げつつ，磁石の厚みを薄くし，回転子内部に深く埋め込むことでインダクタンスの増大と突極係数の増大を図れる．

また，モータ端子電圧 V_a は式(11.1.4)で表すことができるが，インバータの最大出力以下でしか運転できないため，回転数の上限は制限される．

$$\begin{aligned} V_a &= \sqrt{V_d^2 + V_q^2} \\ &= \sqrt{(R_a i_d - \omega \rho L_d i_{0q})^2 + \{R_a i_q + \omega (\Psi_a + L_d i_{0d})\}^2} \end{aligned} \tag{11.1.4}$$

しかし，負の d 軸電流を流すことで，永久磁石による磁束を弱める効果を利用でき，回転数の上限を拡大することが可能である．ルームエアコン用途においては，前述のように最大能力を増大させることが快適性面から重要である．ここでも，d 軸インダクタンスを大きくとることで，少ない d 軸電流で弱め磁束効果を有効に利用でき，圧縮機回転数を高めることで最大能力の増大が図れることがわかる．

図 11.7 に，圧縮機駆動用として設計された IPMSM の電流位相に対する発生トルク特性を，磁気飽和を考慮した場合と考慮しない場合について示す．図 11.8 にみるように，圧縮機のモータ内部には大量の冷媒が流れており，空冷モータに比べて同一出力であっても小形化される場合が多い．そのため，磁気飽和の影響を検討することが必須となる．

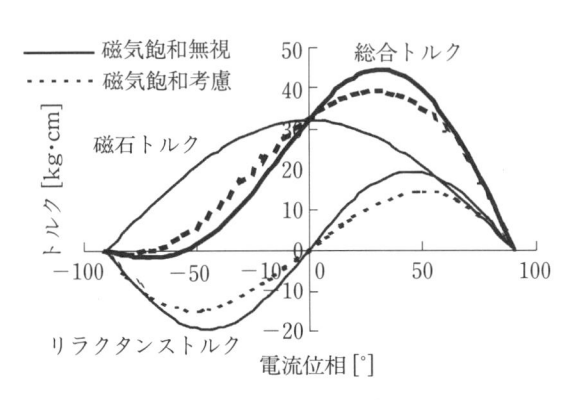

図 11.7　IPMSM の磁気飽和を考慮したトルク特性

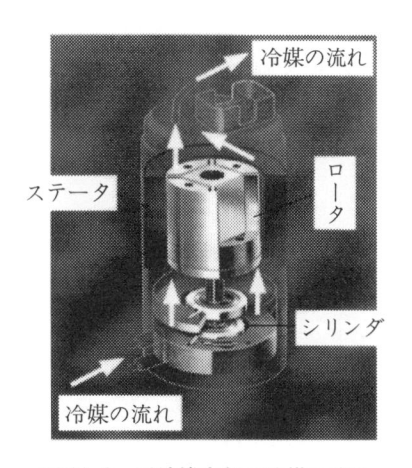

図 11.8　圧縮機内部の冷媒の流れ

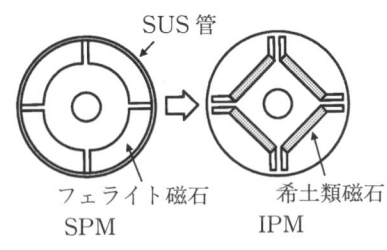

図 11.9　IPMSM の回転子構造 (1996 年度モデル)

図 11.7 から明らかなように，電流位相を適切に制御することで，磁石トルクとリラクタンストルクの合成トルクを電流位相ゼロ制御 ($I_d = 0$ 制御) に比べて大きく発生できることがわかる．なお，7000 rpm 以上と比較的高速な回転の圧縮機駆動用途においては，効率が最大となる電流位相に与える鉄損の影響が無視できない．文献 6) の実測結果には，モータ電流が最小となる電流位相に対し，モータ効率が最大となる電流位相は，より進み位相になることが示されている．

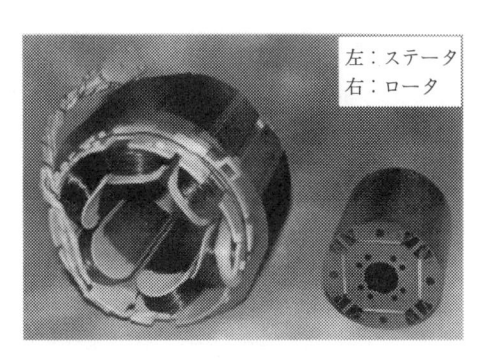

図 11.10　IPMSM の構造 (2003 年度モデル)

11.1.5　IPMSM 搭載商品の事例

図 11.9 に 1996 年 3 月からルームエアコンの圧縮機駆動用として量産開始された IPMSM の写真を示す．図示していないが，ステータは従来より広く用いられている分布巻である．また，図 11.10 は 2003 年度モデルの代表機種に搭載されている IPMSM のロータ・集中巻ステータである．両モデルとも永久磁石にはネオジウム磁

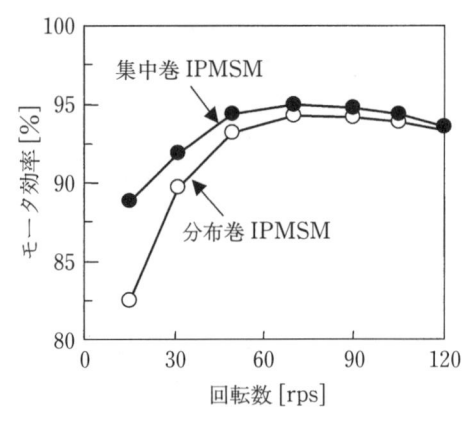

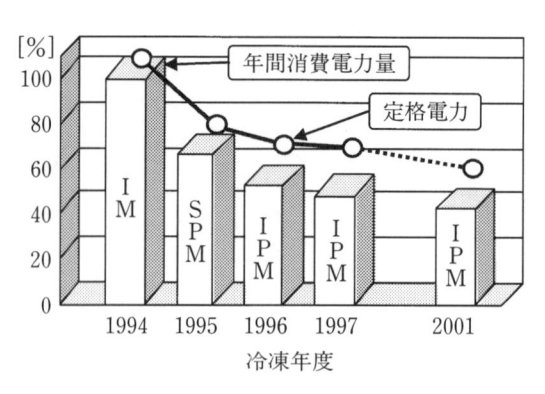

図 11.11 IPMSM の効率特性比較　　**図 11.12** ルームエアコンの年間消費電力量の推移

石が用いられている．

図 11.11 に，集中巻と分布巻の効率特性比較を示す．集中巻のコイルエンドが少ないことによる銅損低減効果が中低速領域で顕著に現れており，特に低速では 5% 以上の効率改善効果がみられる．このことは，11.1.2 項で述べたルームエアコンの特性「エアコンが軽負荷でよい外気温度の出現時間が圧倒的に長い」ことと，集中巻の効率特性がよく適合していることを表している．

図 11.12 に，1994 冷凍年度を基準とした省エネ形ルームエアコンの省エネ特性の推移を示す．圧縮機モータとして，1994 冷凍年度は IM，1995 冷凍年度は SPMSM，1996 年度からは IPMSM が採用され，省エネ特性が年々向上している．特に，年間消費電力量の削減効果が絶大で，IPMSM の中低速の高効率特性が大きく貢献しており，今後とも圧縮機モータとして IPMSM が搭載され続けるものと考えられている．

なお，2003 年 10 月から出荷されたルームエアコン（冷暖房の用に供するもののうち直吹き形で壁掛け形のもの（冷房能力が 4.0 kW 以下に限る））に対しトップランナー方式の省エネ規制が適用され，今後ますます高効率化要求に応える技術開発が望まれている．これには，ルームエアコン用途からモータに対する要求を先取りした形での，IPMSM を構成する電磁材料技術，制御技術，駆動回路技術，計算機援用設計技術などの要素技術の継続した発展が不可欠なものと考える．　〔大山和伸〕

参 考 文 献

1) 矢嶋龍三郎・芝本祥孝：圧縮式冷凍機の最新動向，エネルギー・資源，**23**, 4, pp. 17-22 (2002)
   R. Yajima and Y. Shibamoto : The latest movement of compression refrigerating machines, *JSER*, Vol. 23, No. 4, pp. 17-22 (2002)
2) H. Nakajima and K. Ohyama : Pursuit of energy saving and comfort limit, JSRAE, 1998 JSRAE International Symposium, pp. 37-42 (1998-10)
3) 大山和伸：省エネルギーエアコンの開発 ― 消費電力が半分になったわけ ―，電学論 D, **118**, 6, p. 813 (1998-6)

4) 大山和伸：リラクタンストルク応用電動機の高性能化動向，電学論 D, **123**, 2, pp. 63-66 (2003-2)
   K. Ohyama : Recent advances of reluctance torque assisted motors, *IEE Japan Trans. IA*, Vol. 123, No. 2, pp. 63-66 (2003-2)
5) 森本純司・森本茂雄・武田洋次・平紗多賀男・山際昭雄・大山和伸：PM モータの磁石配置と運転特性，平成 4 年電気学会産業応用部門全国大会，pp. 272-277 (1992-8)
   J. Morimoto, S. Morimoto, Y. Takeda, T. Hirasa, A. Yamagiwa and K. Ohyama : Operating performance of PM motor for various magnet arrangement, *1992 National Convention Record IEE Japan—Industry Application Society—*, pp. 272-277 (1992-8)
6) 松野澄和・板垣哲也・溝部浩伸・山際昭雄・大山和伸：正弦波駆動による IPM モータの高効率運転制御法，電学論 D, **119**, 10, pp. 1171-1176 (1999-10)
   S. Matsuno, T. Itagaki, H. Mizobe, A. Yamagiwa and K. Ohyama : Hight efficiency controlled interior permanent magnet synchronous motor for air conditioner fed by Sine-wave PWM inverter, *T. IEE Japan*, Vol. 119-D, No. 10, pp. 1171-1176 (1999-10)

11.2 冷　蔵　庫

近年，地球温暖化防止などの地球環境保護を行うために，省エネ技術やノンフロン冷媒技術などの新しい技術の開発により環境に配慮した冷蔵庫が商品化されている[1]．特に，冷蔵庫は 1 年中コンセントを入れられて動作している電化機器であり，家庭内における消費電力量も多い．そのため冷蔵庫において，省エネは最も重要な課題の一つである．本節では，冷蔵庫の省エネを実現するために大きな役割を果たしている圧縮機用モータとそのインバータについて説明する．

11.2.1　冷蔵庫の構成

冷蔵庫の概略図を図 11.13 に示す．各室は断熱材で断熱された区画である．さらに，蒸発器で冷やされた空気を図示したように各室にファンで循環させ，各室内の温度制御を行っている．

冷蔵庫の全入力のうち約 8 割は冷却システムへの入力，すなわち圧縮機の入力である．冷蔵庫の入力の大部分を占める圧縮機への入力は，圧縮仕事量に等しく，これは冷蔵庫の熱負荷と等しいとみることができる．したがって冷蔵庫の省エネのためには冷蔵庫の熱負荷を下げること，さらに圧縮機の仕事エネルギーを小さくすること (成績係数 COP を上げること) が重要であり，熱負荷低減や冷却システムの効率アップに取り組んできた[2]．

冷蔵庫は 1 日のほとんどをドアが閉められて庫内の温度が安定した状態で使用されるので，低回転数すなわち低冷却能力で運転している状態がほとんどを占めるという特徴をもつ．そのため，冷蔵庫においては低回転数で効率を上げることが最も省エネに貢献する．

11.2.2　圧　縮　機

冷蔵庫用圧縮機は図 11.14 に示されるように，レシプロ式圧縮機とロータリ式圧縮

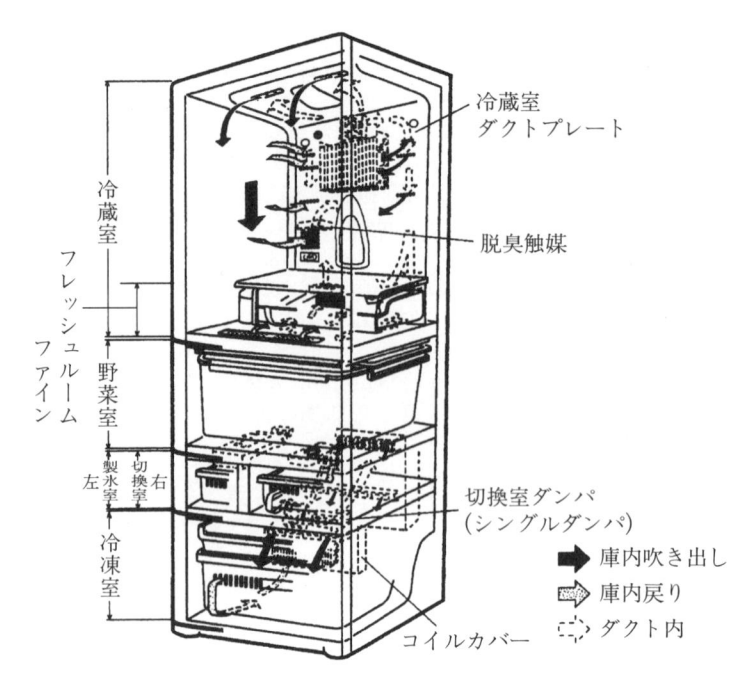

図 11.13 冷蔵庫の概略図

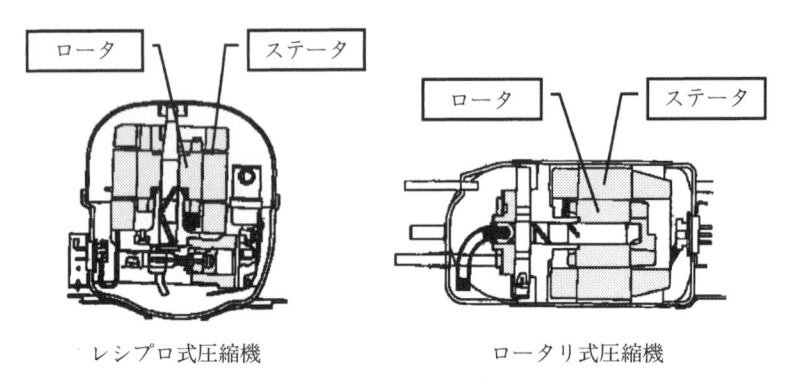

図 11.14 冷蔵庫用圧縮機

機が一般的に使用されている．おのおのの圧縮機をインバータで回転数制御をした場合の特徴として，以下のことが確認できた．また，同時にこれらの特徴は圧縮機の構造からも説明ができた[3]．

・低回転数での効率はレシプロ式圧縮機が高い．
・ロータリ式圧縮機は能力制御範囲が広い．
・レシプロ式圧縮機はモータの音が外部に伝わりにくく，低騒音である．

以上のことから，能力制御範囲が限られるものの冷蔵庫は限られた空間を冷却する機器であることと，低回転数での効率の高さと低騒音とに着目し，回転数制御を行う圧縮機はレシプロ式圧縮機が多用されている．なお，その後，レシプロ式圧縮機の圧

縮メカ（給油機構やバルブなど）が改良され，能力制御範囲も次第に広がってきている．

11.2.3 モータ

冷蔵庫は省エネを目指すという観点から，インバータ圧縮機用モータとして高効率なブラシレスDCモータを採用している．ブラシレスDCモータはロータに永久磁石をもち磁石トルクを利用できることから，インダクションモータに比べて効率が高いというメリットをもつ．特にインバータで回転数制御を行ったとき，ブラシレスDCモータはインダクションモータに比べて低回転数での効率が高いという特徴も，冷蔵庫には最適な特性であった．

次に，ブラシレスDCモータ自体の高効率化への取組みについて説明する．図11.15に圧縮機用ブラシレスDCモータの構造を示す．モータ自体の高効率化を目指し，分布巻・表面磁石形(SPM)のモータから集中巻・埋込磁石形(IPM)のモータへと進化してきた[4]．

ステータ巻線を従来の分布巻から集中巻に変えることにより，トルク発生に関係のないコイルエンド部分の銅量を大幅に減らすことができた．その結果，銅損が低減でき，モータの効率を高めることができた．冷蔵庫では主に4極6スロットまたは6極9スロットの集中巻モータが使われている．

また，ブラシレスDCモータのロータは大きく表面磁石形(SPM)と埋込磁石形(IPM)とに分類される．表面磁石形は磁石の飛散防止用にその周囲をステンレスパイプで覆っている．このステンレスパイプに渦電流が発生して鉄損（渦電流損）が発生する．一方，埋込磁石形の場合はこのステンレスパイプが不要であるため，ロータ

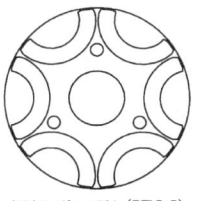

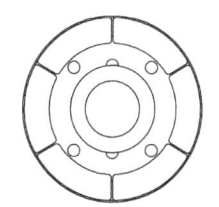

集中巻　　　　　　　　分布巻

埋込磁石形(IPM)　　　表面磁石形(SPM)

図 11.15 圧縮機用ブラシレスDCモータの構造

表面で発生する渦電流による鉄損（渦電流損）が低減できるとともに，リラクタンストルクを有効に利用することによりさらに効率を高めることができる．

11.2.4 インバータ

圧縮機の回転数を制御するインバータのブロック図を図 11.16 に示す．商用電源（交流電圧）をコンバータで直流電圧に変換し，さらにパワー素子をもつインバータを介して三相交流に変換してモータに電力を供給する．また，このモータは圧縮機の中に密閉されており，ロータの位置検出として一般的なホール素子などの位置センサを使用することができない．そのため，位置センサを用いずにロータの位置を検出するセンサレス方式[5] を用いている．センサレス方式には，モータの誘起電圧からロータの位置を検出する方法やモータの相電流からロータの位置を検出する方法などがよく用いられる．また，回転数を制御するために，モータに印加する電圧または電流を直接制御する PWM（パルス幅変調）制御が一般的に使用されている．

次に，コンバータの出力電圧を低くして，低回転数において効率を上げる技術について紹介する．コンバータの出力電圧が一定電圧の場合，低回転数になると PWM 制御のデューティが小さくなり，モータ電流の高調波リプルが増加する．この高調波リプル電流の影響でモータの鉄損が増加し，モータ効率を低下させる．そのため，低回転数のときは直流電圧を低下させてデューティが大きい状態で駆動することにより効率を上げる方法が使用されている．

図 11.17 に直流電圧変換方法を示す．冷蔵庫では，全電圧整流と倍電圧整流とを切り換える 2 レベル電圧制御[6] や，昇圧チョッパを使用して直流電圧を変化させる PAM（パルス振幅変調）制御[7] などが採用されている．2 レベル電圧制御は簡単な構成でしかも回路ロスが少ないというメリットをもち，PAM 制御は出力電圧をリニアに変化させることができるというメリットをもつ．冷蔵庫においては簡単な構成で実

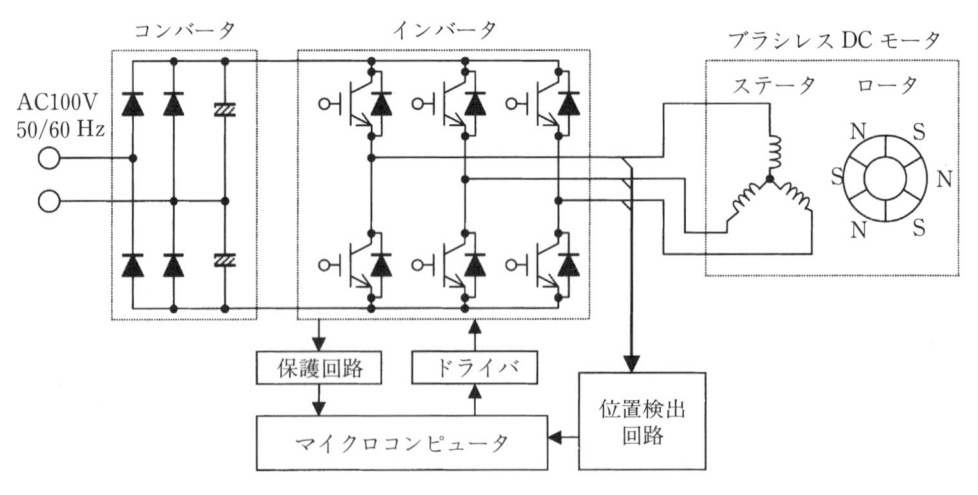

図 11.16 インバータブロック図

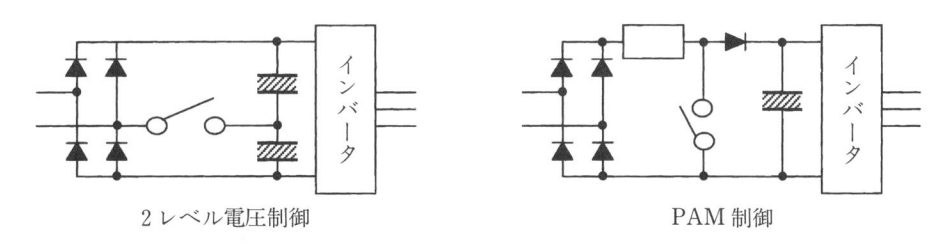

図 11.17 直流電圧変換方法

表 11.2 正弦波駆動と矩形波駆動

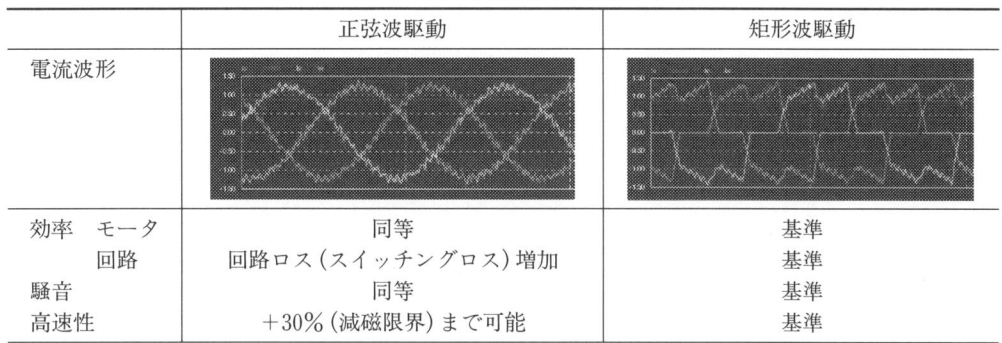

	正弦波駆動	矩形波駆動
電流波形		
効率　モータ	同等	基準
回路	回路ロス（スイッチングロス）増加	基準
騒音	同等	基準
高速性	+30%（減磁限界）まで可能	基準

現可能な2レベル電圧制御が主流となってきている．

次に冷蔵庫に使用される圧縮機モータの駆動波形について説明する．モータの駆動波形には主として，矩形波駆動と正弦波駆動[8]がある．表11.2に駆動方式の比較を示す．効率については，モータ効率は同等であるものの，回路効率はスイッチングロスの差により矩形波駆動が有利なため，総合効率としては矩形波駆動が有利である．また，騒音については，前述のようにレシプロ式圧縮機が内部でモータが懸架されているので，トルクリプルによる騒音に対する影響が少なく，モータ電流波形による差はみられなかった．高速回転性では正弦波駆動は弱め磁束制御を用いることにより高速回転が可能である．また，矩形波駆動でも同様に弱め磁束制御を用いることにより正弦波駆動と同等の高速回転が可能な制御技術について新たに提案されている[8]．

以上，説明したように冷蔵庫の圧縮機用モータおよびインバータは，特に低回転数において効率を上げることを目指して，開発を進めてきた．その結果，冷蔵庫の省エネ化，静音化を達成するために次に示すような仕様が主流になっている．

・圧縮機：レシプロ式圧縮機
・モータ：ブラシレスDCモータ，集中巻，埋込磁石形（IPM）
・インバータ：センサレス駆動，2レベル電圧制御，矩形波/正弦波駆動

今後は適用される範囲を拡大するためにも，コストパフォーマンスを最大にできるモータおよびインバータの開発が望まれている．　　　　　　　　　　〔浜岡孝二〕

参 考 文 献

1) 木村義人・中野　明・橋本晋一・高西秀知・谷本康明：省エネ基準達成200%ノンフロン冷蔵庫, Y. Kimura, A. Nakano, S. Hashimoto, H. Takanishi and Y. Tanimoto CFC-Free Refrigerator Achieves 200% Saving on Energy Standard Rate, *Matsushita Technical J.*, Vol. 49, No. 1, pp. 9-13 (2003-2)
2) 浜岡孝二：容量制御の動向　4.1家庭用電気冷蔵庫, 冷凍, **74**, 863, pp. 23-28 (1999-9) K. Hamaoka：Domestic electric refrigerator, *Refrigeration*, Vol. 74, No. 863, pp. 23-28 (1999-9)
3) 浜岡孝二・小川啓司・小川原秀治・入路友明：冷蔵庫用インバータレシプロコンプレッサシステムの開発, 第30回空気調和・冷凍連合講演会講演論文集, pp. 1-4 (1996-4)
4) 浜岡孝二：ノンフロン冷蔵庫とその省エネ技術, 2003モータ技術シンポジウム, pp. C5-2-1-C5-2-9 (2003-4)
5) 大塚英史・中谷政次：家電におけるセンサレス制御の現状と将来, 2001モータ技術シンポジウム, pp. A5-1-1-A5-1-14 (2001-4)
6) 浜岡孝二・大内山智則・小川原秀治・甲田篤志：冷蔵庫コンプレッサ用集中巻モータの高効率駆動方式, パワーエレクトロニクス研究会論文誌, **26**, 2, pp. 161-167 (2001-3) K. Hamaoka, T. Ouchiyama, H. Ogahara and A. Koda：High efficiency driving method of the motor with concentrated windings for the refrigeration compressor. Proceedings of Japan Society for Power Electronics, Vol. 26, No. 2, pp. 161-167 (2001-3)
7) 石井　誠：冷蔵庫におけるPAM制御, '99モータ技術シンポジウム, pp. B2-2-1-B2-2-14 (1999-4)
8) 豊嶋昌志：正弦波駆動方式を使用したレシプロコンプレッサの最適制御, 2001モータ技術シンポジウム, pp. A3-3-1-A3-3-11 (2001-4)
9) 田中秀尚・浜岡孝二・スプラト・サハ：圧縮機の矩形波駆動による運転可能領域の拡張, 平成15年電気学会全国大会予稿集, pp. 4-130 (2003-3) H. Tanaka, K. Hamaoka and S. Saha：Extension of the compressor operation range by rectangle wave drive, 2003 National Convention Record IEE Japan

11.3　洗　　濯　　機

　洗濯機に対するユーザの要求は多岐にわたるが, 静粛性すなわち低騒音化は比較的大きなニーズである. そのため, 洗濯機用モータでは騒音低減のための設計が行われてきたが, 小さな改善を積み重ねるだけでは性能の向上にも限界がある. 最近では, 洗濯機の騒音に影響が大きいモータおよび機構部分も含めた見直しが行われ, ダイレクト・ドライブ(direct drive, DDと略記)方式やモータとギヤを直結して駆動するギヤードモータ方式の洗濯機が製品化され始めた. 本節では, 洗濯機への応用例として, 低騒音化のための洗濯機の機構および, 主として機構部のDD化で適用された永久磁石モータとインバータの概略を述べる[1)~3)].

11.3.1　洗濯機の駆動機構とモータ駆動系

　洗濯機負荷の特徴として, 低速回転で大トルクの「洗いモード」と高速回転で小トルクの「脱水モード」がある. 図11.18で示すように, 一般に洗濯機では単相誘導

モータを駆動源として，ギヤ，ベルトを用いた間接駆動機構が採用されている．この構成ではモータには大きなトルクは必要としないが，ギヤなどの機械音の低減には限界がある．また，この伝達機構では洗濯機負荷の回転軸とモータの回転軸が同一回転軸上になく，騒音が増大する傾向となりモータの低騒音化だけでは本質的な解決に至らない．モータ駆動の側面からみると，モータの回転軸と洗濯機負荷の回転軸を一致させる機構の採用や，モータの低騒音化が必要になる．

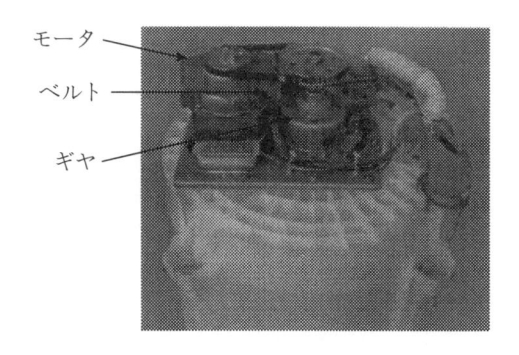

図11.18 ギヤ，ベルト駆動方式洗濯機の機構部

負荷の回転軸とモータの回転軸を同一軸上とするモータ駆動方式には，図11.19で示すように，ギヤードモータ方式とDDモータ方式の2通りが考えられる．前者では洗いモードではギヤ駆動，脱水モードは負荷直結駆動になり，モータには大きなトルクを必要としない．後者では洗いモードで大きなトルクが必要となる．

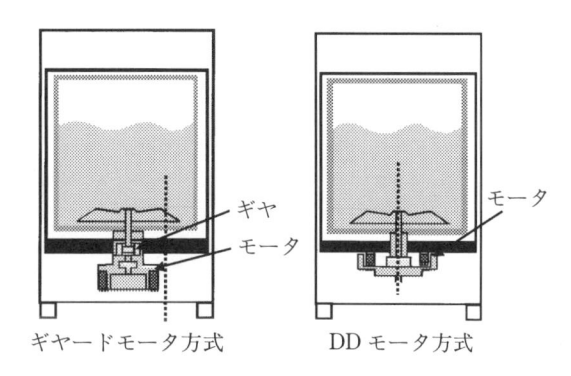

図11.19 洗濯機機構部

a. ギヤードモータ方式

この方式においても，極力モータ騒音を低減することが必要となるので永久磁石モータとインバータを組み合わせて駆動する，いわゆるブラシレスDCモータが用いられる．洗いモードではギヤを用いるので低騒音化には限界があるが，モータと負荷の回転軸が一致しているので低騒音の効果は得られる．一方，脱水モードではモータと負荷は直結されるので低騒音化の効果は大きい．ギヤ比は，ギヤの大きさやギヤ効率，騒音などが勘案されて決まるが，通常，1:5～6程度が用いられる．なお，ギヤを介した駆動のため低トルクむら化の効果は必ずしも大きくないこともあり，インバータの制御回路が簡単な120°矩形波通電方式が採用される．

b. DDモータ方式

洗濯機用DDモータの機能，性能としては，① 小形・薄形化，② 高効率，③ 速度制御の容易性，④ 振動騒音レベル，⑤ 速度検出の容易性，⑥ 低価格といった点が求められる．また，駆動面として，低速回転で大トルクを必要とする洗いモード，小トルクであるが高速回転を必要とする脱水モードを1つのモータで両立させる必要がある．モータ構成面からは，大トルクのためモータ騒音が大きくなるので，低トルクむ

らのモータが必要になる．特に洗濯機の低騒音化には，回転中心軸の一致など DD 化によって達成される要因のほか，モータにおいても低騒音化が必要となるのでブラシレス DC モータが用いられる．さらに，低騒音化のための基本条件としてトルクむらを小さくすることが不可欠であり，① コギングトルクとモータトルクむら低減のための永久磁石形状の最適化，② モータトルクむらの低減のための 180°正弦波通電が必要となる．

11.3.2 DD 用永久磁石モータ
a． 内転形と外転形
周知のように，ラジアル空隙構造のモータには内転形と外転形があり，これらの形式は負荷や製品の形態によって選択される．洗濯機においては，モータを取り付ける箇所では半径方向に比較的余裕があるので，薄形で大口径が適している．また，低速回転，大トルク化のためには界磁磁束が多い設計が必要で，低価格化のためエネルギー積が高くないフェライト永久磁石を採用しても磁束をある程度多くできる形態が適し，洗濯機に応用するモータとしては外転形が望ましい．

b． 永久磁石モータの構成
図 11.20 に DD モータの外観を示す．図 11.21 に示しているように，回転子の主な部品は永久磁石，鉄フレーム，補助磁気回路ヨークからなり，樹脂によってこれらを一体に保持する構造となっている．界磁は 24 個のフェライト永久磁石が配置され 24 極を構成している．永久磁石の価格や減磁耐力の観点からはさらに多極が望まれるが，回転子の組立性やインバータにおける演算処理時間，固定子鉄心のスロット数との関係などを考慮して極数を決めている．永久磁石は樹脂によって保持されるのみであるが，洗濯機の使用環境条件としての耐湿性や取付強度の問題はない．

鉄フレームは回転子の主構造物であるとともに，永久磁石磁束の磁気回路を構成している．このため磁路に必要な寸法をそのまま適用することは得策ではなく，必要な磁気回路寸法を確保するためヨークを補助磁気回路としている．また，鉄フレームには巻線冷却のための通風穴を設けるとともに，樹脂には突起を付けた形状により冷却ファンの機能も有している．

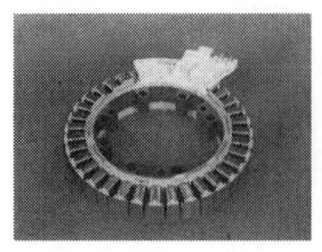

固定子 　　　　　回転子

図 11.20 DD モータ

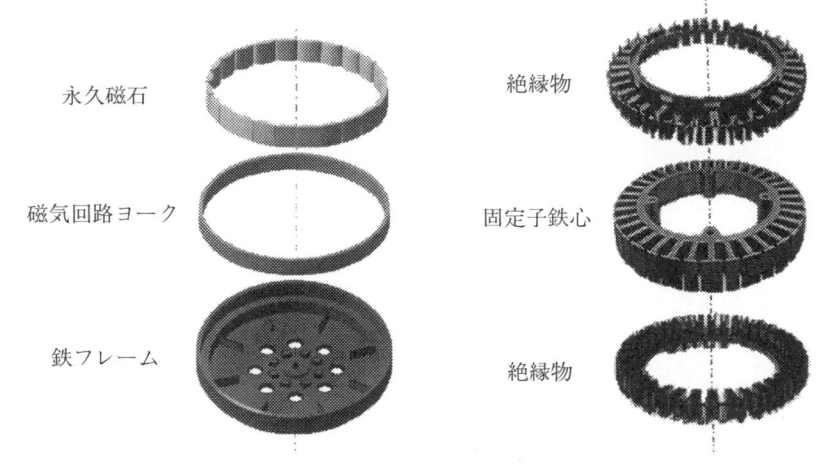

図 11.21 回転子

図 11.22 固定子

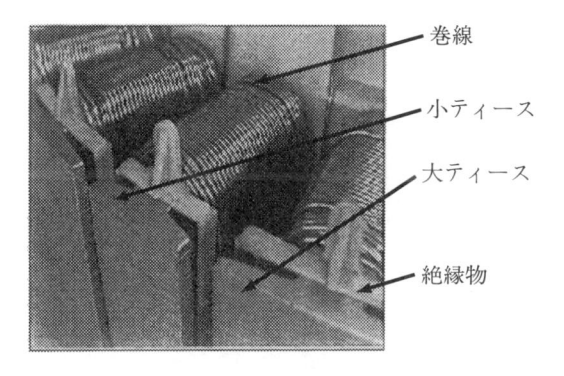

図 11.23 固定子鉄心と巻線

図 11.24 DDモータの取付状態

一方，図 11.22 および図 11.23 に示しているように，固定子鉄心には 36 個のスロットに三相巻線が施されている．巻線は樹脂成形品での絶縁物を介して鉄心のティースに直接施す方式である．後述するコギングトルクの低減のため，ティースは大，小 2 種類の寸法が採用されている．スロット開口寸法は巻線工程の都合上すべて同一となっており，巻線動作に必要な寸法が設定されている．

c. コギングトルク

永久磁石モータでは，コギングトルクが大きくなると低騒音化の妨げとなる．コギングトルクは，回転子の回転とともに固定子鉄心に対する磁束分布が変化し，空隙磁気エネルギーの変動が要因となるので，永久磁石形状と鉄心形状の設計での対処が必要である．コギングトルクは永久磁石による空隙中の高調波磁束密度と，固定子鉄心のスロットの相互作用により発生するので，極力正弦波に近くなるようにしている．このモータでは永久磁石の内径，外径を円弧形状で 1 極の中央部に対して端部が薄くなるようにして高調波磁束密度が低減されている．なお，図 11.24 では DD モータを取り付けた洗濯機の機構部が示されている．

11.3.3 インバータ
a. 基本構成

三相構成のブラシレス DC モータの発生トルクは,空隙磁束密度が正弦波状の場合,電流が正弦波であれば変動はなく,騒音増大の要因となるトルクむらは発生しない.このモータでは,ホール IC によって得られる回転子位置情報から演算により,正弦波通電ができる程度の分解能で回転子位置を推定して正弦波を生成している.

図 11.25 はインバータの概略の回路構成である.制御回路部では,固定子に取り付けたホール IC から得られる回転子の磁極位置信号および速度信号と速度指令信号から,マイクロコンピュータによって生成した回転子位置情報により主回路部を動作する.主回路部はモータ部に必要な電圧を印加するもので,制御回路部の信号によって正弦波 PWM 方式により電圧の調節を行う.

b. 洗濯機の駆動

洗濯機においては,洗いモードと脱水モードでの駆動方法は異なる.洗いモードでは駆動効率を最大にすることが求められるので,ブラシレス DC モータの基本的な駆動方法の巻線誘導起電力と電流波形の位相を一致させる最大効率制御が行われる.しかし,最大効率制御ではモータ回転数はインバータの出力電圧で制限され,脱水モー

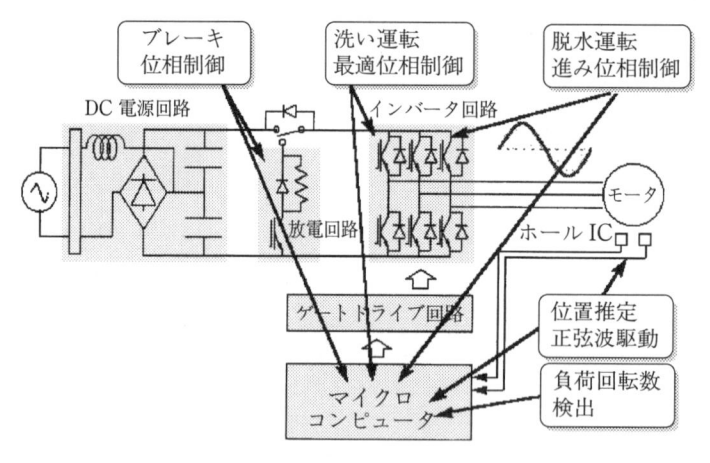

図 11.25 インバータ構成と機能

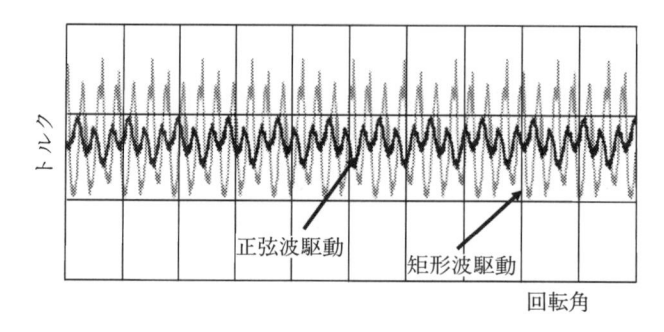

図 11.26 トルクむらの比較

ドで必要な回転数が得られなくなるので，いわゆる進み角駆動により等価的な弱め界磁の制御が必要となる．ここでは，回転子位置角度を基準とした電流の位相と，PWMのデューティ調整によって電圧を操作し，巻線端子電圧の増大を抑制して脱水モードで必要な回転数を発生させる．このような駆動方法においては，インバータ主回路素子で決まる電流容量によってモータ発生トルクの大きさは制限されるが，脱水モードでは洗いモードに比較してトルクは小さいので駆動トルクが不足することはない．

11.3.4 DDモータの駆動特性と洗濯機での騒音レベル

永久磁石モータ，インバータにより構成したDDモータにおいて，正弦波駆動と矩形波120°通電方式の場合でのモータトルクむらの比較を図11.26に示している．正弦波駆動ではトルクむらが小さくなっていることがわかる．このDDモータを搭載した洗濯機の騒音は，従来のギヤ，ベルトを用いる間接駆動方式の洗濯機と比較して，最大で10dB程度減少することが確認されている．　　　　　　　　　　〔谷本茂也〕

参 考 文 献

1) 今井雅宏：図書館並の静かさを実現したダイレクトドライブインバータ全自動洗濯機，東芝レビュー，**53**, 2 (1998)
2) 谷本茂也：洗濯機用DDモータの開発，電気学会回転機研究会資料，RM-98-24 (1998)
   S. Tanimoto : Development of a DD motor for washing machines, The papers of Technical Meeting on Rotating Machinery, IEE Japan, RM-98-24 (1998)
3) 谷本茂也・長竹和夫：家電機器用のモータとインバータ，東芝レビュー，**55**, 4 (2000)
   S. Tanimoto and K. Nagatake : Motors and inverters for home appliances, *Toshiba Review*, Vol. 55, No. 4 (2000)

11.4 掃 除 機

家庭用電気掃除機（以下，掃除機という）はJIS C9108で規定され，電動機（モー

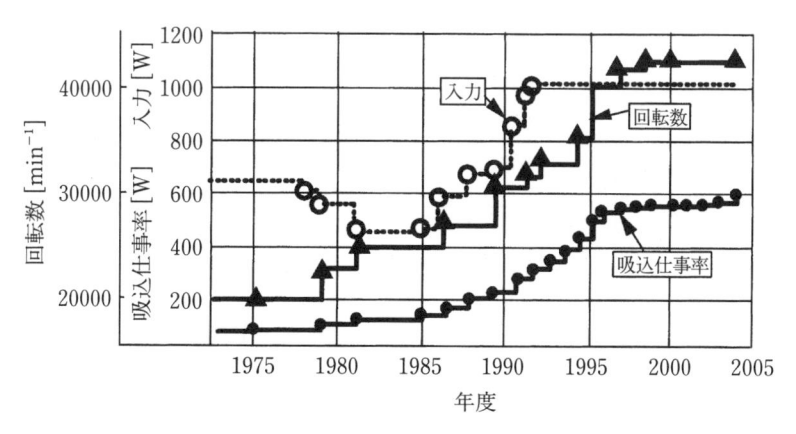

図 11.27 掃除機の性能の推移

タ)で運転する送風機の背圧を利用した定格消費電力 100 W 以上 1000 W 以下のものを指す．掃除機の性能は吸込仕事率で表され，例えば消費電力 1000 W の吸込仕事率は 155 W 以上でなければならないと規定されている．

掃除機の性能の推移を図 11.27 に示す．当初，定格消費電力 (以下，入力という) 500 W 前後で吸込仕事率 150 W 程度であったが，最近では入力 1000 W で吸込仕事率 600 W 程度の掃除機がある．吸込仕事率は交流整流子電動機と送風機からなる電動送風機の回転数を上げ，流体の流路損失を低減して向上が図られている．このため電動機の回転数は 20000 min^{-1} から 40000 min^{-1} にもなっている．

騒音のレベルについては掃除機の形態によって分類される．図 11.28 に示すキャニスタ形 (床移動形)，アップライト形 (ほうき形) の入力 700 W 以下が 65 dB，1000 W 以下が 70 dB，携帯形の入力 1000 W 以下が 65 dB 以下と規定されている．現在の掃除機は，流体の流路・消音機構や電動送風機の改善によってキャニスタ形で 60 dB 以下に低騒音化されている．以下，掃除機の具体的構造について示す．

11.4.1 電気掃除機の構成

電気掃除機の基本構造を図 11.29 に示すキャニスタ形を例にとって説明する[1]．掃

(a) キャニスタ形　　(b) アップライト形　　(c) 携帯形

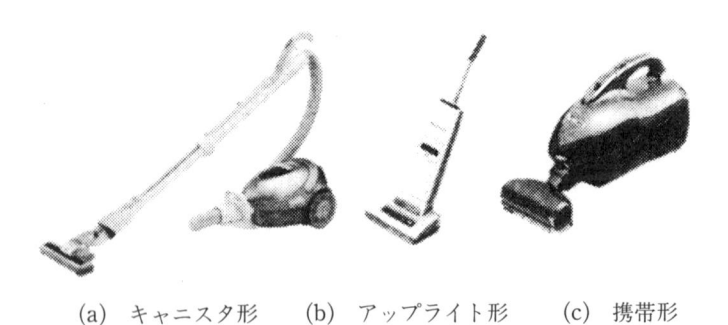

図 11.28 掃除機の分類

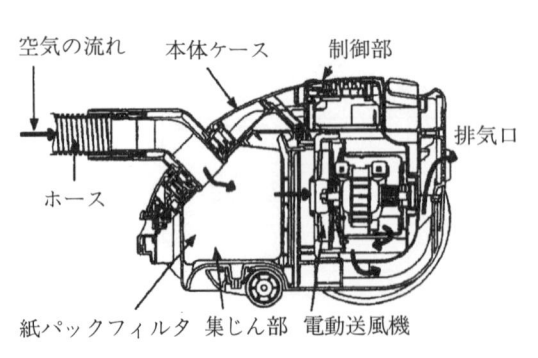

図 11.29 掃除機の基本構造

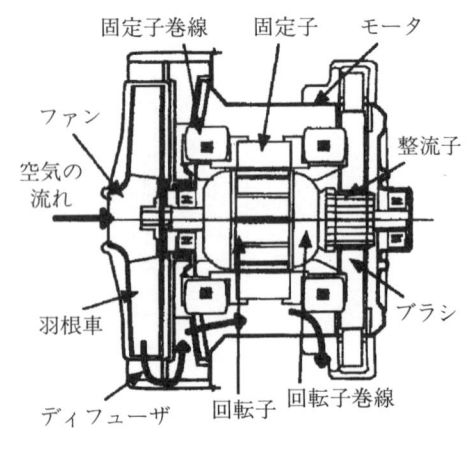

図 11.30 電動送風機の構造

除機の基本構成要素は，ごみを掃除面からはく離させて吸い上げる吸口，ごみを移送する延長パイプ（図示せず），フレキシブルのホース，ごみを収納する集じん部，駆動源の電動送風機，電動送風機と全体を制御する制御部，それらを収納する本体ケースからなる．制御部はトライアックによる位相制御回路であり，フィルタ後部の負圧からフィルタの目詰まり状態を感知して電動送風機の入力を決定する．

11.4.2 電動送風機の構成

電気掃除機の駆動源である電動送風機は図11.30に示すように電動機とファンが一体になったものである．ファンは遠心ファンの一種であり，羽根車で加速された高速の気流をディフューザなどの静止部で低損失で減速し，運動エネルギーをポテンシャルエネルギーに変換している．ディフューザを経由した気流は電動機の固定子および回転子を冷却した後に排気される．電動機は交流整流子電動機であり，固定子巻線と固定子鉄心からなる固定子と，電機子巻線と電機子鉄心および整流子からなる回転子とから構成され，ブラシと整流子間の機械接触にて電力授受を行う．交流電源から電動機に印加された電圧により，固定子巻線-ブラシ-整流子-電機子巻線-整流子-ブラシ-固定子巻線を介して電流が流れる．このため電動機は固定子巻線による発生磁束が電流の大きさで変化し，負荷が重いと磁束が大きくなって回転数が低下し，負荷が軽くなると磁束が少なくなって回転数が増加する直巻特性となる．

現在使用されている交流整流子電動機は図中に示す整流子片の1/2のスロット数を有する電機子コイル片＝2の機械（スロット数12程度）と，整流子片とスロット数が同一の電機子コイル片＝1の機械（スロット数22程度）がある．

電動送風機としての特性は図11.31に示すように，風量 Q m³/min と真空度 h_a [Pa] の積が送風機出力となり，負荷が重いと風量 Q は大きくなるが真空度が小さくなって送風機出力も小さくなり，負荷が軽いと真空度は大きくなるが風量 Q が小さくなって送風機出力も小さくなる．掃除機の性能を表す吸込仕事率（空気力学的出力）は送風機出力の最大値からその他の流路損失を差し引いた値となり，現実にはJISに規定されている吸込仕事率測定装置での測定値が表示されている．

11.4.3 コードレス掃除機

ACコードを引き回しての掃除の不便さからコードレス掃除機が開発された．構造は通常の掃除機と同じであり，異なるのは電源と電動送風機の電動機である．電源には充電式のNi-Cd電池やNi-MH電池が主に使用される．電

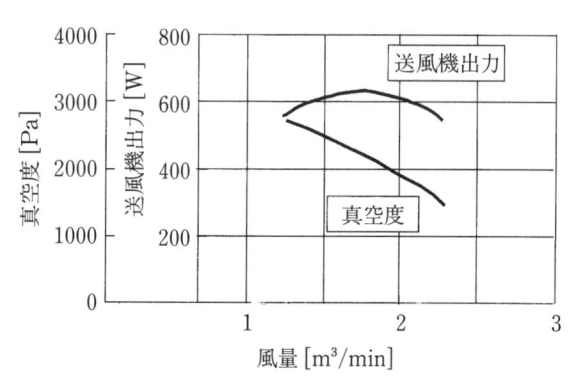

図11.31 電動送風機の特性

動機にはブラシ付きの交流・直流が併用できる整流子電動機，永久磁石界磁 DC モータとブラシなしのブラシレス DC モータが使用されている．整流子電動機と永久磁石界磁 DC モータの場合はオン／オフ制御による入力制御，ブラシレス DC モータの場合はインバータ制御であるが，制御方式には 120°通電方式と 180°通電方式が採用されている．駆動時間は標準モードで約 40 分，最強モードでは約 10 分程度である．

AC100V を電源とする交流整流子電動機は，ブラシに固有抵抗が数万 $\mu\Omega\cdot$cm の樹脂黒鉛質を使用できるので回転数が 40000 min^{-1} と大きく，高出力化が図れるが，例えば DC24V を電源とする DC モータでは電流が数十 A にもなり，固有抵抗の小さな金属黒鉛質ブラシが使用されるので回転数が 20000〜30000 min^{-1} と低く，低出力になる．一方，ブラシレス DC モータの場合はブラシを用いないため，回転数を 50000 min^{-1} に高速化でき，入力を約 500 W に上げることができる[2]．

11.4.4 そ の 他

掃除機は，吸口に回転ブラシを取り付け，回転するブラシによって畳やじゅうたんの表面をブラッシングしながらごみを吸い込む方式が主流である．回転ブラシの駆動源には小形の DC モータが使用されている．

セントラル方式は本体を家屋の 1 カ所に配置し，各部屋の壁や床に吸込口を設け，この吸込口にホースと吸口をセットして使用するものである．

電気掃除機は家庭用のほかに店舗用・業務用掃除機があり，構成は家庭用と同じであるが吸水や排水できる方式もある．

電気掃除機は 1950 年代から普及し，掃除面も畳面が主流であったが，現代ではじゅうたんや木床面が混在する．このため，パワーブラシ吸口や電子制御技術の応用がなされた．またごみ捨ての簡便さ・清潔さから紙パックフィルタが実用化され，最近では紙パックレスのサイクロン方式が開発されている．しかしながら，掃除機の吸込力は依然として電動機の性能に左右されるため，電源に対応した電動機の開発が今後も重要となる．

〔小原木春雄〕

参 考 文 献

1) 尾田十八編著：軽量化設計，pp. 146-152，養賢堂 (2002)
2) 仁木　亨・川又光久・細川敦志・坂本　潔・遠藤常博：電池駆動型掃除機のセンサレスブラシレスモータ制御，平成 16 年電気学会全国大会 3 月，pp. 189-190, (2004)
   T. Miki, M. Kawamata, A. Hosokawa, K. Sakamoto and T. Endo : Sensorless brushless motor control for cordless vacuum cleaner, *IEE Japan*, Vol. 4, No. 12, pp. 189-190 (2004)

11.5　AV・OA 機器

11.5.1　AV・OA 機器に用いられるモータの動向

AV 機器や OA 機器に用いられる小形モータは，ブラシ付 DC モータやステッピン

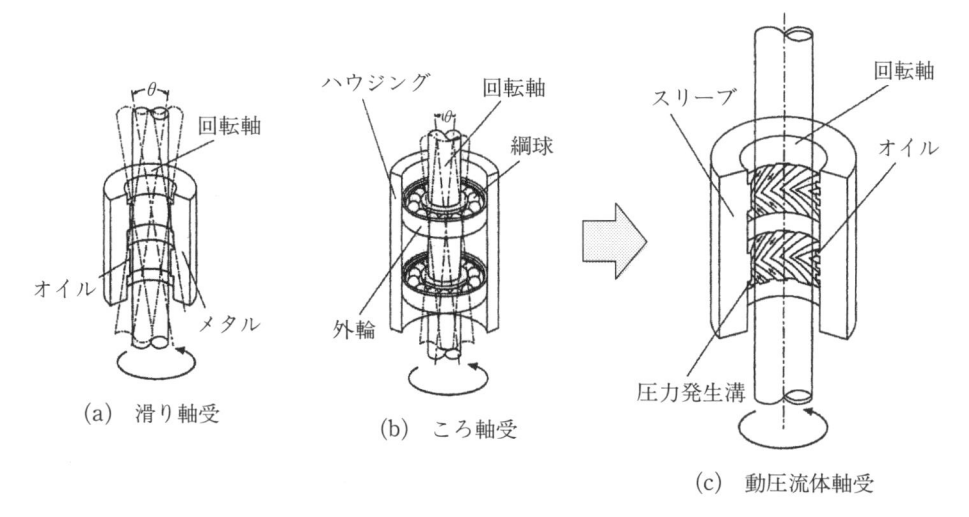

図 11.32 軸受の比較

(a) 滑り軸受
(b) ころ軸受
(c) 動圧流体軸受

グモータからブラシレスモータといったものまで永久磁石モータが幅広く使われている．これらの中でも，最近では，機器の進化に伴い高寿命化，高速化，高性能化などの用途を中心にブラシレスモータの需要が増加している．

モータを構成する際のキーとなる永久磁石は，小形高出力の要望によりフェライト磁石から希土類磁石へと変わってきている．磁石の方向により異なる磁気特性を有する異方性磁石や，磁石粉末をゴムや樹脂と混合し成形して作成されるボンド磁石なども普及しており，モータの小形軽量化に大きく寄与している．

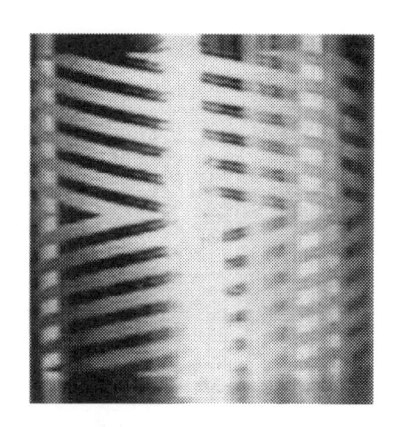

図 11.33 動圧オイル軸受

また，軸受部は，回転時の振動や振れを抑え，長寿命で毎分数万回転の高速回転に対応する用途向けに，滑り軸受やころ軸受に代わって，図 11.32 に示す動圧流体軸受も普及している．この動圧流体軸受も，高剛性と小形化に適した動圧オイル軸受だけでなく，より高速の用途向けに低損失な動圧エア軸受の開発も加速されている．

動圧オイル軸受は図 11.33 に示すように，回転軸あるいは軸受の表面にヘリングボーンパターン(魚骨状)の浅い溝を形成した構造をしている．この溝に充てんされたオイルがモータの回転に伴い溝内を移動し，ヘリングボーンパターンの中央部に集められることによりラジアル方向に油圧が発生し，シャフトを支持するといった原理である．そのため，ころ軸受に比べてボールが転がる振動や騒音がなく，非接触であるため長寿命なだけでなく高精度に回転することが可能である[1]．

11.5.2 駆動回路の動向

半導体プロセス技術の進化に連動し，制御方式や駆動回路も進化している．特に，ブラシ付DCモータと比較して駆動回路が複雑であるステッピングモータやブラシレスモータの駆動用ICの進化は目覚ましい．

ステッピングモータの場合は，相の励磁方式によって励磁シーケンスを組み合わせる必要があるが，これまでの二相励磁や一相-二相励磁からマイクロステップ駆動，さらには高精度化と脱調レスのために位置センサを付けたタイプも開発されている．

一方，ブラシレスモータの場合は，モータは回転子の磁極の位置に応じて制御する必要があるため，ホール素子などを使って磁極の位置に応じた制御が必要である．これまで，ホール素子の論理で制御する120°通電の矩形波駆動が主流であったが，低振動，低騒音の要求から台形波駆動や正弦波駆動といった広角通電タイプも広がっている．さらに，モータの薄形化を図るためにホール素子を不要としたセンサレス制御タイプも普及している．

このように制御方式が高度になっているものの，機器メーカやモータメーカが専用で開発したカスタムの制御ICだけでなく，半導体メーカが独自で開発した汎用の制御ICも多く普及しており，ブラシ付DCモータ同様に手軽に利用できる．また，モータ出力が小さいものはパワー回路も含めた1チップIC化が進んでいるだけでなく，CD/DVDなどの光メディア用スピンドルモータ向けICのように，スピンドルモータ駆動用だけでなく光ピックアップ部のアクチュエータも駆動可能な，複数の機能を1チップで実現できる汎用ICも市販されている．さらに，モータの駆動方式もアナログタイプのリニア駆動から，高効率のPWM駆動へと変化しており，ICの発熱を抑え低消費電力化も進んでいる．

11.5.3 光メディア用スピンドルモータの事例

CDやDVDプレーヤは据置タイプからポータブルタイプ，車載タイプと様々な形式で世界中に普及しており，年間1億台を超える大きな市場になっている．また，VTRに代わる録画可能なDVDレコーダの伸びも著しく，AV機器における光メディアの発展が非常に期待されている．

これらのCD/DVDに使用されている主要なモータは，図11.34のポータブルDVDプレーヤのように光ピックアップの送りと同期して可変速で光ディスクを駆動するスピンドルモータと，光ピックアップを所定の量の微小送りをラック&ピニオンやリードスクリュを介して行うフィードモータがあるが，ここではスピンドルモータの事例について紹介する．

ひとことで光ディスクといってもCD/DVDの用途は広く，様々なセット機器が存在し，その用途によりモータに要求される性能も異なる．一般の音楽用CDの場合は，ディスクを200～500 r/minの比較的低速で狭い可変速範囲の領域で用いるため，低コストのブラシ付DCモータが使われる場合が多く，選定に際してもコスト優先で

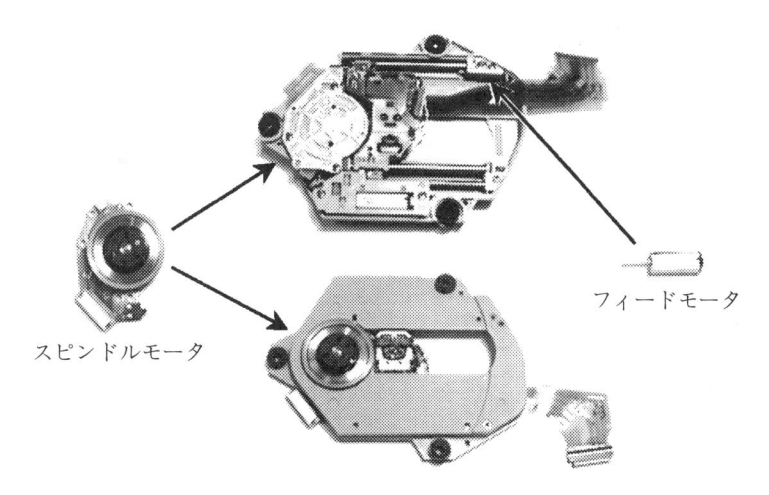

図 11.34 ポータブル DVD プレーヤの機構とモータ

標準品を使用することが多い．しかし，ポータブルタイプや車載タイプなどの CD では再生時の衝撃による音の飛びを防ぐため，一度 IC に記憶して再生する手法が多く使われており，この構成では先行してデータを読み込む必要があるため，回転数を 2 倍程度の 1000 r/min まで高速化して用いられる．また，DVD において，600〜1600 r/min が標準の回転速度であるうえ，最近では録画しながら再生するおっかけ再生などの機能追加によりさらに高速化する必要性も出てきており，ブラシレスモータが多く使われている．トラックピッチに関しても，CD が 1.6 μm に対して DVD では 0.74 μm，フォーカス許容差も CD が 1〜1.2 μm に対して DVD では 0.3〜0.35 μm と 1/2〜1/3 の精度が要求される．つまり，DVD 用スピンドルモータとしては，低速からの安定した回転特性と高速域の信頼性だけでなく，モータのメカ的精度も同時に求められる．

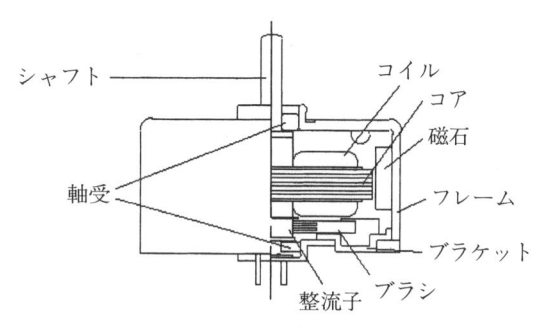

図 11.35 ブラシ付 DC モータの構造

まず，CD に多く用いられている一般的なブラシ付 DC モータについて説明する．モータ構造は図 11.35 に示すように，シャフトに取り付けたコアにコイルを巻き，整流子にて電流を切り替える回転体に，通電するブラシを保持し軸受を固定したブラケットと，磁石と軸受を取り付けたフレームとを組み立てることで構成されている．この構成では，軸受が 2 つの部品に分かれているため，フレームの取付面に対する軸受部の精度とブラケットの取付精度を管理することで，軸垂直の精度を確保する必要がある．

摺動部の信頼性確保のためには，接点部に抵抗値の低い Ag 系の整流子と AgPd 系

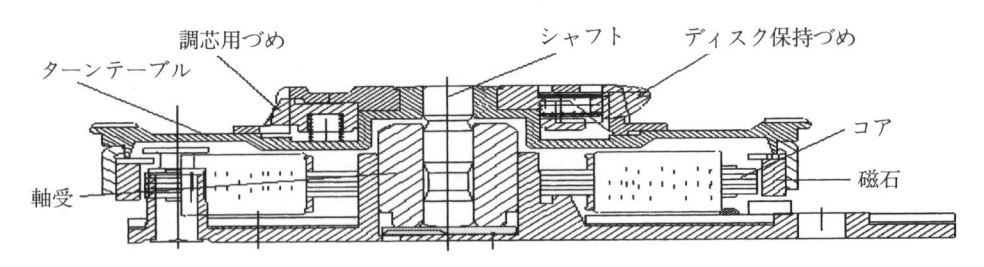

図 11.36 ブラシレスモータの構造

の金属ブラシを使用するのが一般的である．細部の摺動部設計は各社のノウハウであり一般には公開されていないが，摺動添加材や接点部の表面調質などで品質安定化と長寿命化を図っている．さらに，これまでの整流子は環境負荷物質であるカドミウムを含んでいることが課題となっており，カドミレス化の取組みが進んでいる．

次に，ポータブル DVD に使用されているブラシレスモータについて説明する．この構成は図 11.36 に示すように，取付部の固定子に軸受と巻き線をしたコアをもち，回転子としては磁石を保持したロータフレームをターンテーブルとし，ディスクを保持するつめも有している．また，調芯部も中央部で構成しており，取り付け部に一体のメタルを保持させることで軸垂直度の精度を安定させている．

この DVD 用モータにおいては，回転時の振動や面ぶれを最小にするために軸受部に動圧流体軸受を搭載するものも開発されている．信頼性においては，ブラシレスモータはブラシ付 DC モータと異なり電気接点部がなく，軸受部で寿命が決まるため，従来，1500〜2000 時間の寿命であったものが 10000 時間程度へと大幅な長寿命化が可能となる．今後，カーナビゲーションシステムなどの電装用途や PC 用途との融合などで長寿命化の要求がますます増えると想定され，動圧流体軸受搭載タイプの需要が増えると考えられる．

上記のように，CD/DVD 用のスピンドルモータは，今後も低コスト化と高性能化の二極分化をしていくと考えられる．従来から多く使用されているブラシ付 DC モータは，低コストでの摺動部の品質向上が必要であり，長寿命化や高精度化などに取り組むことにより，使用できる範囲をいかに広げられるかがポイントである．一方で，ブラシレスモータは，PC 用機器で培った技術を AV 機器用に展開し低コスト化を図るとともに，光メディア市場でさらに進化する DVD レコーダに対する各部の高精度化と，磁気回路や軸受のモータの要素技術や駆動回路による低振動化技術を確立することが重要である．

11.5.4 ポリゴンスキャナ用モータの事例

電子写真プロセスは図 11.37 に示すように，帯電させた感光体上に露光器により原稿の潜像を作成し，この潜像に現像器でトナーを付着させたものを複写用紙に転写，定着させるというプロセスである．この電子写真プロセスを用いた複写機は，原稿に

光を照射し反射光を感光体上に投影したアナログタイプから，レーザ光をポリゴンミラーで反射させレンズを介して感光体上に直接露光するディジタルタイプに移行しており，半導体レーザをはじめとする要素部品の小形化低コスト化により，複写機だけでなくレーザビームプリンタとしても急速に拡大している．また，近年では，フルカラー用途の普及も年率150％と伸びており，モノクロタイプと異なり4色カラーの色ずれ対策や印字の高速化のため，ますます要素部品の高性能化が要望されている．

このディジタルドキュメント機器には，感光体ドラムを駆動するブラシレスモータをはじめ多くのモータが使われているが，この項ではディジタルドキュメント機器の性能向上に不可欠で，近年，急速に進化しているポリゴンミラーを高速回転させるポリゴンスキャナモータについて紹介する．図11.38にその外観を示す．

ポリゴンスキャナモータは，ディジタルドキュメント機器の高速印字化の要求に伴い，高速回転化や高精度化だけでなく，低振動，小形化が望まれている．ポリゴンスキャナモータは，図11.39に示すようにポリゴンミラーが取り付けられ，最近では30000 r/min以上の高速回転を実現する動圧オイル軸受を搭載した薄形のブラシレスモータと，低振動を実現する1チップ駆動ICを用いた回路基板から構成されている．

モータ構造は，図11.40に示した構造断面図のように，従来の平面対向形から周対向形（アウ

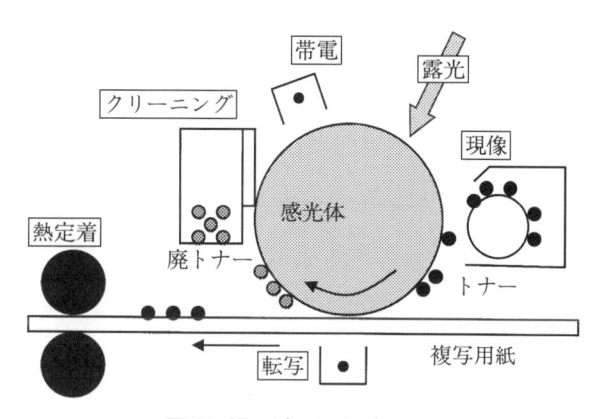

図11.37 電子写真プロセス

図11.38 ポリゴンスキャナモータ

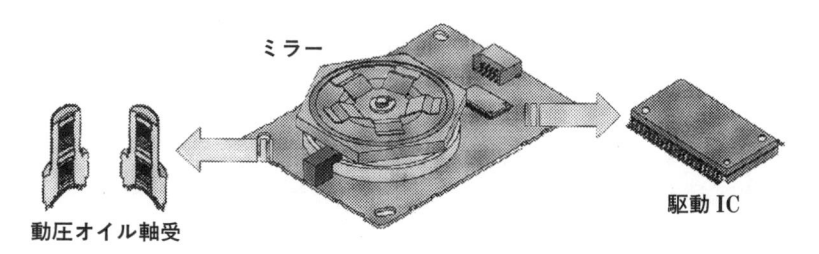

図11.39 ポリゴンスキャナモータの構成

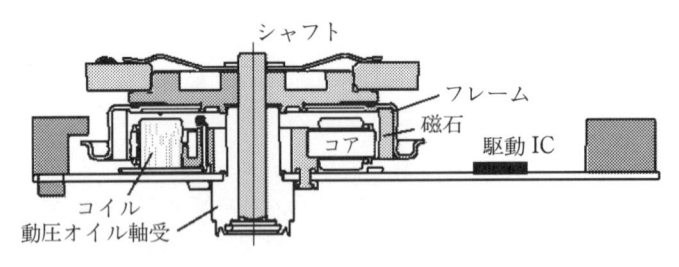

図 11.40 ポリゴンスキャナモータの構造

タロータタイプ）に変更されている．ころ軸受から動圧オイル軸受への変更の効果もあわせて，高速回転における鉄損とロータイナーシャを半減し，モータ効率向上だけでなく，20000 r/min までの起動時間も 1.5 秒と従来の 1/3 以下に低減することを可能とした．この動圧オイル軸受の採用により，寿命も常温常湿環境下において 30000 r/min で 10000 時間を確保している．

また，駆動 IC や周辺回路部品，コネクタなどを表面実装した回路基板は鉄系プリント基板を採用しており，駆動 IC の放熱性を高めただけでなく，動圧オイル軸受の外形部分を直接かしめて機構部品の役割も果たしている．この構成により，スラスト受構造の簡素化，低コスト化および生産性の向上を図った．

次に，駆動 IC の特徴について説明する．ポリゴンスキャナモータは先にも述べたように，印字の高速化に伴い高速回転が必要であるが，省エネの要望から印字するときのみ駆動させている．しかし，印字までの時間短縮の要望も満たすために，加速時間の短縮による必要トルクが大きいだけでなく，加速の頻度も少なくない．そのため，駆動 IC の発熱が大きな課題の一つとなっている．先に述べたように，鉄系プリント基板を採用し放熱性を高めているものの，機器の小形化に伴い，IC の小形化を含めた基板の小形化も望まれており，IC 自体の発熱を抑える必要がある．

従来の駆動 IC はアナログタイプのリニア駆動が主流であったが，発熱の課題から低損失の PWM 駆動へと変化してきた．しかし，PWM 駆動を行う場合はモータに取り付けられた 3 個のホール素子の出力信号をもとに巻線コイルへの通電を切り替えて駆動する 120°通電の矩形波駆動が一般的であるため，転流時に発生する振動騒音が大きい．そこで，ポリゴンス

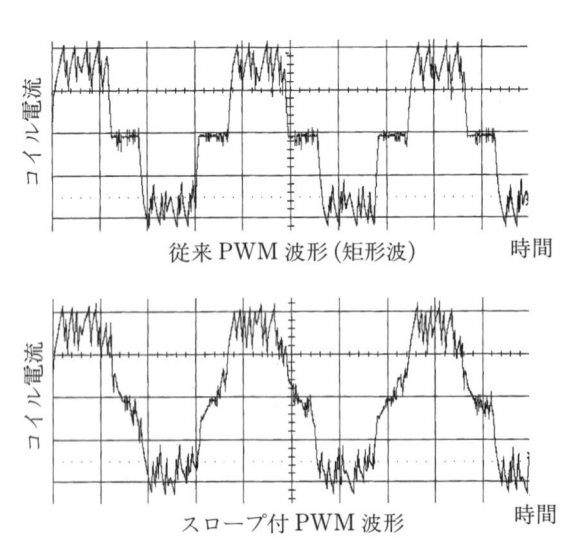

図 11.41 駆動 IC 電流波形比較

キャナモータ専用の駆動ICとして，図11.41に示すようにPWM駆動でありながら駆動コイルへの通電波形にスロープを設けることで滑らかな相切替を実現した．先の動圧流体軸受の採用と新駆動ICによって騒音は1/4に低減し，消費電流もリニア駆動に比べて1/5に低減することで発熱を大幅に削減できている．また，新駆動ICは，高耐圧のDMOSプロセスを内蔵するBCDプロセス（bipolar＋CMOS＋DMOS複合プロセス）の採用により，三相ブラシレスモータを駆動するDMOSパワートランジスタと，昇圧回路，PWM発生回路などを1チップで構成している．さらに，このICパッケージは図11.42のように，ICチップが実装されているコムがパッケージ裏面の外部に露出する形状で構成し，このコム部分を鉄系プリント基板に直接はんだ付けすることにより放熱性を高める工夫も設けられている．

パッケージ表面

パッケージ裏面

図 11.42　駆動IC

今後もポリゴンスキャナモータは，ドキュメント機器の小形化や印字の高速化に伴い，さらに小形，高速化していくと考えられる．軸受部は50000 r/min以上にも対応するために動圧オイル軸受から動圧エア軸受へと変化すると考えられ，駆動ICは，ホール素子を必要としないセンサレス化も進むと考えられる．

11.5.5　ドラム回転用モータの事例

ディジタルドキュメント機器に用いられるモータで，もう一つ重要な役割を果たしているものが，感光体ドラムを駆動するドラム回転用モータである．感光体は比較的低い速度で回転する必要があるため，モータをギヤで減速して駆動することが多いものの，ギヤで減速することによりギヤ歯の周波数成分の回転むらが発生する．そのため，これを抑えるために，図11.43のようにフライホイールを付加する必要が生じるなど，機器の機構系設計に負担を生じていた．また，複写機やプリンタもカラー化が進むなか，カラーの高速印字のため感光体ドラムを4つ用いるタイプも開発されており，ギヤ減速機構やフライホイールなどをなくして機器の小形化を図りたいという要

ブラシレスモータ　ドラム　ギヤ　従来ギヤ減速

ブラシレスモータ　ドラム　ダイレクト駆動

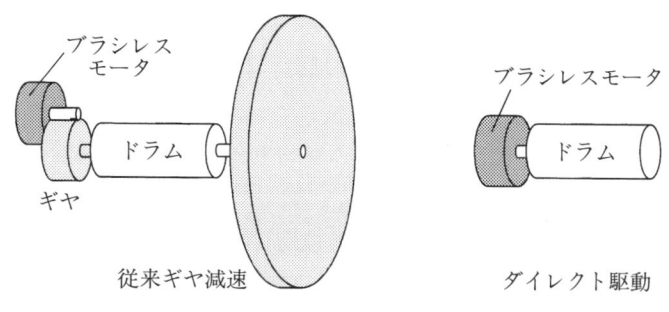

図 11.43　ダイレクト駆動化

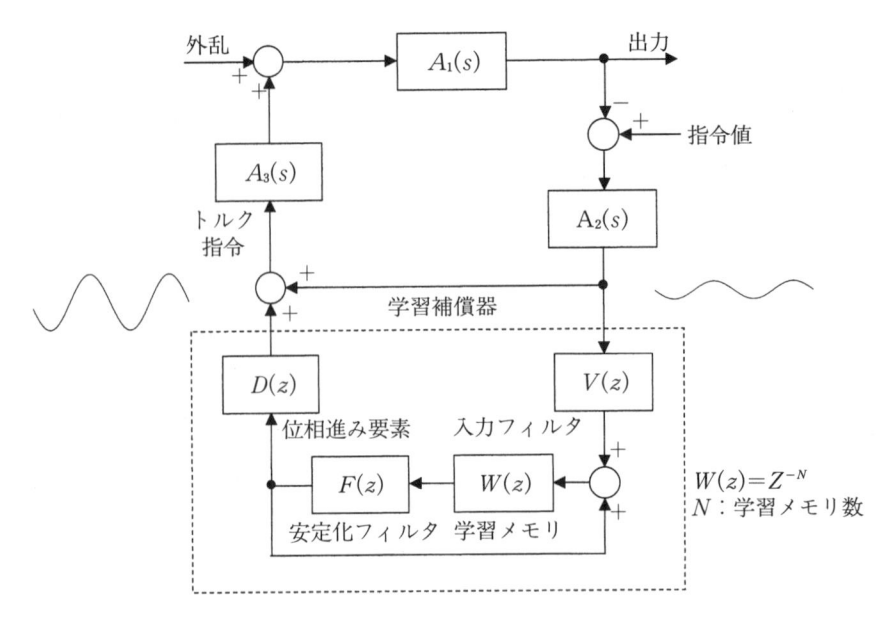

図 11.44 学習制御ブロック図

望も少なくない．しかし，減速器のないダイレクト駆動となると，モータは低速高トルクが必要であるため，磁石の着磁ばらつきなどによるトルクリプルの影響が大きくなり，従来のフィードバック制御方式だけでは回転むらが発生する．そのためここでは，繰り返し動作することで自動的に最適パターンを生成する学習制御[2]を応用し，ブラシレスモータを極めて小さい回転むらで低速回転させ，ダイレクトにフライホイールなしでドラム駆動を行うことを実現した．

一般に，モータを一定速度で回転させた場合，モータの構造に起因する回転に同期した周波数成分の回転むらが発生するが，それはモータ1回転に同期して周期的に発生するため，モータ1回転ごとの繰り返し動作を行っていることと等価となる．この性質を利用して，学習制御をVTRなどのテープ走行用モータ駆動に適用すると，回転むらを抑えるのに有効であることが既に報告されている[3]．これをドラム回転用モータにも応用し，ダイレクト駆動化を実現した．

学習制御は図11.44に示すブロック図のように，サーボループ内に学習補償器を加えた構成により実現しており，入力フィルタ，出力フィルタ，位相進み要素は，サーボループ内に学習補償器を付加した際の制御安定性を確保するために必要となる．学習メモリ W は N 個の連結した遅延要素からなっており，学習の基本周波数はモータ1回転に一致するように設定した．この学習基本周波数と一致した N 個の補正信号が学習メモリに蓄積され，フィードバック制御のトルク指令信号に加算されることで，学習基本周波数の整数倍となる周波数成分の回転むらを抑圧する作用として働く．図11.45に横軸をリニア表示にした外乱抑制特性を示す．この図のように，学習基本周波数の整数倍の外乱を抑えるくし形の外乱抑制特性となり，学習制御による外

11.5 AV・OA機器

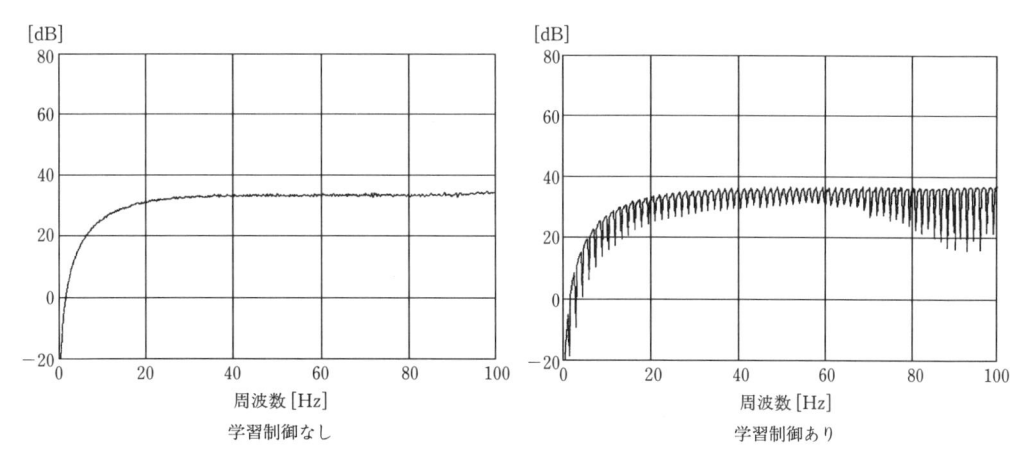

図 11.45 外乱抑制特性

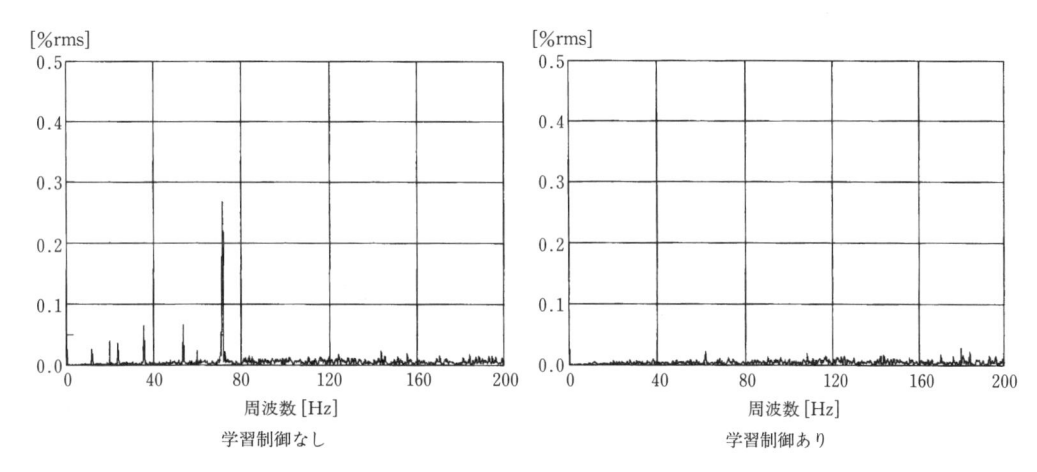

図 11.46 測定結果

乱抑圧効果は 30～40 dB 程度あることが確認できた．この条件で回転むらを測定した結果は，図 11.46 に示すように，モータ回転数の 8, 16, 24, 36, 48 倍の各成分が顕著に現れていたものが，学習制御を行うことで大幅に減少し，回転むらの各周波数成分を 0.05%rms 以下に抑えることを可能とした．

一方，ドラム回転用モータの場合は VTR の場合とは異なり，図 11.37 に示したようにドラムに付着した廃トナーを搔き取るためクリーニングブレードを押し当てていることから，周期性のない外乱も発生する．そのため，従来のフィードバック制御の制御ゲインも高く設定する必要があるが，ダイレクト駆動の場合は，感光体ドラムが直接取り付けられたモータシャフトのねじれ共振が発生する．そのためここでは，トルク指令にノッチフィルタを挿入することで共振の影響を排除し，制御帯域を伸ばしている．

以上のように，今後もマイクロコンピュータを含めた半導体素子の低価格化も手伝って，ドキュメント機器の小形・高性能化を具現化するために，FA 用のサーボ

モータに使われていた制御技術が次々と民生機器に展開され，モータ単体だけでなく駆動回路の進化も留まることはないと考えられる． 〔松浦貞裕〕

参考文献

1) 斎藤浩昭・淺田隆文・浜田　力・森本正人・園田孝司：動圧流体軸受とその応用技術，*Matsushita Technical Journal*, **46**, 1, pp. 54-60 (2000-2)
   H. Saito, T, Asada, T. hamada, M. Morimoto and T. Sonoda : Hydrodynamic bearings and application technologies, *Matsushita Technical Journal*, Vol. 46, No. 1, pp. 54-60 (2000-2)
2) S. Arimoto, S. Kawamura and F. Miyazaki : Bettering operation of robots by learning, *Journal of Robotic Systems*, Vol. 1, No. 2, pp. 123-140 (1984)
3) M. Gotou, E. Ueda, A. Nakamura and K. Matsuo : Development of multirate sampling repetitive learning servo system and its application to a compact camcorder, IEEE/RSJ IROS'91, pp. 647-654 (1991-11)

12 カタログの見方と主な用語

12.1 電動機の関連規格

多くのメーカが電動機を製造し，多くのユーザが電動機を使用している．そこで電動機に共通のきまりを設け，標準化するために規格が制定されている．規格とは電動機の生産，検査，使用に必要な技術的事項を定めたものである．

12.1.1 規格の分類と動向

規格は適用する範囲により分類される．基本的な規格としては国際的な標準機関で定めた国際規格がある．これには国際電気標準会議(IEC)規格，および国際標準化機構(ISO)がある．また，欧州標準化委員会(CEN)と欧州電気標準化委員会(CENELEC)が定めた欧州整合規格(EN)も国際規格の一種と考えてよい．

国家規格とは国家的な標準機関で制定され，それぞれの国で適用されるものである．わが国では日本工業規格(JIS)がこれに相当する．イギリスでは British Standards (BS)，アメリカでは American National Standard (ANSI) など，それぞれの国で制定されている．その国で販売するためにはその国の規格認定を受ける必要がある場合もある．欧州各国では DIN-EN (ドイツ)，BSI-EN (イギリス) などのように，欧州整合規格 (EN) をそれぞれの国家規格として発行していく方向にある．

団体規格とは学会，工業会，官庁などの団体が制定するもので，団体の構成員の間で適用するものである．わが国では電気学会の電気規格調査会規格 (JEC)，日本電機工業会の標準規格 (JEM) などがある．国際的なものでは Institute of Electrical and Electronics Engineers (IEEE), Underwriter's Laboratories (UL) などがある．官庁の制定したものでは電気用品安全法 (経済産業省)，NDS (防衛庁) などがある．また旧国鉄や旧電電公社などはそれぞれの技術規格を有していたが，現在は廃止されている．

規格の今後の動向としては，国際規格が体系化され，個別の団体規格を包含し，広い範囲で適用を図るようになってゆく．また，各国の国家規格では国際規格との整合，団体規格の国家規格への昇格 (JEC の JIS 化) などの動きがある．規格は常に見直し，追加，廃止などが行われている．したがって，規格を参照する場合には，最新の規格であることに注意をする必要がある．

12.1.2 電動機に関する主な規格

電動機に関連する世界の主な規格を表 12.1 に示す．また，電動機に関連する国内の主な規格を表 12.2 に示す．

表 12.1 電動機に関連する世界の主な規格

	規格記号	規格名称	規格の例
国際規格	IEC	国際電気標準会議 International Electrotechnical Commission	IEC 60034 Rotating Electric Machines
	ISO	国際標準化機構 International Organization for Standardization	
	EN	欧州整合規格 European Normalization	EN 60034 Rotating Electric Machines
国家規格	JIS	日本工業規格 Japanese Industrial Standard	JIS C 4034　回転電気機械
	ANSI	American National Standard（アメリカ）	
	DIN	Deutsches Institute für Normung（ドイツ）	DIN VDE 0530 Rotating Electric Machines*
	CSA	Canadian Standard Association（カナダ）	C22.2　No.100 Motors and Generators
	BS	British Standards（イギリス）	
団体規格	JEC	電気学会規格調査会標準規格	JEC 2137　誘導機
	JEM	日本電気工業会標準規格	
	IEEE	国際電気電子技術者協会	
	MIL	米軍規格（国防総省）	
	UL	アメリカ保険業者安全試験所 Underwriter's Laboratories	UL1004 Electric Motors
	NEC	米国電気工事規格	
	NEMA	米国電気工業会 National Electrical Manufacturers Association	

*VDE：ドイツ電気技術者協会規格

表 12.2 電動機に関連する主な国内規格

	規格番号	名称
全体・一般	JIS C 4034-1999	回転電気機械
	JEC-2100-1993	回転電気機械一般
	JIS C 4003-1998	電気絶縁の耐熱クラスおよび耐熱性評価
	JEM 1188 (1969)	電動機定格出力の標準
	JEM 1408 (1984)	一般回転電気機械の構造形式および取付方式の記号
誘導機	JEC-2137-2000	誘導機
	JIS C 4210-2001	一般用低圧三相かご形誘導電動機
	JIS C 4212	高効率低圧三相かご形誘導電動機
	JIS C 4203-2001	一般用単相誘導電動機
	JEM 1400 (1991)	一般用低圧三相かご形誘導電動機の寸法
	JEM 1466 (1994)	ベクトル制御用インバータモータ（一般用）
直流機	JEC-2120-2000	直流機
	JEC-2121-1985	直流機試験法
	JEM 1157 (2002)	圧延用直流電動機
	JEM 1170 (2002)	工業用直流電動機

同期機	JEC-2130-2000	同期機
	JEC-2131-1985	ガスタービン駆動同期発電機
	JEM 1370 (1993)	サイリスタモータ
	JEM 1487 (2005)	低圧三相永久磁石形同期電動機
制御装置	JEC-2410-1998	半導体電力変換装置
	JEC-2440-1995	自励半導体電力変換装置
	JEC-2451-2002	直流可変速駆動システム
	JEC-2452-2002	低圧交流可変速駆動システム
	JEM 1468 (1996)	汎用インバータの外形寸法記号
関連	JIS D 0113-2000	電気自動車用語(電動機・制御装置)
	PSE	電気用品安全法適合品
	JET	電気安全協会(JET)による電気用品安全法適合の認証

12.1.3 規格の概要

ここでは規格により定められている技術事項の概要を，主として「JIS C 4034　回転電気機械」から述べる．JIS 4034 は第一部：定格および特性，第五部：外被構造による保護方式の分類，第六部：冷却方式による分類の3部から構成されている．これは元規格である IEC 60034 と同じ構成であり，内容も準拠しているが，わが国特有の点を追記してある．ここでは特に記号による分類，表現を中心に説明する[1]．なお，規格では発電機と電動機をあわせて回転機と呼んでいるが，ここでは電動機に統一して述べる．

a. 使　　用

使用は購入者が指定する．使用状態を S1 から S10 までに規定している．これは使用条件が電動機の温度上昇に関係しているため，電動機選定の基本となるからである．使用形式 S1 から S10 までの概要を表 12.3 に示す．

b. 定　　格

定格は製造者が指定する．定格のクラスは連続定格(使用の S1 に対応)，短時間定格(S2 に対応)，反復定格(S3 から S8 のいずれかに対応．特に指定がない限り 1 周期は 10 分であり，負荷時間率は 15%，25%，40%，60%のいずれかである)，非反復定格(S9 に対応)，多段階一定負荷使用に対する定格(S10 で無期限に運転できる)がある．なお汎用電動機は連続定格をもち，使用形式 S1 の運転ができなくてはならない．

c. 設 置 場 所

特に指定がない限り下記の設置条件に適したものとする．

　標高：1000 m 以下

　周囲温度：-15℃から 40℃．ただし，最低温度は下記例外では 0℃とする．

　　・1000 min^{-1} 当たり 3300 kW 以上のもの

　　・600 W 未満のもの

　　・整流子のあるもの

表12.3 使用形式

記号	呼称	使用状態	記号の例
S1	連続使用	一定な負荷で回転機が熱平衡に達する時間以上に継続運転する使用.	
S2	短時間使用	一定な負荷で回転機が熱平衡に達する前に停止し，再始動までに回転機と冷媒温度の差が2度以下のもの．記号S2の後に負荷継続期間を付記する．	S2 60 min
S3	反復使用	一定負荷の運転時間および停止時間を1周期として反復するもののうち，始動が温度上昇に与える影響が無視できるもの．記号S3の後に負荷時間率を付記する．	S3 25%
S4	始動の影響のある反復使用	温度上昇への影響が無視できない始動期間，一定の負荷運転期間，停止期間を1周期として反復するもの．記号S4の後に負荷時間率，電動機の慣性モーメントJ_M，および負荷の慣性モーメントJ_{ext}を付記する．	S4 25% J_M=0.15 kg·m² J_{ext}=0.7 kg·m²
S5	電気制動を含む反復使用	温度上昇への影響が無視できない始動期間，一定の負荷運転期間，温度上昇に影響を与える電気制動期間，および停止期間を1周期として反復するもの．記号S5の後に負荷時間率，電動機の慣性モーメントJ_M，および負荷の慣性モーメントJ_{ext}を付記する．	S5 25% J_M=0.15 kg·m² J_{ext}=0.7 kg·m²
S6	反復負荷連続使用	一定の負荷運転期間および無負荷運転期間を1周期として反復するもの．記号S6の後に負荷時間率を付記する．	S6 40%
S7	電気制動を含む反復連続使用	温度上昇への影響が無視できない始動期間，一定の負荷運転期間，温度上昇に影響を与える電気制動期間を1周期として反復するもの．この場合，停止期間がないものとする．記号S7の後に電動機の慣性モーメントJ_M，および負荷の慣性モーメントJ_{ext}を付記する．	S7 J_M=0.4 kg·m² J_{ext}=7.5 kg·m²
S8	変速度反復負荷連続使用	2つ以上の異なった回転速度にそれぞれ対応する一定な負荷の運転期間を1周期として反復するもの．この場合，停止期間がないものとする．記号S8の後に電動機の慣性モーメントJ_M，および負荷の慣性モーメントJ_{ext}と負荷と速度と，その速度における負荷時間率を付記する	S8 J_M=0.4 kg·m² J_{ext}=7.5 kg·m² 16 kW 740 min⁻¹ 30 % 40 kW 1460 min⁻¹ 30 % 25 kW 980 min⁻¹ 40 %
S9	不規則な負荷および速度変化を伴う使用	負荷および速度が許容範囲内で不規則に変化する使用．基準負荷をはるかに超える過負荷がしばしば生じる場合を含む．基準負荷はS1に基づいた一定負荷で過負荷を考慮して決める．	
S10	多段階一定負荷使用	4つ以下の異なるレベルの負荷からなる使用状態であり，各負荷は回転機が熱平衡に到達できる十分な期間だけ維持される．最小負荷は値がゼロでもよい．記号S10の後にそれぞれの負荷の基準に対する割合pと1周期に対する運転期間の割合Δtを$p/\Delta t$で順番に付記し，さらに絶縁の相対熱寿命に関するTLの割合を付記する．熱寿命の期待値はS1に基づく温度上昇の許容温度の熱寿命期待値である．停止期間に対してはrで表す．	S10 $p/\Delta t$=1.1/0.4, 1/0.3, 0.9/0.2, r/0.1 TL=0.6

- 滑り軸受を使用しているもの
- 冷媒として水を使用するもの

d. 電圧および周波数変動

交流機の電源の電圧変動と周波数変動，および直流機の電圧変動は図12.1に示す領域を適用する．領域Aは主要な定格値で連続的に運転できなければならない．ただし，定格点に定められた性能は十分に満足する必要はない．領域Bでは主要な定格値で運転できなければならない．ただし，領域Bでは長時間運転することは勧められない．

e. 耐熱クラスと温度上昇

電動機の耐熱クラスは，JIS C 4003により定められている絶縁システムの耐熱クラスを用いる．耐熱クラスと規定温度を表12.4に示す．絶縁システムは温度で規定限度を示している．一方，電動機としての限度は温度上昇で規定される．温度上昇での規定では電動機の冷却法および温度の計測法により規定限度が異なる．表12.4には代表的な電動機として600 W未満の空冷のもの，および整流子をもつものの温度上昇限度も示してある．温度上昇で規定する場合，使用定格，標高などで温度上昇限度が補正されることにも注意

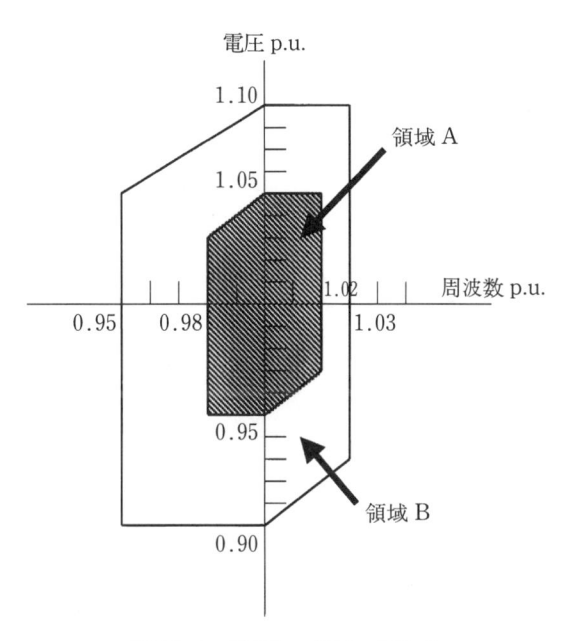

図12.1 電動機の電圧・周波数

表12.4 絶縁システムの耐熱クラスによる規定温度と電動機の温度上昇限度

耐熱クラス	絶縁システムの規定温度 [℃]	電動機の温度上昇限度 [K]		
		整流子をもつ電機子巻線		600 W未満の空冷回転機
		抵抗法	温度計法	抵抗法
Y	90	—	—	—
A	105	60	50	60
E	120	75	65	75
B	130	80	70	85
F	155	105	85	110
H	180	125	105	130
200	200	—	—	—
220	220	—	—	—
250	250	—	—	—
規格	JIS C 4003	JIS C 4034		

を要する．なお，電動機の巻線およびその他の部分の温度測定法は次の3種類である．

(1) 抵抗法　試験前と試験直後の巻線抵抗値を測定し，次の式により温度上昇を求める．

$$\theta_2 - \theta_a = \frac{R_2 - R_1}{R_1}(k + \theta_2) + \theta_1 - \theta_a \tag{12.1.1}$$

ここで，θ_1：初期抵抗 R_1 を測定したときの巻線温度[℃]，θ_2：温度上昇試験終了時の巻線温度[℃]，R_1：温度 θ_1 における巻線抵抗，R_2：温度上昇試験終了時の巻線抵抗，k：導線材料の温度係数の逆数．銅のとき，$k=235$，アルミのとき，$k=225$．

(2) 埋込温度計法　完成後，電動機の内部に接近できない場所にあらかじめ温度検出器を埋め込んでおいて，その箇所の温度を測定する方式である．

(3) 温度計法　電動機の外部から接近できる場所に温度計を取り付けて温度を測定する方法である．

f. 構造による保護方式の分類

電動機の外被構造による保護方式は記号で分類表示される．文字記号IPに続く2つの数字で示される．

　　　表示例　　IP X_1 X_2

　　　　　IP：文字記号，X_1：第一数字記号，X_2：第二数字記号

表12.5 保護方式の記述

			第二数字記号								
			0 無保護形	1 防滴形1	2 防滴形2	3 防雨形	4 防まつ形	5 防噴流形	6 防波浪形	7 防浸形	8 水中形
			なし	垂直に落下する降雨からの保護	垂直より15°の範囲の降雨からの保護	垂直より60°の範囲の降雨からの保護	全方向の飛まつ水からの保護	全方向の噴流水からの保護	強力な噴流水からの保護	一定の条件で水没しても使用可能	水面下での使用が可能
第一数字記号	0 無保護形	なし									
	1 半保護形	手の接近からの保護			IP12						
	2 保護形	指の接近からの保護		IP21	IP22	IP23					
	3 閉鎖形	工具の先端などからの保護									
	4 全閉形	粉じんからの保護					IP44				
	5 防じん形	完全な防じん構造					IP54	IP55			

第一記号と第二記号の組合せは表12.5のようになっている．第一記号は回転部分，導電部分から人体を保護すること，および異物の侵入に対しての保護の程度を示している．第二記号は水の浸入に対する保護の程度を示している．それぞれの保護の程度は，異物や水滴の侵入試験などの試験条件により詳細に規定されている．

g. 冷却方式による分類

電動機の冷却方式については記号で分類，表示される．文字記号ICの後に，冷媒の通路，冷媒の種類，冷媒の送り方を表す文字と数字で表示される．表示には完全記号と簡易記号があるが，完全記号は簡易記号で表せない場合に用いられる．

　　完全記号　　IC 8 A 1 W 7
　　簡易記号　　IC 8　　1 W

前から順に，文字記号，通路方式，1次冷媒，1次冷媒の送り方，2次冷媒，2次冷媒の送り方である．これらの文字，数字の記号について表12.6に示す．

12.2 電動機選択方法

電動機の選定をする場合，まず駆動される装置の要求仕様を明確にする必要がある．電動機選定とは，負荷が必要とするトルクを供給できる電動機を選定することである．このとき，必要かつ十分なものを選定しないと信頼性および経済性に影響する．そこで，どのような機能，性能の電動機が必要なのかを整理し，明確にする．

使用目的として，動力用電動機と制御用電動機に大別される．動力用は機械が必要とする損失を含めた動力を供給するものである．一方，制御用は駆動される機械の運動を制御するために用いられるものである．制御用とはいえ，動力は供給しており，電動機の構造，原理も動力用と同じであるが使い方が大きく異なる．一般に制御用は応答速度が速い．

表 12.6 冷却方式の分類記号
(a) 冷媒通路方式

数字記号	名　　称
0	自由通路
1	入口管または入口ダクト通流
2	出口管または出口ダクト通流
3	両側管または両側ダクト通流
4	外被表面冷却形
5	作付け熱交換器形（周囲媒体）
6	取付け熱交換器形（周囲媒体）
7	作付け熱交換器形（遠方媒体）
8	取付け熱交換器形（遠方媒体）
9	別置き熱交換器形

(b) 冷媒の種類

数字記号	冷　媒
A	空気
F	フレオン
H	水素
N	窒素
C	二酸化炭素
W	水
U	油
S	その他の冷媒
Y	未規定の冷媒

(c) 冷媒の送り方

数字記号	名　　称
0	自由対流
1	自力通流
2	予備番号
3	予備番号
4	予備番号
5	他力通流（作付け装置による）
6	他力通流（取付け装置による）
7	他力通流（別置き装置による）
8	相対通流
9	その他の形式

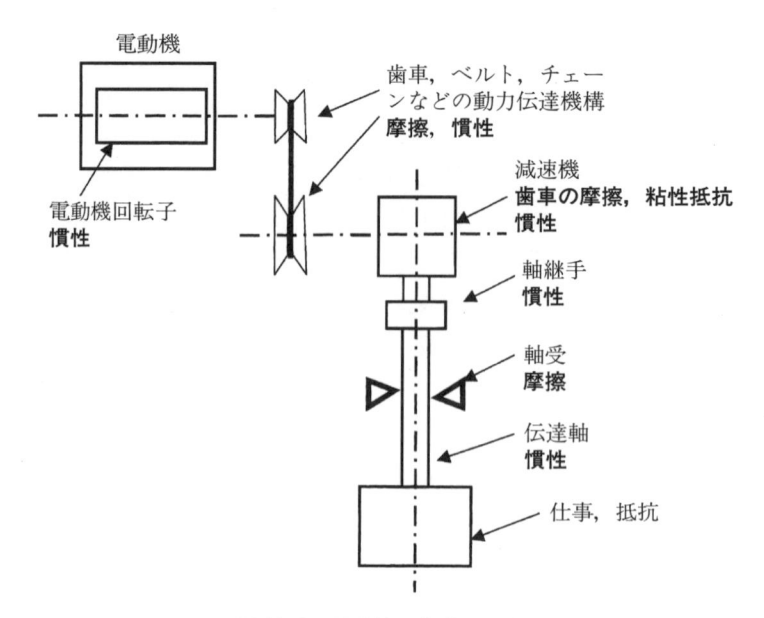

図 12.2 電動機の負荷の概念

12.2.1 電動機選定の基本

電動機をまず使用目的から，動力用か制御用かを決定する．そのうえで電動機の負荷の特性を整理する．次のような項目を順に整理する．

① 定格回転数：定速運転か変速運転かにより，また変速の場合の加減速時間の長短により，制御用か動力用かに分かれる．

② 機械の仕事：損失を含め，負荷の機械が消費するすべてのエネルギーが電動機に要求される動力になる．一般的な電動機の負荷について図 12.2 に示す．これに基づき負荷を求めるが，各部の損失を計算するのは困難なことが多いので，各部の効率を仮定して求めることが多い．

③ 加速トルク：加速トルクは慣性トルクとも呼ばれ，慣性モーメントと角加速度の積で求められる．

$$T_a = I\dot{\omega} \tag{12.2.1}$$

負荷の慣性モーメントは，電動機の出力を決定する際に影響が大きいことがある．慣性モーメントについては 12.2.3 項にて詳しく述べる．

12.2.2 動力用電動機の選定

動力用電動機の選定の手順を図 12.3 に示す．ここでは誘導電動機を念頭において，選定に必要な項目と対応する仕様の例を示している．なお，選定は電気的仕様と機械的仕様に分けて示している[2]．

選定に先立ち，電動機および駆動システムの種類を決定しなくてはならないが，このとき，運転パターンが概ね定速度か，ある範囲で変速度かなどの速度特性と，負荷

12.2 電動機選択方法

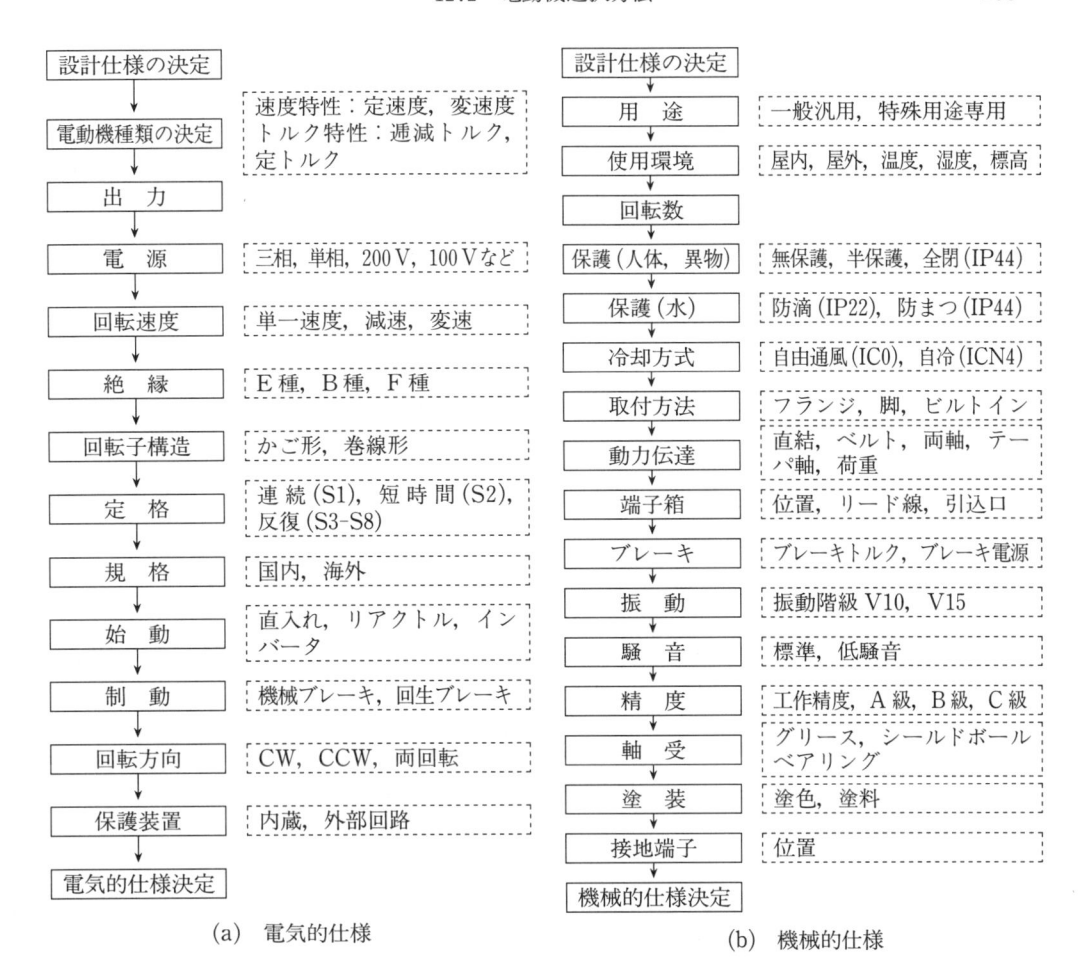

(a) 電気的仕様

- 設計仕様の決定
- 電動機種類の決定 — 速度特性：定速度, 変速度 / トルク特性：逓減トルク, 定トルク
- 出力
- 電源 — 三相, 単相, 200 V, 100 V など
- 回転速度 — 単一速度, 減速, 変速
- 絶縁 — E種, B種, F種
- 回転子構造 — かご形, 巻線形
- 定格 — 連続(S1), 短時間(S2), 反復(S3-S8)
- 規格 — 国内, 海外
- 始動 — 直入れ, リアクトル, インバータ
- 制動 — 機械ブレーキ, 回生ブレーキ
- 回転方向 — CW, CCW, 両回転
- 保護装置 — 内蔵, 外部回路
- 電気的仕様決定

(b) 機械的仕様

- 設計仕様の決定
- 用途 — 一般汎用, 特殊用途専用
- 使用環境 — 屋内, 屋外, 温度, 湿度, 標高
- 回転数
- 保護(人体, 異物) — 無保護, 半保護, 全閉(IP44)
- 保護(水) — 防滴(IP22), 防まつ(IP44)
- 冷却方式 — 自由通風(IC0), 自冷(ICN4)
- 取付方法 — フランジ, 脚, ビルトイン
- 動力伝達 — 直結, ベルト, 両軸, テーパ軸, 荷重
- 端子箱 — 位置, リード線, 引込口
- ブレーキ — ブレーキトルク, ブレーキ電源
- 振動 — 振動階級 V10, V15
- 騒音 — 標準, 低騒音
- 精度 — 工作精度, A級, B級, C級
- 軸受 — グリース, シールドボールベアリング
- 塗装 — 塗色, 塗料
- 接地端子 — 位置
- 機械的仕様決定

図 12.3 動力用電動機の選定手順

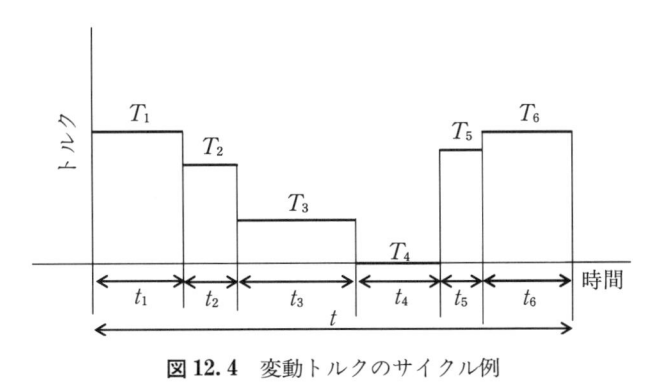

図 12.4 変動トルクのサイクル例

のトルクが速度にかかわらず定トルクか，速度に応じて変化する逓減トルクかなどのトルク特性から電動機の種類が決定できる．

動力用電動機の選定に関連する計算式を述べる[3]．

(1) **連続定格のもの（汎用電動機）を変動負荷で使用する場合** 負荷トルクが図12.4のような場合，各トルクの2乗平均 T_a を等価連続トルクとする．

$$T_a = \sqrt{\frac{T_1^2 t_1 + T_2^2 t_2 + \cdots + T_6^2 t_6}{t}} \qquad (12.2.2)$$

(2) **連続定格のものを短時間定格で使用する場合** 連続定格の電動機を短時間だけ運転する場合は，連続定格以上で運転できる．その際の出力倍率は次のようになる．

$$\gamma = \sqrt{\frac{1}{1 - e^{-(t_m/\tau_h)}}} \qquad (12.2.3)$$

ここで，τ_h は温度上昇時における熱時定数で，一般的な値を表12.7に示す[4]．

表12.7 熱時定数 τ_h の概略値[4]

電動機の通称	JIS表記の例	τ_h [分]
開放形	IP20	20～30
全閉外扇	IP44	40～80
全閉自冷	IP44	80～120

(3) **連続定格のものを反復使用する場合** 連続定格の電動機の運転，停止を反復する場合の出力倍率は次のようになる．

$$\gamma = \sqrt{\frac{t_1 + (\tau_h/\tau_c) t_2}{t_1}} \qquad (12.2.4)$$

ここで，t_1：負荷時間，t_2：停止時間，τ_c：冷却時の熱時定数．実用的には表12.7の $\tau_h = \tau_c$ とすればよい．

反復使用において $t_1/(t_1 + t_2)$ を負荷時間率といい，ドイツ規格（VDE）ではこれを%表示し，%EDと呼んでいる．

12.2.3 制御用電動機の選定

制御用電動機（サーボモータ）の選定手順を図12.5に示す[3]．制御用電動機は選定された電動機が系に組み込まれたとき，全体のシステムの制御性能がどのようになるかという選定後の確認が必要である．詳細に計算するためには制御理論を用いる必要がある[5]．最低限，ステップ応答の確認は行うべきである．

なお，制御用電動機の選定の場合，制御性能だけではなく，価格が判定基準として大きな要因を占めることも多い．

制御用電動機に関連する計算式を以下に述べる．

(1) **慣性モーメント** I 加速トルク T と角加速度 $\dot{\omega}$ の関係が，

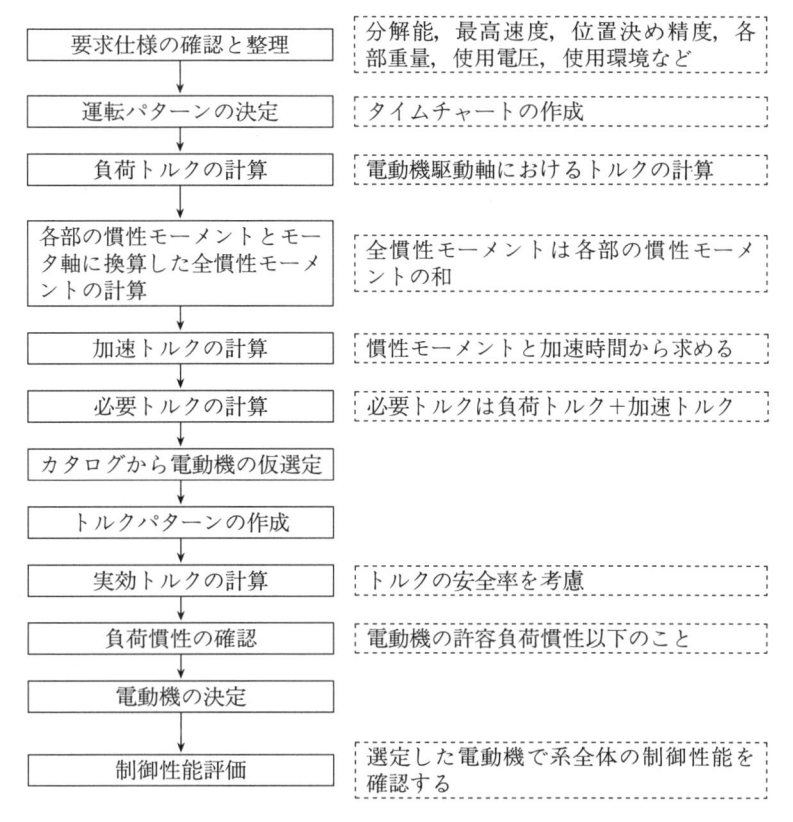

```
┌─────────────────────────┐    ┌─────────────────────────────┐
│ 要求仕様の確認と整理    │----│ 分解能,最高速度,位置決め精度,各│
└───────────┬─────────────┘    │ 部重量,使用電圧,使用環境など │
            ↓                  └─────────────────────────────┘
┌─────────────────────────┐    ┌─────────────────────────────┐
│ 運転パターンの決定      │----│ タイムチャートの作成        │
└───────────┬─────────────┘    └─────────────────────────────┘
            ↓
┌─────────────────────────┐    ┌─────────────────────────────┐
│ 負荷トルクの計算        │----│ 電動機駆動軸におけるトルクの計算│
└───────────┬─────────────┘    └─────────────────────────────┘
            ↓
┌─────────────────────────┐    ┌─────────────────────────────┐
│ 各部の慣性モーメントとモー│----│ 全慣性モーメントは各部の慣性モー│
│ タ軸に換算した全慣性モーメ│    │ メントの和                  │
│ ントの計算              │    │                             │
└───────────┬─────────────┘    └─────────────────────────────┘
            ↓
┌─────────────────────────┐    ┌─────────────────────────────┐
│ 加速トルクの計算        │----│ 慣性モーメントと加速時間から求める│
└───────────┬─────────────┘    └─────────────────────────────┘
            ↓
┌─────────────────────────┐    ┌─────────────────────────────┐
│ 必要トルクの計算        │----│ 必要トルクは負荷トルク+加速トルク│
└───────────┬─────────────┘    └─────────────────────────────┘
            ↓
┌─────────────────────────┐
│ カタログから電動機の仮選定│
└───────────┬─────────────┘
            ↓
┌─────────────────────────┐
│ トルクパターンの作成    │
└───────────┬─────────────┘
            ↓
┌─────────────────────────┐    ┌─────────────────────────────┐
│ 実効トルクの計算        │----│ トルクの安全率を考慮        │
└───────────┬─────────────┘    └─────────────────────────────┘
            ↓
┌─────────────────────────┐    ┌─────────────────────────────┐
│ 負荷慣性の確認          │----│ 電動機の許容負荷慣性以下のこと│
└───────────┬─────────────┘    └─────────────────────────────┘
            ↓
┌─────────────────────────┐
│ 電動機の決定            │
└───────────┬─────────────┘
            ↓
┌─────────────────────────┐    ┌─────────────────────────────┐
│ 制御性能評価            │----│ 選定した電動機で系全体の制御性能を│
└─────────────────────────┘    │ 確認する                    │
                               └─────────────────────────────┘
```

図12.5 制御用電動機の選定手順

$$T = I\dot{\omega} \tag{12.2.5}$$

で与えられるときの I を慣性モーメントと呼ぶ.代表的な形状の慣性モーメントは表12.8に示してある.慣性モーメントの単位は $kg\cdot m^2$ である.また表12.9には質量を求める際に必要な代表的な物質の密度を示してある[6].

(2) 制動トルク T_B　制動トルクは加速トルクを求めるときと同じように求める.ただし,一般にはいまだに GD^2 を用いることがあるので,ここでは GD^2 を用いた実用式を記す.ここで,GD^2 は重力単位系で記されているので単位は $kgf\cdot m^2$ である.

$$T_B + T_L = I\dot{\omega} = \frac{\sum GD^2}{4g} \cdot \frac{n-n_0}{t} \cdot \frac{2\pi}{60} \tag{12.2.6}$$

$$T_B \approx \frac{\sum GD^2}{375} \cdot \frac{n-n_0}{t} - T_L \quad [\text{kgf}\cdot\text{m}] \tag{12.2.7}$$

ここで,T_B:制動トルク $[kgf\cdot m]$,T_L:ブレーキ軸に換算した全負荷トルク $[kgf\cdot m]$,$\sum GD^2$:ブレーキ軸に換算した負荷全体の GD^2 $[kgf\cdot m^2]$,n:回転数 $[rpm]$,n_0:減速した回転数 $[rpm]$,t:制動時間 $[s]$.

(3) 加速トルクの計算 T_a　加速トルクは次の式で求める．

$$T_a = \frac{I_0 + I_L}{9.55} \cdot \frac{N_M}{t_1} \qquad (12.2.8)$$

ここで，I_0：ロータの慣性モーメント，I_L：全慣性モーメント，N_M：運転速度 [rpm]，t_1：加速時間 [s]．

表12.8　慣性モーメントの公式

名称	形状	慣性モーメントの公式	質量
円柱		$I_x = I_y = m\left(\dfrac{d^2}{16} + \dfrac{h^2}{12}\right)$ $I_z = \dfrac{1}{8}md^2$	$m = \dfrac{\pi}{4}d^2 h\rho$
中空円柱		$I_x = \dfrac{1}{8}m(d_1^2 + d_2^2)$ $I_y = \dfrac{1}{4}m\left(\dfrac{d_1^2 + d_2^2}{4} + \dfrac{h^3}{3}\right)$	$m = \dfrac{\pi}{4}h\rho(d_1^2 - d_2^2)$
角柱		$I_x = m\left(\dfrac{b^2}{12} + \dfrac{h^2}{12}\right)$ $I_y = m\left(\dfrac{a^2}{12} + \dfrac{h^2}{12}\right)$ $I_z = m\left(\dfrac{a^2}{12} + \dfrac{b^2}{12}\right)$	$m = abh\rho$
円錐		$I_x = I_y = m\left(\dfrac{3d^2}{80} + \dfrac{3h^2}{80}\right)$ $I_z = m\dfrac{3d^2}{40}$	$m = \dfrac{\pi}{12}d^2 h\rho$
重心を通らない軸		$I_x = I_{x0} + ml^2$ $= \dfrac{1}{12}m(A^2 + B^2 = 12l^2)$ l は x 軸と x_0 軸の距離	
直線運動		$I = m\left(\dfrac{A}{2\pi}\right)^2$ A：移動量	

表12.9　主な物質の密度

鉄	$\rho = 7.9 \times 10^3$ [kg/m^3]
アルミ	$\rho = 2.8 \times 10^3$ [kg/m^3]
黄銅	$\rho = 8.5 \times 10^3$ [kg/m^3]
ナイロン	$\rho = 1.1 \times 10^3$ [kg/m^3]

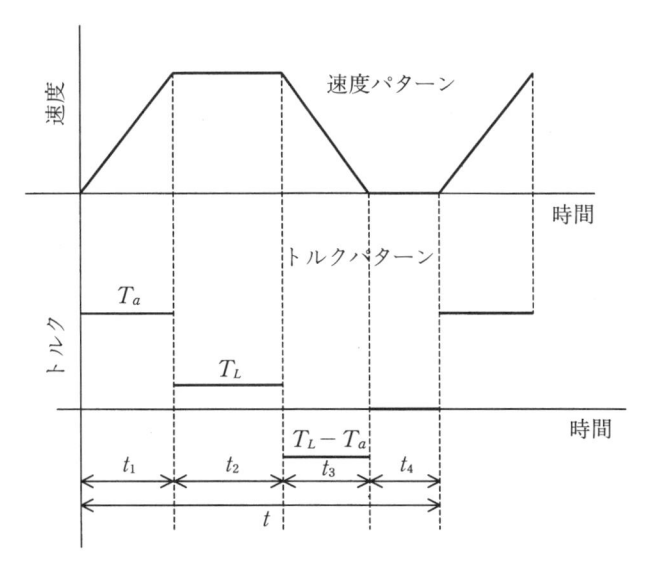

図 12.6 実効負荷トルク

(4) 必要トルク T_M　必要トルクは負荷トルクと加速トルクの和に安全率をかけたものである．

$$T_M = (T_L + T_a) \times S_f \tag{12.2.9}$$

ここで，S_f：安全率(一般に1.5倍以上あればよいといわれている)．

(5) 実効負荷トルクの計算 T_{rms}　加減速が頻繁に行われるような場合，実効負荷トルクを計算する．負荷トルクが図12.6のような場合，次の式で2乗平均を求め，T_{rms} を実効負荷トルクとする．

$$T_{rms} = \sqrt{\frac{(T_a+T_L)^2 t_1 + T_L^2 t_2 + (T_a-T_L)^2 t_3}{t}} \tag{12.2.10}$$

12.3　電動機データの見方

12.3.1　カタログ

電動機を選定する際，カタログを入手し，検討することになる．ここでは電動機のカタログについて述べる．カタログに記載されている技術事項として次のようなものがある．

① 形式名称の構成：各メーカで決めた形式はシリーズ名に続き，出力，回転数，軸の形状，ブレーキの有無などが数字または記号で示されている．
② 機種構成：その形式での標準品の範囲，受注生産可能なものなどが示されている．
③ 仕様：技術的な事項が示されている．
④ 外形図：外形図，コネクタ形式，ケーブル長などが記載されている．

12. カタログの見方と主な用語

表 12.10 電動機の仕様の例

● モータ

項目 \ モータ		2000 r/min シリーズ						
		MM-CF52(C)	MM-CF102(C)	MM-CF152(C)	MM-CF202(C)	MM-CF352(C)	MM-CF502(C)	MM-CF702(C)
対応ドライブユニット	MD-AX520-□□□ MD-CX520-□□□	0.5 K	1.0 K	1.5 K	2.0 K	3.5	5.0 K —	7.0 K —
連続特性 (注1)	定格出力 [kW]	0.5	1.0	1.5	2.0	3.5	5.0	7.0
	定格トルク [N·m]	2.39	4.78	7.16	9.55	16.70	23.86	33.41
定格回転速度 (注1) [r/min]		2000						
最大回転速度 [r/min]		3000						
瞬時許容回転速度 [r/min]		3450						
最大トルク [N·m]		4.78	9.56	14.32	19.09	33.41	47.73	66.82
慣性モーメント J [$\times 10^{-4}$ kg·m^2]		6.6	13.7	20.0	45.5	85.6	120.0	160.0
モータ軸に対する許容負荷慣性モーメント比(注2)		100 倍以下				50 倍以下		
定格電流 [A]		1.81	3.70	5.22	7.70	12.5	20.5	27.0
絶縁階級		F 種						
構 造		全閉自冷(保護方式：IP 44 (注3), IP 65 (注3)(注6))						
振動階級		V-10						
環境条件 (注4)	周囲温度	−10℃〜+40℃ (凍結のないこと)						
	周囲湿度	90%RH 以下 (結露のないこと)						
	保存温度	−20℃〜+70℃ (凍結のないこと)						
	保存湿度	90%RH 以下 (結露のないこと)						
	雰囲気	屋内(直射日光が当たらないこと) 腐食性ガス・引火性ガス・オイルミスト・じんあいのないこと						
	標 高	海抜 1000 m 以下						
	振 動	X：9.8 m/s^2, Y：24.5 m/s^2						
質 量 [kg]		5.1	7.2	9.3	13	19	27	36

注 1. 電源電圧降下時には出力および定格回転速度は保証できません．
 2. 負荷トルクがモータ定格トルクの 20% とした場合の値です．負荷トルクが大きい場合は許容負荷慣性モーメント比は小さくなります．
  負荷慣性モーメント比が記載値を超える場合はご相談ください．
 3. 軸貫通部は除きます．
 4. 機械現場などで油水のかかるような場所で使用する場合は，特殊仕様になりますのでお問い合わせください．
 5. 振動の方向は次の通りです．
 6. MM-CF□2C の場合です．

● 電磁ブレーキ

項目 \ モータ	電磁ブレーキ付モータ 2000 r/min シリーズ				
	MM-CF52B	MM-CF102B	MM-CF 152 B	MM-CF202B	MM-CF352B
制動方式	無励磁制動形				
定格制動トルク [N·m]	4.0	8.0	12.0	16.0	26.0
許容制動仕事率 [kJ/min]	3.5	5.9	5.9	8.0	8.0
電磁石特性(20℃) 電圧 DCV	90	90	90	90	90
電流 DCA	0.21	0.19	0.19	0.22	0.22
惰行時間 [s], DC 切り	0.015	0.020	0.020	0.025	0.025
絶縁階級	F 種				
機械的寿命	200 万回				
質 量 [kg]	7.8	11	13	20	28

注 1. ドライブユニットの出力端子に DC90V は用意しておりません．電磁ブレーキ専用の電源を用意してください．
 2. 電磁ブレーキの仕様以外はモータ仕様と同一．

⑤ 結線図：保護装置，アンプなどとの電気的結線が示されている．

⑥ インターフェイス：アンプの外部とのインターフェイスの内容が示されている．パラメータの設定は購入時の取扱説明書に記載されている場合が多い．

⑦ 周辺機器，オプション：ブレーキ，回生ユニット，操作装置などが記載されている．

⑧ 使用上の注意，サービス：設置，規格，運搬などの基本的注意事項が記載されている．

12.3.2 仕様の例と見方

カタログに記載されている仕様の例として，電動機と専用アンプを用いるIPM電動機システムの例を示す[7]．

a. 電 動 機

電動機の仕様例を表12.10に示す．横軸は機種の展開であり，縦軸に技術事項が列記してある．連続特性とは，定格電圧が入力したときに連続運転で出力できる特性を示している．最大回転速度とは電気的に運転可能な回転速度を示している．この場合，トルクは定格より低下する．瞬時許容回転速度とは瞬間的に使用できる回転数で，一般に5秒以内である．

電動機の回転子の慣性モーメントは通常カタログに記載してある．ここで注意すべきは許容慣性モーメントである．トルクが許容できても，慣性モーメントが許容できないことがある．その他，冷却構造，振動，環境条件などが記載してある．

回生ブレーキの熱などの制約がある場合，回生ブレーキ頻度を回/minで示す場合もある．

b. アンプ

アンプの仕様例を表12.11に示す．モータと同様に横軸は機種展開であり，縦軸に技術事項が記載されている．過負荷特性は電動機の定格に対しての比率であり，短時間とは一般に60秒間耐えられる過負荷を記載してある．また，瞬時過負荷は一般に5秒間耐えられる負荷を示している．これらは表12.11の下部に回転数とトルクの関係として図示してある．電源の仕様はアンプにとって基本的な仕様であり，ここから外れる場合，機能に影響があると考えるべきである．電源容量はアンプの入力の無効電流分も含めた値であり，ブレーカなどの入力電源を検討するに当たっては考慮すべきである．

c. 周辺機器

周辺機器の例を図12.7に示す．アンプの入力側の周辺機器としてブレーカなどの保護装置，およびラインノイズフィルタなどのノイズ流出防止のための機器がある．アンプの周辺機器としては操作，監視のための機器のほかにブレーキ，力率改善のための機器がある．電動機とアンプの間には，モータへのノイズ流出防止のためのフィルタや開閉器が示されている．これらについては必要とされる機能性能から選択して

表 12.11 アンプの仕様の例

●ドライブユニット

形式		MD-AX520-□□ MD-CX520-□□		0.5 K	1.0 K	1.5 K	2.0 K	3.5 K	5.0 K	7.0 K
出力	回生制動トルク		過負荷定格 (注1)		150%60 s (反限時特性)					
		AX520	最大トルク		150%以上				100%以上			
			許容使用率 (注2)		3%ED, 5 s 連続						
		CX520	平均トルク (短時間) (注6)		10%以上				5%以上			
			最大トルク (注3)		150%以上				100%以上			
			許容使用率 (注2,3)		3%ED, 5 s 連続						
電源	定格入力交流電圧 (注4)				3 相 200〜220 V 50 Hz, 200〜230 V 60 Hz						
	交流電圧許容変動				170〜242 V 50 Hz, 170〜253 V 60 Hz						
	周波数許容変動				±5%						
	電源容量 [kVA] (注5)			1.1	2.2	3.1	4.3	7.3	11.7	15.4
保護構造					閉鎖形 (IP20)						
冷却方式	AX520				自冷				風冷			
	CX520			自冷		風冷						
概略質量 [kg]	AX520			2.0	2.5	3.5	3.5	3.5	6.0	6.0
	CX520			0.8	1.0	1.7	1.7	2.2	—	—
環境条件		周囲温度			−10℃〜+50℃ (凍結のないこと)						
		周囲湿度			90%RH 以下 (結露のないこと)						
		保存温度			−20℃〜+65℃ (輸送時などの短期間に適用)						
		雰囲気			屋内 (腐食性ガス, 引火性ガス, オイルミスト, じんあいのないこと)						
		標高・振動			海抜 1000 m 以下, 5.9 m/s² (JIS0040 準拠)						

注1. 過負荷定格の%値はモータの定格出力に対する比率を示します.
2. 高頻度用ブレーキ抵抗器 FR-ABR (オプション) 使用時は 10%ED, 5 秒連続となります.
3. ブレーキ抵抗器 MRS 形 (オプション) 使用時の値です.
4. 組み合わされたモータの定格出力容量および定格回転速度は記載された定格入力交流電圧の場合です. 電源電圧降下時は保証できません.
5. 電源容量は, 電源側インピーダンス (入力リアクトルや電線を含む) の値によって変わります.
6. モータ単体で定格回転速度より最短で減速したときの短時間平均トルク (モータ損失によって変化) を示しており, 連続回生トルクではありません. 定格回転速度を超えた回転速度からの減速は, 平均減速トルクの値が低下します. CX 520 にはブレーキ抵抗器を内蔵していませんので, 回生エネルギーが大きいときにはオプションのブレーキ抵抗器を使用してください. ブレーキユニット (BU 形) も使用することができます.

■トルク特性

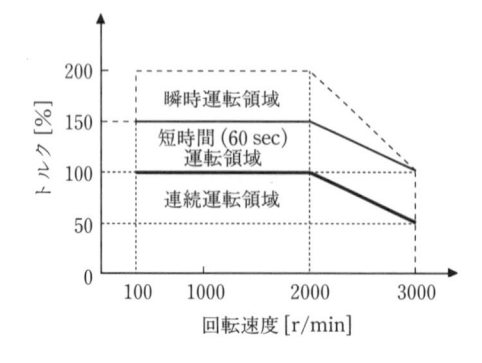

12.3 電動機データの見方

・電源設備容量
電源設備容量は仕様欄に記載されているkVA以上の値を選定してください．

・ノーヒューズブレーカまたは漏電ブレーカ
回路(配線)保護のため必ず接続してください．
選定表にしたがって選定をしてください．漏電ブレーカは，高周波・サージ対応品を選定してください．

・電磁接触器
リモート操作で電源を開閉する場合に設置します．
選定表にしたがって選定してください．

・リアクトル(FR-BAL)
力率改善，電源協調，高周波抑制対策時に設置します．

・ラインノイズフィルタ
(FR-BSF01)(FR-BLF)
電源側に流出する高周波ノイズを低減する場合に接続します．電線の貫通回路が多いほど効果があります．

・ラジオノイズフィルタ
(FR-BIF)
AM周波数帯のラジオノイズを低減する場合に接続します．入力側専用フィルタです．

・主回路電線
選定表にしたがって電線サイズを選定してください．

・操作パネルまたはパラメータユニット

・リアクトル
(FR-BEL)
力率改善，電源協調，高調波抑制対策時に設置します．

・ブレーキ抵抗器
(MRS)(FR-ABR)
減速時の制動能力をアップさせる場合に接続します．

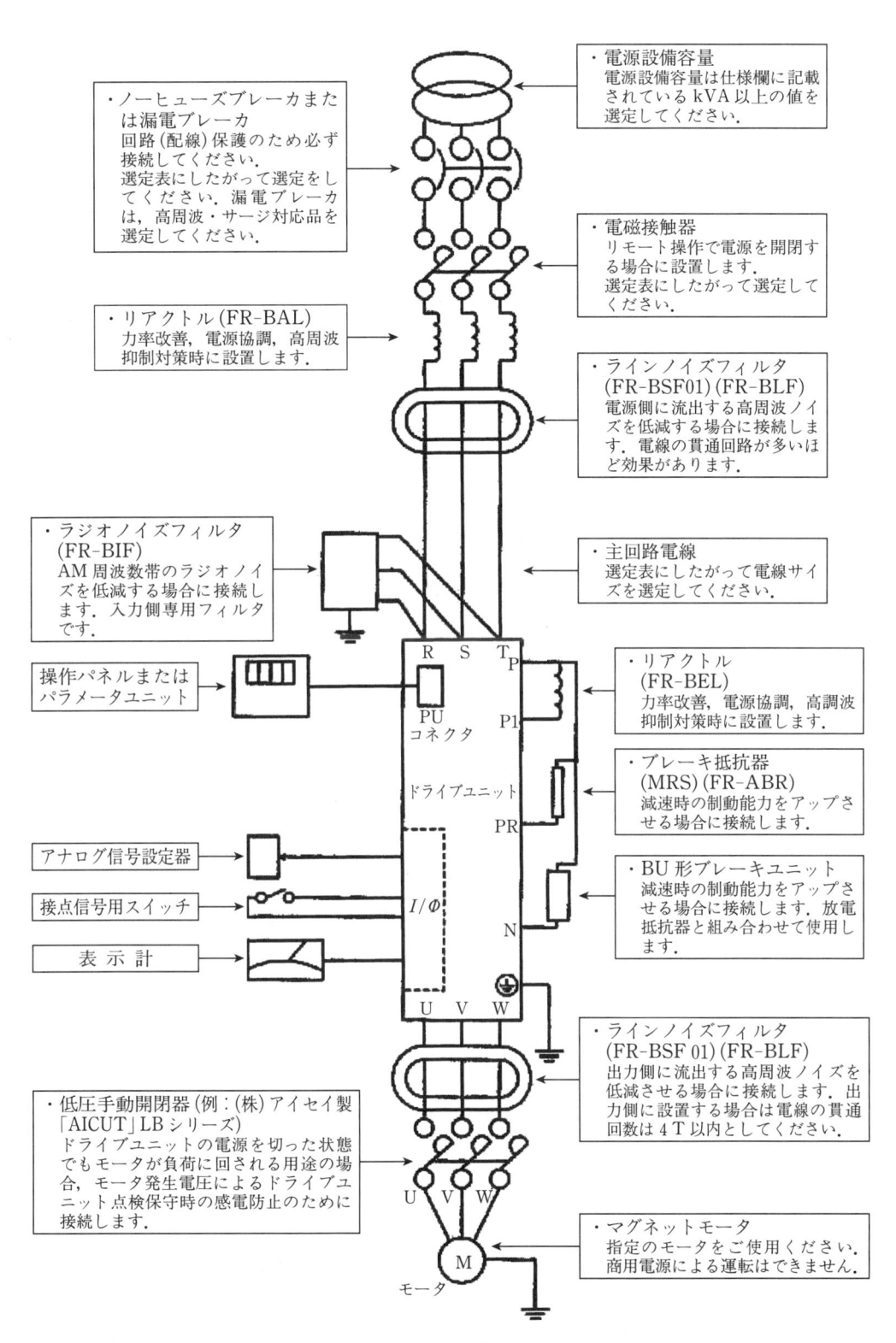

・アナログ信号設定器

・接点信号用スイッチ

・BU形ブレーキユニット
減速時の制動能力をアップさせる場合に接続します．放電抵抗器と組み合わせて使用します．

・表示計

・ラインノイズフィルタ
(FR-BSF 01)(FR-BLF)
出力側に流出する高周波ノイズを低減させる場合に接続します．出力側に設置する場合は電線の貫通回数は4T以内としてください．

・低圧手動開閉器(例：(株)アイセイ製「AICUT」LBシリーズ)
ドライブユニットの電源を切った状態でもモータが負荷に回される用途の場合，モータ発生電圧によるドライブユニット点検保守時の感電防止のために接続します．

・マグネットモータ
指定のモータをご使用ください．
商用電源による運転はできません．

図12.7 周辺機器の例

いく．標準の周辺機器を用いると，取付け，使用などに便利なことが多い．

〔森本雅之〕

参 考 文 献

1) JIS C4043-1999, JEC-2137-2000, JIS C 4003-1998
2) 三菱電機：スーパーラインエコシリーズ，カタログ (2002)
3) 日経メカニカル編：勘どころ設計技術シリーズ2 (機械要素の選択), 日経 BP (1995)
4) 坪島茂彦ほか：モータ技術百科, オーム社 (1993)
5) 金子敏夫：やさしい機械制御, 日刊工業新聞社 (1992)
6) オリエンタルモータ：カタログ
7) 三菱電機：マグネットモータドライブ MELIPM シリーズ, カタログ

13
計算機による援用設計

13.1 計算機援用設計の目的

シミュレーションいわゆる計算機による援用設計は，構造設計の分野では古くから用いられてきた．その一番の理由は，橋梁などのように「一つの建造物」を確実に完成させるためである．一方，モータの分野では，1960年代に電車用の電動機や発電所向けの発電機の設計において，ようやく実施例が現れるようになった．これは，モータにおいては磁界を求める必要があり，磁界解析の2つの課題により，普及に時間を要したためである．2つの課題のうち一つは，磁界解析では空間（いわゆる空隙）も解析対象とするため，計算機に対して非常に大きな計算能力が必要となることである．もう一つは，評価指標が磁束密度やトルクであるため，多くの場合，計算結果である磁気ベクトルポテンシャルを微分する必要があり，誤差が生じやすいことである．

しかし，近年の計算機のめざましい進歩と低価格化により，それらの課題も解消されつつある．また，開発期間の短縮や開発費用の削減，さらには詳細な現象解明の要求により，計算機による援用設計のニーズはますます高まり，現在では，基本的なモータ設計の分野においては大いに普及している．

さて，この計算機援用設計の目的は以下のように大きく3つあると考えられる．
- 要求仕様（例えば，出力トルク増加やトルクリプル低減など）を満足するモータを設計する．
- 課題解決（例えば，損失低減やトルクリプル低減など）のための原因究明を行う．
- 援用設計のため，実験と比較して短期間に結果の導出が行える．また設計因子などの寄与の割合なども算出できる．

そこで，「要求仕様の達成」や「課題解決」，「期間短縮」など，それぞれの目的にあった計算機援用設計システムを用いる必要がある．以下にいくつかの実施例をあげ，解析の特長を示す．

13.2 数値解析法

13.2.1 永久磁石同期電動機の特性解析

モータ出力特性としては，トルク特性や誘起電圧特性などが一般的であり，計算機援用設計（以下，解析とする）では，入力条件として電流が多く用いられる．なお，解析手法としては，有限要素法を用いる方法が現在では主流であり，文献 1～3 に詳しく記述されている．

a. 表面磁石同期電動機のモータ出力解析

表面磁石同期電動機（SPMSM）におけるモータ出力の解析例として，電気学会の調査専門委員会において提案された図 13.1 に示す解析モデルを用いて，各種のモータ特性の検討がなされた[4]．図 13.2 に，鉄心長 12.5 mm におけるコギングトルクの二次元解析，三次元解析および実測値を示す．二次元解析は実測値に対して過大評価の傾向が現れている．一方，三次元解析のピーク値はほぼ実測値と一致している．その理由は，二次元解析ではモータ端部において磁束が理想的（モータの長手方向の成分はゼロ）に分布していると仮定しており，この磁束がすべて発生トルクに寄与しているためである．一方，三次元解析ではモータ端部の磁束は長手方向に分布するため，すべての磁束がトルク発生に寄与しているわけではない．つまり，解析において漏れ磁束の発生を考慮していることになる．

さらに，実測値と解析値の誤差を究明する中で，磁石特性において磁石の着磁が理

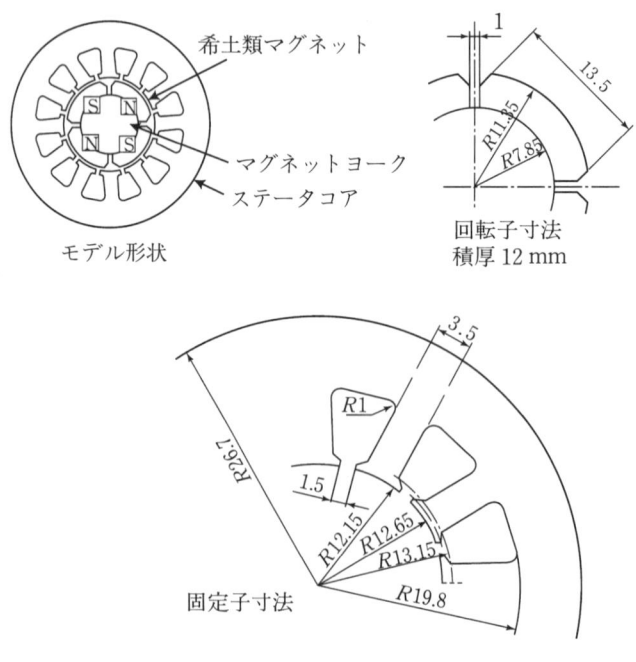

図 13.1 解析モデル[4]

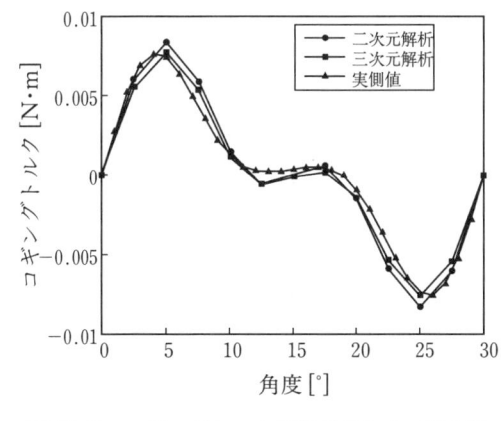

図 13.2 コギングトルク解析結果および実測値

図 13.3 磁石表面の磁束密度比較

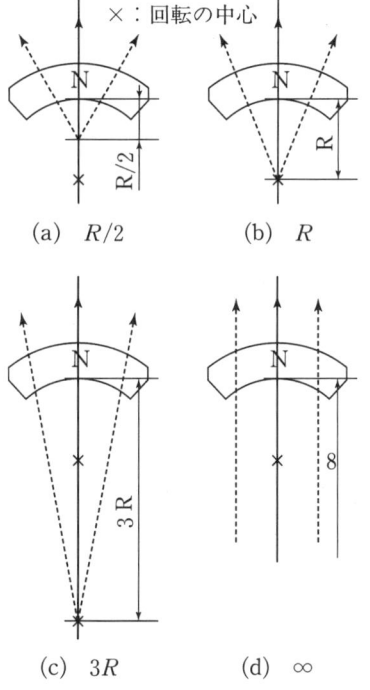

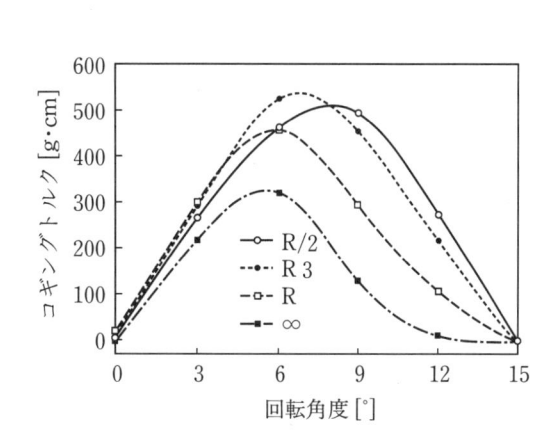

(a) $R/2$ (b) R (c) $3R$ (d) ∞

図 13.4 永久磁石の着磁方向

図 13.5 各着磁方向におけるコギングトルク

想的でない場合や，磁性材料の磁気特性がカタログ値と加工後の値に差が生じることなども検討された例がある．

以下に，着磁の過程を考慮したモータ出力特性の精度検証を行った例を示す[5]．なお，解析モデルは図 13.1 に示したモデルである．図 13.3 に磁石表面の磁束密度を示す．解析値は理想的な着磁がなされた場合の値であり，磁石端部において，実測値と 14% の差が生じている．これもモータ出力特性における過大評価の原因である．現在は解析精度を向上させるために，着磁器を含めた解析で，最初に磁石各部ごと（有限

要素法における要素ごと)に磁化ベクトルを解析により算出し，次にこの磁化ベクトルを磁石の着磁状態(等価磁化電流)として入力し，モータ出力特性を求めている[6,7]．このように，磁石の磁化特性を考慮して2つの解析を行うことで，実測値と解析値がよく一致することが示されている．

さらに，磁石において重要なもう一つの設計因子は，磁石自身を成形する際に用いられる外部印加磁場により，それぞれ個別の着磁方向(磁化容易方向)を有することである．しかも，磁石によっては理想的な着磁方向(どの部位も一様)を有しない場合もある．図13.4に示す着磁方向について，図13.2と同様にそのコギングトルク特性を図13.5に示す(鉄心長：37.5 mm)．それぞれの着磁方向により，コギングトルクの大きさや分布に大きな違いがあり，磁石の着磁方向は重要な設計因子であることがわかる．なお，図13.4の(a)～(c)の着磁は一般的に「径方向着磁」，(d)の着磁は「平行着磁」と呼ばれている．

b. 埋込磁石同期電動機の等価回路定数解析

次に近年，家電や自動車分野において注目されている埋込磁石同期電動機(IPMSM)のモータ特性解析について示す．このモータは，通常の磁石によるマグネットトルクに加えてリラクタンストルク[8]を併用し，弱め界磁制御を行うため，磁束分布が先の表面磁石同期電動機と比較して複雑で，しかも磁気材料の飽和特性を積極的に利用するため，磁界解析による詳細な設計が必要である．特に，設計時にモータの制御法を同時に検討する必要があり，その際，d-q軸等価回路[9]が多く用いられるため，解析により事前に精度のよい等価回路定数[10]を算出することは重要である．

IPMSMの解析モデルを図13.6に示す[11]．このモータは，ロータ内部に軸に平行な方向に磁石を埋め込んだ4極のIPMSMである．図13.7に無負荷時，負荷時(正弦波電流：3.5 A)それぞれの磁束分布を示す．なお，モータの回転数は1800 rpmのときである．図において，負荷電流の影響によりロータが回転(反時計方向)する前の部分に磁束が集中しており，リラクタンス成分の磁束が発生している様子がよくわ

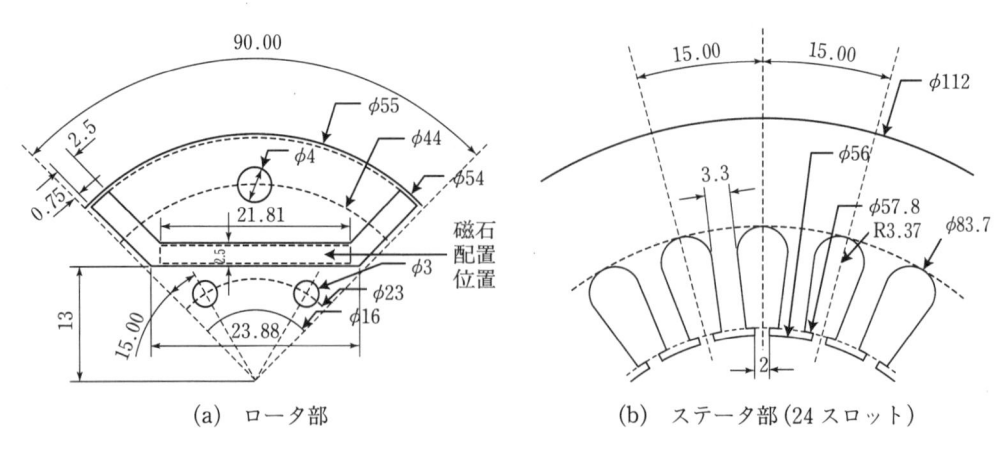

(a) ロータ部　　　　　(b) ステータ部(24スロット)

図13.6 Dモデルの断面図[11]

13.2 数値解析法

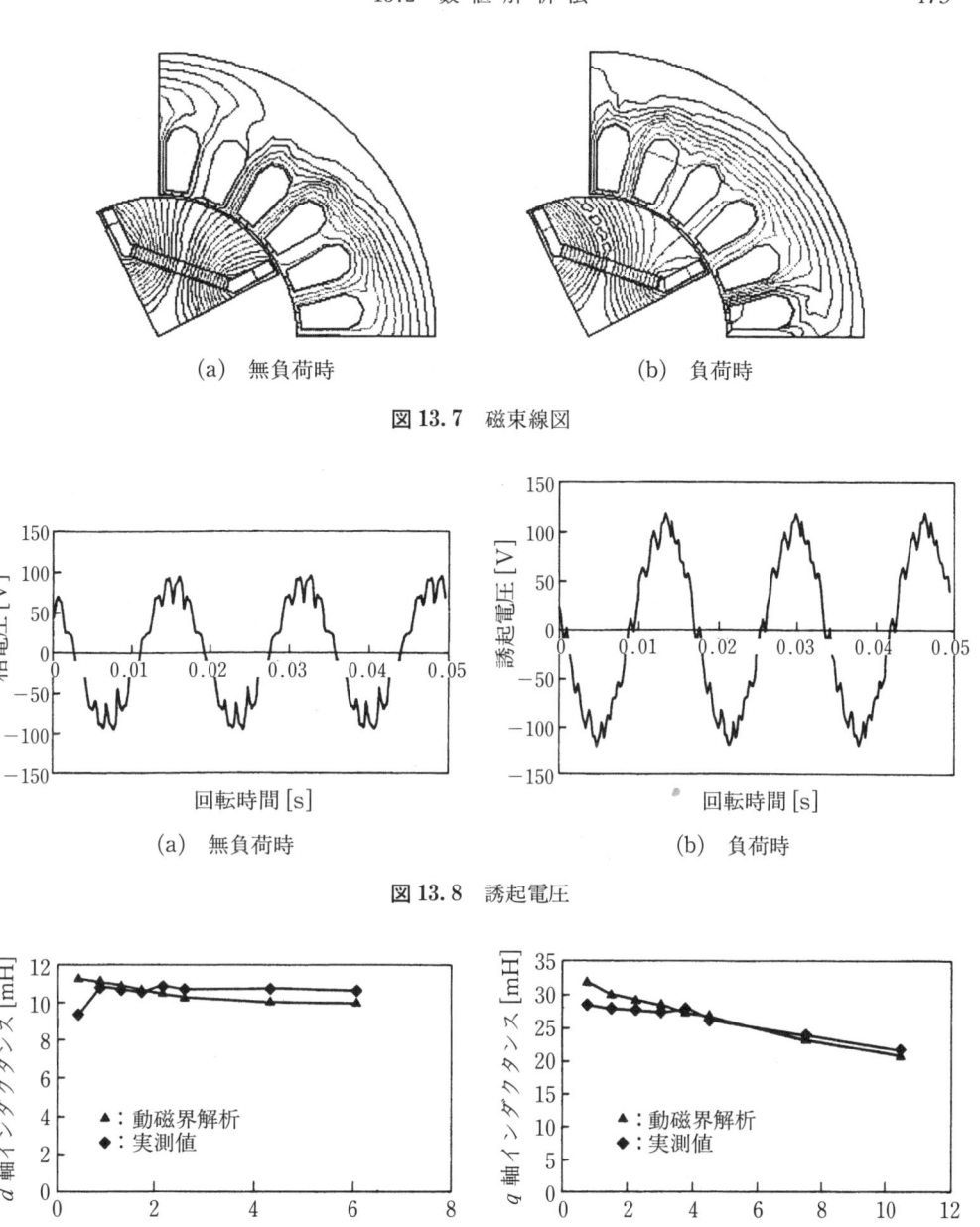

(a) 無負荷時   (b) 負荷時

図 13.7　磁束線図

(a) 無負荷時   (b) 負荷時

図 13.8　誘起電圧

(a) d 軸インダクタンス   (b) q 軸インダクタンス

図 13.9　インダクタンス特性

かる．図 13.8 には，無負荷時と負荷時の誘起電圧波形を示す．この図から，進み電流位相制御により位相も進み，電機子反作用により電圧振幅も増加 (増磁) していることがわかる．なお，ロータの回転を考慮し，ロータ鉄心に発生する渦電流の影響を取り入れた非定常解析 (動解析) を用いている．

入力電流波形と，動解析で算出した誘起電圧波形に対し，実測した電流・電圧波形

からd軸，q軸のインダクタンスを求める方法[9]をその解析結果に適用させることで，それぞれのインダクタンスを求めることができる．その結果を図13.9に示す．これにより，解析で求めたd軸，q軸インダクタンスと実測値はよく一致していることがわかる．つまり，事前にモータ制御上重要な定数を求めることができ，開発期間の短縮が行える．また，この解析をさらに拡張させることにより，ロータの回転角ごとのd軸，q軸インダクタンスを求めることができ，より詳細なモータ制御も可能である．

13.2.2 誘導電動機の損失解析

誘導電動機は，エンドリングや二次導体スキュなどの三次元効果を考慮した解析が必要となるケースが多い．さらに，安価に製造される場合が多い反面，エンドリングの形状による銅損や鉄損さらには漂遊負荷損などを小さくすることによる効率向上の要求も強い．しかし，現在の誘導電動機の特性解析において，有限要素法などを用いた計算機援用設計を実用化しているメーカは一部に限られている．その大きな理由は，鉄損の算出法がまだ研究の対象[12]であると同時に，解析が三次元非定常解析で，

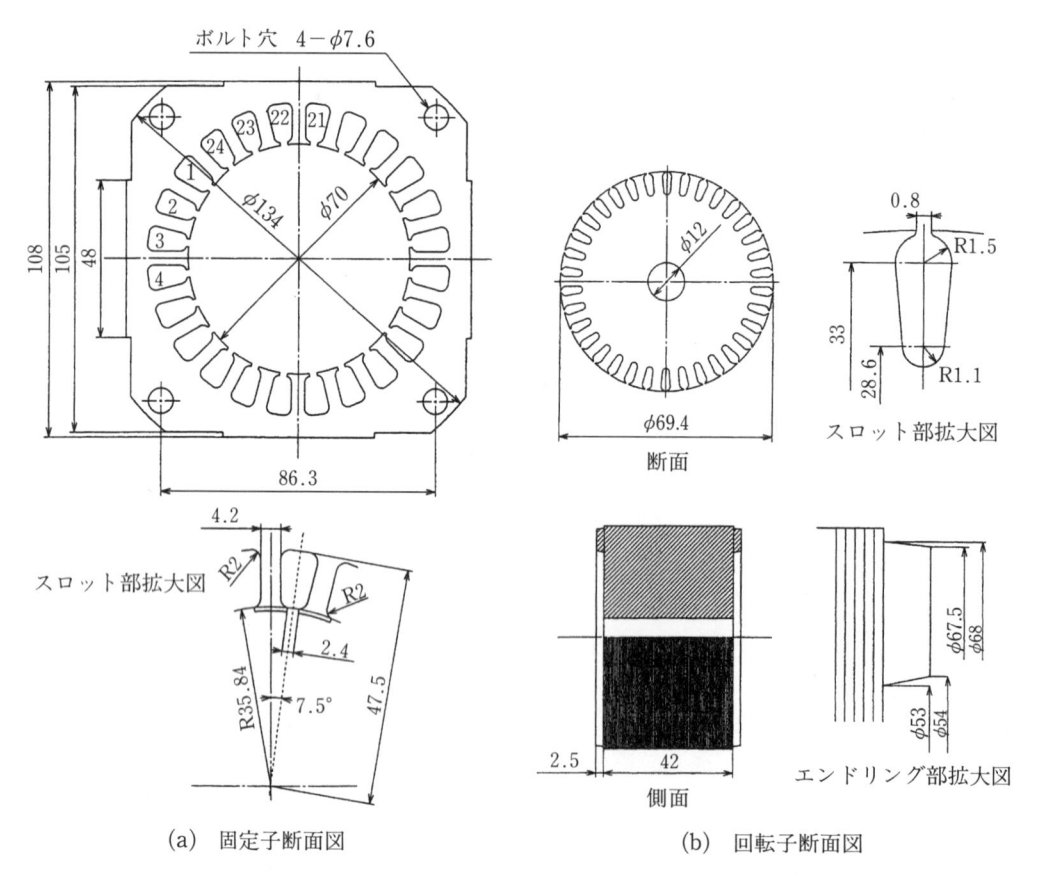

図13.10 解析モデル[13]

(a) 固定子断面図　　(b) 回転子断面図

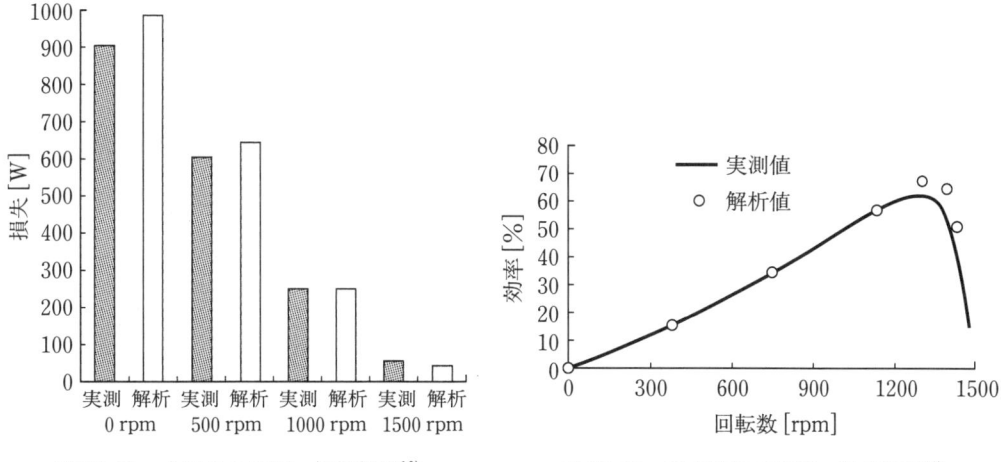

図 13.11 全損失の実測・解析結果[16)]　　**図 13.12** 効率特性の実測・解析結果[16)]

しかも細かな三次元形状のモデリングも行うため膨大な計算機能力が必要であり，数日を越える計算時間は珍しくないためである．

図 13.10 は，電気学会調査専門委員会[13)]にて，誘導電動機の解析精度を検証するために用いられたモデルで，三相4極の誘導電動機である．解析手法は，三次元解析と二次元解析を併用する方法[14)]で，エンドリングの形状を近似的な三次元解析で考慮して，導電率の値を補正している．この解析の特長は，解析時間を大幅に短縮できることである．一方，鉄損は電磁鋼板のマイナーループや高調波渦電流損を考慮して求めている[15)]．

図 13.11 に，各回転数における全損失の実測値と解析値を示す[16)]．速度が小さい場合 (0 rpm は拘束試験相当) は，損失を過大評価している．その要因として，二次導体の電流分布 (50 Hz) が十分に考慮できていないことが考えられる．一方，速度が大きい場合は損失を過小評価しているが，電磁鋼板の鉄損が主であり，マイナーループや渦電流損を十分に考慮できていないためと考えられる．

図 13.12 は効率特性[16)]であるが，モータ設計において最も重要な最高効率ポイントにおいて，鉄損の精度や漂遊負荷損を考慮できないことなどにより，過大評価となっている．

今後，完全な三次元解析[17)]の実用化が大いに期待される．

13.2.3　回路シミュレータとの連成解析

従来，モータとモータドライバは個々に設計を行い，後に組み合わせる方式で開発するのが一般的だった．この場合，モータ設計の解析ツールにおいて回路の過渡現象や PWM 電流波形などを十分に反映できず，またモータドライバ設計時に用いるモータ制御定数 (d 軸，q 軸インダクタンス) などモータ特性を事前に求めることができないために，実機での試行錯誤に多くの時間が必要であった．

モータドライバを設計する回路シミュレータとモータ特性解析ソフトとの連成解析の実用例を示す．この例[18]では，回路シミュレータは Powersim 社製 (PSIM) を，モータ特性解析ソフトは (株) 日本総合研究所製 (JMAG) を用いている．回路シミュレータの解析タイムステップごとに，回路シミュレータからモータ特性解析ソフトにデータを渡し，モータ特性解析を行い，解析結果は回路シミュレータに返す．これを繰り返すことで，2 つの解析ソフトを用いて連成解析を行う．

図 13.13 は，まず回路シミュレータだけを用いた誘導電動機の起動特性で，上段は三相のモータ電流，中段はトルク，下段はモータの回転数である．なお，誘導機は等価回路モデルとして与え，モータ電流は三角波 PWM 制御を行っている．トルクは

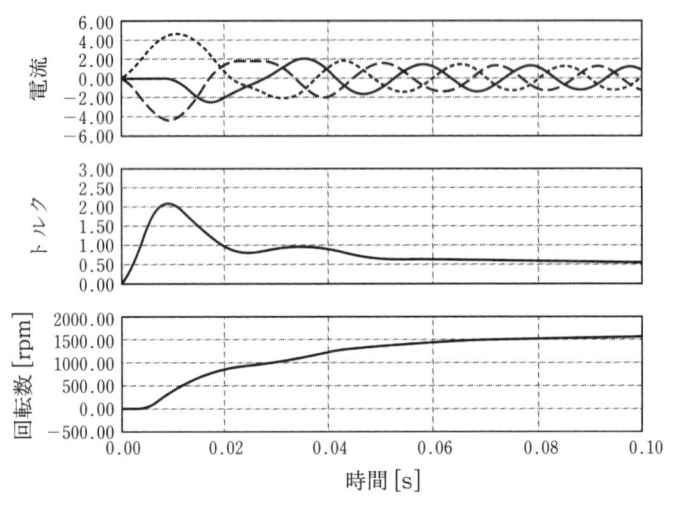

(a) 回路シミュレータのみ

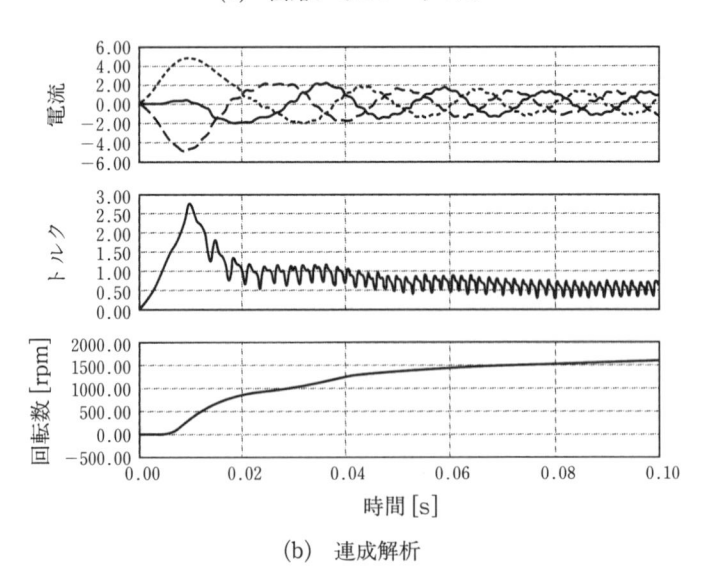

(b) 連成解析

図 13.13 誘導電動機の起動特性 (解析結果)

脈動のない滑らかな波形となっていることが確認できる．

図13.14は，モータ特性解析ソフトと連成させ，誘導機を解析した場合の起動特性で，上段のモータ電流にはモータ駆動周波数以外に高調波成分が含まれており，中段のトルク波形にはモータの回転に同期したリプルが確認できる．このリプルはモータの構造（スロット）によるもので，連成解析の特長がよく現れている．これにより，設計段階からモータとモータドライバを組み合わせたシステムとしての解析を行うことができ，開発のレベルアップが可能となる．

将来的には，これを発展させて機械や流体などの様々な分野のシミュレータを連成解析することで，より大規模で全体的なシステム設計が計算機上で可能になると考えられる． 〔大立泰治〕

参 考 文 献

1) 中田高義・高橋則雄：電気工学の有限要素法（第2版），森北出版 (1986)
2) 河瀬順洋・伊藤昭吉：最新三次元有限要素法による電気・電子機器の実用解析，森北出版 (1997)
3) 三次元電磁界数値計算実用化技術調査専門委員会：三次元電磁界数値計算実用化技術，電気学会技術報告，480号 (1994)
4) 回転機電磁界解析ソフトウェアの適用技術調査専門委員会：回転機電磁界解析ソフトウェアの適用技術，電気学会技術報告，486号 (1994)
5) 井ノ上裕人：着磁プロセスを考慮した永久磁石モータの磁界解析，日本能率協会モータ技術シンポジウム，B-2, B2-1-1, 1 (1994)
6) 河瀬順洋・松原孝史：磁化過程を考慮した永久磁石型回転機の三次元磁界解析，電気学会回転機研究会資料，RM-97-5 (1997)
7) A. Nakahata, K. Kodama, Y. Kawase and T. Yamaguchi : 3D-finite element analysis of electromagnets with permanent magnet taking into account magnetizing process, *IEEE Trans. Magn.*, MAG-33, 2, p. 2057 (1997)
8) 石崎 彰・三野・斉藤和夫：起磁力相差角一定制御方式による内部磁石形PMモータの可変速運転，電気学会論文誌D, **111**, p. 230 (1991)
9) 宮入庄太：エネルギー変換工学入門，丸善 (1976)
10) 森本茂雄・武田洋次・平紗多賀男：PMモータのdq軸等価回路定数の測定法，電気学会論文誌D, **113**, p. 1330 (1993)
11) 山際昭雄・吉仲秀行・大山和伸：エアコン用埋込磁石構造PMモータの磁気特性，パワーエレクトロニクス研究会論文誌，**23**, 1, p. 52 (1997)
12) 回転機の三次元電磁解析高度化調査専門委員会：回転機の電磁界解析高度化技術，電気学会技術報告，942号 (2004)
13) 回転機のバーチャルエンジニアリングのための電磁界解析技術調査専門委員会：回転機のバーチャルエンジニアリングのための電磁界解析，電気学会技術報告，776号 (2000)
14) K. Yamazaki : Modification od 2D nonlinear time stepping analysis by limited 3D analysis for induction machines, *IEEE Trans. Magn.*, MAG-33, 2, p. 471 (1997)
15) 山崎克巳：有限要素法によるキャンドモータの効率算定——第2報：回転子表面損，電気学会回転機研究会資料，RM-00-100 (2000)
16) 回転機の三次元CAEのための電磁界解析技術調査専門委員会：回転機の三次元CAEのための電磁界解析技術，電気学会技術報告，855号 (2001)
17) 米谷晴之・仲 與起・井上正哉・守田正夫：最新のモータ電磁設計技術，三菱電機技法，**76**, 6 (2002)
18) 杉田貴紀・福本哲也・大立泰治・山田 隆：制御＋回路シミュレータ (PSIM) と磁界解析との連成解析システムの開発，電気学会回転機研究会資料，RM-04-48 (2004)

索 引

ア

アイドリング 303
アウタロータ構造 208
アキシャルギャップ 340
アキシャルギャップ形 150
アキシャル磁束形 193
アキシャルピストンポンプ 186
アキシャルラミネート形状 166
アーク 94
アクチュエータ 183, 188, 415
アーク溶接 417
圧延機用電動機 376
圧縮機駆動 431
圧縮機駆動用モータ 425, 426
圧接形パワーデバイス 72
圧電アクチュエータ 200
圧電材料 200
圧電セラミックス 202
圧電素子 201
アップライト形 444
アナログ信号 79
アナログ制御 372
アブソリュートセンサ 206
アーマチャ 136
アラゴの円盤の回転 117
アルニコ磁石 19
アルミダイカスト 137
安全率 468
案内軌条式鉄道 327
アンペアの周回積分の法則 3, 4

イ

行きすぎ量 281
一次遅れフィルタ 247
一次電圧制御法 130
位置制御用ドライブ 356, 360
位置センサ付ベクトル制御 359
位置センサレス駆動方式 153
位置センサレスベクトル制御 358
1パルス制御 66
一相励磁方式 174
移動磁界 135
異方性磁石 20
異方性タイプ 136
インクリメンタルセンサ 206
インサイト 384
インダクタ形 207
インターネット 397
インバータ 42, 46, 145, 278, 310, 313
インバータエアコン 273, 424, 426
インバータ回路 66
インバータ制御 320, 387, 391
インバータ方式 130
インフラネット 397

ウ

ウェハ自動搬送 410
動く歩道 345, 346
薄手電磁鋼板 17
渦電流 220
渦電流損 16
渦電流ディスク 307
渦電流ディスクブレーキ 318
渦電流ブレーキ(制動) 40, 132, 307
渦電流レールブレーキ 318
埋込温度計法 462
埋込磁石 259, 426
埋込磁石(形)同期モータ(電動機) 150, 367, 392, 435, 478
運転限界 61
運動方程式 8

エ

エアコン 424
エアコン用ファンモータ 142
エアパッド 355
永久磁石 18, 136, 144, 331
永久磁石界磁 38
永久磁石形バーニアモータ 177
永久磁石直流機 136
永久磁石同期モータ(電動機) 39, 255, 339
永久磁石モータ 243, 379
液体式ディーゼル機関車 306
エスカレータ 302, 345
エスティマハイブリッド 385
エネルギー効率 322
エネルギー消費量 322
エレベータ 274, 302, 333
円形回転磁界 119
エンコーダ 57, 58
エンコーダパルス 360
エンジン制御用 141
エンジン発電機 106
エンジンブレーキ 303
エンドエフェクタ 417
円板巻線形 219

オ

オイル潤滑性能 216
横行機能 343
往復式圧縮機 273
オーバーシュート 281
オブザーバ 248
オプトエレクトロニクス技術 398
オフラインプログラミング 417
オープンループ 263
音源探索 144
温度計法 462

索引

温度上昇曲線　27

カ

界磁　92
界磁チョッパ制御　319
界磁巻線　105, 220
回生　262
回生失効　302, 305
回生絞込み制御　321
回生電力　339
回生・発電ブレンディングブレーキ　318, 321
回生ブレーキ(制動)　37, 132, 301, 312, 471
外接形歯車ポンプ　185
回転位置　56
回転位置センサ　56
回転運動系　8, 266
回転座標系　361
回転座標変換　12
回転子　90, 136
回転磁界　7, 119
回転子構造　429
回転子座標系　230
回転子巻線　12, 120
回転子巻線鎖交磁束　12
回転子漏れリアクタンス　123
回転-直線変換機構　11
回転電機子形構造　91
ガイド誘導式　408
ガイドレス誘導式　410
外乱オブザーバ　78, 292
外乱抑制特性　454
開ループ制御　75
回路シミュレータ　481
回路電圧　63
架空電車線　308, 311, 312
学習制御　454
拡張誘起電圧　262
角度位相差　59
角度精度　174
かご　274
かご形回転子　121
かご形誘導機　74, 121
重ね巻　138
ガスタービン　305
可制御電流源　232, 236
画像データベース　419
加速度の正帰還　295
片ロッドシリンダ　189

家庭電器　424
可動永久磁石形LOA　192, 195
可動コイル形LOA　192, 193
可動鉄心形LOA　192, 194
過渡特性　282
可変周波数制御法　130
可変ベーンポンプ　390
可変容量ピストンポンプ　390
カレントトランス　53
カロリー法　115
間欠搬送　402
監視制御　397
慣性比　292
慣性負荷　272
慣性モーメント　464, 466, 468, 471
環流ダイオード　43

キ

機械式ブレーキ　302
機械室レスエレベータ　335
機械損　114, 124
機械的制動法　131
機械的負荷　283
機械パワー　284
機械ブレーキ　317
機械量のセンサ　56
機器体格　30
機器容量　30
基準座標軸　232
基準巻線温度　126
起磁力　179, 229
き電回路　312
き電区分所　324, 325
き電システム　309
き電電圧　323
起電力定数　89
希土類磁石　339, 428
逆圧電効果　200
逆起電力　87
逆相ブレーキ(制動)　131, 281
逆相分回転磁界　133
逆阻止三端子サイリスタ　42
逆突極形電動機　255
逆バイアス　258
ギャップ磁束　225
ギャップ磁束密度　179
ギヤードモータ　211
キャニスタ形　444
ギヤポンプ　185

キャリヤ周波数　18
吸引磁気浮上方式　352
吸引力　330
給水ポンプ　388
教示　414
教示操作盤　414, 416
共振周波数　291
共振状態　24
共振比　291
共振比制御　293
協調運転　306
極座標形式　235
極数変換制御法　129
巨視滑り領域　270
許容慣性モーメント　471
キルヒホッフの電流の法則　3
金属的接触　94

ク

空間ベクトル量　4
空気圧シリンダ　192
空気圧モータ　191
空気浮上　404, 410
空気ブレーキ　317
空調冷熱用ポンプ　388
空転滑走制御　300
矩形波駆動　437
駆動系制御用　142
駆動制御　346
駆動用IC　448
駆動用電力変換制御装置　276
くま取りコイル形誘導電動機 (くま取りモータ)　135
組立てコミュテータ　138
繰返し精度　282
クリープ　200
クリープ領域　270
クリーンルーム内搬送　410
クリーンルーム用送風機　394
クレーン　274, 303
クロスローラ軸受　206
クーロン摩擦力　287～289

ケ

計算機制御システム　396
傾斜部高速エスカレータ　347
けい素鋼板　120, 137
継鉄　92
ゲイン　362
ケーシング　186

索 引

ゲート信号　362
ゲートターンオフサイリスタ
　　320
ケーブルカー　302, 306
減磁作用　104, 244
減磁特性曲線　21
懸垂型（モノレール）　328
減速機　283
減速機構　11
限速制動　131
減速法　115
現代制御理論　285

コ

コア　137
コアレスホール電流センサ　55
コアレスモータ　137, 141, 218
高圧クーラントポンプ　393
降圧チョッパ　42
光学式エンコーダ　58
高抗張力電磁鋼板　17
高効率電磁鋼板　16
工作機械　364
工作機械用クーラントポンプ
　　388
交差磁化作用　104
高周波重畳方式　358
工場設備用エアコンプレッサ
　　394
工場内物流　401
合成トルク　431
高性能磁石　137
拘束試験　126
高調波　5
高調波異常トルク　120
高調波回転磁界　119
高調波磁束　23
交直流電気車　313, 315
交番磁界　132
高力率コンバータ　338
効率　114
交流安定化電源　37
交流き電方式　321
交流き電用変電所　325
交流ソレノイド　197
交流電気車　313
交流電流制御ループ　236
交流配電　80
交流励磁機方式　105
コギングトルク　180, 209, 441,
　　478
国際規格　457
跨座型（モノレール）　328
国家規格　457
固定座標系　361
固定子　90
固定子座標系　230
固定子巻線　120
固定子漏れリアクタンス　123
固定容量ギヤポンプ　390
固定容量ベーンポンプ　390
古典制御理論　285
コードレス掃除機　445
コミュテータ　137, 139
固有振動　202
固有振動数　26
コンシクエントポール形電動機
　　（モータ）　223
コンデンサ始動形誘導電動機
　　133
コンデンサ始動コンデンサ誘導
　　電動機　135
コンデンサモータ　134
コンデンサ誘導電動機　134
コンバータPN間電圧　360
コンプレッサ　273, 393
コンベヤ　404

サ

サイクロコンバータ　236, 242,
　　373
サイクロコンバータ方式　130
サイクロン方式　446
最終温度上昇　28
再生　414
最大エネルギー積　19
最大効率制御　442
最大自起動周波数　175
最大静止摩擦力　287
最大トルク制御　392
最大力率運転　167
サイリスタ　41, 278, 310
サイリスタ変換器回路　68
サイリスタレオナード　372
鎖交磁束数　3
サードブラシ制御　141
座標変換　230
座標変換行列式　239
サーボハンド　421
サーボ方式電流測定原理　55
サーボモータ　466
サマリウム－コバルト系磁石
　　19
産業用知能ロボット　419
産業用ロボット　413
三次元ビジョンセンサ　419,
　　422
三相インバータ　46
三相かご形誘導機　313
三相全波駆動　147
三相－二相変換　7
三相－二相変換変圧器　325
三相ブリッジ整流回路　309
残存劣化率　100
残留磁束密度　20, 34

シ

ジェットエンジン　300, 304
磁界座標系　232, 239
直入れ始動法　127
磁化曲線　15
磁化電流　233
磁化ベクトル　478
磁気エネルギー　194
磁気軸受　222
磁気随伴エネルギー　158
磁気装荷　30, 31
磁気抵抗　156
磁気抵抗素子　59
磁気ばね定数　195
磁気ひずみ　24
磁気比装荷　30
磁気浮上　404
磁気浮上方式　410
磁気浮上リニアモータ推進方式
　　349
磁気飽和　32, 54
磁極集中巻　341
磁気力　193
軸共振　377
軸共振周波数　378
軸振動抑制制御　378
軸ねじれ振動　290
自己インダクタンス　3
磁石同期電動機　104
磁石同期発電機　104
磁石トルク　244, 259
磁束制御　242
磁束ベクトル　231, 238
実験モーダル解析　26

磁電変換素子　54
自動クレーン　403
自動仕分け装置　404
自動倉庫　401
始動電流　127
始動トルク　127, 272
始動補償器始動法　127
車輪回転系負荷　269
ジャンクション温度　69
シャント抵抗方式　52
集中定数　265
集中巻　432, 435
集中巻線　4, 150
集電装置　304
12パルス整流器　323
受光素子　57
主軸モータ　365
出力特性曲線　125
出力方程式　30
受電機器　62
潤滑材　271
潤滑油　271
循環運転　342
昇圧チョッパ　42, 44
省エネ(省エネルギー)　337, 432
省エネ規制　426, 432
消音器　304
蒸気機関　299
蒸気機関車　299
焼結含油メタル　137
焼結磁石　20
象限反転突起　369
昇降圧チョッパ　42, 45
昇降路一次式永久磁石同期リニアモータ　343
状態フィードバック　294
情報LAN　396
情報制御システム　398
ショットキーバリヤダイオード　41
シリコンダイオード整流器　323
シリーズモータ　86
シリンダ　188
シリンダクッション　189
シリンダチューブ　188
自励式インバータ　46
シングルパルス制御　161
シンクロナスリラクタンスモータ　156, 367
振源探査　144
進行波形超音波モータ　202
振動抑制制御　78
振動劣化　100
振幅制限　77

―――― ス ――――

吸込仕事率　444, 445
水車発電機　106
推進用コイル　348
スイッチトリラクタンスモータ　156, 391
スイッチング周波数　26
推力　194
数値解析法　476
スカイレール　330
スコット(結線)変圧器　279, 311, 325
進み角駆動　443
進み補償　293
スタガ配置　355
スタッカクレーン方式　402
スターデルタ始動法　127
スティック・スリップ振動　289
スティック・スリップモーション　288
ステータ　90
ステッピングモータ　39, 74
ステップ角　169
ストラクチャ光　422
ストロークセンサ　190
スピンドルモータ　448
滑り　118
滑り角速度　233, 241
滑り周波数　226, 329
滑り周波数形ベクトル制御　236, 359
滑り周波数制御　225, 228
滑り-トルク特性　124
滑り法　116
滑り率　270
スポット溶接　417
スラスト磁気軸受　222
スリーブ形　220
スリーブロータ　220
スルー領域　175
スロット高調波　252

―――― セ ――――

制御LAN　396
制御車　313
制御電動車　313
制御用電動機　463, 466, 467
制御理論　285
正弦波PWM方式　442
正弦波起電力電動機　255
正弦波駆動　437, 448
正弦波着磁　147
正弦波通電　442
静止形無効電力補償装置　325
静止摩擦　269, 287～289
静止励磁機方式　105
静推力　196
成績係数　433
成層鉄心　220
正相分回転磁界　133
整定時間　282
静電アクチュエータ　199
静電モータ　38
精度　281
制動トルク　467
制動巻線　105
整流　87, 93
整流子　91, 137
整流ダイオード　41
整流火花　94
整流用ブラシ　136, 137
絶縁階級　27
接線力　270
接線力係数　270
絶対位置検出器　244
絶対精度　282
設置場所　459
セミクローズドループ制御　75
ゼロパワー制御　410
線形な負荷　267
全鎖交磁束　12
センサレスベクトル制御　358
センサレス方式　436
全節巻RM　156
洗濯機用モータ　438
全電圧始動法　127

―――― ソ ――――

総括制御　306
相互インダクタンス　13
走行抵抗力　271

索　引

増磁作用　104
相似性　8
双対回路　10
速応性　281
速調巻線　135
速度検出器　228
速度制御　336
速度制御器　229
速度制御用ドライブ　356
速度センサレス制御　245
速度特性曲線　124
速度-トルク特性　227
速度に依存して変化する負荷　269
速度変動率　95
ソフトフロート　422
損失　114
損失測定法　115

タ

第一世代機械加工システム　421
ダイオード　41, 310
台形波起電力電動機　255
台形波速度起電力波形　255
台形波着磁　147
第三軌条方式　308
第三世代機械加工システム　421
対称三相交流電流　6
対称制御　278
対地絶縁耐圧　73
ダイナミックブレーキ　302, 307
第二世代機械加工システム　421
耐熱クラス　461
ダイレクトドライブ（駆動）　181, 202, 406, 438, 454
ダイレクトドライブモータ　205
だ円回転磁界　133
多慣性系　291
多関節アーム　268
多重化構成（変換回路の）　238
多層スリット構造　259
多パルス化（変換回路の）　238
タービン発電機　106
ターボ形ポンプ　386
他励式インバータ　46

たわみ補償制御　370
単位法　112
ターンオフ　41
ターンオフサイリスタ　42
ターンオン　41
ターンオン角　161
短節巻　120
単相インバータ　46
炭素黒鉛質ブラシ　137
団体規格　457
単体形ブラシ保持器　92
タンデム形ブラシ保持器　92
単動シリンダ　188
単独き電　312
ダンパ巻線時定数　240
短絡コイル　353
短絡特性曲線　112
短絡比　112

チ

力センサ　416, 417, 420
知能ロボット　419, 420
着磁　21
中間電動車　313
中空円筒巻線形　218
中量軌道輸送システム　327
超音波モータ　201
超高速エレベータ　336
超磁歪アクチュエータ　198
超磁歪材料　198
超電導磁石　348
直軸電機子反作用リアクタンス　108
直軸同期リアクタンス　116
直接ディジタル制御　396
直接負荷損　114
直線運動系　8, 266
直線整流　93
直並列制御　139
直巻電動機　96
直流安定化電源　37
直流き電方式　321
直流き電用変電所　323
直流制動　131
直流整流子モータ　86
直流ソレノイド　197
直流直巻モータ　306, 313, 314
直流チョッパ　42
直流電圧変換方式　436
直流電気車　313

直流電動機　86
直流電流制御ループ　236
直流配電　80
直流複巻モータ　313, 314
直流モータ駆動系　10
直流励磁機方式　105
直列接続　64
チョッパ　37, 276
チョッパ回路　65

ツ

通風音　25
通流率　43

テ

定格　61, 459
抵抗制御　139
抵抗ブレーキ　302, 307, 318
抵抗分相始動形誘導電動機　133
抵抗分相モータ　133
抵抗法　462
定在波形超音波モータ　204
停止制動　131
ディジタル信号　79
ディジタル制御　372
低床　332
定数係数　265
ディーゼルエンジン　304
ディテントトルク　174
定トルク駆動　97
低トルクむら　439
ディフューザ　445
定容積形ポンプ　389
適応二次磁束オブザーバ　248
鉄機械　32
鉄鋼プラント　372
鉄心　137
鉄損　15
鉄損抵抗　123
鉄損劣化　17
鉄道用リニアモータ　347
手ブレーキ　307, 317
テレスコープ形シリンダ　189
電圧PWM制御　161
電圧形インバータ　46, 81
電圧形三相インバータ　48
電圧制御　139
電圧ひずみ　377
電圧変動　377

電圧方程式　231
電圧モデル法　234, 241
電気運転　321
電気角　118
電気黒鉛質ブラシ　137
電機子　91
電機子コイル　348
電機子鎖交磁束式　239
電機子チョッパ制御　314, 320
電機子定数　90
電機子電圧式　239
電気自動車　379
電機子反作用　95, 98, 103, 220
電機子巻線　105, 220
電機子漏れリアクタンス　107
電気車　313
電気装荷　31
電気的制動法　131
電気二重層キャパシタ　303
電気比装荷　30
電気ブレーキ　307, 317, 318
電源高調波　373
電源力率　373
電磁アクチュエータ　192
電磁カップリングによる制御法　129
電子ガバナモータ　221
電磁吸引制御方式　404
電磁鋼板　14, 34, 137
電子写真プロセス　450
電磁モータ　38
電車　313
電磁誘導作用　117
天井搬送車　403
電磁力　23
伝送ライン　79
電池式電気車　313
電動機法　115
電動車　313
電動送風機　445
電動四駆システム　385
天然黒鉛質ブラシ　137
転流　46
転流角　161
電流形インバータ　46
電流制御　242
電流制御系　255
電流制御形インバータ　236
電流トランス形センサ　54
電流ベクトル　238

電流モデル法　235, 241
電流力　193
電力回生ブレーキ　279, 302, 305, 307, 313, 315, 318, 319, 324
電力源　62
電力消費率　323
電力潮流　312
電力貯蔵装置　326
電力変換器　62
電力変換装置　41
電力用半導体素子　41

ト

動圧オイル軸受　452
動圧流体軸受　447
銅機械　32
同期速度　118, 225
同期発電機　102
同期モータ（電動機）　39, 103, 356, 357, 375
同期リアクタンス　107
透磁率　3, 15
導体数制御　139
等方性磁石　20
等方性タイプ　136
動摩擦力　269
動力集中方式　308
動力分割機構　384
動力分散方式　308
動力用電動機　463, 465
突極機　107, 111
突極形　101, 150, 240, 243
突極のオーバラップ開始角　163
突極比　166, 369
トップランナー　426
トップランナー方式　432
トライアック　42
ドライブ装置　371
ドラグカップ形　219
トラッキング分析　144
ドラム回転用モータ　453
トランスラピッド　349, 354
トルク　89, 110, 111
トルク検出器　59
トルクセンサ　56, 59
トルク-速度特性　306
トルク定数　89
トルク電流　233

トルク/電流比　256
トルク発生器　284
トルクブースト　38
トルクブースト補償　227
トルクリプル　340, 366, 367, 374
トレッド　304

ナ

内接形歯車ポンプ　185
内部磁石構造　243
内部相差角　107
斜めスロット　120
鉛蓄電池　303
波巻　138

ニ

2慣性系　290
2慣性モデル　267
二極機モデル　259
二次元駆動　343
二次元ビジョンセンサ　421
二次鎖交磁束　247
二次磁束ベクトル　232
二次抵抗始動法　128
二次抵抗制御法　130
2自由度制御　77
2自由度制御系　363
二次励磁制御法　129
二相駆動　147
二相励磁方式　174
2値コンデンサモータ　135
二反作用理論　108

ヌ

ヌルフラックス接続　354
ヌルフラックス方式　353

ネ

ネオジウム磁石　431
ネオジウム-鉄-ボロン系磁石　19
ねじポンプ　188
ねじれ角　59
熱延プロセス　374
熱延用電動機　375
熱可塑性樹脂　137
熱硬化性樹脂　137
熱時定数　28, 466
熱抵抗　29, 69

熱伝導率　29
熱等価回路　29
熱劣化　99
粘性摩擦力　287
粘着　301, 348, 352
粘着係数　270, 272

ノ

ノッチフィルタ　455
乗りかご　274

ハ

バイオマス発電　304
ハイブリッド形ステッピングモータ　170, 171
ハイブリッド車　379
バイポーラトランジスタ　42
ハウジング　136, 137
パウダーブレーキ　40
歯車ポンプ　185
バックラッシ　268, 273, 290
発光素子　57
発電機　101
発電機法　115
発電ブレーキ（制動）　40, 131, 302, 307, 318, 319
バーニアモータ　177, 178
ばねブレーキ　317
ハーフステップ駆動　174
ハーフブリッジ形単相インバータ　46
パーマネントマグネット形　170
パーミアンス係数　21, 179
パーミアンス法　197
パーミアンスモデル　196
バランサ　303
バリアブルリラクタンス形　170
パルスコーダ　415
パルス周波数　175
パルス電流制御　161
パルス幅変調インバータ　236
パワーエレクトロニクス　41, 398
パワーデバイス　63
反共振周波数　291
反作用電動機　104
搬送波　49
半導体電力変換回路　399

ヒ

ハンド爪　421
反復負荷運転　28
ハンマリング分析　144
汎用インバータドライブ　356, 357
汎用送風機　394

ヒ

光センサ　59
光ディスク　448
微小な滑り速度　270
非常ブレーキ　275, 280
ビジョンセンサ　416, 417
ヒステリシス　200
ヒステリシス曲線　218
ヒステリシス損　16
ヒステリシスブレーキ　40
ヒステリシスモータ　217
ヒステリシスループ　15
ピストン　188
ピストン形空気圧モータ　192
ピストンポンプ　186
ピストンロッド　188
ひずみゲージ　59
非接触技術　404
非接触給電　405
非接触支持　404
非接触集電　405
非接触情報伝送　405
非線形負荷　267
非線形要素　266
微増加比例法　31
非対称H-ブリッジ回路　160
非対称制御　278
非同期機　117
非突極機　106, 110
非突極形電動機　255
非突極性　243
微分フィードバック　293
表皮効果　17
表面磁石構造　243, 258
表面磁石同期モータ（電動機）　149, 367, 476
漂遊負荷損　114, 124
ビルトインモータ　365
比例推移　128
比例・積分制御器　229

フ

ファラデーの電磁誘導の法則　3
ファン　25, 393
不安定ゼロ点　295
フィードバック制御　284, 454
フィードフォワード形電流モデル法　235
フィルタコンデンサ　321
フィールドオリエンテーション制御　232, 238
フェライト磁石　19, 21, 136
フォークリフト　303
負荷　265, 464, 465
負荷角　239
負荷時間率　466
負荷速度特性　95
負荷トルク　465, 468
負き電線　311
複合形パワーデバイス　42
複素ベクトル　230
複動シリンダ　188
付随車　313
不足整流　93
不平衡吸引力　222
ブラシ　92
ブラシ付DCモータ　449
ブラシレスDCモータ　38, 74, 207, 208, 255, 426
ブラシレスモータ　144, 255, 447, 450, 451
プラッギング　131
フーリエ級数展開　119
ブリッジ整流回路　309
ブリッジマン法　198
プリントモータ　219
フルクローズドループ制御　76
フルブリッジ形単相インバータ　47
プレイバック形産業用ロボット　414
ブレーカ　471
ブレーキシュー　302, 307, 317
ブレーキシリンダ　307
ブレーキ指令　301
ブレーキ抵抗　80
ブレーキディスク　302
フレミングの左手の法則　102, 118

ヘ

フレミングの右手の法則　101, 118
フローティング車体　333
プロニーブレーキ　40
分配定数　31
分布巻　120
分布巻線　5, 150
粉末冶金法　198

ベアリング　25, 136, 137
ベアリングレスモータ　222, 223
並列き電　312
並列接続　65
ペイロード比　342
ベクトル制御　74, 225, 236, 238, 358
ベクトル量　4
ベーン　186
変位量に依存して変化する負荷　267
変化率制限　77
変換回路の多パルス化　238
偏心　24
変調波　49
変調率　68
ベーンポンプ　186

ホ

保安ブレーキ　318
ほうき形　444
飽和磁束密度　15
補極　92, 220
保護　61
保護方式　462
補償巻線　220
補助突極　383
保磁力　20
ボディ系モータ　142
ポリゴンスキャナ(用)モータ　450〜452
ホールIC　56
ホール素子　54, 56
ホールディングトルク　174, 180
ボールベアリング　137
ボンド磁石　20
ポンプ　185, 386

マ

マイクロエレクトロニクス　396
マイクロステップ駆動　176
マイクロプロセッサ　396
マイクロマシニング　199
マイクロモータ　221
マイルドハイブリッドシステム　385
巻線インダクタンス　157
巻線界磁　38
巻線形回転子　121
巻線係数　122
巻線形誘導機　121
巻線抵抗値　462
マグネット　136
摩擦駆動形　201
摩擦負荷　271
摩擦ブレーキ　281, 307
マテリアルハンドリング作業　418
マルチカー方式　344
マルチフラックスバリア形状　165

ム

無軌道方式　407
無限長ソレノイド　3
無人搬送車　402, 407
無人フォークリフト　403
無接触集電　405
無負荷試験　126
無負荷速度　191
無負荷飽和曲線　112
無方向性電磁鋼板　14

メ

メガトルクモータ　207

モ

モジュール形パワーデバイス　72
モジュール構造　354
モーション制御(コントロール)　74, 286
モータ制御系　52
モータトルク　231
モータ負荷　266
モータ巻線の電流ベクトル　229
モータ用センサ　52
モーダル解析　291
モデル規範適応システム　246
モノレール　328
モーメント剛性　206

ユ

油圧式エレベータ　333
油圧ポンプシステム　391
油圧用歯車ポンプ　185
油圧用ベーンポンプ　186
誘起電圧　360
有軌道方式　407
有限要素法　197, 476, 477
誘導機　117
誘導起電力　87, 88
誘導子　171
誘導集電　405
誘導制動機　124
誘導電荷形静電アクチュエータ　199
誘導電動機　24, 39, 230, 232, 255, 356, 357, 367, 379, 398, 480
誘導反発磁気浮上　352
誘導浮上方式　352
誘導ブレーキ　125
誘導モータ → 誘導モータ
床移動形　444
油空圧アクチュエータ　183
輸送能力　336, 345
輸送量　301
ユニバーサルモータ　86, 220

ヨ

揺動形アクチュエータ　191
ヨーク　136, 137
横軸電機子反作用リアクタンス　108
呼び圧力　188
弱め界磁　443
弱め磁束制御　244, 427, 428
4象限チョッパ　37, 277

ラ

ラインノイズフィルタ　471
ラジアルギャップ　341
ラジアルギャップ形　150
ラジアル磁気軸受　222

ラジアル磁束形　193
ラジアルピストンポンプ　186
ランジュバン形振動子　203
乱調　176
乱流音　25

リ

リアクションプレート　350, 355
リアクタンス電圧降下　220
リアクトル始動法　127
力行　262
力率1運転　241
力率改善設備　377
理想変圧器　10
リチウムイオン電池　303
立体センサ　422
立体搬送　411
リニアシャトルシステム　355
リニア振動アクチュエータ　192
リニア地下鉄　329
リニア電磁ソレノイド　192
リニア同期モータ　347, 407
リニアホールIC　55
リニアモータ　347, 352, 365, 366, 406
リニアモータエレベータ　334
リニア誘導モータ(電動機)　334, 347, 407
両ロッドシリンダ　189
リラクタンス　156
リラクタンストルク　156, 244, 259, 383, 427, 428, 430, 431
リラクタンスモータ　156

ル

ルームエアコン　424, 427, 431

レ

冷延プロセス　375
冷延用電動機　375
冷間タンデム圧延設備　375
冷却方式　70, 463
冷却用ファンモータ　142
励磁回路損　114
励磁電流　220
励磁リアクタンス　123
レシプロ式圧縮機　433
レシプロピストンポンプ　186

レゾルバ　58
レールブレーキ　317
連続定格　466
連続搬送　403

ロ

ロジスティクス　401
ロータ　90, 186
ロータリ式圧縮機　433
ロータリピストンポンプ　186
ロータリベーン形空気圧モータ　191
ロードマップ　425
ロープ式エレベータ　337
ロープレスエレベータ　342
ロボット　414
ロボットセル　420, 421
ロボティクス　413
ロングステータ　349
ワイパモータ　142

欧文

A

A相信号　58
ACサーボドライブ　356
ACサーボモータ　361, 415
ACドライブ装置　373
AGV　407
ATC　301
ATS　301
ATき電方式　311, 325

B

B相信号　58
bang-bang制御　288
BTM　331
BTき電方式　311, 325

C

CCDカメラ　422
COP　426

D

d軸電機子反作用　244
DCドライブ装置　373
DCブラシレスモータ　24
DCモータ　86, 443

d-q座標量　239
d-q変換　147
DSP　398

E

E_0/f=一定制御　227

F

FA用アクチュエータ　209
FMS　395

G

GCT　70, 374
GTO　65, 373

H

H^∞制御　294
HSST　350, 354

I

iBl則　147
IC　463
IEGT　70, 374
IGBT　42, 65, 374
INFORM法　251
IP　462
IPMSM　429, 478
IPMモータ　244, 356, 392

J

JRリニアモータカー　348

L

L形等価回路　123
LRTシステム　331
LRV　326, 331

M

M定数　376
M-Gセット　372
MOSFET　42
MR素子　59

P

PID制御系　285
PM形ステッピングモータ　170
PWMインバータ　49, 242, 338, 346, 373
PWM駆動　452

PWM制御　66, 139
PWM変換器　280

S

S字加減速　77
SFC　292
SiC　399
SOC　398
SPMモータ　244
SRモータ　391

SynRM　367

T

T-Ⅱ形定常等価回路　126
T形等価回路　123, 226

V

V曲線　114
V/f一定制御　38, 130
V/f制御　74, 225, 357

VR形ステッピングモータ　170
VVVF　338

Y

Y-Δ始動法　127

Z

Z信号　58

資　料　編

――掲 載 会 社――
(五十音順)

アスモ株式会社	1
多摩川精機株式会社	2
株式会社デンソー	3
東洋電機製造株式会社	6
富士電機機器制御株式会社	4, 5
株式会社安川電機	7

ASMO

Try it for the future

大きな未来を創造する、
小さな原動力です。

アスモは、自動車用小型モータの開発・生産を通して、
豊かなカーライフをお届けしています。

挟み込み防止機構付き
パワーウインドウモータ

ASMO アスモ株式会社

〒431-0493 静岡県湖西市梅田390番地 ☎(053)572-3311

ホームページ http://www.asmo.co.jp/
工場／本社工場・豊橋工場・広島工場　営業所／東京営業所・大阪営業所・広島営業所
海外拠点／米国(バトルクリーク、ステーツビル、グリーンビル、デトロイト)中国(天津、広州)インドネシア(ジャカルタ)チェコ(ズルチ)

Smartmotor®って？

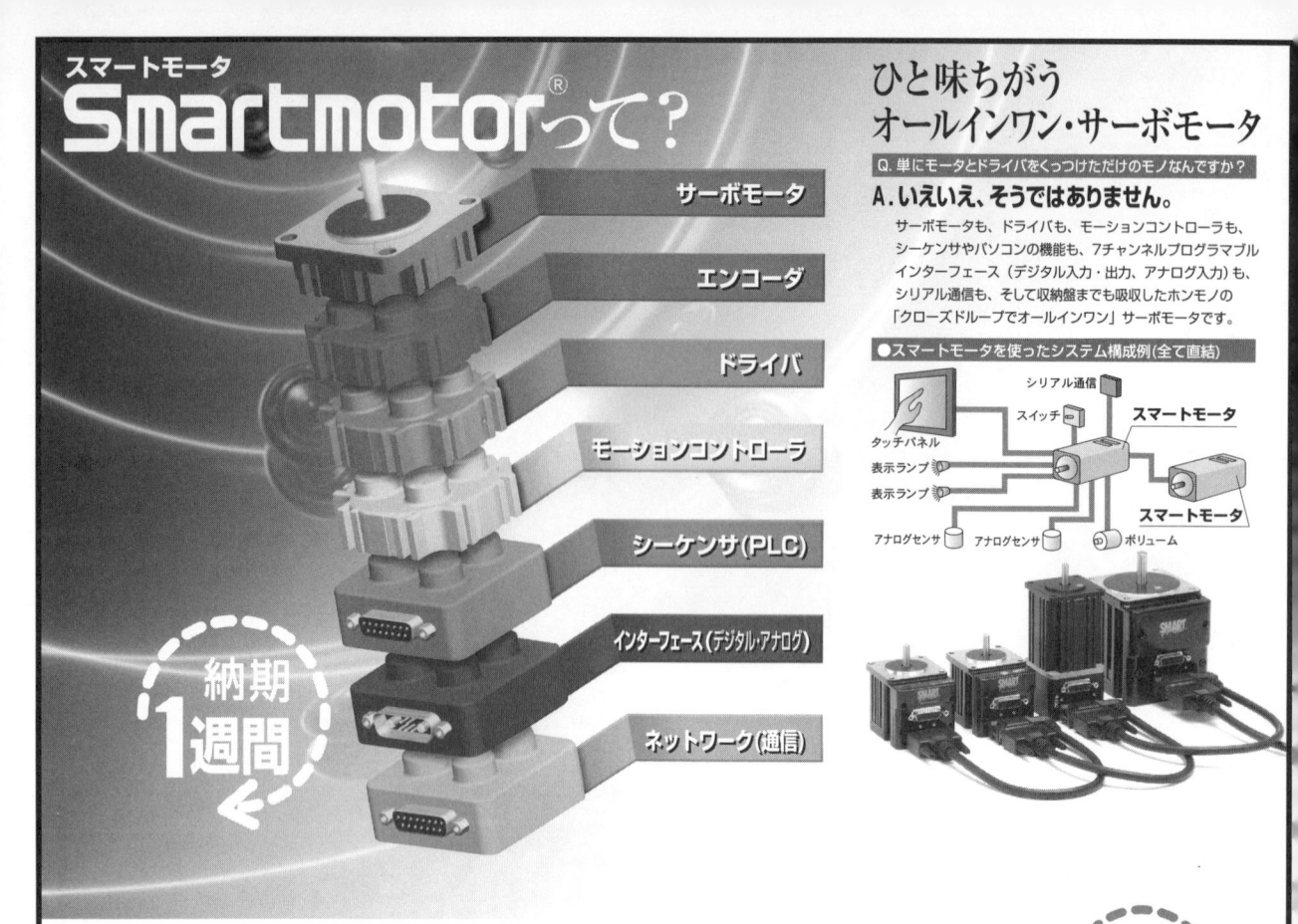

スマートモータ

- サーボモータ
- エンコーダ
- ドライバ
- モーションコントローラ
- シーケンサ(PLC)
- インターフェース(デジタル・アナログ)
- ネットワーク(通信)

納期1週間

ひと味ちがう オールインワン・サーボモータ

Q. 単にモータとドライバをくっつけただけのモノなんですか？

A. いえいえ、そうではありません。

サーボモータも、ドライバも、モーションコントローラも、シーケンサやパソコンの機能も、7チャンネルプログラマブルインターフェース（デジタル入力・出力、アナログ入力）も、シリアル通信も、そして収納盤までも吸収したホンモノの「クローズドループでオールインワン」サーボモータです。

●スマートモータを使ったシステム構成例（全て直結）

タッチパネル／スイッチ／シリアル通信／スマートモータ／表示ランプ／アナログセンサ／ボリューム

TBL-iⅡ Series / TαF-Driver Series
ACサーボモータ＆サーボアンプ
AC Servomotor & Servo Amp

Supply quickly 短納期

1 セットだけ、欲しい…
短納期ACサーボモータ・アンプ TBL-iⅡシリーズ

TBL-iⅡシリーズは位置制御、速度制御、トルク制御が可能な、ACサーボモータ・アンプで、各種オプション（減速機、ブレーキ、オイルシール、リード線長、シャフト形状、回生抵抗、通信ケーブル）をオプションで用意しました。更にPCソフトを標準添付し、納期1週間（減速機無）、2週間（減速機付）と短納期での対応が可能です。

高速回転、高精度、静粛性、脱調レスの特徴を持つ、ACサーボモータ・アンプの少ロット、短納期品のご利用には、是非、TBL-iⅡシリーズのご利用をお勧めいたします。

豊富なバリエーション モータを 1週間 でお届けします。

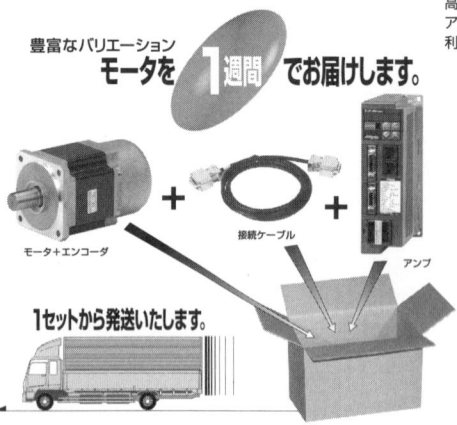

モータ+エンコーダ ＋ 接続ケーブル ＋ アンプ

1セットから発送いたします。

ギヤヘッド付きでも 2週間 でお届けします。

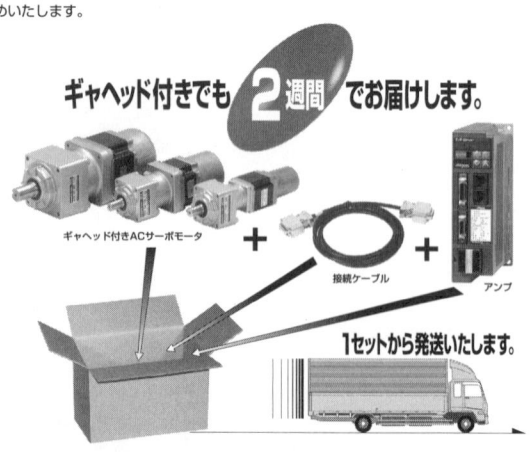

ギヤヘッド付きACサーボモータ ＋ 接続ケーブル ＋ アンプ

1セットから発送いたします。

Tamagawa 多摩川精機株式会社

■本　社／〒395-8515　長野県飯田市大休1879　■お問い合わせ先／TEL (0265) 56-5421　FAX (0265) 56-5426

http://www.tamagawa-seiki.co.jp

DENSO

「環境」をホントに解決するのは、議論ではなく、技術だと思う。

もちろん議論も大切ですが、単なる流行として「環境」が語られているのであれば意味のないことです。私たちデンソーには、語るだけでなく、それを解決する具体的な技術があります。環境への負荷が小さいCO_2を冷媒とするエコキュート、ディーゼルエンジンの燃費効率の向上や排出ガスを削減するシステムの開発、そして環境にやさしいクルマを支える電子制御技術など。私たちは、すでに、いくつもの成果を世の中に送りだしてきました。クルマづくりに広く携わり培ってきた知識とノウハウで、デンソーはクルマと人と環境が共生できる未来へ、確かな技術で答えを出していきます。

◎エコキュート

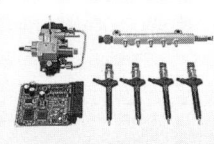

◎ディーゼルエンジン
コモンレールシステム

株式会社デンソー 〒448-8661 愛知県刈谷市昭和町1丁目1番地　www.denso.co.jp

業界最高クラスの性能を備えた新シリーズ登場！

富士サーボシステム ALPHA5

ALPHA5

進化する機械のための
次世代サーボシステム

■ 高速・高精度位置決めを実現

- ●新高速サーボ制御エンジン搭載
  周波数応答1500Hz
- ●モータ回転速度の高速化
  最大回転速度6000r/min

- ●高分解能エンコーダ
  - 18ビットABS/INC　　262,144パルス
  - 20ビットINC　　　　1,048,576パルス

サーボアンプ

- **VVタイプ**　汎用インターフェイス（パルス列・アナログ電圧）
- **VSタイプ**　高速シリアルバス（SXバス対応）
- **LSタイプ**　高速シリアルバス（直線位置決め機能内蔵・SXバス）

- ●電源：単相または三相AC200V〜240V
- ●容量：0.05kW〜1.5kW

サーボアンプ・サーボモータ 容量：〜5kW	近日発売

サーボモータ

- **GYSモータ**　超低慣性
- **GYCモータ**　低慣性
- **GYGモータ**　中慣性

- ●定格回転速度：3000r/min（最大6000r/min）
  定格回転速度：2000r/min（最大3000r/min）※GYGタイプ
  定格回転速度：1500r/min（最大3000r/min）※GYGタイプ
- ●定格出力容量：0.05kW〜1.5kW ※GYCタイプ
  （タイプにより容量範囲は異なります。お問い合わせください。）
- ●保護構造：IP67
- ●エンコーダ：18ビット ABS/INC、20ビット INC

富士電機機器制御株式会社

富士電機機器制御株式会社　システム機器事業部　TEL：03-5847-8070
〒103-0011　東京都中央区日本橋大伝馬町5番7号（三井住友銀行人形町ビル）
製品情報URL　http://www.fujielectric.co.jp/fcs/jpn

Fe e-Front runners

その性能、業界最高峰。

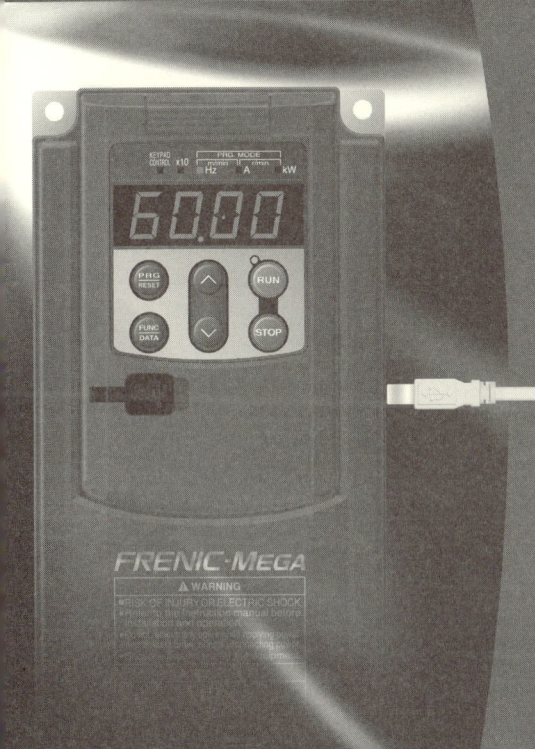

高性能多機能形インバータ

FRENIC MEGA
Maximum Engineering for Global Advantage

FUJI INVERTERS

With the flexibility and functionality to support a wide range of applications on all types of mechanical equipment, the FRENIC-MEGA takes core capability, responsiveness, environmental awareness, and easy maintenance to the next level.

FRENIC-MEGA Series

- 制御性能の向上
- 多彩なアプリケーション
- メンテナンス性の向上
- 環境への適応

富士電機機器制御株式会社
システム機器事業部

〒103-0011　東京都中央区日本橋大伝馬町5番7号（三井住友銀行人形町ビル）
TEL：03-5847-8070
製品情報URL　http://www.fujielectric.co.jp/fcs/jpn

心と技術を未来に
TOYO DENKI

驚きのEDマジック。

超高効率と小型化を実現した環境にやさしいドライブシステムです。

東洋EDモータは、回転子に永久磁石を内蔵した
永久磁石形同期電動機と高性能なベクトル制御技術の
融合によるハイパフォーマンスなドライブユニットです。

■速度センサーレスでも驚異の速度精度
±0.01%（定格回転数において）
1:100　（速度制御範囲）

■大幅な省エネができます。
電力損失約32%減（当社30kW IM比較）
負荷率80%、稼働率85%、10.35円/1kWh

■小型・軽量です。
機械の構造設計にも余裕が生まれます。
体積比：54%減　　重量比：56%減

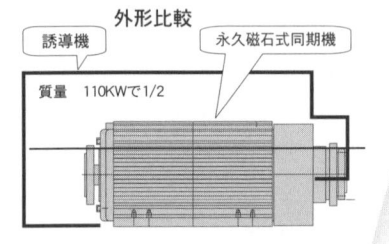

外形比較
誘導機　　永久磁石式同期機
質量　110KWで1/2

■高速応答
速度制御応答　400rad/sec（-3db）
トルク制御応答　2krad/sec（-3db）

■回転子の損失がゼロ！です。
永久磁石埋め込み構造で二次巻き線がない。

■ベアリング寿命が約2倍に！
回転子損失が無い為ベアリングの温度が低い。

TOYO ED MOTOR

東洋電機製造株式会社　http://www.toyodenki.co.jp/
本　社：〒104-0031 東京都中央区京橋2-9-2（第一ぬ利彦ビル）
産業事業部　TEL.03-3535-0652　FAX.03-3535-0660

標準出力 5.5kW〜500kW

YASKAWA

驚きのマシン性能が
あっ！という間に
手に入る。

大きな効果を簡単に手に入れたい
誰もが思う、夢のような発想。
その期待に応えるためにΣ-Vシリーズは誕生しました。

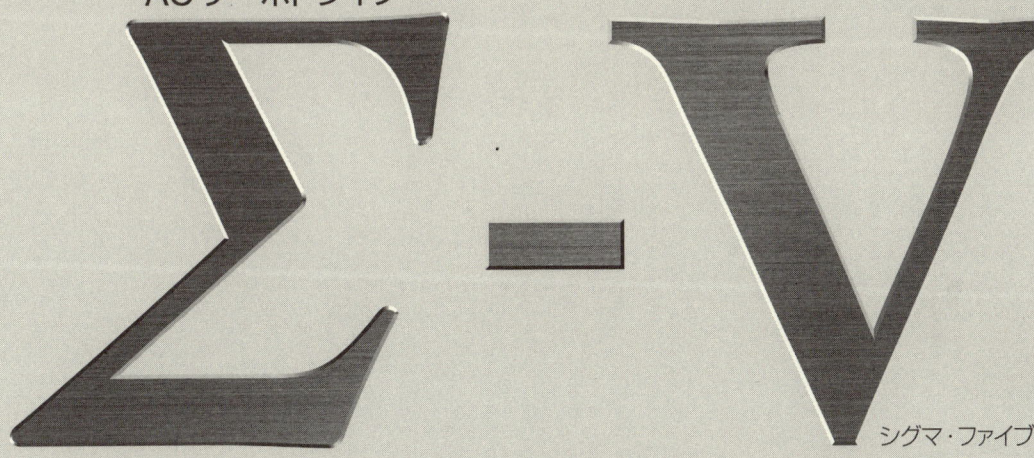

ACサーボドライブ

Σ-V

シグマ・ファイブ

ダントツ性能
整定時間を大幅短縮

かんたん立ち上げ
容易なセットアップ
ラクラク調整

優れた拡張性
モータ&オプション
豊富な品揃え

詳細はwebで！ http://www.e-mechatronics.com/

株式会社 安川電機

ホームページ http://www.yaskawa.co.jp　サーボに関する技術的なお問い合わせは ····· TEL 0120-050784
東京支社 TEL（03）5402-4503／大阪支店 TEL（06）6346-4500／名古屋支店 TEL（052）581-2761／九州支店 TEL（092）714-5331

編集者略歴

曽根 悟 (そね さとる)

1939 年	東京都に生まれる
1967 年	東京大学大学院工学系研究科博士課程修了
現 在	工学院大学エクステンションセンター長・客員教授 工学博士

松井信行 (まつい のぶゆき)

1943 年	和歌山県に生まれる
1968 年	名古屋工業大学大学院工学研究科修士課程修了
現 在	名古屋工業大学学長 工学博士

堀 洋一 (ほり よういち)

1955 年	愛媛県に生まれる
1983 年	東京大学大学院工学系研究科博士課程修了
現 在	東京大学生産技術研究所教授 工学博士

モータの事典　定価は外函に表示

2007 年 6 月 25 日　初版第 1 刷

編集者　曽　根　　　悟
　　　　松　井　信　行
　　　　堀　　　洋　一
発行者　朝　倉　邦　造
発行所　株式会社　朝倉書店
東京都新宿区新小川町 6-29
郵便番号　162-8707
電　話　03(3260)0141
FAX　03(3260)0180
http://www.asakura.co.jp

〈検印省略〉

© 2007 〈無断複写・転載を禁ず〉　中央印刷・渡辺製本

ISBN 978-4-254-22149-7　C 3554　Printed in Japan

東京電機大 宅間 董・電中研 高橋一弘・
東京電機大 柳父 悟編

電力工学ハンドブック

22041-4 C3054 　　A5判 768頁 本体26000円

電力工学は発電，送電，変電，配電を骨幹とする電力システムとその関連技術を対象とするものである。本書は，巨大複雑化した電力分野の基本となる技術をとりまとめ，その全貌と基礎を理解できるよう解説。〔内容〕電力利用の歴史と展望／エネルギー資源／電力系統の基礎特性／電力系統の計画と運用／高電圧絶縁／大電流現象／環境問題／発電設備(水力・火力・原子力)／分散型電源／送電設備／変電設備／配電・屋内設備／パワーエレクトロニクス機器／超電導機器／電力応用

P.S.アジソン著
電通大 新 誠一・電通大 中野和司監訳

図説 ウェーブレット変換ハンドブック

22148-0 C3055 　　A5判 408頁 本体13000円

ウェーブレット変換の基礎理論から，科学・工学・医学への応用につき，250枚に及ぶ図・写真を多用しながら詳細に解説した実践的な書。〔内容〕連続ウェーブレット変換／離散ウェーブレット変換／流体(統計的尺度・工学的流れ・地球物理学的流れ)／工学上の検査・監視・評価(機械加工プロセス・回転機・動特性・カオス・非破壊検査・表面評価)／医学(心電図・神経電位波形・病理学的な超音波と波動・血流と血圧・医療画像)／フラクタル・金融・地球物理学・他の分野

前日大 川西健次・前東大 近角聰信・前阪大 櫻井良文編

磁気工学ハンドブック

21029-3 C3050 　　B5判 1272頁 本体50000円

最近の磁気工学の進歩は，多方面に渡る産業界にダイナミックな変革を及ぼしている。エネルギー等大規模なものから記憶・生体等身近なものまでその適用範囲が広大な中で，初めて本書では体系化を行った。基礎となる理論も含め，それぞれの領域で第一人者として活躍する研究者・技術者が詳述するもの。〔内容〕磁気物性／磁気の測定法・観察法／磁性材料／線形磁気応用／非線形磁気応用／永久磁石応用／光・マイクロ波磁気／磁気記憶，記録／磁気センサー／新しい磁気の応用

東工大 藤井信生・理科大 関根慶太郎・東工大 高木茂孝・
理科大 兵庫 明編

電子回路ハンドブック

22147-3 C3055 　　B5判 464頁 本体20000円

電子回路に関して，基礎から応用までを本格的かつ体系的に解説したわが国唯一の総合ハンドブック。大学・産業界の第一線研究者・技術者により執筆され，500余にのぼる豊富な回路図を掲載し，"芯のとおった"構成を実現。なお，本書はディジタル電子回路を念頭に入れつつも回路の基本となるアナログ電子回路をメインとした。〔内容〕Ⅰ.電子回路の基礎／Ⅱ.増幅回路設計／Ⅲ.応用回路／Ⅳ.アナログ集積回路／Ⅴ.もう一歩進んだアナログ回路技術の基本

前東工大 森泉豊栄・東工大 岩本光正・東工大 小田俊理・
日大 山本 寛・拓殖大 川名明夫編

電子物性・材料の事典

22150-3 C3555 　　A5判 696頁 本体23000円

現代の情報化社会を支える電子機器は物性の基礎の上に材料やデバイスが発展している。本書は機械系・バイオ系にも視点を広げながら"材料の説明だけでなく，その機能をいかに引き出すか"という観点で記述する総合事典。〔内容〕基礎物性(電子輸送・光物性・磁性・熱物性・物質の性質)／評価・作製技術／電子デバイス／光デバイス／磁性・スピンデバイス／超伝導デバイス／有機・分子デバイス／バイオ・ケミカルデバイス／熱電デバイス／電気機械デバイス／電気化学デバイス

電通大 木村忠正・東北大 八百隆文・首都大 奥村次徳・
電通大 豊田太郎編

電子材料ハンドブック

22151-0 C3055 　　B5判 1012頁 本体39000円

材料全般にわたる知識を網羅するとともに，各領域における材料の基本から新しい材料への発展を明らかにし，基礎・応用の研究を行う学生から研究者・技術者にとって十分役立つよう詳説。また，専門外の技術者・開発者にとっても有用な情報源となることも意図する。〔内容〕材料基礎／金属材料／半導体材料／誘電体材料／磁性材料・スピンエレクトロニクス材料／超伝導材料／光機能材料／セラミックス材料／有機材料／カーボン系材料／材料プロセス／材料評価／種々の基本データ

上記価格(税別)は2007年5月現在